Lehrbuch
der
angewandten Taktik
oder
eigentlichen Kriegswissenschaft.

Mit Beyspielen
auf
wirklichem Terrain
erläutert
von

G. Venturini.

In zwey Theilen und sechs Bänden.

Zweyten Theils Erster Band.

Zweyte und verbesserte Auflage.

Schleswig,
bey J. G. Röhß, 1800.

Lehrbuch
der
Strategie
oder
eigentlichen Feldherrnwissenschaft.

Mit Beyspielen
auf
wirklichem Terrain
erläutert

von
G. Venturini.

In drey Bänden.

Erster Band. Die Strategie an sich.

Zweyte und verbesserte Auflage.

Schleswig,
bey J. G. Röhß, 1800.

Einleitung.

Die Strategie ist diejenige Wissenschaft, die sich zur Erreichung des Kriegszwecks, mit der Anwendung derjenigen Mittel beschäftigt, welche hierzu von den vorhandenen Streitkräften und den Mitteln zu ihrer Würkungsfähigkeit, in den verschiedenen Lagen des Krieges hergeliehen werden. Wenn aber auch selbst dieses Thätigkeitsvermögen des Heers an und vor sich würklich bereits geschaffen ist, und die gehörigen Quellen hinlänglich geöffnet sind, aus denen es in der beständig nothwendigen Summe erhalten werden kann; so wird es doch wenig oder gar keine von den dadurch bezweckten Würkungen hervorbringen, und im Gegentheil dem Staate, der es zur Beschützung oder zur Anerkennung seiner Rechte, erschaffen hatte, den Untergang bereiten, sobald man es nicht vereint und nach gewissen festbestimmten Planen anwendet.

Jedes Individuum des Heers oder des allgemeinen Mittels, welches die Erreichung der Kriegesabsicht möglich machen und sie würklich ausführen soll, darf also in Rücksicht des einmal entworfenen Plans keinen Willen haben, son-

sondern muß diesen als das allgemein zu befolgende Gesetz ansehen. Aus dem Bisherigen folgt daher, daß nur der Feldherr, der Leiter der ganzen Maschine, derjenige ist, der die kombinirte Anwendung der Mittel besorgt, durch welche die kriegerischen Handlungen und Lagen des Heers zum allgemeinen Wohl nutzbar werden.

Der Schluß hieraus zeigt also, daß die Strategie die eigentliche und besondere Wissenschaft des Feldherrn sey. Aber wie ganz zwecklos und unbesonnen ist es, wenn diejenigen, welche noch nicht den Posten eines Heerbefehlshabers erlangt haben, zu dem doch, im Ganzen genommen, nur äußerst wenig Menschen empor klimmen, nun hieraus umgekehrt schließen wollten; weil die Strategie nur die besondere Wissenschaft des Feldherrn ist, so würde es unnöthig und eine Zeitverschwendung seyn, wenn auch sie sich auf die Erlernung dieser so schweren Wissenschaft legen sollten. Freylich besteht nicht allein bey einem jeden Grade des Officierstandes, sondern selbst in jedem Civildienste, die vornehmste Pflicht immer darin, daß man sich ganz vorzüglich erst die Kenntnisse und den Grad von Fähigkeiten erwirbt, welche besonders und nothwendiger Weise zur nutzbarsten Ausübung der gegenwärtigen Charge erforderlich sind.

Aber wie gewiß ist nicht der Erfahrungssatz, daß die meisten Menschen nur vorzüglich in ihrer Jugend zur zweckmäßigen Erlernung wissenschaftlicher Kenntnisse besonders fähig, und Vorzugsweise gegen das Alter auch meistens geneigt sind. — Wie will sich also wohl auf einmal der General bilden, der heute in diesen erhabenen Posten, durch das Ungefähr des Krieges tritt, wenn er gestern als Staabsofficier noch den Grundsatz besaß, es sey nicht nöthig, daß er mehr wisse, als was er zur vollkommenen Erfüllung seiner Pflichten als Staabsofficier nöthig habe. Nicht allein ist jetzt im geringsten keine Zeit da, nun erst die Grundsätze der Wissenschaft zu erlernen, die er sogleich ausüben soll; sondern, da meistens die hohen militairischen Ehrenstellen

len auf der Leiter der Anciennität, und daher fast immer nur in einem nahe an das Ende des Lebens grenzenden Alter erstiegen werden; so kann nur bey einem, durch immerwährendes wissenschaftliches Denken, völlig ausgebildetem Geiste, höchstens die Lust vorhanden seyn, noch am Ende der irdischen Laufbahn die Grundsätze und die Anwendung einer so viel umfassenden Wissenschaft, als die Strategie ist, etwas näher zu betrachten. Aber wenn selbst dieser außerordentlich seltene Fall Statt finden sollte, so tritt auch nicht die geringste Schwierigkeit ein, einzusehen, daß ein auf solche Art mit den ersten Stufen seiner Berufswissenschaft bekannt gewordener Feldherr, auf keinen Fall die hohen und wahrlich alle Kräfte des Menschen erfordernden Pflichten seines Amtes, in irgend einem hinlänglichen Grade erfüllen kann; im Gegentheil, er wird gerade nur derjenige seyn, welcher am fähigsten ist, durch die große Gewalt, die ihm sein Vaterland in die Hände gab, das Unglück und die Schande desselben und seiner ganzen Armee zu gründen. Denn wie wäre es möglich, daß ein solcher Mann, der weder Zeit noch Kraft genug besitzt, über die ersten Grundlagen der Strategie hinaus zu schreiten, und auf keine Weise die gehörige Verwebung aller Operationen zur Gründung des Kriegeszwecks, dessen Führung man ihm anvertrauet, einzusehen im Stande ist; wie sollte es möglich seyn, sage ich, daß bey solcher Leitung, ohne wunderähnliche Zufälle, dennoch die richtige planmäßige Anwendung einer Wissenschaft Statt fände, auf deren Ausübung nur allein ein vorherzusehender glücklicher Ausgang einer jeden kriegerischen Operation, und also bey gehöriger Verbindung derselben, auch der des ganzen Krieges gegründet werden muß; einer Wissenschaft, deren zweckmäßige Ausübnng noch auf einem außerdem großen Erkenntnißkreise so mancher, ja selbst der meisten Wissenschaften gegründet ist, daß wahrlich kaum ein ganzes Menschenleben hinreicht, etwas vorzügliches darin zu leisten.

Die Wissenschaft des Feldherrn oder die Strategie, muß daher, eben so gut wie jede andere Wissenschaft, von denjenijenigen sogleich nach den erlangten Vorkenntnissen in der Jugend erlernt werden, welche einst den so außerordentlich wichtigen Posten eines Generals, entweder durch die Anciennität oder durch hervorstechende militairische Talente, ersteigen wollen. — Selbst die neueste Kriegesgeschichte bestätigt es so deutlich, daß derjenige es wohl schwerlich bis zum Meister in irgend einer Wissenschaft bringen wird, in der ein, durch die Grundsätze derselben in Bezug auf Geschichte und eigene Erfindung, gebildetes Genie die Hauptsache ist, welcher nicht schon diese Höhe in den Jahren erklimmt hat, wo das männliche Alter beginnt. Dieser Zeitpunkt tritt aber ein, wenn der Mensch bald das dreyßigste Lebensjahr erreicht oder noch nicht lange zurückgelegt hat, und wie selten sind nicht die Beyspiele, wo der Officier schon in diesem Alter das schwere erhabene Amt eines Feldherrn bekleidete. Würklich wäre dieses auch unrecht, wenn es geschähe, und der junge Kandidat des Feldherrnamtes sich nicht durch einen großen Umfang seiner Kenntnisse, in den Wissenschaften des Feldherrn, und durch einen erhabenen kühnen und edlen Geist, ganz besonders vor den ältern Männern auszeichnete, deren längere Erfahrung und vielfach geleistete Dienste, ihnen stets einen gerechten Anspruch auf die hohen Ehrenstuffen ihres Standes, als die vorzüglichste Belohnung ihrer Aufopferung, ertheilen.

Die meisten Officiere, die einst Generale werden, sind daher wohl kaum noch aus dem Stande der Subalternen hinausgetreten, wenn sie das Alter erreichen, wo sie bereits alle die Kenntnisse besitzen müssen, durch welche sie, nach einer kurzen Praktik von einem Feldzuge, in dem Posten eines Generals, sich vollkommen in den Stand gesetzt sehen müssen, alle die schweren Pflichten dieser hohen Würde, zum Wohl ihres Vaterlandes zweckmäßig erfüllen zu können. Da nun überdies die Kriegeskunst und Strategie die höchsten Stufen der Militairwissenschaften sind, zu welchen aber nie auf eine für das allgemeine Wohl brauchbare Art zu gelangen ist, als wenn man nicht auch vorher alle diejenigen Stufen der

Wis-

Wissenschaft gehörig, und in ihrer natürlichen Folge betreten hat, die den höchsten vorliegen; so wird der Officier nie die eigentlichen Kenntnisse, welche zu seiner jedesmaligen Charge gehören, auf keine Weise vernachlässigen, wenn er sich diejenigen Kenntnisse zu erwerben sucht, die ihm die Gesetze der Strategie erhellen und verständlich machen. Denn ist dies sein Zweck, so darf er keine der wissenschaftlichen Stufen vernachlässigen oder gar überspringen, sondern es wird unumgänglich nöthig, jede ihrer ganzen Natur nach vollkommen zu kennen, da hier so wie in der Mathematik alles auf Gründen und Lehrsätzen beruht, deren Richtigkeit immer nur erst aus den kurz vorhergehenden gefolgert werden kann. Es ist also unbezweifelt, daß wenn der Lernende mit Nutzen das weite Gebiet der Strategie betreten will, er auch dasjenige Fach der Kriegeswissenschaft ganz genau kennen muß, zu dessen besonderer Ausübung ihm seine jedesmalige Charge, diese mag seyn, welche sie will, antreibt, indem auch dieses Fach seiner Charge ein Glied der großen Kette ist, dessen Kenntniß, so gut wie die der übrigen Glieder, zur allgemeinen Uebersicht und Zusammenhange unentbehrlich wird. Im Gegentheil schafft dieses Weiterrücken in der Wissenschaft, den unschätzbaren Vortheil zur Gründung der vollkommensten Ordnung und Willfährigkeit des Officiers, bey manchen Fällen, wo er etwas Zweckloses zu bemerken glaubt. Je größere Kenntnisse ein jeder in den höhern Theilen der Wissenschaft erlangt, jemehr muß er nothwendiger Weise, manche Anordnung, manchen Befehl, der ihm sonst ungereimt, umgänglich oder wohl gar zweckwidrig schien, nun als Nothwendigkeit, als Mittel betrachten, wodurch sich vielleicht oft allein nur irgend eine wichtige Absicht erreichen ließ. Er wird sich jetzt also nicht nur geduldig in die ihm sonst unangenehmen Einrichtungen fügen, sondern sie vielmehr loben und mit Eifer zur Ausführung bringen, da er jetzt ihren entscheidenden Nutzen nicht länger miskennen kann. — Wie wahr ist nicht der Satz, daß nur der sich am schlimmsten befindet, welcher handeln soll, und nur halb über die Mittel belehrt ist, die seine Handlung zweckmäßig machen müssen. Jemehr ihm aber die Decke vor den Augen weggezogen wird, jemehr erkennt er die wahre Lage der Sachen und ist nicht mehr über die Mittel verlegen, die mit entscheidendem Nutzen von ihm anzuwenden sind; er erblickt da jetzt Ruhm und einen glücklichen Ausgang, wo er vorher Schande, Unmöglichkeit und Unglück fürchtete.

Diese ewig unumstößlichen Wahrheiten, sollten daher dem jungen Officier es deutlich beweisen, daß es seine beständige Pflicht ist, nicht allein bey den Kenntnissen stehen zu bleiben, die er etwa als Fähndrich, Lieutenant, Hauptmann oder Major bedarf, sondern daß er, soweit er kann, alle Zweige der militairischen Wissenschaften zu erreichen suchen muß, damit er bey einem im Kriege so gewöhnlichen Zufall, sogleich die Stelle eines höhern Officiers mit Nutzen für seine Nation nnd mit Ruhm für ihn, bekleiden kann. Setzt er sich in einen solchen Stand, so rechtfertigt er das Vertrauen, welches sein Vaterland auf ihn gründet, indem es ihm stillschweigend in den Augenblicken der Noth, ein Recht auf die höhere erledigte Befehlshaberstelle gab.

Man braucht ja nur das Einzige zu bedenken, daß die Kriegeskunst sich mit Raum, Zeit und Geschwindigkeit, mit Ruhe und Bewegung gewisser streitbarer Körper und Heertheile beschäftigt, um sogleich zu finden, daß sie sowohl wie jede andere Sache, die sich einer Berechnung unterwerfen läßt, auch einer wissenschaftlichen Behandlung fähig sey. Ist aber die Kriegeskunst eine Wissenschaft, so muß sie auch unveränderliche Grundsätze haben, die man aus ihrer Theorie lernen kann. Folglich ist das Vorurtheil, welchem die meisten Officiere immer noch fröhnen, höchst falsch, wenn sie glauben, nur der lange Dienst, oder wohl gar die Beywohnung mehrerer Feldzüge sey das einzige Mittel, die Kriegeskunst zweckmäßig zu erlernen. Solche Leute setzen dadurch wirklich die Ausübung ihrer Berufsgeschäfte zum Handwerke herab. Sollte man blos durch eigene Erfahrung die

die Grundsätze der Kriegeskunst erlernen, so müßte wahrlich das menschliche Leben ungleich weiter, als in der Natur Statt findet, ausgedehnt seyn; und dennoch würde man nur mit dem größten Schaden für sich und dem Wohle des Vaterlandes klug werden können. — Die Mittel zu diesem Klugwerden, Menschenleben, sind doch wahrlich nicht da, damit sie von ihren Herren Befehlshabern wie die Marken betrachtet werden sollen, welche sie am l'Hombretisch verspielen. Es ist übrigens eine ganz besondere Würkung der Klugheit, nicht so lange zu warten, bis man durch eine gefährliche Erfahrung, die uns immer theuer zu stehen kommt, und mit der man es dennoch nicht sehr weit bringt, unterrichten wird. Nichts ist wohl unangenehmer, als durch eigene Unfälle Geschicklichkeit zu erwerben. Es ist viel besser, die Fehler und Irrthümer anderer Leute mit Aufmerksamkeit zu betrachten, und aus den daraus entstehenden Unfällen zu lernen, wie man sich in ähnlichen Fälle verhalten soll.

Die Theorie einer Wissenschaft ist größten Theils aus den aufgezeichneten Erfahrungen gezogen, welche die Menschen von den ersten Zeiten her in den verschiedenen Fächern derselben gemacht haben. Studiert also jemand diese Theorie einer Wissenschaft, so macht er sich zugleich die größeste Erfahrung in derselben eigen, die nur immer möglich ist; indem er alle aufgefundene Resultate, die bisher die Erfahrungen der Menschen in dieser Wissenschaft erlangt haben, kennen lernt.

Da nun aber viele Menschen in allen Fällen mehr Erfahrungen gemacht haben müssen als ein einziger, so sieht man aus diesem Beweise die unumstößliche Wahrheit, daß in jeder Wissenschaft, und also auch in der des Krieges eine höhere Vervollkommnung zu erlangen ist; indem man sich die Resultate der Erfahrungen aller bisher mit dieser Wissenschaft sich beschäftigten Leute, oder kürzer gesagt, die Theorie einer Wissenschaft bekannt macht, als wenn man auf die, gegen das Ganze genommen immer nur äußerst wenigen, selbst zu erlebenden Begebenheiten hofft, um aus ihnen alsdann alle Grundsätze einer Wissenschaft zu erlernen, die nie ganz ausgelernt werden kann. Ueberdies wird nicht immer Krieg geführt, und es lassen sich also nicht immer Erfahrungen machen; wer kann nun aber wohl in Abrede seyn, daß sich die Erfahrung aus Mangel der Uebung verliert und vergißt. Wenn daher plötzlich ein Krieg ausbricht, so sollen die Befehlshaber bey der ersten Kriegesbegebenheit nicht erst aus dem Verlaufe derselben lernen, was sie darin hätten thun sollen, sondern es bereits schon wissen; und wie wird dies möglich seyn, wenn man nicht in den ruhigen Zeiten des Friedens, schon an die Erlernung der Grundsätze gedacht hat, die im Felde gleich bey erster Gelegenheit, und ohne im geringsten darauf vorbereitet zu seyn, zum Wohl des Vaterlandes ausgeübt werden sollen.

Wird diese Erlernung nun aber wohl anders geschehen können, wenn man nicht die Erfahrungen weiser Vorgänger und die daraus gezogenen allgemeinen Schlußfolgen und Lehrsätze, oder die Theorie der Kriegeskunst mit zu Rathe zieht? Die Erfahrung kann daher wohl, bey gehöriger Betrachtung der sich ereignenden Begebenheiten, vollkommener machen, aber sie wird im Gegentheil fast ganz unnütz seyn, wenn man nicht zugleich die Grundsätze der Wissenschaft kennt. Dies wird auch noch dadurch bestätigt, daß ein guter Unterofficier, der viele Feldzüge gethan, und seine ganze Aufmerksamkeit auf die pünktliche Verrichtung seines Dienstes gerichtet hat, immer nur ein guter Unterofficier und nie ein guter General seyn wird.

Wie traurig ist es daher, wenn man so viele Obersten, Oberstlieutenants u. s. w. sieht; die nach allen möglichen Erfahrungen, doch nicht viel mehr als gute Unterofficiere sind. Man räth dem Officier im Frieden die öftere Benutzung der Jagd als das beste Mittel an, woraus er sich ein wahres militairisches Auge, oder die Fähigkeit einer schnellen Vergleichung der militairischen Vortheile eines Terrains, schaffen könnte. Aber ich kenne wahrlich

meh-

mehrere Officiere, welche gewaltige Jäger vor dem Herrn sind, und denen kein Gespräch interessant ist, als worin von Büchsen, Hinterläufen, Rebhühnern und Hasen gehandelt wird, und die doch, weil sie keine militairischen Grundsätze haben, so wenig wie die Hasen, welche sie schießen wollen, daran denken, sich die Jagd militairisch nutzbar zu machen. Es giebt andere Leute noch, welche, um die Nothwendigkeit der wissenschaftlichen Bildung, die ihrem dummstolzen Gehirne meistens die größte Quaal ist, gänzlich darnieder zu werfen, dreust behaupten, daß am Ende die Bravour, worauf alle militairische Kenntnisse hinausliefen, alles entscheide. Allein hieraus würde folgen, daß die größten Klopfechter auch zugleich die größesten Feldherrn seyn müßten, und dies könnte doch wahrlich kaum da noch Statt finden, wo sich die streitenden Heere als ungebildete Kanibalen herumschlügen.

Die Grundsätze einer jeden Wissenschaft, und also auch die der Kriegeskunst, sind nur in soferne zuverlässig, als man sie zu rechter Zeit auf die Vorfälle anwendet. Denn die Grundsätze folgen gewissermaaßen aus den Umständen, diese aber nicht aus jenen. Man muß also die Umstände voraussehen, um sich in der Wahl der anzuwendenden Grundsätze nicht zu betriegen: es ist daher nur dann möglich einigermaaßen der Gelegenheit entgegen zu gehen, wenn man bey einer reiflichen Ueberlegung, die kluge Verbindung der Dinge nicht vernachlässigt. Wie will man nun aber die ungeheure Anzahl von Umständen vorhersehen, von denen einer oder mehrere eintreffen können, wenn man sie sich nicht aus den Erfahrungen anderer, oder der Theorie, vorher bekannt gemacht hat. Nichts beweiset dies mehr, als die Kriegeslisten; derjenige, der ihrer am meisten kennt, kann nicht allein dieselben am gehörigen Orte am besten anbringen, sondern sich auch davor hüten.

Aus allem diesen folgt daher, daß man die Wissenschaft des Krieges, und selbst ihre höchsten Theile, ohne Truppen, ohne Armee und ohne aus seiner Stube zu gehen,

durch

durch den Fleiß allein und die Grundsätze der reinen Mathematik, vom kleinsten bis zum größten, vollkommen erlernen kann. Diese Grundwahrheiten sagten schon die großen Kriegslehrer vor mehrern Jahrhunderten, und sie sind seitdem beständig von den neuern Militairschriftstellern wiederholt. Was ist daher wohl lächerlicher und verächtlicher, als die Aufführung der meisten Subalternenofficiere, die unter dem Vorwande nichts lernen wollen, weil sie von ihrer Mühe und Fleiß wenig Nutzen zu haben glauben. Führt man ihnen die lebendigen Beyspiele solcher Officiere an, die mit ihnen von gleichem Grade gewesen, und sich durch ihre erlangten Kenntnisse und Talente bis zu den höchsten Militairstufen empor geschwungen haben; so lassen sie ihren Unwillen erst recht aus, und suchen gewöhnlich durch Lästern die Verdienste derer zu verkleinern, welche ihnen zur Nachahmung vorgestellt werden. Wenn man aber bey diesen Leuten in Rücksicht ihres Entschlusses zum Soldatenstande, auf den Grund geht, so findet sich leicht, daß sie ihn nicht im geringsten gewählt haben, um einst ihren Mitbürgern darin auf eine ausgezeichnete Art Nutzen zu stiften; sondern gewöhnlich ist ein Schein von Freyheit der Grund dazu. Sie bringen dann leider in diesen Stand nichts anders mit, als ihre eigene Unfähigkeit und einen großen Dünkel, in dem sie so wie in einer beständigen Unempfindlichkeit fortleben, die das Bestreben nach ehrenvoller Auszeichnung vergessend macht. Das Studieren ihrer eigentlichen Wissenschaft, ist nur eine Beschäftigung für Schulfüchse, da es nicht schicklich sey, daß Leute, die nach Ehre streben, sich mit dergleichen Thorheiten den Kopf verwirren. Schulden machen, ohne sich darum zu bekümmern, wie man sie bezahlen soll, ist für ihr großes und edelmüthiges Herz keine Sünde; ja sie halten es oft für ein Verdienst, auf anderer Leute Unkosten zu leben. Oft sein ganzes Geld auf eine Karte setzen und es verlieren ohne eine Miene zu machen, ohne ein Auge zu bewegen, ist nach ihren Gedanken eine großmüthige Standhaftigkeit und eine Verachtung des Reichthums, Liebeshän-

del

del mit Gefahr seines Lebens unternehmen, heißt sich als ein Held ergötzen, dessen Vergnügen immer mit Gefahr verknüpft seyn sollen; das geringste zweydeutige Wort übelnehmen, ungeachtet kein Mensch daran gedacht hat, sie dadurch zu beleidigen, muß der Behuf seyn, durch welchen man die ganze Welt von seiner Tapferkeit überzeugen will: bestehen endlich alle kriegerische Tugenden in einem verwegenen Muthe, so wird ein solcher Mensch ein großer Officier genannt.

Der größte Theil der Subalternofficiere beklagt sich über die lange Weile. Ist es aber nicht ganz ihre eigene Schuld, wenn sie ihre Zeit nicht besser anwenden? Würden sie wohl jemals diese Langeweile empfinden, wenn sie die Erlangung eines höhern Grads militairischer Kenntnisse, zum Vorwurf ihrer müßigen Stunden machten. Eine kurze Uebung in dieser so nothwendigen Beschäftigung, würde sie auch bald denen angenehm machen, die nicht bloße, gewöhnlich von allen übrigen Ständen insgeheim verachtete, Puppen des Staats und des Fürsten seyn wollen. — Doch vieles von der militairischen Unwissenheit der Officiere, haben ihre Obern und oft die höchste Regierung selbst verschuldet; denn es findet sich selten, daß der Fürst selbst solide Kenntnisse der wahren Grundsätze militairischer Bildung besitzt, und wenn dies auch der Fall ist, so fehlt meistens noch die Lust von den hohen Beschäftigungen des Feldherrn auf die partielle Bildung des Officiers zurück zu sehen, die doch auf alle Fälle das Haupterforderniß bey der Bildung eines ganzen Heers wird. Auf diese Lage der Sachen sollte sich aber vernünftigerweise kein einziger Officier stützen, der mit wahrem Rechte die Ehre und die Vorzüge verdienen will, welche ihm sein Stand vorläufig zur Belohnung aussetzt. Nur durch ein eifriges Streben zur größeren Vervollkommnung seiner militairischen Talente, kann er sich dieses ehrenvollen Standes immer nutzbarer, immer würdiger beweisen. Und wie froh muß nicht das innere Bewußtseyn machen, sich mit erlangten Kenntnissen und Talenten ausgerüstet zu sehen, wel-

welche in den Stand setzen, dem Vaterlande in den gefährlichen Augenblicken des Krieges, wichtigere Dienste leisten zu können, als man von den zu einer vielleicht noch Subalterncharge nöthigen Kenntnissen, nur verlangen könnte. Es ist daher wohl keine Frage mehr, ob es selbst den jungen Officieren nützlich und ehrenvoll seyn wird, wenn sie sich auch die Grundlehren der Kriegeskunst und Strategie bekannt machen. Je weniger der Staat auf diesen Punkt ihrer wissenschaftlichen Kenntnisse Rücksicht nimmt, jemehr ist es dagegen ihre Pflicht; denn es wird dennoch nie fehlen, daß man in der Folge entweder die Ausübung dieser Wissenschaften durch die Ertheilung eines höhern Amtes, geradezu von ihnen fordert, oder daß sie doch Gelegenheiten in den verschiedenen Lagen des Krieges vorfinden, wo diese Kenntnisse ihren Cameraden und dem Wohle des Ganzen höchst nützlich seyn können. Wenn auch schon ihre dermalige Charge sie hierzu nicht beriefe, so ist doch in den Augenblicken der Gefahr meistens jeder gern zufrieden, wenn er einen Retter sieht. Weiß man daher, daß dieser oder jener helfen kann, so wird alle Kabale, die vielleicht sonst geherrscht hat, aufhören; denn hier gilt es nicht Privatvortheil, hier gilt es das Heil von oft mehreren tausend Menschen. Kann aber wohl eine Gelegenheit ruhmvoller, kann sie glänzender und schöner seyn, als wenn ein Officier auf diese Art durch die Anwendung erhabener Kenntnisse, nun auf einmal seinem Vaterlande und seinen Kameraden einen, in solchen Fällen immer entscheidenden Vortheil schafft. Er zeichnet sich dadurch auf eine so höchst ruhmvolle Art aus, daß er nothwendig die Augen seiner Nation auf sich ziehn, und sich das Recht zu den höchsten Belohnungen erwerben wird. Nur einen Blick in die Jahrbücher der Geschichte, und er zeigt, daß dies der Weg war, auf welchem sich die größesten, bewundertsten Feldherrn zuerst der Welt darstellten.

Diese Betrachtungen müssen daher jeden vernünftig Denkenden von dem festen Grundsatze überzeugen, daß die Kenntniß der Kriegeskunst und Strategie nicht allein dem

Ge-

Generale, sondern auch jedem andern Officier nützlich und ehrenvoll ist. Soll aber der Officier diese Wissenschaft aus den kostbaren, vielen und großen Werken erlernen, in welchen ihre Grundsätze mit so manchem unnützen Gewäsche zerstreuet sind; so kann man die außerordenrliche Anstrengung nicht leugnen, die der Lernende, um sich aus diesem Chaos von Unsinn und Wahrheit durchzuarbeiten, hier in einer Finsterniß anwenden muß, wo im geringsten keine systematische Leitung bis jetzt Statt gefunden hat. Es gehört wahrlich eine sehr genaue Prüfung und eine viefältige Betrachtung dazu, sich nicht oft von irgend einem Trugschlusse verführen zu lassen, wovon die meisten Kriegesdogmatiker, zur Unterstützung ihrer mancherley Erfindungen, voll stecken. Und wahrlich ein solches langweiliges und oft unnützes Geschäft ist allein schon hinlänglich, manchem die Lust zum weitern Studium zu benehmen, oder doch wenigstens zu beschränken. — Es ist daher wohl nöthig, einmal ein systematisches Lehrbuch der Strategie zu entwerfen; allein diese Wissenschaft, obschon so oft ausgeübt, liegt dennoch erst in der Entstehung einer systematischen Bildung. Die wenigen Bruchstücke, welche von diesem oder jenem Theile derselben handeln, reichen bey weiten nicht zu, ein bündiges System zu formiren. Die einzige Zuflucht bey diesem Mangel zusammenhängender Ausarbeitungen über die Strategie, ist allein die kritische Betrachtung der Militairgeschichte, um daraus Grundsätze zu abstrahiren, welche allgemein gültig sind, und die Lücken füllen können, die sich bis jetzt noch in den Materien der Strategie so häufig zeigen. Allein man wird leicht eingestehen, daß eine solche nutzbare Betrachtung der Geschichte, schon ein eigenes schweres Studium, ja vielleicht das größeste, wichtigste und schwerste ist, welches bey Militairwissenschaften Statt findet; und dennoch ist es unmöglich, ohne eine hinlängliche Stufe darin erreicht zu haben, die daraus abstrahirten Lehr- und Grundsätze, in eine vollkommene systematische Form zu vereinigen.

Bis jetzt hat man alle Aufmerksamkeit auf die Ausbildung der reinen Taktik gewandt, und darüber die der Kriegskunst und Strategie vernachlässigt, weil man in der Manövrirfähigkeit der Truppen alle Mittel zu finden glaubt, einen unfehlbaren Sieg und selbst den Zweck des Krieges zu erringen. Allein um den entscheidendern Nutzen, den die Ausübung der einen oder andern dieser beyden Wissenschaften, in der Kriegführung leistet, deutlich zu erkennen, so braucht man nur zu bedenken, daß die Anwendung der reinen Taktik vorzüglich nur am Tage des Gefechts in Gegenwart des Feindes nutzbar werden kann, die Anwendung der angewandten Taktik aber eine solche günstige Gelegenheit und Lage zu dem bevorstehenden Gefechte hervorzubringen im Stande ist, die einem Heere alle Furcht vor der feindlichen Manövrirfähigkeit benimmt, indem die Würkungen der Kunst stets den Würkungen der Natur unterliegen. Selbst wenn ein Sieg durch überlegene Kenntniß in der reinen Taktik gewonnen ist, und der Feind handelt unterdessen strategisch richtiger, als wir, so verschwindet der Ruhm des Sieges; indem es nicht allein unmöglich wird ihn zu benutzen, sondern auch noch vielleicht Maaßregeln zur eigenen Sicherheit nöthig sind. — Ist alles, wie es seyn soll, so überwindet also der Strateget stets den Taktiker. — Die Erfahrung, vorzüglich die des französischen Revolutionskrieges, bestätigt ebenfalls diesen schon durch die Theorie bewiesenen Grundsatz.

Die Strategie überhaupt zerfällt, wie wir schon aus dem allgemeinen System der Kriegeswissenschaften wissen, in die beyden Haupttheile der Strategie an sich und der Kriegsdialektik. Der erstere Theil oder die Strategie insbesondere, ist die partielle Anwendung der drey Lehren der Kriegeskunst, zur Erreichung eines durch den allgemeinen Kriegesplan vorgeschriebenen Zwecks; die Kriegesdialektik ist hingegen die Entwerfung dieses Kriegesplans selbst, also die Anwendung der Strategie,

oder

oder die Anwendung von der Anwendung der Kriegeskunst.

Die Kriegeskunst begreift drey Hauptlehren in sich; nämlich die Lagerkunst, die Marsch- und Gefechtslehre. Der erste Haupttheil der Strategie, welcher die Kriegeskunst anwenden lehrt, und der den Inhalt dieses Bandes ausmacht, wird also ebenfalls in die drey Haupttheile zerfallen, die durch die Betrachtung der Lehren der Kriegeskunst entstehen. Diese drey Haupttheile der Strategie sind: Die Stellungswissenschaft, die Bewegungswissenschaft und der Gebrauch des Gefechts.

System der Feldherrnwissenschaft.

1. Die Stellungskunst zur Erreichung eines Zwecks, der zum ganzen Entwurfe des Feldzugs gehört, beschäftigt sich hauptsächlich mit der Deckung des Landes, und nur in sofern mit der Sicherheit der Truppen, als diese Bezug auf jene hat; d. h., in sofern die Erhaltung des Landes die streitbare Fortdauer des Heers, und dieses dadurch gegenseitig wieder die Deckung derjenigen Militairoperationen befördert, durch welche man den Feldzug zu entscheiden, und also während oder am Ende desselben das Land zu behaupten sucht.

2. Man sucht aber deshalb das eigene Land durch die Stellung der Truppen zu decken, weil sich nicht allein darin die Nation befindet, welche man vor der Gewalt des Feindes beschützen will, sondern weil es zugleich die Quellen enthält, die zur Fortdauer der Streitfähigkeit des Heers, ohne wel-

welche alle Möglichkeit wegfällt, militairisch dem Willen des Feindes entgegen zu streben, unausgesetzt zur eigenen Benutzung offen erhalten, vor dem Feinde aber gänzlich verschlossen werden müssen.

3. Der Kriegeszweck, zu dessen Erreichung aber die Stellungskunst mit angewandt werden soll, kann nun entweder zur Absicht haben, sich blos gegen den feindlichen Willen zu schützen, oder den Feind zur Annahme des unsrigen zu zwingen; d. h., er kann entweder defensiv oder offensiv seyn.

4. Man kann sich aber im Gegentheil wieder auf zwey Arten gegen den feindlichen Willen schützen. Wenn man nämlich entweder streng dabey beharret, die Quellen zur eigenen Fortdauer des Heeres, oder das eigene Land blos gegen die Anfälle des Feindes zu vertheidigen, oder zweytens, wenn man zugleich sucht, die Quellen der feindlichen Fortdauer zu verstopfen, d. h., den Feind aus seinem eigenen Lande zu vertreiben; und ihn also dadurch in die Unmöglichkeit zu versetzen, fernere Anstrengungen zu machen, und Unternehmungen zu wagen, um uns seinen Willen aufzudringen.

5. Aus dem bisher Gesagten ersicht man nun sehr deutlich, daß die Stellungskunst entweder defensive oder offensive Absichten zum Zwecke haben kann.

6. Ist der Hauptzweck des Krieges gleich den Feind unmittelbar zur Annahme unseres Willens zu zwingen, so wird die Stellungskunst hierbey in einem offenbaren Offensivkriege angewandt.

7. Geht der Kriegeszweck nur dahin, sich blos streng gegen alle Angriffe und Bemühungen des Feindes, unsere Streitkräfte und die Quellen zu ihrer Erhaltung zu schwächen, zu decken, so wird die Stellungskunst in einem vollkommenen Defensivkriege angewandt.

8. Ist endlich der Kriegszweck der, sich zwar blos gegen die Unternehmungen des Feindes zu sichern, hierzu aber der Mittel zu bedienen, durch deren Anwendung man in den Stand

Stand gesetzt wird, die Quellen der feindlichen Streitkraft zu verstopfen, um den Feind hierdurch in die Unmöglichkeit zu versetzen, seinen Willen ferner gegen uns zu behaupten; so heißt dies die Stellungskunst in einem mit, zur gelegenen Zeit gebrauchten, Offensive verbundenen Defensivkriege, anwenden.

9. Bey der ersten und letzten Art Krieg zu führen, muß also die Stellungskunst so eingerichtet seyn, daß man dadurch sich alle der Mittel theilhaftig macht, durch welche die offensive Absicht, welche in diesen beiden Arten des Krieges dieselbe ist, nämlich die Quellen der feindlichen Streitkraft zu verstopfen, am besten ausgeführt werden kann.

10. Es ist aber ein unumstößlicher militairischer Grundsatz, daß die Sicherheit einer Offensivunternehmung auf der Sicherheit beruht, welche in den Augenblicken der Ausführung diejenige Kraft und die Quelle zu ihrer Erhaltung genießt, die zur Ausführung angewandt wird.

11. Der Krieg wird durch die Armee geführt, diese ist das Mittel, durch welches die Offensivoperationen ausgeführt werden müssen; allein sie können nicht ausgeführt werden, wenn das Heer nicht die nöthigen Streitkräfte besitzt, und diese kann es nur aus den dazu dienlichen Quellen im eigenen Lande erhalten.

12. Aus diesem Zusammenhange der Maschienen und Triebräder, welche die Würkungsfähigkeit des Heers bey einer richtigen Anwendung hervorbringen, folgt daher, daß die Stellungskunst zur Erreichung eines jeden Offensivzwecks zugleich so eingerichtet seyn muß, daß dadurch die eigenen Erhaltungsquellen noch beständig selbst gedeckt werden.

13. Hieraus sieht man, daß, wenn auch die Stellungskunst offensiv seyn soll, sie dennoch immer zugleich mit die Regeln der Defensive in sich vereinigen muß.

14. Da nun aber die Regeln zum Angriff nothwendig nur aus der Betrachtung gezogen werden müssen, wie die vorzüglichsten Mittel zur Vertheidigung, am zweckmäßigsten mit einander verbunden werden können, so folgt hieraus:

aus: daß wir nothwendig erst die Anordnungen der Stellungskunst bey einem vollkommenen Vertheidigungskriege festsetzen müssen, ehe wir zu denen, bey irgend einer Angriffsoperation übergehen können. Auch ist es der systematischen Lehrart angemessen, das Allgemeine dem Besondern vorgehen zu lassen; und daß die Defensivstellungskunst auch bey jeder Offensivoperation befolgt werden müsse, ist bereits gezeigt.

15. Die Stellungskunst zur Sicherheit des Landes und der Ausführung gewisser Zwecke, zerfällt also in folgende zwey Hauptabtheilungen. Die Stellungskunst in einem Defensivkriege. Die Stellungskunst in einem Offensivkriege. Die erstere theilt sich ein in die Stellungskunst beym vollkommenen Defensivkriege, und in die bey einer Defensive, wo man die glücklichen Gelegenheiten erwartet, um dann offensiv zu gehen. Die zweyte Unterabtheilung zerlegt sich in die Stellungskunst bey einem Offensivkriege, wo man den Feind überfallen kann, oder zweytens in die, wo dies nicht möglich ist, sondern wo man ihn zu unserm Empfange völlig bereit antrifft.

16. In allen diesen verschiedenen Kriegesarten kann nun die Stellungskunst auch auf zweyerley Weise ausgeführt werden. Die Truppen stehen nämlich entweder in Lagerpositionen zusammengezogen, zur Vertheidigung bereit; oder sie sind wegen des nachtheiligen Einflusses der Jahrszeit in Quartierstellungen vertheilt, wo sie dann ebenfalls in Rücksicht der Lage, worin sich der Feind befindet, die gehörige Vertheidigung leisten müssen.

Die Stellungswissenschaft.

Erster Abschnitt.

Allgemeine Grund- und Lehrsätze der Stellungswissenschaft.

I. Hauptgrundsatz. Zur völligen Sicherung eines Landes muß ein zweckmäßiges Vertheidigungsgebäude angeordnet werden.

A. Grundsatz. In diesem Vertheidigungsgebäude müssen dem feindlichen Heere alle Durchbruchswege gesperrt seyn.

a. Lehrsatz. Man muß den Durchbruchsweg durch Befestigungen sperren. §. 1.

b. Lehrsatz. Der zu sperrende Weg muß selbst mit einer hinlänglichen Streitkraft besetzt werden.

1. Regel. Das Corps muß zur Sicherheit des zu deckenden Weges selbst gegen die Umgehung gesichert, und dieserhalb der beyderseitige Marsch nach dem Reserveposten genau berechnet werden. §. 2.

2. Regel. Um die Nachtheile der Umgehung zu vernichten, und den Reserveposten zu sichern, so muß dieser entweder selbst besetzt werden, oder man muß die um die Flanken des Corps führenden Seitenwege sperren. §. 3.

1. Re-

c. Lehr=

c. Lehr=

a. Lehr-

Grunde nichts unternehmen kann, so ist es möglich früher als er, aber auch nach und nach die Quartiere zu beziehen, ohne daß diese Zertheilung Gefahr bringt. §. 61.

Dritter Abschnitt.

Anwendung der Stellungswissenschaft im Offensivkriege.

I. Hauptgrundsatz. Die Stellungen im Offensivkriege müssen zugleich die nöthige Vertheidigungsfähigkeit sichern.

A. Grundsatz. Die Offensivstellungen müssen besonders eine sehr große Bewegbarkeit gestatten.

a. Lehrsatz. Dabey müssen die Stellungen in der Offensive zur Sicherheit der Armee wie bey der Defensive, aber mit Rücksicht auf die verschiedenen Angriffsmittel eingerichtet seyn. §. 62.

b. Lehrsatz. Das Terrain der Offensivpositionen muß die kräftigste Würkung unserer Hauptstärke gestatten, die Einschließung unmöglich machen, und bey aller Sicherheit der Lage einen freyen, nicht durch nahe Defileés aufgehaltenen, Offensivmarsch erlauben. §. 63.

B. Grundsatz. Die verschiedenen Offensivstellungen müssen ein festes Vertheidigungssystem, und dadurch die Verstärkung der Angriffskraft erzeugen.

a. Lehrsatz. Der ganze Verband der Offensivstellungen muß auf der eigenen Vertheidigungsfronte einen starken Keil bilden, dessen Flanken wo möglich durch große Hindernisse gedeckt, und in einen nicht unter 90 Grad großen Winkel verbunden sind. §. 64.

b. Lehr-

b. Lehrsatz. Wenn die Grenze zur Aufstellung eines so allgemeinen Operationskeils zu lang ist, so muß das Hauptcorps durch stufenweise gestellte Seitencorps, und durch Auswahl zurückliegender leicht zu erreichender, die Gemeinschaft deckender Hauptstellungen, sich und die fernere Ausführung der Offensive sichern. §. 65.

c. Lehrsatz. Man muß stets die Vor- und Nachtheile der beyderseitigen Stellungen gegen einander abwägen, um eine vortheilhafte Veränderung der Positionen so schnell als möglich zu bewürken. §. 66.

II. Hauptgrundsatz. Die Offensivstellung muß stets die Mittel in sich enthalten, durch welche der Hauptangriff oder das näheste dazu abzweckende Unternehmen am leichtesten auszuführen ist.

A. Grundsatz. Wenn die Offensivstellung dazu dienen soll, den Feind aus seiner Vertheidigungsfronte zu verdrängen, so muß sie auf jeden Fall seine Schwächen bedrohen, und die erleichterte Benutzung der dadurch entstehenden feindlichen Unordnung gewähren.

a. Lehrsatz. Soll die Stellung zu einer vortheilhaften Schlacht führen, so muß sie den Feind entweder zwingen, sie selbst mit entscheidendem Nachtheile anzugreifen, oder sich in eine Gegend zu begeben, wo uns der Angriff und der Sieg leicht wird. §. 67.

b. Lehrsatz. Soll der Feind durch die Würkung des Detaschirens aus seiner Stellung vertrieben werden, so muß unser Hauptlager nebst allen Gemeinschaftslinien die völligste Sicherheit bis zur entscheidenden Benutzung der hervorgebrachten feindlichen Schwächen genießen.

1. Regel. Die eintretende Schwäche beyder Heere muß dem Feinde die größere Gefahr drohen, und die

Die

Die Bewegungswissenschaft.

Erster Abschnitt.

Allgemeine Anordnungen bey jeder Bewegung.

I. Hauptgrundsatz. Eine jede strategische Bewegung muß stets mit Rücksicht auf die Erhaltung einer gesicherten Vertheidigung unternommen werden.

A. Grundsatz. Die zu beyden Kriegsarten nöthigen Communicationen müssen durch den Marsch gedeckt bleiben.

a. Lehrsatz. Jede Bewegung muß einen, zur Ausführung des allgemeinen Kriegesplans erforderlichen Zweck haben, und dessen Erreichung durch die genaue Anwendung der Kriegeskunst erleichtern. §. 1.

b. Lehrsatz. Wenn der Marsch völlig gesichert, und nach einer zweckmäßigen Richtung genommen ist, so wird dadurch auch die Communication gedeckt. §. 2.

c. Lehrsatz. Die Communication muß auch durch Bedeckung der Operationsflanke erhalten werden.

1. Regel. Wo möglich, so ist hierzu ein beschwerliches Terrainhinderniß zu benutzen. §. 3.

Zweyter Abschnitt.

Anordnungen bey den verschiedenen Bewegungen in Rücksicht eines Offensivzwecks.

A. Grund-

II. Haupt-

II. Hauptgrundsatz. Die Offensivbewegungen, welche den Durchbruch der feindlichen Fronte bewürken, müssen stets mit Rücksicht auf die daraus fließenden vortheilhaften Folgen, und der Deckung des ferner nöthigen Terrains angeordnet werden.

A. Grundsatz. Die Bewegungen, welche zur vorläufigen Schwächung der feindlichen Fronte geschehen, müssen schnell entscheiden und so seyn, daß sie die feindliche Macht theilen, der unsrigen aber eine koncentrirte Würkung gestatten.

a. Lehrsatz. Die Bewegungen zur Lieferung einer Schlacht, müssen mit mehrern gleichzeitig und umringend marschirenden Colonnen und besonders um denjenigen feindlichen Flügel geschehen, wo wir die feindliche Fronte durchbrechen wollen. §. 22.

b. Lehrsatz. Deckt die anzugreifende Armee eine von einem besondern Theile derselben auszuführende Arbeit, deren Hinderung der näheste Zweck der Schlacht ist, so muß der Feind durch zickzackförmige Scheinmärsche erst so nahe als möglich an die Arbeit zurückgedrängt, und wo möglich auf einer schwachen Flanke derselben zum Gefecht gebracht werden. §. 23.

c. Lehrsatz. Soll ein feindlicher Posten zur darauffolgenden Ueberwältigung desselben eingeschlossen werden, so ist der Feind vorher aus denen dies hindernden Posten zu vertreiben, indem ein von uns eingenommener Zentralposten mehrere und wichtige Punkte der feindlichen Fronte bedroht. §. 24.

d. Lehrsatz. Die Bewegung zur Einschließung eines Postens muß mit mehrern Divisionen den Posten umringend zugleich, und nach Punkten geschehen, die völlige Sicherheit der Einschließungsstellung geben; wäh-

B. Grund=

B. Grundsatz. Die Bewegungen, welche die Durchbrechung der feindlichen Fronte unmittelbar bewürken, müssen sich besonders nach der Anzahl ihrer Eingänge und der Widerstandsfähigkeit des Feindes richten.

a. Lehrsatz. Die den Feind überfallende Bewegung im Anfange eines Feldzugs muß die Verbandposten seines Vertheidigungsgebäudes völlig in unsere Gewalt bringen.

1. Regel. Die in den Quartieren vertheilten Truppen müssen, ohne daß es völlig deutlich wird, schon die Vortheile besitzen, entweder in der eigenen Fronte, oder im feindlichen Lande, eine schnelle Vereinigung einer Streitmasse zu bewürken, welche die umliegenden entscheidenden feindlichen Posten in unsere Gewalt giebt. §. 30.

2. Regel. Die Bewegungsart beym Durchbruch selbst hängt von der Größe des erhaltenen Geheimnisses, der Form und Stärke der feindlichen Fronte, und der möglichen Erreichung der innern entscheidenden Gemeinschaftsposten derselben ab. §. 31.

b. Lehrsatz. Die Offensivbewegungen, welche im Anfange des Feldzugs gegen einen vorbereiteten Feind unternommen werden, bezwecken die vorläufige Sicherstellung der eigenen Armee, ihrer Vertheidigungsfronte, und der Eingänge zu dem in der Folge zu nehmenden Offensivoperationswege. §. 32.

c. Lehrsatz. Die Bewegungen zur Durchbrechung einer Fronte im Laufe des Feldzugs richten sich nach der Natur und Stärke dieser Fronten und nach den Mitteln die Verbindung dabey mit der eigenen Parallele zu decken.

1. Re=

1. Regel. Um den Uebergang eines Flusses durch Bewegungen zu erhalten, so muß er scheinbar an andern Orten unternommen, der Feind nun aber durch Scheinmärsche getäuscht, und der Uebergang durch einen erlangten Vorsprung gewonnen werden. §. 33.

2. Regel. Werden die Defilees von andern Gegenständen gebildet, so muß ein leichtes Corps irgend eine versteckte Passage vor dem Feinde gewinnen und sich darin festsetzen, bis die unterdessen die Scheinbewegungen ausgeführte Armee ankommt und nun den Durchbruch sichert. §. 34.

3. Regel. Befindet sich der Feind diesseits des von ihm zu vertheidigenden Defilees, so drängt man ihn erst so nahe als möglich in einer Gegend an dasselbe, von da wir einen sichern Marsch nach dem ausgesuchten Uebergangsorte haben. Dieser Marsch wird durch ein besonderes Corps, das sich vielleicht dem Feinde gar in den Rücken werfen kann, gesichert, während die Armee sein Hauptlager stark umschließt, den feindlichen Aufbruch erwartet, und dabey schnell angreift. §. 35.

4. Regel. Die Bewegungen zur Durchbrechung einer Vestungskette sind nur die Mittel diejenige von ihnen einschließen zu können, deren Eroberung den Durchbruch sichert. Die Scheinbewegungen längst der und in der feindlichen Parallele, entwikkeln sich also am Ende schnell in die Bewegung zur Einschließung eines Postens. §. 36.

d. Lehrsatz. Wenn uns das feindliche Land nur eine Seeküste zum Angriffe darbietet, so geschehen die Scheinbewegungen mit der Flotte, und der Ort der Landung richtet sich sowohl nach den nöthigen Gemeinschafts-

Gegend in unsere Hände bringen, und wo möglich gleich den Anfang des Feldzugs bilden. §. 49.

B. Grundsatz. Der Vertheidiger muß auf alle Art die gezwungenen Schlachten vermeiden.

a. Lehrsatz. In der Nähe des Feindes kann man sich gegen dessen schnellen Anfall nur durch einen geheimen und gut geordneten Marsch nach einem festen auf der Flanke des Feindes liegenden, Posten sichern. §. 50.

b. Lehrsatz. Ist der Feind entfernt, so muß man sich durch drohende Offensivbewegungen und dadurch erreichte starke Diversionsstellungen gegen ein nachtheiliges Gefecht sichern. §. 51.

II. Hauptgrundsatz. Die Bewegungen zur Vertheidigung einer Fronte betreffen die Erhaltung der darin liegenden festen Posten, und sie müssen daher vorzüglich angreifend auf die feindlichen Schwächen seyn.

A. Grundsatz. Die Behauptung der festen Posten an sich, wird durch die einander unterstützenden Kräfte der Besatzung und der Armee bewürkt.

a. Lehrsatz. Die Besatzung dient zur unmittelbaren Behauptung des Postens, und sie muß daher alle seine Stärken zur Vertheidigung nutzen.

1. Regel. Das Corps muß die Zugänge so lange als möglich behaupten, um gegen mehrere Seiten der Einschließung agiren, und dieselbe durch einen plötzlichen Anfall durchbrechen zu können. §. 52.

2. Regel. Darf der Anfangs besetzte Posten nicht von dem Corps verlassen werden, so ist er wie eine belagerte Veste zu betrachten, und daher durch zweck-

zweckmäßige Verbindung der Benutzung seiner Stärke und der Ausfälle unmittelbar zu vertheidigen. §. 53.

b. Lehrsatz. Ein jeder eingeschlossener und angegriffener fester Posten, muß noch eine unmittelbare Beschützung durch die Würkung eines außerhalb desselben gegen die Erhaltungsquellen des Feindes, oder gerade gegen die Einschließungsstellung agirenden Corps erhalten.

1. Regel. Ist die Einschließung noch nicht vom Feinde eingenommen, so kann sie durch das Corps gehindert werden, wenn es eine Position einnimmt, die entweder beym Fortrücken des Feindes eine entscheidende Diversion gestattet, oder von da dasselbe durch eine leichte und sichernde Bewegung einen starken Posten gewinnt, der dem Feinde geradezu die Wege und Pässe nach der Einschließungsstellung sperrt. §. 54.

2. Regel. Hat der Feind bereits die Einschließung angeordnet, so muß man zuerst auf die Ergänzung der dem Posten fehlenden Streitkräfte bedacht seyn. Dies muß durch vereinigende Würkung des eingeschlossenen und außerhalb agirenden Corps geschehen. §. 55.

3. Regel. Soll der eingeschlossene Posten durch unmittelbare Würkung auf die Einschließung entsetzt werden, so muß die Armee erst durch einige gut ausgedachte Scheinbewegungen den Feind ungewiß machen, und dann dicht an seiner Schwäche plötzlich ein festes Lager gewinnen, von da der Durchbruch der feindlichen Fronte schnell und entscheidend erfolgt, während das verstärkte eingeschlossene Corps ihn durch einen heftigen Ausfall unterstützt. §. 56.

4. Re-

4. Regel. Liegt der eingeschlossene Posten an einem großen schiffbaren Gewässer, so muß der zu Lande agirende Entsatz durch das Feuer und die Landung von einer Flotte aus, auch zu Wasser auf das beste unterstützt werden. Liegt der Posten an einem Defilee, so müssen die feindlichen Communicationen darüber zerstört, eigene angelegt, und dadurch der Vortheil erlangt werden, den Entsatzangriff auf beyden Seiten des Defilees abwechseln zu lassen. §. 57.

5. Regel. Ist die feindliche Einschließung zu stark, so zieht man erst die feindliche Hauptstärke durch Scheinmärsche dahin, und wirft sich nun plötzlich in ein starkes, seine Magazingemeinschaft hemmendes Lager, oder auf eine schwache und entscheidende Stelle der feindlichen Vertheidigungsfronte, deren zu erhaltende Sicherheit dem Feinde die Aufhebung der Einschließung nöthig macht. §. 58.

6. Regel. Damit zwey von einander durch die Einschließung getrennte Corps mit Uebereinstimmung agiren können, so müssen sie ihnen verständliche, aber dem Feinde unverständliche Benachrichtigungszeichen festsetzen; wozu Signale, Spione und geheim übersandte Schifferbriefe dienen. §. 59.

B. Grundsatz. Die Bewegungen zur unmittelbaren Behauptung einer Vertheidigungsfronte richten sich im Allgemeinen nach den Eigenschaften dieser Fronte und den Kräften, welche die Armee zur Benutzung dieser Stärken besitzt.

a. Lehrsatz. Beym Anfange eines Feldzuges richtet sich die Versammlung der Armee besonders nach den

3. Re-

Die strategische Gefechtsanwendung.

Erster Abschnitt.

Grundsätze zur Lieferung der Schlacht.

I. Hauptgrundsatz. Man darf das Gefecht als letztes, aber schnell entscheidendes Mittel zur Erreichung eines Zwecks nur dann liefern, wenn der Sieg nicht schwer zu erhalten ist, und in seinen Folgen die Nachtheile der Niederlage völlig überwiegt.

A. Grundsatz. Jedes Treffen, von dem man sich einen glücklichen Ausgang versprechen will, muß in Rücksicht aller dazu beytragenden Würkungen gehörig vorbereitet seyn.

a. Lehrsatz. Das Gefecht muß freywillig, offensiv und nicht durch den Feind von uns erzwungen seyn. §. 1.

b. Lehrsatz. Die entscheidenden Posten der eigenen Vertheidigungsfronte müssen in gehörige Sicherheit gesetzt, das Schlachtfeld und die Schlachtordnung müssen zur besten Benutzung der feindlichen Schwächen, und der günstigen Folgen des Gefechts zur schnellern Ausführung des Feldzugsplans gewählt werden. §. 2.

c. Lehrsatz. Wenn die Sperrung des Rückzugs den Sieg befördern soll, so darf man dieses Mittel nur dann

 wenn

2. Re=

Zweyter Abschnitt.

Grundsätze zur Vermeidung der Schlacht.

B. Grunds-

Die Stellungswissenschaft.

In drey Abschnitten.

Zweyten Theils Erster Band.

Erste Abtheilung.

Inhalt.

Die Stellungswissenschaft.

Erster Abschnitt.

Allgemeine Grund- und Lehrsätze der Stellungswissenschaft.

I. Hauptgrundsatz. Zur völligen Sicherung eines Landes muß man ein zweckmäßiges Vertheidigungs-Gebäude anordnen.

A. Grundsatz. In diesem Vertheidigungsgebäude müssen alle Durchbruchswege des feindlichen Heeres gesperrt werden.

§. 1.

a. Lehrsatz. Man muß den Durchbruchsweg durch Befestigungen sperren.

1. Die Stellungskunst bey vollkommner Defensive, soll dafür sorgen, daß der Feind an den Stellen, wo er in unser Land zu dringen sucht, beständig eine hinlängliche Kraft vorfindet, welche er zu fürchten hat, und ohne deren Verjagung es ihm unmöglich wird, an diesem Orte seinen Willen durchzusetzen.

2. Es muß eine besondere Lage der Grenzen der beyden kriegenden Länder Statt finden, wenn nicht die Linie, worin sie sich einander berühren, doch immer so ausgedehnt

seyn soll, daß es unmöglich wird, gleich alle die verschiedenen Wege und Pässe, die darüber führen, und welche der Feind zu seinem Eindringen gebrauchen kann, mit einer solchen Macht zu besetzen, daß der Feind hier den gehörigen Widerstand antrifft.

3. Da der Angreifer die Wahl besitzt, welchen Weg er einschlagen will, und er diesen Endschluß oft so lange verbergen kann, bis er bereits mit einer, zur Ausführung seines Zwecks hinlänglichen Macht, bey dem Posten selbst angelangt ist; so würde es meistens zu spät seyn, wenn der Vertheidiger erst dann Maaßregeln gegen den feindlichen Einbruch an dieser Stelle ergreifen wollte, wenn er eben die Nachricht von der Absicht des Gegners erhält.

4. Aus diesem Satze folgt daher der andere, daß man die Beschaffenheit und Lage derjenigen Wege, auf welchen der Feind in unsere Vertheidigungslinie einbrechen kann, genau untersuchen muß, um daraus zu ersehen, welche von diesen Wegen die wichtigsten sind und den Feind am nähesten zu seinem Zwecke führen, und welches diejenigen sind, die, wenn man sie auch dem Feinde zum Gebrauch offen läßt, ihm doch keinen entscheidenden Nutzen bringen können.

5. Es ist hieraus deutlich, das man also die ganze Verbindung derjenigen Mittel genau kennen muß, durch deren Anwendung der Feind seine Operationen Festigkeit geben will.

6. Nun kommt es aber darauf an zu untersuchen, auf wie viel Arten es möglich ist, einen Weg so zu sichern, daß der Feind ihn nicht zum Durchbruch in unsere Vertheidigungsfronte auf eine dauernde Art benutzen kann. Es giebt nun zur Erlangung dieses Zwecks drey Mittel, und dies sind folgende:

7. Wenn man dem Feind auf dem Wege, wo er durchdringen will, ein natürliches oder künstliches Hinderniß entgegensetzt, welches er nicht passiren kann, und welches also seinen fernern Marsch unmöglich macht.

8. Wenn

8. Wenn man dem Feinde eine hinlängliche Streitkraft entgegen stellt, die er erst überwinden und also aus ihrem Posten vertreiben muß, wenn er sich den Weg öffnen will, der bisher von derselben gesperrt war.

9. Wenn man den Weg an und für sich zwar zum Marsche des Feindes offen läßt, aber eine hinlängliche Streitkraft so postirt, daß, wenn der Feind auf diesem Wege seinen nothwendigen Unterhalt an sich ziehen will, derselbe leicht von ihr aufgehoben werden kann, wodurch es dem Feinde unmöglich wird, länger auf einem solchen Wege vorzurücken.

10. Dieser Weg wird also so lange gegen feindlichen Einbruch gedeckt seyn, so lange der Feind, das seine Unterhaltung bedrohende Corps nicht aus seinem Posten verjagt hat. Denn wollte er ohne diese nöthige Operation dennoch auf dem ihm freygelassenen Wege vorrücken; so steht dies zwar in seinem Willen, allein findet er nachher keinen Unterhalt, so wird das weitere Vorrücken seine Niederlage und Aufreibung um so mehr befördern, indem er auf dem genommenen Wege, wegen unseres Corps, keinen Unterhalt erlangen kann, und er also, wenn sein Vorrath aufgezehrt ist, sich um so länger dem zerstörendsten Mangel aussetzt, je weiter er wieder zurück zu marschiren hat, bis er über unser Corps hinaus ist, so daß es ihm nun nicht weiter den Unterhalt abschneiden kann.

11. Wenn wir die erstere Art betrachten, wie man einen Weg gegen den Feind sperren kann, so wird man leicht gewahr, daß, soll dies durch künstliche Hindernisse geschehen, diese nie so eingerichtet werden können, daß sie auch ohne Vertheidigung im Stande wären, die feindliche Passage unmöglich zu machen.

12. Eine solche Arbeit würde nicht allein eine unsägliche Mühe und Zeit, sondern auch unglaubliche Kosten erfordern; und dennoch würde der eigentliche Zweck, der dahin geht, ein Werk zu errichten, das ohne Vertheidigung schon hinlänglich ist, in der Strecke, in welcher es sich aus-

dehnt, dem Feinde, den Durchbruch zu verwehren, dadurch nicht erreicht werden.

13. Selbst das grösseste Werk in dieser Art, die chinesische Mauer, leistet diesen außerordentlichsten Vortheil nicht; und dies aus dem Grunde, weil sich beynahe nichts auf der Erde befindet, was nicht endlich durch fortdauernde Anstrengung der geistigen und körperlichen Kräfte der Menschen, besiegt und hier im wahren Sinne des Worts aus dem Wege geschaft, oder doch so eingerichtet werden könnte, daß es dem Fortgange unseres Unternehmens nicht länger hinderlich bleibt.

14. Man mag daher dem Feinde, um ihn am Durchbruche in unser Land zu hindern, entweder Mauern, Wälle, tiefe Gründe, Gewässer oder auch Minen entgegensetzen, so werden doch alle diese Vertheidigungs- und Befestigungsmittel zu ihrer Beschützung und gehörigen Anwendung noch immer eine besondere, beständig bereite Streitkraft nöthig haben, wenn sie nicht sammt und sonders in mehr oder weniger Zeit vom Feinde passirt seyn sollen.

15. Selbst bey den natürlichen Hindernissen, die man dem Feinde entgegensetzen kann, um seinen Durchbruch zu verhindern, findet dies Statt, da doch die Arbeiten der Natur in Vergleich mit denen der Menschen, ungleich größer, weitumfassender, stärker und dauerhafter, und daher dem durch sie zu erlangenden Zwecke vielmehr entsprechender als diese sind.

16. Solche Naturhindernisse bestehen in steilen fürchterlichen Gebürgen, breiten und tiefen Felsenschlüchten, breiten mit steilen Ufern versehenen tiefen Morästen und Gewässern, oder undurchdringlichen morästigen, dicken und felsigten Wäldern.

17. Allein obgleich dies Gegenstände sind, welche die größtmöglichste Sicherheit gewähren, so ist es doch nicht ganz unmöglich, durch fortgesetztes Nachdenken und Fleiß Anordnungen zu treffen, welche nach mehr oder weniger Zeit die Passage derselben erlauben.

18. Die

18. Die steilen Felsen untergräbt man und stürzt sie ein, oder sprengt sie mit Pulver auseinander. Die Böschungen der steilen Gründe macht man auf diese Art gangbar, oder füllt den ganzen Grund mit einem Damme aus. Ueber die Gewässer schlägt man Brücken, oder sind sie zu breit, so erbauet man Schiffe und setzt die Truppen auf Flotten hinüber; die Waldungen endlich hauet man aus, füllt die Moräste, schlägt Dämme darüber, und sprengt die im Wege liegenden Felsen.

19. Aus diesen Betrachtungen ersieht man daher, daß solche natürliche oder künstliche Hindernisse nicht an und für sich dazu dienen können, den Feind auf immer außerhalb unserer Vertheidigungslinie zu erhalten, wenn sich nicht noch sonst eigene Umstände, die aus den jedesmaligen Kräften des Feindes entstehen, damit vereinigen.

20. Da aber diese Hindernisse dennoch vom Feinde, wenn er sie passiren will, mehr oder weniger Aufwand von Zeit, Kraft und Geld erfordern, und dies die Elemente seiner Streitfähigkeit sind; so wird, vorzüglich bey den Naturhindernissen, ihre Benutzung immer mit den größten Vortheilen verbunden seyn, indem man einerseits den Feind länger außerhalb der Vertheidigungsfronte erhält, als geschehen würde, wenn man sich bey Vervollkommnung der Stellung zur Deckung des Landes derselben nicht bediente.

21. Ferner rauben sie dem Feind immer einen für uns wichtigen Theil seiner Streitkraft, und setzen also das Verhältniß, was zwischen der seinigen und der unsrigen herrscht, herab, worauf alle unsere Handlungen gerichtet seyn müssen, indem dadurch die völlige Auflösung der feindlichen Streitkraft durch uns immer näher gebracht wird.

22. Ist es nun überdies möglich, daß man solche, die feindlichen Kräfte an und für sich schon brechende, Hindernisse noch dazu mit Truppen vertheidigen kann, deren Anzahl und Stärke nach der Summe von Kräften abgemessen ist, welche der Feind bey der würklichen Passage der Hindernisse gegen uns in Aktivität setzen kann; so ist eine

solche Streitkraft nicht allein hinlänglich den feindlichen Durchbruch, selbst wenn der Weg fast bereitet ist, noch äußerst blutig und gefahrvoll zu machen: sondern es ist ihr auch ein leichtes alle Anstrengungen des Feindes, einen solchen Weg zu bereiten, völlig unnütz zu machen, so bald sie nur noch früh genug kommt, um eine hinlängliche Summe von Hindernissen, die der Feind noch nicht hat wegschaffen können, vorzufinden.

23. Hieraus sieht man, daß, ist es möglich eine solche Lage der Sachen zu erschaffen, der Theil der Grenze, längst welchem sich die Vetheidigungslinie auf diese Weise geschützt sieht, **gegen allen Einbruch des Fendes vollkommen gesichert werden kann.**

§. 2.

b. Lehrsatz. Man muß den zu sperrenden Weg selbst mit einer hinlänglichen Streitkraft besetzen.

1. Regel. Das Corps muß zur Sicherheit des zu deckenden Weges selbst gegen die Umgehung gesichert, und dieserhalb der beyderseitige Marsch nach den Reserveposten genau berechnet werden.

1. Will man sich des Mittels, den Feind durch entgegengesetzte natürliche oder künstliche Hindernisse abzuhalten, nicht bedienen, sondern das zweyte Mittel anwenden, nämlich den Weg, auf welchem der Feind vorrücken will, mit einem queer über denselben gestellten Corps sperren, so wird hier alles von einer Schlacht abhängen. Denn der Feind muß dies Corps, um sich den Weg zu öffnen, über den Haufen werfen.

2. Um dies nun aber, wo nicht gänzlich unmöglich zu machen, doch wenigstens so viel als möglich zu erschweren, so muß man alle die Mittel anwenden, welche ein Gefecht auf unserer Seite günstig, auf der Seite des Feindes aber höchst gefahrvoll machen.

3. Es ist daher nöthig dem Corps, welches dem Feind an diesem Orte widerstehen soll, eine vortheilhafte Stellung zu geben, und, soll es seinen Posten nicht auch durch eine offensive Schlacht zu erhalten suchen, die Front der Position, so wie ihre Flanken, durch alle nach den Vortheilen des Terrains anzuwendende Erfindungen der Befestigungskunst zu verstärken.

4. Ist es nun aber dem Feinde sehr beschwerlich, ein solches Corps durch einen Angriff von vorne aus seinen Posten zu vertreiben, so wird er auf andere Mittel zur Erreichung seines Zwecks verfallen, und hierzu bieten sich dann vorzüglich zwey dar, die bey der Stellungskunst in Betrachtung kommen.

5. Das erste ist, daß er den Posten auf einer Flanke zu umgehen suchen wird, um ihn von hinten anzugreifen, wo er vielleicht unbedeckt ist, und wo man dem darin stehenden Corps den Rückzug abschneiden kann.

6. Das zweyte Mittel besteht darin, daß der Feind ebenfalls entweder mit seiner ganzen Streitkraft, oder nur mit einem Theile derselben um den Posten herumgeht, und den Weg besetzt oder beunruhigt, auf welchem das Corps seine Lebensmittel an sich zieht.

7. Kann der Feind diese eine gewisse Zeit hindurch auffangen, und das Corps kann auf keine andere Art welche erlangen; so muß es nothwendig am Ende zur fernern Widersetzung unfähig werden, und entweder sich schnell seinem Unterhalte nähern, oder sich dem Feinde in die Arme werfen und sich ergeben. Auf beyde Arten giebt es seinen Posten preiß, und der Feind erreicht seinen Zweck, die Sperrung des Weges, welche durch dieses Corps bewürkt wurde, wegzuschaffen, und sich eine freyere Straße zu bereiten.

8. Wendet der Feind das erste Mittel an, so ist kein anderer Ausweg, um noch länger den Weg gesperrt, oder das Corps wohl gar in seinem Posten zu erhalten, als daß sich dasselbe eine Stellung wählt, welche nicht allein auf der Front dem Feind eine große Stärke entgegensetzt, son-

dern die auch den Truppen die Vortheile gewährt, selbst wenn der Feind die Stellung umgeht, und sie gezwungen sind ihre Front gegen den Rücken zu nehmen; ihm dennoch solche Schwierigkeiten, durch die vortheilhafte Benutzung des nun vor ihnen liegenden Terrains entgegen zu setzen, welche bey einem feindlichen Angriffe, immer auch hier einen höchst wahrscheinlichen Sieg versprechen.

9. Solche Positionen müssen alsdann, um sie gegen die Anfälle des Feindes aller Orten gleich stark zu machen, auch rund um mit der größesten Aufmerksamkeit befestigt werden.

10. Dies ist um so nöthiger; denn sollte es dem Feinde glücken, die Position zu umgehen, und einen Angriff von hinten auf sie zu thun, so würde ein solches im Rücken angegriffenes Corps auf allen Fall gänzlich zu Grunde gerichtet oder gefangen, sobald der Feind hier eingedrungen ist, und die Truppen auf eine hartnäckige Vertheidigung bestünden.

11. Da bey einer solchen Lage meistens der feindliche Angriff nicht von einer Seite allein, sondern an mehreren Punkten zugleich geschehen kann und würklich geschieht, so wird den auf solche Art angegriffenen Truppen sogleich der Rückzug abgeschnitten; sie werden von allen Seiten eingeschlossen, immer mehr beengt und zuletzt in einem Knaul zusammen gedrängt, in welchem sie dann ihre Streitfähigkeit, gegen eine überlegene und sie umgebende feindliche Masse, gänzlich verlieren.

12. Soll nun aber ein Corps sich in solcher Lage einem Gefechte aussetzen, so muß man warlich gestehen, daß sie, wenn die Befestigung der Position nicht auf einen außerordentlichen Grad getrieben ist, um dadurch einen glücklichen Erfolg bey einem plötzlichen und offenen Angriff des feindlichen Corps unmöglich zu machen, höchst gefahrvoll ist, und die Truppen doch den wiederholten und vereinigten Angriffen des stärkern und umringenden Feindes, in kurzer Zeit, unterliegen müssen; indem ihre Aufmerksamkeit beständig auf

auf alle Punkte in einem großen Kreise vertheilt, und dadurch, so wie durch fortgesetzte Angriffe nothwendig ihre Kräfte endlich schwinden müssen.

13. Will man also nicht dies sehr kostbare und gefährliche Mittel zur fernern Sperrung des Weges anwenden, sobald der Feind das ihn bis dahin deckende Corps umgangen hat, so ist kein anderer Weg übrig, dies dennoch ferner zu erhalten, als daß man sich schnell aus dem Posten herauszieht und einen andern auf demselben Wege besetzt, der denselben ebenfalls sperrt, aber so weit zurückliegt, daß der Feind sich mit seinen Truppen, welche unsern ersten Posten umgiengen, noch vorwärts dieses neuen Lagers befindet.

14. Soll nun aber dieses Mittel noch zu einer Zeit angewandt werden, in welcher sich die Beförderung unseres Zwecks davon erwarten läßt; so muß das Corps sich frühzeitig genug aus seiner ersten Stellung in seine neue zurückziehen; damit der Feind weder den Weg dahin abschneiden, oder den neuen Posten wohl gar selbst von seinen uns umgangenen Truppen besetzen, noch auch uns auf dem Marsche nach der neuen Position mit Vortheil angreifen kann.

15. Indessen müssen wir doch auf alle Fälle so lange in der ersten Stellung bleiben, bis sich des Feindes Absicht, uns zu umgehen, deutlich zeigt, und ferner bis unser erste Posten vollkommen den Nutzen, nämlich den Feind eine Zeitlang aufzuhalten, in solchem Maaße geleistet hat, als die vielleicht zu seiner Verstärkung angewandte Mühe oder die Wichtigkeit seiner Lage erheischte.

16. Es ist nun meistens zwar nicht schwer rückwärts der ersten Stellung eine neue zu finden, welche ebenfalls noch den Weg sperrt; allein um so schwerer ist es den rechten Zeitpunkt zu treffen, wo die mögliche Behauptung der ersten Stellung aufhört, und wo dennoch Zeit hinlänglich da ist, den neuen Posten nicht allein zu erreichen, sondern auch gegen die Angriffe des Feindes in gehörigen Stand zu setzen.

17. Um daher diesen Zeitpunkt genau zu bestimmen, in welchem man aus der ersten Position nach der andern aufbrechen muß, ist es nöthig, daß genau die Zeit berechnet wird, welche man nicht allein auf dem Wege dahin zubringen muß, sondern die auch nöthig ist, um alle die nöthigen Anordnungen zur Vertheidigung zu treffen, welche erfordert werden, wenn ein Corps in eine neue Stellung einrückt. Hierzu muß die Zeit genommen werden, welche der Feind nöthig hat unser Corps zu umgehen, von welcher aber noch diejenige abgezogen wird, welche vergeht, bis wir den Marsch des Feindes mit Sicherheit erfahren.

18. Haben wir nun diese Berechnung angestellt, so ist die Zeit gefunden, welche wir zur Ausführung der ganzen Lagerveränderung bedürfen. Nun müssen wir aber auch sehen, wie viel Zeit der Feind nöthig hat, um seinen Marsch so auszuführen, daß er entweder eher bey dem zurückliegenden Posten ankommt, so daß wir denselben ohne nachtheiliges Gefecht nicht beziehen; oder daß er uns überhaupt den Weg dahin abschneidet.

19. Um diese Zeit der feindlichen Operation zu erfahren, brauchen wir nur die Länge desjenigen Weges zu berechnen, die den Feind am ehesten zum Ziele führt, und haben wir daraus die Zeit gefunden, welche er zur Zurücklegung desselben bedarf, so legen wir hier diejenige zu, welche er noch zur Ueberwindung der Terrain- oder künstlichen Hindernisse anwenden muß, die ihm auf seinem Wege entgegen liegen, und die er nöthig hat seine Streitkräfte in dem erreichten Punkte zu entwickeln.

20. Findet sich nun, daß die Zeit, welche der Feind zur Erreichung seiner Absicht bedarf, nur um so viel selbst kürzer ist, als zur Entwicklung seines Corps nöthig war, so ist es schon für den Vertheidiger unmöglich, die neue Stellung ohne Gefecht und Sieg zu erlangen.

21. Da er sich in einer vollkommenen Defensive aber eigentlich nicht offensiv darum schlagen soll, eine das Land sichernde Stellung zu erlangen, so ist es seine Pflicht, seine

Anstal-

Anstalten so einzurichten, daß er auf alle Fälle weniger Zeit als der Angreifer braucht, in die neue Stellung einzurücken.

22. Dies kann nun aber allein nur dadurch geschehen, das er entweder die Geschwindigkeit seines Marsches um so viel vermehrt, als ihm Zeit fehlt, oder daß er Maaßregeln ergreift, durch welche er geschwinder von dem Marsche des Feindes benachrichtigt wird; oder endlich, daß er Schwierigkeiten erfindet, welche dem Feinde auf seinem Marsche entgegengesetzt werden, und ihm also desto mehr Zeit rauben.

23. Ist es nicht möglich, durch die Anwendung eines dieser Mittel die nöthige Zeit heraus zu bringen, so wendet man mehrere oder auch wohl alle zugleich an, da man nie zu viel Zeit haben wird, und die Erhaltung der ersteren Stellung um so länger Nutzen stiftet.

§. 3.

2. Regel. Um die Nachtheile der Umgehung zu vernichten und den Reserveposten zu sichern, so muß derselbe entweder selbst besetzt werden, oder man muß die um die Flanke führenden Hauptwege durch besondere Seitencorps sperren.

1. Wenn man dem Feinde Hindernisse auf seinem Wege entgegen setzen will, um dadurch, daß er genöthigt ist, Zeit zu ihrer Wegräumung anzuwenden, selbst Zeit zu gewinnen, den wichtigen Posten noch früh genug zu erreichen, ehe der Feind dies unmöglich macht; so kann das Hinderniß entweder darin bestehen, daß der Feind bey der Passage irgend eines natürlichen oder künstlichen Terrains aufgehalten wird, oder daß man ihm ein besonders Corps entgegensetzt, welches er vorher gänzlich schlagen muß, um auf seinem Wege weiter zu gehen, und den hinterliegenden Posten oder einen andern auf unserm Wege zu erreichen, der uns von dem, wohin wir eilen, abschneidet.

2. Besetzen wir den Weg, den der Feind halten muß, selbst mit einem Corps, so muß dies vollkommen so stark seyn, und eine so gute Stellung haben, daß es würklich

im

im Stande ist der darauf andringenden feindlichen Macht diejenige Zeit zu widerstehen, welche zur Ausführung unserer Bewegung noch mangelte, und die man durch diesen Widerstand erhalten will.

3. Die Stellung des Haupcorps muß auch so beschaffen seyn, daß dieser Abgang an Streitkräften auf keine Weise der fernern Vertheidigung der Hauptposition gegen die anwendbare feindliche Macht nachtheilig wird.

4. Endlich muß das kleinere Corps einen sichern Rückzug besitzen, damit dasselbe nicht aufgeopfert zu werden braucht, wenn es sich so lange gewehrt und also seine Pflicht erfüllt hat, wie es nöthig war, um dem Hauptcorps den Vorsprung über den Feind nach dem neuen Posten zu geben.

5. Die Sicherheit des den feindlichen Nebenweg deckenden Corps wird aber immer während seines Rückzugs höchst zweifelhaft seyn, wenn der neue Hauptposten nur etwas weit davon abliegt; indem derselbe von dem dahin geeilten Corps nicht verlassen werden darf, aus Furcht, der Feind mögte sich desselben sonst durch eine versteckte Bewegung bemächtigen. Das kleinere Corps kann also auch, während es von der ganzen feindlichen Macht gedrängt wird, auf keinen Fall von dem großen eine kräftige Unterstützung erhalten.

6. Vielleicht ist es immer dem Feinde noch möglich, auch dieses Corps zu umgehen, hinter ihm wieder in den Weg nach dem zu erreichenden Posten einzufallen, und diesen, ungeachtet des Corps, dennoch zu erreichen; allen Nutzen, den man sich also durch die Stellung dieses Nebencorps versprach, gänzlich in ein Nichts zu verwandeln, und wohl gar noch dies nun umgangene Corps selbst von einem Theile seiner Macht angreifen und zernichten zu lassen.

7. Es ist daher kein besserer Weg, nicht allein die besondere Sicherheit des Nebencorps zu befördern, sondern auch auf alle Fälle den zu erreichenden Hauptposten so lange zu decken, bis das Hauptcorps darin ankommt, als das Nebencorps nicht seitwärts auf dem vom Feinde zu haltenden

den Wege, sondern gerade in dem neuen Huptposten selbst aufzustellen.

8. Wird dieses Mittel ergriffen, so erhält man dadurch folgende außerordentliche und oft entscheidende Vortheile.

a. Es ist nun dem Feinde ganz unmöglich, uns in dem hinterliegenden Hauptposten zuvorzukommen.

b. Unser Rückzug wird, im Fall der Feind unsere erste Stellung angreifen und überwältigen sollte, vollkommen gedeckt, indem das Hauptcorps auf seinem Rückwege bereits einen gut besetzten und alles Verfolgen des Feindes hemmenden Posten antrifft, unter dessen Schutze es sich sehr gut wieder setzen und ferner den Weg gegen den Feind vertheidigen kann.

9. Ein anderer Vortheil besteht endlich darin, daß wenn man gezwungen ist, die erste Stellung zu verlassen und nach der zweyten zu marschiren, man dem bereits darin stehenden Corps immer näher kömmt, statt daß man sich vielleicht immer mehr von demselben entfernte, wenn es auf dem feindlichen Wege postirt wäre.

10. Sollte daher der Feind früher als wir bey dem neuen Posten ankommen und das darin stehende Corps angreifen, so ist dies für ihn ein höchst gefährliches Stück; indem er alle Augenblicke sich vermuthen muß, daß ihm unser Hauptcorps in den Rücken fällt und wohl gar den Rückzug abschneidet, worauf eine gänzliche Niederlage nicht fehlen kann.

11. Auf allen Fall muß man aber die hinterliegende neue Stellung so einzurichten suchen, daß das zu ihrer vorläufigen Bewachung dahingeschickte Corps, auch einer vollkommenen Lagersicherheit gemeße, und das Terrain so benutzen kann, daß eine förmliche Vertheidigung von demselben sich erwarten läßt.

12. Fände dies nicht statt, so könnte es auf keinen Fall etwas helfen, das Corps dahin geschickt zu haben, weil der Feind leicht eine Streitkraft ganz umfähig zum Gebrauch

brauch machen kann, die in keinem gehörigen Verhältniß zu der Ausdehnung der Position steht, welche durch sie behauptet werden soll.

13. Ist es nun aber nicht thunlich die hinterliegende Position vorläufig so einzurichten, daß ein kleines Corps dieselbe eine Zeitlang gegen die Angriffe des Feindes vertheidigen kann, und findet sich im Gegentheil auf dem Wege des Feindes ein solcher Posten; so ist man freylich genöthigt diesen Posten der Besetzung der großen Position vorzuziehen.

14. Doch muß man suchen ihn so nahe als möglich an dieser zu nehmen.

a. Der Feind hat so um so weiter zu marschiren, bis er ihn erreicht.

b. Das Hauptcorps kommt auf seinem Marsche nach der neuen Position demselben immer näher, und macht also dadurch den feindlichen Angriff darauf immer gefährlicher.

15. Oft ist es nun der Fall, daß der Feind unsere erste Hauptstellung zur Deckung des Weges, den er zu seinem Vorrücken gebrauchen will, auf beyden Flanken umgehen kann.

16. In solcher Lage ist es dann sehr schwierig die Stellung lange zu behaupten, indem unsere Aufmerksamkeit auf alle Punkte eines großen Zirkels, in welchem die feindlichen Bewegungen geschehen, vertheilt wird.

17. Selbst wenn wir den rechten Zeitpunkt treffen, wo es noch möglich ist, die hinterliegende Stellung vor dem Feinde zu gewinnen, schweben wir doch auf dem Marsche dahin in einer sehr großen Gefahr; da uns der Feind alsdann im Rücken und auf beyden Flanken angreifen, und unsern Marsch also auf alle mögliche Weise verzögern kann, während er mit einem hinlänglichen Corps mit der größten Schnelligkeit um uns wegeilt, und den wichtigen Posten vor uns erreicht.

18. Hier wird es also unumgänglich nöthig seyn, auf beyde Flanken ein Corps zu postiren, was den Feind aufhält,

und

und uns durch diesen Widerstand die Zeit verschaft, welche wir nöthig haben, um dem Feinde den Vorsprung nach dem neuen Posten abzugewinnen.

19. Jetzt versteht es sich von selbst, daß die erste Hauptstellung noch stärker seyn muß, als im ersten Fall nöthig war, wo nämlich der Feind nur eine Flanke umgehen kann. Denn da die Streitkraft jetzt größer ist, welche man zur Sicherung des nöthigen Vorsprungs ausstellen muß, als vorher, so muß jetzt, da also die in der Hauptstellung um so mehr geschwächt wird, die eigene Stärke der Position diese Schwächung ersetzen.

20. Uebrigens ist alles anzuwenden, dem einen Flankencorps sowohl, als dem andern, eine solche Stellung anzuweisen, welche nicht allein den Zweck ihrer Ausstellung, sondern ihre eigene Sicherheit, ohne welche jener nicht erreicht werden kann, befördert.

21. Wir haben bereits gesehen, daß, wenn wir blos die Sicherheit des abgeschickten Corps und die Gewißheit der Erreichung der neuen Position in Betrachtung ziehen, es weit vortheilhafter ist, das detaschirte Corps nicht auf den Weg, den der Feind halten muß, sondern in der neuen Position selbst aufzustellen, wenn sie sonst darnach eingerichtet werden kann, daß eine Vertheidigung derselben mit wenigen Kräften möglich ist.

22. Können nun aber beyde Flanken in der ersten Hauptposition umgangen werden, so müssen auch zwey Corps, wie wir eben gesehen haben, ausgestellt werden; und da also eine ungleich größere Streitkraft, als vorhin zur Sicherung der neuen Stellung angewandt wird, so ist nun die Frage: welches ist vortheilhafter; zwey Corps dem Feinde auf den beyden Wegen, die er um unsere Flanken nehmen kann, entgegenzusetzen, oder diese beyden Corps zu vereinigen und sie gleich in die neue Stellung rücken zu lassen, da sie jetzt hinlängliche Kraft besitzen, dieselbe eine Zeitlang zu behaupten?

23. Um

23. Um diese Frage genau zu beantworten, so muß man bedenken, daß wenn sich die beyden Corps auf die Wege des Feindes stellen, man dadurch zugleich die große Gefahr zum Theil mit abwendet, welche sonst dem Hauptcorps auf seinem Marsche zum zweyten Posten drohet.

24. Ferner wird durch diese Stellung der Seitencorps wahrscheinlich noch eine Strecke Land gedeckt, welches nicht der Fall seyn würde, wenn man beyde in dem zweyten Posten zusammenzöge.

25. Endlich befinden sie sich in den meisten Fällen besser zur Hand, durch einen schnellen Anfall auf den Feind, welcher die Flanke der vordern Hauptstellung angreifen will, mit zur Vertheidigung derselben etwas beyzutragen.

26. Sollten nun also diese Vortheile durch die Lage der deckenden Terraingegenstände statt finden, so ist es freylich besser, wenn sonst die besondern Posten der beyden Corps auch für sich hinlänglich stark sind, daß man die Deckung des nöthigen Vorsprungs nach dem zweyten Hauptlager, durch Aufstellung der dazu bestimmten Corps auf den Wegen zu erhalten sucht, die der Feind nehmen muß.

27. Sollten aber die eigenen Positionen der ausgestellten Flankencorps wieder leicht umgangen werden können, so wird dies also eine fernere Vertheilung dieser kleinen Corps zur Deckung ihrer Flanken- und Rückwege nöthig machen, wodurch wieder ohne Zweifel ihre Hauptposten sehr geschwächt, oder von dem großen Hauptcorps noch Streitkräfte abgezogen werden müßten.

28. Ist es dem Hauptcorps nun möglich, auch außer den beyden Seitencorps, seinen Marsch nach dem zweyten Hauptposten zu decken, und ist endlich der Weg dahin so beschaffen, daß eine im zweyten Hauptposten aufgestellte Truppenabtheilung, leichter und geschwinder wieder in dem vordern Hauptposten anlangen kann, als wenn sie zur Seite auf den Weg postirt wäre, den der Feind halten muß, wenn er um unsere Flanken nach dem zweyten Hauptposten marschirt, so ist es in diesen Fällen wohl ohne Zweifel am besten,

wenn

wenn man die beyden Flankencorps gleich vereinigt in diesen zweyten Hauptposten setzt, und auf die feindlichen Wege nur Avertissements-Detaschements vorschickt.

§. 4.

c. Lehrsatz. Man kann den Durchbruchsweg auch durch eine zweckmäßige Flankenstellung decken.

1. Regel. Da die Würkung von einer Flanke aus gegen die feindliche Gemeinschaft Zeit erfordert, so muß diese Position auf allen Seiten gleich stark und mit allen zum Unterhalte der Truppen versehen seyn.

1. Das dritte Mittel einen Weg so zu sichern, daß der Feind auf ihm keine Offensivoperation vornehmen kann, ist, wenn man ein Truppencorps so zu postiren sucht, daß es zwar den Marsch des Feindes auf dem zu deckenden Wege an und für sich gestattet, indessen solche Posten besitzt, daß es in seiner Gewalt steht, die Communication des Feindes mit dem Orte, von daher er seinen Unterhalt zieht, zu hemmen, und seine Transporte aufzufangen, um ihn so durch Mangel der Lebensmittel zu nöthigen, sich wieder zurück zu ziehen.

2. Da nun die Anwendung dieses Mittels mehr Zeit gewöhnlich erfodert, als die der beyden ersten, und der Feind alles anwenden wird, das Corps, welches seine Communication in so große Gefahr setzen könnte, vorher gänzlich aus dem für ihn gefährlichen Posten zu vertreiben und unschädlich zu machen; so folgt hieraus, daß die Position dieses Corps so beschaffen seyn muß, daß es lange Zeit die Bemühungen des Feindes, es zu überwältigen, mit eigener Sicherheit beständig abschlagen kann.

3. Was hierzu erfordert wird, läßt sich leicht aus den vorhergehenden Paragraphen ersehen.

a. Es ist unumgänglich nöthig, daß die Stellung des Corps eine durch den ersten Anlauf des Feindes unüberwindliche Fronte darbiete.

b. Es müssen sich auf den Flanken derselben Terrainhindernisse befinden, welche es unmöglich machen, daß der Feind plötzlich und mit Vortheil die Stellung umgehen und im Rücken angreifen kann.

c. Sind solche Terrainhindernisse nicht da, oder befinden sich auf den Flanken keine andere Corps, welche durch ihre Position dieselben in so fern decken, weil sich der die Flanke umgehende Feind fürchten muß, von diesem Corps während des Marsches oder beym Angriff auf uns, selbst im Rücken angegriffen und am Rückzuge verhindert zu werden; so muß sich das Corps in einer Stellung befinden, die aller Orten so stark, wie auf der Front ist.

d. Da der Feind in jedem Falle, und wenn keine Deckung der Flanken da ist, vorzüglich alles anwenden wird, dem Corps selbst den Unterhalt durch Operationen in seinem Rücken zu entziehen, und ihm dies in der Länge der Zeit eben so gut glücken kann, als uns, so müssen hiergegen die größesten Vorsichten genommen werden.

4. Was das erste Erforderniß der Stellung eines solchen Corps anbetrifft, so läßt sich dies durch die gehörige Benutzung des Terrains erhalten. Giebt dies nicht Vortheile genug, wie es in den meisten Fällen in Rücksicht der Dauer der ganzen Operation nicht geben wird; so wendet man alle Erfindungen der Befestigungskunst an, um die Stärke der angreifbaren Front auf einen so hohen Gipfel zu erheben, daß der Feind zu ihrer Ueberwindung eine große Summe von Zeit, Geld und Menschen aufwenden muß; so daß es ihm entweder ganz unmöglich wird durchzudringen, oder daß er doch wenigstens so viel Zeit verliert, die für uns vollkommen hinlänglich ist, ein neues Mittel zur Behauptung des Weges aufzustellen.

5. Da wir schon oben gesehen haben, daß kein Terrainhinderniß eine so große Schutzwehr gewährt, daß nicht der Feind bey Anwendung von Zeit und Kraft dasselbe überstiegen haben könnte; so würde die ganze Vertheidigung des

Corps

Corps in dem Augenblicke daniedergeworfen seyn, in welchem das Hinderniß überstiegen ist.

6. Je länger nun das Hinderniß ist, jemehr Gelegenheit hat der Feind an mehreren Punkten dasselbe zu übersteigen und wollte man, um dies dem Feinde höchst schwierig zu machen, das ganze Flankenterrain mit Truppen besetzen, so wäre dies eben so viel, als die Position längst diesem ganzen Terrain ausdehnen.

7. Ohne in Erwägung zu ziehen, daß hierzu eine große Anzahl Truppen gehörte, so würden die Flanken dieser ausgedehnten Stellung nun eben so wenig Deckung und noch weniger als vorher genießen, wenn nicht die Terrainhindernisse, die zur Deckung der Flanke benutzt werden sollten, entweder so weit reichen, daß der Feind selbst abgeschnitten wird, wenn er darum herum marschiren will, oder daß sie gar die Grenzen des Landes berühren, und also dadurch die Enden derselben vor feindlicher Umgehung sicher gestellt sind. Beyde Fälle sind aber äußerst selten.

8. Dieserwegen ist es auf alle Fälle vortheilhafter, wenn ein Corps zur Aufhebung feindlicher Transporte sich in eine Stellung setzt, welche selbst auf ihren Flanken von Terrainhindernissen gedeckt wird, dennoch aber alles aufbietet, die Flanken und den Rücken desselben vermittelst der Befestigungskunst eben so stark als die Front zu machen.

9. Nun hat dies Corps die Uebersteigung, der auf seinen Flanken sich befindenden Terrainhindernisse durch den Feind gar nicht zu fürchten, da es seine eigentlichen Schutzwehren, die in der kunstvolle Anlage mehrerer nach dem Terrain eingerichteter starker Verschanzungen bestehen, ganz dicht um sich in der Nähe besitzt, und dadurch einen plötzlichen Anfall des Feindes auf sich unmöglich macht.

10. Aber selbst die größte Stärke einer Position wird nicht hinlänglich seyn, den Aufenthalt eines Corps an einem Orte sehr zu verlängern. Denn je länger es an demselben stehen bleiben will, je mehr Zeit gewinnt der Feind, dasselbe zu umgehen und solche Anordnungen zu treffen, welche es un-

möglich machen, daß das Corps aus rückwärts liegenden Gegenden seinen fernern Unterhalt an sich zu ziehen im Stande ist; und ohne denselben ist es doch gar nicht möglich, daß es auf eine lange Zeit seine Streitfähigkeit erhalten kann.

11. Um daher diesem ersten Erforderniß aller auf eine lange Zeit in einem gewissen Posten stillstehender Corps abzuhelfen, so ist kein anderes Mittel, als innerhalb der Position der Truppen solche Maaßregeln zu treffen, daß sich darin nicht allein der nöthige Unterhalt auf die ganze Zeit, welche die Truppen an diesem Platze bleiben sollen, für dieselben darin befinde, sondern daß er auch vollkommen sicher darin liege; ferner daß man Anstalten darin habe, die eine Ersetzung der nothwendigen Kriegesmaschinen und ihrer Erfordernisse, beständig und schnell den Truppen liefern können.

12. Alle diese Einrichtungen setzen eine große Aufmerksamkeit auf alle Nothwendigkeiten des Kriegesstandes und zugleich voraus, daß man schon eine geraume Zeit vorher den Plan gefaßt habe, an einem solchen Orte ein Corps auf die angegebene Weise zu postiren, das einen langen Widerstand thun soll. Denn ohne einen ziemlichen Aufwand von Zeit läßt sich diese detaillirte ordnungsmäßige Fürsorge nicht treffen.

13. Die Befestigung der Position muß mit allem Fleiße erbauet werden, und hierzu gehört um so mehr Zeit, je stärker man sie machen will, damit zu ihrer Vertheidigung desto weniger Truppen erfordert werden.

14. Die nöthigen Lebensmittel müssen an dem Orte in Magazine aufgeschüttet und sowohl gegen den Einfluß der Witterung, als auch gegen die Bemühungen des Feindes, dieselben in Brand zu stecken, gesichert werden. — Diese den Kriegsbedürfnissen zu gebende Sicherheit erfordert gut gelegene und mit bombenfesten Gewölben versehene Gebäude.

15. Die Soldaten, welche in einer solchen festen Position lange aushalten, und also auch oft den Unannehmlichkeiten der Jahrszeit ausgesetzt seyn sollen, müssen um so mehr

mehr geschont werden, da ihre geringe Zahl die Erhaltung ihrer Kräfte erheischt.

16. Es ist unumgänglich nöthig, daß man für das hier stehende Corps andere Wohnungen einrichte, als die Zelte sind. Diese neuen Wohnungen müssen nicht allein bequemer als die Zelte, sondern auch so vollkommen sicher vor den feindlichen Bomben und Kugeln seyn, daß der Soldat nichts darin im geringsten zu fürchten hat, und sich im Gegentheil ganz seiner Ruhe überlassen kann. Solche Gebäude nennt man Kasernen und Baracken, und zu ihrer Erbauung bedarf es mehrerer Zeit.

17. Diejenigen Leute, welche zur Arbeit der Kriegsmaschinen und Kriegsbedüfnisse bestellt sind, bedürfen ebenfalls einer ganz vollkommenen Sicherheit, und besonderer zu ihren verschiedenen Verrichtungen eingerichteter Maschinen und Gebäude.

18. Aus dem bisher Gesagten sieht man also, daß, soll ein Corps an einem Orte sich sehr lange gegen den Feind halten können, so wird, wenn auch nicht gleich, sein Lager dennoch mit der Zeit zu dem werden, was man eine **Vestung** nennt, und bald darin eine förmliche Stadt aufgerichtet stehen; denn nur in einer solchen ist es wegen der vielen gegenwärtigen Menschen von allen Klassen möglich, diejenigen Einrichtungen zur Erzeugung der Kriegesnothwendigkeiten zu machen, welche zu einer langen Vertheidigung, oder auch nur ganz passiven Behauptung eines Ortes unentbehrlich sind.

§. 5.

2. **Regel.** Eine Vestung leistet diese Vortheile am besten, und die Hauptdurchgänge müssen wenigstens durch eine solche gedeckt werden.

1. Da man nun unstreitig also durch eine Vestung mit einer hinlänglichen Besatzung, einen gewissen Platz länger als durch alle übrige Mittel behaupten kann; so wäre es

 gut,

gut, wenn man alle Wege, die der Feind in unser Land nehmen könnte, mit Vestungen besetzte.

2. Diese geben sowohl die gerade Vertheidigung der Wege gegen den Feind, als auch den Vortheil, durch ein vollkommen sicher gestelltes Corps häufige Angriffe auf seine Transporte unternehmen zu lassen, wenn der Feind es etwa wagen sollte, neben der Vestung vorbey und auf dem von ihr gedeckten Wege vorzurücken, ohne dieselbe vollkommen einzuschließen oder vorher zu erobern.

3. Allein folgende Gründe machen diesen Plan nicht gut annehmlich, wenn die Zahl der Vestungen groß seyn müßte. Die Kosten, welche zur Erbauung und beständigen Ausbesserung einer Vestung, ohne welche sie bald in einen Stand gerathen würde, der nicht den zehnten Theil von den Vortheilen einernden ließe, die man billiger Weise von der nöthigen großen Anlage hoffen muß, nöthig, sind außerordentlich groß.

4. Allein sie sind dennoch nicht hinreichend, um einen vortheilhaften Gebrauch bey der Vertheidigung gegen den Feind zu ertheilen. Keine Behauptung der Vestung ist möglich, wenn auch Truppen, Artillerie und alle übrige Kriegesmaschinen genugsam dazu bereit sind; da sowohl die Soldaten und Bürger, als auch die zum Kriegesgebrauch so nöthigen Thiere, unumgänglich Unterhalt, und zwar auf die ganze Zeit bedürfen, wo der Feind die Communication der Vestung mit zurückliegenden Vorräthen hemmt. Die zur Anschaffung solcher großen Magazine nöthige Geldsumme, mehrt also die Kosten zur Erhaltung einer Vestungsvertheidigung noch außerordentlich.

5. Es tritt bey der Vertheidigung der Vestungen ein Punkt ein, welcher es fast unmöglich macht, die Behauptung einer ganzen Grenze blos auf die Vertheidigung dieser Vestungen beruhen zu lassen. Sobald nämlich der Feind eine Vestung belagert, so weiß er, daß, da die Hindernisse so groß sind, welche ihm durch die Verbindung der verschiedenen

nen Fortificationsmittel entgegen gesetzt werden, er vorzüglich mit dahin seine Bemühungen richten muß, die Kräfte der Garnison, so viel als möglich, zu schwächen, und die seinigen in eben dem Grade in Ruhe zu erhalten, damit die Behauptung der Fortificationshindernisse immer lahmer werde, und er sich endlich, in dem Augenblick, wo des Vertheidigers Kräfte fast gänzlich erschöpft sind, durch einen Anfall mit ganzer Macht völlig überwältige.

6. Der Vertheidiger, der diesen entscheidenden Augenblick vorher kennt, sucht im Gegentheil seine vorzüglichste Kraft bis dahin aufzusparen, um dann noch dem Feinde erst den größten Verlust beyzufügen, welcher ihn vielleicht zwingt, von allen fernern Angriffen abzulassen.

7. Allein da eine Vestung darum so stark erbauet ist, nicht allein, daß sich eine Anzahl Truppen, lange, sondern auch weit geringer als der Feind ist, darin halten sollen; so wird ohne Zweifel bey dem immerwährenden, und beym feindlichen Angriff doch höchst beschwerlichen Dienst, den diese kleine Anzahl beständig bis zum Ende der Belagerung fortsetzen muß, dieselbe so angestrengt, daß ihr meistens gerade in dem entscheidendsten Augenblicke die dann mehr als jemals nöthigen Kräfte zu einem feurigen und thätigen Widerstande mangeln werden.

8. Hieraus folgt also, daß derjenige, welcher die Vestung vertheidigt, alles anwenden muß, um eine beständige Communication mit derselben zu erhalten, damit er nicht allein die ermattete Garnison von Zeit zu Zeit ablösen, und also dem Feind beständig frische und kraftvolle Truppen entgegensetzen könne, sondern damit es auch in seiner Gewalt stehe, den vielleicht eingerissenen Mangel in der Vestung an Munition und Lebensmitteln oder Geschütz, schleunig zu ersetzen. Denn ohne diese Nothwendigkeiten kann die stärkste und tapferste Garnison nicht die geringste Vertheidigung leisten und würde bald gezwungen seyn, den Ort dem Feinde zu übergeben, oder seinen wiederholten Anfällen zu unterliegen.

9. Der Feind, der nun aber im Gegentheil alles anwendet, um diese Ablösung der Garnison, oder diese Erneuerung der Streitkräfte darin und ihrer Verproviantirung, gänzlich zu verhindern, kann dies auf keine andere Art erhalten, als wenn er, ehe er die Vestung angreift, alle diejenigen Truppen seines Gegners, welche die obigen Verstärkungen der Garnison begünstigen können, vorher so weit vertreibt oder zernichtet, daß er nichts mehr von ihnen dieserhalb zu befürchten hat.

10. Dies ist aber nicht genug, da sein Gegner ihm leicht an irgend einem Orte entwischen und seine Aufmerksamkeit täuschen könnte; er ist daher gezwungen, die ganze Vestung förmlich und genau von allen Seiten einzuschließen, und also die Ausgänge, welche die Garnison besitzt, streng bewachen zu lassen.

11. Diese Einschließung macht es also der Garnison äußerst schwer, und bey gehöriger Anordnung des Feindes fast unmöglich, nach ausgeführter Vertheidigung der Vestung, sich zurück zu ziehen.

12. Ist nun außerdem die Besatzung am Ende der Belagerung schon sehr ermattet, oder glückt gar ein Sturm des Feindes, so fällt dies gänzlich weg, und der Feind giebt ihr im ersten Fall keine andere Bedingung zur Uebergabe, als Gefangenschaft, im andern Fall aber bleibt sie im Gefecht.

13. Hieraus folgt also; daß, wenn man eine Vestung ihren eigenen Kräften überläßt, so hält sie zwar selbst die überlegene Macht des Feindes eine Zeitlang auf, allein am Ende wird sie, wie jedes andere Hinderniß, durch eine geschickte Benutzung der Uebermacht überwältigt, und giebt nun mit einem Male den Weg frey, dessen Behauptung ihr Zweck war.

14. Wollte man also die Vertheidigung einer Linie blos durch die Vertheidigung der darauf liegenden Vestungen erlangen, so würde man entweder genöthigt seyn, die darin liegenden

genden Besatzungen über ein paar Monate gänzlich aufzuopfern, oder sie zurückzuziehen, ehe sie noch den Haupttheil ihrer Vertheidigung geleistet hätten: und in diesem Falle wären also die Vestungen gewissermaaßen nur dazu erbauet, daß sie der Feind als Mittel anwendete, sich im Lande festzusetzen.

15. Soll also eine Vestung eine fortdauernde Bedekkung der Grenze verschaffen, so muß man Mittel erfinnen, sie zu erhalten.

16. Ist aber einmal die Belagerung so weit gediehen, daß sich diese Mittel nicht mehr in der Gewalt der Besatzung befinden, welcher Zeitpunkt, wie schon gesagt, über kurz oder lang eintritt, so muß die Erhaltung der Vestung durch eine Kraftanstrengung bewürkt werden, die außerhalb derselben würkt.

17. Hierzu wird also nothwendiger Weise noch ein besonderes, zum Agiren gegen den Feind bereites Corps erfordert, welches durch irgend ein Mittel, also durch eine Offensivoperation, den Feind vor der Vestung wegtreibt, und ihr dadurch ihre anfängliche Vertheidigungskraft wieder giebt.

18. Hieraus folgt zugleich, daß die Vertheidigung einer Linie durch Vestungen, nicht immer im strengsten Sinne des Wors ganz defensiv seyn kann; sondern daß auch bey dieser Art Gegenwehr mehrere Offensivoperationen nothwendig ausgeführt werden müssen, um die Vestung, als das eigentlich deckende Hinderniß, länger als es ihre eigenen Kräfte verstatten, zu erhalten; und also einen mit Offensive begleiteten Defensivkrieg zu führen.

§. 6.

3. Regel. Die Flankenpositions dürfen nicht über 3 Meilen von dem zu deckenden Wege abliegen, einen freyen Zugang dahin haben und selbst sehr schwer einzuschließen seyn.

1. Da es unmöglich ist, längst der ganzen Ausdehnung einer Grenzlinie, eine dieselbe aller Orten gehörig dek-

kende zusammenhängende Stellung anzuordnen, indem hierzu eine Armee erfordert würde, die fast immer die Kräfte der Völker überstiege; so folgt hieraus, daß die Armee nur die wichtigsten Posten besetzen muß, und also durch die Anwendung des dritten Mittels, wie nämlich ein Weg durch die Stellungskunst gegen den Feind geschützt wird, die eigentliche Vertheidigung der Grenze durch diese Wissenschaft zu erlangen ist, indem man beständig Positionen nimmt, welche der Feind nicht hinter sich liegen lassen darf, aus Furcht seinen Unterhalt, ohne welchen er nichts von Bedeutung unternehmen kann, zu verlieren.

2. Wenn man die Sicherung eines Stücks der Grenzlinie dadurch erlangen will, daß man ein Corps aufstellt, welches dem Feinde den Unterhalt entzieht, wenn er es wagt den zu sichernden Theil der Grenze zu durchbrechen, und auf demselben Wege seine Transporte an sich zu ziehen; so kann die Stellung eines solchen Corps auf zweyerley Arten genommen werden. Der Posten des Corps kann nämlich entweder sich selbst auf dem zu deckenden Wege befinden, und ihn also durchschneiden, durch welche Lage er zugleich die gerade Vertheidigung dieses Weges leistet: Oder der deckende Posten kann in einer gewissen Entfernung vom Wege abliegen.

3. Bey dieser Lage ist dann aber unumgänglich nöthig: nicht allein, daß diese Entfernung nicht zu groß ist, und nicht über 3 Meilen oder einen gewöhnlichen Tagemarsch beträgt; sondern vorzüglich, daß der Posten eine hinlängliche Anzahl Seitenwege und Oeffnungen in seiner Gewalt hat, die in den feindlichen Weg einfallen, und daß also der Posten von diesem Wege nicht durch irgend ein schwer zu passirendes Terrainhinderniß getrennt ist; denn sonst würde es unmöglich seyn, von da aus dem Feinde hinlänglichen Abbruch zu thun.

4. Es ist nun hierbey außer allen Zweifel, daß, wenn ein solches Corps oder ein solcher Posten blos zur passiven Ver-

Vertheidigung eines Weges dienen soll, es bey weitem vortheilhafter ist, wenn dieser Weg selbst damit besetzt wird, als wenn er den deckenden Truppen zur Seite liegt. Wenn daher nicht die Nothwendigkeit zwingt, so muß man immer die erstere Lage wählen.

5. Auf allen Fall muß man einen solchen Posten, es mag nun das Lager eines Corps oder eine Vestung seyn, doch so wählen, daß es dem Feinde so viele Mühe und Truppen, als möglich ist, kostet, ihn vollkommen einzuschließen, indem dies sein erstes Augenmerk seyn wird.

6. Wie man dies in Rücksicht des Lagers eines Corps durch rück- und seitwärts ausgestellte andere Corps erhält, ist schon gezeigt; und was das Terrain anbetrifft, so muß man es so durchschnitten, als möglich, zu wählen suchen, und vorzüglich den Posten oder die Vestung einem Terrainhindernisse nahe legen, welches den Feind zur unumgänglichen Theilung seiner Macht zwingt.

7. Dadurch erhalten wir um so besser Gelegenheit, einen von diesen sich selbst überlassenen feindlichen Heertheil überlegen anzufallen und von seiner Station zu verjagen, und also die Einschließung, welche unsere Kräfte unwürksam machte, hierdurch zu unterbrechen und vielleicht auf immer aufzuheben.

8. Ferner ist es nöthig, das Terrain so zu wählen, daß wir durch seine Vortheile den Feind zwingen, einen sehr großen Umfang zu besetzen, wenn er uns einschließen will. Denn je größer dieser Umfang ist, je mehr Kraft braucht der Feind, oder je schwächer wird sie auf allen Punkten desselben vertheilt seyn.

9. Solche Terrains, welche nun aber den Feind zwingen, seine Macht zu theilen, und die Einschließungslinie zu verlängern, sind: breite Flüsse oder andere große Gewässer, Moräste, hohe steile Gebürge, tiefe Felsengründe und dicke morastige nur auf Dämmen zu passirende Wälder.

10. Die

10. Die Wälder und Gebürge könnte man vielleicht in einigen Fällen, wenn sie dem Posten sehr nahe liegen, zum Vortheil gegen diesen gebrauchen; allein mit den Gewässern und Morästen ist dies unmöglich, wenn sonst die Lage des Terrains den Posten gegen eine durch Anstauung der Gewässer zu bewürkende Überschwemmung schützt. Dagegen ist es aber wieder wahr, daß bey einem starken Froste, die Vortheile der Gewässer und Moräste gänzlich wegfallen, hingegen die eines Gebürges vielleicht dann noch vergrößert werden.

11. Wenn man daher in einer Gebürgsöffnung einen starken Posten nehmen kann, so wird dieser freylich einer feindlichen Einschließung die allergrößten Schwierigkeiten entgegensetzen, und uns daher die Vortheile um so leichter gewähren, mit demselben eine schwer zu hemmende Communication zu unterhalten. Allein immer ist eine solche Lage nicht zu finden, und da muß man sich der andern Mittel zur Trennung der feindlichen Einschließungslinie bedienen.

12. Da nun Wälder nicht sehr schwer zu übersteigende Hindernisse entgegensetzen, dennoch aber unsere Aussicht und das Kanonenfeuer hemmen, so muß man sich ihrer am wenigsten bedienen, und dafür lieber die Gewässer, vorzüglich Flüsse, und die Moräste benutzen.

13. Je mehr nun solche Terrainhindernisse an dem Orte, wo der Posten liegen soll, zusammenlaufen, je stärker wird die Lage desselben; denn je mehr wird der Feind gezwungen, seine Macht in mehrere Theile zu theilen, damit er alle die Abschnitte, die durch den Lauf der Terrainhindernisse entstehen, gehörig besetze.

B. Grundsatz. Durch eine zweckmäßige Verbindung der Dekkungsmittel eines Weges, muß längst der ganzen zu schützenden Grenze eine starke Vertheidigungsfronte angelegt werden.

§. 7.

a. Lehrsatz. Die Vertheidigungsfronte muß durch beschwerliche Terrainhindernisse gebildet werden.

1. Regel. Die Gewässer sind hierzu am mehrsten dienlich, leisten aber in den gewöhnlichen Fällen nur im Sommer die gehörige Deckung.

1. Wenn man nun das Vertheidigungssystem einer Linie festsetzen soll, so kommt es darauf an, vorher zu bestimmen, welches von den drey Mitteln, einen Weg oder ein Stück der Grenzlinie gegen den Feind zu behaupten, man anwenden will.

2. Allein wir haben schon oben gesehen, daß, soll ein Theil der Grenze durch Anwendung des ersten Mittels, nämlich dadurch geschützt werden, daß hier dem Feinde entweder ein natürliches oder künstliches Terrainhinderniß entgegengesetzt ist; so wird dennoch immer eine nach den Schwierigkeiten, welche der Feind bey der Uebersteigung des Hindernisses zu überwinden hat, verhältnißmäßige Streitkraft erfodert, um durch deren Entgegenwürkung in den Augenblicken der feindlichen Uebersteigung, erst den rechten Nutzen davon zu ziehen.

3. Dieses erste Sicherungsmittel kann daher nicht als ein absolutes, sondern nur als ein Hülfsmittel zur Deckung der Truppenstellung angesehen und angewandt werden.

4. Bey der Anwendung des dritten Mittels in der zweyten Art, nämlich den zu deckenden Theil der Vertheidigungslinie, durch eine Vestung zu sichern, haben wir ebenfalls gesehen, daß, wenn dies Mittel uns nicht selbst nach einiger Zeit schädlich werden und dem Feinde feste Punkte geben soll, von da aus eine leichte Bezwingung des übrigen Landes nicht mehr fern ist, außer der Vestung sich noch

noch ein besonderes Corps zum Agiren bereit finden muß, welches durch Anstrengung seiner Streitkräfte, die Vestung wieder von den Angriffen des Feindes befreyet, ehe sie denselben unterliegt.

5. Da nun also in allen Fällen immer noch streitbare Corps nöthig sind, so folgt nun wohl hieraus; daß, wenn durch die Vertheidigung einer Vestung, der Feind am Einbruche, in einen gewissen Theil der Grenzlinie abgehalten werden soll, diese Deckung ebenfalls nicht als ein ganz für sich hinlängliches, sondern auch nur als ein bloßes Hülfsmittel, die Stellung der deckenden Truppen zu verstärken, anzusehen und anzuwenden ist.

6. Betrachten wir das bisher Gesagte genau, so findet sich: Die Natur jedes der drey Sicherungsmittel läßt gar wohl zu, daß, wenn man das eine anwendet. es nicht nöthig ist, das andere zu verwerfen; ja, man muß sogar bey dem Gebrauche des ersten oder dritten Mittels immer noch das zweyte mit anwenden, wenn man von dem ersten Nutzen hoffen will.

7. Da sich auch nun nicht im geringsten die Anwendung des ersten und dritten Mittels, bey einer klugen Auswahl der Gegenstände, entgegenstrebet, so folgen hieraus folgende Grundsätze der Stellungskunst zur Sicherheit des Landes.

8. Die Sicherung einer Grenze wird durch die Stellung gewisser Corps erlangt, welche entweder dem Feinde die Wege, die er nehmen will, um ins Land zu dringen, geradezu sperren oder ihm diese zwar frey geben, hingegen seine Transporte auffangen, und ihn so zwingen, entweder zurückzugehen, oder die Corps aus ihrer drohenden Stellung zu vertreiben.

9. Um aber dieser Stellung die größtmöglichste Festigkeit zu geben, setzt man dem Feinde aller Orten, wo es möglich ist, wenigstens immer ein beschwerlich zu passirendes

des Terrainhinderniß, oder läßt sich dies nicht finden, eine Vestung entgegen.

10. Bey den wichtigsten Wegen, deren Durchbrechung für die Eroberung des Landes am gefährlichsten ist, sucht man hingegen beyde Hülfsmittel mit einander zu verbinden, um diesen Stellen die größtmöglichste Stärke zu geben.

11. Sind also zur Sicherstellung einer Vertheidigungslinie alle drey Mittel mit einander zu verbinden, so kommt es jetzt darauf an, aus der Eigenheit des Defensivkriegs, den Kräften der ihn führenden Armee, und den durch die Natur uns zur Verstärkung unserer Stellung gegebenen Terrainhindernissen, die Punkte genau zu bestimmen, an welchen dies oder jenes Mittel besonders angewandt werden, oder wo es mit der Unterstützung der andern zugleich auftreten muß.

12. Wenn eine Armee eine Grenze oder Vertheidigungslinie gegen ihren Feind nur behaupten, und selbst keine Eroberungen machen will, so wird sie aller Orten so viel Schutz suchen, als sie aus der Lage der Umstände und der Summe ihrer Vertheidigungskräfte erhalten kann. Die Defensive erfordert also aller Orten eine gleich große Dekkung.

13. Daher setzt die Natur des Defensivkrieges den Grundsatz fest, daß man dem Feinde längst der ganzen Vertheidigungsfronte, und also an allen möglichen Punkten, wo sein Durchbruch geschehen könnte, ein so viel als möglich sehr beschwerlich zu passirendes Terrainhinderniß entgegenstellen muß.

14. Welches sind nun aber diejenigen Terraingegenstände, die die grössteste Sicherheit einer Grenze gewähren? Um dies zu bestimmen, müssen wir auf die Kräfte und Erfindungen der Menschen, und auf die Veränderungen der Jahrszeit Rücksicht nehmen.

15. Was den ersten Punkt anbetrifft, so wissen wir, daß zwar auf die Länge der Zeit nichts den Kräften und Anstrengungen einer grossen Menschenmasse, die hinlänglich ihre Nothwendigkeiten zur Ausführung der Arbeit erhält, so leicht wider=

widerstehen kann. Allein die Nähe der Gefahr, in welcher solche Arbeiten geschehen müssen, und die Kürze der Zeit, die man wiederum dazu anwenden kann; endlich die bestimmten Kräfte, welche die Ausführung betreiben sollen; alles dieses bestimmt hierin ein Maximum, über welches man nicht gehen kann, weil man sonst die Kräfte der anwendbaren Triebräder überspränge.

16. Es giebt zwar Maschinen und Werkzeuge, durch deren Anwendung es leicht ist über einen jeden Fluß zu setzen. Allein je breiter und tiefer derselbe ist, je schneller er fließt, und je stärker die entgegenstrebende feindliche Macht an dieser Stelle des Uebergangs ist, um so schwerer wird die Ausführung des Ueberganges, und beym Mangel gewisser nun nöthigen Erfordernisse, vielleicht ganz unmöglich.

17. Alle diejenigen Vortheile, welche der Feind an einem Flusse sucht, wenn er denselben passiren will, bestimmen daher die Nachtheile, welche wir also suchen müssen ihm entgegen zu setzen.

18. Je breiter und tiefer der Fluß also ist, je besser deckt er unsere Front. Derselbe Fall ist es, je schneller der Strom ist, je steiler die Ufer und je höher das unsrige über das gegenseitige emporragt; je weniger Inseln und Furten in dem Flusse, je weniger Krümmungen in seinem Laufe und je freyer die Ufer desselben sind.

19. Da nun die Breite und Tiefe des deckenden Gewässers die Sicherheit vermehrt, die man auf der Strecke davon genießt, in welcher es an der Vertheidigungsfront herläuft, so folgt hieraus, daß diese Sicherheit außerordentlich wachsen wird, wenn die Vertheidigungslinie die Küste des Meers oder eines beträchtlichen Landsees wäre; weil der Feind dann auf keine Weise einen stehenden Communicationsweg, von seinem Lande über das Wasser bis zu unserm, anlegen könnte.

20. Der Feind kann diese unentbehrliche Communication nur durch Flotten erhalten, welche seinen gelandeten Trup-

Truppen unaufhörlich den nöthigen Vorrath an Lebensmitteln herbeyführen müssen.

21. Da aber die Fahrt über ein großes Gewässer oft durch Stürme und andere Naturereignisse sehr gefahrvoll, und zu Zeiten gänzlich gehemmt wird; so ist es leicht möglich, daß das gelandete Corps eine Zeitlang Mangel an allen Lebens- und Kriegesnothwendigkeiten haben kann, und wie schrecklich wird dann nicht seine Lage werden, wenn es durch einen darauf glücklich ausgeführten Angriff an die Küste zurückgedrängt ist, und wegen der Entfernung seiner Flotte nichts anderes vor sich steht, als in den Wellen begraben zu werden, oder unter dem Schwerte seines überlegenen Feindes zu sterben.

22. Die Stärke einer solchen Meeresküste, durch welche wir die Sicherheit des Landes auf dieser Linie erhalten wollen, wächst nun, je mehr die Küste felsenartig, hoch und steil ist, je mehr das Wasser an derselben Brandung hat, und je größer die Anzahl der Klippen und Sandbänke sind, welche dem Feinde die große Nähe seiner Kriegesflotte, durch deren Feuer er das Landen seiner Truppen decken muß, am Ufer verbieten.

23. Die Grenze mit einem Meere zu decken, ist also ohne Zweifel das beste Mittel, die größtmöglichste militairische Sicherheit zu erlangen, sobald man nur die Punkte genau kennt, wo der Feind eine Landung ausführen kann.

24. Indem hier nun alle Vorsichten getroffen sind, dem Feinde einen höchst blutigen Empfang zu verschaffen und seine Bemühungen unnütz zu machen, so braucht man die andern Stellen nur von einer solchen Macht bewachen zu lassen, die hinlänglich ist einen schleunigen Ueberfall unmöglich zu machen.

25. Allein, obgleich das Meer eine vortrefliche Dekkung gewährt, so steht es doch nicht immer in unserer Macht, die Grenze gegen den angreifenden Feind damit zu sichern, weil wir es nicht hinversetzen können, wo wir wollen,

und also ein glücklicher Zufall dazu gehört, wenn das Land unseres Feindes gerade so liegt, daß sich ein Meer oder Landsee zwischen ihm und uns befinden soll.

26. Man wird also gezwungen, die Deckung der Vertheidigungslinie meistens durch die Benutzung anderer Terrainhindernisse zu erhalten. Die Flüsse sind, je schmäler und weniger zur Deckung fähig als man sie verlangt, schon weit zahlreicher in den Richtungen anzutreffen, in welchen wir sie zur Sicherung der Linie nöthig haben.

27. Allein hier tritt der übele Umstand ein, daß sie bey einem starken Froste mit Eis belegt werden; wodurch also alle Vortheile, die man sich von der Schwierigkeit versprach, welche den Feind bey ihrer Passirung antreffen würde, wegfallen, indem dem Feinde nun die schönsten Brücken darüber geschlagen sind.

28. Oft kann zwar diese Anordnung der Natur zu des Feindes größten Schaden ausfallen, wenn er sich nämlich auf den Frost verläßt, die Gewässer passirt und weit vorrückt, während der Frost aufgeht, und dadurch die Vortheile wieder herstellt, welche uns die Gewässer zur Deckung gewähren, indem der Feind nun keine Communication mit seinem Lande mehr hat, und also abgeschnitten ist.

§. 8.

2. Regel. Die breiten und tiefen Moräste sind im Sommer zur Vertheidigung dienlicher als Gewässer, erschweren aber auch ungleich mehr als diese die eigene Offensive.

1. Ein anderes Hinderniß, um eine Landstrecke zu decken, gewähren die Moräste, und zwar weit mehr als die Flüsse, indem diese aller Orten mit Schiffen und Brücken passirt werden können, dies aber bey den Morästen nicht angeht, indem man hier einen festen Damm erbauen muß, wenn man sie passiren will, und hierzu wird wahrlich nicht wenig Zeit und Kraftanstrengung erfordert.

2. Da

2. Da nun aber derjenige, welcher diesen Morast passiren will, hierzu größtentheils gerade diejenigen Stellen aussuchen wird, wodurch derselbe am schmälsten und am seichtesten ist, oder wo sich schon Dämme befinden, damit er die Gefahr und Größe seiner Arbeit abkürzen könne; so sieht man hieraus, daß dies also diejenigen Stellen sind, welche die mehrste Aufmerksamkeit des Vertheidigers erfordern, um sie so zu verstärken, daß sie mit den andern gleiche Sicherheit gewähren.

3. Die Moräste haben aber, so wie die Gewässer, den großen Nachtheil, daß durch den Frost alle die Vortheile wegfallen, welche man davon genießt, wenn der Feind im Sommer angreift.

4. Oft liegen auch solche Moräste so, daß sie sich durch die Oeffnung gewisser Schleusen gänzlich austrocknen lassen, und dann erfordert die Sicherstellung dieser Schleusen, die allergrößte Aufmerksamkeit.

5. Bey kleinen Morästen tritt bey großer Hitze oft der Fall ein, daß sie so austrocknen, daß dem Marsche des Feindes keine bedeutenden Schwierigkeiten mehr entgegen stehen.

6. In diesem Falle ist auf eine solche Deckung fast gar nichts zu rechnen, und man muß alsdann außerdem noch Maaßregeln treffen, welche die Linie sichern können. Auf allen Fall sind wenigstens Gewässer und Moräste zur Sicherung der Linie aufzusuchen, die zu breit sind, um noch von einem Ufer auf das andere mit Artillerie feuern zu können. Indessen wird man dennoch selten diese vortheilhafte Breite, und vorzüglich bey Flüssen nicht antreffen.

7. Es ist zwar bey einer günstigen Naturlage möglich, auch künstliche Moräste hervorzubringen; aber ausgenommen, daß sie fast nie die Tiefe und Stetigkeit der natürlichen erhalten, so können sie auch nie die große Ausdehnung dieser, welche doch nothwendig erfordert wird, besitzen; weil hierzu nicht allein die Lage ganz besonders günstig, sondern auch so viele Kosten zur Erbauung und Sicherung

 der

der Schleusen angewandt werden müßten, daß ein solches Vertheidigungsmittel selten zu Stande gebracht werden wird, wenn nicht die Gründung des übrigen Wohls der Nation, deren Land dadurch gesichert werden soll, ganz besonders dazu mit concurrirt.

8. Ein ähnlicher Fall ist es mit einer **Ueberschwemmung**, die man zur Deckung des Landes anordnet; denn Sicherung der Schleusen ist eben so nöthig.

9. Nicht zu gedenken, daß dadurch dem Lande ein entsetzlicher Schaden zuwächst, wenn das Wasser der Ueberschwemmung lange auf den Feldern und Gärten stehen bleibt, und alle Communication unter den Bewohnern nur auf sehr wenige Wege einschränkt, und daher äußerst kostspielig macht; so wird auch, so wie bey den Morästen, durch die Ausdünstungen, welche die stehenden und faulenden Gewässer und Moore verursachen, die Luft und die ganze Atmosphäre des Landes so sehr vergiftet und angesteckt, daß die schrecklichsten Krankheiten und die Pest sehr leicht unter den unglücklichen Einwohnern entstehen können, welche dann gerade darin ihren Todesengel erblicken, wovon sie Schutz und Sicherheit hoffen.

10. Hieraus folgt, daß, ob zwar gleich die stehenden Moräste und Gewässer, wegen ihrer Breite mehr Deckung, als die mehrsten Flüsse gewähren, man demungeachtet lieber die letztern als die erstern zur Deckung der Vertheidigungslinie wählen müsse, wenn es sonst in unserer Gewalt steht.

11. Befindet sich aber gar kein Terrainhinderniß an einer Strecke der Linie, und man besitzt auch nicht Kraft genug, dem Feinde das Eindringen durch die bewaffnete Macht zu verwehren, kann aber im Gegentheil durch die Benutzung der hier fließenden kleinen Gewässer, eine künstliche Ueberschwemmung oder einen Morast hervorbringen; so ist freylich die Wahl der Mittel entschuldigt, und man darf jetzt nicht zögern, den Vortheil zu realisiren, welcher

uns

uns von der Natur und der Anwendung der Kunst angeboten wird.

§. 9.

8. Regel. Die Fronte durch tiefe und steile Thäler zu decken kann selten geschehen, allein sie geben sowohl im Winter wie im Sommer gleiche Sicherheit, und sie sind also immer sehr nützlich.

1. Eine andere Deckung der Vertheidigungslinie kann man erhalten, wenn längst derselben ein tiefes, breites und an beyden Seiten sehr steiles Felsenthal herläuft. Indessen ist dieses Deckungsmittel gewissermaaßen das schlechteste von den bisher betrachteten.

2. Denn ist es dem Feinde möglich in das Thal herab zu kommen, welches auf alle Fälle sehr schwer zu verhindern ist, da der Feind das jenseitige Ufer in seiner Gewalt hat, und also Wege anlegen kann, deren Verfertigung lange nicht so schwierig, als das Brückenschlagen oder die Erbauung eines Dammes seyn wird; — kommt also der Feind in das Thal herab, so wird er auch bald Einrichtungen treffen, eine solche Menge von Wurfgeschütz aufzufahren, welche uns bald von unserm Posten vertreiben und dem Feinde die Passage freygeben wird.

3. Uebrigens hat eine solche Deckung den Vortheil, daß sie sowohl im Winter als im Sommer gleiche Sicherheit gewährt. Indessen sind solche lange und tiefe Felsenthäler, welche man zur Deckung einer Linie benutzen kann, äußerst selten, und finden sich meistens nur in gebürgichten Ländern, wo man sich dann ihrer so gut zu Nutze machen muß, als man kann.

§. 10.

4. Regel. Die dicken, morastigen und gebürgigten Wälder, so wie die großen Gebürge allein, geben im Allgemeinen die mehrste Deckung und sind also in dieser Rücksicht vorzuziehen.

1. Will man die Vertheidigungslinie durch dicke Wälder sichern, so ist zu bedenken, daß ein Wald in sofern nur den Marsch des Feindes aufhält, in sofern er schwer zu passiren ist.

2. Dies hängt aber von der Breite des Waldes, den häufig sich darin befindenden Abgründen, Waldströmen und Morästen, von der kleinen Anzahl der Wege und von der Dichtigkeit der Waldung ab. Dies alles muß, da man es nicht übersehen kann, gehörig untersucht werden, um den Grad der Sicherheit zu bestimmen, der davon zu erlangen ist.

3. Da, wo alsdann lichte, wenig mit Gründen, Flüssen und Morästen durchschnittene Stellen sich finden, wo Holzlücken sind, oder wo gebahnte Straßen und Dämme über die Moräste durch die Wälder führen; da sind die Punkte, deren Verstärkung durch die Stellungskunst dann unsere größte Aufmerksamkeit erheischen.

4. Denn, obwohl man in einem dicken Walde durch Anlegung von Verhauen, und Leitung der Waldströme leicht alle Wege verderben kann, so muß man dies dennoch nicht als hinreichend ansehen, die Stellen zu sichern, wo die Natur sparsam gewesen ist, indem alle künstliche Hindernisse nie die Größe der Naturproducte erlangen werden, und also noch weit leichter als diese zu übersteigen sind.

5. Die letzte Terrainart, welcher man sich endlich zur Deckung der Vertheidigungslinie bedienen kann, ist ein Gebürge. Auf allen Fall ist die Sicherung einer Grenze durch ein Gebürge der vortheilhafteste Umstand, den man nur wünschen kann, indem es meines Erachtens keinen Terraingegenstand giebt, welcher so viele Vortheile in sich vereinigte.

6. Ein

6. Ein hohes und steiles Gebürge hat so unendliche Chikanen, daß man darin alle Augenblicke Mittel findet, dem Feinde mit einer kleinen Anzahl Streiter auf lange Zeit den Durchbruch zu verhindern, indem er gezwungen ist, die wenigen Wege, welche da durchführen, nothwendig zu seinem Vorrücken zu wählen, da es ihm an Zeit gebricht, in unserer Nähe andere anzulegen.

7. Ferner hat man bey der Deckung einer Grenze durch ein Gebürge den Vortheil, bestimmt die Punkte zu kennen, wo der Feind den Durchbruch unternehmen muß; man kann also hier alle Vorkehrungen treffen, um dies so viel als möglich zu hindern. Wäre die Vertheidigungslinie durch Flüsse, Moräste oder Wälder gedeckt, so weiß man diese Angriffspunkte dennoch nicht ganz genau, welches schon manche Vorkehrungen erfordert, die sonst nicht nöthig sind.

8. Ist ein Gebürge mit dicker Waldung bewachsen, so wird es zur Deckung noch weit nutzbarer, denn jetzt ist es um so leichter durch dicke und vielfache Verhaue alle die Wege unbrauchbar zu machen, welche wir dem Feinde verbieten wollen.

9. Noch ein sehr wichtiger Vortheil, welchen man aus der Deckung von einem Gebürge zieht, ist der, daß die Schwierigkeiten, die dasselbe dem feindlichen Einbruche entgegensetzt, nicht so wie bey Flüssen und Morästen im Winter verschwinden, sondern vielmehr noch größer werden, da durch den Schnee und Regen alle Wege verdorben sind. Tritt ein starker Frost ein, ja, dann sind zwar die Wege wohl wieder brauchbar, allein das Gebürge giebt dennoch immer die nämlichen Vortheile, wie im Sommer, welches bey Flüssen und Morästen nicht Statt findet.

10. Dies sind nun die großen Vortheile, welche der Lauf eines Gebürges längst der Vertheidigungslinie, dieser zur Deckung gewährt. Allein so wie jedes Ding in der Welt zwey Seiten hat, so führt auch ein Gebürge in Rücksicht der Landesvertheidigung einige Nachtheile mit sich, welche eben-

ebenfalls genau zu kennen sind, damit man wisse, ob die Vortheile oder die Nachtheile größer sind.

11. Der erste große Nachtheil ist der, daß wenn der Feind einmal das Gebürge an einem oder an einigen Orten passirt hat, er gewöhnlich eben die großen Vortheile zu seiner künftigen Behauptung in den eroberten Pässen findet, als wir vorher bey der Vertheidigung derselben genossen.

12. Er ist also weit schwerer aus diesen Posten zu vertreiben, als in den meisten Fällen, wenn er den Eingang einer Brücke, eines Dammes oder Waldes deckt, indem diese Posten ihrer Natur nach, nicht leicht die Stärke eines Gebürgspostens haben können.

13. Der zweyte Nachtheil besteht darin, daß, so wie wir die Angriffspunkte auf unsere Linie kennen, dies nun gegenseitig bey dem Feinde auch der Fall ist, wenn er sich einmal in den Gebürgsposten festgesetzt hat; weil wir so wenig, wie er, in der Nähe der Gefahr, und bey so weniger Zeit, neue Wege über das Gebürge anlegen können. Dieser Vortheil für den Feind ist aber bey der Behauptung der Grenzdeckung unserer Seits fast entscheidend.

14. Denn da eine Defensive nach dem strengsten Sinne des Wortes genommen, wo man also nicht die geringste Offensivoperationen unternehmen darf, gar nicht thunlich, oder doch äußerst leicht gänzlich darnieder geschlagen seyn wird; so muß man also bey einer Vertheidigung immer Mittel in Händen behalten, wenigstens doch noch das dritte Mittel, wodurch man einen Weg vor feindlichem Einbruch sichert, und das darin besteht, ihm die Zufuhren der Lebensmittel abzuschneiden, anwenden zu können.

15. Deckt nun aber der Feind die eroberten Gebürgsstraßen, und alle die Seitenpässe gehörig, die darein fallen, so ist es unmöglich, ihm in Rücken und auf seiner Seite des Gebürgs, irgend etwas auf der so gedeckten Straße zu unternehmen.

§. 11.

§. 11.

b. Lehrsatz. Man muß diejenigen Terrainhindernisse wählen, welche im Kriege die mehrsten Vortheile gestatten.

1. Regel. Aus diesem Grunde sind die verschiedenen Eigenschaften der Hindernisse mit einander zu vergleichen, und nur an denjenigen Stellen die beschwerlichsten zur Deckung zu wählen, wo eine fortdauernde Defensive nöthig wird.

1. Wäre die Vertheidigungslinie durch einen Fluß gesichert, so wäre dies ganz anders, wie eben bey dem Gebürge gesagt ist; denn hier hängt es von uns ab, wo wir denselben durch ein streifendes Corps passiren lassen wollen.

2. Hier können wir also aller Orten Wege anlegen, und sie nach den eintretenden Umständen wieder nach andern Punkten versetzen, wodurch wir also fast immer die Gewalt in Händen behalten, den Feind zu umgehen, und Versuche auf seine Communicationslinien zu machen.

3. Deckt ein Wald die Gränze, so kann dieser Vortheil vielleicht auch wohl Statt finden, vorzüglich wenn der Wald nicht Gebürge, viele Waldströme oder Moräste enthält, denn sonst schränken diese Gegenstände den Marsch ebenfalls sehr ein.

4. Bey einem Moraste ist dies überhaupt schon viel langwieriger, da man erst Dämme zu neuen Wegen anlegen muß. Indessen übertrifft ein steiles, felsigtes und waldiges Gebürge alle diese Schwierigkeiten; es kommt also darauf an, ob diese Schwierigkeiten der Wiedereroberung einer Gebürgslinie, dieselbe zur Deckung minder gut, als eine Wasser- Morast- oder Waldlinie machen.

5. Da ein Gebürge große Vortheile, und vielleicht die größesten, die ein Terrain geben kann, gewährt, so kann der Feind die eroberten Posten darin zwar länger als die Uebergänge über einen Fluß, Morast, oder die Wege durch einen Wald behaupten, allein er muß auch nun desto mehr Kraft und Zeit anwenden, sich ihrer bey einer thätigen

und feurigen Vertheidigung zu bemächtigen, und diese Stärke der Vertheidigungslinie soll doch vorzüglich die anfängliche und zugleich größeste Sicherheit des Landes bewürken.

6. Ist sie einmal vom Feinde durchbrochen und die deckenden Posten darin in seiner Gewalt, ja dann ist das Hauptdeckungsmittel verloren, und die übrigen Operationen sind nur untergeordnete Mittel. Will man aber durch diese Operationen das deckende Terrainhinderniß wieder erobern, so ist es nöthig einen Offensivkrieg zu führen, und hier ist also ein anderer Zweck als bey der Defensive.

7. Hieraus folgt daher, daß zu Sicherung einer strengen, Schritt vor Schritt angewandten, Defensive, wo man auf alle kleine und große Angriffsoperationen Verzicht thut, dasjenige Terranhinderniß zur Deckung der Vertheidigungslinie am vortheilhaftesten ist, welches dem Feinde die größesten Schwierigkeiten entgegensetzt, schnell genug die Convois zu erhalten, und die deckenden starken Posten zu umgehen, so daß er also auf allen Fall gezwungen wird, dieselben anzugreifen und über den Haufen zu werfen, um die Vertheidigungsfronte zu durchbrechen und in das Land einzudringen.

8. Nächst einem steilen Felsengebürge mit wenigen Durchgängen, werden diese für die Defensive entscheidenden Vortheile, auch noch von einem dicken felsigten, morastigen und mit vielen tiefen Abgründen durchschnittenen Walde, und auch, doch nicht in dem Grade und vorzüglich nicht im Winter, von einem tiefen und breiten Moraste geleistet, der wenig Dämme dem Feinde zum Uebergange darbietet und schwer auszutrocknen ist.

9. Wollen wir aber eine Grenzdeckung haben, welche uns zugleich die Vortheile an die Hand giebt, zur gelegenen Zeit selbst offensiv zu gehen, um entweder unsere Grenze desto besser zu behaupten oder den Feind in seinem eigenen Lande anzugreifen, dabey aber an den andern Theilen der Grenze immer noch die möglichste Sicherheit zu genießen; so ist freylich

lich ein breiter, in tiefen Ufern schnell fließender Strom oder ein mit nicht zu viel Kosten und Zeitaufwande zu füllender Morast, die beste Grenzdeckung.

10. In einem solchen Falle muß man diese Grenzbedeckung nicht deswegen als das vorzüglichste Verstärkungs- und Vertheidigungsmittel ansehen, weil es dem Feinde Schwierigkeiten entgegesetzt, die erste Passage in unser Land zu vollführen; sondern der Hauptnutzen wird dadurch geleistet, daß wenn der Feind nun den einen, oder die Communicationswege über das Terrainhinderniß nach seinem Lande und seinen Magazinen, angelegt hat, und nun von da in unser Land weiter vorrückt, so haben wir den großen entscheidenden Vortheil, unsre ganze Aufmerksamkeit nur auf diese wenigen Punkte zu richten.

11. Gesetzt es glückte uns den Feind von diesen Defilees, durch welche er die Gemeinschaft mit seinem Lande und mit den Quellen seiner Existenz unterhält, zu verjagen oder ihn davon abzuschneiden; so ist er verloren und eine entscheidende Niederlage für ihn, wenn wir die Umstände gehörig benutzen, gewiß.

12. Wäre die Grenze nicht durch e... Hinderniß gedeckt, das nur einen oder wenige Uebergänge erlaubt, so ist es schwer den übermächtigen Feind wieder aus dem offenen Lande so entscheidend zu verjagen, indem er jetzt aller Orten Wege offen findet, auf welchen er sich wieder mit seinem Lande und seinen Magazinen in Verbindung setzen kann, wenn ihm auch einige derselben abgeschnitten seyn sollten.

13. Die Gefahr wird für den Feind noch weit größer, wenn er durch ein solches Defilee vorrücken soll, und es befinden sich in der Nähe auf seinen Flanken gleich Vestungen oder durch starke Positionen gesicherte Corps, welche die Behauptung der vom Feinde passirten Defilees sogleich für ihn höchst zweifelhaft machen, sobald er es wagt weit vorzurücken.

14. Selbst wenn er zur Deckung derselben, eine hinlängliche Macht zurückläßt und nun weiter vorrückt, so muß er

er immer noch in beständiger Furcht schweben; theils daß sich die Garnisonen der hinter sich gelassenen Vestungen plötzlich vereinigen und mit Uebermacht über die Bedeckung der Communicationsdefilees herfallen, um sie zu verjagen; theils daß sie die Wege zwischen diesem Defilee und seinem vorgerückten Corps beunruhigen und die Transporte, die von ersterm abgehen, aufheben.

15. Der Feind ist also, wenn er sonst vernünftigerweise Glück von seinem Einbruche hoffen will, gezwungen, die ihm gefährlichen Vestungen und Corps entweder zu erobern und zu verjagen, oder sie einzuschließen. Zu ersterm gehört eine wahrscheinliche Aufopferung vieler Kräfte und Zeit, zum andern Mittel eine große Ueberlegenheit des Feindes, damit ihm die lange Absonderung der Einschließungscorps nicht nachtheilig werde.

16. Beydes läßt uns Zeit und mehr Gleichgewicht oder Widerstandsfähigkeit gegen den Feind gewinnen, und dies ist alles, worauf man bey der Führung eines Defensivkrieges sehen muß, indem man dadurch die beyden harten Spitzen erhält, an denen sich selbst die überlegenste feindliche Macht endlich abstumpfen und brechen muß.

§. 12.

2. Regel. Da sich die Hindernisse nicht versetzen lassen, und sie doch das Land beschützen sollen, so sind die nähesten und nicht über eine Meile von der Grenze abliegenden zu wählen und mit einander in Verbindung zu setzen.

1. Wollten wir nun jetzt die Wahl der Terrainhindernisse zur Sicherung der Grenzfronte, nach dem Maaße der Streitkräfte bestimmen, welche wir dem Feinde bey seinem Einbruche entgegensetzen können, so müßten wir blos die Menge der Schwierigkeiten in Betrachtung ziehen, welche der Feind bey ihrer Passage und bey der Fortbringung der Transporte überwinden muß.

2. Wir

2. Wir würden also für eine schwache Armee ein steiles, sehr schwer zu passirendes Gebürge, mit äußerst wenigen Durchgängen, oder einen großen, tiefen, breiten und mit wenig Dämmen durchschnittenen Morast, der nicht vom Feinde abgelassen werden könnte, nehmen. Wäre das Heer stärker, so wären diese Hindernisse mit weniger Schwierigkeiten schon hinreichend.

3. Hätte man endlich ein starkes Heer, dessen Kraft auch ohne Offensivoperation erlaubte, sey es nun um die eigene Vertheidigung fester zu gründen, oder den Feind würklich selbst anzugreifen; so würde man das beste Deckungsmittel der Grenze in einem breiten und großen Strom finden, der uns denn doch aber immer den Vortheil gewährt, aller Orten, wo man will, einen Paß nach dem feindlichen Lande hin, anzulegen.

4. Allein es ist nicht möglich hierauf blos Rücksicht zu nehmen, da nicht jedes Land, das man mit einer schwachen oder starken Armee vertheidigen soll, alle die Terraingegenstände auf der ganzen Grenze hinunter besitzt, um diesen oder jenen, nach der jedesmaligen Stärke des Heers wählen zu können.

5. Selbst, wenn sich alle diese Gegenstände in einem Lande finden sollten, so liegen sie nicht alle an der Grenze, und haben auch nicht alle den Lauf, daß sie eine Sicherung der Linie gewähren könnten. Wenn man sich also ihrer bedienen wollte, so müßte man oft ganze Strecken Landes verlassen, und würde also selten den Zweck des Defensivkrieges, welcher die Schützung des Landes ist, erfüllen.

6. Man kann daher nichts anderes thun, als unter denjenigen Terrainhindernissen, welche längst der zu deckenden Front herlaufen, dasjenige zu wählen, welches auf allen Fall die meiste Deckung gewährt.

7. Sollte es sich nicht so auf allen Theilen der ganzen Vertheidigungslinie finden, so muß man ein anderes an diesen Orten aufsuchen und dahin trachten, es mit dem erstern durch Anwendung der Kunst zu verbinden, oder die Lücke

durch

durch einen festen, den Feind bedrohenden Posten, wenn er es wagt ohne dessen Eroberung durch die Lücke zwischen den Terrainhindernissen vorzurücken, zu verstärken und zu sichern, damit, so viel als möglich, eine starke zusammenhängende Vertheidigungslinie entsteht.

8. Da nun aber die Grenzen der mehrsten Staaten durch ein unpolitisches Eroberungsrecht oder durch andere Zufälle, bey welchen nicht die geringste Aufmerksamkeit auf die künftige militairische Sicherheit der nun in ein Ganzes verbundenen Länder, genommen ist, entstanden sind; so kann es auch gar nicht fehlen, daß man nur so wenige Länder antrift, die eine förmliche Naturgrenze haben, oder welches einerley ist; längst deren Grenze sich Hindernisse des Terrains befinden, die einem feindlichen Einbruche hinlängliche Schwierigkeiten entgegensetzen, um dem Staate eine genugsame militairische und also auch politische Sicherheit von außen zu geben.

9. Findet sich daher auf der wahren Grenze des Landes kein Terraingegenstand, der zur Verstärkung seiner Sicherheit angewandt werden könnte, so ist man entweder gezwungen einen solchen weiter rückwärts im Lande aufzusuchen und hier die eigentliche Vertheidigungslinie zu bilden, alsdann aber die vordere Landesgrenze, vielleicht also ein beträchtliches Stück Land, dem Feinde preis zu geben; oder, wenn man diese offene Grenze unumgänglich durch die Stellung der Truppen behaupten soll, längst derselben Vestungen anzulegen, oder Corps in sehr festen Positionen aufzustellen, welche dem Feinde die Lebensmittel abschneiden, wenn er es wagen sollte, zwischen sie durch ins Land hineinzurücken, ohne sie vorher zu erobern oder einzuschließen.

10. Diese Vertheidigungsmanier erfordert aber mehr wie jede andere noch eine besondere Armee, um den angegriffenen vordern Corps und Vestungen, noch zur rechten Zeit und bevor sie dem Feinde in die Hände fallen, zu Hülfe zu kommen und ihn von dem Angriffe abschlagen zu können, so daß dadurch den Vestungen und Corps ihre anfängliche Stär-

Stärke wieder ertheilt, und also der Vortheil ihrer fernern Deckung erhalten wird. Indessen eine besondere Armee, ist dennoch auch zur Vertheidigung einer Grenze unentbehrlich, die von einem Terrainhindernisse verstärkt wird.

11. Wir wissen aber, daß diese deckenden Terrainhindernisse nur dann erst den entscheidenden Vortheil gewähren, wenn man ihre Durchgänge mit starken Posten besetzt hält, oder diese doch so dahinter anlegt, daß der durchgerückte Feind von daher beständig für seinen Rücken zu fürchten hat. Ferner ist es bekannt, daß die Posten, von denen hier die Rede ist, die größtmöglichste Widerstandsfähigkeit besitzen, wenn es wohl versorgte Vestungen sind.

12. Es kommt also jetzt in allen Fällen einer Grenzvertheidigung darauf an, vorzüglich die Plätze zu bestimmen, wo die nöthigen Vestungen den größesten Nutzen bey der Deckung des Landes schaffen können.

13. Dann muß man aber auch die Mittel bestimmen, durch deren Anwendung die Vestungen, oder überhaupt diejenigen Posten erhalten werden, welche die Behauptung der vordern Grenzlinie sichern.

§. 13.

6. Lehrsatz. Die angenommene Vertheidigungsfronte muß in ihren schwachen Theilen durch Vestungen verbunden und verstärkt werden.

1. Regel Die Heerversorgung muß auf allen Theilen der Grenze durch die Vestungen, als die sichersten Magazinorte erleichtert und gesichert werden.

1. Sollten die Vestungen blos Mittel seyn, um die Stellung der Armee zur Deckung des Landns, oder vielmehr um die Päße und Straßen, welche in dasselbe führen, zu decken; so brauchte man sich bey ihrer Anlage größten Theils nur nach den Lücken, welche sich in den deckenden Gegenständen des Terrains befinden, nach ihrer Entfernung von einander, und nach der Figur der Vertheidigungslinie zu richten,

richten, um die Punkte zu bestimmen, wo sie angelegt werden müssen.

2. Allein eine Vestung kann noch mehrere Vortheile gewähren, als blos die Deckung des Landes zu sichern. Es ist daher nöthig, daß man auf diese, vorzüglich zur Gründung einer sichern Bewegbarkeit der Armee, und zur thätigen Führung eines eigenen Offensivkrieges, sehr günstigen Eigenschaften der Vestungen mit die gehörige Rücksicht nehme, wenn man eine solche anlegen will.

3. Indessen bleibt doch immer gewiß, daß ihr Hauptzweck der ist, die sichere Deckung des Landes zu bewürken, es ist daher auch nöthig, vorher die allgemeinen Regeln festzusetzen, nach welchem die Anlage der Vestungen zur bloßen Gründung einer sichern Defensive, bestimmt werden muß, um nachher auch diejenigen hinzuzufügen, welche zur Sicherung einer thätigen Offensive gegen den Feind erforderlich sind.

4. Es giebt nun aber einen Nutzen, welchen man aus der guten Anlage der Vestungen ziehen kann, der sie besonders mit zur Gründung einer sichern Offensive geschickt macht, und den man eben so wenig bey einem blos passiven Devensivkriege entbehren kann.

5. Es ist nämlich schon bekannt, daß eine thätig seyn sollende Armee ohne den gehörigen Unterhalt und Zufluß aller Kriegesbedürfnisse, nicht existiren kann. Dieser Empfang und dieser Zufluß der unentbehrlichen Bedürfnisse, muß aber die größtmöglichste Sicherheit genießen.

6. Dies würde nicht einmal so vollkommen Statt finden, als erfodert wird, wenn das Heer selbst diesen ungeheuren Vorrath aller Sachen in seinem Lager aufbewahren, und beständig von Ort zu Ort mit sich schleppen wollte.

7. Wenn dies Heer einmal zu einem unglücklichen Treffen genöthigt würde, so wäre es der größten Wahrscheinlichkeit nach gezwungen, den ganzen Kriegesvorrath seinem Feinde zu überlassen; und es würde alsdann durch diesen unersetzlichen Verlust einen größern Nachtheil, als durch

die

die verlorne Schlacht selbst empfinden; indem es ihm nun unmöglich wäre, die eingebüßten Waffen aller Art zu ersetzen, und überhaupt noch ferner zu subsistiren.

8. Es ist daher nöthig, daß die Magazine, welche die unmittelbaren Quellen sind, aus denen die Heere ihre Streitfähigkeiten schöpfen müssen, nicht einer so großen augenscheinlichen und für die ganze Führung des Krieges entscheidenden Gefahr, ausgesetzt werden dürfen.

9. Aus diesem Grunde müssen sie:

a. Von den agirenden Truppen getrennt werden.

b. Sie müssen sich nicht alle an einem Orte befinden, damit durch den doch immer möglichen Verlust dieses Ortes, nicht gleich die ganze Streitfähigkeit des Heers völlig niedergeschlagen werde.

c. Die Magazinpunkte müssen die größtmöglichste Sicherheit genießen.

d. Die Magazine müssen sich an Stellen befinden, von da der Feind den Zufluß zur Armee, nicht verhindern kann.

10. Die Armee mag sich also an einem Orte in der Vertheidigungslinie befinden, wo sie will, so muß dennoch immer wenigstens ein Magazin zu ihrem Gebrauche vollkommen nahe und sicher genug sich vorfinden.

11. Denn da die Heere, nicht allein wegen der obigen Ursach, — sondern auch, weil ein ganz ungeheurer Train unerschwingliche Kosten erfordern würde, — die Magazine nicht immer mit sich schleppen können, und dennoch oft zu Bewegungen gezwungen sind, um die Grenze gehörig zu decken; so würde also die Vertheidigung gänzlich darnieder liegen, wenn sie eine Bewegung der Truppen nach einer Stelle erforderte, wo sie aber weder Lebensmittel noch den nöthigen Ersatz verloren gegangener Geschütze und anderer Equipage-Stücke vorfinden.

12. Die planmäßige und sichere Anlage der Magazine, ist also das wichtigste und größte Erforderniß zur Gründung eines jeden Krieges, er mag nun Defensive oder

Offensive zum Zweck haben. Die Bewegungen zur Deckung einer Vertheidigungslinie, geschehen nun aber fast immer längst derselben; die Vestungen liegen ebenfalls an derselben hinunter und sind zugleich die festesten Oerter, die sich in ihr und ihrer Nähe befinden.

13. Wo könnten also wohl die Magazine besser und sicherer angelegt werden, als gerade in den Vestungen, um nicht allein ihnen die vollkommenste nöthige Deckung zu geben, sondern sie auch gerade an denjenigen Punkten zu vertheilen, die ihrer Wichtigkeit nach, die Gegenwart der Truppen am mehrsten erheischen, indem die Vestungen unmittelbar zur Sicherung dieser Punkte mitwürken sollen.

14. Es könnte nun aber der Fall seyn, daß die Vertheidigung der Grenze eine Offensivoperation gegen das feindliche Land erforderte? Wo sollen sich dann die Magazine befinden? Auch in diesem Falle befinden sie sich in den Vestungen am sichersten und am besten zur Stelle.

15. Da diese fast immer auf der äußersten Vertheidigungslinie liegen müssen, so können keine sicherern Oerter dem feindlichen Lande näher gefunden werden, als gerade die Vestungen; und wenn man sie zugleich nach den Grundsätzen angelegt hat, deren Befolgung die Führung des Offensivkrieges sichert, so werden sie auch auf alle Fälle die vortheilhafte Lage besitzen, die zur glücklichen Ausführung, der die Defensive sichernden Offensivoperation erforderlich ist.

16. Wenn nun aber die Vertheidigung der Linie eine Stellung erforderte, die entweder zu weit von einer Vestung abläge, um von daher den nöthigen Unterhalt zu erlangen, oder, wenn sich der Feind leicht dazwischen setzen könnte, oder endlich, wenn sich Naturhindernisse zwischen der Vestung und den Truppen befinden, welche keine fahrbare Communication, die doch mehrstens zum Empfange der Lebensmittel nöthig ist, gestatten; wie soll man nun in allen diesen Fällen die Anlage der Magazine gerade so treffen, daß der Schwierigkeiten ungeachtet, die Truppen dennoch ihren nöthigen Zufluß von Kriegsbedürfnissen erhalten?

17. Hier

17. Hier muß man nun zuvor überlegen, ob die Stellung zur vollständigen Deckung des Landes unentbehrlich, d. h., ob es eine nothwendig zu beziehende Hauptstellung ist, und also lange behauptet werden muß, oder ob sie nur auf eine kurze Zeit bezogen wird, um etwa ein kleines Offensivunternehmen zur Sicherung der Vertheidigungslinie auszuführen, oder zur augenblicklichen Deckung irgend eines Postens zu dienen.

18. Findet der letztere Fall Statt, welches bey einer gehörigen Anlage des ganzen Vertheidigungsplans, immer vorherzusehen ist, so braucht man nicht viel Rücksicht darauf zu nehmen; denn die Truppen führen auf 8 bis 10 Tage leicht die nöthige Provision bey sich, und wenn man ihnen außerdem noch einen kleinen Transport im Nothfalle mitgiebt, so werden sie völlig hinlänglich versorgt seyn, um die einige Zeit nur wichtigen Posten lange genug behaupten zu können.

19. Befände man sich aber im erstern Fall, d. h., soll eine Hauptstellung in einer Gegend bezogen werden, wo man, aus einem der oben angeführten Gründe, die Vestungsmagazine nicht benutzen könnte; dann kommt es darauf an, der Armee auf allen Fall die Zufuhr aus einem dieser Magazine, wenn es sonst nahe genug dazu liegt, und kein beschwerlich zu passirender Terraingegenstand, als Gebürge, Moräste und s. w. hinderlich ist, zu setzen.

20. In einem solchen Falle wäre nur zu befürchten, daß der Feind nicht zur Trennung der Communication sich zwischen die Vestung und das Lager setzt. Ist alsdann das Terrain längst dieser Strecke von einem dieser Punkte zum andern, zur Deckung besonders günstig, und ist die Linie selbst nicht zu lang; so ist es wohl möglich, die Communication längst derselben durch darauf angeordnete feste Posten und kleine Corps zu decken, welches Mittel man dann ergreifen muß, wenn sonst das Hauptcorps, durch die zu dieser Deckung nöthigen Detaschements, nicht zu sehr ge-

schwächt wird, um noch den Zweck der Stellung damit erlangen zu können.

21. Sollte nun aber endlich das Vestungsmagazin von der zu behauptenden wichtigen Stellung entweder zu weit abliegen, oder durch ein schwer zu passirendes Terrainhinderniß, das der Feind vielleicht wohl gar in seiner Gewalt hat, getrennt seyn; dann erfordert die Nothwendigkeit der Stellung unausbleiblich die Anlage eines besondern Magazins, um daraus die Truppen gehörig versehen zu können.

22. Dem Orte, worin dies Magazin liegen soll, muß man alle nur mögliche Sicherheit geben.

23. Wenn er daher nicht durch die Stellung der Truppen schon an und vor sich gedeckt wird, so ist es nöthig, ihn zu befestigen und mit einer hinlänglich starken und tapfern Garnison zu versehen, denn von seiner Behauptung hängt die Behauptung der Stellung ab, die zur Sicherung des Landes so sehr wichtig war.

24. Da man also nun die Wahl unter den Orten hat, wo die Magazine angelegt werden müssen, so ist es daher auch nothwendig, sie zugleich so auszusuchen, daß sie durch die Stellungen der Truppen, an und vor sich schon, so lange als möglich gedeckt werden; denn befinden sie sich nun außerdem noch in Vestungen oder doch verschanzten Orten, so wird natürlich ihre so äußerst nothwendige Sicherheit noch mehr verstärkt.

§. 14.

2. Regel. Die großen schiffbaren Flüsse müssen durch die daran liegenden Vesten zum Transport und zur Vertheidigung gesichert seyn.

1. Es ist bekannt, daß, wenn man einen schiffbaren Fluß zur Herbeyführung der Transporte benutzen kann, dies nicht allein einen ganz außerordentlichen Vortheil in der Beschleunigung zur Herbeyführung der größesten Summen von Kriegsbedürfnissen gewährt, sondern daß auch die Kosten,

sten, in Rücksicht derjenigen, welche zur Fortbringung der Nothwendigkeiten auf der Achse erfordert werden, ungleich weit geringer sind.

2. Aus diesen Betrachtungen fließt daher der Grundsatz, daß man die Magazine zwar an sichern Orten und also in die Vestungen, aber wo möglich auch an den schiffbaren Strömen und Flüssen, anlegen müsse.

3. Allein, wenn sich nun aber eine Vestung an einem solche schiffbaren Gewässer nicht in der Nähe der zu behauptenden Stellung befindet, um auf demselben aus dem Magazine die Kriegsbedürfnisse an sich zu ziehen? Hier muß man bedenken:

a. Daß, da der Transport zu Wasser nicht allein größer, als der mit ihm zugleich abgegangene und dieselben Kosten verursachende Landtransport seyn kann, sondern auch in gleicher Zeit größere Räume zurücklegt, als dieser, daher schneller beym Corps ankommt.

b. Ist es daher möglich, daß die Stellung von den Truppen behaupten werden kann, wenn der Transport nur die Schnelligkeit desjenigen hat, der zu Lande kommt; so ist es natürlich, daß, wenn man ein schiffbares Gewässer dazu benutzet, das zu gebrauchende Magazin um so vielmal weiter, als wenn der Transport zu Lande käme, von der Stellung abliegen kann, wie die Geschwindigkeit des Wassertransports größer, als die von dem zu Lande ist.

c. Legt daher z. B. ein Landtransport täglich 3 Meilen, ein Wassertransport aber 5 Meilen täglich zurück, und das Magazin, aus welchem die Truppen zu Lande versorgt werden, befindet sich 10 Meilen von denselben; so kann sich das Magazin, aus welchem die Truppen vermittelst eines schiffbaren Gewässers versorgt werden können, $\frac{5 \times 10}{3} = 16\frac{2}{3}$ Meilen davon befinden.

4. Da nun also die Entfernung des Magazinortes von der Stellung weit größer seyn kann, wenn die Transportation zu Wasser geschieht, als wenn man sie auf der

Achse bewürkt; so folgt hieraus, daß, wenn nur ein solches schiffbares Gewässer von einer der Magazinvestungen nach der Stellung läuft, die Vestung selbst immer weiter davon abliegen kann, als wenn man aus ihr die Transporte zu Lande erwartete, und eine solche Lage ist daher in einem größern Umfange, welcher bey der Benutzung der Wassercommunication immer brauchbar bleibt, eher als in einem kleinern Umfange, wie bey der Landcommunication Statt finden muß, anzutreffen.

5. Bey dem Gebrauche der Wassercommunication sind indessen noch Umstände zu bemerken, die ihre großen Vortheile sehr einschränken. Diese Nachtheile entstehen, der eine im Winter, wo die Gewässer zufrieren, denn dann sind sie gänzlich unbrauchbar, und dieses Naturereigniß wird diejenige Vertheidigung gänzlich lähmen, deren Würksamkeit nur auf die Wassertransporte gegründet ist.

6. Der zweyte Nachtheil findet selbst im Sommer Statt, obgleich er nicht so gänzlich den Gebrauch der Gewässer darniederwirft, als der erste. Er besteht darin, daß der Fluß nur nach einer Seite zu strömt, und in dieser Richtung den Fahrzeugen seine größte Geschwindigkeit mittheilt, denjenigen aber in gleichem Maaße entgegenstrebt, welche gegen den Strom und also den Fluß hinauf fahren.

7. Da nun der Unterschied der Geschwindigkeiten des Flusses in diesen beyden entgegengesetzten Richtungen sehr groß ist, und es in einigen Fällen wohl zutreffen kann, daß die Geschwindigkeit der gegen den Fluß fahrenden Schiffe entweder nicht viel, oder gar nicht größer ist, als die der Fuhrwerke; so folgt hieraus, daß man einen Fluß, der gegen das Magazin läuft, aus welchem die oben am Flusse stehenden Truppen versorgt werden sollen, lange nicht mit so großen Vortheilen benutzen kann, als wenn der Fluß von dem Magazine gegen die Stellung der Truppen liefe.

8. Da indessen die Kosten des Wassertransports ungleich kleiner als diejenigen eines Landtransports sind, der die-

dieselbe Last führt, und selten der Fall eintreten wird, wo die Geschwindigkeit der Wagen größer, als die der Schiffe seyn sollte, selbst wenn diese gegen den Strom fahren; so ist es dennoch bey den mehrsten Umständen sehr vortheilhaft, wenn man nur auf diese Art ein schiffbares Gewässer zur Transportation der Kriegesbedürfnisse nutzen kann.

9. Indessen muß man, wenn ein Fluß zur Magazincommunication genutzt werden soll, nachfolgendes genau prüfen.

a. Ob nicht die ganze Länge des Weges, der durch die mannichfaltigen Krümmungen der mehrsten Flüsse sehr vergrößert wird, eine solche Ausdehnung erhält, daß es den Fahrzeugen, der großen Geschwindigkeit ungeachtet, dennoch nicht möglich ist, die auf diese Art weit über die gerade Linie vergrößerte Weite, in der gehörigen Zeit zurück zu legen. Denn fände dies Statt, so wäre vielleicht die Landtransportation vorzuziehn.

b. Ob nicht der Fluß solche Krümmungen mache, daß es dem Feinde leicht sey, das Ufer eines solchen weit vorspringenden Theils zu erreichen, und durch einen daselbst angeordneten festen Posten alle Communication abzuschneiden. Denn in diesem Falle wäre die gehörige Deckung der ganzen Wasserlinie immer sehr schwer, und erforderte so viele feste Posten, als weit vorspringende Biegungen in dem Laufe des Flusses sich finden.

10. Hieraus folgt also, daß der vortheilhafteste Lauf eines Flusses, der zur Magazincommunication genutzt werden soll, in Rücksicht der Sicherheit derselben, derjenige ist, dessen Ufer der Feind am beschwerlichsten erreichen kann.

11. Da der Fluß aber endlich doch das Lager oder die Nähe desselben erreichen muß, so kann er keine abgewendetere Lage vom Feinde und keinen vortheilhaftern Lauf für die von uns besetzte Position haben, als wenn er weit aus dem Innern des Landes perpendikular auf den Rücken der Stellung zuläuft.

12. Wenn ein solcher schiffbarer Fluß diesen Lauf in das Innere des feindlichen Landes fortsetzt, so ist dies zugleich die beste Richtung desselben, wenn man ihn zur Her-

beyführung des Unterhaltes bey einem Offensivkriege benuzzen will.

13. Hierbey muß man aber bedenken, daß Flüsse, welche auf diese Weise von einem Lande weit in das andere hinein laufen, auch von dem Feinde bey seinen Offensivoperationen gegen uns auf das beste benutzt werden können.

14. Auch muß mehr auf die Wege des Feindes Rücksicht bey der Deckung des Landes genommen werden, die eine schleunige Herbeyführung seines Unterhaltes gestatten, als auf die, welche blos zum Vorrücken der Truppen an sich nutzbar sind, weil dies Vorrücken ohne den Gebrauch jener Wege nicht von langem Bestande seyn kann. Hieraus folgt, daß eine vorzügliche Sorgfalt zur Vertheidigung der besten feindlichen Magazinwege, und also besonders der von seinem Lande in das unsere führenden Flüsse gewandt werden muß.

15. Die Befestigung der die Grenze durchschneidenden Flüsse, ist also zur Erreichung folgender drey Punkte in Rücksicht ihrer Benutzung zur Erhaltung des Unterhaltes sehr nothwendig.

a. Ihr Gebrauch wird für uns dadurch aufs beste bey einem Defensivkriege gesichert.

b. Uns kann derselbe dadurch auch bey einem Offensivkriege vom Feinde nicht so leicht streitig gemacht werden.

c. Endlich wird dieser Gebrauch des Flusses dem Feinde bey seinem Vordringen selbst so lange gänzlich untersagt, wie er die daran errichtete Befestigung nicht überwunden hat.

16. Da also die schiffbaren Flüsse, welche aus einem Lande in das andere fließen, auf allen Fall die wichtigsten Wege sind, die wir decken; so folgt hieraus, daß die anzulegenden Vestungen, als diejenigen Posten, welche am längsten und also am vollkommensten einen Punkt decken können, so viel als möglich an diesen Flüssen ihre Lage erhalten müssen; auch gewinnen sie dadurch an ihrer Stärke um ein Ansehnliches.

17. Wollte

17. Wollte man ein schiffbares Wasser allein nur zur Defensive nutzen, so würde der vortheilhafteste Lauf desselben unstreitig derjenige seyn, wenn es längst der ganzen Vertheidigungsfront, und höchstens 2 bis 3 Meilen von derselben, mit ihr parallel fortströmte. Die Magazine würden alsdann von Weite zu Weite an diesem Flusse angelegt, und die Communication wäre zwischen denselben so leicht als sie nur immer seyn könnte.

18. Doch wäre es nöthig derselben und also dem ganzen Laufe des Flusses eine hinlängliche Bedeckung zu geben. Am vortheilhaftesten würde dies Statt finden, wenn die Vertheidigungsfront noch besonders von einem beschwerlich zu passirenden Terrain, als einem Moraste oder Gebürge gebildet würde. Fände dies aber nicht Statt, so müßten der Fluß und die Magazine an demselben durch Vestungen und Corps gesichert werden.

19. Betrachten wir nun alle die bisher angegebenen Grundsätze zur Anlage der Magazine und der Vestungen, bey der Gründung einer sichern Defensive und einer thätigen Offensive, so finden wir die allgemeinen Resultate.

a. Die Armee und ihre Corps müssen in jedem Puncte der Vertheidigungs- und Angriffsfronte einem Magazine nahe genug seyn, von da sie ihren Unterhalt mit Sicherheit erhalten können.

b. Da die Nähe dieses Magazins an der Stellung des Corps viel zu dieser Sicherheit beyträgt, so muß es keinen Punct in der Vertheidigunsfronte geben, an welchem man über einen Tagemarsch, oder kommt der Transport zu Wasser den Fluß hinunter, höchstens über zwey Tagemärsche oder 8 Meilen davon entfernt ist.

c. Die Magazine müssen entweder in Vestungen liegen, oder durch die Stellung der Truppen vollkommen gesichert seyn.

d. Die Vestungen müssen so liegen, daß man durch sie diesen Vortheil zur Sicherung der Magazine, so viel als möglich, mit demjenigen vereinigen könne, welchen man von ihnen zur Deckung der großen Landstraßen, der schiffbaren Flüsse und der Lücken, die sich in der Vertheidigungsfront befinden, erhalten muß.

§. 15.

3. Regel. Die schwächsten und durch die Form allgemein wichtigsten Gegenden der Fronte müssen durch die Vestungen gedeckt seyn.

1. Bis jetzt haben wir nun die Grundsätze betrachtet, wie die festen Posten in einer Vertheidigungslinie zur Sicherheit der Transporte, selbst bey einem Offensivkriege liegen müssen; ferner, welche Terraingegenstände eine Vertheidigungslinie am mehrsten sichern und verstärken. Nun müssen wir auch untersuchen, welches die vortheilhafteste Anordnung der festen Puncte, zur Sicherheit einer jeden Front im Allgemeinen ist, worauf wir zur Betrachtung der günstigsten Figur einer Vertheidigungslinie übergehen.

2. Was die Stärke einer Vertheidigungslinie anbetrifft, welche sie aus der Lage ihrer festen Puncte und aus der Form ihres Laufes ziehen soll, so sind die hier zu befolgenden Grundsätze die nämlichen, welche bey jeder zu behauptenden Linie Statt finden, sie mag so groß oder so klein seyn als sie will, und wir werden dieselben schon vollkommen kennen, sobald wir nur die Grundsätze überdenken, welche die Stärke einer bloßen Lagerstellung angaben.

3. Das erste, was hier erfordert wurde, war eine nicht zu große Front in Rücksicht der Streitkräfte, von welchen sie behauptet werden sollte. Diese Regel gilt zwar auch bey der Bestimmung einer ganzen Vertheidigungslinie, allein ihre Ausführung nimmt nur noch auf einen andern Umstand Rücksicht, der bey der Anordnung einer Lagerstellung eine eigene Regel ausmacht. Hier heißt es nämlich: man soll die Front der Lagerstellung so wählen, daß dieselbe auf das vortheilhafteste von dem Terrain verstärkt werde,

wel-

welches dem Feinde große Schwierigkeit entgegensetzt, wenn er dasselbe passiren und zu uns gelangen will.

4. Da nun bey der Anordnung einer ganzen Vertheidigungslinie dieselbe unmöglich mit einer vollen Linie oder wohl gar mit zwey, drey Linien Truppen zu besetzen ist, wie dies doch bey einer Lagerstellung besonders nöthig wird, ob man gleich die Truppen etwas weiter auseinanderziehen kann, wenn das Terrain günstig ist, so ist also bey der Deckung einer ganzen Vertheidigungslinie die Ausführung dieser Regel; nämlich, daß man die Front durch ein vortheilhaftes Terrain decken soll, die wichtigste. Durch welche Terraingegenstände dies möglich ist, haben wir oben gezeigt.

5. Durch die Ausübung dieser vorzüglichen Regel ist es alsdann um so leichter, die dadurch erlangte Linie mit den sonst vielleicht nicht hinlänglichen Kräften einer Armee zu behaupten. Hier wird also die auf einander Bezug habende Anwendung der beyden obigen Regeln umgekehrt.

6. Denn da sich die ganze Vertheidigungsfronte einer Grenze nicht so leicht verlegen läßt, als eine simpele Lagerstellung, so muß hier also die Vertheidigungskraft nach der Stärke der Grenzlinie gewählt und angeordnet werden, da bey den Lagerstellungen die Wahl derselben sich gegentheils nach der Summe der vorhandenen Streitkräfte richtete.

7. So wie man nun dem Feinde bey den Lagerstellungen, wenn sich kein Naturhinderniß vor der Front befindet, starke Verschanzungen entgegensetzt, welche das dazwischenliegende Terrain durch ihr Feuer vertheidigen, und den darauf vorrückenden Feind für seine Flanken besorgt machen; eben so muß man bey der Festsetzung einer ganzen Grenzvertheidigungslinie, welche durch kein Naturhinderniß gedeckt wird, Vestungen und feste Läger für Corps anordnen, die das zwischen ihnen liegende Terrain dadurch sichern, daß sie dem Feinde die größte Besorgniß für seine Transporte einflößen; wenn er es wagt, zwischen diesen festen Posten, ohne sie zu erobern, durchzugehen.

8. Die

8. Die Flanken einer Lagerstellnng müssen, unter allen Puncten der ganzen Linie, am wenigsten der Gefahr eines Durchbruchs ausgesetzt seyn, und also durch ihre Stärke die größte Sicherheit genießen.

9. Die gewöhnlichen Mittel, wodurch man sie bey den Lagerstellungen deckte, reichen hier bey der Sicherung einer ganzen Vertheidigungslinie bey weitem nicht hin, da die Ausführung dieser Regel **auf keinen Fall** vergessen werden darf, indem ihre Vernachlässigung das ganze Gebäude, an dem oft die ganze Kraft einer Nation angewandt ist, sogleich übern Haufen werfen und gänzlich zernichten könnte.

10. Das Meer, ein tiefer, breiter Morast, ein schneller breiter Strom, ein hohes mit wenig Durchgängen versehenes Gebürge, dicke undurchdringliche Wälder, oder endlich in Ermangelung aller dieser Gegenstände ein paar sehr starke Vestungen, sind die einzigen Schutzwehren, die man zu einer hinlänglichen Sicherung der Flanken nützen kann.

11. Demungeachtet müssen aber dennoch die genannten Terraingegenstände durch feste Posten, und am vortheilhaftesten also durch einige Vestungen vollkommen gedeckt und besetzt seyn, denn sonst werden sie höchstens nur den Feind einige Zeit aufhalten, aber nicht die gewünschte Sicherheit gewähren.

12. Will eine Armee eine Lagerstellung beziehn, so muß sie sich so setzen und solche Posten wählen, daß die Zugänge zum Lager vollkommen bestrichen sind, das heißt, daß der Feind, wenn er durch dieselben vorrücken will, eine hinlängliche Streitkraft zu ihrer Behauptung gegen sich findet.

13. Diese Regel gilt ganz vollkommen auch bey der Anordnung einer Vertheidigungslinie, man braucht nur das Land als das Lager anzusehen. Die Zugänge sind hier aber nicht blos die Wege, auf denen der Feind vorrücken kann, sondern vorzüglich diejenigen, auf denen der vorgerückte Feind seinen Unterhalt empfängt.

14. Denn

14. Denn sichert man diese hinlänglich, so können die andern, ohne großen Schaden für die Behauptung der ganzen Linie, offen gelassen werden, indem aus Mangel des Unterhalts der Feind bald zum Rückzuge gezwungen seyn wird. Die drey Mittel, wie man übrigens einen Zugang, oder, was einerley ist, die Oeffnung eines Weges behauptet, haben wir schon oben abgehandelt.

15. Eine andere Regel bey der Wahl einer Heerstellung ist; hinlängliche Oeffnungen auf der Front derselben in seiner Gewalt zu haben, um bey einem günstigen Augenblicke von der Defensive zur Offensive übergehen zu können. Die Ausführung dieser Regel ist hier eben so wichtig für das Ganze, und man wird sie erhalten, wenn die vorige Regel genau befolgt ist, d. h., wenn die Zugänge zum Lande vollkommen zu unserm Gebrauche gesichert sind.

16. Denn die Wege, welche der Feind benutzt, um in unsere Linie einzudringen, kommen aus seinem Lande, und liegen also auch gewöhnlich für uns bequem, um ebenfalls in die feindliche Linie gegenseitig einbrechen zu können; doch kommt hier viel auf die Natur des Terrainhindernisses an.

17. Ist es so breit, daß wir durch feste Posten nicht beyde Seiten desselben, sondern nur die innere, der Feind aber die äußere Seite besitzt, so kann er sich durch die Benutzung derselben sehr wohl eben so gut decken als wir, und dann sind die Vortheile zu einer Offensive auf beyden Seiten gleich.

18. In einer Lagerstellung soll die Communication frey und ungehindert seyn. Die Beobachtungen dieser Regel ist bey der Gründung einer guten Vertheidigungslinie noch weit wichtiger, indem sich die zur Vertheidigung dienenden Streitkräfte nicht gleich aller Orten befinden, wo der Feind angreift, und also die Mittel in ihrer Gewalt haben müssen, durch deren Anwendung sie schleunig sich nach jedem Punkte begeben können.

19. Wir wissen, daß eine Vestung immer mehr an eigenthümlicher Stärke gewinnt, je schwerer sie einzuschließen ist, oder je unsicherer diese Einschließung ist. Beydes wird der Fall, wenn die Veste nicht dichte am Hindernisse der Fronte, sondern so viel davon abliegt, daß der Feind noch einen besondern Posten zur Sicherheit seines Rückzuges und der Gemeinschaft dahin aufstellen muß. Die zur Offensive zugleich mit dienenden Vesten müssen also in oder dicht an der Fronte, die Defensiv-Vesten aber ½ bis 1 Meile davon abliegen.

20. Da die Vesten zugleich die stärksten Flankenpositions sind, so dürfen sie in dieser Rücksicht nicht über 5 Meilen auseinander liegen, damit jede Garnison nur einen sehr mäßigen Weg bis in die Mitte des Zwischenraums hat. Ist aber dieser Zwischenraum durch ein großes Terrainhinderniß gedeckt, über welches der Feind sich erst eine Gemeinschaft sichern muß; so können die Vesten daran wohl 8 Meilen auseinander liegen. Denn der Feind darf doch nicht ohne die Eroberung einer Vestung vordringen, oder er setzt seinen Rückweg, der nur einen starken Marsch von uns entfernt ist, der größten Gefahr aus. Er muß also immer dicht am Rückzugswege bleiben, und das ist so gut, als wenn er eine Veste selbst belagerte.

§. 16.

4. Regel. Die Vestungen müssen die innere Haltbarkeit und die Commonicationspässe der Fronte sichern.

1. Längst der ganzen Vertheidigungslinie und nach allen Punkten, deren Behauptung zu ihrer Sicherheit erfordert werden, müssen gut gebahnte Straße führen. Es ist aber nicht genug blos Marschwege angelegt zu haben, sondern da die Truppen auch aller Orten des Unterhalts bedürftig sind, so müssen auch Straßen, und wo möglich schiffbare Kanäle und Flüsse so eingerichtet werden, daß sie von einem

einem Magazine zum andern, und nach alle den Stellungen hinlaufen, wohin sich die Truppen begeben müssen.

2. Die Anlage solcher Communicationswege erfordert nun eine genaue Kenntniß aller der Mittel, durch welche die Grenze gesichert werden soll, damit die Bedürfnisse des Heers befriedigt werden können, sein Standort mag auch seyn, wo er will.

3. Diese, sowohl zur Ausführung der nöthigen Bewegungen, als auch zur Erlangung der unentbehrlichen Kriegesbedürfnisse, gleich wichtigen Communicationswege und Flüsse, müssen aber auch eine vollkommene Sicherheit genießen, wenn nicht das ganze Vertheidigungssystem sogleich an seinen empfindlichsten und wesentlichsten Theilen gelähmt werden soll.

4. Diese Sicherheit der Communicationslinien läuft aber an den Punkten die größte Gefahr, wo sie von einem sonst schwer zu passirenden Terraingegenstande durchschnitten werden, wo sich also ein Defilee bildet, das nicht umgangen werden kann, d. h., wo man den, das Defilee bildenden Terraingegenstand wenigstens in einer solchen Weite von dem Defilee oder mit so großer Aufopferung von Zeit passiren muß, daß der Feind entweder immer im Besitz des kürzesten Weges nach dem zu erreichenden Gegenstande oder nach dem Magazine bleibt, sobald er das Defilee einmal besetzt hat, oder daß er wenigstens Zeit genug übrig behält, denselben zu erreichen, bevor wir es können.

5. Diese große Wichtigkeit der Defilees, durch welche unsere Communicationslinien laufen, lehrt uns daher, daß wir alle Mittel aufbieten müssen, um sie vor einer plötzlichen feindlichen Besitznahme zu sichern.

6. Dies kann nun aber ohne Zweifel entweder durch eine dahin gelegte Vestung, oder durch ein daselbst postirtes Corps, oder endlich dadurch geschehen, daß man ein Corps mit Sicherheit so postiren kann, daß es dem Feinde die Lebensmittel benimmt, sobald er es wagt, gegen das zu dekkende Defilee vorzurücken.

7. Ob-

7. Obgleich dies zwar überhaupt die drey Mittel sind, durch welche man einen jeden andern Punkt ebenfalls vor feindlicher daurender Besitznahme sichern kann, so müssen sie doch hier vorzüglich angewandt werden, da die bemerkten Punkte gerade diejenigen Glieder der ganzen Kette sind, welche ihr die eigentliche Festigkeit, Haltsamkeit und Dauer geben.

8. Da nun die Deckung dieser wichtigen Punkte durch eine Vestung, die größte Sicherheit derselben gewährt, so muß man suchen bey der Anlage der Vestungen zur Sicherung der Front, der Magazine und des Laufes der dahinführenden Communicationslinien, vorzüglich auf die Behauptung derjenigen Defilees mit Rücksicht zu nehmen, durch welche diese Bewegungs- und Lebensfäden der ganzen Maschine, die einen feindlichen Einbruch verhindern soll, laufen.

9. Die letzte Regel endlich, deren Ausübung die gute Anordnung einer V rtheidigungsfronte erheischt, ist, daß der Rückzug aus derselben sicher sey. Fände dies nicht Statt, und der Feind könnte die Terraingegenstände gewinnen, welche uns den Rückzug abschneiden, so ist das Innere des Landes und mehrentheils auch die Hauptstadt, dieser wichtige Punkt, von da aus das Ganze Leben und Thätigkeit erhält, in seiner Gewalt, und es wird uns, ohne die vom Feind besetzten Posten zu erobern, wahrscheinlich unmöglich seyn, einen hinlänglichen und zeitigen Sukkurs abzuschicken.

10. Alle diejenigen Terraingegenstände, welche die vorhin betrachtete große Verstärkung der Front gewähren, sind es nun ebenfalls, die, wegen der großen Schwierigkeit, sie anders, als auf gebahnten Wegen zu passiren, den Rückzug der Truppen hemmen können; und diese Gefahr wird um so größer seyn, je näher diese Gegenstände der vordern Vertheidigungsfronte liegen, indem es dann auch dem Feinde um so leichter wird, uns zu hintergehen und dieselben uns im Rücken zu besetzen.

11. Hier

11. Hier ist also kein anderes Mittel, um diese wichtigen Zugänge zum Innern des Landes beständig für uns offen zu erhalten, als dieselben durch feste Posten, oder durch die Stellung der Corps, welches aber nicht so sicher ist, gegen den Feind vor allem plötzlichen Ueberfall zu dekken, und eine beständige und sichere Communication nach den wichtigsten derselben anzuordnen.

12. Führt man auf diese Weise diese wichtige Regel aus, und haben die hintern den Rücken begrenzenden Terrainhindernisse eine vortheilhafte Lage, die wir nachher näher betachten wollen; so ist es oft möglich durch ihre planmäßige Benutzung die Erfüllung einer andern Regel zugleich mit zu bewürken, welche bey der Bestimmung einer jeden Vertheidigungslinie angewandt werden muß, wenn man bey derselben nicht gleich alles aufs Spiel setzen, sondern sich noch Mittel vorbehalten will, welche uns die Kraft ertheilen, einen Unfall wieder zu ersetzen, und also der Vertheidigung wahre Dauer und Festigkeit zu geben.

C. Grundsatz. Es muß in der Weite von 4 bis 6 Meilen hinter der vordern Fronte eine zweyte liegen, aus der die erste unterstützt und wieder erobert werden kann.

§. 17.

a. Lehrsatz. Die zweyte Fronte muß gleichmäßig wie die vordere verstärkt, aber die Vestungen wo möglich so gelegt werden, daß sie den Zwischenräumen der vordern entgegenstehen.

1. Es ist ein Grundsatz der Taktik, die Truppen so zu ordnen, daß nicht bey einem anfänglichen Siege des Feindes alles gleich verlohren geht, sondern daß man auch dann noch Mittel behält, wenigstens den Ueberrest mit Sicherheit zu retten; oder, ist der feindliche Sieg nicht gleich entscheidend, von da aus die Sachen wieder in Ordnung zu bringen, und vielleicht den Sieg noch für uns zu bewürken.

2. Diesem Grundsatze zu folge giebt man, so viel als möglich, einer jeden zum Treffen bereit stehenden Armee zwey Linien, die im Gefecht sich einander unterstützen und mit einander abwechseln. Kann man aber keine zwey volle Linien erhalten, so setzt man wenigstens Reserven fest, welche den am mehrsten bedroheten Punkten wieder das Gleichgewicht gegen den Feind verschaffen sollen.

3. Diesem nämlichen Grundsatze zu folge, weist man in der Fortification einem jeden vorzüglichen Werke ein anderes an, welches dem erstern Unterstützung gewähren, und den Rückzug der Besatzung aus ersterm sichern soll, damit der Feind durch die Eroberung desselben, nicht gleich alles gewonnen habe.

4. Da nun bey Anordnung einer ganzen Vertheidigungslinie, ebenfalls eine gegenseitige planmäßige Unterstützung aller Theile in derselben, zu einem gemeinschaftlichen Widerstande gegen die Angriffe des Feindes, der zu erreichende Zweck ist, so ist es hier, wo gleich das Heil des ganzen Landes auf dem Spiele steht, noch weit wichtiger eine Anordnung zu treffen, welche die von der vordern Vertheidigungslinie Anfangs abgetriebenen Truppen, so lange und zugleich mit dem Lande Schutz giebt, bis sie sich wieder im Stande befinden, dem die vordre Vertheidigungsfronte durchgebrochenen Feinde, dieselbe wieder zu entreißen; oder ist dies nicht möglich, ihm doch wenigstens das fernere Vorrücken immer noch sehr beschwerlich zu machen.

5. Dies läßt sich nun auf keinen Fall anders erreichen, als wenn man außer der vordern Vertheidigungsfront noch eine zweyte dahinter anordnet, welche aber nicht weiter als einen starken Marsch, also höchstens 5 Meilen von der ersten entfernt seyn darf; damit man sie nicht allein immer zeitig genug vor dem Feinde erreichen kann, wenn er etwa die erste Linie durchbrochen hat, sondern damit es auch möglich bleibt, von da aus gegen den, die festen Posten der ersten Linie noch angreifenden Feind, durch einen einzigen Marsch schleunig anzufallen, und ihn durch einen unver-

unvermutheten Streich wieder aus den gewonnenen Posten und Durchgängen der ersten Linie zu verjagen.

6. Diese zweyte Vertheidigungslinie wird nun auf die nämliche Art, wie die vordere, welche indessen immer die vorzüglichste bleibt, durch die Benutzung vortheilhaft liegender Terraingegenstände, als Flüsse, Moräste, Ueberschwemmungen, undurchdringliche Waldung oder Gebürge verstärkt; und da diese Linie die letzte Schutzwehr des Landes seyn soll, so muß man alle Kunst und alle Hülfsmittel der Natur anwenden, um den Truppen sichere Plätze zu verschaffen, aus welchen sie ungehindert ihrer vordern Grenzlinie zu Hülfe eilen können.

7. Sollte nun aber die Natur in der Weite, wo die zweyte Vertheidigungslinie von der ersten angelegt werden muß, keine hinlängliche deckende Terraingegenstände hervorgebracht haben, so muß man diesen Mangel wieder durch gut angelegte feste Posten und durch die Hervorbringung künstlicher Terrainhindernisse ersetzen; damit die Armee auf allen Fall hier sichere Läger vorfinde, in welchen sie nicht allein den glücklichen Augenblick zu einer entscheidenden Offensivoperation abwarten kann, um die erste Linie wieder zu gewinnen; sondern wo die nöthigen Ergänzungen an Menschen und Kriegserfordernissen, ohne Gefahr zu ihr stoßen können.

8. Damit nun aber die festen Posten und Magazine der zweyten Linie die bequemste Lage erhalten, sowohl um den die erste Linie durchgebrochenen Feind am besten aufzuhalten, als auch von da die Posten der ersten Linie unterstützen zu können; so ist es sehr vortheilhaft, wenn die hier zu benutzenden Terrainhindernisse so liegen, daß sich die Hauptdurchgänge, und also die vorzüglich starken und wichtigen Posten derselben, gerade den Lücken gegenüber befinden, die zwischen den Hauptpunkten der ersten Vertheidigungslinien liegen.

9. Kann man eine solche vortheilhafte Lage der Terrainhindernisse nicht finden, und sind solche überhaupt zur Bildung der zweyten Linie nicht in der Nähe, so muß man

dieselbe also aus Vestungen formiren, und diese sind dann schon eher etwas weiter nach der Gegend wegzurücken, wo ihre Lage den obigen Vortheil gewährt.

10. Ist es nun möglich, den ersten Punkten und den Hauptdurchgängen beyder Linien, die oben bestimmte sich gegenseitig unterstützende Lage zu geben, so erhält man dadurch den großen Vortheil; daß wenn der Feind würklich die festen Punkte der ersten Linie durchbrochen hat, er nun auf seinem Wege gerade vorwärts keinen Durchgang findet, also gezwungen wird, sich seitwärts zu wenden, wodurch wir ihm alsdann auf die Flanken zu stehen kommen, und also unter allen Stellungen die vortheilhafteste haben, um seine Transporte, welche nun die Durchgänge der ersten Linie passiren, zu beunruhigen.

11. Der zweyte große Vortheil ist der, daß man sich aus den Hauptposten der zweyten Linie, wegen ihrer Lage zwischen den Lücken derjenigen der ersten Linie, sehr leicht auf die Flanken des Feindes werfen kann, der diese Hauptposten der ersten Linie angreift.

12. Ferner daß man aus einem Hauptposten der zweyten Linie zwey Durchgänge der ersten Linie, weit geschwinder als der Feind erreichen kann, wenn er sich bey einem derselben befindet, und die Entfernung dieses Punkts von dem zu erreichenden nur so groß, als die Entfernung der Hauptposten in der zweyten Linie ist.

13. Wir wollen diese günstige Lage der Hauptdurchgänge beyder Linien etwas mehr erläutern, um die großen Vortheile zu ersehen, welche bey einer gehörigen Benutzung während einer feindlichen Offensive zur Erhaltung der vordern Grenzlinie daraus fließen. Die Figur, welche durch die Lage der beyden Vertheidigungsfronten und ihrer Durchgänge gebildet wird, ist die unten stehende.

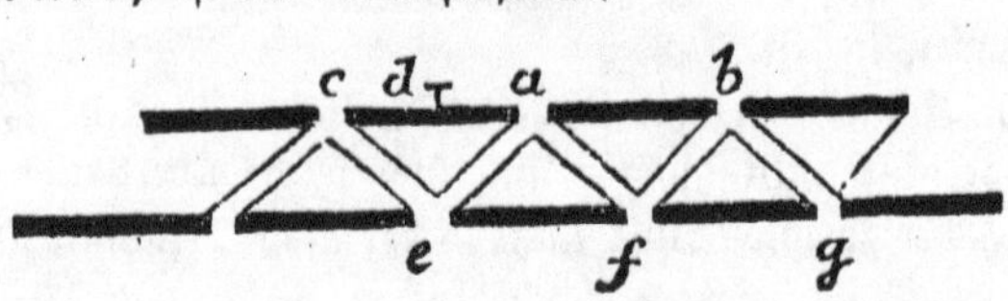

14. Wenn

14. Wenn nun z. B. der Feind den Paß a in seine Gewalt bekommen hat, so besetzt man den Paß e und f, und zwingt ihn dadurch entweder einen von diesen noch zu durchbrechen, wobey ihm aber der nicht angegriffene Posten in der Flanke und der Posten b oder c im Rücken angreift, oder er muß den noch nicht vollkommen besetzten Paß g angreifen und behaupten, welches aber deswegen fast schon unmöglich fällt. Denn er muß zwischen den Posten b und f durchgehen, und diese ganz im Rücken lassen, wodurch aber seine Communication mit a gänzlich gehemmt, und wenn dieser Posten a von der überlegenen Macht e f b c angegriffen und überwältigt wird, welches leicht möglich ist, der Feind vollkommen abgeschnitten und eingeschlossen würde.

15. Befindet sich der Feind noch mit dem Angriffe auf a beschäftigt, und wir stehen mit unserer Hauptmacht in dem Posten e, um einen glücklichen Augenblick abzuwarten, worin wir a befreyen können, der Feind hat aber noch c in seiner Gewalt; so ist er weiter von diesem Posten entfernt als wir. Es wird uns also leicht seyn, über denselben mit einer überlegenen Macht herzufallen und ihn wieder zu erobern, worauf es dann eben so leicht ist, dem Feinde auf der Flanke oder im Rücken Besorgnisse zu erregen.

16. Wäre es möglich bey d einen Durchgang zu gewinnen, den der Feind vernachlässigte, und wir besäßen die Posten e und c, so könnte man diesen Durchgang, durch einen schnellen Anfall aus diesen beyden sehr nahe liegenden Puncten gegen mehrere Seiten desselben, leicht dem Feinde entreißen, und ihm dadurch vielleicht die ganze Flanke während des Angriffs auf a entblößen.

§. 18.

b. Lehrsatz. Die Hauptfronten müssen durch starke Flankenpositionen verbunden werden, und diese nicht über 4 bis 6 Meilen von einander liegen.

1. Aus dem Bisherigen ersehen wir nun, daß alle Anordnungen zur Unterhaltung der Truppen in und hinter der zweyten Vertheidigungslinie, so wie die Vorsichten, welche die Gemeinschaft der darin befindlichen Posten unter einander geben, eben so nothwendig zu befolgen sind, als bey der Anordnung der ersten Linie angegeben wurde.

2. Allein wir sehen zugleich, daß dies nicht hinlänglich ist, um die wechselseitige Unterstützung der Posten beyder Linien zu gründen; denn sobald der Feind sich zwischen beyden Linien so postiren kann, daß er es durch seine Stellung unmöglich macht, von einer zur andern zu gelangen, so fällt auch der wichtigste Theil der gehoften gegenseitigen Hülfe der beyden Linien, und ihrer Würkung zur Behauptung der Grenze überhaupt, größtentheils weg; indem derselbe vorzüglich in einer übereinstimmenden und von mehrern Seiten zugleich gegen den Feind unternommenen Aktion, der in den festen Punkten beyder Linien sich befindenden Streitkräfte besteht, welche aber nicht Statt finden kann, sobald der Feind die obige Stellung besitzt.

3. Hieraus folgt also, daß man unumgänglich seine Aufmerksamkeit darauf richten muß, wie man eine dauernde und starke Communication unter den hintereinander liegenden Posten beyder Linie gründen will, damit man dem die vordere Linie durchgebrochenen Feinde, an allen Orten wo der Durchbruch geschieht, eine andere auf seinen Flanken entgegenstellen kann, welche ihn verhindert sogleich die Gemeinschaft zwischen beyden Hauptlinien zu trennen.

4. Diese Flankenvertheidigungslinien, wie wir sie künftig nennen wollen, müssen also ihrer großen Wichtigkeit nach, ebenfalls durch alle mögliche Benutzung der vortheilhaft

haft liegenden Naturhindernisse, und bey deren Mangel durch die Kunst erschaffen und verstärkt werden.

5. Ferner muß man ihnen zwischen beyden Hauptvertheidigungsfronten, gerade die Stellen anweisen, welche am vortheilhaftesten liegen, um von da aus mehrern Hauptposten am nähesten zu seyn, und die sicherste Gemeinschaft mit den Pässen der zweyten Linie zu bewürken; endlich, daß wenn der Feind irgend einen Paß der ersten Linie in seine Gewalt bekommt, er nun nicht gleich auch die nähesten Communicationsfronten zwischen beyden Hauptlinien passirt hat, sondern diese bey seinem Vorrücken immer noch auf den Flanken behält.

6. Würde man nun diese Flankenvertheidigungsfronten von den Pässen der ersten, zu denen der zweyten Fronte so gezogen haben, als die feinern Linien in der obigen Figur, welche die kürzesten Wege von den erstern Pässen zu den hinterliegenden angeben; so würde der Feind gerade den Vortheil besitzen, daß wenn er die erste Fronte durchbrochen hätte, er zugleich die nähesten Flanken unnütz machte.

7. Aus der Betrachtung dieser Figur folgt also, daß man den Vortheil der kürzesten Gemeinschaftslinie zwischen den Posten beyder Fronten, der größern zu erhaltenden Sicherheit derselben aufopfern muß. Die Flankenvertheidigungsfronten müssen also nicht den einen Flügel an die Pässe der vordern Front stoßen, sondern von denselben abliegen; der andere Flügel muß hingegen sich an die Posten der zweyten Front lehnen, weil hier der obige Nachtheil nicht zu befürchten ist. Die untenstehende Figur wird also die vortheilhafteste Lage der beyden Hauptfronten und ihrer Communicationen angeben.

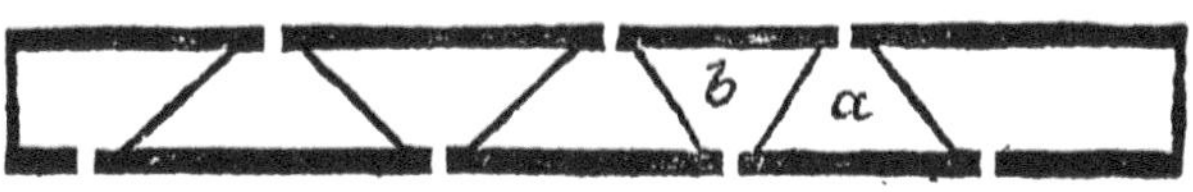

8. Damit man nun aus den Communicationslinien leicht und geschwind genug dem nähesten Hauptposten der ersten Front zu Hülfe kommen kann, so muß der Punkt, wo die Communication in die vordere Linie einfällt, von dem darin liegenden und zu unterstützenden nähesten Hauptposten, nicht weiter als höchstens 2 Meilen entfernt liegen, damit uns ein mäßiger Marsch sogleich an den Feind bringe.

9. Diese Lage der Communicationen giebt nun zwar den Vortheil, daß man von jedem Hauptposten in der hintern Fronte nach dem vordern, zwey Wege hat, allein es entstehet dadurch auch folgender Nachtheil, welcher die Beunruhigung des Feindes bey seinem Angriffe auf die vordern Punkte, sehr schwer macht.

10. Hat er nämlich einmal die vordere Linie durchbrochen, und ist er so glücklich die nach ihm zu liegenden Seiten der beyden nähesten Communicationsfronten in seine Gewalt zu bekommen; so kann er hierdurch seine Flanken, bey dem weitern Vordringen gegen die zweyte Fronte so gut decken, daß wir ihm in dem von allen Seiten gedeckten Raume a, gar nichts, und in dem Raum b nur von unserm festen Posten aus auf seiner Fronte etwas anhaben können.

11. Der Feind würde diese Deckung seiner Flanken nicht so leicht erhalten können, und wir würden die Lage der Naturgegenstände leichter antreffen, welche zur Formirung der Flanken dienen sollen, und also gleichfalls die Anlage der künstlichen Terrainhindernisse vermindern, wenn wir von jedem Hauptposten der zweyten Hauptfront, nur eine Flanke und zwar gegen die Mitte des Zwischenraums, der sich gerade gegen diesem Posten über befindet, und der immer zwischen zwey Hauptposten der ersten Front liegt, verlangten. Die Linien würden also so laufen, wie die unten stehende Figur zeigt.

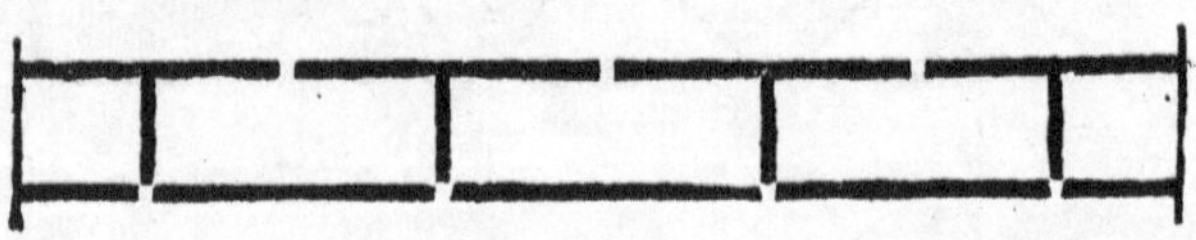

12. Da

12. Da nun jetzt die Flanken auf die hintern Hauptposten zulaufen, so kann man vermittelst dieser letztern auf beyde Seiten der Flanken kommen, und also immer die Festsetzung des Feindes an denselben verhindern.

13. Allein jetzt tritt wieder der große Nachtheil ein, daß diese Flanken zu weit von den Hauptposten der ersten Linie abgezogen sind, und also nicht im geringsten die Communication dahin aus der zweyten Fronte decken können, welches doch mit ihr Hauptzweck war. Sie könnten in dieser Lage nur als Flankenstellungen betrachtet werden, um die Posten der zweyten Linie zu schützen.

14. Hieraus erhellen die Vortheile, welche die vorige Figur in der Lage der Flanken vor dieser voraus hat; nur ist dabey zu beobachten, daß diese Flanken nicht wie diese vorige Figur zeigt, neben den Posten der zweyten Front in diese fallen, sondern so wie in der letzten Figur gerade auf diese Hauptposten der zweyten Linie zulaufen; damit man das Mittel in Händen behalte, durch diese Hauptposten auf beyde Seiten der Flanken kommen, und dadurch alle solide Festsetzung des Feindes verhindern zu können.

15. Es ist aber sehr selten der Fall, daß sich gerade in den Richtungen zwischen beyden Hauptfronten, Naturhindernisse finden sollten, die man zur Anlage der Flanken nützen könnte. Oft laufen sie so, daß wenn man ihre Richtung nicht benutzte und neue Flanken nach den vortheilhaftesten Lagen errichten wollte, der Feind durch eigenen Gebrauch dieser vernachlässigten Terrainvortheile, nun eine gute Schutzwehr seiner Flanken bey seinem weitern Vorrücken aufstellen könnte.

16. Hieraus folgt daher, daß man entweder die den vordern Hauptposten am nähesten gelegenen Terrainhindernisse zur Gründung vortheilhafter Flanken benutzen; oder gewähren sie hierzu nicht hinlängliche Stärke, sie wenigstens doch zur Deckung ganz unbrauchbar machen muß; damit der Feind sich ihrer nicht zu seiner eigenen Sicherheit bedienen kann.

17. Da sich nun aber eine solche Unbrauchbarkeit der Naturhindernisse zur Deckung militairischer Operationen, oft gar nicht, immer aber sehr schwer ausführen läßt, und dem Feinde das Terrain zwischen beyden Hauptfronten so lange als möglich, streitig gemacht werden muß; so ist es immer sehr vortheilhaft, die den vordern Hauptposten am nähesten gelegenen Flanken so lange als möglich zu vertheidigen, und sich also mit der Anlage der Hauptflanken vorzüglich nach dem Laufe der Terrainhindernisse zu richten, die den vordern Posten am nähesten liegen, und dem Feinde die größte Schwierigkeit bey einer Uebersteigung derselben entgegensetzen.

18. Liegen indessen diese Gegenstände so, daß man ohne Nachtheil die Wahl hat, wie die Flanken in Beziehung auf die beyden Hauptfronten laufen sollen, so sind diejenigen allen übrigen vorzuziehen, wo von jedem Hauptposten der zweyten Fronte eine auf einen solchen Posten stoßende Flanke, nach einem Hauptposten in der ersten Fronte läuft, aber zwischen ½ Meile bis 3 Meilen von demselben in die vordere Fronte fällt.

19. Ist diese Lage nicht aller Orten zu wählen, so nimmt man die, welche die erste Figur zeigt, wo also die Flanken neben den Hauptposten der zweyten Linie in diese fallen. Alle die Fälle, wo die Flanken von den Hauptpostex der erster Linie nach irgend einer Richtung auslaufen, sind zwar zur anfänglichen Sicherheit der Communication zwischen beyden Hauptfronten am besten, doch nur so lange der Feind die Posten der ersten Linie noch nicht erobert oder nur umringt hat, denn dann hat er beyde Seiten der Flanken in seiner Gewalt.

20. Das Terrain zwischen beyden Hauptfronten wird also in diesem Falle durch die Flanken nicht so gut beschützt, als wenn dieselben von den Hauptposten der ersten Linie etwas abgezogen sind.

21. Da aber diese Vereinigung der Flanken bey den Hauptposten der vordern Fronte, dieselben sehr an eigner

Kraft

Kraft verstärkt; so ist diese Lage in den Fällen, wo man einen leichten Durchbruch des Feindes in den Zwischenräumen der vordern Posten befürchten kann, derjenigen Lage vorzuziehen, bey welcher die Flanken in einer ziemlichen Entfernung von diesen Hauptpunkten in die vordere Front fallen.

22. Uebrigens versteht es sich, daß man so viel als möglich auf die Ausführung derjenigen Regeln vorher gesehen haben muß, welche die Einrichtung, Stärke und Entfernung der beyden Hauptfronten von einander angeben.

§. 19.

c. Lehrsatz. Durch den zweckmäßigen Gebrauch der Flanken muß der eingedrungene Feind besonders abgehalten, und die zu vertheidigende Fronte abgekürzt werden.

1. Regel. Die Flankenpositionen sollen hier im Allgemeinen das leisten, was die Flanken bey der Vertheidigung der Vestungen bezwecken.

1. Was nun übrigens den Gebrauch dieser Communicationsfronten betrifft, um die Vertheidigung zu verstärken, so kann man denselben eher nicht völlig auseinandersetzen, ehe nicht vollkommen die Grundlagen des ganzen Vertheidigungskrieges bekannt sind, und darauf ein System desselben gebauet ist.

2. Der Zweck der Vertheidigung ist, das Land zu behaupten, und dies geschicht, wenn man alle diejenigen Posten und Fronten, welche durch die großen Naturhindernisse gebildet werden, durch die Armee so sichert, daß sich der Feind ihrer nicht bemächtigen kann, indem er sich sonst darin festsetzt, und von diesen sichern Zufluchtsorten aus, sehr leicht die noch übrige schwache Vertheidigung seines Gegners auflösen und sich das Land unterwerfen kann.

3. Das Innere einer Stadt wird durch die Behauptung der sie umgebenden Vestungswerke geschützt. Eben so ist es auch mit einem Lande, das vertheidigt werden soll. Es kommt also darauf an, gegen die Seite, wo dasselbe

vom

vom Feinde angegriffen wird, demselben Natur- oder Kunsthindernisse entgegen zu stellen, welche die Stelle der Vestungswerke der Stadt vertreten.

4. Wir haben oben gesehen, worin diese Hindernisse bestehen, und wie sie beschaffen seyn müssen, wenn sie den feindlichen Einbruch abhalten, und eine langbestehende Festsetzung des Feindes im Lande verhindern sollen. Jetzt müssen wir daher wissen, wie man sie behauptet, und wie man demjenigen Punkt, wo der Feind durchdringen will, die kräftigste Vertheidigung giebt.

5. Die Mittel zu beyden Zwecken, sind nun ebenfalls aus einer genauen Betrachtung der Vestungsvertheidigung, welche die allgemeinen Grundsätze einer jeden Vertheidigung überhaupt vollkommen lehrt, sehr gut zu ersehen. Eine Vestung wird aber, so wie jeder andere Platz nur durch drey Mittel vertheidigt, die jedoch in mannigfaltiger Verbindung mit einander unter sich zur Erlangung dieses Zwecks abwechseln.

6. Das erste Mittel ist die gerade passive Entgegenwürkung der Streitkräfte von der angegriffenen Stelle aus. Das zweyte Mittel ist die offensive Entgegenwürkung der Streitkräfte von einem Orte aus, welcher den angreifenden Feind unmittelbar in die Flanke oder in den Rücken faßt. Das dritte Mittel endlich ist die offensive Würkung gegen die Quellen und Zufluchtsorte der feindlichen Angriffskraft, um dieselbe durch die Zerstörung dieser Dinge sogleich selbst erschlaffend zu machen.

7. Das erste Mittel wird bey der Vertheidigung der Vestungen, durch das dem Feinde gerade entgegenwürkende Feuer der angegriffenen Poligon erhalten. Das zweyte Mittel leistet das Feuer der Bollwerksflanken, und der andern die angegriffenen Werke flankirenden Linien. Das dritte Mittel wird endlich durch die Ausfälle ausgeführt, die auf des Feindes Transcheen und Depots geschehen.

8. Will man nun aus dieser Betrachtung auch gegenseitig die Mittel erkennen, welche im Vertheidigungskriege

zur

zur Behauptung einer Linie anzuwenden sind, so muß man vorher die Eigenschaften der Vertheidigungslinie, welche hier die Werke der angegriffenen Poligon vorstellt, wohl erwägen, und auch festsetzen, in was für einem Sinne hier die Flankenwürkung gegen den Feind zu verstehen ist.

9. Die Werke, welche der Feind an einer Vestung angreift, setzen ihm blos Hindernisse entgegen, welche seinem Vorrücken über dieselben eine große Langsamkeit geben. Derselbe Fall ist es mit den Natur- oder künstlichen Terrainhindernissen, die man dem Feinde zur Bewahrung einer Grenze entgegenstellt.

10. Ob nun gleich ein befestigter und vollkommen versehener Ort gewissermaaßen ein lebendiges Vertheidigungsmittel eines feindlichen Durchbruchweges ist, und die gerade Vertheidigung desselben zugleich mit leistet; so ist doch gewiß, daß diese Vertheidigungsmittel vom Feinde nach einiger Zeit, so wie die Naturhindernisse, überwunden seyn wird, wenn die innere Kraft desselben nicht durch eine andere auswärts desselben würkende unterstützt wird.

11. Hieraus folgt also, das man die festen Posten einer Vertheidigungslinie, eben so wie die andern Hindernisse, um den Einbruch des Feindes auf gewissen Wegen zu verwehren, ansehn, und also auch eben so, wie bey diesen erforderlich ist, mit der Armee für ihre Sicherheit sorgen muß.

12. Was nun die Wirkung betrift, die sich mit einer Streitkraft, bey der Vertheidigung einer Grenzlinie, gegen die Flanken oder den Rücken des angreifenden Feindes erhalten läßt, so kann dies nur dadurch geschehen:

a. Daß man den Feind mit einem gefährlichen Angriff auf seinem Marsche bedrohet, wenn er eben im Vorrücken gegen den Punkt begriffen ist, wo er durchdringen will; oder daß man ihn bey seinem Angriffe selbst aus einem vortheilhaft gelegenen Posten in die Flanke oder im Rücken anfällt.

b. Wenn man nicht unmittelbar gegen die vertheidigungslosen Seiten des angreifenden feindlichen Corps, sondern

dern gegen die ihm nachgeschickten und demselben unentbehrlichen Transporte der Kriegsbedürfnisse würkt. Diese Art der Flankenwürkung hat indessen schon etwas ähnliches mit dem 3ten Mittel, wo man nämlich offensiv die Quellen der feindlichen Macht angreift.

13. Die Weite derjenigen Streitkräfte, welche bey einer angegriffenen Vestung auf die Flanken des attakirenden Feindes würken sollen, darf von dem Orte, wo diese Attake geschiehet, nicht über 300 bis 350 Schritte betragen, weil in dieser Entfernung noch Würkung von allen Theilen der Streitkraft, die hier zur Flankenvertheidigung genutzt werden kann, das heißt von dem Artilleriefeuer sowohl als auch von der Musqueterie zu erwarten ist.

14. Diese große Nähe ist zwischen denjenigen Corps, die sich eine gegenseitige Flankenvertheidigung bey der Behauptung einer ganzen Grenze leisten sollen, nicht durchgehends zu erhalten möglich, weil man die ganze Linie hinunter nicht immer mit einer zusammenhängenden Schlachtordnung besetzen kann.

15. Aus diesen Gründen muß man sich daher nur begnügen, wenn die Corps, welche sich gegenseitige Flankenvertheidigung geben sollen, so postirt sind, daß es in ihrer Macht steht noch zeitig genug einzutreffen, um den Feind bey seinem Angriffe, oder auf seinem Marsche dahin, auf eine vortheilhafte Art anzufallen, oder ist dies beydes nicht möglich; doch wenigstens in der nähesten Zeit des Feindes Communication zu unterbrechen, und seine Transporte aufzufangen.

§. 20.

2. Regel. Um die gehörige Würkung von den Flankenpositionen erwarten zu können, so müssen sie ganz besonders stark, nicht über 3 Meilen von dem zu schützenden Wege entfernt, mit hinlänglicher Kraft besetzt seyn, und in völliger Gemeinschaft mit den Hauptfronten stehen.

1. Zur Ausführung dieser drey Operationen werden aber drey Dinge erfordert, welche das gegen die Flanke

des

des Feindes agirende Corps nothwendig besitzen muß. Das erste Erforderniß ist, daß man nahe genug an dem zu unterstützenden Posten, an dem zu erreichenden Marsche oder Communicationswege des Feindes steht, um aus unserm sichern Standorte früh genug bey einem dieser Gegenstände anzulangen.

2. Dieser Satz bestimmt also die Länge der eigentlichen Defenslinie beym Defensivkriege. Je eher man nun das Anrücken des Feindes erfahren kann, und je länger der Weg ist, den er zurücklegen muß, je größer kann auch unser Weg seyn. Doch da man sich auf die Mittel, die feindliche Bewegung zu entdecken, nur bis auf einen gewissen Grad, bis auf eine gewisse Weite verlassen kann und soll, so wird hierdurch und durch die leichtere Erhaltung des folgenden Erfordernisses, die Länge der Defenslinie eingeschränkt.

3. Das zweite Erforderniß zu einer thätigen Würkung eines Corps gegen die Flanken einer feindlichen Operation ist aber, daß der Feind auf seinem Wege und bey seinem Angriffe keine Terraingegenstände antreffe, durch deren Benutzung er seine Flanken, seinen Rücken oder wohl gar seine ganze Communicationslinie so lange decken kann, als erfordert wird, um die ganze Operation auszuführen, und ihren fernern Bestand zu gründen.

4. Sollten sich nun solche Gegenstände würklich zum Vortheile des Feindes finden, so müssen sie entweder von uns weggeräumt, besonders besetzt, oder zu ihrer Behauptung die Flankenstellung des Corps selbst in ihrer Nähe angelegt werden, wodurch gewöhnlich noch der Vortheil entsteht, daß man die Stellung des Flankencorps an und vor sich noch verstärken kann.

5. Da nun in einer großen Strecke sich mehr solche, für den Feind vortheilhafte Gegenstände befinden, als in einer kleinen; so ist auch dies ein Grund, warum man die Defenslinie so klein als möglich machen, und wenigstens bis an das nächste wichtige Terrainhinderniß am Wege des Feindes verkürzen muß.

6. Da

6. Da sich nur eigentlich auf die eigenen Recognoszirungen und die Patrouillen der Vorpostenchaine zu verlassen ist, was die nahen Bewegungen des Feindes angeht, und beyde Mittel nicht mit Sicherheit angewandt werden können, wenn man nicht, wenn auch mit einiger Anstrengung, von dem recognoszirten Wege wieder in dem Lager des Corps an demselben Tage eintreffen kann: Ferner da die Truppen in solchen Fällen dann schleunig zum Angriff gegen den Feind marschiren müssen; so dürfen sie nicht so abgemattet seyn, wie unfehlbar geschehen würde, wenn der Marsch bis zu ihm mehrere Tage dauerte.

7. Es folgt hieraus also, daß derjenige Posten, welcher einem andern Flankenvertheidigung geben soll, nicht über einen mäßigen Marsch von demselben oder vom Wege des Feindes ab liegen darf, d. h., daß die Entfernung zwischen beyden angegebenen Punkten nicht über 3 Meilen beträgt.

8. Das dritte Erforderniß endlich, was ein Corps bedarf, das eine Flankenvertheidigung leisten soll, ist eine Stärke und ein sicherer Zufluß aller zur Erhaltung der Streitkräfte nöthigen Sachen.

9. Dieser eigenen Stärke bedarf es nicht allein, um alle diejenigen Posten hinlänglich zu besetzen, die des Corps eigene Sicherheit begründen; sondern auch um die nöthigen Kräfte in Würksamkeit setzen zu können, welche erfordert werden, um diejenigen Hindernisse sogleich über den Haufen zu werfen, welche der Feind dem Corps entgegensetzen könnte, die Unternehmung desselben gegen seine Flanke, bey dem Angriff der im Marsch begriffenen Truppen, oder gegen seine Communication, zu hemmen.

10. Zur Gründung der eigenen Sicherheit gehört, wie wir wissen, eine gute und starke Position, die durch wenige Kräfte beschützt werden kann, welches hier vorzüglich nöthig ist, da man dieselbe immer als den sichern Zufluchtsort des Corps betrachten muß, wenn seine Unternehmung misglückt. Deswegen ist es auch nöthig, zur Behauptung

dieses Orts immer einen gewissen Theil des Corps in demselben zurückzulassen.

11. Daß außerdem diese Stellung eine vollkommen sichere Gemeinschaft mit dem Magazine haben muß, aus welchem die Truppen ernährt werden, versteht sich von selbst, auch daß man alles anzuwenden hat, um dies Corps wieder mit demjenigen vereinigen zu können, dem es die Flankenvertheidigung leisten soll.

12. Was übrigens die Stärke eines solchen Corps betrifft, so richtet sie sich

a. Nach der Stärke des anzugreifenden Feindes.

b. Nach den Vortheilen oder Nachtheilen des Terrains, auf welchem das Gefecht mit dem Feinde vorfallen wird.

c. Nach der Stärke derjenigen Posten, welche man zur Sicherheit des Rückzugs behaupten muß.

d. Nach der Stärke derjenigen Position, aus welcher das Corps den Flankenangriff thun soll.

e. Endlich nach der Stärke unserer eigenen Armee.

13. Ist diese letztere nicht so beschaffen, daß sie ein so großes Corps geben kann, als die Lage und das Terrain eines gewissen Flankenlagers erfordert, um darin hinlänglich die Sicherheit des Corps und seiner Operation zu gründen, so kann man, um diese nothwendige Eigenschaft desselben zu genießen, eine solche Stellung nicht nehmen, und ist daher genöthigt, nach der Stärke des zum Flankenangriffe bestimmten Corps, eine andere Position aufzusuchen, welche die nöthigen Erfordernisse nach der Stärke des Corps besser gewährt.

§. 21.

3. Regel. Die Vergleichung der verschiedentlichen Würkung einer Fronten- und Flankenposition giebt das Resultat, daß bey jedem wichtigen Posten seine Vertheidigung durch die Flanke erst nach der Frontalvertheidigung angewandt werden muß.

1. Bis jetzt haben wir die Lage der Stellung, und die Erfordernisse des Corps untersucht, welches einem andern eine Flankenvertheidigung geben soll; wir müssen also auch festsetzen, wie die gerade Vertheidigung eines Postens, als das erste Mittel, dessen man sich zur Behauptung eines solchen bedienen kann, möglich ist.

2. Allein die Ausführung dieses ganzen Zwecks, beruht nur allein auf der Wahl einer nach allen Regeln ein-eingerichteten Position in der Nähe des zu behauptenden Postens, damit dieser auf keinen Fall vom Feinde mit einem für ihn günstigen Angriffe bedrohet werden kann, ehe nicht das in seiner Nähe stehende, und durch die Stärke seiner Stellung gesicherte Corps, vollkommen geschlagen und aus seiner Position getrieben ist.

3. Sichert man also nur einer solchen Position die Gemeinschaft mit dem Magazine, mit ihrem Rückzugsorte, und dadurch mit den übrigen Punkten der Parallele, und deckt ihre Flanken gehörig, so wäre weiter nichts bey der Wahl einer solchen Stellung zu beobachten.

4. Will man endlich das dritte Mittel zur Vertheidigung eines Postens anwenden, d. h., will man die Quellen der feindlichen Macht ruiniren, um dadurch die Kräfte seiner Angriffsmacht zu schwächen, und wo möglich aufzulösen; so ist diese Operation immer eine Offensive, wenn auch schon der dadurch zu erhaltende Zweck, nicht so wie bey dem Feinde, vollkommene Unterwerfung des Gegners ist.

5. Es sind die Quellen der feindlichen Macht nicht anders zu zernichten als wenn man sie in ihrem eigenen Lande angreift, die Vorräthe von Kriegsbedürfnissen aller Art zerstört, und die gefährlichsten Punkte ihrer Grenze mit einem

einem zerstörenden Einbruche bedroht, so daß der Feind gezwungen ist, von seinem Angriffe abzulassen, und zum Schutz seiner eigenen Länder zu eilen, weil ihm die glückliche Ausführung seines fortgesetzten Angriffs nicht so viele Vortheile zur Ausführung des Kriegeszwecks giebt, als für ihn Nachtheile aus dem Durchbruch seiner Grenze entspringen.

6. Wenn man dieses Mittel anwendet, so heißt dies: dem Feinde eine Diversion machen. Allein da eine solche große und den Gang des Feldzugs entscheiden sollende Diversion, nicht gemacht werden kann, wenn nicht schon alle Erfordernisse dazu lange vorher geordnet und herbeygeschafft sind, so daß man nur auf den glücklichen Augenblick zu warten braucht; so wird also zur Ausführung dieses Mittels auf allen Fall schon eine zur Offensive vollkommen günstige Lage der festen Posten in der vordern Vertheidigungsfronte, und eine sichere Anlage der Magazincommunication von da ins feindliche Land, erheischt, und der Gebrauch dieser Vortheile zur Behauptung der Parallele, ist also in allen Stücken dem, von der Defensive plötzlich zur Offensive übergangenen Kriege gleich; die Grundsätze der Diversionen gehören also in den Abschnitt, vom Offensivkriege.

7. Jetzt kommt es nun darauf an, ehe wir den Gebrauch der Flankenstellungen betrachten, ein System der Anwendung der verschiedenen Mittel, einen Posten zu behaupten, festzusetzen, damit man in der Wahl derselben bey den verschiedenen Gelegenheiten sicher geht.

8. Um aber die Vorzüge der verschiedenen strategetischen Erhaltungsmittel eines Postens ordnen zu können, müssen wir noch bemerken, daß dieselben entweder noch vor oder auch nach der Eroberung des zu deckenden Postens angewandt werden können. Ferner, daß auch durch die plötzliche Offensive ein vom Feinde bedroheter oder schon besetzter Posten erhalten werden kann, indem man die Truppen des Feindes, welche den Posten bedrohen oder besetzt halten, selbst angreift und schlägt.

9. Die Behauptung eines Postens durch eine dem Feinde gerade entgegenwürkende Vertheidigung, ist am einfachsten, und also der Natur am angemessensten. Diese Vertheidigung erfordert aber gewöhnlich eine größere Streitkraft, als diejenige ist, welche nöthig seyn wird, wenn man dem Feinde den Posten durch eins der Mittel streitig machen wollte, die durch eine Flankenvertheidigung desselben entspringen.

10. Soll aber ein Corps bey der Flankenvertheidigung eines Postens würksam seyn, so muß es sich, wie wir vorhin gesehen haben, nahe genug an demselben befinden, um die Arten eines Flankenangriffs auf die feindliche Operation ausführen zu können.

11. Allein dies ist doch nur bis auf einen gewissen Grad, so wie auch bey einer Vestung vortheilhaft. Denn befinden sich hier die Flanken den zu vertheidigenden Facen zu nahe, so kann es der Fall werden, daß erstere fast so viel Gefahr als letztere von vorne haben, welches doch vermieden werden muß.

12. Eben so ist es bey dem Feldkriege. Setzt man die Stellung, aus welcher des Feindes Flanken oder dessen Communication angegriffen werden soll, demjenigen Posten zu nahe, zu dessen Behauptung die Flanke aufgestellt wird; so entdeckt der Feind sogleich den Zweck derselben, und der Nutzen, welchen man von der Flanke hofft, wird fast auf die gerade Vertheidigung des Postens reduzirt seyn, indem der Feind denselben sicher nicht eher angreifen oder besetzen wird, bevor er nicht zugleich das so nahe stehende Flankencorps über den Haufen geworfen hat.

13. Es ist also weit leichter, eine Flankenvertheidigung von einem Posten, als seine gerade dem Feinde entgegenwürkende Vertheidigung anzuordnen; nicht allein, weil weniger Streitkräfte dazu erforderlich sind, vorzüglich, wenn man gegen die Communication und Transporte des Feindes würken will; sondern weil die Flankenvertheidigung eines Postens, auch in einer größern Entfernung von demselben,

als

als seine gerade Vertheidigung, angeordnet werden kann; auch unsere davon entfernte Armee, oft leichter eine zum Flankenangriff gegen den Feind dienliche Stellung, als den zu deckenden Posten selbst erreichet.

14. Allein da es bey dem Feinde vorausgesetzt wird, daß er jede ihm entgegengesetzte Streitkraft übersteigen kann, wenn derselben keine mit ihr zugleich würkende planmäßige Hülfe angeordnet ist; so wird ein Posten, der keine gerade Vertheidigung dem feindlichen Bemühen, ihn zu besetzen, entgegensetzen kann, sondern im Gegentheil nur durch die Würkung eines auf die feindliche Flanke würkenden Postens, behauptet werden soll; — immer in einer weit größern Gefahr schweben, vom Feinde genommen und behauptet zu werden, als wenn derselbe eigene Vertheidigung besäße.

15. Es wird nämlich dem Feinde vielleicht leichter, seine Gemeinschaft mit dem Magazine zu sichern, und die Bemühungen unseres Flankencorps unentscheidend zu machen, als ein in dem Posten selbst stehendes Corps durch ein zweifelhaftes Gefecht zu überwältigen.

16. Die Behauptung eines Postens durch eine Diversion, ist noch schwankender, als die übrigen und auch meistens schwerer. Das erstere deswegen, weil bey einer so großen Unternehmung leicht nicht vorher entdeckte Schwierigkeiten eintreten können, welche die ganze Sache höchst gefährlich machen, da sie vorher sehr thunlich schien, und dem Feinde durch solche häufigen Zufälle dennoch nun vollkommen die Zeit gelassen wird, sich in dem ganz freyen unbedeckten, und doch eigentlich durch die Diversion zu sichernden Posten, festzusetzen.

17. Das Mittel einer eigenen Offensive gegen den einem Posten mit Angriff drohenden Feind, oder gegen die feindlichen Truppen, welche diesen Posten schon besetzt haben, um ihnen denselben wieder zu entreißen, ist natürlich das gewagteste unter allen, und muß also nur entweder bey einer großen Wahrscheinlichkeit des Sieges, oder wenn der

Fall eintritt, daß man selbst nach einer Niederlage noch die andern Mittel anwenden kann, oder endlich, wenn keine andere Stellung des zu erhaltenden Postens übrig bleibt, ergriffen werden.

18. Aus dem bisher Gesagten folgt daher, daß man wenigstens bey den wichtigsten Posten eine Vertheidigung anordnen muß, welche dem Feinde zu jeder Zeit gerade entgegenwürken kann. Kann man die Vertheidigung dieser Posten auch noch durch die Anwendung einer Flankenvertheidigung verstärken, so muß dies nie unterbleiben.

19. Ueberhaupt ist zu suchen zur Behauptung eines jeden wichtigen Postens, sich die Päſſe und Stellungen zu sichern, durch deren Gebrauch man dem Posten sowohl eine gerade eigene Vertheidigung, eine Flankenvertheidigung, und, kann beydes nicht helfen, einen Entsatz ertheilen kann.

20. Die eigene gerade Vertheidigung ist zur Behauptung eines Postens am sichersten, dann folgt die Flankenvertheidigung, weil sie minder gefährlich als der Entsatz ist, den man immer noch anwenden kann; und endlich die Diversion; weil sie ungewisser und oft kostspieliger als die übrigen Mittel ist.

21. Indessen können die Fehler des Feindes und die Lage der Umstände wohl den Fall herbeyführen, wo eins der letztern Mittel leichter und auch würksamer als die vordern auszuführen steht. Allein bey den gewöhnlichsten Fällen, müssen die Behauptungsmittel eines Postens, wo möglich, so nach einander angewandt werden, als ich sie hier genannt habe, wenn nämlich die Lage der Umstände nur immer die Ausführung eines einzigen und nicht mehrerer zugleich zuläßt.

22. Ist aber dieß der Fall, so muß man vorzüglich immer das erste, nämlich die Vertheidigung des Postens durch eigene Besetzung desselben, mit wählen, und nun die übrigen Mittel noch anbringen, wie es gehen will; denn es ist natürlich, daß man einen Posten um so leichter behaupten wird,

wird, je mehrere Mittel man auf verschiedene Arten zu diesem Zwecke anwendet.

§. 22.

4. Regel. Durch die Benutzung der Flanken und der blos liegenden Theile der hintern Fronte, muß gegen den eingedrungenen Feind stets eine ihn umringende starke Stellung erhalten werden.

1. Nachdem wir so das System der Behauptung einer Vertheidigungslinie, oder vielmehr der wichtigen darin liegenden deckenden Posten, von deren Erhaltung auch die Erhaltung der ganzen Front abhängt, kennen gelernt haben, müssen wir auch die Stellungen der Truppen so anordnen, daß ihnen dadurch die Mittel ertheilt werden, alle die Bewegungen, Operationen und Positionsbesetzungen, welche das System der Behauptung erheischt, ausführen zu können.

2. Vorzüglich kommt es hier darauf an, zu diesem Behufe den Gebrauch der Flanken- oder Communicationsfronten zu zeigen, deren Nothwendigkeit zur Deckung der Gemeinschaft zwischen beyden Vertheidigungsfronten wir oben schon bewiesen haben.

3. Für die beste Lage dieser Communicationsfronten haben wir diejenige angenommen, welche beystehende Figur zeigt. Will nun der Feind zum Beyspiel den Posten a an-

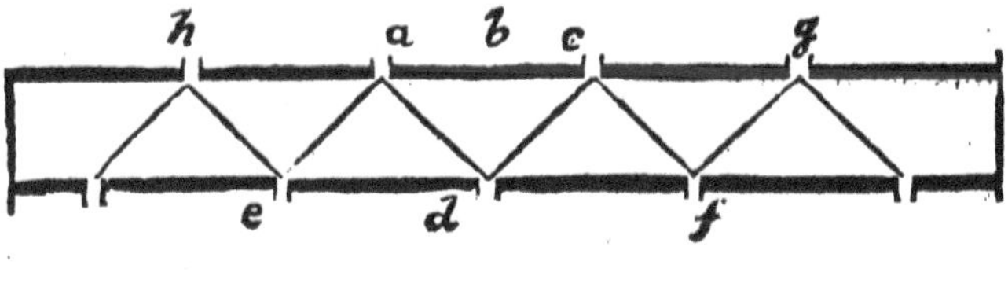

greifen, und kann die gerade Vertheidigung desselben in a nicht unmittelbar über den Haufen werfen, er dringt aber bey b durch die vordere Vertheidigungsfronte, und macht da-

 durch

durch die zusammenhängende Behauptung des Theils a c unmöglich; so steht es in unserer Macht dem Feinde, durch die Benutzung der Communicationsfronten, welche von a und c nach d laufen, noch alle Mittel entgegen zu setzen, welche die Behauptung von a und c, als von welchen die Sicherheit der ganzen Strecke a c abhängt, bewürken.

4. Der Posten von d wird hinlänglich besetzt, wenn er nicht durch eine Vestung gedeckt ist; die Posten a und c werden ebenfalls hinlänglich gesichert, und bey einem derselben setzt sich die Hauptmacht hinter die nach d laufende Communicationsfronte, während hinter derselben, von a sowohl als von c, nach d Posten angeordnet werden, welche die Gemeinschaft mit demselben Punkt d sichern; und die neuen Vertheidigungsfronten schützen.

5. Hat der Feind nun bey b kein Magazin und sichern Zufluchtsort, wie nicht gut angenommen werden kann, da man a und c als die Hauptdurchgänge und Schutzörter dieser Gegend supponirt; so wird es leicht seyn, von a und c aus, dem Feinde auf die Communication nach seinen eigenen Quellen zu gehen; und, im Fall nur die Posten a und c selbst nach allen Seiten hin stark genug sind, vielleicht gar eine glückliche Diversion dem Feinde im Rücken zu unternehmen und den Paß b zu sperren.

6. Da sich die Truppen immer noch bey a und c befinden, so können sie hinter den Communicationsfronten diese Posten bey dem Angriff des Feindes, immer noch durch eine gerade Vertheidigung beschützen, indem die Flanken dieser neuen Position sehr gut durch die Posten a und c selbst und durch den Posten d, die Front aber durch die Naturhindernisse zwischen diesen Punkten vollkommen gedeckt werden.

7. Selbst, wenn der Feind die Linie a d durchbräche, so könnte man doch dem Posten a noch eine eigene Vertheidigung geben, wenn man sich hinter die Linie a e setzte, dann müßte aber der Posten d und die Linie d e gesichert seyn. Jetzt wäre nun zwar der große Umfang a e d zu besetzen, allein der Feind

darf

darf nicht wagen weit in den Winkel von e vorzugehen, aus Furcht die Sicherheit der Flanken zu verlieren, und, da er zwischen a und d ein Defilee passiren muß, an dem Corps zwischen c und d einen höchst gefährlichen Feind für seinen Rücken zu erhalten.

8. Sollte er, so wie er unser Corps von a d nach a e gedrängt hat, auf c d losfallen, so müßte man ihm, da man bey a immer noch den Paß über das Defilee zwischen a und d, in seiner Gewalt hat, und der Feind sich nicht gut über a d hinauswagen darf, sogleich von a im Rücken und von d in die rechte Flanke fallen.

9. Sollte aber demungeachtet der Feind uns von c d verjagen, so setzt man sich in c f, und die andern Truppen gingen in die Posten a e d zurück. Nun ist der Umfang zwar so groß, als er nur immer werden kann, allein der Feind kann dennoch noch nicht sagen, daß er einen von den beyden Posten a oder c in seiner Gewalt hat, wenn er nicht die Linie a e oder c f überwältigt, und bey einer solchen Operation steht man ihm überall im Rücken und auf der Flanke.

10. Wollte der Feind, zur leichtern Erreichung seines Zwecks, vorher einen von den Posten e, d oder f nehmen, so findet derselbe Fall Statt, daß man ihm leicht in den Rücken fallen und eine gänzliche Niederlage anrichten kann; oder man überwältigt den feindlichen Communicationsposten b, oder die von da kommenden Transporte, und benimmt dem Feinde dadurch alle Mittel zur Rettung.

11. Unter den Posten e, d und f liegt dem Feinde der von d am nähesten, und dieser ist zugleich für uns der wichtigste, da seine Behauptung nicht allein die zweyte Vertheidigungslinie, sondern auch die Communication von a über e und f nach c sichert, und schon allein hinlänglich ist, die Flanken, welche von den beyden bey a und c stehenden Corps nach e und f laufen, zu decken. Dieserhalb muß er auch vorzüglich besetzt seyn, sobald der Feind bey b durchbricht.

12. Da dieser Posten gleich weit von a und c abliegt, und man dem Feinde von hieraus ebenfalls bey seinem Vor-

rücken gegen a, e, c oder f in die Flanke und in den Rücken gehen kann, so ist es wohl am vortheilhaftesten hier die Hauptmacht herzustellen, wenn sie sonst bey a oder c durch eine leichte Diversion gegen das feindliche Land, nicht gleich entscheidend würken könnte, oder, wenn die Schwäche der Posten bey a und c, aus welcher ihre unmittelbare Vertheidigung geleistet werden muß, eine große Streitkraft, die Behauptung von d aber nur eine kleinere nöthig macht.

13. Hätte der Feind endlich würklich einen von den Posten a oder c in seiner Gewalt, z. B. den Posten c, so wären mit ihm zugleich die Linien ac, cg, de und cf verloren, und man wäre gezwungen, die Posten a, d, f, g, so, wie die sich dazwischen befindenden Communicationsfronten zu besetzen.

14. Der Feind mag sich indessen nun wenden, wohin er will, so besitzen wir immer einen Posten, von wo wir ihm in die Flanke gehen können. Am größesten wird aber von uns der Aufwand von Zeit seyn, wenn wir einen von den beyden Punkten a oder g verstärken wollen.

15. Diese Posten müssen daher durch ihre Stärke diesen Nachtheil ersetzen, und wird ja einer von ihnen angegriffen, so ist kein ander Mittel übrig, als mit den Truppen in a, d und f sogleich gegen die feindliche Flanke und seinen Communicationsposten c zu würken; denn kommt dieser in Gefahr, oder kann man ihn dem Feinde gar während seiner Entfernung entreißen, so ist sein Untergang leicht.

16. Soll man den völlig eingeschlossenen und angegriffenen Posten c durch einen Angriff entsetzen, so geben uns die Communicationsfronten ad und fg die Mittel an die Hand, mit Sicherheit in den Punkten a, d, f und g eine Macht zu sammeln, welche von hieraus den Feind auf allen Seiten, und von a und g aus sogar im Rücken anfallen kann.

17. Glückt ein solcher Angriff nicht, so findet man in der Nähe des angegriffenen Posten c, hinter den Communica-

nicationsfronten und in den Posten a, g, d und f sogleich sichere Zufluchtsörter, aus welchen jeder neue Versuch leicht ist.

18. Hat der Feind die beyden Posten a und c erobert, so werden die Linien a e, a d, c f und c d auf einmal unnütz, und dann ist auf allen Fall d, sowohl wegen seiner Nähe an der feindlichen Macht, die sich jetzt, so wie sie gegen d vorrückt, immer durch die Besetzung der Linien a d und c d decken kann, als auch, weil er die Gemeinschaft von h nach g zusammenknüpft, der wichtigste Punkt der neuen Vertheidigungslinie, und erfordert daher auf allen Fall eine hinlängliche starke Selbstvertheidigung.

19. Die feindlichen Bewegungen mögen daher seyn, wie sie wollen, so muß hier die Hauptmacht stehen. Dies ist auch deswegen nöthig, weil man von hier den vier Posten a, e, f, g am leichtesten zu Hülfe kommen kann, und die Posten h, e, d, so wie die Posten d, f, g sich einander eine wechselsweise Flankenvertheidigung gewähren. Denn geht der Feind auf g oder h los, so rückt man aus d gegen c oder a, und aus f oder e in der Flanke des angreifenden Feindes vor.

20. Hat endlich der Feind nur den Posten c erobert, und rückt gegen d vor, so fällt man ihm sogleich von a und f aus in die Flanke, und setzt ihm hinter a d in d und hinter d f eine gut besetzte Linie entgegen.

21. Sollte der Feind dennoch d nehmen und ins Land vordringen, so sucht man sich nur in e und f fest genug zu behaupten, läßt ihn ruhig vorgehen, indem man ihm nur ein Observationscorps entgegen setzt, und fällt nun mit einem male aus den Flanken e a und f g, über den Posten d, und aus a und g über den Posten c her, um entweder beyde oder auch nur einen zu überwältigen. Denn in beyden Fällen ist der Feind abgeschnitten; übrigens ist es leicht von a, e, f oder g aus jeden Augenblick aller Orten die feindliche Communication von c nach e gänzlich zu hemmen.

22. Da

22. Da indessen der Feind dieselbe einige Zeit, welche zur Ausführung irgend eines entscheidenden Streichs hinreichen kann, vielleicht entbehren kann, weil er in d hinlängliche Kriegesbedürfnisse vorgefunden hat, so müßte in diesem Fall die Gemeinschaft innerhalb der zweyten Vertheidigungsfronte, von den verstärkten Posten e f abgeschnitten werden.

23. Indessen könnte dies Mittel vielleicht unwürksam bleiben, und dann wäre zur Rettung des Landes, da die zweyte Vertheidigungslinie schon durchbrochen ist, nichts anders übrig, als dem Feinde den Posten d plötzlich durch einen Angriff zu entreißen, oder sein vorrückendes Heer selbst durch eine Schlacht zum Rückzuge hinter d zu zwingen.

24. Aus allen diesen erkennt man die große Wichtigkeit der Posten in der zweyten Fronte, indem bey ihrem Verluste eine gänzliche Unterwerfung des Landes zu erwarten ist, und es fordert daher die Gründung der eigenen Sicherheit, und die Regeln der zu diesem Zwecke erfundenen Kriegeswissenschaft, daß man alle mögliche Mittel anwendet, die Posten und die ununterbrochene Gemeinschaft der zweyten Grenzfronte zu erhalten, wenn der Feind durch den ihm geglückten Durchbruch der ersten Linie sich in den Stand gesetzt sieht, die hintern Posten zu bedrohen.

25. Diese große Wichtigkeit der zweyten Fronte, nach deren Durchbruch das Land offen steht, leitet auf die sehr nothwendige Anlage einer dritten oder Reservefronte, die zur letzten Zuflucht und zur Wiedereroberung der vordern Fronte dient. Diese Fronte muß mit der zweyten ebenfalls durch Flankenposten verbunden werden. Denkt man an die Abschnitte und Reduits der Vestungen, so wird die Nothwendigkeit dieser Reservefronte deutlich.

D. Grund-

D. Grundsatz. Die angeordneten Vertheidigungsfronten müssen eine ihrer verschiedenen Absicht gemäße vortheilhafte Form besitzen.

§. 23.

a. Lehrsatz. Eine gerade Vertheidigungsfronte ist die einfachste von allen, und gewährt keinem Theile ein entscheidendes Uebergewicht.

1. Nachdem wir nun die Einrichtung, Verstärkung und den Gebrauch der Vertheidigungsfronte untersucht haben, so wollen wir nun auch jetzt bestimmen, welches die vortheilhafteste Form ist, die man einer solchen Linie geben soll.

2. Eine Vertheidigungslinie kann in Rücksicht der feindlichen dreyerley Formen haben. Denn entweder bildet die Vertheidigungsfronte eine gerade Linie gegen den Feind, eine gegen denselben auswärts gebogene, oder endlich eine einwärts gehende Linie. Es kommt also jetzt darauf an, unter diesen drey Formen, diejenige heraus zu finden, welche die mehrsten Vortheile leisten kann.

3. Vorher ist es aber nöthig zu bestimmen, welches die Vortheile sind, die man durch die Form einer Vertheidigungslinie vorzüglich erlangen soll? Diese Vortheile werden nun vorzüglich durch die Bewegungskunst benutzt.

4. Der Hauptgrundsatz bey der Wahl der Form einer Vertheidigungslinie ist aber; daß die Punkte in derselben eine solche Lage besitzen, die uns die Mittel an die Hand giebt, dieselben wenigstens immer zugleich mit der uns gegenüber stehenden feindlichen Macht zu erreichen, und die, wenn sich der Feind einiger von diesen Punkten bemächtigt hat, nicht gleich auch alle übrige gefährlich zu behaupten macht, d. h., daß der Rückzug aus diesen immer noch leicht bleibt, dem Feinde aber leicht abzuschneiden ist.

5. Betrachten wir nun nach diesen Erfordernissen die drey verschiedenen Formen einer Vertheidigungslinie, so finden wir, daß die gerade Linie weder besondere Vortheile noch

noch Nachtheile giebt. Der Feind hat, wenn seine Communication so gut als die unsrige angeordnet ist, welches die eigenen Vortheile der Form einer geraden Linie sind, — von seinem Standorte aus, welcher dem unsrigen gegenüber liegt, einen eben so weiten Weg nach einem andern Punkte in der Grenze, als wir, da die Punkte der Grenzlinie in derselben Richtung von seinem ersten Standpunkte, als von dem unsrigen auslaufen.

6. Was den zweyten Vortheil anbetrift, den uns die Form der Grenze gewähren soll; nämlich dem vorgerückten Feinde von mehreren Punkten ab, leicht den Rückzug und die Transportwege abzuschneiden: so ist dieser Vortheil bey einer **geraden** Grenzlinie, auf unserer Seite nicht leichter zu erhalten, als ihn der Feind sich theilhaftig machen kann.

7. Denn, wenn a b die Grenzlinie, c der Punkt, wo wir aus den Posten d und e zusammentreffen sollen, um dem Feinde, der bey f steht, den Rückzug nach g abzuschneiden; so sind die Marschlinien c d und c e eben so lang, als

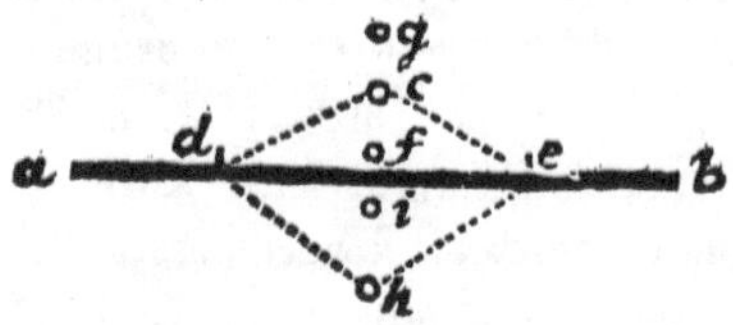

die Linien e h und d h, wenn der Feind die Posten d und e in seiner Gewalt hätte, und uns von da aus bey h, welcher Punkt eben so weit von a b liegt, als auf der andern Seite der Punkt c, abschneiden wollte, wenn wir bey i ständen.

8. Der dritte Vortheil, nämlich, daß durch den Fall eines oder einiger Grenzpunkte, nicht auch gleich der Verlust mehrerer erfolge, kann hier auch nicht von der Form der Linie abhängen. Denn dieser Verlust soll vorzüglich von der Leichtigkeit herrühren, die der Feind besitzt, aus den eroberten

ten Posten den andern im Rücken einen neuen Posten zu gewinnen, wodurch denselben der Rückzug abgeschnitten wird.

9. Wir haben aber eben gesehen, daß diese Leichtigkeit, einem feindlichen Corps, aus dem Posten einer geraden Vertheidigungslinie, den Rückzugsort abzugewinnen, auf beyden Seiten sich gleich sey, sobald unser Rückzugspunkt eben so weit von der Grenze abliegt als der feindliche, und der Feind dieselben Posten in seiner Gewalt hat, von da aus wir ihm den Rückzug abschneiden wollten.

10. Aus allem diesem folgt daher, daß, wenn eine Grenz- oder Vertheidigungslinie in gerader Richtung fortläuft, dadurch weder dem vertheidigenden noch dem angreifenden Theile unmittelbare Vortheile oder Nachtheile geschaffen werden, und daß sie also die Kräfte beyder gleichmäßig verstärkt und schwächt.

§. 24.

b. Lehrsatz. Eine auswärtsgehende starke Fronte giebt entscheidende Vortheile in den nöthigen Defensivbewegungen; die Form der zweyten Fronte und der Flanken muß aber die Rückzugswege von der vordern Fronte sichern.

1. Die zweyte Form, welche eine Grenzlinie haben kann, tritt ein, wenn sie nach dem Feinde zu auswärts gebogen ist. Hier findet nun der Vortheil, die verschiedenen Grenzpuncte, früher als der Gegner zu erreichen, für den Vertheidiger ausschließlich und immer mehr Statt, je größer der Bogen ist, den die Grenzlinie bildet.

2. Der Feind ist in einem solchen Falle gezwungen beständig in der Peripherie zu marschiren, während wir uns mit gleicher Schnelligkeit in der Sehne derselben bewegen, und also nothwendig früher als er an dem zu erreichenden Puncte ankommen müssen, da wir eine ungleich viel kleinere Linie durchlaufen.

3. Zur

3. Zur Vertheidigung einer Grenze durch Bewegungen, wird also eine solche Form derselben ganz besonders nutzbar und gewissermaaßen höchst nöthig seyn; da man auf allen Fall immer noch einiger Zeit bedarf, um sich in dem würklich vor dem Feinde erreichten Posten, in eine solche Bereitschaft zu setzen, daß man ihn mit Ruhe erwarten kann.

4. Was nun aber den zweyten Vortheil betrifft, den eine Vertheidigungslinie durch ihre Figur leisten soll, nämlich, daß, wenn der Feind einige Punkte erobert hat, er keine entscheidende Vortheile besitzt, den andern aus diesem Grunde den Rückzug abzuschneiden; sondern daß uns im Gegentheil diese Operation gegen den angreifenden Feind leicht wird; was nun diesen Vortheil betrift, sage ich, so fällt er bey einer auswärtsgehenden Grenzlinie ganz weg, und Statt seiner treten große Nachtheile ein.

5. Der Feind erhält nämlich den Nutzen, sobald er einige Punkte unserer Linie in Besitz hat, den wir verlangten. Denn, nehmen wir an, der Feind habe die Posten a und b erobert, c sey entweder die Hauptquelle unserer Streitkraft, oder unser Rückzugsort, so wird der Feind aus a und b zugleich bey demselben eintreffen, als wir aus den Theilen d e, wenn c in der Mitte des Zirkels liegt.

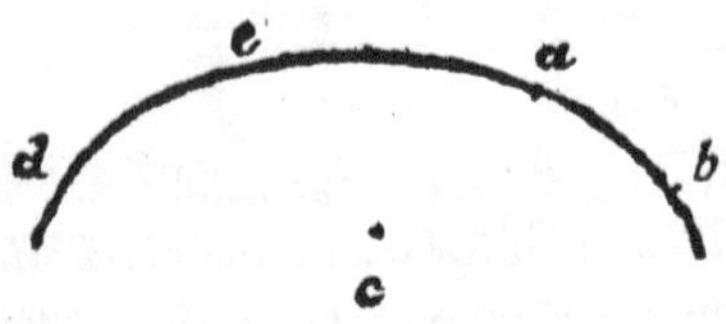

6. Sobald daher der Feind von a und b eine ernstliche Bewegung gegen den Punkt c vornimmt, so sind wir sogleich gezwungen, uns mit allen Theilen des Heers, die sich zwischen a und d befinden, schleunig nach c zurückzuziehn, wenn wir nicht von diesem alles entscheidenden Punkte abgeschnitten seyn wollen.

Kurz

7. Kurz der Feind steht bey dem Durchbruche einer ihm entgegengesetzten auswärtsgehenden Stellung, sogleich allen übrigen Theilen derselben im Rücken, und kann also durch diese Naturlage der Sachen unendliche Vortheile für sich bewürken.

8. Daß es uns übrigens weit schwerer als dem Feinde werden muß, von unserer Linie aus ein Corps abzuschneiden, sehen wir ebenfalls aus der geometrischen Betrachtung beystehender Figur. Denn wenn der Punkt a, welchen wir

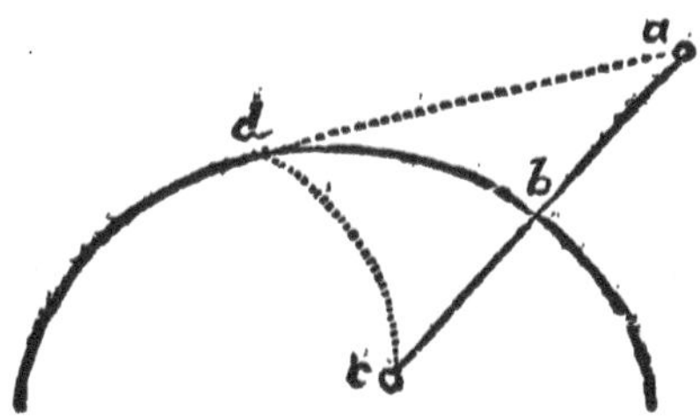

besetzen müssen, um dem bey b stehenden Feinde im Rücken zu kommen, auch eben so weit von b abliegt, als dieser Punkt von c entfernt ist, den der Feind einnehmen muß, wenn er uns, wenn wir in b stehen, aus d abschneiden will; so ist dennoch die Marschweite, welche wir von b nach a zurücklegen müssen, weit größer, als die, welche der Feind von d nach c zu machen hat.

9. Nur in dem einzigen Falle wäre es möglich, daß man aus d so geschwind nach a als nach c kommen könnte, wenn der Punkt a über der Lücke zwischen d und b läge, allein alsdann befänden sich die zu bedrohenden Rückzugsorte der bey b stehenden Corps, nicht in gerader Linie mit denselben, welches man doch annehmen muß, wenn die Vortheile einer Vertheidigungsfront untersucht werden sollen, die unmittelbar aus ihrer Figur entspringen.

10. Da nun aber der Vortheil so groß ist, welchen man aus einer auswärtsgehenden Vertheidigungsfronte, in

Rücksicht der kürzern Marschweiten nach allen Punkten der Grenze zieht, so verlohnt es sich wohl der Mühe, zu untersuchen, ob dieser Vortheil, oder der eben angezeigte Nachtheil in Rücksicht der Schwierigkeit einer Deckung des Rückzugs und der Transportwege, und also einer Behauptung der übrigen Posten der Grenzlinie, wenn einige in des Feindes Hände gefallen sind, größer ist. Denn hieraus läßt sich allein bestimmen, ob eine auswärtsgehende Grenzlinie nur in einigen, in allen oder in keinem Falle gewählt werden muß.

11. Um dies gehörig zu beurtheilen, ist zu bedenken, daß eine Vertheidigungsfronte nicht deswegen gewählt wird, damit man nach ihrer Durchbrechung erst die größern Vortheile erhalte; sondern dies muß Statt finden, noch bevor sie vom Feinde durchbrochen ist. Denn es kommt in einem Vertheidigungskriege vorzüglich darauf an, die Posten der Grenze auf das vortheilhafteste und leichteste zu behaupten, und dies nur im äußersten Fall durch eine auswärtsgehende Offensive zu thun, die immer eine lange Vorbereitung und viele Kosten erfordert.

12. Da nun also der Defensivkrieg vorzüglich zur Erhaltung der Vertheidigungsfronte, im Bezirk derselben geführt wird, so folgt hieraus: daß da der Vormarsch aus d nach a in der vorigen Figur, schon eine Offensivoperation des sich vertheidigenden Theils anzeigt, man auf die Leichtigkeit seiner Ausführung keine große Rücksicht zu nehmen braucht.

13. Der zweyte Nachtheil, nämlich daß der Feind uns im Rücken steht, sobald er die Grenzlinie in einigen Punkten durchbrochen hat, ist größer, und verdient daher eine aufmerksamere Betrachtung, weil dadurch zugleich die selbst nur passive Behauptung der ganzen übrigen Linie schon sehr ungewiß wird.

14. Da indessen einer jeden Vertheidigungsfronte durch alle mögliche Mittel, eine große Stärke gegeben werden muß, indem hierdurch die Sicherheit des Landes eigentlich erhalten wird;

wird; so kommt es hauptsächlich auf ihre erstere Behauptung, und nicht auf eine nach dem feindlichen Durchbruche erst erfolgende Wiedereroberung der deckenden Posten an.

15. Da nun eine auswärts gebogene Grenze, die leichteste Erreichung aller sich in derselben befindender Punkte dem defensiven Theile, vorzugsweise vor dem Feinde, möglich macht; so wird dadurch der Nachtheil gewissermaaßen wieder gehoben, welcher in Rücksicht einer fernern Behauptung der Linie eintritt, wenn der Feind sie einmal durchbrochen hat.

16. Wie wir oben gesehen haben, so sind auch bey einer geraden Fronte die noch besitzenden Posten durch eine Flanken- oder Communicationsfronte, und durch die Anlage einer zweyten Vertheidigungslinie zu sichern; man findet also auch hierin, und in einer vermehrten Befestigung der auswärtsgehenden Grenzlinie, Mittel, die Nachtheile zu mindern, welche nach ihrem einmal erfolgten Durchbruch entstehen können.

17. Die Anwendung dieser Mittel ist dann auch würklich um so nothwendiger, da die Vortheile gleich entscheidend sind, die der durchgebrochene Feind benutzen kann. Die Anlage der Flankenfronten zwischen beyden Vertheidigungslinien kann im Ganzen so bleiben, als sie oben bestimmt wurde. Allein der Lauf der zweyten Vertheidigungsfronte kann, in Rücksicht der Unterstützung, welche daraus den Posten der ersten Linie geleistet werden soll, oder der Offensivoperationen, die man zur Wiedereroberung der deckenden Posten in der ersten Linie unternehmen will, eine vortheilhaftere Richtung haben, als wenn sie mit der ersten parallel liefe.

18. Kann man nämlich durch die Communicationsfronten und durch die Theile der zweyten Stellung erhalten, daß sie den Feind umgiebt und überflügelt, wenn er es wagt, aus seinen eroberten Posten weiter vorzudringen; so ist dies das beste Mittel, ihn lange in denselben

zurückzuhalten, weil er nur mit Vorsicht vorgehen darf. Unterdessen erhalten wir aber die Zeit, die ihm entgegenstehenden Theile der Vertheidigungsfronten so zu verstärken, daß wir nun einen Angriff darin annehmen können.

19. Läuft aber die zweyte Vertheidigungsfronte mit der ersten vollkommen parallel, wie Nro. 1. zeigt, und der

Nro. 1.

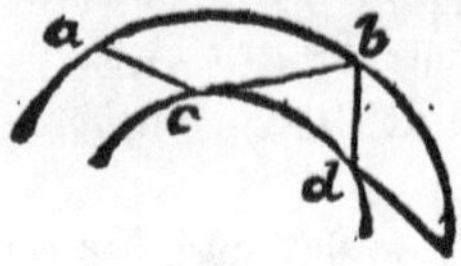

Feind hat den Posten b, so schließen ihn die nun besetzten Linien a c und c d lange nicht so sehr ein, als wenn c d gegen den Punkt b zu eine einwärtsgehende Form besäße.

20. Allein in dem Falle würde der Feind die Puncte in der Linie von c d leichter als wir erreichen können, wenn wir uns beyde zwischen a und c entgegen befänden. Um daher diesen Nachtheil zu heben, und dabey den erstern Vortheil so viel als möglich zu erhalten, glaube ich, daß die zweyte Vertheidigungsfronte die vortheilhafteste Form besitzen würde, wenn sie wie in Nro. 2. in geraden Linien hinter der erstern fortläuft, so daß diese als ein, in einiger Entfernung von einem Poligon beschriebener Zirkel anzusehen ist.

Nro. 2.

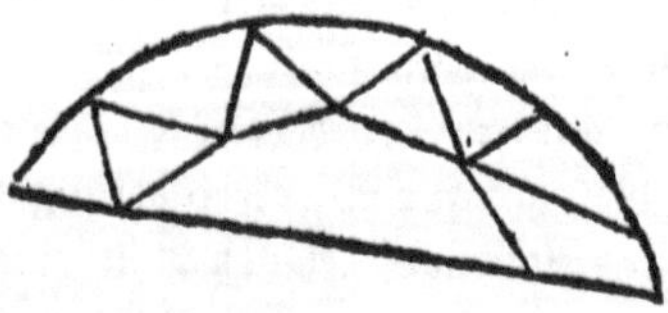

21. Da derjenige, welcher angreift, gewöhnlich stärker als sein Gegner ist, oder doch durch eine unvermuthete Zusammenziehung seiner Truppen suchen muß, es wenigstens in dem Augenblicke des Angriffs an dem Punkte, wo dieser geschehen soll, zu werden; der Vertheidiger aber bey

einer

einer auswärtsgehenden Vertheidigungsfronte, viel eher als sein Gegner, seine Truppen an dem bedroheten Punkte zusammenziehen kann; so folgt hieraus, daß, wenn nur die deckenden Posten der vordern Linie stark genug sind, einen plötzlichen Durchbruch zu verhindern, die auswärts gebogene Form einer Vertheidigungslinie, diejenige ist, welche in einem Defensivkriege gegen einen stärkern, oder auch nur gleich starken Feind die größesten Vortheile gewährt.

22. Aber auch in einem Offensivkriege, leistet diese Form die meiste Sicherheit der ganzen Linie und der zu unternehmenden Operationen. Denn da es beym Offensivkriege eben so wie bey der Defensive, darauf ankommt, dem Feinde einen Vorsprung abzugewinnen, nur daß hier der Zweck der ist, daß der Angriff schon ausgeführt seyn soll, ehe der Feind ankommt; da er beym Defensivkriege im Gegentheil der ist, an einem bedroheten Punkte anzukommen, ehe der Feind seinen Angriff ausführen kann; — so kann auch selbst in Rücksicht des Offensivkrieges keine vortheilhaftere Form der Grenze Statt finden, wie die ist, welche uns mit leichter Mühe einen Vorsprung über den Feind gewinnen läßt, wenn er nicht viel schwächer ist, als wir sind.

§. 25.

9. Lehrsatz. Die einwärtsgehende starke Fronte giebt entscheidende Vortheile zur Umklammerung des vorgehenden Feindes und zur Erhaltung der hinter liegenden Fronten.

1. Die dritte Form, welche endlich eine Grenzlinie haben kann, ist die einwärtsgehende, sie hat sowohl Vortheile als Nachtheile, und ist daher nur in einigen besondern Fällen vorzüglich brauchbar. Ihre Vortheile bestehen, wenn sie in Rücksicht der oben angeführten Haupteigenschaften betrachtet wird, die man durch die Form der Grenze erhalten soll, in folgenden.

2. Wenn der Feind gegen einen Theil der Grenze vorrückt, so entfernt er sich von der geraden Linie, die man zwi=

zwischen den beyden vorgestreckten Flügeln ziehen kann, und es wird ihm also unmöglich zu verhindern, nicht einige Theile unserer Vertheidigungsfronte in die Flanken, und oft so nahe an seinen Rückzugsorte zu erhalten, daß er eine völlige Einschließung befürchten muß.

3. Da nun unsere Grenze die feindlichen Besitzungen oder vielmehr seine zur Offensive dienlichen Sicherheitsposten und Linien, unmittelbar berührt, so ist es nicht anders möglich, als daß die feindliche Linie immer gerade die entgegengesetzte Form der unsrigen haben muß.

4. Die auf einer einwärtsgehenden Vertheidigungslinie vertheilten Streitkräfte, haben also den rechten Standort, um die ihnen entgegenstehende, auswärtsgehende feindliche Fronte, an den gefährlichsten Orten, d. h. auf den Flügeln zu durchbrechen, und alle übrige noch vorwärts stehende feindliche Posten gänzlich abzuschneiden.

5. Da aber der Feind gerade wegen seiner einwärts gehenden Vertheidigungslinie, das Mittel besitzt, seine Macht leicht, und früher als wir, an einem Punkt a zu konzentriren, so ist hieraus deutlich; daß, wenn wir dem ungeachtet die Vortheile genießen wollen, die uns durch den Einbug der Grenze zuwachsen können, wir dem Feind, gleich Anfangs an jedem Orte eine solche Macht entgegensetzen müssen, die seiner selbst vereinigten Kraft noch gewachsen ist.

6. Da indessen die Vortheile der einwärtsgehenden Vertheidigungsfronte, dadurch entstehen, daß einige Theile derselben beym feindlichen Vorrücken eine solche Lage haben, welche es uns leicht macht, von da aus dem Feinde die Flanke oder den Rücken abzugewinnen, man aber diese Vortheile nicht ausüben oder benutzen kann, wenn man nicht mit denen zur Vertheidigung dienenden Streitkräften außerhalb der Vertheidigungslinie selbst vorgeht; so folgt aus allen diesen, daß eine einwärtsgehende Vertheidigungsfronte vorzüglich nur in einem Offensivkriege Vortheile stiftet, indem dann

dann der Feind von mehreren Seiten zugleich anzugreifen, und sein Rücken zu bedrohen ist.

7. Zur bloßen passiven Vertheidigung ist diese Form der Grenzlinie deswegen nicht geschickt, weil die Bewegungen längst derselben von einem Punkte zum andern immer viel länger dauern, als die des Feindes in gleicher Absicht.

8. Der Feind kommt, da er in der Sehne, wir aber im Bogen marschiren, immer früher an, als wir, und dadurch wird ihm oft so viel Zeit gelassen, die Vertheidigung des Ortes, zu dessen Schutz wir eilen, schon gänzlich zu überwinden, ehe wir noch im Stande sind, dies zu hintertreiben.

9. Sollte also dem ungeachtet jeder Punkt im Stande seyn sich zu halten, so müßte sich an demselben eben so wie bey einer Offensive, schon eine so große Macht befinden, welche auch den vereinigten Kräften des Feindes widerstehen könnte.

10. Hieraus folgt; daß der Vertheidiger auf allen Fall viel stärker als sein Gegner seyn muß, wenn er mit Glück eine einwärtsgehende Vertheidigungsfronte behaupten will, oder daß die große Stärke derselben die Schwäche der Streitkräfte ersetzt.

11. Noch ein sehr großer Vortheil einer solchen Form der Grenze ist, daß wenn auch der Feind einige Posten, oder selbst einen ganzen Flügel über den Haufen geworfen hat, er nicht gleich durch die Naturlage seiner eingenommenen Posten die Mittel vorfindet, durch eine leichte und sichere Operation vorwärts, alle Behauptung der noch von uns besetzten Grenzposten höchst gefährlich und oft unmöglich zu machen, welches oft der Fall bey einer auswärtsgehenden Grenzlinie wird.

12. Betrachten wir das bisher Gesagte genau, so können wir, wenn sonst nur die Flügel gut gedeckt sind, die großen Vortheile nicht verkennen, die aus einer einwärtsgehenden Grenzform sowohl in einem förmlichen Offensivkriege, als auch in einem durch gut abgepaßte Offensivoperationen gesicherten Vertheidigungskriege, erwachsen. Selbst bey

einem förmlichen Defensivkriege leistet sie bey einem Durchbruche des Feindes, Vortheile zur fernern Behauptung der noch übrigen Grenztheile, wenn nur die dem Feinde entgegengestellte Streitkraft groß genug ist.

§. 26.

4. Lehrsatz. Man muß die Form der Vertheidigungsfronte nach der Natur des in dieser Gegend wahrscheinlich zu führenden Krieges wählen, und wo möglich bey einer schwachen Grenze und gleichen Kraft die gerade Linie, bey einer starken Grenze die auswärts, und bey einer eigenen Uebermacht die einwärts gebogene Grenze anordnen.

1. Hieraus folgt daher, daß bey einer nicht starken Grenze die gerade Linie in einem Vertheidigungskriege am besten ist. Ist die Linie etwas stärker, so daß man vor dem ersten Durchbruch sicher ist, und die Streitkraft ist dem Feinde nicht überlegen, so ist die auswärtsgehende Form die beste. Ist man endlich dem Feinde sehr überlegen, oder ist die Grenzlinie so stark, daß sich alle Punkte darin eine Zeitlang selbst überlassen werden können, so ist zu einem jeden Kriege, er mag vertheidigungs- oder angriffsweise geführt werden, die einwärtsgehende Form die beste.

2. Schon oben haben wir bemerkt, daß es nicht immer von unserer Wahl abhängt, welche Terraingegenstände wir zur Bedeckung und Verstärkung unserer Vertheidigungsfronte anwenden wollen, indem man sich hier meistens nach denjenigen richten muß, welche sich auf der zu deckenden Grenzlinie finden. Derselbe Fall ist es nun auch in Rücksicht der Form, die einer Vertheidigungsfronte zu geben ist, indem man sich hier nach dem Laufe derjenigen Terrainhindernisse richten muß, welche die Vertheidigungslinie bilden sollen.

3. Man muß indessen alles anwenden, Kunst und Beurtheilungskraft aufrufen, um aus dem verschiedenen in ein-

einandergreifenden Laufe der zu benutzenden Defilees, eine solche Grenzdeckung zu erfinden und zu befestigen, die nach der Natur des auf dieser Grenze gewöhnlich zu führenden Krieges, die vortheilhafteste ist. Ist dieser Vortheil aber nicht zu erhalten möglich, so muß man freylich durch die Stärke der Streitkräfte das zu ersetzen suchen, was der Stärke der Grenze durch ihre nachtheilige Form abgeht.

4. Allein da die Kräfte eines Staates Schranken haben, und nicht nach den militairischen Vortheilen oder Nachtheilen seiner Grenzen sich richten, und vergrößert werden können; so ist es wohl in den meisten Fällen nöthiger, die Form der Grenze nach den Kräften des Heers, als diese nach jener einzurichten.

5. Kann die nachtheilige Form auch nicht durch eine vermehrte künstliche Befestigung, wegen der großen Kosten oder einer ganz entgegenstrebenden Naturlage, gehoben werden, so ist es ohne eine plötzliche und glückliche, die feindliche Macht auf einmal niederschlagende Offensivoperation, durch eine kunst- und planvolle Defensive, nicht gut möglich, eine solche Grenze, deren Form, Schwäche und Streitkraft zum Vortheile des Feindes so laut sprechen, gegen denselben lange zu behaupten.

6. Aus dieser Betrachtung sieht man die großen Vortheile, welche ein Staat gegen seinen mit ihm im Kriege begriffenen Feind besitzt, wenn er an der Grenze, wo dieser Krieg geführt wird, eine seinen hier anzuwendenden Streitkräften angemessene Militairgrenze, oder was einerley ist, eine gute Vertheidigungsfront entgegen setzen kann.

7. Hieraus folgt auch, daß da es auf dem ganzen Erdboden in allen Richtungen Terraingegenstände giebt, die eine sichere Militairfronte gewähren, jedes Land eigentlich seine natürlichen Grenzen hat.

8. Ferner, daß da nur der eine glückliche Offensivoperation unternehmen kann, welcher eine sichere Basis derselben hat, d. ih. eine Vertheidigungslinie und Posten, die nicht

allein während seiner Entfernung die Quellen seiner Macht, sondern auch die vollkommene Gemeinschaft mit denselben decken; — also keiner der kriegenden Theile eine Operation nach den Grundsätzen der Natur und der Wissenschaft glücklich ausführen kann, wenn er nicht vorher die Deckung, welche der Feind durch seine Vertheidigungsfronte erhielt, gänzlich über den Haufen geworfen, und sie sich selbst so zugeeignet hat, daß die daraus zu ziehenden Vortheile, nur für ihn nutzbar sind.

II. Hauptgrundsatz. Bey der Anwendung der Stellungswissenschaft zur Deckung einer Grenzfronte, muß stets auf die Erhaltung der Mittel gesehen werden, durch welche eine vortheilhaftere Bewegung entsteht.

A. Grundsatz. Man kann durch die Stellung der Armee die nöthige Bewegung auf das möglichste vermindern, wenn dieselbe so gewählt wird, daß sie an sich schon das ganze Land deckt.

§. 27.

a. Lehrsatz. Die schädliche Würkung des feindlichen Umgehens muß durch die Stärke der Stellung und zurückliegende feste Posten verhindert werden.

1. Nachdem wir nun Stärke, Einrichtung und Form einer guten Vertheidigungslinie erläutert haben, so gehen wir zu den allgemeinen Mitteln über, welche man durch die Stellungskunst anwenden muß, um eine solche Linie zu behaupten. Dieser Mittel sind aber in Rücksicht der Stellungskunst drey.

a. Man kann die Grenze decken, dadurch, daß die Armee eine Stellung wählt, welche die ganze Vertheidigungslinie sichert.

b. Man

b. Man sichert das Land dadurch, daß die Armee eine Stellung nimmt, die, wo nicht die ganze Grenze, doch einen großen Theil derselben deckt.

c. Wenn man zu schwach ist, auf eine der beyden vorhergehenden Arten alle Wege und Lücken zu sichern, so wird die Fronte auch dadurch gesichert, daß die Armee gewisse, für jeden Fall ausgesuchte Stellungen bezieht, wenn sie gerade erst zur Behauptung der Fronte nutzbar werden; dies heißt nichts anders, als daß die Grenze durch Bewegungen gedeckt wird. Da indessen die Absicht einer jeden solchen Bewegung, immer die Erreichung einer gewissen, zur passiven oder aktiven Deckung des Landes ausgesuchten Stellung ist, so ist diese Abhandlung, was die Wahl der Positionen betrifft, ein Theil der Stellungswissenschaft.

2. Soll man eine Stellung wählen, die die ganze Parallele deckt, so gehört eine ganz besondere Lage der die Vertheidigungsfronte bildenden Terrainhindernisse dazu. Denn es ist nicht genug, daß die Stellung, welche dem Feinde entgegensteht, an sich sehr stark sey, sondern daß auch gar kein anderer Weg über die Grenze führt, als derjenige ist, auf welchem wir den Feind erwarten; und daß er an den übrigen Stellen des deckenden Trraingegenstandes, nur mit einer so kleinen Macht und mit einem solchen Aufwande von Zeit durchdringen kann, daß es leicht wird, alle seine Bemühungen hier gänzlich unnütz zu machen.

3. Ist also der Feind gewillet, die ihm entgegengesetzte Stellung nicht vorne anzugreifen, weil ihm da die Stärke derselben kein Glück verspricht; so kann er uns nicht anders daraus vertreiben, als wenn er uns mit seiner ganzen Macht umgeht, da die kleinen Corps, wie wir wegen der Stärke des deckenden Terrains vorausgesetzt haben, nichts Entscheidendes bewürken können.

4. Allein wendet der Feind dies Mittel zur Eroberung der Stellung an, so scheidet er sich gerade durch den Umstand, daß der passirte Terraingegenstand, immer wieder sehr beschwerlich zu repassiren ist, selbst von den Quellen seiner

Sub-

Subsistenz und von seinem Lande ab; und dieser Augenblick der Schwäche in der feindlichen Vertheidigungsfronte, muß schnell von uns durch eine Diversion, oder einen Ausfall gegen die feindlichen Waffenplätze, Magazine oder den Rückzug sichernde Posten benutzt werden.

5. Dadurch wird der Feind auf einmal so gelähmt, daß er die Unmöglichkeit einer schnellen glücklichen Ausführung seines Unternehmens einsieht, und entweder gezwungen ist, zu seiner Erholung und eigenen Deckung in die eigene Vertheidigungslinie zurückzugehen, oder doch wenigstens die starke Stellung des Heeres anzugreifen.

6. Der Feind kann aber dadurch, daß er uns umging, zwey Mittel besitzen, uns aus dem wichtigen Posten zu verdrängen, um dadurch die Vertheidigungsfronte zu brechen. Wenn unsere Flanken in der Position keine Dekkung mehr haben, sobald die vordern deckenden Terraingegenstände einmal vom Feinde überstiegen sind, und dieser im Gegentheil nun wohl gar einen vortheilhaften Boden zu seinem Angriffe findet; indem er uns nöthigt, gegen ihn zur Behauptung des Postens in einer nachtheiligen Gegend Front zu machen, und dadurch alle Vortheile, die wir in diesem Lager bey einer andern Frontlinie besaßen, völlig ungenützt zu lassen.

7. Wenn dies nicht der Fall ist, so kann der Feind, nachdem er mit dem Heere die Stellung umgangen hat, nun eine vortheilhafte Gegend finden, die ihm die Mittel an die Hand giebt, mit entscheidendem Glücke gegen die weiter zurückliegenden Posten zu würken, von welchen wir entweder unsere Subsistenz und die Ergänzung der abgehenden Kriegesbedürfnisse ziehen, oder die uns den Rückzug in's Innere des Landes sichern sollen.

8. Denn wenn der Feind eine Operation gegen solch einen Posten unternähme, von dem unsere fernere Existenz oder eine gedeckte Würkungsfähigkeit zum Wohl des Landes abhängt; so können wir nicht länger zaudern, einen solchen Theil der Streitkraft nach diesen wichtigen Orten oder nach andern

andern Gegenden abzusenden, durch deren Besetzung diese Oerter gedeckt werden.

9. War nun aber die Streitkraft gerade hinlänglich, vorher die vordere deckende Stellung zu behaupten, so ist sie zur Erreichung dieses Zweckes zu schwach, und man wird also genöthigt seyn, sie bey einem feindlichen Angriffe zu verlassen.

10. Diese beyden Mittel, wodurch der Feind nach seinem Durchbruche der vordern Vertheidigungsfronte, uns zur Verlassung der die ganze Parallele deckenden Stellung zwingen kann, müssen ihm also auf jeden Fall entzogen werden.

11. Das erstere kann nicht anders wegfallen, als wenn die Stellung auch auf den Flanken und im Rücken durch Kunst so verstärkt ist, wenn hierzu keine Terrainhindernisse aufgefunden werden können, daß man den Angriff des Feindes darin nicht zu scheuen braucht.

12. Diese Stärke der hintern Theile der Stellung, sind auch noch sehr dadurch zu vermehren, daß sich ein besonderes Corps in einen zurückliegenden, aber vollkommen starken und festen Posten setzt, welches der Feind im Rücken lassen müßte, wenn er gegen die Rückseite oder Flanke unserer Hauptstellung vordringt, und dessen plötzlicher Anfall ihm bey seinem Angriffe den Untergang bringen würde.

13. Das zweyte Mittel des Feindes, läßt sich ihm einzig und allein durch die Anlage einer guten und wohl versehenen zweyten Vertheidigungsfronte entreißen. Denn findet er eine solche gegen sich, so wird er es nicht wagen, dieselbe zu durchbrechen, und sich dadurch aufs neue durch ein beschwerliches Defilee von seiner Fronte zu trennen; während ihm alle unsere noch besetzte Posten in der ersten Fronte und vorzüglich die Hauptstellung im Rücken bleiben, von da aus es nun auf allen Fall sehr leicht ist, entweder seine Waffenplätze selbst wegzunehmen, oder ihm wenigstens den Rückweg durch die beyden Pässe unmöglich zu machen.

14. Er wird also, ehe er die zweyte Linie durchbricht, den vordern Hauptposten zu erobern suchen, und hierbey sind

sind es nun gerade wieder die Posten der zweyten Vertheidigungslinie, welche einem zur Verstärkung der Hauptposition angeordneten Flankencorps die größte Sicherheit und die vortheilhaftesten Läger gewähren können.

§. 28.

b. Lehrsatz. Man muß den uns umgangenen Feind durch die Vortheile der starken auswärtsgehenden Stellung schlagen, also plötzlich eine Diversion gegen seine eigene Grenze vornehmen, während sein durchgebrochener Flügel durch unsere starke Stellung aufgehalten wird.

1. Wir haben gesehen, daß der Nutzen einer solchen alles deckenden Stellung und das Mittel zu ihrer Behauptung, sobald sie der Feind umgangen hat, darin bestehen muß, ihm nun leicht seine Waffenplätze, seine Transporte oder den Rückzugsort zu entreißen. Allein es kann der Fall seyn, daß der Feind die Sicherheit dieser das Glück seiner Operation begründenden Posten, vollkommen zu erhalten im Stande ist, und es kommt dann darauf an, auf welche Weise jetzt die Hauptstellung gesichert wird.

2. Um dies zu bestimmen, müssen wir zugleich die Mittel festsetzen, durch welche der Feind die Deckung der obigen Erfordernisse erhalten kann; denn ohne die Kenntniß dieser Mittel wissen wir nicht, welche Gegenmittel wir anwenden müssen, um die feindlichen unnütz zu machen. Der Feind kann aber seine Waffen- und Depotörter, seine Communication mit denselben, das Innere seines Landes, und den Paß, durch welchen er uns umging, und durch den auch nur sein Rückzug ins eigene Land geschehen kann, auf zweyerley Weise decken.

3. Die erste Art besteht darin, daß er eine uns so sehr überlegene Streitkraft aufstellt, die hinlänglich, zugleich seiner eigenen Grenze vollkommene Sicherheit zu geben, die Posten zur Deckung seiner Communication zu besetzen, den Rückzugspaß zu sichern, und dennoch ein so star-

kes Corps durch denselben abzusenden, welches alle Kräfte in sich vereinigt eine thätige Offensive zu führen, und ein förmliches Gefecht gegen uns in der Hauptstellung unternehmen zu können.

4. Zu einer so großen Ueberlegenheit an Streitkraft gehört sehr viel, es ist wahr! Allein oft läßt sich die Absicht auch mit weniger erreichen, und überhaupt genommen, ist der Fall doch möglich, man muß also auch darauf denken.

5. Hat der Feind würklich eine sehr überlegene Kraft, oder Stellungen, die ihm dieselbe ergänzen, so ist nichts anders zur Erhaltung der Hauptstellung und Sicherheit des Landes zu thun, als daß man die zweyte Vertheidigungsfronte gehörig besetzt, die Flanken und den Rücken der Hauptstellung auf alle mögliche Art sicher stellt, und in solcher Lage einen Angriff des Feindes entweder erwartet, oder einen glücklichen Zeitpunkt abpaßt, und den einen Theil der feindlichen Macht plötzlich anfällt und schlägt, um sich dadurch nach irgend einer Seite wieder Luft zu machen.

6. Ist dies bewürkt, so sind jetzt, durch die nun entstandene Lücke in dem feindlichen Cordon, diejenigen Operationen gegen seine Magazine, Communicationen und Rückzugspässe vorzunehmen, die wir oben angegeben haben, und die den Feind zum Rückzuge zwingen.

7. Das zweyte Mittel, wodurch der Feind seine Depots und Communicationen decken kann, ist, wenn er seine Operation so anordnet, daß dadurch zwischen unserer Stellung und den zu bedrohenden Punkten der feindlichen Parallele, ein Terrainhinderniß zu liegen kömmt, welches uns bey seiner Passage die größten Schwierigkeiten entgegensetzt, und von den eigenen Magazinen trennt.

8. Deckt der Feind durch dieses Mittel seine Grenze und seine Communication, so ist es gewissermaaßen noch weit schwerer, denselben beyzukommen, als wenn die Dekkung durch Truppen geschicht. Denn diese können in einem Augenblicke durch einen glücklichen Streich verjagt werden,

den, welches oft angeht, da der Feind einen großen Umfang zu besetzen hat, und auf jedem Punkte unmöglich gleich stark mit uns seyn kann. Nachtheiliges Terrain kann man aber höchst selten mit so wenigem Zeitaufwande ü ersteigen.

9. Der Feind muß indessen doch immer eine gewisse Truppenmenge zur Bewachung dieser deckenden Terraingegenstände anordnen, weil sonst die Passage derselben nicht schwer genug seyn würde, um aus dieser Schwierigkeit die gehörige Sicherheit zu ziehen.

10. In diesem Fall muß man sich nun entweder angreifen lassen und versichert seyn, daß der Feind kein glückliches Unternehmen so leicht gegen die zweyte Vertheidigungsfront ausführen könne, ohne daß er vorher das starke Hauptlager in der vordern Linie erobert hat: Oder, wenn die Sicherheit der zweyten Linie nur durch die Würksamkeit aus der Hauptstellung zu erhalten ist; so muß man das Glück der hiezu nöthigen Unternehmungen auf folgende Umstände bauen.

11. Es giebt nämlich fast kein Terrain, welches man nicht, auf noch unbekannten oder vernachläßigten Wegen, passiren könnte, und also dadurch, der feindlichen Posten ungeachtet, gegen die feindlichen Communicationen zu agiren im Stande ist

12. Da der Feind dennoch genöthigt ist, Truppen zur Behauptung der deckenden Terrains an gewissen, von der Natur vernachlässigten Punkten zu postiren, so bleibt hier also immer noch eine Möglichkeit, durch Uebermacht, Ueberfall oder andere geschickte Manövers zu siegen, und dadurch nun nicht allein den feindlichen deckenden Cordon zu sprengen, sondern auch einen Posten zu gewinnen, der die Gemeinschaft der von da aus nun gegen die feindlichen Communicationen würkenden Truppen, mit dem zurückliegenden Hauptlager vollkommen sichert.

13. Wird die vordere Vertheidigungsfronte durch steile Gebürge und morastige Wälder gebildet, so tritt hier am häufigsten der Fall ein, daß der Feind gerade durch die Benutzung

nutzung dieser Gegenstände die Flanke des Passes decken kann, durch welchen er einbrach.

14. Die Front seiner Grenze kann er hierdurch aber nicht decken; dies müßte durch ein besonderes, von unserer Vertheidigungslinie gänzlich getrenntes, und vollkommen in des Feindes Händen sich befindendes Terrainhinderniß geschehen.

15. Meistens ist dies aber nicht der Fall, sondern das Terrainhinderniß, welches unsere Fronte bildet, sichert zugleich die feindliche, und dann ist der Feind immer genöthigt, eine besondere Streitkraft zur Bewachung unseres, in der vordern Fronte liegenden Hauptlagers, auszustellen; oder er setzt den gegenüber liegenden Theil seines Landes unsern Einfällen gänzlich bloß.

16. In beyden Fällen bleibt es dann aber, so wie wir oben gesehen haben, dem Heere möglich plötzlich auf dieser Seite die feindliche Linie durchzubrechen, und dem uns umgangenen Corps im Rücken, alle diejenigen Operationen vorzunehmen, die seinen Rückzug bewürken müssen.

B. Grundsatz. Wenn es keinen Posten giebt, der die ganze Grenze deckt, so muß einer aufgesucht werden, der dies wenigstens für einen großen Theil und die wichtigste Gegend darin leistet.

§. 29.

a. Lehrsatz. Die freye Gegend kann, vom Hauptlager aus gesichert werden, wenn sich gegen die gerade über liegenden feindlichen Gegenden, oder von der freyen Gegend aus auf die dieser entgegen stehenden feindlichen Depots eine entscheidende Diversion ausführen läßt.

1. Findet die Stärke der Vertheidigungsfronte nicht Statt, welche die Anwendung des ersten Mittels, durch die Stellung der Armee das Land zu sichern, thunlich machte, so muß man zu dem zweyten Mittel seine Zuflucht nehmen;

men; nämlich mit der Armee eine Stellung wählen, welche einen großen Theil der Grenze deckt.

2. Wendet man dies Mittel an, so muß ebenfalls die natürliche Lage der deckenden Terraingegenstände, laut zu unserm Vortheil sprechen. Wenn es auch gleich nicht nöthig ist, daß die Terrainhindernisse, welche die Flanken des Lagers decken, bis an die beyden Enden der ganzen Vertheidigungsfronte laufen, und dadurch einen Haupteinbruch des Feindes nur auf dem Weg möglich machten, den das Lager des Heers sperrt; so ist es doch unumgänglich, daß sie sich wenigstens bis auf eine solche Weite von dem Lager ausdehnen, daß, während der Feind um diese Hindernisse herum marschirt, die Armee vollkommen die Zeit besitzt, Anordnungen zu treffen, welche die Vortheile vereiteln, die der Feind aus seiner Bewegung um unsere Flanke zu ziehen hoffte.

3. Die Vortheile, welche aber der Feind würklich aus einer solchen Bewegung ziehen könnte, sind dieselben, die er sich überhaupt zu verschaffen wünscht, wenn er die erste Vertheidigungslinie durchbricht; nämlich, entweder nun eine vortheilhafte Gegend zum unmittelbaren Angriff auf unser Hauptlager zu finden, oder schnell in das Innere unseres Landes und gegen unsere Magazine einzubrechen, während wir noch in unserer Hauptstellung stehen, oder auf dem Marsche von daher begriffen sind, um die hinterliegenden bedroheten Theile zu beschützen.

4. Da nun hier der Feind, bey der Umgehung unserer Flankendeckungen, dieselben Zwecke vor Augen haben muß, als wenn er würklich genöthigt wäre eine vordere Linie zu durchbrechen, wie wir in den vorigen Paragraphen angenommen haben; so müssen wir auch gewissermaaßen dieselben Mittel, als daselbst gezeigt sind, anwenden, um die feindlichen Zwecke unerreichbar zu machen.

5. Allein, da der Feind in dem jetzigen Falle die vordern deckenden Terrain- oder künstlichen Gegenstände völlig umgangen hat da er sie im erstern Falle zu durchbrechen

brechen genöthigt war; und er also jetzt an der Stelle, von wo aus er nun agirt, nicht einen Paß, durch den er die Gemeinschaft mit seinem Lande erhalten muß, sondern die Grenzörter, Befestigungen, Straßen und Magazine dieses Landes selbst ganz frey hinter seinem Rücken liegen hat; so folgt hieraus, daß seine Operation und vorzüglich gegen die nahen Theile der zweyten Vertheidigungsfronte, oder wenn diese nicht da ist, gegen das Innere des Landes, eine viel größere Festigkeit und Sicherheit genießt, als im erstern Falle möglich war.

6. Hieraus folgt ferner, daß da diese Operation an der genannten Stelle auch nun weit gefährlicher für uns wird, als wenn der Feind bereits durch ein schwer zu passirendes oder wegzuräumendes Hinderniß von seinem Lande und den Unterhaltungsmitteln seiner Kräfte getrennt ist, so daß ihm nur durch einige wenige Pässe, vor welchen er eine beständige Furcht tragen muß, der Weg dahin offen bleibt; wir daher auch viel kräftigere Mittel zur Sicherheit der dem Feinde nun am nähesten liegenden Gegenden anwenden müssen, als im erstern Falle nöthig war. Denn hier konnte schon die Behauptung der vordern und vom Feinde umgangenen Stellung hinlänglich seyn, ihn von seinen Quellen abzuschneiden, und also in Kurzen seinen Rückzug nach denselben, oder den gewünschten Angriff auf unser Lager zu bewürken.

7. Jetzt würde die Behauptung dieser Stellung in den meisten Fällen wenig zur Erhaltung der, dem uns umgangenen Feinde nun vorliegenden Theile der zweyten Vertheidigungsfronte oder des Innern des Landes, beytragen; da der Feind gleich hinter sich, und ohne daß wir aus unserm erstern Lager etwas dagegen thun können, alle diejenigen Ergänzungs- und Erhaltungsmittel seiner Streitkräfte vorfindet und an sich ziehn kann, die ihm zur Ausführung seiner Absicht erforderlich sind.

8. Nur in dem einzigen Falle könnte der Feind, durch eine Operation unserer Truppen, unmittelbar aus dem vordern Lager, zum Rückzuge gezwungen werden, wenn sich

entweder die Ergänzungsquellen und die Magazine zur Erhaltung der feindlichen Macht, nicht in gerader Linie hinter den jetzigen Stellungen des Feindes befänden, sondern denselben so viel rückwärts zur Seite lägen, daß die Transporte von diesen Punkten nach dem feindlichen Heere einen Weg nehmen müßten, der in der Nähe unserer Hauptstellung sich befände.

9. Alsdann wäre es möglich, diesen für den Feind unentbehrlichen Weg ihm zu entreißen, dadurch alle Communication zu sperren, und ihn aus Mangel der nöthigen Bedürfnisse sogleich zum Rückzuge oder zum verlangten Angriff unseres festen Lagers, oder eines andern starken Postens, der uns den Sieg verspricht, zu zwingen.

10. Wenn die Magazine und Depots des Feindes diese Lage haben, so ist es auch meistens leicht, von dem Hauptlager unserer Armee aus, eine Offensivoperation gegen diese Punkte selbst zu unternehmen, wenn sonst nicht eine starke feindliche Vertheidigungslinie sie deckt.

11. Wäre nun aber eine solche Diversion gegen die feindlichen Ergänzungsquellen möglich, und schnell genug auszuführen, ehe sich der Feind in unserm oder seinem eigenen Lande, in der Nähe seiner jetzigen Position, ein neues Erhaltungsmittel verschaffen könnte; so kann unsere Armee sicher in ihrem Lager bey der Anwendung dieser Diversion stehen bleiben, und wird dennoch den Feind von dem fortgesetzten Eindringen in unser Land abhalten.

12. Jetzt wird er nämlich, bey dem Verluste seiner Magazine, weit mehr als im vorigen Falle gezwungen, schnell in sein Land sich zurückzuziehn, da er hier nur allein die unentbehrlichen, jetzt aber verloren gegangenen Kriegsbedürfnisse aller Art, ersetzen kann.

13. Sollte nun aber diese Lage der feindlichen Magazine, und dieser Lauf der nothwendig vom Feinde zu benuzzenden Straße von denselben zu seinem Lager, nicht Statt finden, sondern alle Erforderniße zu seiner Operation, sich in einer von vorne gut gesicherten Fronte, deren Zugänge nach

nach seinem Lager, gerade hinter demselben, vollkommen frey und gedeckt sind, befinden; so sind wieder zwey Fälle da, in denen es möglich ist, daß die Armee in ihrem ersten Hauptlager oder von da aus, unmittelbar die Behauptung der ganzen Front und auch die vom Feinde bedroheten Theile des Innern vom Lande bewürken kann.

14. Der erste Fall tritt ein, wenn die feindlichen Magazine durch ihre Vertheidigungsfronte zwar gegen diejenige Seite vollkommen gedeckt sind, wo der Feind angreift, aber diese Vertheidigungsfronte des Feindes im Rücken seiner jetzigen Stellung von unserm Lager aus leicht umgangen, und dadurch also in dieser Gegend und noch hinter seiner Vertheidigungsfronte mit Aufopferung weniger Kräfte, eine Diversion ausgeführt werden könnte, die ihn ohne Zweifel, wo nicht ins Verderben stürzen, doch sich zum schleunigen Rückzuge, oder zu einem verzweifelten Angriffe auf unsere feste Stellungen zwingen müßte.

15. Hätten sich zum Beyspiel die beyden Heere in dem Posten von a gegenüber gestanden, bc wäre ein Terrainhin-

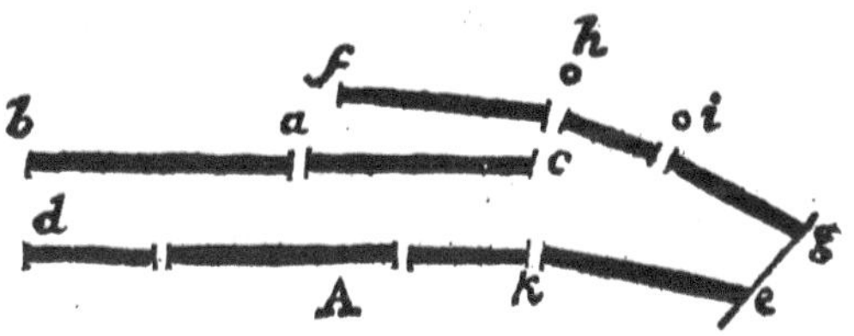

derniß, welches die erste Vertheidigungsfronte des Landes A bildete, de wäre die zweyte Vertheidigungslinie desselben, fg aber ein Hinderniß, woraus der Feind einen Theil seiner vordern Vertheidigungslinie bildet und h i Magazine desselben, die ihre Deckung blos von der Stärke der Front fg erhalten.

16. Da nun der Feind die zu große Schwierigkeit findet, bey a gerade durchzudringen, so beschließt er, bis c zu

 mar-

marschiren, dadurch das Hinderniß a c zu umgehen, seine Erfordernisse aus den sichern Magazinen h i zu ziehen, und durch Ueberwältigung des Postens k in das Land A vorzudringen.

17. Unsere Armee bey a, welche dies verhindern will, und zwar unmittelbar aus dem Lager bey a, findet, daß sich das Hinderniß f g, welches die feindlichen Magazine von vorne deckt, und dem Feinde einen sichern Rückzug gewährt, bey f umgehen läßt, worauf alsdann beyde Punkte h und i uns vollkommen frey entgegen liegen, indem der Feind f g keinen festen Posten besitzt, sie zu decken.

18. In diesem Falle bleiben wir bey dem feindlichen Marsche nach c und k ruhig bey a stehen, und sobald sich der Feind mit der Operation gegen k völlig verwickelt hat, so fallen wir mit einer überlegenen Macht über diejenigen feindlichen Posten her, welche den Punkt f sichern, nehmen diesen in Besitz, und rücken nun zugleich mit zwey Corps vor, von denen das stärkste zwischen f g und a c schnell gegen c, und die Pässe von h i, das zweyte aber noch schneller, auf der andern Seite von f g unmittelbar gegen die Punkte h i selbst agirt, während das Hauptcorps bey a und f den Rückzug deckt, und die von f verjagten Feinde beobachtet, so wie den Posten a vor einer Ueberrumpelung schützt. Eine solche Operation muß dann ohne Zweifel den bey k stehenden Feind zum schleunigsten Rückzug bewegen.

19. Bey der genauen Betrachtung dieser Operation, die eine Behauptung des Postens k, aus dem Lager a, möglich machen soll, findet sich, daß ihr glücklicher Ausgang auf folgenden Punkten beruht: Der Feind muß bey f nicht so stark (an Leuten oder durch die Vortheile seiner Vertheidigungslinie) seyn, daß er uns lange widerstehen kann, wenn wir ihn von a aus angreifen. Dieser Punkt setzt also eine große Schwäche oder den gänzlichen Mangel eines Terrainhindernisses, einer Vestung oder eines festen Lagers in der Nähe von a voraus, welches der Feind gegen diesen Posten,

sten, als eine gute und starke Vertheidigungslinie, aufstellen könnte.

20. Ferner wird erfordert, daß die Punkte h und i, d. h., die zu zernichtenden feindlichen Ergänzungsquellen, keine eigene schwer zu überwältigende Stärke besitzen, wie der Fall seyn würde, wenn diese Oerter Vestungen wären, oder durch ein besonderes Corps gedeckt würden.

21. Die Eroberung des Postens f müßte auch so geschwind geschehen können, daß eine feindliche Hülfe von k zu spät ankommen würde. Denn wäre dieser Vortheil durch die Lage der Hindernisse nicht zu erhalten, und wäre es dem Feinde möglich, schon durch einen Theil seines Heeres, welcher dem bey k stehenden Reste noch immer die Kräfte zu einem glücklichen Angriffe übrig läßt, die Erhaltung von f zu bewürken; so würde die Operation gegen diesen Punkt den Feind so leicht nicht von k abziehn.

22. Ist der Feind aber genöthigt mit so viel Kraft den Posten f zu unterstützen, daß er nun sich zu schwach befände, noch etwas gegen k mit Glück auszuführen; so ist die Operation gegen f immer zweckmäßig, den Punkt k zu sichern, obgleich die feindliche Hülfe noch eher bey f ankommen kann, ehe dieser Posten erobert ist.

23. Endlich muß sich der Posten k vollkommen so lange gegen den Feind halten können, bis wir entweder h und i in große Gefahr setzen, oder der Feind genöthigt wird, seine Hauptkraft nach f, oder zwischen f und h zu ziehen.

24. Da wir annehmen, daß sich entweder in k selbst oder doch im Innern unseres durch diesen Posten gedeckten Landes, alle die Mittel finden, welche der Feind zu seiner fernern Existenz bedarf; so würde ihm der Verlust von h und i nichts schaden, wenn er k erobert, und dadurch in den Stand gesetzt wird, einen Streich gegen unsere innern Hülfsquellen auszuführen, der unsere ganze fernere Vertheidigung auf einmal lähmte.

25. Der zweyte Fall, wo man durch die Behauptung des Postens a, die Gegend von k sichern kann, tritt ein,

wenn die dem Posten a gegenüber liegenden Theile des feindlichen Landes von so großer Wichtigkeit sind, daß der Feind bey ihrem Verluste, sogleich in einen Defensivkrieg zurückgeworfen, oder gar zum Frieden gezwungen wird.

26. Bey einer solchen Lage der Sachen wird nun außer der Stärke von k, die hinreichend seyn muß, um den Feind so lange zu beschäftigen, bis die Diversion gegen f so weit gediehen ist, daß die Gefahr, die der Feind läuft, wenn er länger zaudert, unvermeidlich wird, — außer dieser Sicherheit von k, sage ich, wird noch erfordert:

a. Eine besondere Schwäche des Theils der feindlichen Vertheidigungsfronte, der unserm Posten a gegenüber liegt, und die zu besetzenden Theile des feindlichen Landes sichert.

b. Es ist nöthig, daß man alle diejenigen Hülfsmittel genau berechnet, welche der Feind entgegen setzen kann, damit wir unsere Streitkraft so einrichten und mit dem Gehörigen versehen, um bey ihrem Anfalle auf den Feind eine plötzliche, und für uns sogleich zum Vortheil entscheidende Würkung zu erhalten.

27. Da dies neue Erhaltungsmittel eben so gut eine kräftige Diversion ist, als wenn man um den vorher überwältigten Punkt f herum, nach h und i dem Feinde im Rücken agirt, so beruht die Erreichung des Zweckes dieser Operation auf eben den Grundlagen, welche wir in Nro. 19. bis 23. dieses Paragraphen angegeben haben, um die feindliche Streitkraft von k abzuziehn, noch ehe dieser Posten in ihre Hände gefallen ist.

28. Es wäre also unnöthig diese Sätze zu wiederholen, indem man sich die das Glück der feindlichen Operation entscheidenden Posten h und i statt hinter c, gerade hinter a und f vorzustellen, und sie nun als den Theil des feindlichen Landes anzunehmen braucht, dessen Eroberung den Feind zum Abzuge von k nöthigt.

29. Al-

29. Allein in allen diesen Fällen, wo man die Theile der zweyten Vertheidigungsfronte oder das Innere des Landes, welche dem vom Feinde umgangenen Ende der vordern Vertheidigungslinie gerade gegenüber liegen, durch die Behauptung des ersten Hauptpostens in der vordern Fronte aus dem Grunde sichern soll, weil der Feind beständig die Ausführung eines für ihn höchst gefährlichen Streichs, von diesem Hauptposten aus fürchten muß; — in allen diesen Fällen, ist es dennoch nöthig, die vom Feinde bedroheten Theile mit einer Streitkraft zu versehen, die ihre Erhaltung bis zur Ausführung des entscheidenden Streichs möglich macht.

30. Da man nun zugleich die Bewegung des Feindes nach dem Ende der vordern Parallele, um die freyern Theile des Landes anzufallen, leicht vorhersehen kann, so ist es auch nothwendig, die unmittelbare Beschützung derselben sogleich anzuordnen; und da sich diese Theile einige Zeit selbst überlassen bleiben, so ist um so billiger, alle jene Hülfsmittel zu ihrer Sicherheit anzuwenden, welche die Stellungskunst angiebt, und die wir bereits gezeigt haben.

31. Eben so nothwendig ist es aber auch, andere Stellungen hinter den Flankenfronten zwischen beyden Vertheidigungslinien und hinter diesen selbst festzusetzen, welche die Communication von den Punkten bey k bis zum Lager bey a, vollkommen sichern, indem man sich beständig das Mittel erhalten muß, die eine oder die andere dieser beyden wichtigen Gegenden wechselsweise zu verstärken und zu unterstützen, wenn es die Umstände nöthig machen sollten.

§. 30.

b. Lehrsatz. Wo eine Diversion nicht auszuführen ist, da muß die freye Gegend durch Bewegungen dahin gesichert werden.

1. Regel. Man kann nur die hinterliegenden Posten der freyen Gegend durch eine kürzere Bewegung in einer geraden Grenze unbedingt sichern, und muß also die freye Gegend in der vordern Fronte zum Theil preiß geben.

1. Wenn nun aber der eine dieser beyden Posten so viele Streitkräfte erfordert, daß der Rest zu wenig bleibt, um den andern Punkt vollkommen zu sichern. Oder zweytens, wenn die feindliche Vertheidigungsfronte überhaupt schwer zu durchbrechen, und es dadurch sowohl, als durch die eigene Stärke der feindlichen Magazine, und der vortheilhaft gesicherten Lage der wichtigsten Gegenden des feindlichen Landes, unmöglich wird, eine zu unserm Vortheil entscheidende Diversion auszuführen, ehe der Feind im Stande ist, seinen Zweck bey den von ihm angegriffenen innern Theilen des Landes zu erreichen; so lassen sich diese Theile nicht mehr durch die Behauptung des vordern Hauptlagers vertheidigen, sondern man wird gezwungen ein anderes Mittel zu ergreifen.

2. Dies Mittel kann nun aber in weiter nichts bestehen, als daß man dem Feinde, zur Beschützung der von ihm bedroheten Gegend, in irgend einer Stellung eine Streitkraft entgegensetzt, ohne deren Ueberwältigung er keine glückliche Ausführung seines Projects hoffen kann. Wir wissen aber; daß die Behauptung des vordern Hauptpostens hierzu nichts beytragen kann. Es ist also nothwendig, daß die Vertheidigungskraft dem Feinde und der bedrohten Gegend so schleunig als möglich nahe gebracht werde, sobald der Feind die vordere Vertheidigungsfronte umgeht.

3. Wenn wir nun aber diese zur Erhaltung unserer Grenze nothwendige Operation genau betrachten, indem wir die

die obige Figur dabey halten, so findet sich, daß die Erhaltung der Gegend von k durch eine Stellung in ihrer Nähe der aus a ankommenden Armee, auf dreyerley Weise bewürkt werden kann.

4. Die Armee aus a kann entweder bey dem Marsche des Feindes nach c, gleich unmittelbar nach k eine solche

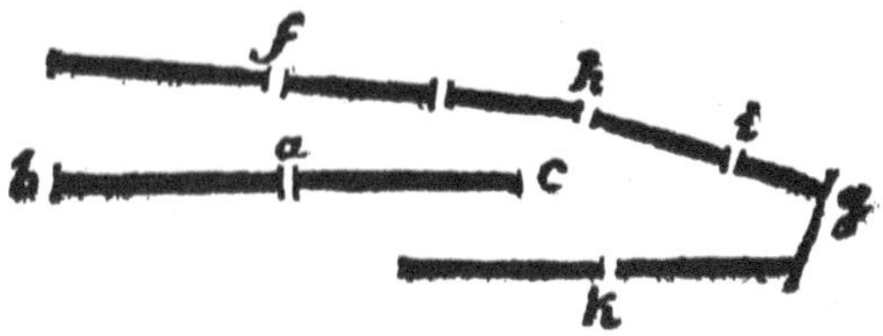

Streitkraft schicken, die verbunden mit der eigenen Stärke dieses Postens vollkommen hinreicht, denselben gegen die über c anrückende feindliche Hauptmacht zu vertheidigen.

5. Oder die Armee bey a läßt nur die gleich anfänglich in k stehende Macht daselbst, welche zu der Bewachung dieses Postens, und zur ersten Abschlagung eines plötzlich unternommenen Handstreichs dagegen, hinreichend ist, und sie selbst setzt sich hinter der nächsten bey k und c befindlichen Flankenfronte zwischen beyden Linien; im Fall eine solche aber nicht da ist, in ein vollkommen starkes Lager zwischen c und k, wo es ihr leicht wird, die Communication des bey k stehenden Feindes nach i oder h, zu beunruhigen und seine Transporte aufzuheben.

6. Das dritte Mittel endlich, welches die aus a kommende Armee durch die Stellungskunst anwenden kann, um die Gegend von k zu schützen, ist, daß sie ein Lager so nahe an dem bey diesem Punkte angreifenden Feinde wählt, daß es ihm unmöglich wird, den Angriff ohne die größte Gefahr fortsetzen zu können; indem er immer von uns beunruhigt wird, und befürchten muß, durch dieses beständige Harzeliren seine Kraft so anzustrengen, daß sie endlich einem glücklich abgepaßten Hauptanfalle von uns völlig erliegt.

7. Wir

7. Wir können daher zur Schwächung des Feindes entweder dies System befolgen, und ihn dadurch vielleicht selbst zum Angriff auf unsere vortheilhafte Position, deren vorzügliche Stärke uns den Sieg versprechen muß, zwingen; oder wir greifen ihn aus diesem Lager mit denen schon in k befindlichen Truppen zugleich an, und entscheiden also durch eine offensive Schlacht den Besitz des Postens k.

8. Wenn wir das erste Mittel anwenden wollen um die Gegend von k zu sichern, so muß zweyerley Statt finden.

a. Wir müssen früh genug die Bewegung des Feindes nach c erfahren, um so zeitig bey k ankommen zu können, als nöthig ist; die Truppen in eine Lage zu versetzen, worin sie ruhig den Angriff des Feindes erwarten können.

b. Die Communication muß von a nach k vollkommen frey und offen seyn, damit der Feind auf diesem Wege keine Hindernisse aufstellen kann, welche das Heer erst überwältigen, und dabey die kostbarste Zeit verschwenden müßte.

9. Den ersten Vortheil erhalten wir durch die kluge Ausstellung und die gehörig Aufmerksamkeit der Vorposten und Spione, und durch die vortheilhafte Figur der Vertheidigungsfronte. Die Vorposten und Kundschafter werden aber gewöhnlich nicht eher den Vorsatz des Feindes einberichten können, als bis er schon mit der Ausführung desselben beschäftigt ist. Auf allen Fall geht also immer, nach der größern oder kleinern Güte der Kundschaftsmittel, ein gewisser Zeitraum verloren, den der Feind zur Erlangung eines für ihn äußerst vortheilhaften Vorsprungs anwenden kann.

10. Dieser Vorsprung muß ihn von uns aber eben so unbedingt, als seine Existenz ist, auf allen Fall wieder entrissen werden, wenn wir sonst noch vor dem Feinde bey k, oder in einem ihm vorliegenden und k deckenden Posten anlangen wollen. D. h. also nichts anders, als der Vorsprung muß nicht allein dem Feinde entzogen, sondern auch uns zu-

zugewandt werden. Dies kann nun aber auf keinen Fall anders, als durch eine vermehrte Geschwindigkeit im Marsch, und durch die Benutzung der vortheilhaften Grenzform geschehen.

11. Was nun aber die Geschwindigkeit betrifft, die von den marschirenden Truppen angewandt werden kann, so hängt diese, wie wir aus der Marschlehre wissen, sowohl von der Güte der Wege, als auch von der Sicherheit ab, mit der die Bewegung in Rücksicht feindlicher Angriffe geschehen kann.

12. Beyde Punkte kann die feindliche Bewegung mit der unsrigen gemein haben, wenn die kriegenden Theile für die Erhaltung einer leichten und sichern Communication gesorgt, und die vordere Vertheidigungsfronte ihrer Parallele zweckmäßig besetzt haben.

13. Da nun also die Grundlagen, welche die Geschwindigkeit einer Bewegung bestimmen, auf beyden Seiten gleich seyn können, so findet diese Gleichheit zwischen den beyden Geschwindigkeiten ebenfalls Statt, und es ist in diesem Falle nicht möglich, hierdurch den Vorsprung zu gewinnen. Man muß ihn also allein durch die vortheilhafte Grenz- oder Bewegungslinie erhalten.

14. Wir haben aber bereits oben gesehen, daß der vertheidigende Theil nur dann den Vortheil besitzt, an jedem Punkte der Fronte früher als sein Gegner anzukommen, wenn dieselbe nach dem Feinde zu einen auswärtsgehenden Bogen macht; d. h., daß der Feind genöthigt ist, im Umkreise oder Winkel zu marschiren, wir aber die Bewegung in der Sehne desselben vollführen können.

15. Die Linie, welche der Feind zu durchlaufen hat, um die von unserer vordern Vertheidigungsfronte unbedeckte Gegend zu erreichen, läuft in ihrer ganzen Länge neben dem Gegenstande her, welcher diese erste Vertheidigungsfront bildet, und wendet sich erst da gegen die anzugreifende Gegend, wo derselbe aufhört.

16. Läuft nun aber überhaupt nur die vordere Grenze in einer geraden Linie, so liegen die unbedeckten Posten, auf allen Fall gegen den Terraingegenstand, der die erste Vertheidigungsfronte bildet, seitwärts zurück, und der Feind ist also gezwungen gegen diese Posten in den beyden Schenkeln eines Winkels zu marschiren,

17. Ständen sich zum Beyspiel beyde Heere bey a gegenüber, und das oberhalb dieses Postens sich befindende, wollte um b herumgehen, um d anzugreifen; so ist es genöthigt die Linien a b und b d zu durchlaufen.

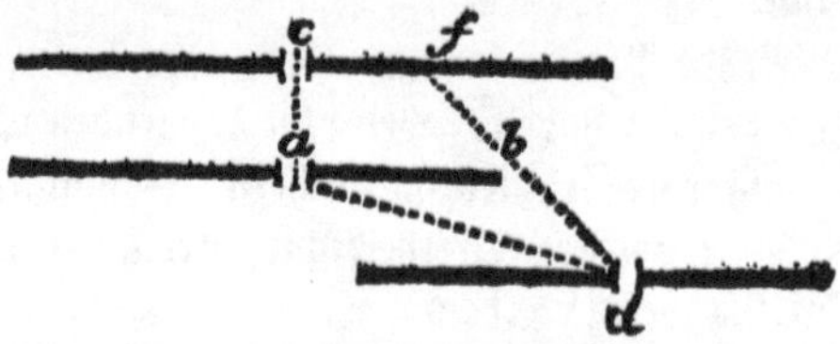

18. Da in diesem Fall diese beyden zusammengenommen nothwendig länger sind, als die Linie a d; in welcher das vertheidigend gehende Heer marschiren muß, um den Punkt d zu erreichen; so folgt hieraus, daß dieses vertheidigend gehende Heer den Punkt d eher als der Feind erreichen wird, wenn beyde Geschwindigkeit und Aufbruchszeit gleich setzen.

19. Sollten wir die Vertheidigungsfronte aber so vollkommen in unserer Gewalt haben, daß der Feind die größte Gefahr befürchten müßte, wenn er dicht unter diesen festen Posten einen schnellen Flankenmarsch ausführen wollte; so ist er wohl genöthigt, bis c in seine eigene Parallele zurückzugehen, um durch deren Schutz eine größere Sicherheit für die Bewegung zu erhalten. In diesem Fall muß aber der Feind die Linien a c c f und f d durchlaufen, welche noch ungleich weit mehr ausmachen als a b + b d.

20. Allein da man bey der Bewegung des Feindes von a nach c, noch nicht gleich mit ganzer Macht aus a abmarschiren darf, aus Furcht, der Feind möchte schnell wieder

der umkehren und über a, das nun nicht mehr die gehörige Vertheidigung hat, herfallen; so kann man sich höchstens nur so weit von a entfernen, als zureicht, um noch vor dem Feinde wieder bey a einzutreffen, wenn man durch die Vorposten des bey a stehengebliebenen Corps, von der Bewegung des Feindes gegen a benachrichtigt ist.

21. Da es nun diesen Vorposten weit schwerer als vorhin werden muß, den Aufbruch des Feindes gegen f zu erfahren, und die Linie cf nicht so lang zu seyn braucht als ab; so folgt hieraus, daß der kleine Vorsprung, welchen die Armee gegen d dadurch erhält, daß der Feind genöthigt ist die Weite ac wieder zu durchlaufen, um gegen a zurückzukehren, fast gegen die größere Schwierigkeit aufgeht, welche bey der frühen Endeckung des Anfangs der feindlichen Bewegung von c gegen f eintritt.

22. Je weiter nun aber die beyden gegenseitigen Vertheidigungsfronten auseinander liegen und je größer die Länge ist, in der unsere Grenze durch die vordere Vertheidigungslinie ab gedeckt wird, je kürzer wird unsere Marschlinie ad in Rücksicht der feindlichen Marschlinie acfd; und je früher erreichen wir also die Gegend d vor dem Feinde; wodurch also die Beziehung einer, dieser Gegend unmittelbar deckenden Stellung, um so leichter wird.

§. 31.

2. Regel. Besitzen wir eine auswärtsgehende vordere Fronte, so verringert sich der Marschweg des Defensiven, und dann ist es möglich die freye Gegend auch in der vordern Fronte durch Bewegung zu sichern.

1. Noch weit mehr wird diese Marschlänge des defensiven Theils verkürzt, wenn seine vordere Vertheidigungsfronte eine nach dem Feinde zu auswärtsgebogene Form hat. Denn alsdann werden die beyden Endpunkte dieser Figur sich in gerader Linie näher gebracht, und der äußere Umfang der vordern Fronte vergrößert.

2. Da

2. Da nun der Feind diese mit seiner Marschrichtung nicht durchschneiden kann, sondern sie völlig umgehen muß; so ist er gezwungen, selbst im kühnsten Falle, wo er nämlich die Angriffe auf seine Flanken nicht scheuen will, dennoch längst dem ganzen Umfange der Fronte herzumarschiren, während wir uns in geraden und weit kürzern Sehnen bewegen.

3. Hieraus fließt wiederum ein klarer Beweis, wie nützlich selbst auswärtsgehende Grenzfronten dann sind, wenn man einem Punkte von einem andern aus eine Streitkraft ertheilen will, die seine unmittelbare Vertheidigung übernehmen kann, und das zum Schutze nöthige Vertheidigungshinderniß nicht einmal bis an das Ende der Parallele läuft.

4. Wollte man nun aber annehmen, daß der Feind uns entweder auf unserm Wege selbst, ein Hinderniß entgegensetzen könnte, oder daß die Wege des Feindes besser als die unsrigen; folglich seine Geschwindigkeit im Marsche auch größer wäre; ja dann reicht der Vortheil nicht zu, welcher uns aus der Form der Grenze oder überhaupt aus der seitwärts zurückliegenden Stellung der vom Feinde anzugreifenden Gegend, zur Behauptung dieser letztern erwächst.

5. Hier ist es also unumgänglich nöthig die Streitkräfte genau zu berechnen, und ob sie hinreichen, das vom Feinde uns auf unserm Wege entgegen gesetzte Hinderniß, welches auch ein schnell und unversehens nach einem von uns zu passirenden Passe herbeygeeiltes Corps seyn kann, so geschwind über den Haufen zu werfen, oder ist es irgend ein anderes Hinderniß, dasselbe aus dem Wege zu räumen, bevor es dem Feinde möglich würde, einen Vorsprung oder einen Posten zu erhalten, der uns die Erreichung des bedroheten Punkts unmöglich macht.

6. Finden wir, daß der Feind an der Ausführung dieser Operation, wegen der Schwierigkeit das uns entgegengesetzte Hinderniß zu überwinden, nicht zerstört werden kann, so müssen wir untersuchen, ob dasselbe nicht umgangen werden

den und ein anderer Weg eingeschlagen werden kann, der zwar nun nicht mehr der näheste seyn, und in gerader Linie fortlaufen wird; hingegen doch immer noch eine vollkommene Sicherheit genießt, und so viel kürzer als der feindliche Weg ist, daß es uns noch möglich bleibt, den bedroheten Posten wo nicht vor, doch mit dem Feinde zugleich zu erreichen, und wo nicht durch eine vortheilhafte Stellung vor, doch unmittelbar bey oder gleich hinter demselben zu sichern.

7. Wäre aber auch ein solcher Vortheil wegen der Weitschweifigkeit der übrigen Wege nicht zu erhalten möglich, ja dann ist kein ander Mittel den bedroheten Posten durch unmittelbare eigene Vertheidigung zu sichern, als daß man gleich Anfangs eine solche Summe von Streitkräften in seiner Nähe postirt, die völlig hinlänglich ist, denselben so lange zu behaupten, bis die anrückende Hauptarmee die ihr entgegengesetzten Schwierigkeiten überwunden und den Posten erreicht hat.

8. Betrachten wir indessen die Hindernisse, welche uns der Feind auf unserm Wege entgegensetzen kann, genau, so werden wir finden, daß dieselben bey einer gehörigen Besetzung der Flankenfronten und der zweyten Vertheidigungslinie, nicht von großer Bedeutung seyn können, und leicht wegzuschaffen sind.

9. Diese Hindernisse können nun aber entweder darin bestehen, daß der Feind entweder mit einem Corps sich uns selbst auf dem Wege, in einem vortheilhaften Posten entgegensetzt; oder daß er mit einem solchen die Wege und Brükken zerstört, die wir auf unserm Marsche gebrauchen müssen; oder endlich, daß er sich mit einem Corps so setzt, daß ihm die Aufhebung der Transporte, welche zu unserer vorrückenden Armee gehen, leicht wird.

10. Will nun aber der Feind das erstere Mittel anwenden, so ist nicht allein nöthig, daß er mit dem Corps, welches es ausführen soll, die vordere Parallele durchbricht oder umgeht, um den Posten zu erreichen, der uns den Weg abschneidet; sondern da er hier einige Zeit stehen bleiben

muß, so ist es auch für ihn unumgänglich erforderlich, daß er die Sicherheit seiner Communication mit diesem Posten vollkommen gründet.

11. Hieran wird er aber nicht allein durch die Posten, welche wir noch in der vordern Fronte besitzen, verhindert werden; sondern dies geschieht auch von der zweyten Vertheidigunsfronte aus, da ihn diese in allen Fällen überflügelt, und der Feind in einem Trichter steckt, dessen kleine Oeffnung durch die wohlbesetzte nàheste Flankenfronte vollkommen gesichert wird.

12. In einer solchen Lage wird die Anwendung des ersten Mittels feindlicher Seits immer ein sehr großes Wagstück seyn, und das daraus entstandene Hinderniß, selbst beym Anrücken des Heers gegen dasselbe, leicht weggeräumt werden, sobald in diesem Augenblick die das feindliche Corps überflügelnden Posten ihm in Rücken vorgehen.

13. Da das zweyte Hinderniß, welches uns der Feind entgegensetzen kann, nämlich das Zerstören der Brücken und Wege, nicht auszuführen ist, wenn sich nicht ein feindliches Corps, welches diese Arbeit verrichtet und deckt, auf die Wege und an die Pässe selbst begiebt; und diese Orte in dem von uns zwischen beyden Vertheidigungsfronten besetzten einwärtsgehenden Winkel liegen: so folgt hieraus, das dies Unternehmen, bey der zur Sicherung unserer eigenen Communication unentbehrlichen Besetzung dieser Pässe, dem Feinde eben so schwierig als das erstere auszuführen werden muß. Denn wir besitzen hier dieselben Mittel als beym erstern, dem feindlichen Corps eine fortdauernde große Gefahr für seine Existenz zu erhalten.

14. Zur Abwendung des dritten Hindernisses, welches der Feind unserm Marsch entgegensetzen könnte, sind ebenfalls die obigen Gegenmittel, nämlich die gehörige Besezzung und Bewahrung der beyden Hauptfronten, und der dazwischen liegenden Flankenfronten und Pässe die dienlichsten.

15. Da

15. Da überdem das Heer immer auf einige Tage Lebensmittel und Munition mit sich führt, und man bey einer planvollen und klugen Anordnung annehmen muß, daß sich in den Gegenden, welchen man zu Hülfe eilt, ebenfalls ein sicheres Magazin befinden wird; auch sich der Feind um so weniger in dem die Communication hemmenden Posten erhalten kann, sobald die Hauptmacht einmal diesen im Rükken, nämlich in der bedrohten Gegend angekommen ist: so folgt hieraus, daß da die Ausführung des dritten Mittels unsern Marsch zu hemmen, mehr Zeit als die erstern erfordert, und dem Feinde gerade diese Zeit nicht von uns gestattet wird, ruhig anzuwenden; derselbe dieses Hinderniß nur bey einer großen Schwäche unserer Seits und bey einer gänzlich fehlerhaften Anlage unserer Magazine auszuführen im Stande ist.

§. 32.

3. Regel. Ist die vordere Fronte einwärtsgehend, und also die freye Gegend vorliegend, so kann sie nicht durch Bewegung vom Hauptlager aus gedeckt werden.

1. Bis jetzt haben wir die Anwendung des ersten Mittels, durch welches wir die vom Feinde bedrohete freye Gegend decken können, erläutert, wenn diese Gegend mit den übrigen Theilen der Grenze in gerader Linie oder auch einwärts liegt; allein jetzt müssen wir auch untersuchen, ob dies Mittel noch zeitig genug angewandt werden kann, wenn diese zu bedeckenden, vom ersten Hauptlager der Armee entfernten Theile des Landes, gegen den Feind auswärts- und vorliegen.

2. Betrachten wir bey diesem Falle die Figur der ganzen Lage, so fällt es deutlich in die Augen, daß der Feind, wenn sonst seine Communicationswege nicht schlechter als die unsrigen sind, nicht mehr Defilees und unnöthige Krümmen haben, er nothwendig früher als wir bey den zu deckenden Posten ankommen muß, und uns also die Anwendung der un-

unmittelbaren Vertheidigung derselben mit ganzer Kraft, leicht unmöglich machen kann.

3. Er kann dies entweder dadurch thun, daß er gleich anfänglich durch ein besonderes Corps den Weg, welchen wir kommen müssen, sperren läßt; oder daß er sich mit einem solchen so setzt, daß wir die Flankenangriffe von demselben zu fürchten haben; oder endlich, daß er gleich mit der Hauptmacht unmittelbar nach den zu deckenden Gegenden marschirt, und so den Vortheil benutzt, der ihm durch die Lage dieser Gegenden ertheilt wird.

4. Aus diesen Grundsätzen folgt daher, daß wenn eine solche vorstehende, und von der vordern Vertheidigungslinie unbedeckte Gegend durch eine unmittelbare eigene Vertheidigung gesichert werden soll, dies nicht erst durch eine Bewegung anderer Orten stehender Corps erlangt werden kann; sondern daß sie die zu ihrer Behauptung nöthigen Streitkräfte beständig für sich selbst schon besitzen muß. Hierzu gehört aber eine große Ueberlegenheit an Truppen, welche der vertheidigende Theil höchst selten besitzt, und daher solche vorgestreckte Gegenden entweder gänzlich zu verlassen genöthigt ist, oder sie nur durch Offensivoperationen erhalten kann.

§. 33.

2. Lehrsatz. Wenn die freye Gegend nicht mehr durch die Bewegung erreicht werden kann, so muß eine Position schnell und nahe am Feinde gewählt werden, aus der seine Gemeinschaft oder sein Angriff selbst bedroht und gefährdet wird.

1. Nachdem wir nun die Grundsätze und Betrachtungen durchgegangen sind, welche wir befolgen müssen, wenn wir auf die erstere Weise eine unbedeckte Gegend durch das Herbeyeilen der Hauptmacht, in einer Stellung sichern wollen, so müssen wir auch zu denen übergehen, die eine vortheilhafte Anwendung des zweyten Mittels angeben.

2. Wir

2. Wir wissen, daß dieses zweyte Mittel darin besteht, wenn man die zu bedeckende Gegend durch eine Stellung sichert, aus der es leicht wird die feindliche Communication zu hemmen, um den Feind durch die Entziehung seiner unentbehrlichsten Bedürfnisse zum Rückzuge zu zwingen.

3. Will man dieses Mittel anwenden, so wird eine vortheilhafte Stellung auf der feindlichen Flanke, wo möglich nahe an seinen Magazinen erfordert, aus der man leicht die feindliche Communicationslinie, die man als den Lebensfaden der feindlichen Operation betrachten muß, besetzen und abschneiden kann.

4. Es ist aber nöthig, daß man so viel Zeit besitze, und frey zur Aufhebung der feindlichen Transporte anwenden kann, als man zu der Abpassung dieser feindlichen Bewegungen, die nur in gewissen Zeiten eintreten, bedarf. Uebrigens wissen wir, daß die Stellung der Truppen zur Erreichung dieser Zwecke gerade nicht nahe an der zu deckenden Gegend zu seyn braucht, sondern daß es hingegen vortheilhaft zur Sicherheit der Operation ist, wenn sie sich, und also auch von dem diese Gegend angreifenden Feinde, entfernt befindet.

5. Die Stärke und Sicherheit einer freyen Position auf der feindlichen Flanke und nahe an seinen Magazinen, läßt sich sehr leicht hinter der, der zu bedeckenden am nähesten liegenden Flankenfronte erhalten, wenn nur zur Deckung der Flügel dieser Zwischenstellung die beyden Hauptfronten gehörig besetzt sind; und bevor die Hauptcorps darin anlangen, gegen die schnellen Versuche des Feindes, dieselbe uns zur Deckung seiner Operation, und bevor sein Heer eintrifft, zu entreißen, hinlänglich behauptet wird.

6. Was nun aber die Zeit selbst betrifft, die man zur Ausführung der Operation gegen die feindlichen Transporte und Magazine gebraucht, so muß diese immer noch kürzer seyn, als diejenige ist, welche der Feind bedarf, um die von ihm angegriffenen Posten zu überwältigen, und dadurch alle fernere Würkung unserer Operation unnütz zu machen;

 wenn

wenn wir sonst annehmen, daß der Feind nach der Ueberwältigung der zu deckenden Posten neue Quellen des Unterhalts erhält.

7. Hieraus folgt daher, daß wenn die vom Feinde angegriffenen Posten nicht eine solche eigene Stärke besitzen, welche uns die nöthige Zeit, zur Ausführung der Operation gegen die feindliche Communication, gewährt; so ist es nicht zweckmäßig dieses Mittel der Stellungskunst zur Deckung einer entfernten Gegend anzuwenden.

8. Ist aber kein anderes Mittel zu ihrer fortdauernden Erhaltung möglich, so muß vor allen Dingen ihre eigene innere Vertheidigungskraft bis auf den Grad erhöht werden, der nöthig ist um den erforderlichen Aufwand von Zeit gestatten zu können.

9. Wir haben bereits oben angemerkt, daß die Stellung, aus der die Angriffe gegen die feindliche Communication geschehen müssen, nicht nahe an der vom Feinde bedroheten Gegend zu liegen braucht. Dieserhalb kann man dieselbe auch in den meisten Fällen weit früher erreichen, als eine Stellung, die den bedroheten Posten eine unmittelbare Deckung und Vertheidigung giebt. Oder ist das nicht der Fall, so kann die Flankenstellung doch sehr selten streitig gemacht werden, wenn selbst der Feind schon bey den zu deckenden Posten angekommen ist.

10. Aus allen diesen folgt daher, daß in diesen Rücksichten die Stellung leichter zu erhalten ist, welche Operationen gegen die feindliche Communication gestattet, als diejenige, welche einen entfernten zu deckenden Posten, unmittelbar eigene Vertheidigung giebt.

11. Wenn nun aber die unmittelbare Deckung einer Gegend durch ein entferntes Corps erhalten werden soll, so wissen wir, daß dieses Corps durch Benutzung irgend eines günstigen Umstandes einen Vorsprung über den Feind erhalten muß.

12. Da, wo die zu deckende Gegend nicht zurück, oder wenigstens in gerader Linie mit dem übrigen Theile der Grenze liegt;

liegt; da ferner, wo der Feind durch Verheimlichung seines Aufbruchs einen großen Vorsprung schon gewonnen hat, oder derselbe ihm schon durch die vorgeschobene Lage der zu deckenden Gegend von selbst zufällt; da ist es nicht möglich, einer solchen Gegend durch ein entferntes Corps eine unmittelbare Deckung zu ertheilen.

13. In diesen Fällen bleibt einem solchen Corps daher kein anderes Mittel übrig, zu Sicherheit der entfernten und vorwärts freyen Gegend zu würken, als durch die ihm noch mögliche Anwendung des Flankenangriffs gegen die feindliche Communication, oder endlich durch das dritte Mittel der Stellungskunst.

14. Dieses dritte Mittel der Stellungskunst, um einen entfernten Posten zu sichern, besteht nun bekanntlich darin, daß die Truppen eine Position so nahe am Feinde nehmen, welche diesem nicht erlaubt, seinen Angriff zu beginnen oder fortzusetzen, aus Furcht, wir mögten ihm aus der bezogenen Stellung gerade in den gefährlichsten Augenblicken in die Flanke oder gar im Rücken fallen, und dadurch eine gänzliche Niederlage bey ihm bewürken.

15. Befindet sich nun der Feind bereits bey der Ausführung seines Angriffs, auf die von uns durch die neue Position mittelbar zu deckenden Posten; so ist es in den meisten Fällen nöthig, weiter gegen den Feind vorzudringen, als erforderlich seyn würde, wenn wir eine Stellung wählen wollten, aus der gegen die feindliche Communication agirt werden sollte.

16. Der Feind besitzt also aus diesem Grunde der längern Bewegung unserer Seits, auch mehr Zeit uns diejenigen Läger in der Nähe seines Angriffs zu versagen, welche ihm schädlich werden müssen, wenn er sonst den nöthigen Vorsprung auf seiner Seite hat.

17. Hieraus sieht man also, daß es, in Betracht der Nothwendigkeit einer längern Bewegung, schwerer wird eine Stellung zu wählen, welche die Deckung eines Postens durch die unmittelbare Beunruhigung des denselben angrei-

fenden Feindes, gewährt, als eine solche, aus der man die Erhaltung des Postens durch Angriffe auf die feindliche Communication befördern will.

18. Die Anwendung des dritten Mittels muß sehr bald ein entscheidendes Gefecht nach sich ziehen, wenn der Feind bey der Fortsetzung seines Angriffs beharrt. Wir können aber den glücklichen Ausgang dieses Gefechts durch Abpassung eines vortheilhaften Augenblicks, und durch die Wahl einer starken Stellung größten Theils auf unsere Seite lenken, indem, wie wir aus der Kriegeskunst wissen, es keine vortheilhaftere Lage, zur Lieferung eines Gefechts giebt, als wenn man sich in einer starken Stellung angreifen läßt, und in den günstigen Augenblicken des feindlichen Wankens, selbst zu einem plötzlichen Anfall übergeht.

19. Hieraus folgt nun also, daß, da die Anwendung der Angriffe auf die feindliche Communication einen großen Aufwand von Zeit in den meisten Fällen erfordert, wenn sie mit Glück angewandt werden sollen; daß, sage ich, die Schwierigkeiten und anfängliche größere Verzögerung, welche bey der Beziehung einer Position Statt finden, aus der man das dritte Mittel zur Erhaltung des bedrohten Postens anwenden will, auf das vortheilhafteste durch die nachherige weit schnellere Würkung dieses Mitels vor dem zweyten, wieder eingebracht wird.

20. Diese schnellere Entscheidung läßt daher auch eine größere anfängliche Entfernung desjenigen Corps zu, welches das Mittel ausüben soll. Allein, da ein Gefecht immer einen zweifelhaften Ausgang hat, und nicht allein in Rücksicht der gerade in dem Augenblicke zu deckenden Posten; sondern auch auf die Führung des ganzen Krieges den größten Einfluß haben kann: so ist es den Regeln zur Erhaltung einer stets hinlänglichen Streitkraft gemäß, dies dritte Mittel nie anders als in denjenigen Fällen anzuwenden, wo sich wegen der Stellung des Feindes oder der Kürze der Zeit, keins der beyden erstern mit Würkung gebrauchen läßt.

C. Grundsatz. Sobald die Stärke oder Form der Fronte keine unmittelbare Deckung aller Punkte gestattet, so muß sie wo möglich durch zuvorkommende Besetzung des Wegs erhalten werden.

§. 34.

a. Lehrsatz. Wo möglich so muß dies aus einem Zentralposten geschehen.

1. Wenn es nicht möglich ist eine Stellung zu finden, welche entweder die ganze Vertheidigungsfronte, oder doch wenigstens ein so großes Stück davon deckt, daß es durch eins der eben beschriebenen drey Mittel leicht wird, dem Feinde immer wieder eine starke Stellung entgegen zu setzen, — wenn dieses, sage ich, alles nicht möglich ist, so muß man zu dem schwankendsten Mittel seine Zuflucht nehmen, welches die Stellungskunst zur Deckung des Landes gewährt.

2. Wir wissen aus dem Vorigen, daß dies letztere Mittel darin besteht, gewisse Stellungen für alle Fälle zu bestimmen, die beym Einbruch des Feindes eintreten können, um ihm immer, auf jedem Wege, den er nehmen kann, eine solche entgegen zu setzen. Diese Anwendung der Stellungskunst kann aber auf dreyerley Weise geschehen, und zwar:

a. Man wählt mit der ganzen Armee eine Zentralstellung, von wo aus man den Zweck einer jeden feindlichen Bewegung, durch eine weit kürzere Bewegung, nach einem für den gegenwärtigen Augenblick dienlichen Lager, leicht vereiteln kann.
b. Man folgt dem Feinde in allen seinen Bewegungen und nimmt beständig starke und vortheilhafte Stellungen so dicht an ihm, daß er, aus Furcht selbst angegriffen zu werden, nichts als vereint unternehmen, und vorher eine in dieser Lage für uns vortheilhafte Schlacht nicht umgehen kann.
c. Man setzt sich dem Hauptcorps des Feindes gegenüber, und dehnt sich verhältnißmäßig gegen ihn aus, so wie er

er sich ausdehnt und von Zeit zu Zeit weiter entfernte Posten auf den Flanken besetzt, um uns endlich zu überflügeln und eine unbesetzte Stelle zu treffen.

3. Wir wollen nun die beyden letztern Arten vorerst zur Seite setzen, und jetzt die Anordnungen erläutern, die wir befolgen müssen, um aus einer Zentralstellung diejenigen Posten besetzen zu können, welche in diesem oder jenem Falle gewählt werden müssen, wenn man den Einbruch des Feindes verwehren will.

4. Da man nothwendig aus einem solchen Zentralposten dem Feinde zuvorkommen muß, wenn die Armee nach einer Gegend hineilen muß, wo der Feind einzubrechen droht; so ist es eine unumgänglich nothwendige Sache, die kürzesten Wege von dem Hauptlager nach den wichtigen Punkten der Grenze, auszufinden, und sie in einen solchen Stand zu setzen, daß die sich darauf bewegenden Truppen mit der größtmöglichsten Schnelligkeit und Bequemlichkeit marschiren können.

5. Nichts ermattet wohl einen Trupp mehr als die schlechten Wege, die man so häufig findet, und gerade hier, wo die Behauptung der Grenze nicht allein von der Vertheidigung der gewählten Positionen, sondern vielmehr von der schnellen Beendigung der Bewegung nach diesen Posten, ohne welche ihre Vertheidigung unmöglich ist, abhängt; gerade hier also wäre es ein Fehler, welcher alle übrige gute Anordnungen unnütz machte, wenn man nicht die größte Fürsorge für gute und sichere Communicationen haben wollte.

6. Allein selbst die besten Wege und die größte Geschwindigkeit im Marsche sind oft nicht hinlänglich, wenn andere Umstände nicht mit zustimmen. Denn der Feind kann eben so gute Wege besitzen, und also auch eine gleiche Geschwindigkeit anwenden, die entscheidenden Posten zu gewinnen. Hier sind also nur zwey Mittel übrig, die nothwendigen Vortheile zu erlangen.

7. Das

7. Das erste besteht darin, daß unsere Wege vom Hauptposten bis zu den bedroheten Stellen, kürzer als die zu eben diesen Punkten führenden feindlichen Wege sind. Das zweyte Mittel ist, daß wir gleich in jedem bedroheten Posten, eine solche Streitkraft postiren, die anfänglich hinreicht, den Posten so lange gegen den Feind zu behaupten, bis die Hauptmacht aus der Zentralstellung bey ihm anlangt.

8. Durch die Anwendung des ersten Mittels, wollen wir von der Kürze der Zeit, die angewandt werden muß, um einen kleinern Weg als den Feind nach den bedroheten Posten zurück zu legen, den Verlust wieder ersetzen, der nothwendig dadurch erfolgt, daß wir den Anfang der feindlichen Bewegung nicht gleich, sondern immer erst nach einem größern oder kleinern Zeitraum erfahren.

9. Auch muß uns diese kürzere Bewegungszeit so gar noch einen Vorsprung über den Feind verschaffen, indem immer, selbst bey der frühern Erreichung des bedroheden Postens, noch einige Zeit verstreicht, ehe man sich in die vortheilhafteste Verfassung zum Empfange des Feindes setzen kann.

10. Je größer nun übrigens dieser Zeitraum seyn kann, je vortheilhafter ist es; indem man dann um so ruhiger und sicherer die Parthie überdenken kann, die bey der Ankunft des Feindes zu nehmen wäre. Allein so nöthig alle diese Vortheile des mindern Zeitaufwandes zur Beendigung der Bewegung sind, so wissen wir doch schon aus dem Vorhergehenden, daß sie nur allein bey einer gewissen Form der Grenz- oder Vertheidigungslinie erhalten werden können, und zwar, daß diese Linie einen nach dem Feinde auswärtsgehenden Bogen machen müsse.

11. Bey dieser Form der Grenzlinie mag sich der Feind mit uns entweder dicht an ihr, oder in jeder beliebigen Entfernung davon befinden, so ist es immer sehr leicht, daß wir eine Stellung wählen können, aus der wir nicht allein dem Feind in dem ihm am nähesten, sondern auch am

am weitesten liegenden Punkte der Grenzlinie zuvorkommen können.

12. Es versteht sich, daß die Mittel, welche man anwendet, um den Aufbruch des Feindes schnell zu erfahren, so sehr als möglich vervielfältigt werden müssen; ferner daß nicht allein die Positionen, welche man durch den Marsch erreichen, und dem Feinde bey seinem Einbruche unmittelbar entgegensetzen will, sondern auch diejenigen eine große Stärke besitzen und vollkommene Sicherheit gewähren müssen, in denen man die Bewegungen des Feindes erwartet, und aus denen man den Grenzpunkten zu Hülfe eilen will.

13. Wenn wir nicht in diesen Lägern eben so wie in jedem andern auf die Festigkeit und gute Anordnungen sehen, so wäre es dem Feinde vielleicht möglich durch irgend einen gewagten Marsch, uns plötzlich zu überfallen, und alle fernere Hülfsleistung durch eine unverhofte Niederlage unmöglich zu machen.

14. Rechnen wir die nothwendige Zeit zum Aufbruch und zur Prüfung des feindlichen Aufbruchs auf eine Stunde, welches wahrlich nicht zu viel ist, besonders wenn der Feind in der Nacht aufbricht; und schlagen wir die Zeit, welche die Truppen zur Formirung und der Untersuchung der Gegend in der neuen Position brauchen, auch zu einer Stunde an, so muß sich der Marsch des vertheidigenden Theils um zwey Stunden früher, als der des Feindes beendigen lassen, wenn wir den neuen Posten mit wahrscheinlichem Glücke gegen den Feind behaupten wollen.

15. Je kürzer nun überhaupt die Marschlinien beyder Theile sind, je schwerer wird es seyn diesen unumgänglich nöthigen Vorsprung zu erhalten, da das geometrische Verhältniß, was zwischen Bogen und Sehne herrscht, eine gänzliche Veränderung durch den für uns nöthigen arithmetischen Zusatz erhält, und bey demjenigen vom Feinde zu durchlaufenden Bogen gänzlich zu seinem Vortheil ausschlägt, welcher unter 3 Meilen Länge besitzt.

16. Ist

16. Ist nun aber die Krümmung der Grenze nicht so stark, daß der vertheidigende Theil durch die Kürze der Sehne den nöthigen Vorsprung von 2 Stunden erhalten kann, d. h., ist der vom Feinde zu durchlaufende Bogen nicht wenigstens 1 Meile größer, als unser Marsch, so wird man den bedroheten Punkt nicht früh genug erreichen können. In diesem Fall muß man eine Stellung gleich anfangs nehmen, die ihm um so viel halbe Meilen näher liegt, als uns zur Erreichung unserer Absicht Stunden fehlen.

17. Allein wenn wir mit dem Feinde bereits in einem Grenzposten ständen, und wir wollten uns nun aus demselben gegen den andern entfernen; ersterer wäre aber eben so wichtig zu erhalten nöthig als der entferntere; so müssen wir bedenken, daß der dem erstern Posten so nahe stehende Feind schleunig über ihn herfallen und sich seiner bemächtigen könnte.

18. Um dies daher zu verhindern, ist es unumgänglich nöthig, daß wir die Zeit genau berechnen, welche der Feind gebraucht, um sich von dem verlassenen Posten Meister zu machen, damit wir unsere Anordnungen so nehmen, daß es uns leicht wird, noch vor diesem Augenblicke der Ueberwältigung, zeitig genug wieder mit einer solchen Streitkraft in dem Posten zu seiner Vertheidigung aufzutreten, die nöthig ist, ihn gegen die Bemühungen des Feindes zu erhalten.

19. Wollten wir nun aber diesen Vorsprung gegen den erstern Posten dadurch erlangen, daß wir ihm uns nahe genug setzen, so wissen wir, daß in diesem Falle der eben so nöthige Vorsprung nach dem andern Posten verloren geht. Der Zweck, nach beyden Gegenden den nöthigen Vorsprung zu besitzen, läßt sich also nun nicht mehr durch die verschiedene Entfernung der zu unterstützenden Posten von dem Mittellager der Truppen erhalten; sondern man muß dem Feinde unmittelbar Hindernisse in den Weg legen, welche seine Festsetzung in einem der bedroheten Posten so lange ver-

verzögern, bis wir mit einer hinlänglichen Streitkraft selbst angelangt sind.

20. Diese Verzögerung der feindlichen Eroberung, oder diese Ertheilung eines vergrößerten Vorsprungs zur Besitznahme der bedroheten Posten auf unserer Seite, wissen wir, kann nur dadurch erlangt werden, daß wir diese Posten schon vorher, ehe der Feind sie noch im geringsten zu erreichen im Stande war, mit einer solchen eigenen Stärke und Kraft versahen, welche hinreicht den feindlichen Angriff darauf, bis zu unserer Ankunft unnütz zu machen.

21. Befindet sich nun aber die Hauptmacht des Feindes bereits nahe an einem solchen Posten, so gehört schon eine außerordentliche Stärke der Position dazu, wenn ein viel schwächeres Corps denselben, auch selbst nur eine Zeitlang gegen die überlegene Macht des Feindes behaupten soll.

22. Da nun meistens die Summe der nöthigen Streitkräfte nicht nach der Stärke der Grenzlinie eingerichtet wird, so muß sich diese nach jener richten, und daher alle Mittel der Befestigungskunst angewandt werden, um die Posten, welche sich einige Zeit gegen die Uebermacht des Feindes selbst überlassen sind, zu einem solchen Grade der Stärke zu erheben, daß man sich vor einer schleunigern Wegnahme, als man berechnet hat, nicht zu fürchten braucht.

23. Diese Stärke der bedroheten Posten muß nun um so größer seyn, je länger sie sich selbst überlassen sind, und dies tritt immer mehr und mehr ein, je größer der Abstand von denselben bis zur Stellung der zu Hülfe eilenden Truppen ist. Da sich nun dieser Abstand nach der Entfernung richtet, in welcher sich der Feind von diesem oder jenem Theile der Grenze befindet; so muß dann die Stärke dieser Posten den höchsten Grad erreichen, wenn sich dieselben auf einem Flügel, und die Hülfstruppen vielleicht auf dem andern befinden.

24. Denn in diesem Falle ist nicht allein die Zeit am größesten, welche bis zur Ankunft der Hülfe vergeht, sondern der Feind findet auf einem langen Marsche mehr Ge-

legenheit, wie auf einem kurzen, uns einen plötzlichen Vorsprung abzugewinnen, und dadurch die Gefahr des Postens um ein ansehnliches zu vermehren.

25. Ueberdem kann der Feind, der die Bewegungen angiebt, mit wenigerer Gefahr als wir, seine Posten von ihrer nothwendigen eigenen Vertheidigungskraft heimlich entblößen, sich in ein überlegenes Corps vereinigen, und plötzlich über einen solchen von aller Hülfe so weit entfernten Posten herfallen, und ihn wegnehmen, ehe diese ankommt.

26. Hier muß also nothwendig die Stärke des Postens die nicht hinlängliche Summe von Streitkraft ersezzen. In solchen Fällen ist nun der Nutzen der Vestungen zur Vertheidigung der wichtigen Punkte einleuchtend, da sich der Feind ihrer, bey gehöriger Vorsicht nie durch einen Ueberfall bemächtigen kann; und der förmliche Angriff so viel Zeit und Anstalten erfordert, daß die entfernteste Armee Zeit genug besitzt, sie durch einen fortgesetzten Marsch zu erreichen und den Feind zu verjagen.

§. 35.

b. Lehrsatz. In dem Falle, wo kein Zentralposten zu nehmen ist, muß die Grenze durch nahe Lager am Feinde gedeckt werden.

1. In dem Falle, wo nun aber die Grenze oder wenigstens die Marschwege des Feindes, eine nach ihm zu auswärtsgehende Form besitzen, kann also die Vertheidigung der Grenzposten nicht durch kürzere Bewegungen aus einem Zentral- oder andern Grenzposten geschehen, sondern in diesem Falle muß man zu einem der beyden übrigen Mittel seine Zuflucht nehmen.

2. Wir wollen jetzt vorzüglich das zweyte betrachten, wo wir nämlich immer Posten nahe am Feinde beziehen, um ihn entweder an allen entscheidenden Unternehmungen zu hindern, oder ihn zu einem für ihn, wegen der Stärke unserer Position, nachtheiligen Gefechte zu zwingen.

3. Die

3. Die Ausführung dieses Mittels erheischt:

a. Eine große Aufmerksamkeit auf die vom Feinde unternommenen Bewegungen, damit uns ihr Anfang nicht verborgen bleibt, und wir ihm immer zeitig genug nachfolgen können, um noch vor der Ausführung seiner Absicht in seiner Nähe eine starke Stellung beziehen zu können.

b. Eine Anordnung, welche die entferntern oder eben mit der Hauptmacht verlassenen Grenzposten, vor jedem überraschenden Anfalle des Feindes sichert.

c. Eine vortheilhaft auswärtsgehende Grenzform, oder eine leicht mit unserer Marschrichtung zu durchschneidende feindliche Grenzfronte; damit unsere Wege zu den deckenden Posten nicht länger als die feindlichen werden.

4. Die erste Nothwendigkeit erhalten wir, wie bekannt, durch Spione, den fleißigen und pünktlichen Dienst der Vorposten, und durch eine stete Fertigkeit der Truppen zum schleunigen Aufbruche. Was den zweyten Punkt anbetrift, so kann dieser nur allein uns durch eine große Stärke der sich einige Zeit selbst überlassenen Grenzposten, und der dabey angestellten hinlänglichen Vertheidigungskraft ertheilt werden.

5. Der letztere oder wichtigste Punkt kann nur bey einer auswärtsgehenden, oder wenigstens geraden Grenzlinie erlangt werden; oder die feindliche Vertheidigungslinie müßte so schwach seyn, daß man sie ohne Gefahr vor Abschneidung der Communication und der Sicherheit des Marsches, mit der Richtung desselben leicht durchbrechen, und dem Feinde im Rücken oder auf der Flanke, bis zu dem von ihm zu bedrohenden Posten folgen könnte.

6. Man sieht leicht ein, daß ein solcher Marsch im feindlichen Lande in der Nähe des Feindes, die größtmöglichste Vorsicht, und eine Anordnung erheischt, die auf alle Fälle einen schleunigen Rückzug, der bey einem hier so leicht

zu

zu entstehenden zweifelhaften Gefecht nothwendig werden kann, vollkommen bis in die eigene Vertheidigungsfronte deckt.

7. Dies wird aber nicht anders erhalten werden, als daß man die Punkte, wo die feindliche Parallele von uns durchschnitten würde, mit hinlänglich starken Posten besetzt; oder einen andern näheren Weg zur eigenen Parallele öffnet, auf den man mit Sicherheit wieder in dieselbe gelangen kann. Beydes wird indessen nur bey einer großen Schwäche oder Nachläßigkeit des Feindes Statt finden können.

8. Nimmt man hierzu die Seltenheit einer immer starken und vortheilhaften Position nahe am Feinde, welche beständig eine sichere Communikation mit der eigenen Grenze haben muß; so erhellt, daß es nur äußerst wenige Fälle geben kann, wo sich dies Mittel zur Deckung des Landes anwenden läßt.

9. Soll es aber dennoch geschehen, und man ist versichert, daß die Gemeinschaft zwischen der eigenen Grenze und den verschiedenen Positionen nahe am Feinde, durch gut ausgestellte Posten vollkommen gedeckt wird, so läßt sich die Gefahr, in der man beständig bey der großen Nähe des Feindes, im Marsche sowohl, wie im Lager, zu schweben scheint, durch die Anwendung des folgenden Grundsatzes, um ein Großes vermindern.

10. Da man selten eine vollkommene Gewißheit von des Feindes Vorhaben besitzt, und also jeder Feldherr beständig alle Vorsicht nöthig hat, um die Furcht vor einer immer drohenden Gefahr zu verringern; so ist eigentlich derjenige in gar keiner, oder in einer weit mindern Gefahr als sein Gegner, der die Furcht dieses Gegners so zu erhöhen weiß, daß derselbe nicht die Zeit übrig behält, auf etwas anderes zu denken.

11. Wenden wir also diesen Grundsatz auf die gegenwärtige Lage der Dinge an, so finden wir die Regel: Daß

der dem Feinde in allen seinen Lägern in der Nähe folgende defensive Theil, jede Gelegenheit, jede Blöße benutzen muß, wo er diesem Feinde irgend einen Schaden zufügen kann. Selbst wenn diese Vortheile nur klein sind, so schwächen sie doch beständig die Summe der feindlichen Streitkraft, und laufen also am Ende zu einem entscheidenden Verluste an.

12. Diese Schwächungen des Feindes, welche den Sieg in dem endlich erfolgenden Gefechte, zu welchem der Feind sich zuletzt gebracht sehen wird, erleichtern, können nun auf keine bessere und leichtere Weise erhalten werden, als wenn man die sogenannte Flankenvertheidigung gegen die feindliche Operation und ihre Communikationslinie anwendet.

13. Man muß daher jede Gelegenheit in Acht nehmen, wo der Feind eine Stelle schwächt, nach deren Durchbrechung es leicht ist, die feindliche Communikationslinie nach seinen Magazinen oder zu gewissen wichtigen Posten zu beunruhigen, vielleicht gänzlich zu hemmen, oder wohl gar die Magazine oder abgesonderten wichtigen Defensivposten des Feindes selbst durch einen schnellen und entschlossenen Anfall zu zernichten. Der Feind ist dann entweder aus Mangel oder deswegen zum Rückzuge gezwungen, weil er eine Gegend in seiner Fronte geöffnet sieht, die ihrer Wichtigkeit wegen stets eine fortdauernde Sicherheit gegen unsere Angriffe genießen muß.

14. Man muß sich auf eine genaue Kundschaft legen, um alle Fouragirungen, Transporte und die Absendung der Commandos vom Feinde zu erfahren. Auf diese sichern Nachrichten läßt man von einem hinlänglichen starken Corps sogleich eine Stellung beziehn, die so viel als möglich vor dem Feinde verdeckt liegt, und aus der es dann leicht ist, plötzlich den Feind in der Ausführung seines Unternehmens zu stören, ihn abzuschneiden und vielleicht gänzlich zu zernichten.

§. 36.

§. 36.

6. Lehrsatz. Sind an sich starke Posten da, die durch wenige Kraft vertheidigt werden können, so ist auch die Grenze durch Detaschiren zu decken.

1. Das letzte Mittel, welches die Stellungskunst zur Deckung des Landes gewährt, ist, daß man sich verhältnißmäßig mit ihm gegen die Flanken der erstern Stellung, die ihm gegenüber genommen wurde, ausdehnt, und dadurch dem Feinde beständig starke Posten entgegengestellt, die er an den von ihm frey geglaubten Stellen nicht vermuthete.

2. Betrachten wir hier nun zuvörderst den Zweck der feindlichen Unternehmung, so finden wir, daß der Feind deswegen von Zeit zu Zeit entferntere Posten auf seiner Flanke bezieht, weil er glaubt, endlich einmal einen von uns vernachläßigten Punkt gegen einen seiner starken Posten über anzutreffen, den er alsdann von da aus schnell überwältigen, unsere Vertheidigunslinie so durchbrechen, und dadurch, daß er dann alle übrige deckende Posten in derselben in die Flanke faßt, verjagen, und sich so die Haupteingänge öffnen will.

3. Aus dieser Betrachtung ersehen wir, daß dem Feinde aller Orten eine hinlängliche Streitkraft in starken Posten entgegengesetzt werden muß. Dies kann aber geschehen, erstens entweder dadurch, daß man mit der ganzen Hauptmacht, oder zweytens nur mit einem Theile nach den bedroheten Punkten eilt. Beydes richtet sich jedoch nach der Festigkeit des zu bedeckenden Postens und der Größe der vom Feinde bey dem Angriff darauf anzuwendenden Streitkraft.

4. Hat der Feind nämlich so viel Macht, daß er mehrere Posten zugleich angreifen kann, so ist es auch nothwendig, daß wir diese Posten sogleich mit der nöhigen Vertheidigungskraft ausrüsten, und kann dies nicht durch Truppen geschehen, so muß die natürliche oder künstliche Stärke des Postens ihre Schwäche ersetzen.

5. Uebrigens wissen wir, daß die Corps, welche einen solchen Durchgang decken sollen, auf dreyerley Weise postirt

 seyn

seyn können. Entweder geben sie nämlich dem Posten eine unmittelbar gerade Vertheidigung, oder sie stehen so, daß sie den Posten durch die Vorspiegelung der Gefahr decken, in welche sich der Feind bey ihrer Nähe stürzen würde, wenn er den zu deckenden Posten passirte, besetzte oder angriffe.

6. Oder endlich sie drohen durch ihre Stellung die Communikation des, gegen den zu deckenden Posten, anrückenden Feindes zu hemmen. Wir wissen nun aber, daß, wenn wir nicht einen gewissen Vorsprung vor dem Feinde nach dem zu deckenden Punkte voraus haben, die erste und andere Art immer schwer auszuführen sind, und man dann genöthigt ist, wenn man kein Gefecht wagen will, die dritte Regel anzuwenden.

7. Hieraus folgt also, daß, wenn sich der Feind durch Beziehung seitwärts liegender Posten, nach seinen Flanken ausdehnt, um uns mit der Länge seiner besetzten Fronte zu überflügeln; wir also nach denen, den neuen feindlichen Positionen gegenüber liegenden Punkten einen hinlänglichen Vorsprung erhalten müssen, um denselben die ihrer Wichtigkeit angemessene Summe von Vertheidigungskraft ertheilen zu können.

8. Dieser Vorsprung nach den entferntern Punkten der Parallele, kann aber, wie wir wissen, durch die Natur der Sache nur allein bey einer auswärtsgehenden Grenze erhalten werden, wo also sich diese nicht findet, da muß man zu andern Mitteln seine Zuflucht nehmen.

9. Ist nun also die Vertheidigungsfronte eine gerade Linie, so müssen die zu deckenden Posten schon mehr innere Stärke haben, um den anfänglichen Angriffen des Feindes so lange widerstehen zu können, bis die zu ihrer eigentlichen Vertheidigung nothwendigen Truppen angekommen sind.

10. Ist endlich die Vertheidigungsfronte eine einwärtsgehende Linie, so muß diese eigene Vertheidigungskraft der entfernten Flankenposten den höchsten Grad der Stärke erlangt haben, weil es nun unmöglich ist, sie vor dem Feinde zu erreichen, und sie sich doch so lange halten müssen, bis die

sie

sie schützende Kraft angelangt ist. Hieraus ist nun noch mehr klar, wie sehr die Kräfte des Vertheidigers bey einer einwärtsgehenden Fronte, in Rücksicht einer auswärtsgehenden vergrößert werden müssen.

11. Bezieht nun der Feind die weiter entfernte in der Flankenrichtung liegende Position mit seiner Hauptmacht, so müssen wir die gegenüberliegenden nun bedroheten Punkte unserer eigenen Vertheidigungslinie ebenfalls mit der Hauptmacht decken, wenn der bedrohete Grenztheil nicht eine so vorzügliche Stärke besitzt, daß auch schon ein Theil unserer Streitkraft hinreicht, ihn gegen die ganze feindliche Macht zu behaupten.

12. Allein hier kommt es dann darauf an, ob der Feind nicht schleuniger als wir, nach dem verlassenen Punkt zurückkehren und ihn unterdessen überwältigen kann. Hier müssen wir, eben so wie oben gezeigt ist, die Schnelligkeit und Weite des feindlichen Marsches genau berechnen, um eine solche Stellung zu wählen, aus der man immer noch zeitig genug wieder in dem verlassenen Posten eintreffen; aus der man aber auch dem vom Feinde bedroheten zweyten Posten irgend eine Vertheidigung, von den drey Arten, die wir bereits mehreremale erwähnt haben, zu ertheilen im Stande sind.

13. Es kann dann wohl der Fall seyn, daß die unmittelbare Erreichung beyder Posten, und also die Ertheilung der größtmöglichsten Vertheidigungsfähigkeit an dieselben unmöglich ist. In diesem Falle hängt es dann von der verschiedenen Wichtigkeit dieser Posten ab, um zu bestimmen, welchem von beyden man die Streitkraft am nähesten setzen, und ihm also die größeren und kräftigern Vertheidigungsmittel ertheilen will.

14. Da nun aber der Angreifer gewöhnlich stärker ist, als der Vertheidiger, so wird es ihm meistens nicht schwer, Haufen abzuschicken, welche sich auf seinen Flanken ausbreiten, hier starke Posten beziehn, und von da aus die ihnen gegenüber liegenden Eingänge unserer eigenen Vertheidigungsfronte bedrohen; ohne daß diejenige Stellung des

Feindes, aus welcher er diese Abschickung oder Detaschirung vornahm, in Gefahr kommen sollte, von unseren ihr gegenüberstehenden Truppen überwältigt zu werden, indem der Feind immer noch so viel Streitkraft übrig behalten hat, als zum Gleichgewichte gegen die unsrige nöthig war.

15. Wenn daher die feindliche Streitkraft an diesem Orte noch so groß ist, daß er eine für uns nachtheilige Unternehmung ausführen könnte, wenn wir denselben verließen, um denjenigen Punkten zu Hülfe zu eilen, nach welchen die feindliche Bewegung geschieht, und die vom Feinde bedrohet werden; so folgt hieraus, daß wir auch in dem ersten Posten eine Streitkraft zurücklassen müssen, welche hinlänglich ist, denselben gegen die vorhandene Macht des Feindes zu behaupten.

16. Können wir diese nothwendige Stärke den zu deckenden Punkten nicht durch die Truppen selbst ertheilen, so muß es durch eine natürliche oder künstliche Befestigung derselben geschehen, und an demjenigen dieser Punkte muß man dann die größeste Streitkraft oder Truppenzahl versammeln, welche die wichtigsten sind, und von da aus die Erreichung der übrigen Punkte am leichtesten ist.

17. Allein, wenn nun der Feind seine Posten in einen solchen Stand gesetzt hat, daß sie auch von einer minder großen Streitkraft behauptet werden können, als sich gegenwärtig darin befindet, und er zöge nun den Ueberschuß schleunig gegen einen unserer Posten zusammen; so ist es wahrscheinlich, daß dieser zwar der anfänglich gegen ihn stehenden feindlichen Streitkraft, aber nicht dieser verstärkten Macht gewachsen ist, und also bey deren Angriffe überwältigt werden muß, wenn nicht auch seine Streitkraft verhältnißmäßig gegen den Feind und zeitig genug verstärkt wird.

18. In einem solchen Falle müßten nun aber entweder die andern Posten schleunig eine Summe von Streitkräften dem bedroheten Posten abgeben, welches sehr gut angeht, indem die Truppenstärke derselben nach den anfänglichen Kräften der ihnen gegenüberstehenden feindlichen Posten berechnet

rechnet waren; diese sind nun aber geschwächt, und also können es auch ihre eigenen Streitkräfte, wenn man nur die Position so einzurichten weiß, daß sie noch für den zurückgelasseuen Rest brauchbar bleibt.

19. Diese günstige Lage der Positionen findet aber nicht immer Statt, und in diesem Falle ist nichts anderes zu thun, als die minder wichtigen Posten, entweder durch eine Flankenstellung, wozu vielleicht weniger Truppen, als zu ihrer unmittelbaren Besetzung gehören; oder durch einen glücklichen Angriff auf den gegenüberstehenden Feind, wodurch man ihn an einem eigenen Angriff verhindert, zu decken.

20. Oder man ist genöthigt, sie gänzlich zu verlassen, bis die fortdauernde Sicherheit der wichtigern Punkte gegründet ist; worauf es nun leicht wird, auch die minder wichtigen Punkte, die der Feind vielleicht unterdessen eingenommen hat, durch eine Offensivoperation gegen diese Punkte selbst, oder gegen die feindliche Communikationslinie dahin, wieder zu befreyen, da der Feind ihrer Unwichtigkeit wegen nicht viel auf das Spiel setzen wird.

21. Aus dem bisher Gesagten folgen nun nachstehende Grundsätze zur Wahl der Stellungen detaschirter Corps in Bezug aufeinander und der der Hauptmacht.

a. Die Stellung des Hauptcorps muß sich nie so durch Detaschements, welche zur Sicherheit anderer Flankenposten nöthig sind, schwächen, daß sie selbst in Gefahr schwebt, von dem gegenüberstehenden Feinde überwältigt zu werden.

b. Kein detaschirtes Corps muß eine Stellung beziehn, die dasselbe in eine nicht zu mindernde Gefahr setzt.

c. Die verschiedenen Theile des Heers müssen solche Stellungen haben, daß sie sich aus denselben mit der gehörigen Schnelligkeit an jedem Punkte vereinigen können, der nöthig ist, um den Einbruch des Feindes zu verwehren.

22. Der Grad der im ersten Punkt erwähnten Schwächung beruht nun aber, wie wir schon einige male erwähnt haben, nicht blos auf der Stärke der darin befindlichen Truppen, aus welchen das Hauptcorps besteht, sondern auch auf der Festigkeit, die man gewußt hat, der Stellung selbst durch Benutzung der Terrainhindernisse oder durch Anwendung der Befestigungskunst zu geben. Endlich auch auf der Geschwindigkeit, mit der eins, oder alle detaschirte Corps wieder in der Hauptstellung zusammenstoßen, und ihr dadurch eine Summe von Vertheidigungskraft ertheilen können, die hinlänglich ist, um der Streitkraft das Gleichgewicht zu halten, welche der Feind unterdessen zum Angriff der Stellung versammelt haben kann.

23. Die Sicherheit der detaschirten Corps beruht nun aber nicht sowohl auf der Stärke der ihnen eigenen Positionen, sondern auch auf der Geschwindigkeit, womit der Feind etwas gegen sie unternehmen kann, und auf der Leichtigkeit, womit man durch Verstärkung der Streitkraft aus andern Posten, dem Feinde eine verhältnißmäßige Stärke entgegen zu setzen im Stande ist.

24. Es müssen also bey jedem detaschirten Corps sich die nämlichen Vortheile befinden, welche wir von der Stellung des Hauptcorps verlangten. Die Sicherheit jedes einzeln stehenden Corps wächst aber noch dadurch, wenn es leicht ist, daß es sich im erforderlichen Fall aus den nicht zu behauptenden Posten in einen andern zurückziehn kann, in welchem es immer noch die Freyheit behält, sich mit dem Hauptcorps wieder zu vereinigen, und wo möglich, noch den Rücken und die Flanken der andern Stellungen zu decken.

25. Den dritten Punkt wird man nun theils durch die genaue Befolgung der beyden vorhergehenden, theils aber auch durch die in andern Rücksichten so wichtige Anlage guter Communikationswege und einer sichern Deckung derselben; vorzüglich aber durch eine vortheilhaft auswärtsgehende Grenzfronte erhalten können.

26. Al=

26. Allein weder diese günstige Form der Grenze, noch die hinlängliche Stärke derselben findet immer Statt, um den deckenden Posten eine solche Festigkeit geben zu können, welche ihre Wichtigkeit und die wenigen Streitkräfte, die zu ihrer Behauptung verwandt werden können, erfordern.

27. Um also dennoch bey der Anwendung detaschirter Stellungen die gehörige Sicherheit der Grenzposten zu erhalten, bleibt nichts anders übrig, als das zweyte Mittel anzuwenden, wodurch wir uns einen Vorsprung, Aufenthalt der feindlichen Bewegung und eine Ueberlegenheit in der zur Ausführung des Unternehmens nöthigen Zeit, und vielleicht auch in der Summe der anwendbaren Streitkräfte verschaffen können.

28. Dies besteht nun, wie schon oben gezeigt ist, darin, alle Schwächen und Blößen zu nutzen, welche der Feind bey seinen wiederholten Bewegungen, Detaschiren, Positionsveränderungen, in Rücksicht dieser abgesonderten Theile seines Heers, oder seiner Transporte, seiner Communikationen sowohl mit den Depots, als mit den verschiedenen Corps unter sich, zeigt, um die Stellungen so zu wählen, daß es von da aus leicht wird, dem Feinde in den erwähnten Sachen Schaden zu thun.

Zweyter Abschnitt.

Anwendung der Stellungswissenschaft im Defensivkriege.

I. Hauptgrundsatz. Die Flüsse und Moräste müssen besonders durch Flankenstellungen vertheidigt werden, doch muß auch alles zur Frontalvertheidigung derselben bereitet seyn.

A. Grundsatz. Es sind Anordnungen zu treffen, daß die Armee die Vertheidigung des Defilees würklich ausführen kann.

§. 37.

a. Lehrsatz. Alle Mittel, welche der Feind zu einem schnellen Uebergange vorfindet, müssen verdorben und ihm entzogen werden.

1. Wenn man den Uebergang über einen Fluß verwehren soll, so muß man voraussetzen, daß der Feind keine solche Stelle daran findet, wo er mit Gewalt hinübergehen kann; oder wo er in Ermangelung einer hiezu nöthigen vortheilhaften Lage, durch Anwendung einer großen überlegenen Macht seinen Zweck zu erreichen im Stande ist.

2. Da nun aber weder die Stärke des Feindes, noch die Beschaffenheit des Flusses von uns abhängt; so sieht man hieraus schon, wie äußerst schwierig es ist, dem Feinde den Uebergang zu verwehren. Nimmt man aber noch den ersten Um-

Umstand dazu, daß der Feind uns sehr leicht täuschen kann, indem er verstellte Bewegungen und Anstalten vornimmt, die uns in den Glauben versetzen, er werde an einer gewissen Stelle übergehen, während er es würklich an einer andern ausführt; so erhellt hieraus die Unmöglichkeit, einen Fluß gegen einen klugen und thätigen Feind aller Orten und fortdauernd zu vertheidigen.

3. Da aber ein Fluß oft die ganze Schutzwehr ist, welche man dem Feind entgegensetzen kann, um unsere Kraft gegen die feindliche in ein gehöriges Verhältniß zu setzen, so muß man sich auch nicht gleich freywillig der Vortheile begeben, die aus der Behauptung eines Flusses, oder überhaupt eines jeden andern Defilees zu ziehen sind, welches der Feind passiren muß, wenn er zu uns will.

4. Die Vortheile, welche aber aus der Vertheidigung eines Flusses entstehen, bestehen selten darin, daß man sich dem Feinde gerade entgegensetzt, und ihn am Brückenschlagen oder Uebersetzen hindert; sondern daß eine vortheilhafte Gelegenheit zu finden ist, den Feind theilweise während des Ueberganges selbst zu schlagen, oder, wenn er weiter vorrückt, einen gewissen Punkt zu kennen, gegen den man nur zu würken braucht, um den Feind an einem schnellen Vorrücken zu hindern.

5. Es ist natürlich, daß die erstere Manier, einen Fluß zu vertheidigen, am schwersten auszuführen wird; indem man alsdann immer mit einer hinlänglichen Streitkraft dem feindlichen Uebergange sich gerade gegenüber befinden muß. Zur Erhaltung des zweyten Vortheils bedarf es nicht eines so großen Vorsprunges, indem es hier sogar günstig ist, wenn bereits ein Theil der feindlichen Armee den Fluß passirt hat. Denn greift man in diesem Augenblicke den übergegangenen Theil, der fast von aller Unterstützung abgeschnitten ist, mit Heftigkeit an, so ist es wahrscheinlich, daß derselbe zernichtet wird.

6. Um

6. Um endlich den dritten Vortheil zu erlangen, der aus der Vertheidigung eines Flusses, oder vielmehr aus dem Umstande entspringt, daß der Feind bey seinem Vorrücken nur einen einzigen Punkt besitzt, durch welchen er Communikation mit seinem Lande hat, indem man gegen diesen Punkt und die feindliche Communikation dahin agirt; so ist klar, daß zur Ausführung einer solchen Operation noch weniger Vorsprung als zu den beyden vorhergehenden Mitteln nöthig war, und kann also, wenn sonst das Terrain nicht gar zu nachtheilig ist, weit leichter, als die beyden vorhergehenden auszuführen seyn.

7. Da indessen die erstern beyden Benutzungen eines Flusses, um eine gute Verstärkung bey einem feindlichen Einbruche zu erhalten, weit mehr Kraft und Vortheile unserer Seits gewähren; so ist wenigstens alles anzuwenden, um so viel als möglich, alle drey Vertheidigungsarten anwenden zu können.

8. Wir kommen also zuerst zu den Vorbereitungen, welche zu treffen sind, um die Vortheile, welche aus der Dekkung eines Flusses entstehen, so sehr zu vergrößern, als es sich thun läßt; und der Grad der gegenseitigen Stärke beyder Heere, so wie die natürlichen Hindernisse, die der Fluß dem Feinde entgegensetzt, erheischt.

9. Die erste Vorsicht, welche man bey der Vertheidigung eines Flusses anwenden muß, ist, daß man alle Brükken über denselben zerstört, alle Furten zum schnellen Gebrauche gänzlich verdirbt, und alle Fahrzeuge längst des ganzen Flusses, so weit der Feind zu fürchten ist, und soweit man nur kommen kann, auffangen und an das diesseitige Ufer in Sicherheit bringen läßt oder sie zernichtet.

10. Der Feind ist alsdann gezwungen, wenn seine Pontons nicht hinreichen, Flöße zum Uebersetzen zu machen. Hierzu findet sich aber nicht aller Orten das dienliche Holz, er wird also genöthigt seyn, Häuser abzutragen, um dasselbe zu erhalten.

11. Un=

11. Unterdessen gewinnen wir aber Zeit, Mittel zu ersinnen, des Feindes Arbeit, die allein nur auf dem Flusse selbst ausgeführt werden kann, unnütz zu machen; indem der Feind gerade durch dieselbe die Stelle anzeigt, in deren Nähe er den Uebergang unternehmen will, und es also folglich nicht schwer wird, sich zeitig genug hier zu verstärken.

12. Betrachtet man die Vortheile genau, welche der Feind durch die Beschaffenheit der Gegend, wo er den Fluß passiren will, zur Ausführung dieser Operation erlangen muß; so springen auch die Anstalten deutlich in die Augen, die zu treffen sind, um dem Feinde diese Vortheile, ohne deren Besitz er keinen Uebergang ausführen kann, zu entreißen.

13. Hierzu trägt indessen der Lauf und die Breite, so wie die Beschaffenheit der Ufer des zu vertheidigenden Flusses sehr viel bey. Ist nämlich der Lauf mit vielen Krümmungen versehen, und seine Linie im Ganzen gegen unser Land einwärts gebogen; so ist es unmöglich, dem in der Sehne dieses Wasserbogens sich bewegenden Feinde an allen Punkten mit hinlänglicher Macht zuvorzukommen, welches doch nöthig ist, wenn man den Uebergang unmittelbar verhindern will. In einem solchen Falle wird man daher gezwungen seyn, die Vortheile größtentheils aufzugeben, die man aus einer unmittelbaren Vertheidigung des Flusses ziehen könnte.

14. Ist die Breite des Flusses so unansehnlich, daß der Feind selbst das kleine Gewehrfeuer zur Beschützung des Ueberganges anwenden kann, so wird es noch schwerer, denselben bey der obigen Lage zu verwehren; da dies uns bey der überlegenen feindlichen Artillerie fast allein eine verhältnißmäßige Streitkraft geben muß, die wir schon aus der Entfernung gegen den Feind anwenden können.

15. Soll=

15. Sollten nun aber gar die diesseitigen Ufer niedriger als die feindlichen seyn, und also dem Feinde alle Vortheile gestatten, die er zur Erhaltung eines dominirenden und überlegenen Artilleriefeuers bedarf, so würde es selbst in dieser Lage schwer seyn, den Feind mit Vortheil während seines Ueberganges anzugreifen, da er denselben durch alle mögliche Mittel beschützt.

16. Das erste, was man also nach der Zernichtung der Brücken und Uebergänge zu thun hat, ist die genaue Recognoszirung der Ufer, und eine Entwerfung der vortheilhaftesten Angriffsdispositionen von Seiten des Feindes gegen uns beym Uebergange über den Fluß. Diese Betrachtungen müssen auf dem, für den Feind günstigen Terrain selbst gemacht werden; denn alsdann lassen sich am besten die Gegenmittel entdecken, die das feindliche Unternehmen unmöglich beschwerlich oder wenigstens doch verzögernd machen können.

§. 38.

b. Lehrsatz. Die Ufer und alle Uebergangsorte des Flusses oder Morastes müssen stark verschanzt werden.

1. Alle nach dem Feinde zu einwärts gehende kleine waldigte Buchte und alle Oerter, wo von seiner Seite ein schiffbarer Fluß in den zu passirenden fällt, sind diejenigen Punkte, welchen man am meisten seine Aufmerksamkeit schenken muß, indem es hier dem Feinde am leichtesten wird, seinen Plan auszuführen.

2. An den Orten nun, wo der Feind am wahrscheinlichsten übergehen wird, wirft man gute und vortheilhaft gelegene Redouten auf, die man an den wichtigsten Punkten auch wohl mit Kourtinen zusammenhängen kann, sie aber übrigens so nahe als möglich an den Fluß legen, und die Besatzung darinn vor allem feindlichen Dominiren beschützen muß.

3. Die Biegungen des Flusses nach dem Feinde zu, werden ihm durch solche darinn vorwärts gelegte Schanzen abgeschnitten, und ihm also das Terrain, welches er hier mit Sicherheit seiner Flügel, zum Formiren benutzen könnte, benommen.

4. Befinden sich Inseln in dem Flusse, so wissen wir aus der Kriegskunst, daß der Feind dieselben vorzüglich zur Deckung seines Uebergangs benutzen kann; es ist daher nöthig, ihre Besetzung so lange streitig als möglich zu machen.

5. Dies kann am besten durch darauf angelegte gute starke Verschanzungen geschehen. Diese Posten kann man gewissermaaßen als die Bollwerke der ganzen Linie betrachten, und sie äußerst vortheilhaft zur Ertheilung einer Flankenvertheidigung, an irgend einem in der Nähe derselben sich befindenden feindlichen Uebergangspunkte, benutzen.

6. Allein wenn solche Posten erst eine vorzügliche Würkung äußern sollen, so muß der Besatzung nicht allein ein Rückzug, sondern auch eine Verstärkung derselben von dem Hauptlager aus, möglich bleiben. Dies würde nicht der Fall seyn, wenn keine Communikation von unserer Seite nach der Insel etablirt wäre, und damit diese zu jeder Zeit offen erhalten werde; so muß, ist sie blos vermittelst einer Brücke zu erlangen, dieselbe noch besonders, und selbst am diesseitigen Ufer verschanzt seyn, und ihre Seiten durch bewaffnete Fahrzeuge bedeckt werden.

7. Allein nicht nur diese Brücke, sondern auch eine jede andere, die man vielleicht zur Ausführung einer, in einem günstigen Augenblicke unternommenen Offensivoperation stehen läßt, muß die größtmöglichste Sicherheit genießen; indem sie sonst in feindlichen Händen den Zweck vielleicht zu erhalten unmöglich macht, den wir uns vorgesetzt haben.

8. Eine solche Brücke muß daher ebenfalls auf beyden Seiten auf das beste verschanzt und besetzt werden. Auch muß man Anstalten treffen, die es leicht machen, sie entweder zu retten oder zu verderben, bevor sie sich der Feind bemäch=

mächtigt, wenn er etwa das Glück gehabt hat, die vordere Deckung derselben zu überwinden.

9. Die Furten und Stellen, wo der Feind am bequemsten übergehen kann, sichert man aber nicht allein blos durch hier aufgeworfene Verschanzungen, sondern man kann dem Feinde auf dem Flusse selbst Hindernisse entgegenstellen und zwar auf zweyerley Art. Die erstere ist, daß man Bäume mit großen Aesten, an welche Körbe oder Säcke mit Steinen gebunden werden, in das Wasser senkt.

10. Das zweyte Mittel läßt sich nur bey großen Flüssen anwenden, und besteht darinn, daß man Fahrzeuge oder Flösse ausrüstet, auf denen Soldaten bequem mit Kanonen stehen, und mit Sicherheit ihr Feuer gegen den übergehenden Feind agiren lassen können. Die Furten sind auch dadurch ungangbar zu machen, daß man starke Pfähle mit Spitzen einrammt, oder Bretter mit großen Nägeln beschlagen darein wirft.

11. Findet sich, daß das jenseitige Ufer an einer, zum Uebergange auf Seiten des Feindes, bequemen Stelle, höher als das diesseitige ist; so läßt sich dieser Umstand, wenn die Ueberhöhung nicht zu stark ist, vielleicht dadurch abhelfen, daß man das diesseitige Ufer absticht und mit der dadurch gewonnenen Erde erhöht. Oder daß man Brustwehren längst demselben aufwirft, deren Höhe nach den gegenüberliegenden Bergen eingerichtet ist.

12. Oft befinden sich zwar ansehnlichere Berge auf der feindlichen Seite als auf unserer, allein wenn sie uns schädlich seyn sollen, so müssen sie auch in solcher Nähe am Ufer liegen, daß sie denen darauf postirten Truppen und Geschütze noch ein würksames Feuer auf dem Terrain zu machen erlauben, welches vor den Uebergangspunkten liegt. Aber selbst wenn sie in dieser Nähe am Flusse liegen, so ist es doch meistens leicht, wenn man vortheilhaft gebogene Brustwehren aufwirft, sich gegen die Ueberhöhung zu decken.

13. Die

13. Die vortheilhafteste Figur, welche einer Verschanzung zu geben ist, die einen Flußübergang vertheidigen soll, sie mag nun aus abgesonderten Werken oder aus einer zusammenhängenden Brustwehr bestehen, ist, wenn sie gegen den Ort, wo der Feind übersetzen will, einen einwärtsgehenden Bogen kehrt. Die beyden Enden ziehen sich etwa 80 bis 100 Schritte vom Flusse zurück, und bilden einen Haken gegen denselben, so daß die ganze Verschanzung die Figur einer Handhabe an einem Koffer erhält, und also wie nebenstehende Zeichnung geformt ist.

14. Vorwärts in der Krümmung des Flusses, legt man gut verpallisadirte Redouten an, welche dazu dienen, die Ufer des Flusses genau zu bewahren, und das anfängliche Vorrücken des Feindes zu verwehren. Diese Verschanzungen müssen übrigens so angelegt seyn, daß wenn sich der Feind auch einiger davon schnell bemächtigte, man sie entweder sprengen, oder ihn doch leicht wieder heraustreiben könnte.

15. Alle Biegungen des Flusses, oder doch wenigstens die vorzüglichsten, wo der Feind einen Uebergang unternehmen könnte, müssen auf diese Art verschanzt werden. Und

soll die große Verschanzung eine zusammenhängende Brustwehr ausmachen, so muß sich doch vor jeder Bataillonsintervalle eine Oeffnung oder ein gut gedeckter Ausgang befinden, durch welche die Divisionen in Front herausmarschiren, und verbunden mit der Reiterey den Feind anfallen können, wenn er in Unordnung geräth, oder die vorderen Redouten angreift.

16. Allein da eine solche zusammenhängende Verschanzung viel mehr Truppen erfordert, als eine von abgesonderten Werken, so leistet sie also auch nicht nach Verhältniß denselben Widerstand als diese; indem es dem Feinde gar nichts helfen kann, wenn er in die leeren Zwischenräume bey einer von abgesonderten geschlossenen Werken formirten Verschanzung vorgedrungen ist, ohne diese Werke selbst erobert zu haben.

17. Da überdem sich nur kleine Biegungen des Flusses durch eine zusammenhängende Verschanzung in obiger Form, vertheidigen lassen; so ist es auch hier besser, statt einer einzigen Brustwehr lieber abgesonderte Werke, die geschlossen sind, zu wählen, und sie so in einem einwärtsgehenden Bogen anzulegen, daß sie sich einander und das vorliegende Terrain vertheidigen.

18. Bey einem Flusse hängt nun die Anlage des Uebergangs oder des zu vertheidigenden Passes größtentheils vom Feinde ab, indem dieser dazu in den gewöhnlichsten Fällen jeden ihm beliebigen Punkt wählen kann. Bey den andern Terraingegenständen ist aber der Feind gezwungen, meistens die einmal vorhandenen Wege zu wählen, indem es theils unmöglich, theils viel zu langwierig und höchst gefahrvoll seyn würde, wenn er einen ganz neuen Weg anlegen wollte.

19. Durch diesen Umstand genießen wir daher den großen Vortheil, schon ganz bestimmt vorher die Punkte und Pässe zu kennen, wo der Feind die Vertheidigungslinie passiren will; und man ist daher im Stande weit gewisser als bey einem Flusse, das ganze Vertheidigungssystem und also die dahin gehörigen Stellungen anzuordnen.

20. Indessen gehört zu einer unmittelbaren Vertheidigung dieser Defilees, oder vielmehr zur Verhinderung des feindlichen Debouchirens immer nur eine gewisse Ausdehnung der Fronte, die hier theils mit nach der Anzahl der zu deckenden Pässe bestimmt werden muß. Ferner eine gewisse Festigkeit dieser Pässe, damit sie nicht eine so große Vertheidigungs-

gungskraft bedürfen, als die Armee nicht aufzubringen im Stande ist.

21. Was nun die Vertheidigung eines Morastes betrift, so ist diese vielleicht mit derjenigen eines Flusses am meisten von einer Art, indem der Feind hier so wie da gleich die ganze Summe der ihm entgegengesetzten Macht entdecken kann; und bey einem Moraste so wie bey einem Flusse der Umstand eintritt, daß ein starker Frost alle Deckung, welche bis dahin durch das Wasser oder den Sumpf geleistet wurde, gänzlich aufhebt, und nun diese Gegenstände nicht mehr zur Deckung benutzt werden können, wenn nicht sonst die Ufer so steil, felsigt und hoch sind, daß durch die Schwierigkeit ihrer Ersteigung dem Feinde ein schwer zu überwindendes Hinderniß entgegengesetzt wird.

22. Bey der Vertheidigung eines Morastes kommt es nun vorzüglich darauf an, daß man alle diejenigen Stellen genau kenne, die den Schein haben, als könne der Feind hier nicht mit einiger Mühe und Arbeit einen Damm errichten, und wo dennoch dieser Vortheil für ihn möglich ist.

23. Diese Stellen sucht man dann durch Herbeileitung oder Stauchung in der Nähe fließender Gewässer ungangbar, und eben so nützlich zur Deckung als die übrigen Gegenden des Morastes zu machen. Läßt sich dies aber nicht thun, so legt man starke und gut mit Artillerie versehene Verschanzungen hinter diesen Stellen so an, daß sie vollkommen und mit einem kreuzenden Feuer bestrichen werden können.

24. Die über den Morast führenden Dämme werden nun durchstochen und ruinirt, wenn wir uns nämlich aller Offensivoperationen gegen den feindlichen Angriff begeben wollen; welches jedoch ganz gegen die Führung einer guten Defensive ist, wo man jederzeit suchen soll, den feindlichen Angriff nicht allein durch defensive Entgegenwirkung, sondern auch durch eigene zu rechter Zeit angebrachte Offensive zu schwächen.

25. Diejenigen Dämme, welche übrigens zur eigenen Passage des Morastes vorzubehalten sind, setzt man im

Gegentheil so gut als möglich in Stand; verschanzt sie aber auf das Beste und zwar an beyden Ufern; und da hier der große Vortheil besteht, selbst auf dem Wege Befestigungen anzulegen, welche ungemein viel zu seiner Behauptung beytragen müssen, so versäumt man nichts, wo es möglich ist einen so nutzbaren Posten anzuwenden.

26. Außer diesen zum eigenen Gebrauch erhaltenen Dämmen, müssen auch die diesseitigen Ausgänge der unbrauchbar gemachten durch das Feuer guter und starker Verschanzungen bestrichen werden. Denn da an diesen Stellen einmal der Boden des Morastes die größte Festigkeit besitzt, und ungeachtet der Durchstechung oder Abtragung der Dämme, gewöhnlich die wenigste Tiefe und Breite hat; so sind diese Gegenden die Punkte, wo der Feind nothwendig den gewaltsamen Uebergang versuchen wird, indem er entweder die alten Dämme herzustellen sucht, oder neue anlegt.

27. Da oft sich innerhalb des Morastes erhabene Oerter befinden, von da es möglich ist eine Stelle, wo der Feind den Moor passiren könnte, in die Flanke zu fassen, und hier oft sich Festigkeit des Bodens genug vorfindet, um eine Verschanzung auf diesem von Morast umgebenen Platze anzulegen, so ist dies nie zu versäumen, indem ein von daher gegen die feindliche Arbeit gut dirigirtes Feuer eben so wie das Feuer von einer Insel, die den feindlichen Brücken über einen Fluß in der Flanke liegt, die entscheidendste Würkung gegen die übersetzende feindliche Colonne haben kann.

28. Allein eben so wie es nöthig war, denen auf einer Insel befindlichen Truppen den Rückzug durch eine eigene Brücke oder Prame zu sichern, eben so ist dies bey diesen mitten im Moraste postirten Detaschements und Batterien unentbehrlich. Dieser Rückzug kann indessen von denselben nur auf einem zu ihnen führenden Damme geschehen.

29. Wenn also ein solcher noch nicht da wäre, und erst gemacht werden müßte; so dürfte entweder der zu passirende Theil des Morastes nicht tief und lang seyn, oder wäre er dies, so müßte der zu vertheidigenden Stelle durch die Besetzung

setzung des erhabenen Erdstrichs eine nothwendige und große Stärke zuwachsen; denn sonst würde wohl die Ausführung der zu einem solchen Unternehmen erforderlichen Arbeit, sowohl wegen Kürze der Zeit als auch wegen Mangel der Mittel nicht gut möglich seyn.

30. Wäre indessen ein solcher Morast das Hauptdeckungsmittel einer Grenze, ja dann muß man freylich keine Zeit und Arbeit scheuen, um schon vor Ausbruch eines Krieges die Päße in einen solchen Stand der Vertheidigung zu setzen, daß alle Augenblicke die zur Behauptung der Grenzlinie nöthigen Stellungen dem Feinde die nothwendige Stärke entgegensetzen.

§. 39.

e. Lehrsatz. Es sind alle mögliche Sicherheitsmaßregeln zu nehmen, um den Uebergang des Feindes schnell zu erfahren.

1. Es ist nun gerade nicht nothwendig, gleich alle diese Posten und Verschanzungen mit der ihnen zur vollkommnen Behauptung nöthigen Truppen- und Geschützzahl zu besetzen, denn hierzu würde bey einer mäßigen Fronte kaum die größte Armee hinreichen, wenn sie sich nicht gänzlich in kleine Corps aufgelößt sehen wollte. Es kommt also nur darauf an, Anstalten zu treffen, durch welche wir so schleunig von dem Vorhaben des Feindes, an diesem oder jenem Orte überzusetzen, benachrichtigt werden, daß wir noch vollkommen Zeit haben, die zur Abwendung dieses Uebergangs angeordneten Posten und Schanzen mit der gehörigen Streitkraft und Artillerie zu besetzen.

2. Zu dieser frühen Entdeckung der feindlichen Bewegungen können uns nun aber keine andere, als die bereits erwähnten Mittel der Vorposten, Patrouillen, Spione, Luftbälle, und vorzüglich die Anwendung der Telegraphie dienen. Da nun hier der Zweck dieser Anordnungen so wich-

tig ist, so müssen sie also auch auf das genaueste und so vielfach als möglich ausgeübt werden.

3. Diesemnach wäre es äußerst vortheilhaft, wenn auf den leicht zu entdeckenden Höhen, die aber so viel als möglich vor dem feindlichen Feuer sicher liegen müssen, Telegraphen errichtet würden, an deren Befehlshaber die Vorposten und Patrouillen, die sich am oder auf dem Flusse befinden, ebenfalls einen Rapport so schnell als möglich einsenden müßten.

4. Wäre dann ein solcher Rapport von Wichtigkeit, so wird er sogleich durch den Telegraphen den nächstliegenden angezeigt und durch diese allen Corps und Posten der ganzen Linie bekannt gemacht. Hieraus sieht man aber, daß die Befehlshaber der Telegraphen Officiere seyn müssen, welche die Wichtigkeit der Rapporte beurtheilen können.

5. Ist das feindliche Ufer durch Gebürge, Höhen oder Wohnörter versteckt, so kann der Feind selbst wohl hinter diesen Gegenständen Bewegungen vornehmen, die nicht von unsern Vorposten und Patrouillen entdeckt werden können, und von unsern Spionen nicht entdeckt werden dürfen.

6. In diesem Falle sind nun die Luftbälle äußerst vortheilhaft, denn man kann leicht mit ihnen eine solche Höhe erreichen, aus der es nicht schwer fällt die meisten durch erhabene Gegenstände bedeckten feindlichen Bewegungen zu entdecken. Es wäre daher wahrlich von entscheidendem Nutzen, wie auch schon der fränkische Revolutionskrieg gezeigt hat, wenn man bey militairischen Recognoszirungen mehr Gebrauch von dieser Erfindung machte.

7. Was nun übrigens die gewöhnlichen Mittel betrift, durch welche man frühzeitig von den Unternehmungen des Feindes benachrichtigt werden will; so sind dies wie wir wissen vorzüglich Patrouillen und Vorposten. Damit nun aber der ganze zu vertheidigende Lauf des Flusses damit versehen werden kann, und die ausgestellten Vorposten eine hinlängliche Sicherheit genießen; so werden zu diesem Ende längst

des

des Flusses von 6000 zu 6000, oder höchstens von 12000 zu 12000 Schritte, von den leichten Truppen kleine Läger von einigen tausend Mann bezogen, welche die ganze vertheidigende Linie unter sich theilen, und die erhaltenen Theile derselben mit einem zusammenhängenden Vorpostencordon versehen, der es dem Feinde unmöglich macht, das diesseitige Ufer unentdeckt zu betreten.

8. Zwischen diesen Posten müssen immerwährend Patrouillen auf den Wegen seyn; und damit auch des Nachts die Bewegungen des Feindes so viel als möglich entdeckt werden, so befinden sich an den Hauptposten von Weite zu Weite an dem Flusse kleine mit 6 Rudern versehene Kähne, mit welchen man in der größten Stille an das jenseitige Ufer fährt, dies rekognoszirt, einige Gefangene zu machen sucht, und von diesen das Geständniß des feindlichen Vorhabens, so viel sie mit Wahrscheinlichkeit davon wissen können, zu erpressen sucht.

9. Die Ruderer müssen sich so viel möglich gänzlich dem Strome des Wassers überlassen, oder doch ohne alles Geräusch hinübersetzen. Diejenigen, welche an das Ufer gestiegen sind, legen sich nun mit dem Ohre auf die Erde, und entdecken auf diese Weise bald, ob der Feind in der Nähe marschirt. Dies müssen auch die Patrouillen und Schildwachen am diesseitigen Ufer oft thun, wenn alles still ist, denn es ist das beste Mittel, das Geräusch der Ruder oder eines Schiffs, das auf dem Wasser fährt, zu hören.

10. Den Schildwachen wird übrigens scharf verboten nicht ohne Noth zu feuern, sondern sie müssen sich einander sachte zurufen, und sich nicht eher nach ihren Posten zurückziehn, als bis der Feind an das Land getreten ist. Kluge Schildwachen können oft kleine feindliche Partheien überfallen, die zum Rekognosziren abgeschickt sind.

11. An den Orten, wo die wenigste Gefahr ist, sind auch wohl Bauernposten an das Ufer zu stellen. Allein in diesen Fällen muß man einem jeden solchen Posten einige

herzhafte Soldaten beygeben, welche die furchtsamern Bauern in Ordnung erhalten und am Weglaufen hindern.

12. Die verschiedenen kleinen Läger, welche nach den Vortheilen des Ufers in Rücksicht der Verwehrung einer feindlichen Landung, von einander entfernt und verstärkt sind, müssen nun nicht allein die ihnen zukommenden Vorposten am Flusse von Zeit zu Zeit ablösen, sondern sie auch aufnehmen, wenn sie von der Uebermacht des Feindes verdrängt werden; dieselben sogar bey einem Angriffe des Feindes unterstützen, sich einander zu Hülfe eilen und den Feind so lange aufhalten, bis die Hauptcorps heran geilt sind. Uebrigens müssen die Schanzen längst dem Flusse wenigstens mit einer solchen Streitkraft besetzt seyn, daß sie keine plötzliche Ueberrumpelung zu fürchten haben, und so lange behauptet werden können, bis ihre volle Besatzung angelangt ist.

13. Da nun dies aber vorzüglich in Rücksicht der Artillerie oft lange dauern kann, so ist es hier entscheidend vortheilhaft, wenn man wenigstens die nothwendigste Artillerie doppelt bespannt, und sie an solchen Orten versammelt hält, von da aus es leicht wird, jedem angegriffenen Punkte zu Hülfe zu eilen.

14. Um aber diese Geschwindigkeit zu vermehren, ist es unumgänglich nothwendig, die nähesten Kommunikationswege längst dem Ufer des Flusses in einen brauchbaren und vollkommen dauerhaften Stand zu setzen. Denn sehr oft kann der Lauf des Flusses an sich eine vortheilhafte Form zur Vertheidigung haben, und der Lauf der Kommunikationswege, der mit vielen Krümmen versehen ist, und vielleicht überhaupt eine einwärtsgehende Form besitzt, kann uns alle diese Vortheile entreißen, und die Vertheidigung des Flusses unmöglich machen.

15. Damit nun aber die Berichte der Patrouillen, selbst wenn Telegraphen da sind, dennoch auf eine unbezweifelte Sicherheit gegründet sind, und mit der größtmöglichsten Geschwindigkeit abgestattet werden können; so werden

den Relais von Station zu Station angelegt, welche längst der ganzen Vorpostenkette eine beständige Benachrichtigung unterhalten.

B. Grundsatz. Wenn die Umstände vortheilhaft sind, so müssen die gemachten Anstalten, wo möglich, zur unmittelbaren Ufervertheidigung genutzt werden.

§. 40.

a. Lehrsatz. Bey einer geraden oder auswärtsgehenden Form des Flusses kann derselbe durch Parallelmärsche oder von einem Zentralposten aus vertheidigt werden.

1. Dies wären nun die Anordnungen, die man zur Bewachung und vorläufigen Sicherheit des diesseitigen Ufers zu treffen hätte, und wir kommen nun zur Anordnung der Stellung der Armee selbst, um diese erstern Mittel zu benuzzen, und dem Feinde aller Orten frühzeitig eine solche Streitkraft entgegenstellen zu können, die seinen Uebergang vereiteln kann.

2. Es giebt nun zur unmittelbaren Vertheidigung eines Flusses drey Mittel, welche die Armee ergreifen kann.

a. Man stellt sich dem Feinde gerade gegenüber, und folgt ihm in allen seinen Bewegungen, um ihm immer zur Seite zu bleiben, und auf diese Weise sich aller Orten entgegen zu setzen.

b. Man setzt sich in eine gewisse Entfernung vom Flusse, so daß die Armee von den Hauptpunkten so viel als möglich gleich weit entfernt ist, und marschirt nun sogleich nach demjenigen hin, wo der Feind übersetzt, und welches von den ausgestellten Vorposten erfahren wird.

c. Man besetzt zwar den Fluß mit einem Vorpostencordon und mit kleinen Lägern, welche einen schleunigen Uebergang des Feindes verhindern können, geht aber mit dem Hauptcorps selbst auf das andere Ufer des Flusses über, sichert dasselbe nahe am Feinde durch eine vortheilhafte Stellung, trifft alle Anstalten zur Dekkung der Communikationsbrücken, und folgt dem Feinde immer so nahe in einem starken Lager, daß er es unmöglich wagen kann, den Uebergang zu unternehmen, wenn er nicht befürchten will, von uns während desselben plötzlich angegriffen und Theilweise gänzlich geschlagen zu werden.

3. Um zu beurtheilen, welches von diesen drey Mitteln das vortheilhafteste ist, oder in welchen Fällen dieses oder jenes sich am besten anwenden läßt, so muß man vorher einen Rückblick auf die Methoden thun, welche der Feind anwenden kann, um den Fluß zu passiren; denn je mehr Zeit der Feind zum Uebergange gebraucht, je leichter wird es, denselben zu verhindern und sich ihm entgegen zu setzen.

4. Da der Feind die Bewegung anfängt, und vorher schon durch detaschirte Corps, welche die Pontons bey sich haben, einen Vorsprung an Terrain und an Zeit zur Ausführung des Unternehmens, wenigstens des Brückenschlagens, gewinnen kann; so folgt hieraus, daß wir auch Corps auf die Flanken des Hauptlagers detaschiren, und eine solche Truppenvertheilung treffen müssen, die uns gestattet, dem Feinde wenigstens noch vor der Vollendung seiner Brücken eine solche Macht entgegenzusetzen, welche diese Arbeit nun nicht zuläßt, und uns dadurch den verlornen Vorsprung an Terrain und Zeit wieder verschafft.

5. Allein diese Möglichkeit, dem Feinde früh genug eine hinlängliche Kraft entgegenwürken zu lassen, hängt nicht allein von der Entfernung der gegenseitigen Corps von dem Orte ab, wo der Uebergang geschehen soll, sondern auch von der Stärke des defensiven Theils. Ob diese nämlich in der Zeit hinreicht, die feindliche Absicht bis zur Ankunft der Hauptmacht zu verzögern; ferner von der Breite und Schnelligkeit des Flusses; denn hiernach richtet sich die Geschwindigkeit, in der eine Brücke über denselben zu Stande gebracht werden kann.

6. Außer

6. Außer diesen Punkten wird auch die Möglichkeit einer unmittelbaren Vertheidigung des Ufers an jeder Stelle, wo der Feind den Uebergang wagt, durch die Summe der Mittel bestimmt, bey deren Anwendung der Feind die Schlagung der Brücken beschleunigen und decken kann. Ferner durch die Güte und Länge der beyderseitigen Communikationswege für die nach den Brücken eilenden Truppen.

7. Hieraus folgt also, daß, sind nun noch die Veränderungen hinzu genommen, welche in den vorigen Punkten durch ungünstiges Wetter, durch periodische oder plötzliche Ueberschwemmungen des Flusses, oder überhaupt durch Umstände entstehen können, die völlig unvorherzusehen und nur in einigen besondern Fällen möglich sind, hervorgebracht werden, — man nun leicht den Satz als wahr erblickt, daß jeder Fluß nur seine eigene Länge hat, in der er vertheidigt werden kann.

8. Die Vertheidigung der Flüsse ist daher eben so verschieden, als alle die oben genannten einzelnen Umstände, und das Resultat ihrer möglichen Verbindungen verschieden seyn kann. Die Vertheidigung schränkt sich also oft nur auf gewisse Fälle ein, die aber in der Lage, in welcher sich die Armee befindet, nicht Statt haben können.

9. Am besten ist es daher, die ganze Armee in drey Hauptcorps so zu theilen, daß das halbe Heer das mittelste, und jedes der Flankencorps ein Viertel der Armee ausmacht. Der Lauf des Flusses wird nun in drey Theile getheilt, und jedem der drey Corps einer davon zur Bewachung gegeben, in dessen Mitte sich dasselbe in einer Stellung setzt, aus der der Ausmarsch nach allen Gegenden vorzüglich leicht wird. Das größte Corps unter diesen dreyen setzt man übrigens dem feindlichen Hauptcorps entgegen.

10. Jedes der drey Hauptcorps detaschirt nun wieder vorwärts auf die Flügel ein kleineres Avertissementscorps, wel-

ches

ches wieder die schon oben erwähnten Läger der leichten Truppen vor sich hat, die den Cordon der Vorposten längst dem Flusse ziehn, und von welchen außer an ihre Läger auch sogleich an die größern Detaschements der Hauptarmee gemeldet wird.

11. Wenn man nun aber den Feind nicht durch die ihm immer zur Seite ausgeführte Bewegung abhalten, sondern den Fluß aus einem Zentralposten vertheidigen will, so bleiben die bisher beschriebenen Anordnungen die nämlichen; nur daß sich die Hauptcorps etwas weiter vom Flusse absetzen, so daß etwa das mittelste Corps, welches jetzt auf alle Fälle das stärkste ist, beynahe in der Sehne des von dem Flusse gebildeten Bogens; die beyden Flankencorps aber etwa eine Meile noch von derselben stehen.

12. Uebrigens wissen wir aber, daß zu einer solchen Vertheidigung einer Linie aus einer Zentralstellung, nothwendig die auswärtsgehende Form derselben gehört, und also da sich nicht gut anwenden läßt, wo diese Form nicht Statt findet.

13. In beyden Fällen, man mag nämlich dem Feinde immer zur Seite folgen, oder nach dem Uebergangspunkte sogleich aus der Zentralstellung aufbrechen, müssen also von den Truppen Bewegungen ausgeführt werden, die oft durch die Scheinbewegungen des Feindes ganz unnütz gemacht werden können.

14. Denn läßt man sich zu schnell vom Feinde nach einem Orte hinlocken, so macht er sich dies zu Nutze, und geht unterdessen an einem andern Orte mit einem detaschirten Corps würklich über den Fluß, und sichert sich dadurch die Uebergänge; während wir glauben, die feindliche Armee stehe uns gegenüber, unterdessen sie sich schnell nach den geschlagenen Brücken wendet, und hier nun den Uebergang vollführt.

§. 41.

§. 41.

b. Lehrsatz. Aus dem Vergleiche der einander entgegen strebenden und sich unterstützenden Würkungen entspringt das Resultat, daß ein gewöhnlicher Fluß nur in einer Länge von 4 bis 6 Meilen unmittelbar zu vertheidigen ist.

1. Wenn A die Armee ist, welche die Armee B verhindern soll, zwischen y und z den Fluß zu passiren, vorausgesetzt, daß über diese Punkte hinaus gar kein Uebergang wegen Moräste, Seen und Felsenufer zu fürchten ist; so wollen wir annehmen, jede dieser beyden Armeen bestehe aus 50,000 Mann, und die Entfernung von y nach z betrage 6 deutsche Meilen.

2. Die Armee A hat zur Vertheidigung des Flusses folgende Maaßregeln getroffen. In der Mitte der Vertheidigungslinie kampiren 30,000 Mann und auf jedem Flügel derselben 10,000 Mann. Die Aufmerksamkeit des Hauptcorps erstreckt sich bis p und q, auf 18000 Schritte oder ungefähr 1½ Meile nach jedem seiner Flügel. Jedes der auf den Flügeln stehenden Corps bewacht einen Raum von 12,000 Schritten und kampirt in der Mitte desselben.

3. Alle drey Corps haben übrigens in gehörigen Entfernungen Wachen ausgestellt. Es werden unaufhörlich Patrouillen von einem Orte zum andern geschickt, und es sind noch außerdem Signale ausgesteckt, durch welche das Hauptcorps sogleich von dem Orte, wo der Feind den Uebergang versucht, benachrichtigt wird. Alles, was dem Feinde übrigens zur Schlagung der Brücken behülflich seyn kann, ist über die Seite geschafft, und die Communication längst der ganzen Fronte auf das Beste gesichert und überall frey.

4. Unter diesen Voraussetzungen darf es die Armee B, von welcher wir annehmen wollen, daß sie noch mit einer etwas größern Anzahl Pontons versehen ist, als zu zwey Brücken erfordert werden, nicht wagen, Brücken zu schlagen, und den Uebergang zu unternehmen, bevor sie nicht die Ufer des Flusses und alle von der Armee A zu seiner Vertheidigung getroffene Maaßregeln auf das genaueste untersucht hat.

5. Um dies sobald als möglich zu vollenden, muß sie sich dem feindlichen Hauptcorps B, sogleich gegenüber setzen, und von da aus den Ort aufsuchen, wo sie eine Brücke schlagen, und mit einer größern Anzahl Truppen über den Fluß gehen kann, als diejenige ist, mit welcher die Armee A ihr in diesem Augenblicke entgegenzurücken im Stande ist.

6. Nehmen wir an, daß der Uebergang nirgends durch das Terrain weder begünstigt noch erschwert wird, und daß die Breite des Flusses von einer solchen Beschaffenheit ist, daß die Erbauung einer Brücke eine Zeit von drey Stunden erfordert; so befindet sich längst der Linie y z kein Punkt, bey welchem die Armee B den Uebergang mit Sicherheit unternehmen könnte.

7. Denn soll sie den Uebergang an einem Orte unternehmen, wo er am wenigsten von der Armee A unterbrochen werden kann, so muß dies in einem zwischen p und q liegenden Punkte geschehen. Die Punkte p und q sind aber selbst

selbst nur 18,000 Schritte von dem Hauptlager A entfernt, und können daher aus diesem in 3 Stunden erreicht werden.

8. In den Punkten p und q selbst kann aber der Uebergang nicht Statt finden, weil sie nicht allein zu der Vertheidigungslinie des großen, sondern auch zu denen der kleinern Corps gehören, und von diesen nur 6000 Schritte oder eine Stunde entfernt liegen.

9. Wir sehen also, daß auf diese Art sich die Armee B keinen glücklichen Erfolg von dem Uebergange versprechen kann. Vielleicht glückt es ihr aber durch Scheinbewegungen ihren Zweck zu erreichen, indem sie dadurch die Armee A so weit von dem Orte entfernt, wo die Brücken geschlagen werden sollen, daß diese fertig und bereits die größten Theils des Heers übergegangen sind, wenn die Armee A erst mit einer hinlänglichen Macht ankommt, um den Uebergang zu hintertreiben.

10. Zu diesem Ende detaschirt die Armee B mit einbrechender Nacht ein Corps von 12,000 Mann nebst einer größern Anzahl Geschütz, als das bey B hat, und den zur Schlagung einer Brücke erforderlichen Pontons, in die Gegend von a. Wenn dies Corps beym Punkte a, welcher in einer Entfernung von 6000 Schritten vor B liegt, angekommen ist, so macht ein Theil desselben nebst dem dritten Theile der Pontons Halt. Bey g und k werden zwey Batterien aufgefahren, um durch ihr Feuer die am andern Ufer ausgestellten Wachen und Posten zu vertreiben. Wenn dies geschehen ist, so fängt man an mit dem dritten Theile der Pontons, so weit es gehen will, die Brücke zu schlagen.

11. Das Corps bey B wird nun auf die erhaltene Nachricht von der Ankunft des Feindes bey a unverzüglich dahin marschiren. Denn, da ihm die Stärke des Feindes und die Anzahl der bey a angekommenen Pontons unbekannt ist; so muß es fürchten, daß bey der geringsten Verzögerung eine ihm überlegene Anzahl Truppen über den Fluß gehen, und dasselbe von der Hauptarmee abschneiden. Der Ueberrest des feindlichen Corps setzt indessen seinen Marsch fort, um

bey

bey y, dem Endpunkte der Vertheidigungslinie, ebenfalls eine Brücke zu schlagen.

12. Da nun bey a aus Mangel der Pontons keine ganze Brücke geschlagen werden kann, dies auch nicht nöthig ist, weil die Armee B nicht die Absicht hat, hier den Fluß zu passiren; so wird der Theil der Brücke, welche zu Stande gebracht werden kann, unmittelbar nach seiner Vollendung abgebrochen. Die Pontons fahren alsdann unter der Bedeckung, welche bey a Halt gemacht, nach y, wo sie zur Vollendung der Brücke, die in dieser Gegend geschlagen wird, zu rechter Zeit ankommen.

13. Denn a ist von y 12,000 Schritte entfernt. Der dritte Theil einer Pontonbrücke kann in der Zeit über den Fluß F geschlagen werden, in welcher der Ueberrest des Corps, das bey a angekommen ist, einen Weg von 5000 Schritte zurücklegt. Der Ueberrest dieses Corps ist also noch 7000 Schritte von y entfernt, wenn das Corps bey a mit Schlagung des dritten Theils der Brücke fertig ist, und das Corps B sich dem Punkte a bis auf 1000 Schritte genähert hat. Auf das Abbrechen und Aufladen der Pontons kann man täglich eine Stunde rechnen.

14. Da nun die Brücke bey a unmittelbar nach ihrer Vollendung abgebrochen wird, so wird der Ueberrest des Corps bey a, zu der Zeit, wenn sich dieses wieder in Marsch setzt, 10,000 Schritte gegen y vorgerückt seyn. Weil nun zwey Drittheile der Pontonbrücke in zwey Stunden geschlagen werden können; so wird auch das Corps, welches von a aufbricht, mit dem dritten Theile der Pontons zu rechter Zeit bey y ankommen.

15. Die Batterien g und k bleiben aber übrigens unter einer kleinen Bedeckung so lange stehen, bis die Brücke bey y völlig zu Stande gebracht ist, und machen ein unaufhörliches Feuer nach dem jenseitigen Ufer, damit das Corps B, das Abbrechen der Brücke bey a nicht entdecken kann, und in der Meynung erhalten werde: die feindliche Armee habe den Uebergang in dieser Gegend beschlossen.

16. Auf

16. Auf den ersten Kanonenschuß bey a marschirt die Armee B rechts ab, und verfolgt einige Zeit den Weg nach der Gegend a. Dies nöthigt die Armee A, links zu marschiren, und ihren Marsch nach dieser Gegend so lange fortzusetzen, bis sie von der Scheinbewegung des Feindes durch Rapporte, welche von dem rechten Flügel kommen, überzeugt wird. Die Armee A kann übrigens nicht gleich nach Erblickung der Signale abmarschiren. Sie muß vorher das Gewehr ergreifen, ausrücken und in Schlachtordnung gestellt werden, welches alles wenigstens eine halbe Stunde erfordert.

17. Das Schlagen der Brücke bey y, und der Uebergang eines stärkern Corps, als das bey B, erfordert fast 4 Stunden. Während dieser Zeit marschirt nun die Armee A nach a, und da sie erst eine halbe Stunde nach Erblickung der Signale aufgebrochen ist; so wird sie höchstens einen Weg von 1½ Meile zurückgelegt haben, weil man weiß, daß sich in der Nacht nicht mit der nämlichen Geschwindigkeit, wie am Tage marschiren läßt.

18. Diese Gründe bewegen die Armee B, zu eben der Zeit, da sie jenes Corps nach der Gegend y detaschirt hat, ein zweytes Corps nebst einer größern Anzahl Pontons, als zu einer Brücke nöthig sind, zu detaschiren. Ein Theil dieses Corps nebst den überflüssigen Pontons und etlichen Kanonen ist bestimmt, zu der Zeit, wenn das Corps bey y übergegangen ist, eben das, was bey a vorgenommen worden, bey z zu vollziehn. Eine halbe Stunde später bewerkstelligt der Ueberrest dieses Corps nebst der zu einer Brücke erforderlichen Pontons, in der Entfernung von einer halben Meile von C, dasjenige bey b, was jenem Corps bey y auszuführen aufgetragen worden.

19. Zwischen b und z befindet sich eine Entfernung von 16,000 Schritten. Das Corps c muß auf die Nachricht, daß bey z eine Brücke geschlagen wird, unverzüglich dahin marschiren, und sich also 16000 Schritte von dem

Orte entfernen, wo die Armee B den Uebergang zu unternehmen beschlossen hat.

20. Da bey b nicht nur eine Brücke geschlagen werden, sondern auch eine dem Corps C überlegene Anzahl Truppen übergehen muß, ehe das Corps C von z nach b zu marschiren im Stande ist; so muß dieses von der Zeit an, da es bey z angekommen seyn wird, wenigstens noch eine Stunde in dieser Gegend aufgehalten werden. Um dies nun zu erlangen muß das bey z sich befindende Corps der Armee von B alles das befolgen, was jenem Corps bey a anbefohlen worden ist.

21. Die Armee B verfolgt den Weg nach der Gegend a nicht weiter als $\frac{3}{4}$ Meilen, worauf sie plötzlich umkehrt, und nach der Brücke b marschirt, die bis zur Ankunft der Armee fertig seyn wird. Die Infanterie kann aber eine Pontonbrücke in einer Front von vier Mann, und die Cavallerie nur in einer Front von zwey Mann passiren.

22. Nehmen wir daher an, daß die Armee, welche bey b übergeht, die Corps bey a und y abgerechnet, aus 28,000 Mann Infanterie und 10,000 Mann Cavallerie besteht, und rechnen wir für einen Infanteristen einen, für einen Cavalleristen 4 Schritte in der Tiefe, und auf die Minute 75 Schritte; so wird der Uebergang und Aufmarsch der Armee, wenn alles über eine Brücke geht, eine Zeit von ungefähr 6 Stunden erfordern.

23. Kann aber die Cavallerie durch den Fluß setzen, so kann die Armee in zwey und einer halben Stunde übergehen, und jenseits in Schlachtordnung stehen. Im erstern Falle erfordert also das Schlagen der Brücke, der Uebergang und der Aufmarsch 9 $\frac{1}{2}$ Stunde, im zweyten 5$\frac{1}{2}$ Stunde.

24. Wenn mit Schlagung der Brücken bey w der Anfang gemacht wird; so ist die Armee A 1$\frac{1}{2}$ Meilen von ihrem ersten Posten und 3 Meilen von der Brücke b entfernt. Einen Weg von der letztern Länge hat diese Armee zurückzulegen, wenn sie nach Erblickung der Signale, die beym Anfang des Brückenbaues bey b gegeben werden, umkehren, und

und sich daselbst dem Uebergange der feindlichen Armee widersetzen will.

25. Da es aber keine geringe Uebereilung seyn würde, wenn die Armee A gleich nach Erblickung der Signale bey b nach dieser Gegend aufbrechen wollte, weil es wohl möglich seyn könnte, daß die Brücke bey b vom Feinde aus keiner andern Ursache geschlagen würde, als um die Aufmerksamkeit der Armee A von der Gegend y abzulenken; so muß sie einige Zeit Halt machen, und darf nicht eher nach b marschiren, als bis sie Nachricht erhalten hat, daß daselbst eine Brücke geschlagen worden, und bereits Truppen übergehen. Dies erfordert eine Zeit von 4 Stunden. Drey Meilen können aber in 6 Stunden zurückgelegt werden. Es werden also von dem Augenblicke an, da bey b der Anfang gemacht worden, bis zur Ankunft der Armee A bey b zehn Stunden verstreichen.

26. Rechnen wir nun eine halbe Stunde auf die Formirung der Armee; so ergiebt sich, daß bey einer Vertheidigungslinie von 6 Meilen, nach den von uns hier angenommenen Voraussetzungen, die Zeit, welche die Armee B zum Uebergange braucht, eine Stunde kürzer ist, als die Zeit, welche die Armee A braucht, um bey b anzukommen.

27. Wenn man überdies noch eine Stunde, welches gewiß sehr mäßig ist, auf die Zeit rechnet, welche durch verschiedene Verzögerungen auf dem Marsche verlohren geht; so folgt: daß man für diesen Fall die Vertheidigungslinie nicht länger als vier und eine halbe deutsche Meile annehmen kann, wenn man sich von der Vertheidigung des Flusses einen erwünschten Erfolg versprechen will.

28. Kann aber die Cavallerie zu beyden Seiten der Brücke durch den Fluß setzen; so wird die Armee A bey einer Vertheidigungslinie von 6 deutschen Meilen 5 Stunden später bey b ankommen, als der Feind sein Manöver vollendet hat, und die Länge der Vertheidigungslinie noch unter 4 deutschen Meilen angenommen werden muß.

 29. Aus

29. Aus dem bisher Gesagten, sieht man nun übrigens den schon oben erwähnten Satz deutlich ein, daß nämlich die hier gefundene Länge der Vertheidigungslinie vergrößert oder vermindert werden müsse, wenn die Voraussezzungen, worauf sich diese Berechnung gründet, eine andere Beschaffenheit haben.

30. Hat der Feind z. B. so viele Pontons, daß er an dem Orte, wo er über den Fluß gehen will, mehr als eine Brücke schlagen, folglich den Aufmarsch der Armee, der in so vielen Colonnen geschieht, als Brücken sind, in einer kürzern Zeit vollzogen seyn kann; so muß man den Unterschied dieser, und der bey einer Brücke gefundenen Zeit, in Meilen ausdrücken, und von $4\frac{1}{2}$ Meile abziehn, um für diesen Fall die größte Länge der Vertheidigungsfronte zu bestimmen.

31. Eine gleiche Bewandniß hat es, wenn die Wege, auf welchen die Armee A marschirt, sehr unbequem sind und beträchtliche Krümmungen haben, da sie hingegen auf der Seite der Armee B bequem sind und eine gerade Richtung besitzen.

32. In diesem Falle muß man die Länge des Weges, den die Armee A zurückzulegen hat, in Zeitmaaß ausdrücken, und von der Zeit abziehn, welche die Armee A bey der nämlichen Länge der Vertheidigungslinie auf den Marsch verwenden muß, wenn die Wege schlecht sind und beträchtliche Krümmungen machen. Den gefundenen Unterschied zieht man nochmals von $4\frac{1}{2}$ Meile ab; so wird man für diesen Fall die größte Länge der Vertheidigungslinie finden; vorausgesetzt, daß alle übrigen Umstände gleich sind.

33. Braucht aber der Feind zur Schlagung der Brükken und zum Uebergange über dieselben mehr Zeit, als in dem hier angeführten Beyspiele festgesetzt worden; so wird man hierdurch in den Stand gesetzt, die Vertheidigungslinie länger anzunehmen. Erfordert z. B. der Brückenbau nebst dem Aufmarsche der Armee jenseits des Flusses wegen der größern

Breite

Breite des letztern, oder wegen der schlimmen Witterung eine Zeit von 11 Stunden; so kann der Fluß in einer Länge von ungefähr $5\frac{1}{2}$ Meile vertheidigt werden.

34. Die Vertheidigungslinie kann ferner länger angenommen werden, wenn die Armee A leicht von einem Flügel zum andern marschiren, der Feind aber nicht anders als im Bogen auf Um- oder sehr schlechten Wegen, von einem Flügel der Fronte zum andern kommen kann. Je größer alsdann der Bogen ist, den der Feind zu durchlaufen hat, je größer wird das Verhältniß zwischen seiner Länge und der Länge seiner Sehne, und da nun also diese um so schneller zu durchlaufen ist, so kann sich die vertheidigende Armee auch geschwinder dem Feinde an jedem Punkte entgegenstellen, und daher die ganze Fronte verhältnißmäßig mehr ausdehnen.

§. 42.

c. Lehrsatz. Sobald die Truppen dem Feinde gegenüber stehen, so muß sein Uebergang durch eigene Offensive verhindert werden.

1. Regel. Trift die Armee noch während des feindlichen Brükkenbaues ein, so muß um demselben gleich eine excentrische Stellung genommen und der Feind unverzüglich angegriffen werden.

1. Man mag nun aber den Fluß entweder durch Bewegungen, welche mit dem Feinde parallel geschehen, oder durch Märsche von einem Zentralposten aus vertheidigen wollen, so kommt es in beyden Fällen darauf an, sich durch eine falsche Bewegung des Feindes nach einem Orte nicht hinlocken zu lassen, da denn der Feind an einem andern würklich übergeht. So lange man daher der Sache nicht gewiß ist, muß man sich nur zum Marsche bereit halten, oder ein Corps voraus, oder ganz hinschicken, um den Uebergang aufzuhalten.

2. Dies abgeschickte Corps, welches aus den leichtesten Truppen des Heers, zugleich aber aus einer hinlänglichen

chen Infanterie, die im Nothfalle auf schon bereitstehenden Wagen fortgeschaft werden muß, besteht; greift bey seiner Ankunft bey den Brücken des Feindes alles an, was dieselben schon von ihm passirt hat, und schlägt diese Truppen wo nicht gänzlich wieder zurück, doch wenigstens so weit, daß sie kein ausgedehntes vortheilhaftes Terrain zur Dekkung des Uebergangs besetzt behalten, und der fernere Uebergang verzögert wird.

3. Da zu vermuthen ist, daß der Feind gleich anfangen wird die Teten seiner Brücken und die zuerst übergegangenen Posten zu verschanzen, so ist die Infanterie und eine gut bespannte und geübte reitende Artillerie bey diesem Avantcorps unentbehrlich, indem man den Feind unaufhaltsam in seinen angefangenen Schanzen angreifen muß und wenn es auch nur geschehen sollte, um den Hauptcorps Zeit zu geben herbeyzukommen, ehe dieselben vollendet sind, und der Feind ein vollkommene Sicherheit seiner Brücken erhält.

4. Da eine kleine Kraftanstrengung bey einer so großen Würkungsfähigkeit des Feindes nichts entscheiden, ja selbst nicht einmal etwas verzögern würde, so ist, wenn das Avantcorps aus mehreren kleinen Lagern und Posten etwa zusammenstoßen soll, ja diese Vereinigung abzuwarten und zu beschleunigen, ehe die Truppen angreifen: denn sie würden unfehlbar nach einander geschlagen werden, wenn sie so angreifen wollten, wie sie anlangen.

5. Man muß also mit Macht darauf losgehen, wo die Sache von Wichtigkeit ist, und die bereits vom Feinde übergegangenen Truppen mit einem solchen Corps angreifen, das fähig ist dieselben, wo nicht gänzlich zu schlagen, doch ihr weiteres Vorrücken bis zur Ankunft des Hauptcorps aufzuhalten. Durch eine solche Bewegung muntert man übrigens die Truppen wieder auf, die vorher an diesem Orte standen und vom Feinde zurückgeworfen sind, so daß sie nun mit desto mehr Eifer fechten werden, um ihren Posten wieder zu gewinnen.

6. Der

6. Der Uebergang der Flüsse würde öfters nicht gelingen, wenn man diese Vorschriften genau befolgte, und den Feind herzhaft und mit Macht angriffe, so bald er sich diesseits zeigte. Denn dies kann um so viel eher geschehen, weil man zu der Zeit allemal stärker ist als er, nur muß man die wahren Absichten des Feindes zu errathen suchen und sich nicht von ihm verführen lassen. Oft kann er sich stellen, als wollte er am hellen Tage übergehen, um nur die Truppen an das Ufer zu locken und sie dann kräftig von seinen Batterien zu beschießen.

7. Da die feindliche Artillerie das Hauptwerkzeug ist, durch dessen Gebrauch die Vollendung des Brückenbaues, der denselben deckenden Schanzen, und den Uebergang ihrer Besatzung möglich macht; sie aber nicht mehr agiren kann, wenn unsere Truppen sich mit der feindlichen Avantgarde bereits im Handgemenge befinden; so folgt hieraus, daß es von denen am Orte des Uebergangs befindlichen Truppen, oder von dem denselben gleich anfangs zu Hülfe eilenden Corps die erste Pflicht ist, selbst bis auf den letzten Mann das Gefecht nicht zu endigen, und den Feind bey seinem Baue beständig anzugreifen und zu beunruhigen.

8. Ist dann das Terrain um die Brücke Ebene, so können diese Angriffe am vortheilhaftesten durch mäßige Cavalleriedetaschements ausgeführt werden, da diese sich am schnellsten wieder dem feindlichen Feuer entziehen lassen.

9. Wenn auf diese Art die dem Feinde gleich Anfangs gegenüberstehenden Truppen ihre Schuldigkeit thun, und seine Arbeiter beständig beunruhigen, so wird es ihm viel Mühe, Zeit und Menschen kosten, die Arbeit zu Stande zu bringen; denn nichts ist schwerer, als solche Werke im feindlichen Feuer und bey beständig wiederholten Anfällen zu Stand zu bringen.

10. Da der Feind meistens den ersten Anfall und den Anfang des Brückenschlagens an einem Orte vornimmt, der uns die größeste Wahrscheinlichkeit giebt, daß der Uebergang hier erfolgen werde, während er würklich an einem

andern versteckten Orte vor sich geht; so kann es sehr wohl geschehen, und ist auch meistens der Fall, daß man hier anfänglich lange nicht stark genug ist, um die ganze feindliche Macht zurück zu halten.

11. In diesem Falle ist es dann besser, daß sich die dasigen Truppen ein wenig in einen schon bestimmten sichern Posten zurückziehen und hier das nächste Corps erwarten; dann aber unverzüglich wieder über den Feind herstürzen, und die Absichten zu erlangen suchen, die wir oben angegeben haben.

12. Sobald nun das Hauptcorps benachrichtigt und bey dem wahren Uebergangsorte angekommen ist, so sucht es gleich eine einwärtsgehende vortheilhafte Stellung zu nehmen, so daß davon die feindlichen vorrückenden Corps eingeschlossen werden.

13. Ist der Feind an einem der Hauptpunkte übergangen, wo wir zur Verwehrung des Ueberganges nach den oben beschriebenen Regeln Verschanzungen, Verhaue, oder andere Befestigungen angelegt haben; so findet die Armee hinter denselben schon die vortreflichste Stellung in dieser Lage bereitet, aus der sie nun mit Vortheil dem feindlichen Vorhaben entgegen würken kann.

14. Hat man nun noch vor der Vollendung der feindlichen Brücken und ihrer Schanzen eintreffen können, und ist der defensivgehende Feldherr ein entschlossener Mann; so wird es bey dieser Stellung menschlicherweise nicht gut möglich seyn, daß der Feind sich diesseits festsetzen und formiren könne, und also den Uebergang in der Fronte nicht auszuführen im Stande ist. Vorzüglich muß man nun die Artillerie auf die vorspringenden Flügel der Stellung vertheilen.

15. Hier steht sie nicht allein am vortheilhaftesten, die noch jenseits sich befindenden feindlichen Truppen zu bekämpfen, sondern auch das ganze Terrain vor den Punkten, wo Brücken hin sollen, und diese selbst mit einem kreuzenden Feuer zu versehen.

16. Postirt

16. Postirt man übrigens einige Colonnen Infanterie und Reiterey hinter diese Flügel, so wird man alle die großen entscheidenden Vortheile aus dieser einwärtsgehenden Stellung ziehen können, die wir bey der Lagerkunst angeführt haben, wenn es der Feind wagen sollte, mit Gewalt in den Bogen vorzudringen.

17. Diese Stellung ist auf allen Fall, der Feind mag nun die Brücken schon vollendet haben oder nicht, die beste, da sie ihn bey seinem Vorrücken beständig überflügelt und in einen Knaul zusammendrängt.

18. So bald daher der Feind aus seinen Schanzen vor den Brücken, oder unmittelbar über diese vorbricht; so muß noch eine Generalsalve mit Kugeln erfolgen, und nun die Reiterey oder die Infanteriecolonnen mit gefälltem Gewehr hervorstürzen, und den Feind, es koste was es wolle, wieder zurückschlagen, welches um so leichter geschehen wird, da man ihn von vorne und von beyden Seiten zugleich faßt und die feindliche Artillerie nicht zu fürchten braucht.

§. 43.

2. Regel. Sind die feindlichen Brücken und Schanzen schon fertig, so muß die excentrische eingenommene Stellung bis in die Nacht behauptet, dann befestigt und nun der Feind in der Nacht plötzlich überfallen oder den andern Morgen in einer Defensivschlacht zurück getrieben werden.

1. Hat der Feind indessen schon seine Verschanzungen fertig und will sich nicht übereilen, so ist es freylich schwer ihm den Uebergang zu verwehren. Denn wenn man auch auf die Arbeiter mehreremale ansprengt, so werfen sie sich in den Graben, und der Feind kann nun seine ganze Artillerie vor der Verschanzung auf dem Terrain, auf welchem wir die Angriffe unternehmen müssen, in Würksamkeit setzen, welche uns bald von da vertreiben wird. Wenn man indessen nur die

die Formirung des Feindes bis zum Einbruche der Nacht verzögert hat, so ist schon viel gewonnen.

2. Jetzt ist nämlich Zeit da, die eigene Stellung noch mehr zu verstärken, welches durch das Terrain dann am meisten geschieht, wenn es sich in der einwärtsgehenden Form des halben Mondes, in welcher die Fronte der Armee sich befindet, nach und nach mit Absätzen als ein Amphiteater erhöhet, und auf den Flügeln vorzüglich schwer zu passiren ist.

3. So erhält man eine vollkommene Flankendeckung und kann die Infanterie auf den übereinander hergehenden Anhöhen so postiren, daß sie eine größere Masse von Feuer gegen die vorliegenden feindlichen Formirungsplätze schicken kann, als in der gewöhnlichen Schlachtordnung mit drey Gliedern möglich ist.

4. Auf diese Weise macht man sich zu einer, am nähesten Morgen erneuerten Schlacht bereit, und sucht dann wieder durch die schon angeführten Angriffe, die feindliche Formirung unmöglich zu machen. Indessen, da dieses defensive Mittel vielleicht doch noch übrig bleibt, wenn auch schon vorher ein eigener Angriff gewagt ist, so halte ich es für das Beste, wenn es noch möglich ist, den Feind aus seinen bereits diesseits eingenommenen Posten durch Anwendung der gesammten Hauptmacht zu vertreiben, bey einfallender Nacht plötzlich die defensive Stellung zu verlassen und mit mehrern Colonnen plötzlich über die feindlichen Posten und Verschanzungen herzufallen.

5. Denn da uns die feindliche jenseits errichteten Batterien nicht entdecken, wenigstens nicht gleich anfänglich entdecken können; so gewinnen wir wahrscheinlich durch diesen heftigen Anfall so viel Zeit, die bereits übergegangenen Truppen zurückzuwerfen, und die die Brücken deckenden Werke einzunehmen, worauf alsdann der fernere Uebergang meistens unmöglich ist. Bey solchen Unternehmungen, so wie bey allen nächtlichen Angriffen und Ueberfällen, kommt

es

es hauptsächlich darauf an, daß man entschlossen angreift, und den günstigen Augenblick zu wählen weiß.

6. Schlägt die Unternehmung fehl, so ist es mehr als wahrscheinlich, daß der Feind nun den andern Morgen völlig den Uebergang ausführen werde. Dann kommt es darauf an, ob wir nun noch Kraft und Muth genug besitzen, dem Feind in der vorher beschriebenen Stellung eine Schlacht anzubieten, und ob die Wichtigkeit der Gegend eine solche erheischt; oder ob eine solche vortheilhafte Stellung in der Nähe fehlt, oder die Truppen zu sehr geschwächt sind, der Feind auch vielleicht noch während der Nacht solche Posten erreicht hat, die seinen Uebergang minder gefahrvoll, und ihm vielleicht gar den Sieg wahrscheinlich machen.

7. In diesem letztern Falle bleibt dann freylich nichts als der Rückzug übrig, und dieser kann zu keiner gelegenern Zeit angetreten werden, als wenn man ihn noch in derselben Nacht ausführt, in welcher der Feind durch unsern Angriff in Schrecken gesetzt ist, und sich nicht getraut, mit einem ansehnlichen Detaschement weit vorzugehen, da er dasselbe augenscheinlich der größten Gefahr aussetzt, in einen Hinterhalt zu fallen, abgeschnitten und gänzlich zernichtet zu werden.

8. Es ist dann oft sehr leicht mit der Armee nun einen solchen vortheilhaften Posten in keiner großen Entfernung vom Feinde zu nehmen, daß ihm der vollführte Uebergang nicht viel helfen kann; indem ihn der jetzt genommene Posten von neuen aufhält, und er zur fernern Oeffnung seines Weges gezwungen wird, noch ein zweifelhaftes Treffen in einer nachtheiligen Lage gegen uns zu wagen.

9. Will aber die Armee die Nacht über am Flusse bleiben, und die unmittelbare Passage desselben auf eine Schlacht ankommen lassen, so muß man vor allen Dingen während der Dunkelheit Batterien so nahe als möglich an den feindlichen Brückenschanzen, jedoch an sicheren Oertern aufwerfen, und die feindlichen Arbeiter so oft angreifen lassen, als sie heraus kommen, die Schanzen zu vollenden.

10. Wenn

10. Beym Anbruch des Tages, conzentrirt sich nun alles Artilleriefeuer auf die feindlichen Schanzen, damit diese in kurzer Zeit unfähig zur fernern Deckung der vom Feinde über die Brücken gehenden, und diesseits derselben sich formirenden Truppen, werden. Sobald alsdann dies nur einigermaaßen erlangt ist, wendet sich das Artilleriefeuer gegen die jenseits stehenden feindlichen Batterien, und von allen Seiten brechen nun die schon bereit stehenden Colonnen los, um sich auf die feindlichen Schanzen und die dahinter deployirenden Bataillone zu stürzen.

11. Bey diesem ganzen Manöver, so wie überhaupt schon bey den vorherigen Bemühungen, den Uebergang des Feindes zu vereiteln, muß das Hauptaugenmerk auf die Verhinderung des feindlichen Brückenschlagens, Ueberschiffens, oder wenn die Brücken schon fertig seyn sollten, auf die schleunige Zerstörung derselben gerichtet seyn.

12. Dies kann nun vorzüglich dadurch geschehen, daß sich gleich anfänglich einige 12pfünder-Batterien an vortheilhaften und sichern Plätzen, nahe am Ufer bereit finden, ein lebhaftes und gut geordnetes Feuer auf die Brücken, Flöße, überhaupt auf die Fahrzeuge und ihre Leute zu machen, vermittelst welchen der Feind eine zusammhängende Brücke schützt, oder von Zeit zu Zeit Truppen übersetzt.

13. Kann man diese Werkzeuge der feindlichen Communication zernichten, so ist es leicht, den ganzen bereits übergesetzten Theil des feindlichen Heers dasselbe Schicksal erfahren zu lassen, und also dem Feinde durch diesen Verlust eine Hauptniederlage beyzubringen.

14. Wenn nun aber der Feind beym Anblick unserer vortheilhaften Stellung dem ungeachtet bey der Ausführung seines Vorsatzes, nämlich einen gewaltsamen Uebergang zu versuchen, beharrt; so muß man ja alle Aufmerksamkeit anwenden, daß er nicht mit einem abgesonderten Haufen vielleicht durch eine versteckte Furt geht, oder einen solchen an einem etwas entfernten Punkte besonders über den Fluß gehen läßt, und dadurch unsere Flanke oder gar den Rücken in den

den gefährlichsten Augenblicken durch einen heftigen Anfall in Verwirrung bringt; während seine Hauptmacht in einer fürchterlichen Masse und mit Schnelligkeit auf unsere Fronte losstürzt, sie durchbricht, und indem sie sich mit dem Corps vereinigt, uns umzingelt und vielleicht einen Flügel gänzlich abschneidet.

15. Ein solcher Unglücksfall könnte die größte Niederlage zur Folge haben, und es entspringt hieraus die Nothwendigkeit, selbst wenn die Hauptmacht des Feindes sich schon an einem bestimmten Punkte am Flusse vereinigt und Brücken geschlagen hat, und bereits den Uebergang unternimmt; dennoch mit aller Sorgfalt die Bewachung der übrigen Fronte unausgesetzt fortdauern zu lassen, damit wenigstens aller Orten eine anfängliche Vertheidigung Statt finde, und die Hauptarmee von jedem neuen Unternehmen zur Gründung ihrer eigenen Sicherheit Zeit genug übrig behält; indem sie von demselben unmittelbar unterrichtet wird.

16. Diese Aufmerksamkeit muß in der ersten Nacht, welche man sich den feindlichen Brücken gegenüber befindet, ganz vorzüglich gestört seyn; weil, wenn der Feind die Stellung der Armee zu vortheilhaft findet, oder zu wenig Kraft aufopfern will, als daß er eine glücklichen Ausgang seiner Unternehmung hoffen könnte, er sicher diese Nacht der Besorgniß und Furcht benutzen wird, um nach einem andern Punkte hin einen Marsch oder wenigstens einen Vorsprung über unser Hauptcorps zu gewinnen, und hier den Uebergang zu unternehmen, den er vielleicht dann durch die gewonnene Zeit und die Lage des Terrains mehr sichern kann, ehe er sich unsern Angriffen ausgesetzt sieht, als an der gegenwärtigen Stelle der Fall ist.

17. Dieses gewöhnliche Manöver des offensiven Theils, welches fast immer für ihn eine günstige Wirkung äußert, wenn es nur einige Stunden vor uns verborgen bleiben kann; muß dieser außerordentlichen Wichtigkeit wegen gerade um so früher zu unserer Kenntniß kommen.

18. Dies

18. Dies kann nun aber bey der gegenwärtigen Nähe der beyden Hauptcorps nicht besser geschehen, als daß man die an den Schanzen arbeitenden Feinde oft beunruhigen und angreifen läßt; daß man kleine Kähne mit einigen Leuten oder Schwimmer an das jenseitige Ufer schickt; daß man Leuchtkugeln auf dasselbe wirft, und von Zeit zu Zeit eine leichte Kanonade unterhält, um durch eins dieser Mittel zu entdecken, ob der Feind noch da, und wie stark er ohngefähr ist.

19. Wäre er würklich aufgebrochen, und man weiß nicht sicher seine Richtung, so muß man freylich die nähern Rapporte von seiner würklichen Annäherung an irgend einem Orte erwarten, sich unterdessen mit allen Truppen in Bereitschaft setzen, nach beyden Flanken ein Corps detaschiren, welches in Verbindung mit denjenigen Truppen, welche sich bereits in der neuen vom Feinde angegriffenen Gegend befinden, hinlänglich ist, ihn anfänglich so lange aufzuhalten, bis das Hauptcorps ankommt und der Tag anbricht; — und dann sogleich mit allen drey Corps den Marsch antreten, sobald man den Angriffspunkt sicher erfährt.

20. Da aber der Feind schleunig nach der alten Stelle zurückkommen könnte, so müssen die beyden Flankencorps sich nicht zu weit, bis zum würklich angetretenen Marsch entfernen, damit es immer in ihrer Macht bleibt, höchstens beym Anbruch des Tages wieder bey dem Hauptcorps einzutreffen.

21. Sobald aber die Marschrichtung entschieden ist, so muß das vordere Corps so schnell als möglich nach dem bedroheten Punkte eilen, und die Entfernung zwischen sich und dem zwar ebenfalls mit der größtmöglichsten Geschwindigkeit marschirenden Hauptcorps, so viel als möglich zu vergrößern suchen.

22. Während diesem sucht das hintere Corps beständig seine Distance von demselben beyzubehalten, und dadurch so viel als möglich auch der verlassenen Gegend nahe zu seyn, um durch einen schnellen Marsch dieselbe wieder erreichen zu kön-

können, wenn etwa die Bewegung des Feindes wieder nur zum Schein angefangen wäre, und er nun plötzlich nach seinen ersten Brückenpunkten zurückkehrte, um hier jetzt, bey der nun geglaubten Entfernung unserer Armee, den Uebergang dennoch zu vollenden.

23. Sollte es endlich würklich dahin kommen, daß der Feind den Uebergang gewaltsam unternimmt, so ist es nicht genug, daß man sich vor einem plötzlichen feindlichen Uebergang in der Flanke hütet; sondern daß man auch keinen Augenblick nachlässig ist, und dadurch dem Feinde vielleicht Gelegenheit giebt, während des Pulverdampfs, eines uns entgegengetriebenen Rauchs oder Staubs, oder während eines Nebels, durch Ausführung eines kühnen und plötzlichen Anfalls, indem er mit einer muthvollen Colonne des Kerns seiner Truppen eine schnelle Bewegung über die Brükken macht, sich unvermuthet bey unsern Batterien befindet, und durch einen unwiderstehlichen Choc die Linie durchbricht und den Sieg vollendet. E i n d e n k w ü r d i g e s g r o ß e s B e y s p i e l d e r n e u e s t e n Z e i t s c h ä r f t u n s d i e s e R e g e l v o r z ü g l i c h e i n, u n d z e i g t d i e M ö g l i c h k e i t e i n e s ü b r i g e n s f a s t t o l l k ü h n e n U n t e r n e h m e n s.

§. 44.

3. Regel. Wenn die Hauptstärke des Feindes schon über den Fluß ist, so muß die Armee in drey Corps eine vom Flusse etwas entfernte Stellung einnehmen, deren Stärke und umringte Form den Sieg verspricht.

1. Ist man überzeugt, daß die Armee zu spät kommen wird, um den Fluß unmittelbar gegen den Feind zu vertheidigen, so ist bey einem vortheilhaften Terrain, dennoch eine Lage der feindlichen Armee hervorzubringen, welche uns den Sieg sehr erleichtert.

2. Man setzt sich nämlich mit dem Hauptcorps in einiger Entfernung vom Flusse, und hält nur versteckte und schwa-

schwache Avertissementsposten längst dem Ufer, so daß der Feind nicht eigentlich erfahren kann, wo unsere Hauptmacht steht, wir hingegen sogleich des Feindes Bewegung kennen.

3. Nun lassen wir ihn den Uebergang anfangen, und sobald er so viel Truppen übergesetzt hat, gegen welche wir noch eine Ueberlegenheit behaupten, und die zu wenig sind, um alle die Posten vertheidigen zu können, welche die vollkommene Sicherheit des fernern Uebergangs gewähren; so rücken wir mit der Hauptmacht plötzlich vor, und fallen mit einem solchen Ungestüm über die diesseitigen feindlichen Truppen von mehrern Seiten her, daß es ihnen weder möglich wird sich zu behaupten, noch durch die wenigen dicht hinter ihnen liegenden Passagen mit Ordnung zurückzuziehn, und sie also eine vollkommene Niederlage erleiden müssen.

4. Man sieht aber aus diesem Manöver, daß die Hauptgrundlage desselben ist, die Zeit so zum Angriff abzupassen, daß gerade nicht mehr feindliche Truppen übergesetzt sind, als wir noch überwältigen können. Hier ist es nun besser, lieber etwas zu früh als zu spät einzutreffen, indem man sich ja doch immer zurückhalten kann, wenn man etwa noch mehrere feindliche Truppen herüberlassen will.

5. Indessen wird doch bey allen diesen die größte Aufmerksamkeit auf die Bewegungen des Feindes, und eine genaue Berechnung der Zeit und Macht erfordert, nach deren Verlauf, und mit welcher der Absicht des Feindes entgegen zu streben ist, damit man wenigstens auf keinen Fall zu spät ankomme.

6. Uebrigens ist es deutlich, daß dieses Manöver, einen Fluß zu vertheidigen, dem Feinde einen größern Vorsprung im Marsch und in der anzuwendenden Zeit gestatten kann, ungleich leichter und mit wahrscheinlicherm Glücke ausgeführt werden wird, als das erste, wo man sich dem Feinde noch vor der Passage des Flusses unmittelbar entgegenstellt.

7. Dieses Manövre zur Flußvertheidigung schickt sich ganz besonders in dem Falle, wo der Lauf desselben oder die feind-

feindlichen Communicationswege einen nach dem feindlichen Lande zu auswärtsgehenden Bogen formiren, und wir also den Fluß durch schnelle und zeitig unternommene Bewegungen aus einem Zentralposten vertheidigen wollen.

8. Denn da man hier das feindliche Hauptcorps fast gänzlich aus den Augen läßt, und gewöhnlich nicht eher von dem feindlichen Uebergange etwas erfährt, als wenn er bereits an dem Punkte angekommen ist, wo die Brücken geschlagen werden sollen; so wird das Hauptcorps sehr selten noch früh genug an einem solchen Punkte ankommen, um den Uebergang unmittelbar vertheidigen zu können, da es sich überdem nicht gleich auf die erste Nachricht von dem Zentralposten entfernen darf, aus Furcht, die ganze Sache mögte nur eine Scheinattake seyn, sondern erst die Bestätigung der Nachricht abwarten muß.

9. Der große Vortheil dieser Vertheidigungsmethode aus einem Zentralposten besteht darin, daß, da man nur längst dem Flusse einen Cordon zum Avertissement und nicht zur unmittelbaren Vertheidigung nöthig hat; man wenig Truppen dazu zu verwenden braucht, und also die ganze Macht zur augenblicklichen Disposition immer in der Mitte der Linie bereit halten kann.

10. Unternimmt daher der Feind auch würklich an irgend einem Punkte einen Uebergang, so erfahren ihn gleich alle Corps und Streitkräfte, die ihn verhindern können, und selbst, wenn man diesen Uebergang nicht gleich als den wahren ansieht, so werden wir doch ohne Schaden ein bereits abgetheiltes Flankencorps schnell dahin schicken können, welches hinlänglich ist den Feind so lange aufzuhalten, bis das Hauptcorps, das unterdessen schon benachrichtiget ist, wenn der Feind dennoch würklich hier den Hauptübergang versuchte, angekommen seyn wird.

11. Alles kommt hier auf die Entfernung des Punktes, wo die Brücken geschlagen werden, von dem Zentralposten an, um zu bestimmen, ob die Truppen noch zeitig genug ankommen werden. Allein auf allen Fall werden sie wenig-

stens aus einem Zentralpunkte zur Ausführung des in Nro. 1 bis 3 angegebenen Manövers mit hinlänglicherer Macht ankommen, als wenn sie längst dem Flusse dem Feinde folgen, und eine unmittelbare Vertheidigung des Ufers an jedem Punkte leisten sollten. Doch muß man hierbey in beyden Fällen annehmen, daß die Vertheidigungslinien von gleicher Länge sind.

12. Ein anderer wesentlicher Vortheil bey dieser Stellung zur Vertheidigung eines Flusses besteht darin, daß wenn der Feind würklich den Uebergang vollendet, wir nicht durch die große Vertheilung und Zerstückelung unserer Armee längst dem Flusse, wie der Fall ist, wenn wir seine Ufer unmittelbar vertheidigen wollen, an keinem Orte dem Feinde hinlänglich widerstehen können, und also gezwungen sind, alle Corps sogleich weit vom Flusse zurückzuziehn, um sie in einem rückwärtsliegenden Punkte wieder mit einander zu vereinigen; sondern jetzt gleich die gesammte Macht ihm entgegenführen können, ohne wie im obigen Fall befürchten zu dürfen, daß ein abgesonderter Theil des Heers eine Schlappe bekomme, oder eine große Landstrecke verlassen werden muß, um die einzelnen Corps durch eine allgemeine Vereinigung in Sicherheit zu setzen.

§. 45.

4. Regel. Ist es möglich selbst einige Uebergänge zu behaupten, so müssen von da die schnellsten Truppen dem Feind in den Rücken fallen.

1. Bey allen diesen Methoden einen Fluß entweder aus einem Zentralposten, oder durch parallele Bewegungen zu vertheidigen, sieht man aber leicht die unendlichen großen Vortheile ein, welche hierbey aus einer plötzlichen Zerstörung der Brücken, Flöße, Prame oder andern Werkzeuge, wodurch der Feind die Communication zwischen den schon und den noch nicht übergesetzten Truppen unterhält, entspringen.

2. Wir

2. Wir haben bereits in der Kriegskunst die verschiedenen Mittel angeführt, auf welche Art man eine plötzliche Zerstörung der feindlichen Brücken bewürken kann, und führen hier also nur noch an; daß, wenn man ein solches Manöver versuchen will, alles dazu schon lange vorher bereitet seyn muß, und die dienlichen Maschienen in vollkommener Sicherheit vor dem Feinde, und ohne daß er die geringste Kenntniß von der ganzen Sache hat, sich befinden müssen.

3. Hierzu wird sich aber an den freyen Ufern eines Flusses sehr selten und fast niemals ein gelegener Ort antreffen lassen. Wenn man daher also an dem Flusse nicht einige befestigte Plätze hat, wo man die Brander oder andere Maschienen sicher aufbewahren kann, so muß man einen, von unserm Lande aus in den zu vertheidigenden Strom einfallenden, schiffbaren Fluß aufsuchen, und in diesem die Maschienen zubereiten und aufbewahren. Ist der Ausfluß dieses Flusses gekrümmt, und die Ufer mit Waldung oder Anhöhen versehen, so ist dies um so vortheilhafter, indem alsdann die Maschienen sich nahe am Ausflusse aufhalten können, und dennoch vor dem Feinde verborgen und sicher liegen.

4. Ein besonderes, und wenn es gehörig angebracht wird, entscheidendes Mittel zur Zerstörung einer Brücke ist, wenn man auf Schiffen ein Gemäuer aufführt, und in demselben eine Miene anlegt, die mit den größten Steinen, die man nur finden kann, beschwert wird. Diese Mine wird durch ein Stück Holz, das, indem es oben an die Brücke oder an die Pfähle stößt, eine Feder losdrückt, angezündet; und auf diese Art die Brücke, wenn das Schiff unter ihr durchgeht, unstreitig in die Luft gesprengt werden.

5. Wollte man sich aber auf die Feder nicht allein verlassen, so kann ein guter Schwimmer das Schiff führen, und dasselbe an einen Pfahl anhängen. Alsdann aber, wenn er der Zündwurst Feuer gegeben hat, so wirft er sich in das Wasser, und schwimmt davon. Man könnte auch noch dieses Schiff durch andere Schiffe bis an die Brücke führen, es

an einen Pfahl anhängen und in Brand stecken lassen. Die, welche es angezündet, springen nun in die andern Schiffe und fahren ohne Gefahr zurück.

6. Diese Mittel, eine Brücke zu zernichten, können indessen nur des Nachts ausgeführt werden. Wenn man also davon während der Flußvertheidigung selbst noch einen Vortheil haben will, so wird erfordert, daß sich unser Hauptcorps noch bis zum Einbruche der Nacht in einer vortheilhaften Stellung dem feindlichen Uebergangsorte gegenüber behauptet habe; um entweder noch in der Nacht selbst, oder doch bey dem Anbruch des Tages die übergegangenen Feinde sogleich anzugreifen.

7. Schon aus der Kriegeskunst kennen wir die entscheidenden Vortheile, welche wir bey der Vertheidigung einer Stellung besitzen, wenn der Feind gegen dieselbe nur durch einige wenige Päße, die der ganzen Gewalt unserer Streitkraft ausgesetzt sind, anrücken kann. Aber fast völlig entscheidend werden diese Vortheile eines vorliegenden engen Passes für den Sieg, wenn es möglich ist unserer Seits mit einigen Truppen auch den auf feindlicher Seite liegenden Eingang zu denselben zu gewinnen, und sowohl die selbst passirenden Truppen, als auch diejenigen, die den Uebergang der erstern decken, in den Rücken zu fallen, während sie von unserm diesseitigen Hauptcorps mit der größten Furie in der Fronte angegriffen werden.

8. Da nun die unmittelbare Vertheidigung eines Flusses aller Orten, so höchst schwer und oft unmöglich ist, wie wir aus dem vorhergehenden gesehen haben; so ist es von der größten Wichtigkeit, die Mittel zu vermehren, welche uns in den Stand setzen, dem Feinde einen größern Vorsprung, den wir ihm ohnedies nicht gut nehmen können, zu gestatten. Doch muß dies so geschehen, daß der Schade unserer Seits dadurch nicht wesentlich vergrößert werde.

9. Aus diesem Grunde ist es daher auch nothwendig, alles anzuwenden, um den oben gezeigten Vortheil des Rükkenangriffs auf den Feind während seines Ueberganges zu erlan-

langen. Dies kann nun aber nicht anders geschehen, als daß man selbst ein ansehnliches Truppencorps über den Fluß schickt, welches stark und nahe genug ist, um noch zeitig genug vor der gänzlichen Vollendung des Uebergangs anzukommen, und den noch zurückgebliebenen Rest in eine augenscheinliche Gefahr zu versetzen, wenn er den Uebergang fortsetzen wollte.

10. Unsere Cavallerie kann nun zwar am leichtesten vielleicht den Fluß ohne Brücken, oft sogar ohne Furcht passiren, und also den Umständen gemäß, dem Feinde am schnellsten in die Flanke oder in den Rücken detaschirt werden. Allein oft ist ihre natürliche Streitfähigkeit nicht hinlänglich, dem Feinde Furcht einzujagen, sondern hierzu wird in manchen Fällen Infanterie, und ist er verschanzt, ja sogar Artillerie erfordert.

11. Will man aber diese Truppen über den Fluß schikken, so sind nicht allein Brücken und Anstalten zu ihrer vollkommenen Sicherheit nöthig, um den übergegangenen Truppen bey einem Unglücke den Rückzug zu decken, sondern es werden auch Anordnungen erfordert, den Uebergang dieser Truppen, wenn sie angreifen sollen, und sich ihnen der Feind vielleicht durch ein besonderes Corps dabey widersetzte, gewiß zu machen.

12. Dies kann nun nicht anders geschehen, als daß man die Truppen entweder schon gleich anfangs jenseits des Flusses postirt hat, oder daß man die zu gebrauchenden Uebergänge und Brücken so befestigt und mit Artillerie vertheidigt, daß das Deployement der Truppen eine vollkommene Deckung genießt.

13. Im erstern Falle würden diese jenseits des Flusses detaschirten Corps zwar leicht alle feindliche Bewegungen durch häufige Patrouillen ihrer leichten Truppen erfahren, aber da der Feind mit seiner Hauptmacht ihnen weit näher seyn kann als wir, und ehe wir es erfahren; so werden diese detaschirten Corps einer beständigen Gefahr, selbst in den besten Posten ausgesetzt bleiben, eine totale Niederlage

zu erleiden. — Im zweyten Fall wird aber eine schon lange vorhergesehene und früh unternommene langwierige Arbeit erfordert, zu welcher nicht immer die Zeit und die Mittel vorhanden sind.

14. Hieraus folgt daher, daß diese Detaschirung einiger Observations- und nachheriger Flankencorps, auf das jenseitige Ufer nicht besser zu erhalten, und ihre Position auf der andern Seite mit keiner größern Deckung zu versehen ist; als wenn man einige gut gelegene feste Plätze am Flusse besitzt, vermittelst deren befestigte Uebergänge über den Fluß es leicht wird, mit einer beliebigen Macht zu jeder Zeit von einem Ufer auf das andere zu gelangen, und dadurch dem Feinde bey seinem Uebergange ein Corps in den Rücken zu bringen, das seinen Untergang vollenden kann.

15. Bey dem Besitze einer solchen die Passage des Flusses deckenden, jenseits liegenden Vestung, oder Forts, kann das Corps, welches am feindlichen Ufer agiren soll, bereits auf demselben aufgestellt werden, indem es unter den Kanonen des festen Platzes eine vollkommene Sicherheit genießt.

16. Sollten wir aber keine Vestungen oder befestigte Städte am Flusse haben, die den Uebergang sichern können, so muß man Uebergänge anlegen, oder von den zu zerstörenden Brücken einige der vortheilhaftesten stehen lassen, ausbessern und auf beyden Seiten stark verschanzen und mit einer zu ihrer Behauptung hinlänglichen Bedeckung versehen.

17. Diese Posten müssen dann so angelegt werden, daß einer der beyden nähesten Posten, von dem aus, wo sich gerade ein Corps befindet, durch einen Marsch von diesem Corps auf dem andern Ufer, mit hinlänglicher Sicherheit seiner freyen, nach dem Feinde zu gekehrten Flanke, in doppelt so viel Zeit zu erreichen ist, als der Feind braucht, seine Brücken in Stand zu setzen und den Uebergang vollkommen zu sichern.

18. In dieser Entfernung sind zwey von diesen Corps, wenn sich nämlich bey jedem festen Uebergange eins befindet, nahe genug um sich zu vereinigen und den Rücken, oder auch ein-

einzeln die Flanken der feindlichen Truppen während des Uebergangs anzufallen.

19. Da man nur wenige Truppen gebraucht, um einen Flanken- oder Rückenangriff höchst gefährlich zu machen, wie wir aus der Kriegeskunst wissen; so ist wohl die Anwendung dieser Angriffe, verbunden mit der geraden Entgegenwürkung der Hauptarmee das beste Mittel einen Fluß in gewissen Punkten zu vertheidigen, und man muß es nie zu gebrauchen vergessen, wo es die Summe unserer Streitkraft und die Lage der Oerter zuläßt.

20. Uebrigens ist es am besten, daß man zu den detaschirten Corps die leichtesten Truppen aller drey Waffen und einige Bataillons Linieninfanterie nimmt, weil die Bewegungen dieser Corps mit der größten Schnelligkeit ausgeführt werden müssen. Gebraucht nun der Feind zum Beyspiel 3 Stunden zur Schlagung einer Brücke, so kann der Zwischenraum zwischen zwey befestigten Uebergängen, wenn sonst das Terrain am andern Ufer nicht besondere Schwierigkeiten bey seiner Passage entgegensetzt, 3 deutsche Meilen betragen.

21. Diese festen Posten dienen dann als die Bollwerke der ganzen Vertheidigungslinie; und von da aus wird es nicht allein ungleich leichter, die feindlichen Bewegungen schneller und bestimmter zu erfahren, sondern selbst sehr zu erschweren und langsamer zu machen; indem man die Colonnen des Feindes beständig mit mehrern Trupps leichter Reiterey und Infanterie umgiebt und aller Orten zwackt und die Pässe verlegt.

22. Bey einer solchen Lage der festen Uebergänge läßt es sich dann wohl mit einer der feindlichen Macht gleichen, oder nicht über $\frac{1}{8}$ schwächern Armee, bey übrigens geradem Laufe des Flusses und weder nachtheiligen noch vortheilhaften Lage zur Vollführung oder Verhinderung eines feindlichen Uebergangs, ausführen, den Feind bey drey Zwischenräumen zwischen vier festen Posten, die nicht über $2\frac{1}{2}$ Meile bis 3 Meilen auseinander liegen, also in einer Fronte von $7\frac{1}{2}$ Mei-

len bis 9 Meilen durch eine unmittelbare Vertheidigung des Ufers abzuhalten.

§. 46.

d. Lehrsatz. Wenn die Form des Flusses und der Communicationen nicht zur Vertheidigung vortheilhaft ist, so kann der Uebergang in einigen Fällen durch ein starkes dem Feinde nahes Lager auf dem andern Ufer verwehrt werden.

1. Wenn der Lauf der beyderseitigen Communicationswege, oder der einwärtsgebogene Lauf des Flusses die Anwendung der beyden erstern Mittel den Uebergang zu verwehren, nicht gestattet; so bleibt freylich in den meisten Fällen das dritte Mittel noch übrig, wo man nämlich mit der Hauptmacht selbst über den Fluß geht, und den Feind durch die nahe Gefahr, selbst beym Uebergange angegriffen zu werden, von demselben abhält.

2. Dieses Mittel kann jedoch nur in einigen besondern Fällen Statt finden; obgleich es scheinbarlich ist, daß der Feind durch eine feste Stellung, die man so nahe als möglich an ihm genommen hat, außer Stand gesetzt werde, den Uebergang zu unternehmen, bevor er nicht die Armee, welche den Fluß vertheidigt, aus dem Lager, dessen Angriff keinen glücklichen Erfolg verspricht, vertrieben hat. Bey einer genauen Untersuchung aber findet man, daß diese Art einen Fluß zu vertheidigen keinen geringen Schwierigkeiten unterworfen ist. Folgende Betrachtung zeigt dies näher.

3. Wir

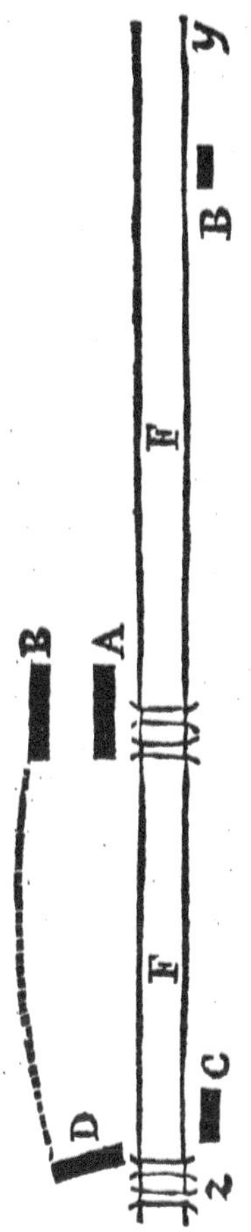

3. Wir wollen annehmen, es sey der Armee A, welche aus 50,000 Mann bestehen soll, aufgetragen, einer gleich starken Armee B den Uebergang über den Fluß F in einer Länge von 5 deutschen Meilen zu verwehren, und sie habe zu diesem Ende folgende Maasregeln getroffen.

4. Jenseits des Flusses in A kampiren 40,000 Mann in einem festen Lager; zwey Corps, jedes von 5000 Mann haben diesseits des Flusses auf den Flügeln der Vertheidigungslinie y z in B und C Posto gefaßt.

5. Hinter dem Lager der Hauptarmee sind zwey Brücken über den Fluß geschlagen, welche am jenseitigen Ufer durch Redouten und Brückenschanzen, und am diesseitigen durch Batterien von schwerem Geschütze gedeckt werden.

6. Die Hauptarmee setzt vorwärts und auf den Flanken die Vorposten so weit vor, als es der Sicherheit wegen geschehen darf. Da, wo nun aber der Fluß nicht durch das Lager und die Vorposten der Hauptarmee gedeckt werden kann, sind von den Seitencorps B und C längst dem diesseitigen Ufer Wachen, in gehörigen Entfernungen ausgestellt worden.

7. Unter diesen Voraussetzungen befindet sich die Armee B, welche über den Fluß gehen soll, in der Nothwendigkeit, in der Nähe der Armee A, z. B. in B ein Lager zu beziehen, um sowohl die Stellung derselben als auch eine zum Uebergang vortheilhafte Gegend zu rekognosziren.

 8. Da

8. Da sie auf keinen Posten eingeschränkt ist, sondern sich überall hinwenden kann; so ist sie auch im Stande, diese Operation mit ihrer ganzen Macht zu unterstützen, und hat nicht zu fürchten, von der Armee A, welche ihr Lager nicht gleich verlassen darf, in derselben unterbrochen zu werden.

9. Wenn wir nun auch annehmen, daß bey z auf dem linken Flügel der Vertheidigungslinie die Gegend ist, in welcher der Uebergang am vortheilhaftesten unternommen werden kann; so ist die Armee A nicht im Stande die Armee B zu verhindern, nach dieser Gegend zu marschiren, das Corps C durch ein überlegenes Artilleriefeuer von dem Ufer des Flusses zu vertreiben, sich alsdann in D mit dem rechten Flügel an den Fluß zu postiren, und in dieser Stellung zwey Brücken zu schlagen.

10. Ist aber dies alles geschehen; so bleibt der Armee A nichts übrig, als eine von folgenden Partheyen zu ergreifen. Sie muß nämlich über den Fluß zurückgehen, oder ihren festen Posten verlassen, um in der Nähe der Armee B ein Lager zu beziehen, und sie durch ihre Gegenwart zu verhindern über den Fluß zu gehen. Sie kann auch in ihrem festen Lager so lange stehen bleiben, bis sie Nachricht erhält, daß die Armee B den Uebergang unternimmt, und alsdann gegen dieselbe anzurücken; und über denjenigen Theil derselben, der den Fluß noch nicht passirt hat, mit einer entscheidenden Ueberlegenheit herzufallen.

11. Geht die Armee A über den Fluß zurück; so giebt sie den Entwurf auf, den Fluß jenseits zu vertheidigen. Verläßt sie ihren festen Posten um in der Nähe der Armee B ein Lager zu beziehen; so setzt sie sich der Gefahr aus, von derselben angegriffen und geschlagen zu werden; und warret sie in dem Posten A den Zeitpunkt ab, wenn die Armee B den Uebergang unternimmt, um über denjenigen Theil derselben, der noch nicht über den Fluß ist, herzufallen; so kann sie sich in dieser Unternehmung keinen glücklichen Erfolg versprechen, wenn die Zeit, welche sie anwenden muß, um von A nach D zu kommen, eben so groß,

oder

oder noch größer ist, als die Zeit, welche die Armee B braucht, um mit allen Truppen über den Fluß zu gehen.

12. Von A bis D sind $2\frac{1}{2}$ Meile. Diese kann eine Arme höchstens in einer Zeit von 6 Stunden zurücklegen. Im vorhergehenden Beyspiel, in welchem wir die Armee B wegen der Scheinbrücken, die geschlagen werden mußten, nur über eine Brücke gehen lassen konnten, erfordert der Uebergang eine Zeit von 6 Stunden. Im gegenwärtigen Beyspiel können wir annehmen, daß der Uebergang in 4 Stunden vollzogen seyn wird, weil die Armee B, von welcher nichts detaschirt ist, auf 2 Brücken über den Fluß gehen kann.

13. Wenn daher die Armee A zu eben der Zeit von A aufbricht, wenn die Armee B anfängt über den Fluß zu gehen, welches aber nicht wohl möglich ist; so wird sie demungeachtet nicht eher bey D ankommen, als nachdem sich die ganze Armee B bereits zwey Stunden auf der andern Seite des Flusses befindet. Hieraus erhellt daher, daß es in diesem Falle weit schwerer ist, einen Fluß auf diese Art zu vertheidigen, als wenn man sich dahinter setzt.

14. Wollte man daher dennoch diese Methode anwenden, so kommt es nur darauf an, eine Anordnung zu treffen, vermittelst welcher man in den Stand gesetzt ist, mit Sicherheit dem Feind gleich bey dem Anfang seiner Bewegung sich nähern zu können, und seinen Marsch so lang zu verzögern, als wir Zeit bedürfen, um ihn früh genug noch vor völliger Ausführung des Uebergangs einzuholen und zu schlagen.

15. Die Mittel, um zeitig genug des Feindes Bewegung zu erfahren, kennen wir, und es wird angenommen, daß man sich ihrer, nämlich der Spione und leichten Truppen zu diesem Zwecke auf das Beste bedient, und also die Bewegung des Feindes zeitig genug erfährt, um ihn wieder einholen zu können, sobald man sogleich aufbricht. Wollen wir nun dem Feinde sogleich in seiner Bewegung, die wir hier natürlich weit eher erfahren müssen, als am diesseitigen

tigen Ufer, folgen, so setzen wir uns freylich einem Angriffe des Feindes und selbst einer förmlichen Schlacht aus.

16. Da wir aber auf diesem Marsche eigentlich der offensive Theil sind, so ist es vielmehr unsere Sache, die feindlichen Colonnen durch beständige Angriffe aufzuhalten und zu schwächen; und da wir also diese kleinern Bewegungen und Gefechte anfangen, und der Feind auf seinem Marsche sich eben sowohl als wir vor einem unzeitigen Gefecht zu hüten hat, so ist er mit uns gewissermaaßen in gleicher Gefahr, und wir daher eigentlich in gar keiner.

17. Um des Feindes Bewegung aber desto mehr aufzuhalten, ist es nothwendig, das ganze jenseitige Ufer auf unsern beyden Flanken mit leichten Corps von Weite zu Weite zu besetzen, die beständig die Communicationsdefilees auf den feindlichen Marschwegen zu verlegen suchen, und die Teten der in schneller Bewegung begriffenen feindlichen Colonnen durch immerwährende Angriffe beunruhigen und aufhalten. Diese Corps müssen aber eben so wie die Hauptarmee einen vollkommenen sichern Rückzug auf das disseitige Ufer haben, oder doch einen Punkt besitzen, wo sie sich gegen überlegene feindliche Angriffe decken können.

18. Hieraus folgt daher, daß, wenn man einen Fluß durch Stellungen und Bewegungen auf dem feindlichen Ufer vertheidigen will, man

a. Einer Schlacht sich nicht zu sehr entziehen, sondern im Gegentheil den Feind auch selbst während seiner Bewegung an vortheilhaften Gegenden zu zwicken suchen muß.

b. Muß man aber auf dem feindlichen Ufer längst und an dem Flusse, von Weite zu Weite feste Posten liegen haben, welche die in der Gegend herumschwärmenden leichten Corps aufnehmen, und von da aus diese den Feind auf beyden Ufern beständig beunruhigen können; wozu aber gehört, daß sich bey diesen festen Posten Brücken über den Fluß befinden, welche

auch

auch auf dem diesseitigen Ufer durch Verschanzungen hinlänglich gedeckt sind.

19. Liegen diese festen Punkte nicht über 2½ Meilen auseinander, und befinden sich bey jedem 2500 Mann; so können diese, wenn immer zwey und zwey sich einander unterstützen und mit Einverständniß agiren, dem Feinde so viel zu schaffen machen, daß die in der Mitte kampirende Hauptarmee früh genug ankommen kann, um den Feind noch vor der Vollendung des Uebergangs anzutreffen und zu schlagen. Doch gehört hierzu immer nur eine gewisse Ausdehnung der Vertheidigungsfronte, und ich glaube, daß man diese bey solchen festen Posten und Uebergängen immer auf 7½ Meile annehmen kann.

20. Diese festen Uebergänge geben auch das Mittel an die Hand, nach den Umständen und so wie sich das Glück des Feindes wendet, sogleich bey dem Anfang seiner Bewegung, oder auch während derselben noch, wenn man etwa vorher die gewisse Richtung erfahren will, ein Corps an das diesseitige Ufer zurückzuschicken, (wenn wir durch diese Schwächung des Hauptheers keine Nachtheile zu befürchten haben,) und durch das Entgegensetzen dieses Corps am disseitigen Ufer, den Feind in eine gefährliche Lage zu bringen. Dies würde der Fall seyn, wenn der Feind unsere Flankencorps im Respekt erhielte, und bereits ein mäßiges Corps übergesetzt hätte, welches den Uebergang durch Einnehmung gewisser Posten sichern soll.

21. In diesem Falle würde man den größten Theil der bey den festen Posten stehenden Flankencorps am feindlichen Ufer behalten, um damit immer noch bis zur Ankunft der Hauparmee, den Feind zu beschäftigen. Den dritten Theil von denjenigen, die den feindlichen Uebergangsorten am nähesten sind, müßte man aber an das diesseitige Ufer herüber senden, um damit das feindliche übergegangene Corps so lange zu beschäftigen, bis unsere bereits zu Angriff desselben abgetheilte Truppen angelangt sind.

22. Man

22. Man geht alsdann nach dem diesseitigen Ufer mit der größten Macht zurück, um das feindliche Corps plötzlich zu überwältigen; während der Rest des feindlichen Heers von einem besondern Corps bedroht wird.

23. Die Umstände müssen aber dabey so seyn, daß wir uns von dem Angriffe diesseits einen größern Vortheil, als von dem jenseits versprechen, und früh genug auf dem diesseitigen Ufer dem Feinde gegenüber ankommen können; um zu verhindern, daß er daselbst nicht schon eine der unsrigen überlegene Kraft besitzt.

24. Das erstere wird durch die vom Feinde an den beyden Seiten bereits im Besitz habenden Vortheile des Terrains und der sie besetzenden Macht, das zweyte aber dadurch entschieden, daß man wenigstens eben so viel, und wo möglich noch mehr, in dem Augenblick und zum Zweck der Bewegung, nutzbare Uebergänge in der Gewalt habe, als der Feind, und also unser Uebergang schneller als der feindliche geendigt wird.

C. Grundsatz. Wenn die Fronte zu lang, oder die unmittelbare Vertheidigung der Ufer verunglückt ist, so muß das innere Land durch Flanken geschützt werden, die an dem Flusse aufgestellt werden.

§. 47.

a. Lehrsatz. Diese Hauptflanke muß durch excentrisch gestellte Seitencorps gesichert, der Feind dadurch umklammert und der Uebergang des Flusses zu einer Diversion in den Rücken des Feindes bey der Hauptflanke durch einen festen Posten gedeckt seyn.

1. Aus dem bisherigen ersehen wir die großen Schwierigkeiten, welche bey einer unmittelbaren Vertheidigung eines Flusses eintreten, sie mag in welcher Methode geschehen als man will. Hat man daher einen Fluß zu Verstärkung der Vertheidigungslinie vor sich, so ist es zur Behauptung derselben im Ganzen genommen am besten, wenn man zu die-

diesem Zwecke eine Stellung wählt, welche uns die großen Vortheile der Flankenoperationen gegen den Feind, und bey einer günstigen Gelegenheit auch die Anwendung einer unmittelbaren Ufervertheidigung sichert.

2. Man wird daher die Absicht, dem Vorrücken des Feindes Einhalt zu thun, weit besser erreichen, wenn man in einiger Entfernung hinter dem Flusse, ein festes Lager bezieht, und rechts und links kleine Corps in ebenfalls haltbare Posten detaschirt. Denn geht nun der Feind über den Fluß, so hat er dem ungeachtet noch nichts gewonnen. Er darf in die Zwischenräume, die sich zwischen der Hauptarmee und den Seitencorps befinden, nicht vorrücken, weil er Gefahr laufen würde, die Gemeinschaft mit seinen Brükken zu verlieren.

3. Er wird zwischen der Vertheidigungslinie und dem Flusse nur wenige Fourage finden, und daher in kurzer Zeit genöthigt seyn, jenseits des Flusses zu fouragiren. Dies kann aber der Armee, welche sich vertheidigt, eine günstige Gelegenheit darbieten, den Feind zu einer Zeit anzugreifen, da ein beträchtlicher Theil seiner Armee, der nach Fourage ausgesandt worden, sich jenseits des Flusses befindet.

4. Sind nun die Posten, in welche die vertheidigend gehende Armee vertheilt ist, von einer solchen Beschaffenheit, daß der Feind keinen Angriff mit Vortheil dagegen unternehmen kann; so wird er sich höchst wahrscheinlich unter so nachtheiligen Umständen genöthigt sehen, wieder über den Fluß zurückzugehen.

5. Besitzt man feste Uebergänge am Flusse, so kann man diese Vertheidigungsmethode noch um ein großes verstärken, wenn nur diese Uebergänge und feste Posten nicht zu weit von einander liegen, sondern höchstens 3 Meilen von einander entfernt sind.

6. In diesem Falle ist es nicht einmal nöthig, ein festes Lager in einiger Entfernung vom Flusse, dem feindlichen Uebergange gegenüber zu besitzen; sondern, da durch die am Flusse liegenden festen Posten das Mittel entsteht,

sich

sich an demselben mit einer beliebigen Macht festzusetzen, ohne vom Feinde etwas entscheidendes befürchten zu dürfen, so ist es am besten diese Punkte zu einer vortheilhaften Würkung gegen die feindlichen Flanken und Communicationslinien zu benutzen.

7. Die größesten Vortheile, welche aus der Verstärkung einer Vertheidigungslinie durch einen Fluß zu erhalten sind, bestehen also nicht darin, die Kräfte des Heers anzustrengen, um dem Feinde aller Orten zuvorzukommen, und ihm den Uebergang unmittelbar zu verwehren; sondern darin, daß der Feind gezwungen ist, die Verbindung mit seinem Lande nur durch einige wenige Pässe zu erhalten, und daß diese Communicationen eben so leicht unsicher gemacht werden können, als sie gänzlich zu zerstören sind.

8. Man kennt hier gleichsam schon beym Anfange, ja selbst schon vor der feindlichen Expedition die wenigen Punkte, welche dem Feinde einen Rückzug in sein Land gestatten und meistens die Hauptverbindungen seiner Lebensfaden sind, bey dessen Bedrohung oder gar Abhauung die feindliche Operation sogleich in ihr Nichts zurückfällt, und eine gänzliche Niederlage des angreifenden Theils zur Folge haben kann.

9. Wenn also ein Fluß vor der Fronte ist, an dem von 3 zu 3 Meilen ein fester Platz und ein sicherer Uebergang ist, und der Feind will denselben passiren; so setzen wir uns mit dem Hauptcorps in die Mitte der ganzen Linie, zwischen die festen Posten eine Kette von Vortrupps, in die festen Posten oder unmittelbar bey dieselben unter ihrem Schutze, auf die andere Seite des Flusses, leichte Corps von einigen 1000 Mann mit reitendem Geschütze; endlich auf jede Flanke des Hauptcorps, 3 Meile von demselben ein nicht mit Bagage beschwertes Corps, das etwa den vierten Theil so stark ist, als das Hauptcorps.

10. Die Hauptarmee hält sich beständig zum Marsch bereit, und kampirt höchstens 5 bis 6000 Schritte vom Flusse, welches um so vortheilhafter ist, wenn der Fluß etwa einen auswärtsgehenden Bogen nach dem Feinde zu machen

machen sollte. Der Cordon sowohl als die jenseits stehenden leichten Corps sind auf alle feindliche Bewegungen so aufmerksam als möglich, und die letztern folgen ihm darin nicht allein, sondern suchen ihn auch durch beständige Angriffe auf seine Arrier- und Avantgarde aufzuhalten, damit die drey Hauptcorps Zeit gewinnen, irgend eine Parthie zu ergreifen.

10. Sollte nun der Feind es wagen, zwischen den beyden festen Posten über den Fluß zu gehen, hinter welchem sich das Hauptcorps befindet, so muß man von dieser vielleicht zufälligen glücklichen Lage so schnell als möglich Vortheil ziehn, dem Feinde mit dem Hauptcorps unmittelbar entgegenrücken, und ihm den Uebergang durch eine förmliche Widersetzung streitig machen, während die leichten Corps der beyden nächsten festen Posten so schleunig als möglich verstärkt werden, und dem Feinde in die Flanken fallen, indem er mit dem Uebergange beschäftigt ist.

11. Sollte man nun aber dem ungeachtet nicht so glücklich seyn, den Feind zurückzuhalten, weil die Armee entweder zu spät kam, welches jedoch in der kleinen Fronte von 3 Meilen nicht gut möglich ist, oder weil etwa das Terrain oder andere Umstände hinderlich sind; so setzt man dem Feinde auf dem geraden Wege, den er beym Vorrücken nehmen kann, ein Corps leichter Truppen entgegen, das ihn immer umschwärmt und seinen Bewegungen einen großen Theil ihrer Schnelligkeit rauben kann.

12. Das Hauptcorps aber zieht sich seitwärts am Flusse zurück, und bezieht, so nahe als möglich an den feindlichen Brücken, mit der einen Flanke an dem Fluß oder doch nicht weit davon entfernt ein so festes Lager, daß der Feind bey einem Angriff darauf sich keinen glücklichen Erfolg versprechen kann.

13. Die freye Flanke dieses Lagers muß nun durch eine eben so feste Position des dem Feinde gerade entgegenstehenden Corps gedeckt werden. Das nun hinter dem Hauptcorps stehende Flankencorps wird theils zur Verstärkung des

Hauptlagers, theils zur Verstärkung des dem Feinde gerade entgegenstehenden Lagers der leichten Truppen verwandt.

14. Das andere Flankencorps hingegen rückt bis zu dem nähesten festen Posten an den feindlichen Brücken am Flusse gegen das Hauptlager herauf, und deckt seine Stellung unmittelbar durch diesen festen Punkt, und den bereits zu diesem Zwecke angelegten Befestigungen.

15. In dieser Stellung umgiebt man nun die feindlichen Corps mit einem immerwährenden Schwarme der leichten Truppen, und ist auf alle ihre Bewegungen aufmerksam, sucht sich aber selbst nicht zu vergessen, und also immer parat zu seyn, einen plötzlich unternommenen feindlichen Angri kräftig abzuwehren.

16. Da sich der Feind in einem starken einwärtsgehenden und von uns besetzten Bogen befindet, so läuft er nicht allein jederzeit bey der geringsten Bewegung Gefahr, daß wir bey einem günstigen Augenblicke aus unseren festen Positionen herausfallen, ihn von allen Seiten angreifen, und eine Schnure um ihn zuziehn, die ihm schwer zu zerhauen seyn wird; sondern er kann auch eine gänzliche Niederlage selbst bey einem eigenen Angriff auf eins unserer Corps erleiden, da ihm die andern beyden sogleich in den Rücken und in die Flanke fallen und ihn aller Möglichkeit des Rückzugs berauben.

17. Aber wenn auch selbst der so seltene und fast unmögliche Fall einträte, daß weder der Feind noch wir eine wahre oder scheinbare günstige Gelegenheit zu einem Angriffe antreffen, und also beyde Theile in ihren Stellungen entweder ruhig stehen bleiben, oder der Feind mit dem Hauptcorps fortführe, das ihm gerade entgegenstehende Corps weiter zurückzutreiben, während ein besonderer Theil seines Heers gegen unsere noch am Flusse stehende Truppen die Brücken und die Communication des feindlichen Heers damit zu schützen sucht; so haben wir doch die Freyheit in beyden Fällen, während wir das den Fluß passirte feindliche Heer mit steten Angriffen beunruhigen, plötzlich von den beyden

auf

auf des Feindes Flanke liegenden festen Posten aus, mit einem Corps insgeheim den Fluß zu passiren, und entweder auf dem feindlichen Ufer einen überraschenden und entscheidenden Streich, gegen die feindlichen Brücken und die sie auf dieser Seite deckenden Truppen, oder gegen die jenseits des Flusses liegenden feindlichen Communicationen, die ihm eben so wichtig seyn müssen, als die Brücken, auszuführen; und so den Feind durch eine Art von Diversion zu einem schnellen Rückzuge oder in eine Lage zu bringen, die ihm bey dem kleinsten Unglück einer totalen Niederlage aussetzen kann.

18. Diese Stellungen am Ufer des Flusses in festen Positionen und in den Flanken des Feindes, gewähren zugleich den besten Schutz und die größte Sicherheit aller der Mittel, die man zur Zerstörung der feindlichen Brücken anwenden kann, und die um so sicherer ihre Würkung thun werden, wenn durch plötzliche heftige Anfälle auf beyden Ufern gegen die feindlichen Brücken, der Schreck des Feindes vermehrt, die Gefahr vergrößert und seine Aufmerksamkeit getheilt wird.

19. Sollte nun aber der Feind nicht innerhalb des zwischen den beyden mittelsten festen Posten, und dem Hauptlager gerade vorliegenden Zwischenraums, sondern auf einer der beyden Flügelabtheilungen über den Fluß gehen, so muß ihm das diese Abtheilung bewachende Corps sogleich entgegenrücken und durch beständige Angriffe oder Kanonaden zu beunruhigen suchen, wenn es nicht hat früh genug eintreffen können, um sich dem Uebergange selbst unmittelbar entgegen zu setzen.

20. In diesen Bemühungen, welche dem Hauptcorps so viel Zeit als möglich zum Herbeyrücken verschaffen sollen, wird das Flankencorps durch die bey den nähesten festen Posten stehenden leichten Corps auf das Beste unterstützt, indem dieselben auf dem jenseitigen Ufer, den noch auf demselben stehenden feindlichen Truppen in die Flanke oder Rücken zu fallen suchen.

21. Das Hauptheer, das unterdessen von der Gewißheit des feindlichen Uebergangs durch wiederholte Berichte überzeugt ist, eilt nun so schnell als möglich nach dem, den feindlichen Brücken am nähesten und zwischen ihnen und dem ersten Hauptlager liegenden festen Posten, wenn es nicht möglich ist, noch früh genug sich den feindlichen Brücken unmittelbar in einem festen einwärtsgehenden Bogen entgegen zu setzen, und schickt von hier gleich so viel leichte Truppen als möglich nach der dem Feinde gerade entgegenliegenden Gegend ab, welche sich hier festsetzen, und mit dem zuerst den Feind angegriffenen und nun sich nach dem andern nähesten festen Posten zurückgezogenen Flankencorps eine sichere Communication eröffnen.

22. Jetzt befindet sich der Feind in der nämlichen Lage, wie vorhin, und indem man das zweyte Flankencorps nun, nach der Lage der Umstände, entweder gleich unmittelbar auf der andern Seite des Flusses gegen die feindlichen Brücken oder innern Communicationen schickt; oder indem man es an sich zieht, sich verstärkt, und nun von diesem den Feind umgebenden Bogen aus gegen ihn und seine Brücken wirkt; führt man eben die Operationen aus, welche wir oben zur Zurücktreibung des Feindes angegeben haben.

23. Aus dem bisher gesagten erhellt nun der unbezweifelte große Vortheil, welchen man bey der Vertheidigung eines Flusses aus dem Besitze einiger festen Uebergänge, und aus einem auswärtsgehenden Lauf des Flusses selbst ziehen kann; und es wird deutlich, daß wenn diese festen Uebergänge nicht mehr als drey Meilen oder einen mäßigen Marsch aus einander liegen, man durch ihre gehörige Benutzung eine viel größere Fronte des Flusses vertheidigen könnte, als wenn sie nicht da wären, und wir mit unsern Operationen ganz auf das diesseitige Ufer eingeschränkt sind.

24. Diese Methode läßt, wenn sonst die Fronte des zu vertheidigenden Flusses nicht zu groß ist, oder andere Umstände entgegenstreben, die Anwendung aller übrigen Vertheidi-

theidigungsarten zu, und die festen Posten geben die Mittel an die Hand, diese auf so mannigfaltige Arten zu verändern, daß man sie vorzüglich nur als die Erhaltungsquelle des deckenden Flusses betrachten muß, indem das Heer nichts anderes thut, als daß es sie gehörig benutzt.

25. Um daher nichts zu versäumen und unbenutzt zu lassen, muß man daher jetzt eben sowohl alle Schiffe wegnehmen, und, reicht so leicht keine Pontonbrücke wegen der Breite des Flusses über denselben, so weiß man, daß der Uebergang durch diese Aufbewahrung der Schiffe schon höchst schwierig, wo nicht gar in den gegenwärtigen Augenblicken unmöglich wird.

26. Sind übrigens die Ufer felsigt oder morastig, so kann man auch wohl schon durch einige gut verschanzte Stellen dem Feinde ein großes Hinderniß entgegensetzen, und die Möglichkeit seiner Operation nur auf wenige Punkte einschränken, wo es dann leicht ist, unsere Macht zu verstärken. Kurz wir müssen hier ebenfalls alle die Vortheile hervorsuchen, welche überhaupt eine größere Sicherheit gewähren, indem keine kleine Ursache unbedeutend und zu vernachlässigen ist, die in der Summe mehrerer einen Vortheil entscheidender macht.

§. 48.

b. Lehrsatz. Die Vertheidigung eines Morastes muß auf ähnliche Art wie die eines Flusses erhalten werden.

1. Bey einem Moraste ist die Bestimmung der feindlichen Uebergangsorte lange nicht so ungewiß, als bey einem Flusse; der Feind kann uns also nicht so, wie da, durch Scheinbewegungen überraschen.

2. Hieraus folgt also, daß die unmittelbare Uferverteidigung bey einem Moraste die beste ist, indem wir in den mehrsten Fällen hierzu stark genug sind, wenn man nur dem Feinde in jedem gut verschanzten Passe das doppelte seiner

zu gleicher Zeit dagegen anwendbaren Kraft entgegenstellen kann.

3. Die Streitkraft des Feindes besteht anfänglich und wenn der Morast nicht zu breit ist, vorzüglich aus Artillerie, und hiergegen wird es schwer, ja fast unmöglich eine gleiche Anzahl aufzufahren, wenn der eigentlich zu behauptende Posten auf einem Damme und nicht hinter demselben liegt, und also sehr eingeschränkt ist.

4. In diesem Falle muß man nun die Kunst ersetzen, was die Natur versagte, und theils durch die Anlage der Verschanzungen die Anhäufung der Geschütze zu einem zweckmäßigen Gebrauch möglich machen, theils dem feindlichen Artilleriefeuer eine schwerer niederzuwerfende Deckung entgegesetzen.

5. Uebrigens hängt, wie schon oben erwähnt ist, die Möglichkeit, dem Feinde eine hinlängliche Kraft in allen Pässen entgegensetzen zu können, von der Anzahl, Stärke und Entfernung der verschiedenen Pässe ab. Die Stärke bestimmt sich aus der Breite und Länge der zum feindlichen Uebergange nutzbaren Stellen, und aus der Lage derjenigen Posten, von da aus man dem Passe sowohl eine gerade als Flankenvertheidigung mit dem Artillerie- und Gewehrfeuer ertheilen kann, und in wiefern sich dies alles durch gut angebrachte Verschanzungen vermehren läßt.

6. Ist nun dieser ganze Punkt der Stärke eines jeden Passes gehörig untersucht, und die zu seiner fortdauernden Behauptung nothwendigen Streitkräfte aller zu gebrauchenden Truppenarten bestimmt; so kommt es darauf an, ob die Summe der zur Behauptung aller Pässe nöthigen Truppen die Stärke des Heers nicht übersteigt, sondern im Gegentheil noch eine ansehnliche Reserve zum freyen Gebrauche übrig läßt.

7. Denn eine solche Reserve, die eigentlich aus dem größten Theile des Heers bestehen muß, ist zur Vertheidigung einer Greuzfronte eben so unentbehrlich, und in Rücksicht der vordern besetzten Posten zu denselben Zwecken noth-

wen-

wendig, als es ein zweytes Treffen in jeder Schlachtordnung und vorzüglich bey einem verschanzten Lager ist.

8. Wäre nun aber das Heer nicht stark genug, bey Vorbehalt eines hinlänglichen Reservecorps einem jeden Passe seine zur vollkommenen Behauptung gehörige Besatzung zu geben; so hat man zwey Mittel, die uns den fernern Besitz der Posten dennoch sichern können.

9. Das erste besteht darin, daß man das Reservecorps zur Verstärkung der Posten verwendet. Das zweyte aber, daß man die Posten nun mit einer zum anfänglichen Widerstande nothwendigen Besatzung versieht, die übrigen Truppen aber in gut gelegenen Positionen versammelt behält, und mit ihnen so wie bey der Vertheidigung eines Flusses, nach denjenigen Pässen hineilt, wo der Feind den Durchbruch unternimmt.

10. Wendet man das Reserveheer mit zur Besetzung der Pässe an, so kann es vielleicht wohl hinreichend seyn, um denselben einen hohen Grad von Stärke zu ertheilen; allein nie wird derselbe bey einem Passe doch so groß seyn können, als wenn ein ganzes Reservecorps zu seiner Vertheidigung dahinter steht, und das Debouschiren des Feindes erwartet.

11. Außer diesem Nachtheil, findet auch derjenige Statt, welchem alle Cordonstellungen bey keiner kräftigen Unterstützung unterworfen sind. Nämlich, daß wenn endlich einer oder einige dieser Passagen in des Feindes Hände gerathen, gewöhnlich auch alle übrigen verloren sind, indem sie nun der Feind schnell im Rücken angreift, und ihm wegen der großen Vertheilung der Truppen nicht geschwind genug zu ihrer Rückendeckung ein hinlänglich starkes Corps entgegengesetzt werden kann.

12. Aus diesen Gründen ist es daher vortheilhafter, die Vertheidigung des Morastes ebenfalls durch Bewegungen des Hauptcorps nach den Uebergangsstellen, und der schleunigen Besetzung der hier dem Feinde entgegenliegenden

 und

und bereits in Stand gesetzten Stellungen; kurz auf die nämliche Art, wie bey den Flüssen geschieht, zu betreiben.

13. Diese Methode wird hier übrigens ungleich leichter, als bey den Flüssen werden; indem man nicht allein schon ganz bestimmt die Orte kennt, wo der Uebergang nur geschehen kann, und diese hier einer viel größern Stärke und Befestigung fähig sind, als bey einem Flusse, wo eine schnell durchsetzende Reiterey sie oft in die Flanke faßt; sondern der Feind auch eine ungleich weit gefährlichere, höchst langwierige und unter einem kräftigen Feuer fast unmögliche Arbeit auszuführen hat, wenn er einen ganz zerrissenen Damm wieder herstellen, oder gar einen neuen bauen will. Denn da beyde Vortheile dem Heere mehr Zeit geben, herbeyzueilen, so ist auch die Vertheidigung durch Bewegungen und das zeitige Eintreffen zur Verhinderung des Debouschirens um so leichter, und weit eher auszuführen, als bey einem Flusse.

14. Da nun diese Vertheidigungsmethode die kräftigste und gefährlichste für den Feind ist, sie uns auch immer noch die Freyheit gestattet, in der Folge, wenn sie etwa nicht glücken sollte, die Flankenstellungen zur Abwendung des fernern feindlichen Vorrückens, oder noch während der Ausübung derselben den Rückenangriff gegen den Feind anzuwenden, wenn man sonst nur einen in der Nähe liegenden sichern und gut befestigten Uebergang selbst besitzt; so folgt hieraus, daß sie diejenige ist, welche man vorzüglich zur Vertheidigung einer von Morästen gebildeten Grenzlinie anwenden muß, es müßte denn seyn, daß besonders günstige Umstände zur Ausführung eines eigenen Ueberganges riethen.

15. Uebrigens ist auch hier, so wie überhaupt der Vortheil entscheidend, wenn der Morast einen auswärtsgehenden Bogen macht, und seine Pässe sonst nicht zu schwach oder zu häufig sind. Indessen muß die Fronte nicht zu ausgedehnt seyn, denn dieser Umstand würde gleichmäßig die übrigen Vortheile schwächen, so wie er es bey einem zu langen Flusse thut.

16. Wäre

16. Wäre nun aber ein Fluß mit einem Moraste von gleicher Breite und Tiefe, so können wir zum allerwenigsten annehmen, daß einen Damm über diesen Morast zu machen, wenn auch alle Nothwendigkeiten, deren Anzahl nicht klein ist, zur Stelle wären, dennoch drey bis viermal so viel Zeit zu bauen, als eine über den mit ihm gleich breiten Fluß zu schlagende Brücke erforderte.

17. Aber wenn wir auch annehmen, daß an der Stelle bereits sich ein nun zerstörter Damm befunden hat, und also der Grund des Morastes schon gefüllt ist; so können wir wenigstens zu seiner Wiederaufbauung die doppelte Zeit rechnen, als zur Schlagung einer Brücke über einen mit dem Moraste gleich breiten Fluß gehört.

18. Aus diesem Zeitverhältniß der beyderseitigen Arbeiten und aus der Kenntniß, die wir bereits von der Möglichkeit einer unmittelbaren Flußvertheidigung bey einer gewissen Größe der Fronte besitzen, können wir nun leicht einsehen, daß ein Morast wenigstens in einer doppelt so großen Fronte vertheidigt werden kann, als ein mit ihm gleich breiter Fluß.

19. Dies wird um so deutlicher, wenn wir nur bedenken, daß der Feind nicht gleich aller Orten die nöthigen Faschinen und andern Materialien und Werkzeuge vorfindet, um einen Damm zu machen, und sie wegen ihrer großen Anzahl, nicht so mit sich herumführen kann, als die Pontons; daher auch lange nicht so gut, als mit diesen Scheinübergänge und Anlockungen nach einem gewissen Orte hin unternehmen kann, welches doch das vorzüglichste Mittel ist, seinen Uebergang wenigstens Anfangs zu sichern.

20. Verschaft uns nun die günstige Lage einiger festen Plätze am feindlichen Ufer den Vortheil, daß wir auch mit einer zu rechter Zeit unternommenen Offensive dem Feind im Rücken agiren könnten, während er den Bau des Dammes oder den Angriff auf den denselben vertheidigenden Posten betreibt; so ist es deutlich, daß nun die Vertheidigungslinie

noch weiter ausgedehnt werden kann, oder daß einige Passagen mehr sich in der Fronte befinden dürfen.

21. Man hat zwar bey einem Moraste es nicht so sehr nöthig, als bey einem Flusse, zwischen den verschanzten Posten einen Vorpostencordon zu ziehen; allein damit dennoch die Posten unter sich wenigstens sogleich das Avertissement der feindlichen Angriffe, und alle Bemühungen des Feindes vielleicht an einem seichten Orte durchzukommen erhalten, so ist es dennoch nöthig einen Postençordon längst dem Moraste zu ziehen, obgleich er nicht so stark, als bey einem Flusse zu seyn braucht. Die übrigen Anordnungen der Stellungen zur Vertheidigung eines Morastes sind in allen Fällen, die nämlichen, die bey der Vertheidigung eines Flusses angegeben sind.

22. Sollte ein Fluß oder Morast zugefroren seyn, so wissen wir, daß die Deckung nur aus der Steile und Höhe des diesseitigen Ufers entspringen kann. Um indessen die Vortheile so viel als möglich zu vermehren, so muß man wenigstens an dem diesseitigen Ufer das Eis etwa 12 bis 20 Schritte breit aufhauen oder mit Kanonen aufschießen lassen, und so längst der Fronte einen beständigen Kanal erhalten.

23. Dieser Kanal ist zur Abwendung eines Ueberfalls um so nothwendiger, da gerade in dieser Zeit der strengen Kälte keine Lagerstellungen von den Truppen mehr bezogen werden können, sondern sie genöthigt werden, sich längst der ganzen Vertheidigungslinie in Quartiere zu zerstreuen, und daher weit schwerer und langsamer gegen den feindlichen Uebergang eine hinlängliche Macht aufzustellen im Stande sind, als im Sommer. In diesem Fall versteht es sich dann von selbst, daß der Cordon und die verschanzten Posten längst dem Ufer zur Vertheidigung der Uebergänge verstärkt werden müssen.

24. Die Anstalten, welche man übrigens zur Vertheidigung eines solchen steilen Morast- oder Flußufers im Winter machen muß, sind dieselben, die man zur Behauptung eines

eines tiefen steilen Grundes nöthig hat, wenn durch einen solchen die Vertheidigungslinie gedeckt werden soll. Nur ist zu bemerken, daß es höchst selten solche lange und tiefe Ravins giebt, die zur Deckung einer Grenzfronte oder eines ansehnlichen Theils derselben dienlich wären.

25. Uebrigens ist das Eindringen des Feindes in den Cordon hier noch weit schwieriger, als bey irgend einem andern Terrainhindernisse Statt findet; indem der Feind fast gar keine Mittel besitzt, den von uns besetzten steilen Bergrand hinauf neue Wege anzulegen, und da er sogar nicht einmal gut die Würkung des Geschützes zur Beschleunigung seiner Arbeit gebrauchen kann.

26. Sobald das jenseitige Ufer nicht hoch genug ist, und nicht zu weit entfernt liegt, so braucht es nur wenig Kraft um den Feind selbst an den für ihn günstigen Stellen so lange aufzuhalten, bis eins der drey Hauptcorps herbeyeilt, und den Durchbruch durch eine gute Stellung unmöglich macht.

§. 49.

e. Lehrsatz. Die Vertheidigung einer Meeresküste muß vorzüglich durch Flankenstellungen erhalten werden.

1. Regel. Die guten Landungsplätze müssen verdorben, oder nebst den Häfen stark verschanzt und die Landcommunication auf das Beste in Stand gesetzt und verkürzt seyn.

1. Bey einer vom Feinde zu unternehmenden Landung ist fast alles dasselbe, als bey der Passage eines breiten Flusses, denn das Geschütz kann eben so wenig, wie bey einem breiten Strome vom andern Ufer auf das diesseitige reichen: eine Brücke ist nicht zu schlagen.

2. Er bedarf also hier so wie da Fahrzeuge, welche die zu landende Mannschaft überführen, und Kriegsschiffe, welche durch ihre Position am Ufer und durch ihr Feuer im Stande sind, das Ausschiffen zu decken. Hierin ist also die

Erstei=

Ersteigung eines Meerufers mit der eines Flußufers gleich, allein die Natur dieser beyden zu passirenden Gewässer, bewürkt einen großen Unterschied in den Anordnungen sowohl zum Landen, als in denen zu dessen Verwehrung.

3. Die Breite des Meeres, welche oft mehrere 100 Meilen beträgt, erlaubt dem Angreifer nicht, wie wohl bey der Passage eines Flusses Statt findet, durch wiederholte Transporte der Truppen, die Passage derselben zu vollenden; sondern diese müssen sich hier gleich alle zusammen auf den Schiffen befinden, wenn man sonst einen glücklichen Erfolg der ganzen Unternehmung nicht den unzäligen Zufällen unterwerfen will, welche die zum zweyten, und vielleicht gar zum dritten Transporte abgegangenen Transportschiffe, auf ihren Hin- und Herreisen unterworfen sind.

4. Diese ungleich größere Gefahr der Fahrten zur See als auf einem Flusse, macht denn auch eine Landung an einem Meerufer weit gefährlicher, zwar nicht wegen der Ausschiffung selbst, sondern vorzüglich wegen der unruhigen und stürmischen Natur der Meere, die in einem Augenblicke ganze Flotten ohne Zuthun des angegriffenen Theils zernichten können.

5. Nimmt man nun hierzu, daß der Feind wegen der langen Reise, oder auch nur wegen der Breite des kleinsten Meers, den größten Theil seiner Magazine mitbringen und ausschiffen muß, indem die Flotte leicht durch Sturm vom Lande zu gehen genöthigt werden könnte, und dann die ausgesetzten Truppen vielleicht dem drückendsten Mangel Preis gegeben wären; so wird man von der schwankenden Lage seiner ganzen Existenz, die fast einzig von der Erhaltung seiner freyliegenden Magazine abhängt, leicht überzeugt.

6. Auch ist dann bey Betrachtung der großen Kosten, welche nicht allein die Transport- sondern auch die Kriegsschiffe zu unterhalten erfordern, leicht einzusehen, daß schon die Uebersetzung eines mäßigen Corps höchst schwer, und die Landung eines großen Landheers über ein großes Meer, fast unübersteigliche Schwierigkeiten gegen sich findet.

7. Hier-

7. Hieraus folgt dann wohl, daß in diesen Rücksichten die Grenze eines Landes zum Defensivkriege durch das Meer am besten gedeckt ist, vorzüglich, wenn man eine eigene ansehnliche Kriegsflotte längst dieser Küste besitzt, welche entweder die feindlichen Landungstruppen am Auslaufen verhindern, oder die feindliche Flotte auf der See oder endlich während der Landung in einem vortheilhaften Augenblicke anfallen und schlagen kann.

8. Die Schwierigkeiten bey einer Landung an einem bekannten Orte sind also auf dem Meere ungleich größer, als bey einem Flusse. Allein die erstaunliche Geschwindigkeit der Schiffe zur See, die es ihnen erlaubt, in einem Tage mehrere Tagemärsche zurückzulegen, giebt dem Feinde die Mittel an die Hand, solche schnelle Scheinbewegungen und Landungen an mehreren Orten zugleich vorzunehmen, daß man nothwendig zurückbleiben, und der Feind bey aller unserer Anstrengung sehr leicht nach irgend einem unbedeckten Punkte einen Vorsprung, und volle Zeit zur Ausschiffung seiner Leute erlangen muß.

9. Nur in dem einzigen Falle wäre es möglich die Landung vielleicht unmittelbar zu verhindern, wenn die Küste nur wenige Stellen hätte, wo die Landung nur mit dem größten Vortheil auszuführen stände. Diese wenige Stellen könnten dann wohl durch das Heer gleich anfänglich hinlänglich besetzt und vertheidigt werden.

10. Wäre aber die Landung an vielen Orten und auf einer langen Strecke möglich, so darf der Vertheidiger nicht daran denken, den Scheinbewegungen des Feindes aller Orten engegen zu kommen, und die Landung unmittelbar zu verhindern; sondern er muß sich, so wie bey einem zu langen Flusse begnügen, wo nicht die fernere Ausschiffung durch schnelle Angriffe unmöglich, doch des Feindes Vorrücken durch gut gewählte Flankenstellungen zur Beunruhigung seiner Communication und seiner Märsche, höchst gefährlich zu machen, und am Ende zu seinem eigenen Verderben umzukehren.

11. In-

11. Indessen auch bey dieser Methode der Stellungskunst kommt es darauf an, die erste Vertheidigungslinie, also das Meerufer durch einige feste und sichere Punkte in seiner Gewalt zu behalten, und den Feind durch die Aufopferung von Zeit, Geld und Menschen, welche der Angriff auf diese Posten ihn kosten wird, so lange aufzuhalten und zu schwächen, bis wir stark genug sind ihm mit Vortheil anzugreifen.

12. Die Wahl der Punkte zu diesen Vestungen wird nun hier eben sowohl, wie in dem Lande aus den gegenseitigen Vortheilen bestimmt, wie man aus dieser Lage sowohl zur Gründung einer verbandvollen Defension, als auch zur Führung einer planmäßigen und vortheilhaften Offensive bedarf.

13. Zur Erreichung des ersten Zwecks gehört, daß sie sich an denjenigen Stellen befinden, wo das Meer vortheilhafte Häfen für die feindlichen Flotten bildet, damit ihnen diese zur Gründung ihrer Sicherheit entzogen, und dieselben gezwungen werden, sich entweder den Gefahren der See ferner auszusetzen, oder nach ihrem eigenen Lande zurückzukehren, und dadurch den gelandeten Truppen die Mittel zum Rückzuge zu benehmen.

14. Nächst diesen Stellen müßten die Mündungen der schiffbaren Flüsse nicht allein aus demselben Grunde, sondern auch deswegen durch Vestungen gesichert werden, weil der Feind wahrscheinlich längst dem Flusse vorrücken wird, weil er ihm das leichteste Mittel gewährt, den Unterhalt entweder von seiner an der Mündung des Flusses liegenden Flotte, oder der daselbst angelegten Depots, auf die schnellste und wohlfeilste Art zu erhalten.

15. Sind auf diese Weise die Häfen und schiffbaren Flüsse gesichert, so nimmt man Rücksicht auf die Deckung der vorzüglichsten Landpässe und Hauptstraßen nahe am Ufer, und bildet sich durch diese hintere Linie fester Plätze, eine hier eben so nothwendige zweyte Vertheidigungsfronte.

16. Sind

16. Sind auf diese Weise die Häfen und die Küstengegenden durch gut angelegte und versorgte Vestungen gedeckt, so hat der Feind selbst nach Ausführung seiner Landung noch nichts gewonnen, indem er ohne den Besitz eines Hafens und einer am Meer gelegenen Vestung, die ihm die von seinem Lande kommenden Unterstützungen und auch die Anlage seiner Magazine und eines Zufluchtsort im Unglück sichert, unmöglich sich weit in das Land vor wagen kann, aus Furcht entweder seiner Communication oder gar seiner Magazine und Schiffe beraubt zu werden.

17. Allein schon aus dem Vorigen wissen wir, daß das Vertheidigungssystem, wo die Deckung des Landes allein nur aus der Vertheidigung der festen Posten erhalten werden soll, ohne daß ein hinlängliches Reserveheer ihnen zur rechten Zeit Unterstützung geben kann, nichts taugt; indem keine Vestung bey gehörigen feindlichen Anordnungen einen so hinlänglichen Widerstand thun kann, als daß man nur allein darauf die Sicherheit des Landes stützen dürfte.

18. Es ist also auch bey der Deckung eines Meerufers unumgänglich nothwendig, außer den Vestungen und ihren Besatzungen noch eine hinlängliche Armee zum freyen Gebrauch bereit zu haben, und lieber eine Vestung weniger als eine kleine nicht hinlängliche Armee zu besitzen.

19. Ueberdem können fast nie alle die Stellen durch Vestungen gesichert werden, wo der Feind eine vortheilhafte Landung auf eine nur mäßige Küstenlänge unternehmen kann; sondern es ist hier, so wie bey der Vertheidigung der Flüsse nur allein durch einen längst den gefährlichsten Stellen angeordneten Cordon, der sich schnell bey einer Landung des Feindes zusammenzieht, so wie bey einem Flusse, möglich, dem Ausschiffen des Feindes selbst einigen Widerstand entgegenzusetzen.

20. Die ersten nothwendigen Erfordernisse zur Anordnung einer planmäßigen Stellung und Vertheilung der Truppen zur Sicherheit einer Meeresküste, sind; daß man die Häfen, welche durch Vestungen für uns gesichert sind, auf das

das vortheilhafteste in Stand setzen, mit allem Nöthigen zu einer langwierigen Belagerung versehen; und die Communicationen zwischen denselben und nach den zurückliegenden Landpässen, in den besten Stand setzen läßt.

21. Das zweyte ist, daß man diejenigen Stellen zu unterscheiden wisse, die eine feindliche Landung begünstigen. Das dritte, daß man diese Stellen so viel als möglich unbrauchbar mache, wenn sie sonst zum Gebrauche für unsere eigene Kriegesflotte nicht unumgänglich nöthig sind, und sich durch die Stellung unserer Armee auf das vollkommenste gegen alle feindliche Besitznahme sichern lassen. Viertens endlich, daß man bestimme, welche Stellungen unsere Seemacht zur Verstärkung der ganzen Vertheidigung annehmen soll.

22. Die vortheilhaftesten Plätze lassen sich nun aus der Betrachtung der großen Streitkraft einer Kriegesflotte, und aus den Vergleichungen der erforderlichen Lage bey dem Uebergange über einen Fluß, mit der bey einer Ladung, leicht erkennen.

23. Die ungeheure Anzahl der Artillerie auf einer Kriegesflotte, kann auf keine Weise von einem Heere zu Lande mitgeschleppt und gegen den Feind in Aktivität gesetzt werden; es fällt also zu Lande bey dem Uebergange über einen Fluß unmöglich, die Landung mit einer so großen Würkungskraft der Artillerie, als auf dem Meere, zu decken.

24. Aus diesem Grunde wird eine weite Ebene am Ufer, wo sich der Vertheidiger weder durch Anhöhen, Sandhügel, Gehölze oder vortheilhaft gelegene Verschanzungen vor dem Feuer der feindlichen Flotte decken kann, diesem Feuer die größtmöglichste Würkung, dadurch dem Ausschiffen der Truppen den besten Schutz, und der Landung selbst die beste Lage gewähren.

25. Denn kein Heer in der Welt ist im Stande, sich dem Feuer einer ganzen Flotte, von der mehrere Tausend Feuerschlünde auf einmal gegen dasselbe ihre mörderischen Eingeweide ausspeyen können, unbedeckt auszusetzen, ohne in kurzer Zeit eine gänzliche Ertödtung ihrer Streitkraft befürchten zu müssen.

26. Da

26. Da die ausgesetzten Truppen auf eine Zeitlang, bis die Schaluppen nämlich den zweyten Transport holen, ihren eigenen Kräften größtentheils überlassen bleiben, so ist eine solche Gegend zu einer Landung vortheilhaft, wo eine große Anzahl Schaluppen in einer Linie zugleich landen und ihre Truppen aussetzen können, damit auf einmal sich dem Feinde eine ansehnliche Macht entgegenstellen läßt. Diejenigen Stellen der Küste, wo die Sandbänke und Klippen nur einen schmalen Durchgang zum Lande für die Schiffe lassen, sind also in dieser Rücksicht am unbequemsten zur Vollführung der Landung.

27. Ist man überzeugt, daß der Feldherr den vom Feinde gelandeten Truppen nur Cavallerie entgegensetzen kann, so ist es für den Feind vortheilhaft, wenn er seine Landung an einem Walde oder Gebürge vornimmt, indem die Ebene zwischen diesem für Cavallerie ungangbarem Terrain und dem Meere gewöhnlich zu klein ist, als daß der Feind von dieser Reiterey etwas zu besorgen haben sollte.

28. Eine andere unumgänglich nöthige Sache bey der Stelle einer Landung ist, daß das Ufer flach ins Meer ablaufe, und nicht durch steile Felsen und Berge gebildet werde, wo nicht allein die Brandung eine sichere Annäherung der landenden Transportfahrzeuge verhindert, sondern die Höhe und Steile des Ufers auch noch das Ausschiffen der Truppen und Artillerie, und die schleunige Besetzung des Ufers unmöglich macht. Wo also längst der Küste diese Hindernisse Statt finden, da ist man so ziemlich gegen die Landung eines ansehnlichen Corps sicher.

29. Um endlich dem Ausschiffen der Truppen und ihren Flanken durch das Feuer der Kriegesschiffe, welches ihr größter anfänglicher Schutz ist, eine hinlängliche und größtmöglichste Unterstützung und Deckung zu geben; so ist die Gegend der Küste zu einer Landung ganz vorzüglich günstig, wo das Ufer eben und flach ist, und das Meer zwey nicht weit von einander liegende Buchten macht, in denen sich hin-

längliche Tiefe des Wassers zur Fassung der Kriegesschiffe vorfindet.

30. Denn in diesem Falle werden die Flanken der ausgeschifften Truppen beständig durch die Buchten gedeckt, und in diese können sich die Kriegesschiffe so weit vor dem ersten Landungspunkte, der zwischen sie austretenden Landspitze, vorlegen, daß sie das ganze Terrain, welches der Feind passiren muß, wenn er die gelandeten Truppen angreifen will, mit einem mörderischen kreuzenden Feuer bestreichen werden.

31. Hat man nun nach diesen Regeln die ganze Küste untersucht und also die Stellen aufgefunden, welche die feindliche Landung begünstigen, so muß man sie entweder durch die Stellung der Truppen sichern, oder sie für den Feind unbrauchbar machen. Das erste geschieht dadurch, daß man die sie einschließenden und beherrschenden Vorgebürge, Landzungen und an der Küste liegenden kleinen Inseln befestigt, mit hinlänglichem Proviante versieht, und diese Posten mit einer ansehnlichen Besatzung, vorzüglich mit einer zahlreichen Artillerie verstärkt.

32. Hat man aber zur Ausführung dieses Mittels weder Geld noch Truppen, noch Artillerie genug, so muß man das zweyte Mittel anwenden. Dies geschieht aber, wenn man einige alte mit Steinen beladene Schiffe versenkt, und zwar an dem Eingange des Hafens. Ist dieser Eingang schmal, so ist die Ausführung dieser Sache meistens leicht.

33. Man kann auch Bäche und Flüsse auf solche Weise in den Hafen oder überhaupt nach der zur Landung vortheilhaften Gegend leiten, daß diese Gewässer, aus der Gegend, worüber man sie zu laufen zwingt, eine Menge Erde mit sich wegnehmen, welche die Häfen und Küstengewässer verschlemmt.

34. Doch, da dieses Mittel vielleicht ganze Jahre Zeit erfordert, so müssen die Anstalten dazu schon lange vorher gemacht seyn. Ein zwar ebenfalls langwieriges aber doch vielleicht nicht so beschwerliches Mittel, als dies letztere, ist,

daß

daß man die Höhen der Küste durch Untergrabung oder durch Minen in die See stürzt.

§. 50.

2. Regel. Besitzt der Staat eine Flotte, so dient sie dem Landheere zu Vorposten, und zur Ausführung vortheilhafter und beschützender Flankenangriffe gegen die feindliche Communication; weswegen auch von derselben eine nicht zu entfernte und höchst schwer einzuschließende starke Stellung zu nehmen ist.

1. Ist es möglich, dem Feinde eine starke Seemacht entgegenzustellen, so kann er sich auf keinen Fall einen glücklichen Erfolg seiner Landung versprechen, bevor er nicht diese Seemacht gänzlich unschädlich gemacht hat; denn sonst muß er von ihr befürchten, entweder seine Transportflotte auf der Herreise selbst, oder doch seine nachkommenden Unterstützungen, oder endlich seine Anlagen an dem erstiegenen Ufer im Rücken angegriffen zu sehen. Auch deckt man das eigene Land so lange vor den schrecklichen Verwüstungen des Krieges, als unsere Flotte vermögend ist die feindliche zu bestreiten.

2. Die feindliche Unternehmung kann auf keine Weise so heimlich unternommen werden, daß zwischen der langen Zeit, welche der Feind zur Aufbringung und Instandsetzung der Transportfahrzeuge bis zu dem Augenblicke, da er unter Segel geht, gebraucht, uns nicht sollte eine hinlängliche Kundschaft von der Lage und Vertheilung der feindlichen Flotte zukommen können.

3. Erfahren wir dann, daß die feindliche Flotte nicht an einem Orte allein versammelt ist; so muß man dahin trachten eine eigene auszurüsten, welche einer dieser feindlichen Abtheilungen überlegen ist, und mit dieser die feindliche Abtheilung plötzlich erobern, in Grund schießen, oder durch Branders verbrennen.

4. Oft giebt die Beschaffenheit der feindlichen Versammlungshäfen hierzu die Gelegenheit. Denn sehr oft ver-

mag der Hafen die große Zahl der Schiffe nicht zu fassen, und der Feind ist gezwungen mehrere derselben zu beyden Seiten auf die Rhede zu legen, wo sie zwar guten Ankergrund, und durch Vorgebürge Sicherheit gegen Stürme, aber auf keine Weise Deckung gegen den Feind finden.

5. Selbst wenn die feindlichen Frachtschiffe auf der Rhede unter dem Feuer der Vestungswerke vom Hafen liegen, so ist der Feind nicht im Stande uns an einem nächtlichen Angriffe auf dieselben zu verhindern, weil er während der Dunkelheit die auf dem Strande errichteten Batterien nicht gebrauchen kann, ohne es aufs Gerathewohl zu wagen, sowohl unsere als seine eigenen Schiffe zu treffen.

6. Ist unsere Seemacht die stärkste, so postirt man sie vor den feindlichen Versammlungshäfen, selbst wenn die Kriegesschiffe des Feindes bereits darinn zugegen sind. Denn, wenn man blos auf der offenen See oder an der eigenen Küste auf den Feind lauern wollte, so könnte er uns sehr leicht entwischen, die Landung vollenden, und darauf nach seinen Häfen zurückkehren, ohne daß uns unsere Flotte etwas zur Verhinderung alles dieses geholfen hätte. Diese ganze Unternehmung wird dem Feinde um so leichter, je länger die zu bewahrende Küste, und je weiter die Entfernung zwischen den Punkten ist, wo er die Landung droht.

7. Vielleicht hat der Feind seine Zurüstungen in verschiedenen Häfen gemacht, und kann die Divisionen seiner Flotte nicht anders zusammenziehn, als wenn er mit denselben durch eine gewisse Meerenge geht. In diesem Falle paßt ihm unsere Flotte in dieser Meerenge oder in ihrer Gegend auf, und fällt über die nach und nach ankommenden feindlichen Abtheilungen her, so wie sie die Meerenge passiren wollen. Noch bequemer ist dies, wenn man der hier aufpassenden Flotte in nahe gelegenen eigenen oder neutralen Häfen Sicherheit verschaffen kann, wenn sie durch einen Sturm von ihrem Posten verjagt wird.

8. Ist die Meerenge nicht so beschaffen, daß der Feind nothwendig da durchgehen muß, sondern steht es auch in seiner

seiner Macht, wenn schon vielleicht durch einen Umweg und mit einigen Schwierigkeiten, um das Land auf der andern Seite wegzulaufen, welches die Meerenge mit bilden hilft; so sendet man die leichten Schiffe zum Recognosciren voraus, ob der Feind etwa diesen andern Weg nimmt: denn sobald man dies erfährt, schwenkt sich die Flotte um die Insel schnell herum, und schneidet den Feind ab, oder greift ihn im Rücken an.

9. Allein die Flotte mag nun eine Station nehmen, welche sie will, so muß sie doch auf so lange Zeit, als möglich ist, hinlänglich mit Lebensmitteln versehen seyn, und der verbrauchte Proviant der Transportschiffe sobald als möglich aus den eigenen Häfen wieder ersetzt werden.

10. Denn leidet die Flotte Mangel, so ist dieser Grund, so wie auch bey jeder Landarmee völlig hinlänglich den angreifenden Posten zu verlassen, und sich in die eigenen Häfen zurückziehn; da sie doch eigentlich so lange stehen bleiben soll, bis wir entweder mit unsern Vertheidigungsanstalten zu Lande vollkommen fertig sind, oder die für den Feind günstige Zeit zu einer Landung verflossen ist.

11. Sollte unsere Flotte durch einen Sturm genöthigt seyn, auf eine Zeitlang ihre Station zu verlassen, so ist zu befürchten, daß der Feind diesen günstigen Augenblick benutzt, und ohne Zögerung aus seinen Häfen unter Segel geht.

12. Die Flotte muß daher, sobald nur der Wind einigermaaßen günstig ist, unverzögert sogleich ihre Stellung wieder annehmen; und findet sie, daß der Feind ihr entwischt sey, so muß sie alle Kräfte anstrengen, denselben wieder einzuholen und ihn zu schlagen, er mag sich entweder schon bey der Landung, oder noch mit der ganzen Flotte und allen Transportschiffen auf der offenen See befinden, denn in beyden Fällen ist der Vortheil für uns.

§. 51.

8. Regel. Die Truppen müssen in verschiedenen Corps stets zum schnellen Marsche bereit stehen, sich gegen das feindliche Geschütz bedeckt halten, und wenn dasselbe nicht mehr feuern darf, den gelandeten Feind durch einen schnellen Choc zurückwerfen, nachher ihn aber vorzüglich durch die Würkung der nun einzunehmenden starken excentrischen Positionen aufhalten.

1. Ist es nun auf eine der angezeigten Arten möglich, die Küste durch eine eigene Seemacht zu schützen, so hat man vermittelst derselben mehr Wahrscheinlichkeit den Feind bey der Landung unmittelbar anzugreifen, als wenn man dies blos durch die Landmacht erhalten soll. Indessen muß man bey dieser alle Anordnungen treffen, um eine unmittelbare Küstenvertheidigung so viel als möglich von ihr zu erhalten.

2. Da nun der Feind eine Landung mit ungleich kleinern Armeen unternehmen muß, als einen Einfall zu Lande, so ist es auch leichter mit einer Armee eine Landung, als einen Einfall zu Lande zu verwehren, wenn man sich erst einmal dem landenden Feinde gerade gegenüber befindet.

3. Es ist hier nicht so nachtheilig als zu Lande, wenn man die ganze Armee, die indessen auf allen Fall der feindlichen Armee überlegen seyn muß, in einige ansehnliche Corps vertheilt, und sie so postirt, daß sie so geschwind als möglich nach den gefährlichsten Gegenden und Strandbatterien eilen können. Zwischen sich und nach dem Ufer vor, setzen diese Corps Vorposten aus, welche die Verbindung derselben unterhalten und den Strand bewachen.

4. Damit aber die feindlichen Bewegungen so schnell als möglich bekannt werden, so muß man einige leichte Fregatten besitzen, welche beständig längst der Küste bis zu 10 bis 12 Meilen in die See kreuzen. Außerdem ist es aber von dem größten Nutzen, wenn von Weite zu Weite an sichern Orten und längst der ganzen Küste, Telegraphen errichtet

richtet sind, die genau auf die vorher schon festgesetzten Signale der Strandwachen und Observationsschiffe Achtung geben, um so geschwind als möglich die erhaltene Nachricht, durch die andern Telegraphen der ganzen Truppenlinie bekannt zu machen.

5. Sind wir nun so glücklich, die wahre Absicht des Feindes zu errathen, so brechen die nähesten Corps am feindlichen Landungspunkte unverzüglich nach demselben auf; wobey es zur Beschleunigung des Marsches sehr vortheilhaft wäre, wenn die Artillerie doppelten Vorspann, und die Infanterie Wagen zu ihrer Fortschaffung bereit hätte. Uebrigens muß die Armee ganz ohne Bagage seyn, und die ganze Reiterey und reitende Artillerie, so wie auch alle leichte Truppen vorwärts detaschiren, da es wahrscheinlich ist, daß man mit diesen Corps den Feind am ehesten erreichen kann.

6. Sollten wir ihm würklich zuvorkommen, oder wenigstens ehe noch der Feind seine ganze Landung vollendet hat, so muß man im erstern Falle nothwendig irgend eine Schutzwehr gegen das feindliche Artilleriefeuer der Flotte suchen, dies mag nun hinter einem Gebüsche, Sandhügel, Dorfe oder hinter bereits zu diesem Zwecke aufgeworfenen Brustwehren geschehen.

7. Findet sich aber nichts dergleichen zur Bedeckung da, so muß man nothwendig mit den unbedeckten Truppen so lange außer dem Kanonenschuß der Flotte weichen, bis diese eine solche Anzahl ihrer Mannschaft an das Land gesetzt hat, daß sie nun selbst ihr Feuer einstellen muß, aus Furcht ihre eigenen Leute zu tödten.

8. Kommen wir an, da der Feind sich bereits bey der Ausschiffung befindet, so ist der obige Augenblick schon vorhanden, und wir dürfen auf keine Weise säumen, den Feind anzufallen. Dieser Angriff muß so schnell als möglich geschehen, und man muß dahin trachten, daß die beyderseitigen Truppen sogleich handgemein mit einander werden, ehe noch der zweyte Transport, gegen den alle Artillerie in Würksamkeit gesetzt wird, an das Land gestiegen ist, und die zu-

erst ausgeschiffte Mannschaft noch vor ihrer gänzlichen Ueberwältigung verstärkt hat.

9. Je geschwinder man zu diesem Angriffe anrückt, je weniger kann uns das feindliche Feuer der Flotte in die Flanke fassen und in Unordnung bringen, da überdem die Schüsse auf der See lange nicht so gewiß, als auf dem Lande sind. Von vorne kann uns der Feind nicht treffen, da er es gerade wegen dieser Unrichtigkeit der Schüsse auf keinen Fall wagen wird, von der Flotte über seine eigene gelandete Mannschaft wegzufeuern.

10. Sobald man indessen mit dieser zuerst gelandeten Mannschaft fertig ist, müssen sich die attakirenden Truppen so schnell als möglich wieder aus dem feindlichen Feuer zurückziehn; denn nun braucht dasselbe nichts mehr zu schonen, und kann wieder mit voller Würkung gegen unsere vorgerückten Corps agiren. Uebrigens wiederholt man diese Angriffe, jedoch wo möglich, immer mit frischen Leuten, gegen die nach und nach landenden Feinde so lange, bis ihrer so viele geblieben sind, daß der Feind von der Landung an diesem Orte abläßt.

11. Da man unstreitig leicht eine größere Macht gegen den Feind würken lassen kann, als er jedesmal durch seine Schaluppen an das Land setzet, so formirt man die attakirenden Truppen in mehrere Haufen, doch so, daß jeder dem feindlichen, den er angreifen soll, überlegen ist. Mit diesen Detaschements greift man nun nach und nach die auf einander folgenden Transporte des Feindes an, besitzt auf diese Weise beständig ausgeruhete Truppen, und kann mit ihnen ohne Ermattung mehreremale abwechseln.

12. Ist indessen unweit der See nicht das geringste, was einigen Schutz gewähren könnte, se ist es besser, das Landen lieber durch die Reiterey, als durch Infanterie verwehren zu lassen. Denn diese kann wegen der ihr eigenthümlichen Geschwindigkeit, im Augenblicke mit dem Feinde im Handgemenge, und eben so schnell wieder außerhalb des

feind=

feindlichen Stückschusses seyn. Sollte sich indessen der Feind schon auf irgend eine Weise mit einer Art Befestigung umschlossen haben, so würde man doch nothwendig Infanterie gebrauchen.

13. Besitzt man nun aber einmal eine förmliche, in Gestalt eines Halbenmondes erbauete, und auf den Flügeln durch irgend einen erhabenen Gegenstand, oder durch hohe Schulterwehren gedeckte Verschanzung, auf einem vielleicht etwas erhöheten Terrain, das indessen noch die Bestreichung des Ufers mit dem kleinen Kartätschenschuß zuläßt; so wird es wohl kein vernünftiger Feind wagen, auf dem Terrain, welches der mit Artillerie und Truppen wohlbesetzte Bogen der Verschanzung umgiebt und bestreicht, eine Landung zu unternehmen.

14. Die Brustwehren dieser Verschanzungen müssen aber vollkommen Schußfrey seyn, da sie einer so ungeheuern Summe von Artillerie ausgesetzt sind, die keiner Brustwehr auf dem Lande zu gleicher Zeit zu widerstehen braucht. Auch muß man sie so hoch machen, oder die Erde hinterwärts so weit weggraben, daß nicht allein Infanterie, sondern auch die Reiterey dahinter vollkommen gegen die Artillerie der feindlichen Flotte gedeckt steht.

15. Ist es nun aber nicht möglich, dem Feinde mit einer hinlänglichen Kraft zuvorzukommen, um die Landung unmittelbar zu vermehren, welches die mehrste Zeit der Fall seyn wird, so bleibt kein anderes Mittel übrig, um den Feind am Vorrücken zu hindern, als daß man in einer Entfernung von einer halben bis einer Meile mit der ganzen Armee ein festes Lager nimmt, welches der Feind auf keine Weise umgehen kann, sondern gezwungen ist, einen nachtheiligen Angriff darauf zu thun, wenn er weiter vordringen will.

16. Man muß aber genau aufpassen und durch häufige Patrouillen beständig den Feind rekognosciren lassen, auch immerwährend die ganze Cavallerie und reitende Artillerie gesattelt behalten, damit, wenn man die Nachricht erhält,

daß der Feind etwa wieder zu Schiffe geht, um an einem andern nun entblößten Orte eine Landung zu wagen, diese günstige Gelegenheit, wo man einen vollständigen Sieg erfechten kann, nicht verlohren gehe. Nun brechen die ganze Cavallerie und alle leichte Corps, denen die Armee unmittelbar folgt, auf, um den Feind noch während des Einschiffens, wo seine Macht getheilt ist, anfallen und schlagen zu können.

17. Sollte es nicht möglich seyn, in der Nähe des feindlichen Landungsplatzes, ein zur Ausführung der obigen Vorschriften dienliches starkes und den Feind ganz umgebendes Lager anzutreffen; so muß man die in der Runde um den Feind herum liegenden stärksten, und wo möglich nähesten Pässe stark verschanzen und hinlänglich besetzen, die Mitte dieses Bogens und die eine Seite durch gut gestellte Corps bewahren und unterstützen lassen, und mit der Hauptarmee dicht am Meere auf dem andern Flügel ein vortheilhaftes und starkes Lager beziehn.

18. Wagt es alsdann der Feind, irgend einen der Pässe anzugreifen, um sich einen Durchgang auf die Flanken der andern Posten zu öffnen; so müssen diejenigen Corps, welche keinem Hauptangriff zu widerstehn haben, dem Feinde sogleich in den Rücken fallen, und die Hauptarmee, indem sie eine Stellung annimmt, in welcher sie dem Feinde so viel als möglich den Rückzug nach dem Strande und seinem ersten Lager abschneidet, zugleich dies Lager bombardiren, durch ein besonderes Corps angreifen, und die feindlichen Anlagen zerstören lassen.

19. Zur Ausführung dieses Manövers gehört eine große Wachsamkeit aller Posten, und es ist daher vortheilhaft und nothwendig, dem Feinde nach seiner Landung auf keine Weise Ruhe zu lassen, sondern durch kleine Detaschements und ermattende wiederholte Anfälle in Athem zu erhalten.

20. Sollte

20. Sollte nun die Gegend auch zur Wahl und Anordnung einer solchen Stellung nicht tauglich und beschlossen genug seyn, und sich die Fehler der Natur auch nicht durch einige Verschanzungen abhelfen lassen; so muß man freylich die Sicherheit des Landes nur in der Benutzung der entferntern Flankenstellungen suchen. Dieserhalb setzt man dem Feinde nur ein mäßiges und sich schnell bewegendes Corps in starken Positionen entgegen, umgiebt seinen einen Flügel mit einem ansehnlichen Schwarme leichter Truppen, die ihn beständig necken, und hinter sich einige feste Posten zu ihrer Zuflucht besitzen.

21. Die Hauptarmee setzt sich auf den andern Flügel in ein vom Feinde 2 bis 4 Meilen entferntes sehr starkes Lager, unterhält eine Postenkette mit den ihr zur Seite stehenden Corps, und läßt den Feind beständig beunruhigen, paßt dabey aber genau den Augenblick ab, wo er aufbricht und ins Land vorrückt.

22. Sobald dies geschehen ist, läßt sie seinen Rücken mit leichten Truppen umgeben, und je länger seine Communikation wird, je nähere feste Posten beziehen sie an derselben; so daß der Feind entweder aus Mangel der Lebensmittel, und wegen der Gefahr, die seinem Depot drohet, zwischen unsere ihn umgebende Corps durch, einen höchst gefährlichen Rückzug nehmen muß, oder gezwungen wird, einen für ihn nachtheiligen Angriff gegen unsere feste Positionen zu wagen, und so alles auf das Spiel zu setzen.

II. Haupt-

II. Hauptgrundsatz. In einem Gebürge oder Walde, oder in einer freyen durch Festungen gedeckten Gegend muß die gerade Vertheidigung mit der Flankenvertheidigung abwechseln.

A. Grundsatz. Bey der Bestimmung der Fronte in einem Gebürge oder Walde ist die innere Gemeinschaft zur Sicherheit der gewählten Posten von der entscheidendsten Wichtigkeit.

§. 52.

a. Lehrsatz. Man muß die Hauptposten da festsetzen, wo die Verbindungspunkte der verschiedenen durchlaufenden Wege sind.

1. Bey den bisher betrachteten Vertheidigungsfronten war es nicht gut möglich, daß auf dem Gegenstande selbst, der die Front bildete, Manövers zur Behauptung oder zur Verlassung ausgeführt werden konnten, und innerhalb dieses Terrains wieder eigene kleine Vertheidigungsfronten zum Schutz der großen angelegt werden mußten.

2. Dieser Fall tritt nun aber ein, wenn die Vertheidigungslinie durch dicke Wälder oder schwer zu passirende Gebürge gedeckt werden soll. Denn es laufen im Bezirk dieser Terrainhindernisse immer doch durch die Schlüchte und Gründe so viele Nebenwege gegen die Flanken der Hauptposten, daß man nothwendig eigene Veranstaltungen zu ihrer Deckung treffen muß, und daher gezwungen ist, in gewissen Fällen von den gewöhnlichen Anordnungen der Positionen zur Behauptung einer Grenzfronte, abzugehen.

3. Sowohl die Wälder, als die Gebürge verhindern die schnelle Entdeckung der feindlichen Bewegungen, und führen also dieserhalb einen großen Nachtheil bey ihrer Vertheidigung mit sich. Allein gewöhnlich sind die Passagen durch solche Gebürge und Wälder, welche zu einer wahren Grenzdeckung tauglich sind, sehr eng, und führen oft über Moräste oder über so steile Höhen, durch tiefe Schlüchte oder an

an Abgründen her, daß es ein leichtes ist, irgend einen Punkt auf denselben zu finden, wo eine mäßige Anstrengung alle Brauchbarkeit des Weges zerstört, dem Feinde die größte Schwierigkeit zu überwinden entgegensetzt, und also die Stärke der zu sichernden Durchgänge so sehr vermehrt, daß dadurch vollkommen der obige Nachtheil gehoben wird.

4. Ob es nun schon in den mehrsten Fällen leichter fällt, sich einen neuen Durchgang durch einen Wald, als durch ein Gebürge zu bahnen, so ist beydes doch immer zu schwer bey der Nähe und guten Anordnung des Feindes auszuführen, als daß man dieserhalb einen Unterschied unter den Regeln bey Wahl der Stellungen zur Vertheidigung einer Wald- oder Gebürgsfronte machen könnte. Wir wollen daher beydes gemeinschaftlich hier abhandeln, da überdem in vielen Fällen beyde Gegenstände gewöhnlich mit einander verbunden sind.

5. Die Hauptsache bey beyden ist, daß man sie nicht so wie die Flüsse, Moräste und Gründe, wo man nur das diesseitige Ufer zu vertheidigen braucht, um einen Uebergang unmöglich zu machen, als e i n e e i n z i g e zu vertheidigende Linie, sondern selbst als e i n e F l ä c h e, als einen eigenen dem großen Kriegestheater vorliegenden kleinern Kriegesschauplatz betrachten, und also wieder eigene Vertheidigungslinien festsetzen muß, um die Verbindungsausgänge dieses kleinern Kriegestheaters mit dem großen zu decken.

6. Das erste, was man also zur Bestimmung der Vertheidigungslinie sowohl bey einer Wald- als Gebürgsfronte zu thun hat, ist, diejenigen Stellen der ordentlichen Straßen, der durchführenden Gründe und der übrigen am leichtesten gangbar zu machenden Gegenden aufzusuchen, die der größten Stärke bey der wenigsten Kraft und Arbeit fähig sind, und welche die meisten von ihnen ausgehenden Seitenwege v o r s i c h n a c h d e m F e i n d e zu liegen lassen. Diese Posten werden dann mit aller Aufmerksamkeit verschanzt und befestigt, und die nebenliegenden sie vielleicht dominirenden Höhen entweder durch die Anlage der Ver-

schan-

schanzungen unschädlich gemacht, oder selbst mit starken Posten versehen.

7. Die beyden von solchen Punkten geforderten Eigenschaften ihrer Lage, lassen sich aber nicht immer erhalten; sondern man müßte vielleicht oft die größere Stärke des Postens der mehr deckenden Lage desselben aufopfern, wenn man diese erhalten wollte. Hier kommt es nun darauf an, welchen Vortheil man bey zweifelhaften Fällen vorziehen soll.

8. Dies kann aber nur allein aus der Leichtigkeit bestimmt werden, mit welcher man die vordern stärkern, aber vielfältigen, oder die hinterliegenden wenigern, aber schwächern Posten unterstützen kann; ferner ob die Streitkraft größer ist, welche man zur Behauptung der erstern oder der andern bedarf; endlich, ob nicht durch die Beziehung der einen oder andern, gewisse Seitenwege frey gelassen werden, auf denen es dem Feinde möglich ist, auf ein Terrain zu gelangen, das ihn vielleicht ganz durch den Wald oder das Gebürge führen könnte, oder bey deren Verfolgung es ihm wenigstens möglich wäre, einem andern Hauptposten in die Flanke zu fallen.

9. Da man nun aber gewöhnlich findet, daß die zurückliegenden Posten im Ganzen nicht so viel Truppen zu ihrer Behauptung erfordern, als die größere Anzahl der vordern Päße; so wären die erstern in den mehrsten Fällen in dieser Rücksicht vorzuziehn, da sie sich überdem näher den innern Eingängen des Waldes oder Gebürges befinden, und also gewöhnlich leichter als die vordern Unterstützung erhalten können.

10. Sollten nun aber vor diesen Posten Seitenwege auslaufen, die sich gegen unsern Rücken oder gegen die Flanken eines andern Postens wendeten, so müssen dieselben unumgänglich gedeckt werden, und dann kommt es darauf an, ob dies am vortheilhaftesten, das heißt, mit der wenigsten Streitkraft geschehen kann, wenn man den Hauptposten bis über die Oeffnung des gefährlichen Seitenweges vorrückt, oder ob man den Eingang, die Mitte oder den Ausgang desselben

selben auf der Flanke des andern Postens besetzt. Die Betrachtung der folgenden Figur wird diese wichtigen Untersuchungen erläutern.

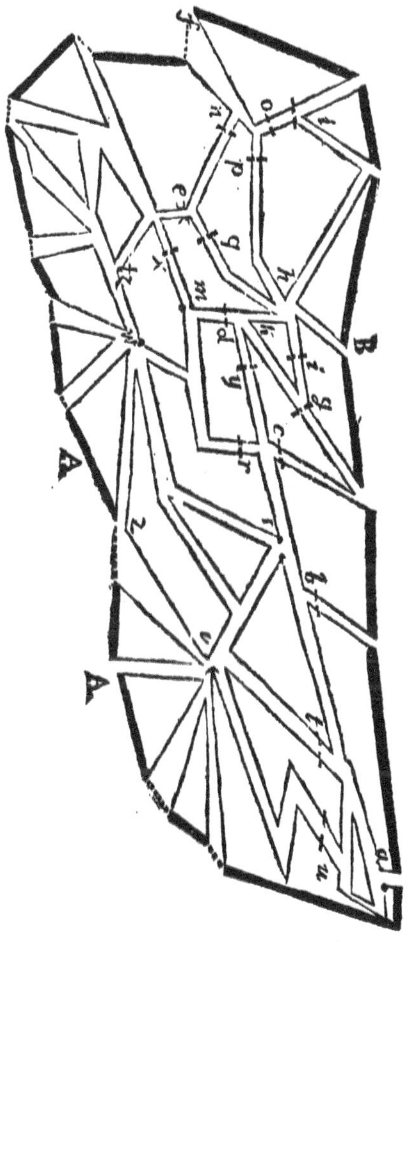

§. 53.

b. Lehrsatz. Man muß die Posten so wählen, daß die Unterstützungen dahin die kürzesten, die Feinde aber die längsten Wege haben, und unserer Kraft eine gehörige Vertheidigung gestattet.

1. Die obige Figur stellt einen Wald oder Gebürge vor, das von a bis f gerade 8 deutsche Meilen lang ist, und zu einer Grenzdeckung besetzt werden soll, und zwar von dem Lande, welches an der Seite A A liegt, während der Feind die jenseitigen Ausgänge in seiner Gewalt hat.

2. Da wir nun diese Posten selbst nicht besetzen können, wo sich alle Wege durch das Gebürge in 6 schmalen und starken Ausgängen vereinigen, so müssen wir erst die Beschaffenheit der diesen Pässen am nähesten liegenden Vereinigungspunkte mehrerer Wege untersuchen.

3. Diese Punkte sind nun: a, b, c, g, h, i. Ihre Stärke ist verschieden, so daß folgende Zahlen nach derselben Reihe das gegenseitige Verhältniß dieser Stärke ausdrücken, als: 1, 3, 2, 6, 4, 7. Die Summe dieser Truppenzahl wäre also 23, und man hätte nur 6 Pässe zu besetzen, hinter welchen größtentheils eine vortrefliche gerade Communikationslinie herliefe, und wo nur die beyden Punkte g und i etwas weit vorlägen, die aber allein schon $\frac{13}{23}$ oder über die Hälfte der ganzen Streitkraft erforderten.

4. Wollten wir nun den Posten g weiter zurücknehmen, so finden wir bey k einen Vereinigungspunkt, der 5 und bey d einen Posten, der 1 erfordert. Verlassen wir aber den Paß von g, so kann der Feind auf dem gleich links davon abführenden Wege dem Posten h in den Rücken kommen, und dieser müßte nun daher entweder auch verlassen, oder auf dem Wege von h nach g ein Posten aufgesucht werden, der die Flanke des erstern vollkommen deckt. Ein solcher Punkt fände sich nun bey i, wo aber eine Macht von 5 zur vollkommenen Sicherheit erfodert wird.

5. Besetzen wir nun aber k und i, so wird eine Kraft von 10 erfordert, welches mehr ist, als g nöthig hatte, und

aus

aus welcher Versetzung daher kein Vortheil erwächst. Zögen wir den Posten von k nach d zurück, so muß der um k dem Posten h in den Rücken führende Weg noch gesichert werden.

6. Diesen Weg zu sichern würde eine Kraft von 4 erfordern, welche noch dazu dem Feinde im Rücken stände, wenn er den Posten d angreifen wollte, und so umgekehrt. Da nun der Posten d eine Kraft von 1 erfordert, so wäre die ganze Summe immer noch 10, und die Lage von h sehr weit vorgeschoben; und wenn sich der Feind zwischen k und d setzte, die Gemeinschaft zwischen d und h so gut wie gänzlich abgeschnitten, da sie nur durch den ungeheuren Umweg über m und e erhalten werden kann.

7. Wollten wir auch den Posten von h zurückziehn, so können wir zwar auch den Posten i und den auf dem Wege von h nach d sparen; allein wir öffnen dem Feinde die beyden von h nach e und n führenden Wege, die wir nun sichern müssen. Die vortheilhaftesten Punkte hierzu sind p und q, wovon der erste 3, der zweyte 4 erfordert.

8. Die Posten d, p und q erheischen also eine Macht von 8, da die Posten h und d, und die, welche zur Sicherheit von h nöthig waren, 14 bedurften. Nehmen wir also die Posten d, p, q, so sparen wir eine Macht von 6. Allein die Communication zwischen diesen Posten ist immer noch beschwerlich, und weit länger, als die feindliche Angriffslinie, wenn der Feind in h steht; auch ist der Punkt i, nun so sehr weit vorgelegt, daß die Unterstützung desselben, welche ihm gerade am nöthigsten, da er der schwächste ist, sehr schwer wird.

9. Man könnte daher auch diesen Posten weiter zurückziehn, und fände in o und n andere vortheilhafte Punkte, wovon der erste 7, der zweyte 8 erforderte, dieser aber den Rücken von p frey ließe.

10. Da nun aber dieser Posten bey der Besetzung von n nicht mehr nöthig ist, und er 3 erfordert, so würden i und

p oder 10 verlassen, und n besetzt oder 8 verwendet. Man hätte also außer dem Vortheil der geradern, parallelern Communicationslinie der Posten über e, noch 2 an Kraft gewonnen, auch einen Punkt weniger zu beobachten, welches immer für die Behauptung der ganzen Linie sehr günstig ist.

11. Da nun bey f die Grenze ist, und also von daher im Rücken von e nichts zu befürchten bleibt, bey diesem Punkte sich aber die Wege von q und n vereinigen; so wären bey der Besetzung des Postens e, die beyden Posten n und q unnöthig, und man gewönne also wieder einen Posten, wenn auch e soviel Macht als n und q zusammen erfoderte.

12. Da nun der Posten q und n zusammen eine Macht von 12, der Punkt e aber nur eine Macht von 10 nöthig hat, so gewönne man auch bey der Besetzung desselben eine Macht von 2. Die ganze Linie von a bis e, also die Posten a, b, c, d und e erfordern eine Macht von 1+3+2+1+10=17, da die erste Linie von a nach i, 23 bedurfte. Es sind also 6 gewonnen und nur 5 Pässe, die eine recht gute Communicationslinie besitzen, zu beobachten.

13. Sobald man nun aber den Posten k verläßt und sich bis d zurückzieht, so kann der Feind in der großen Straße dem Posten c in die linke Flanke gehen, und diesen sowohl als b und a zum schleunigen Rückzuge nöthigen, worauf der ganze rechte Flügel entblößt ist. Dieser Posten c muß also zwischen i und k eine Flankendeckung haben, oder man ist gezwungen, die große Straße zu verlassen, und sich in die Pässe u, r und s zurückzuziehen.

14. Da nun wegen Mangel eines hinlänglich deckenden Postens zwischen c und k dies nöthig wird, und die Posten u, t, r und s in folgendem Verhältnisse besetzt werden müssen, 3, 2, 4, 1: so folgt hieraus, daß, da die Besetzung dieser Posten 10, die Besetzung von a, b und c aber nur 6 erfordert, diese neue Linie von u nach e eine Macht von 4 mehr nöthig macht, als die Linie von a nach e, welche aber wegen der freyen Lage von c nicht gut genommen werden kann.

15. Außer

15. Außer diesem Nachtheile sind auch nun 4 Pässe zu bewachen, also einer mehr, als vorher, und die Communicationslinie des rechten Flügels ist ganz außerordentlich verlängt, da die Posten nur über w und v mit einander Gemeinschaft haben können, der Feind aber, da er nun die große Straße in seiner Gewalt hat, in gerader Linie marschiren kann, während wir im Bogen gehen, und er also schleunig von einem Posten auf den andern zu fallen im Stande ist, ohne daß wir ihm etwas anders entgegensetzen können, als die eigene Stärke des Postens selbst.

16. Hieraus sehen wir, daß der Besitz der großen Straße von der äußersten Wichtigkeit ist, und daß man alles anwenden muß, um sie zu erhalten. Dies geht aber bey der vortheilhaften Stellung des linken Flügels bey e und d nur auf zweyerley Art an. Nämlich entweder muß man den Paß y besetzen, welcher der vortheilhafteste auf dem Wege von d nach c ist, aber eine Kraft von 18 erfordert; oder man muß die beyden Pässe k, nach g und h zu, besetzen, welche aber gegen diese Fronte 16 erfordern.

17. Wählt man nun das letztere Mittel, so kann man zwar den Posten d sparen, wozu 1 gehört, und bey dieser Position in den Pässen von k werden also 3 weniger, als bey der Besetzung von y erfordert.

18. Allein bey dieser Stellung hätte man nun über die zwischen a und i nichts gewonnen, sondern im Gegentheil noch gegen dieselbe verlohren, da zu deren Besetzung nur 23, zur Besetzung der neuen Stellung aber 32, und zu der mit dem Posten y, gar 35 nöthig sind.

19. Aus diesem Grunde sind denn auch beyde Stellungen zu verwerfen. Denn der Nachtheil der etwas vorliegenden Lage des Postens g, wird durch die Aufwendung einer Macht von 10 nicht ersetzt, da man vielleicht mit dieser Macht die Posten g, h und i in einen solchen Vertheidigungsstand hätte setzen können, daß man vollkommen sicher für sie seyn konnte, und bey dieser Stellung immer doch noch mehr Terrain als in der bey d behauptete.

 20. Auch

20. Auch kommt es hier mit darauf an, wie stark die ganze Armee ist, und wie viel man zur Besetzung der Posten verwenden kann, um noch eine hinlängliche Reservearmee zu ihrer Unterstützung und zur wahren Entscheidung des Angriffs übrig zu behalten.

21. Nehmen wir nun an, daß die Armee 40 beträgt, so müssen wir wenigstens $\frac{3}{7}$ davon zum Reserveheer übrig behalten; also dürfen die Posten nicht mehr als 24 zur Besatzung erfordern, da die Armee noch 18 stark seyn muß. Nach diesem Verhältniß wäre die Linie zwischen a und i gerade recht besetzt, und könnte bey g und a, als den nähesten und gefährlichsten Punkten am Feinde, noch etwas verstärkt werden.

22. Die Hauptarmee würde dann wohl am besten thun, wenn sie ein Corps von 4 in den Posten t, ein eben so starkes Corps in p, und mit 10 sich in y setzte, die Posten a und b auf das Corps in t, die Posten i und h auf das Corps in p, und die Posten g und c und selbst h auf das Hauptcorps in y anwiese. In diesem Posten y hält die Armee die Verbindung der ganzen Vertheidigungslinie in ihrer Hand und kann jedem Punkte leicht zu Hülfe kommen.

23. Selbst, wenn der Feind den linken Flügel vertreibt, und man will die Posten e, d und y besetzen, so ist das einzige Mittel, daß man mit der ganzen Armee von 18 diesen Posten wieder in y bezieht, und von den noch übrigen 7, nach d und e 1 und nach t, 3 schickt, die übrigen 2 aber in y behält.

24. Da nun jetzt der wichtige Paß von y hinlänglich stark ist, und man hier mit der Hauptmacht in der Mitte des Weges von e über r und y nach x zurück, steht, so wäre diese Vertheidigungslinie immer noch sehr vortheilhaft, wenn der gegen y und d stehende Feind nicht einen sehr großen Vorsprung nach den wichtigen Posten des linken Flügels e, besäße, und denselben schon längst überwältigt haben kann, ehe wir noch mit der Hauptarmee aus y daselbst ankommen.

25. Da

25. Da man nun überdem nicht mit der ganzen Armee aus y weg marschiren kann, weil sonst die Besatzung zu schwach seyn würde, und dann der ganze rechte Flügel nicht mehr die große Straße behaupten könnte, so taugt diese Stellung bey y eben so wenig, als wenn man die Pässe bey h besetzte, wo man nur eine Reserve von 8 übrig behält, die viel zu klein ist, als daß man von ihr eine kräftige Unterstützung der ganzen Fronte erwarten könnte.

26. Die Streitkraft würde vielleicht, wenn man die Stellung y besetzen wollte, besser geordnet seyn, wenn man bey d noch 2 und also bey y nur 18 stellte. In diesem Fall wäre die Unterstützung den Punkten e und d näher gebracht, y aber nur mit der nothwendigen Stärke versehen.

27. Allein, da man von d aus dem Feinde gleich in den Rücken gehen kann, wenn er y angreift, und dies bey y in Rücksicht von d der nämliche Fall ist; so besitzen beyde Posten, so lange y besetzt bleibt, eine ganz vorzügliche Stärke, und dies ist um so nöthiger, da in y der Verbindungspunkt der beyden Flügel ist.

28. Sollte dem Posten e die Unterstützung noch näher gebracht werden, ohne sie jedoch d zu berauben, so läßt man in d nur 1 stehen, und setzt eine Macht von 3 in m, wo sie fast um das Drittel dem Punkt e näher als d ist, und diesem Posten doch noch nahe genug bleibt.

29. Eroberte der Feind nur einen einzigen Posten des rechten Flügels, so ist gleich die große Straße ohne Schlacht unhaltbar, und die Armee in y ist gezwungen, sich schlennig nach r zurückzuziehn; weil, wenn der Feind e nimmt, ihr der Rückzug abgeschnitten würde. Hieraus sieht man, daß bey den bisher beschriebenen Stellungen auf dem rechten Flügel gar keine Veränderung vorgenommen werden darf, wenn sich nicht dieser ganze rechte Flügel gleich zurückziehen, und die Stellungen bey g, h und y unhaltbar werden sollen.

30. Da nun aber die Stellungen u, t, s und r gar nicht gegen eine nur gleiche Macht zu behaupten sind, da sie

sich wegen der langen Communicationswege gar nicht früh genug unterstützen lassen; und nicht allein sich die Anzahl der Passagen bis v und w vervielfältigt, sondern auch dieselben in diesen Gegenden viel zu viel Truppen erfordern; so ist man nach dem Durchbruche des Feindes zwischen y und a gezwungen, bis nach v und w zurückzugehen, und hier eine neue Linie zu formiren.

31. Die Posten v und w erfordern, der erste eine Macht von 7, der zweyte von 4. Diese beyden Posten sind also auf allen Fall weit vortheilhafter, als die zwischen a und y, oder zwischen u und d. Allein, wenn man sich ihrer bedienen will, so geht der Feind durch den Paß r dem Posten d in den Rücken, obgleich er befürchten muß von w ebenfalls in den Rücken gefallen zu werden.

32. Da sich nun zwischen d und w kein vortheilhafter Posten zur Deckung von d aufstellen läßt, so ist man gezwungen, den Posten d nach m oder x zu verlegen. Der erstere Ort erfordert 3, und der Posten in x, 5; nun liegt aber der erstere weiter ab von der Unterstützung, und dem von r kommenden Feinde ganz nahe. Es ist daher am besten x zum Hauptposten zu machen, und m etwa nur zur Sicherheit des Rückzugs aus d und r zu besetzen.

33. Die Posten e, x, w und v, bilden nun nicht allein die kürzeste Vertheidigungslinie, die genommen werden kann, sondern haben einen freyen geraden und kürzeren Communicationsweg hinter sich, als der Feind besitzt, welches ein großer Vortheil ist, und bedürfen überdem nur eine Macht von $7+4+5+8=24$.

34. Die Hauptarmee von 18 behält also noch ihre gehörige Stärke, und da sie nur so wenige Punkte zu vertheidigen hat, so setzt sie ein Corps von 4 nach z, und eins von 2 nach t z; sie selbst aber, noch 12 stark, stellt sich unmittelbar hinter den Posten w, wo sie sich in der Mitte der Linie befindet, und nach keinem Posten einen weitern Weg hat, als der ihr gegenüberstehende Feind.

35. In

35. In dieser Stellung verbindet die Armee die großen Vortheile der auswärtsgehenden Form der Linie zur Vertheidigung, und der einwärtsgehenden Form der Linie zum Angriff mit einander; indem der von s und d in die Straßen nach w und x vorgerückte Feind immer die Corps in e und v zu fürchten hat, und er doch diese Punkte auf keinen Fall eher erreichen kann, als die Corps in z und tz dies können, welche sich eben so schnell wieder mit der Hauptarmee bey w vereinigen, wenn der Feind hiergegen einen Hauptanfall unternehmen sollte.

36. Will man das Herannahen des Feindes gegen w und x noch beschwerlicher machen, so läßt man r und d besetzt, und spart dadurch eine Macht von 3, da r sowohl als d nur 1 erfordert.

37. Durch die Besetzung dieser Posten würde der Feind gezwungen von s aus gegen w zu agiren, welches aber wegen des Corps in v sehr gefährlich ist. Die Posten r und d wären übrigens ganz sicher, ob schon bey w ein unbesetzter Weg diesen Punkten in den Rücken läuft; denn der Feind darf es nicht wagen diesen Weg mit einem Detaschement bey unserer großen Nähe in w, einzuschlagen, da wir demselben sonst im Rücken stehen würden, und man außerdem noch den Weg selbst mit der noch übrigen Macht von 3 besetzen könnte.

B. Grundsatz. Um die kürzeste Gemeinschaft zu erhalten, so müssen im Nothfall die Posten in die innern Eingänge der verschiedenen Pässe angelegt werden.

§. 54.

a. Lehrsatz. Bey einer auswärtsgehenden Grenze und einer einwärtsgehenden Gemeinschaft, muß die Stärke der in den diesseitigen Eingängen der Pässe angelegten Posten, und die gänzliche Verderbung der Wege die Summen der zur Erreichung jedes Postens nöthigen Zeit geben.

1. Aus dem bisher Gesagten ersieht man also, daß die Stellung zwischen v und e die beste ist, die man nehmen

 kann;

kann; indem sie alle mögliche Vortheile mit einander verbindet, und selbst für eine noch stärkere Armee, welche doch bey der Besetzung der vordern Posten noch eine größere Reserve übrig behalten kann, nicht besser aufzufinden ist, da man in ihr die kürzeste Ausdehnung und die wenigsten Punkte zu bewahren hat. Wenn daher der rechte Flügel zwischen a und k verdrängt wird, so ist man gezwungen, sogleich diese Fronte zwischen v und x zu besetzen, welche man daher als die zweyte Vertheidigungslinie zu betrachten hat; wenn a i die erste seyn sollte.

2. Aus der Erläuterung dieses Beyspiels der Anordnung, oder vielmehr der Wahl der Posten in einem Gebürge oder dicken Walde, zu einer förmlichen Vertheidigungslinie, erhellet ferner; daß es sehr wohl möglich ist, eine auswärtsgehende Form des deckenden Terrains, und selbst der darin genommenen Kette von Posten zu besitzen, ohne daß man im Stande ist davon Nutzen zu ziehn, indem die Communicationslinien von einem Posten züm andern nicht in gerader Linie oder in einen schwächern Bogen, als der ist, welchen die Postenkette formirt, zu laufen braucht, und vielleicht ihrer vielfältigen Krümmungen wegen selbst länger als die feindliche Communicationslinie in seiner Parallele seyn kann.

3. Diese Länge der Communicationslinie bey einer auswärtsgehenden Form des Terrainhindernisses kann selbst schon durch den Lauf der durchführenden Pässe bewirkt werden, wie beystehende Figur näher zeigt.

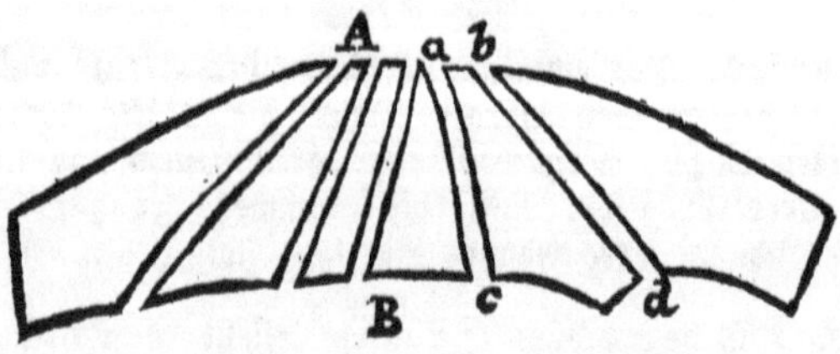

4. Denn

4. Denn obgleich sich das Gebürge um das Land B in einen Bogen wendet und eine auswärtsgehende Fronte nach A zukehrt, so liegen doch hier die Eingänge der Pässe weit näher an einander, als auf der Seite von B, und können also weit leichter auf der Seite von A, als auf der von B vertheidigt werden

5. Um indessen die Möglichkeit einer Vertheidigung dieser Pässe mit der ganzen Macht zu bestimmen, so kommt es darauf an, daß man die Weite der Eingänge dieser Pässe auf beyden Seiten des Gebürges, und die Länge der Pässe selbst kenne.

6. Wenn nun z. B. die Entfernung von a bis b, $\frac{1}{2}$ Meile, cd = $1\frac{1}{2}$ Meile, bd = 2 Meile und ac $1\frac{3}{4}$ Meile wäre, und wir nehmen an, daß die Bewegung des Feindes in einem der beyden Pässe entdeckt wird, wenn er sich noch 1 Meile von unsern Ausgängen c oder d befindet, so werden wir sehr gut mit der ganzen Macht von einem dieser beyden Punkte noch früh genug bey dem andern eintreffen, wenn der Feind bereits in den Pässen herauf, bis dicht vor unsern Posten vorgerückt ist.

7. Denn, wenn das uns bey d gegenüberstehende feindliche Corps nun über b und a nach c eilen will, so muß es $1 + \frac{1}{2} + 1\frac{3}{4}$ Meile = $4\frac{1}{4}$ Meile zurücklegen, während wir nur von d nach c oder $1\frac{1}{2}$ Meile zu marschiren nöthig haben.

8. Da aber der Feind schleunig wieder umkehren könnte, so müssen wir unsere Bewegung so einrichten, daß wir nach dem eben verlassenen Posten immer noch einen Vorsprung über den Feind behalten. Da der Feind $2\frac{3}{4}$ Meilen mehr als wir zu marschiren hat, so können wir ihn immer schon eine Zeitlang von d nach a marschiren lassen, ehe wir von d aufbrechen, und dadurch dann leicht den Vorsprung nach d zurück, gewinnen, den uns der Feind unmöglich entreißen kann.

9. Da der Marsch von d nach c, $1\frac{1}{2}$ Meile beträgt, und der Feind $2\frac{3}{4}$ Meile mehr als wir marschiren muß, so können wir ihn immer 1 Meile nach a vorauslassen, ehe wir

von d nach c aufbrechen; denn wir werden doch immer noch früh genug bey c ankommen.

10. Wollte nun der Feind schnell wieder umkehren, nachdem er die eine Meile von d nach a marschirt wäre, so würden unsere ihm nachgefolgten Trupps sogleich die Zeichen dieses Manövers geben, und die vielleicht eben aufgebrochene Armee kehrte zurück. Der Feind muß also weiter nach a zurück gehen, um unsere Armee desto näher nach c heranzuziehn. Da nun der Feind den Paß b in seiner Gewalt hat, so können wir über diesen hinaus nichts von seinen Bewegungen schnell genug erfahren.

11. Allein, wenn es nur möglich ist, seine Absicht vor dem Aufbruche von b gegen d zu entdecken, so haben wir immer Zeit genug von c nach d, oder 1½ Meile zu marschiren, indem der Feind 2 Meilen marschiren muß.

12. Derselbe Fall wäre es, wenn der Feind von a nach c marschiren wollte, und unsere bey d stehenden Truppen sollten vor demselben bey c eintreffen. Denn da der Feind von a nach c, 1¾ Meile, wir aber nur 1½ Meile zu marschiren haben, so kommen wir früh genug an, wenn die Armee höchstens nach ¼ Stunde des Feindes Aufbruch von a gegen c erfährt, und seine Absicht kennt.

13. Nehmen wir aber an, daß wir die feindlichen Bewegungen nur in einer Entfernung von 1 Meile von c oder d ab erst erfahren können, so werden auf allen Fall die von einem Punkte nach dem andern eilenden Truppen, später bey demselben als der Feind eintreffen, da sie 1½ Meile, der Feind aber nur 1 Meile zu machen hat.

14. Hieraus folgt der Grundsatz, daß, wenn man auch den Marsch und die Absicht des Feindes so schnell erfahren kann, daß von dem Augenblicke, wo derselbe entdeckt wird, bis zu demjenigen, in welchem man ihn erfährt, keine ¼ Stunde vergeht, dennoch der Ort, wo der Marsch des Feindes zuerst entdeckt wird, von dem Orte, welchen der Feind und wir erreichen wollen, wo möglich weiter entfernt

fernt sey, als der Punkt, wo die Nachricht der entdeckten feindlichen Bewegung zu uns kommt.

15. In gegenwärtigem Fall müßte daher die feindliche Bewegung und Absicht in einem der beyden Pässe, schon von unsern Vorposten entdeckt werden, wenn sich der Feind wenigstens noch $1\frac{1}{2}$ Meile von uns befindet.

16. Ist dies nun aber nicht möglich, entweder wegen der Vorposten des Feindes oder wegen der Kürze des Passes, so muß man andere Maaßregeln ergreifen, um den nöthigen Vorsprung über den Feind zu erhalten, dies kann aber nur durch zwey Mittel geschehen.

17. Das erste ist, daß man die Armee in die Mitte zwischen c und d stellt. Denn nun hat man bis c oder d nur einen Weg von $\frac{3}{4}$ Meile zu machen, und da man des Feindes Vorhaben schon erfährt, wenn man noch 1 Meile von c oder d entfernt ist, so kommt man also früher bey diesen Punkten an, als er.

18. Wäre aber die Entfernung von c nach d größer als $1\frac{1}{2}$ Meile, so daß die Hälfte davon ein Ansehnliches mehr betrüge, als die Entfernung, in der sich der Feind von c oder d befinden muß, wenn man seine wahre Absicht entdecken will, und die hier 1 Meile ist, so ist es nicht möglich früher als der Feind anzukommen.

19. In diesem Falle müßte man denn zur Behauptung der Pässe das zweyte Mittel anwenden; nämlich jedem eine solche Stärke und Besatzung an und für sich zu ertheilen, daß er sich mit Sicherheit so lange ohne Unterstützung gegen die ganze anwendbare feindliche Macht halten kann, bis unser Hauptcorps bey ihm eingetroffen seyn wird. Die Ertheilung einer solchen Stärke hängt nun von den Truppen ab, die man dazu verwenden kann, und von der Zeit, die man besitzt, den Paß zu befestigen und für den Feind beschwerlich zu machen.

20. Man weiß, daß man den Mangel des einen dieser beyden unumgänglich nöthigen Erfordernisse, durch einen größern Aufwand des andern ersetzen kann, daß es indessen

dessen ungleich vortheilhafter ist, mehr Zeit als Truppen aufzuwenden. Allein es können Fälle eintreten, wo es an Zeit mangelt, und wo nothwendig die Schwäche der Posten durch eine größere Besatzung erhalten werden muß.

21. Hier kommt es dann darauf an, ob das Heer groß genug ist, die nöthigen Detaschements abzugeben, um noch ein hinlängliches Reservecorps zu bilden. Würde die Stärke eines solchen Reservecorps durch nichts bestimmt, und hinge nur von dem freyen Willen eines jeden ab, dann wäre es in manchen Fällen leicht eine planmäßige Stellung und Vertheilung der Truppen zu treffen.

§. 55.

b. Lehrsatz. In jeder Lage, wo die Besetzung gewisser Posten eine Frontalvertheidigung leisten soll, müssen wenigstens $\frac{1}{3}$ des ganzen Heers als Reservecorps aufgestellt werden können, wonach also die Anzahl und Stärke der Posten einzurichten ist.

1. Die Stärke eines Reservecorps wird eben so, wie die Stärke der vordern Detaschements durch gewisse, der Lage der Dinge anhängende Umstände bestimmt, die im allgemeinen folgende Regel als Resultat geben.

2. Die Besetzung der vordern Päße sieht man so wie die unmittelbare Besatzung einer Brustwehr als das Mittel an, den Feind so zu schwächen, daß er durch eine plötzliche Anwendung der noch frischen Hauptkraft besiegt wird.

3. Je stärker nun das Schwächungsmittel der feindlichen Macht ist, je kleiner braucht freylich nur die nachher würkende entscheidende Kraft zu seyn, um den Sieg herbeyzuführen. Allein, da es der Klugheit gemäß ist, nicht gleich anfänglich die größte Verteidigungskraft auf das Spiel zu setzen, da es möglich ist, daß sie der Feind durch irgend einen unvorhergesehenen Zufall plötzlich unwürksam machen und darnieder werfen kann, und dann bey einer großen Zerstückelung der Truppen alles auf einmal verloren seyn würde; so

so sollte billig die zurückbehaltene, zur Entscheidung bestimmte Kraft, eben so groß, als die dem Feinde gleich Anfangs entgegengesetzte seyn, oder wenigstens nie unter ¾ derselben betragen.

4. Wenn es daher die Stärke des Heers nicht zuläßt mit ⅘ desselben die vordern Pässe gehörig zu besetzen, so ist die Frage, welches ist am vortheilhaftesten, lieber dem Reservecorps oder den Pässen die gehörige Stärke zu geben? und wenn man das erstere wählt, lieber an allen, oder nur an einigen Posten die nöthige Mannschaft fehlen zu lassen? Diese Fragen lassen sich aus den vorhergehenden Betrachtungen beantworten.

5. Da, wie wir gesehen haben, die Entscheidung des Streits von den Reservecorps abhängt, und dies das letzte Rettungmittel, sowohl zur fernern Vertheidigung, als zur Wiedereroberung verlorner Posten bleibt, es auch nicht schnell genug aus verschiedenen Posten zusammengezogen werden kann, wenn der Feind einmal die Linie durchbrochen hat; so folgt hieraus, daß es in allen Fällen wichtiger ist, dem Reservecorps, als dem vordern Posten die hinlängliche Stärke zu geben.

6. Was die Frage anbetrift, ob es nämlich vortheilhafter zur Sicherheit des Ganzen ist, die dem Reservecorps noch zu gebenden Truppen von einem, von einigen oder von allen Posten zu nehmen, so hängt die Beantwortung derselben von der Stellung des Feindes und der Wichtigkeit der verschiedenen Passagen ab. Denn steht der Feind z. B. weiter von einem Passe, als wir ihm Unterstützung geben können, so läßt sich seine ihm gehörige Besatzung wohl etwas schwächen, ja nach Maaßgabe der feindlichen Entfernung von ihm, wohl gar ganz wegziehn.

7. Steht der Feind hingegen einem von uns entferntern wichtigen Posten nahe, so ist es besser demselben die volle Besatzung zu geben, und die zur Bildung des Hauptcorps nöthigen Truppen, von den minder wichtigen und näher liegenden Posten zu nehmen.

8. Im

8. Im allgemeinen haben also diejenigen Posten die wenigste Besatzung nöthig, welche sich am nähesten der eigenen Armee befinden, oder die wenigste Wichtigkeit besitzen, um denjenigen, welche geschwächt werden, nur die nothdürftigste Vertheidigung und Bewachung zu ertheilen.

9. Reichte diesem ungeachtet die Armee zu dieser Vertheilung nicht hin, so ist man gezwungen, sich entweder von einigen Pässen ganz zurückzuziehen, und den Durchgang des Feindes aus einer gut gewählten starken Flankenstellung unmöglich, oder bey dem weitern Vorrücken des Feindes, höchst gefahrvoll zu machen; oder man muß selbst auf die feindliche Seite des Terrainhindernisses, das die Vertheidigungsfronte bildet, es mag nun ein Gebürge oder dicker morastiger Wald seyn, übergehen; indem hier die Ausgänge der Pässe, wie oben angenommen ist, einander näher, als diesseits liegen und wir vielleicht hier eine größere unmittelbare eigene Stärke in wenigerer Zeit und mit weniger Truppen dem Feinde, als diesseits entgegen setzen können.

10. Selbst wenn dies auch nicht der Fall wäre, so erleichtert die Kürze der Vertheidigungslinie es doch um ein großes, wenn man die Eingänge des Gebürges auf der feindlichen Seite durch Flankenstellungen sichern wollte, welches das einzige Mittel bleibt, wenn sie keiner eigenen hinlänglichen Stärke bey der Größe der Armee fähig sind.

11. Befänden sich nun aber die Feinde so im Besitz der nach ihrem Lande austretenden Pässe, daß man sie nicht anders, als nach einem höchst blutigen Kampfe, vielleicht erst nach einer langwierigen Offensivoperation erobern und passiren könnte; so findet selten der Fall Statt, daß die blos zur Defensive bestimmte Armee, zu einer solchen Unternehmung gegen einen zur Offensive gerüsteten Feind hinlänglich stark, und mit den dazu gehörenden Nothwendigkeiten versehen ist, und einen so großen Aufwand von Zeit nicht zu achten braucht, der erfordert wird, und den der Feind vielleicht zu einer höchst gefährlichen Diversion benutzen kann.

12. Ist

12. Ist nun aber keins dieser Erfordernisse da, so ist man gezwungen, die Behauptung der Pässe und der innern Vertheidigungslinie durch Anwendung derjenigen Vortheile zu betreiben, welche gut gewählte und starke Stellungen diesseits der Pässe gewähren; Indem man hier wegen der Stärke, welche die Pässe auf der feindlichen Seite besitzen, wenn sie gehörig besetzt sind, und wegen der Länge der Communicationen, sehr selten einen Rückenangriff auf die feindliche vorrückende Colonne von ihrem Lande her, unternehmen kann.

13. Das erste, was man nun noch zu besorgen hat, nachdem die Möglichkeit ausgemacht ist, ob die Defilees durch die Stärke der gegenwärtigen Armee besetzt und vertheidigt werden können, und auf welche Weise diese Vertheidigung geschehen soll; ist, daß man diejenigen Thäler und Wege aufzufinden sucht, welche die kürzeste Communicationslinie von einem Posten zum andern und in das Innere des Landes gewähren.

14. Ferner daß man diese Communication in den besten und brauchbarsten Stand setzt, und daß man an denjenigen Punkten, wo die innern Communicationen in die Hauptgemeinschaftslinie fallen, oder wo ein enges Defilee leicht die ganze Gemeinschaft trennen könnte, wenn es vom Feinde besetzt ist, (welches durch einen doch nicht unmöglichen plötzlichen Durchbruch desselben vielleicht geschehen könnte,) starke befestigte Posten anlegt, welche nicht allein eine vollkommene Sicherheit der Communication, sondern auch die Deckung des Rückzugs aus den vordern Punkten gewähren.

15. Das zweyte endlich, welches man bey der Beziehung einer Gebirgs- oder Waldfronte nie vergessen muß, ist das ganze Terrain zwischen den Hauptpassagen und Thälern genau zu recognosciren, alle Schlupfwinkel, die der Feind zur Legung eines Hinterhalts anwenden würde, genau kennen zu lernen, und die in einem mäßigen Umfange des Waldes oder Gebürges, schon oft anselnliche Zahl der Schleich-

Schleigwege, Fußsteige, Brücken und andere unwichtig scheinende Passagen, gänzlich zu zerstören und unbrauchbar zu machen.

16. Endlich muß man noch Arbeit und Kunst anwenden, um die zwischen den Hauptpässen liegenden Gegenden so viel als möglich gänzlich unwegsam zu machen, welches oft durch Verhaue, Gräben oder Sprengung einiger Felsenstücke leicht möglich ist, damit man vollkommen sicher in diesen Gegenden in Rücksicht eines Hauptdurchbruchs des Feindes seyn kann, denn die kleineren Schleichpartheyen müssen durch den ohnedem zwischen den Hauptpässen nöthigen Cordon von kleinen Posten und Blockhäusern abgehalten werden.

C. **Grundsatz.** Die Deckung einer freyen Gegend muß von einem Zentralposten aus geschehen.

§. 56.

a. **Lehrsatz.** Befinden sich auf der vordern freyen Fronte Vestungen, so müssen die wichtigsten unmittelbar durch dabey zu nehmende starke Positionen, die andern aber wenigstens durch leicht zu erreichende Flankenposten gedeckt werden, zu deren schneller Erreichung der ausgesuchte Zentralposten und die gleich in den wichtigsten Posten aufgestellten Detaschements entscheidende Vortheile geben müssen.

1. Bestände die Vertheidigungslinie nicht aus irgend einem Flusse, tiefen Grunde, Moraste, Walde oder Gebürge, sondern blos aus einer Reihe fester Plätze, deren zwischenliegendes Terrain entweder vollkommene Ebenen, oder mit kleinen Hölzern, Anhöhen, Bächen, Ravins und Dörfern abwechselnde Gegenden darstellte; so kann man auf beyden Terrainarten keine feste zusammenhängende Vertheidigungsfronte und Communicationslinie ziehen, und den Einbruch des Feindes höchst selten, durch eine unmittelbare Verhinderung des feindlichen Debouschirens über das deckende Terrainhinderniß verwehren, indem kein solches deckendes Hinderniß vorhanden ist.

2. In

2. In einem solchen Falle müssen andere Maaßregeln zur Behauptung der Grenze genommen werden, und da diese nur allein von der Behauptung der festen Posten abhängt, indem der Feind dieselben nicht unerobert oder unmaskirt hinten sich liegen lassen darf, wenn er nicht seine Communicationslinien abgeschnitten sehen will; so kommt in einem solchen Terrain alles nur darauf an, den Feind an der Eroberung der ihm zum Vordringen nöthigen festen Plätze zu verhindern.

3. Durch welche Benutzung der Stellungskunst man nun einen festen Platz sichert, ist bereits aus dem vorigen bekannt: man muß sich nämlich entweder mit einem Corps, das hinlänglich ist, dem Feinde zu widerstehen, so setzen, daß es ihm unmöglich wird, die Belagerung zu beginnen, aus Furcht dabey von dem Corps im Rücken und in einem kritischen Augenblicke angefallen zu werden.

4. Oder man nimmt eine solche Stellung, welche dem Feinde die Communication abschneidet, wenn er belagern will; oder endlich, man setzt sich so, daß dem Feinde der Weg nach der zu belagernden Vestung geradezu gesperrt wird.

5. Es ist unmöglich, die eine oder die andere Stellung mit einem hinlänglichen Corps zur Deckung eines festen Platzes, gleich beym Anfange des Krieges und bey allen festen Plätzen, zu nehmen. Denn hieran verhindert nicht allein die Stärke der Armee, welche zu so vielen großen Corps nicht ansehnlich genug seyn würde; sondern auch die freye Lage der Gegend, welche keine festverbundene, zusammenhängende Vertheidigungsfronte gestattet, die doch nothwendig zum Schutze einer so außerordentlichen Vertheilung der Streitkräfte erfordert würde.

6. Aus dem Gesagten folgt daher, daß man zwar die die festen Posten auf irgend eine Weise deckenden Positionen schon gleich im Anfange ausgesucht haben muß, sie auch wohl durch mäßige Corps, welche die Hauptarmee nicht zu sehr schwächen, bewachen, und gegen den ersten Anfall vielleicht gar bis zur Ankunft des Heers sichern kann; im

Ganzen genommen aber diese verschiedenen wichtigen Positionen, und also auch die von ihrem Besitze abhängende Behauptung der festen Plätze, durch gut kombinirte und im rechten Zeitpunkt ausgeführte Bewegungen zu gewinnen sind.

7. Außer der Wahl der die festen Posten sichernden Positionen, kann also die Stellungskunst zur Deckung einer freyliegenden Vestungskette nichts anders beytragen, als daß sie die vortheilhaften, am nähesten gelegenen Punkte anzeigt, von da es die wenigsten Schwierigkeiten giebt, die entscheidenden Stellungen zu unterstützen, wenn sie so stark sind, daß sie sich auch mit einem Corps gegen die Hauptmacht des Feindes vertheidigen lassen; während die eigene Armee irgend eine vortheilhafte Diversion ausführt; oder diese Stellungen mit der eigenen Hauptarmee selbst zu erreichen sucht, wenn ihre Wichtigkeit und Schwäche die Gegenwart derselben nöthig machen sollte.

8. Hierbey ist nun der Vortheil deutlich, welcher ebenfalls aus der auswärts gebogenen Form der die Vertheidigungslinie bildenden Vestungskette entsteht, indem nun ein Zentralposten mit dem Hauptcorps zu wählen ist, aus welchem man jeder Vestung in irgend einer sie deckenden Stellung zu Hülfe eilen kann.

9. Wollten wir indessen jede dieser Vestungen durch ein vor ihr genommenes Lager sichern, das dem Feinde den Weg nach der Vestung versperrt, so wäre es nothwendig, daß man vor dem Feinde noch eine zur Festsetzung hinlängliche Zeit bey der zu deckenden Vestung ankäme. Hierbey würden aber die nämlichen Schwierigkeiten zu überwinden seyn, die uns die Scheinbewegungen des Feindes bey der Vertheidigung eines Flusses in den Weg legen, wo wir auch immer den entscheidenden Punkt vor dem Feinde erreichen müßten.

10. Da man nun in den mehrsten Fällen bey einem freyliegenden Lager ungleich weit mehr Zeit und Mittel zur Verstärkung und Sicherheit bedarf, als wo die Position durch

einen Fluß gedeckt wird, den der Feind nur auf einigen Punkten passiren kann, wenn er uns angreifen will; so folgt hieraus, daß es viel mehr Zeit erfordert eine feste Stellung vor einer vom Feinde bedroheten Vestung, als den Ort an einem Flusse zu gewinnen, wo der Feind übersetzen will, und daß also auch das erstere Manöver ungleich schwerer als das letztere ist.

11. Hieraus folgt ferner, daß es fast unmöglich ist, bey allen Vestungen zu ihrer Deckung dem Feinde Positionen entgegen zu setzen, welche ihm den Weg dahin versperren; und daß man also die Behauptung der mehresten von ihnen nur durch die Beziehung einer Stellung von den beyden andern Arten erhalten kann.

12. Da es indessen immer einige Vestungen giebt, welche entweder durch ihre günstige Lage zum Offensivkriege, oder weil sie die Hauptverbindungspunkte der ganzen Linie, oder die Deckungsmittel wichtiger ins Land führender großen Straßen, schiffbarer Flüsse sind, oder endlich eine besonders reiche zum Kriege unentbehrliche Gegend oder die Hauptstadt unmittelbar selbst decken; so muß man alle Kunst aufwenden, wenigstens bey diesen wenigen wichtigen Punkten, durch eine kluge Vertheilung und Stellung der Corps, eine sie unmittelbar deckende starke Stellung zu gewinnen; indem die Anwendung der andern beyden Stellungsarten in den mehresten Fällen immer noch übrig bleibt, wenn auch diese erstere nicht entscheiden und glücken sollte.

13. Ist es nun möglich durch die Benutzung eines vortheilhaft liegenden Waldes, Grundes, Morastes oder Flusses dem Verbande der Vestungskette unter sich, den zur Behauptung derselben nöthigen Stellungen, des Marsches dahin, der parallelen und zurücklaufenden Communicationslinien, endlich dem den Vestungen zur Seite liegenden Terrain mehr Deckung zu geben; so muß man diese Vortheile auf keine Weise versäumen.

14. Im Gegentheil muß man diese Hindernisse der Natur durch verschanzte gut unterstützte Posten, durch Ueberschwem-

schwemmungen, Verhaue und Graben noch unwegsamer zu machen suchen, und ohne zu große Schwächung und Vertheilung des Hauptheers einen Avertissementscordon längst denselben anordnen, welcher uns so viel als möglich in den Stand setzt, früher als der Feind bey diesen Gegenständen anzukommen, und an dem Durchbruchsorte des Feindes die vortheilhafteste aller Defensivstellungen zu gewinnen; wo man nämlich im Stande ist, mit einer ansehnlichen Macht ihm entgegen zu würken, während er gezwungen wird, ein beschwerliches Defilee zu passiren.

§. 57.

b. Lehrsatz. Bey einer ganz offenen Grenze müssen sich die rundum zu verschanzenden Corps besonders in diejenigen Oerter setzen, wo Vestungen liegen müßten, während das Hauptheer vorzüglich durch Stellungen oder Schlachten diejenigen Defilees sichert, durch welche die Hauptverbindungen laufen.

1. Sollte die Grenze ganz frey, also auch nicht einmal durch eine Vestungskette gedeckt seyn, so ist es ganz unmöglich das Land blos durch die Stellungen der Corps zu decken; indem keine derselben eine hinlängliche Stärke besitzt, welche das darin postirte Corps gegen einen feindlichen Flanken- oder Rückenangriff sichern kann, und bey einem hierzu abzielenden Manöver des Feindes gleich verlassen werden muß; also ihren Zweck, den Feind am Vorrücken in eine gewisse Gegend zu verhindern, nicht erfüllt.

2. Bey einer Deckung der Grenze durch Vestungen, fanden doch unter dem Geschütze derselben die aus ihren Stellungen vertriebenen Corps noch Schutz, wenn sie kein Defilee, welches sie vor sich setzen sollten, schützen konnte.

3. In diesem Falle sind sich aber die Truppen ganz selbst und ihren eigenen Kräften überlassen, wenn kein Terrainhinderniß da ist, das ihre Stellungen, ihre Communicationen und ihre Bewegungen decken kann. Hier ist es also

ganz

ganz vorzüglich nothwendig, daß sie alle ihre Stellungen so gut als möglich befestigen, um dem Feinde aller Orten die größtmöglichste Vertheidigungskraft entgegensetzen zu können.

4. Da nun aber die Natur der Stellungskunst bey jedem Vertheidigungssysteme im Ganzen immer dieselbe bleibt, so ist es auch hier nothwendig, denjenigen Punkten, deren Wichtigkeit entweder durch den Lauf der Flüsse und Landstraßen, oder durch die Lage der vorzüglichsten Landesgegenden, oder durch die Form der Grenze bestimmt werden, die meiste Deckung zu geben, und vorzüglich die Flügel und die Mitte gut zu sichern.

5. Alles dieses kann nicht anders geschehen, als daß man an denjenigen Punkten, wo eigentlich feste Plätze liegen sollten, überhaupt nur stark verschanzte Corps aufstellt, und zur Unterstützung derselben, mit der Hauptarmee, die hier stärker als in irgend einem andern Falle seyn muß, solche Stellungen bezieht, als wenn die ausgestellten Corps feste Plätze wären; nur daß man beständig für die Sicherheit ihres Rückzugs so viel als möglich Sorge trägt, und überhaupt sich mehr bereit macht, die deckenden Punkte durch Treffen, als durch die bloße Benutzung gut gelegener Positionen zu erhalten.

6. Diese rundum zu verschanzenden Corps decken also die Zugänge der entscheidenden Defileen im Lande, und da der Besitz dieser Pässe den Verband und die Sicherheit des Ganzen erhält, so braucht das Hauptcorps nur sein Bestreben auf die Erhaltung der postirten Corps und der zwischenliegenden Hauptdefileen zu richten, indem es entweder Schlachten zu ihrer Befreyung liefert, oder Flanken aufstellt, die den Feind zum Rückzuge zwingen.

III. Hauptgrundsatz. Wenn eine Grenze durch angelegte Quartierstände gedeckt werden soll, so müssen dieselben als große auseinander gezogene Lagerpositionen betrachtet werden, deren Fronte aber verhältnißmäßig gegen die Ausdehnung stark seyn muß.

A. Grundsatz. Die ganze Stellung der Quartierstände muß nicht allein die Sicherheit des Landes, sondern auch die vortheilhafteste Führung des künftigen Feldzugs gestatten.

§. 58.

a. Lehrsatz. Die verschiedenen Quartierstände müssen nach den Regeln der Stellungswissenschaft unter sich Zusammenhang und gegenseitige Unterstützungsfähigkeit besitzen.

1. Bisher haben wir die Anordnungen auseinandergesetzt, die wir bey der Anwendung der Stellungskunst zur Deckung eines Landes befolgen müssen, wenn sich diese Stellungskunst auf Lagerpositionen bezieht, allein wenn die Dekkung des Landes durch Anlage eines Quartierstandes erhalten werden soll; so müssen die bisher gegebenen Regeln sich in Betracht der veränderten Natur der deckenden Stellungsmethode, auch derselben anpassen lassen, und es sind neue erforderlich, durch deren Befolgung wir den vorgesetzten Zweck erreichen können.

2. Aus der Kriegeskunst wissen wir bereits, daß ein Quartierstand eine ungleich größere Fronte als ein Lager einnimmt, hingegen auch gerade wegen dieser größern Auseinanderziehung der Streitkräfte, welche nothwendig die Vertheidigungsfähigkeit mit gesammter Macht an jedem Punkte der Stellung schwächen muß, eine viel stärkere Frontverstärkung durch Natur- oder Kunsthindernisse bedarf, als eine bloße Lagerstellung nöthig hat.

3. Aus

3. Aus diesem Grunde ist es also nothwendig, daß die zur Sicherheit einer jeden Grenze unentbehrliche natürliche oder künstliche Vertheidigungsfronte so stark als möglich sey, wenn die Deckung des Landes nicht mehr durch Lagerstellungen der Truppen, sondern durch Quartierstände geschehen soll.

4. Wir wissen ferner aus der Kriegeskunst, daß ein Quartierstand oft mehrere Meilen in der Länge und Tiefe einnimmt; woraus also folgt, daß man die Fronte desselben selbst als eine eigene zu deckende Grenze ansehen kann, und daß es daher äußerst vortheilhaft ist, wenn die Vertheidigungsfronte des durch einen Quartierstand zu deckenden Landes, eine solche Länge und solche Befestigung und Stärke besitzt, daß man es dem ungeachtet wagen kann, den Quartierstand längst der ganzen Grenze auszudehnen, ohne einen nachtheiligen Angriff befürchten zu dürfen.

5. In diesem Falle sind alle die Regeln zu befolgen, welche die Kriegeskunst zur Sicherheit eines Quartierstandes angiebt, und es bleibt hier weiter nichts zuzusetzen, als daß man die Vertheilung der Truppen mit nach denjenigen Resultaten einzurichten sucht, welche aus der Betrachtung entspringen, die man über die Wichtigkeit dieser oder jener Gegend der ganzen Vertheidigungsfronte zur Deckung des ganzen Landes, und über die Leichtigkeit und Wahrscheinlichkeit des feindlichen Angriffs gegen diese Stellen gemacht haben wird.

6. Aus dieser jederzeit nothwendigen Betrachtung, erhellt auch sogleich bey einigem Nachsinnnen das ganze Vertheidigungssystem des nächsten Feldzugs, in Rücksicht der dabey angewandten Lagerstellungskunst. Denn diejenigen Stellen der Grenzfronte, welche bey einem ganz längst derselben ausgedehnten Quartierstande, in Betracht seiner Sicherheit und der Deckung des Landes, wichtig sind, werden diese Wichtigkeit aus denselben Gründen auch bey der Deckung des Landes durch Lagerstellungen behalten.

7. Da nun aber von der zeitigen Besitznahme derselben die Sicherheit des Landes abhängt, indem keine Grenze

durch einen Quartierstand im Sommer, gegen einen im Felde zur Ausführung geschwinder Bewegungen und Anfälle bereitstehenden Feind behauptet werden kann, und dies ein schlechtes Deckungsmittel seyn würde; so folgt hieraus, daß da es nöthig ist die Sicherheit des Landes bey angreifender Witterung durch Quartierstände zu erhalten, man diese ausgedehnten Stellungen gleich so anordnen, und besetzen muß, daß bey Eröffnung des Feldzuges es gar keine Schwierigkeit macht, die deckenden Positions zu gewinnen.

8. Man muß ferner dieselben gewissermaaßen bereits in seiner Gewalt und besetzt haben, indem sie entweder im Umfange oder in der Fronte des Quartierstandes liegen; oder es muß ein Theil des Quartierstandes eine solche Lage haben, welche den Feind verhindert die deckenden Positionen zu besetzen, aus Furcht, er möchte von denen in diesem Theile des Quartierstandes stehenden Truppen, die auf einen solchen Fall schon vorbereitet seyn müssen, am Rückzuge verhindert, abgeschnitten oder in der Flanke angegriffen werden.

9. Ist nun aber die Grenze zu lang, und zu schwach durch Terrain= oder Kunsthindernisse befestigt, als daß man den Quartierstand längst derselben ganz ausdehnen könnte; so muß dennoch bey seiner Einrichtung das künftig zu befolgende Vertheidigungssystem zur Grundlage dienen, und der Cordon zu dessen schneller Ausführung angeordnet werden.

10. Die vordere Vertheidigungsfronte muß daher auf alle Fälle durch den Cordon bewahrt werden. Erfordert nun die im nähesten Feldzuge zu beziehende Deckungsstellung, die Gegenwart der Hauptarmee gleich anfänglich in einer Gegend, so muß diese auch in derselben in die Quartiere, oder wenigstens so nahe als möglich daran, und ohne daß viele Defilees vom Heere vorher passirt werden müssen, verlegt werden.

11. Sollte aber der Quartierstand des Feindes mit der Hauptmacht eine andere Gegend bedrohen, welche man sich nicht einige Zeit selbst überlassen kann, so muß in derselben

dem

dem Feinde gegenüber zwar auch unsere Hauptarmee ihren Quartierstand beziehn, aber dem ungeachtet für die Sicherheit desjenigen Theils der Vertheidigungsfronte sorgen, wo sie sich gleich beym Anfange des Feldzugs hinbegeben muß.

12. Die Sicherheit eines solchen entfernten Theils der Grenze kann nun ebenfalls nur durch besondere Corps erhalten werden, welche längst demselben ihre Quartiere beziehn, sich als ein eigenes Ganze ansehen, und die Behauptung der zur Sicherheit dieser Gegend im nähesten Feldzuge nöthigen Stellungen sich zum Zweck machen.

§. 59.

b. Lehrsatz. Man muß die großen Quartierstände in die freyen Gegenden der gedeckten Fronte legen, damit die schwächern Stellen in derselben durch die Truppen, die andern aber durch die Terrainhindernisse gesichert sind. Wo durch die Quartierstände keine unmittelbare Deckung erlangt werden kann, da muß man dieselbe als Flanken anordnen.

1. Da nun aber zwischen den verschiedenen Theilen der Armee auf diese Weise leicht große Zwischenräume entstehen können, und dennoch die Corps bey Eröffnung des neuen Feldzugs gemeinschaftlich, und mit immerwährender Communication agiren müssen; so ist es unumgänglich nothwendig, daß zwischen den verschiedenen Quartierständen der Truppen zur Deckung einer ganzen Grenze, Communicationscordons gezogen, und zu deren Unterstützung hinter denselben in engen Quartieren kleine Reservecorps postirt werden, die allen Durchbruch des Feindes sogleich anzeigen.

2. Uebrigens ist es vortheilhaft, und die Natur der Vertheidigung macht es auch in den mehrsten Fällen nothwendig, daß man in den Lücken die Quartierstände der Truppen anordnet, welche von den großen Terrain- oder Kunsthindernissen, die zur Bildung der äußern Vertheidigungslinie dienen, formirt werden. Denn da dies die offensten und schwächsten

Gegenden des Landes sind, so ist auch hier der Durchbruch des Feindes am wahrscheinlichsten, und am wenigsten ohne eine hinlängliche Macht abzuwehren.

3. Sollte indessen die Grenze so lang oder die Armee so klein seyn, daß man selbst die wichtigsten Stellen derselben nicht durch einen längst denselben angeordneten Quartierstand, und dessen starker Cordonfronte besetzen und decken könnte; so bleibt zu ihrer Sicherheit kein anderes Mittel übrig, als von den Vortheilen Gebrauch zu machen, die uns durch die Flankenstellungen dargeboten werden.

4. Zu diesem Ende kann man oft einen Theil des Quartierstandes der Hauptarmee, oder den Quartierstand eines Corps, das eine gewisse Strecke bewahren soll, so einrichten, das sich seine Fronte zugleich nach dem Wege wendet, welchen der Feind kommen muß, wenn er an der bloß durch einen Cordon geschützten Stelle die Grenze durchbrechen will.

5. Liegt nun dieser freye Theil der Linie etwas hinter der obigen Fronte der Quartiere zurück, und nicht zu weit entfernt, so daß unsere Truppen aus den Quartieren schneller auf des vorrückenden Feindes Flanken, Rückzugsorte oder Communicationslinien fallen, und diese Punkte besetzen können, als der Feind Zeit gebraucht, seinem Durchbruche durch die freye Gegend Festigkeit und Dauer zu geben; so wird er aus Furcht vor einer so großen Gefahr, als ihm das Vorrücken unserer Truppen zuführen könnte, kein solches Unternehmen wagen, bevor er nicht den ihn bedrohenden Theil unseres Quartierstandes über den Haufen geworfen hat.

6. Allein ist der Feind gezwungen nothwendig unsere Quartierstände anzugreifen, wenn er während der Dauer derselben in unser Land eindringen will, so ist dies alles was wir von ihrer guten Anlage erwarten können.

7. Gibt uns nun die innere Einrichtung derselben die in der Kriegskunst auseinandergesetzte Sicherheit zur frühzeitigen Ergreifung des ganzen Vertheidigungssystems; so werden

den wir Wahrscheinlichkeit besitzen, die Cordonfronte des Quartierstandes, welche in Rücksicht der Deckung des ganzen Landes immer die vordere Vertheidigungslinie desselben uns erhalten muß, zu behaupten, und also so gut als es vermittelst eines Quartierstandes möglich ist, die Grenze vertheidigen.

8. Kann man übrigens die Anlage der sämmtlichen, von einander getrennten, Quartierstände der verschiedenen Corps so treffen, daß die nicht belegten und durch die Quartierstände als vermittelst einer Flanke gedeckten Gegenden, einen einwärtsgehenden Bogen, die Quartierstände aber die vorspringenden Theile der ganzen Landesgrenze formiren, so würden zwar diese letztern mehr dem Angriffe des Feindes ausgesetzt, die freyen unbedeckten Gegenden aber um so mehr gesichert seyn.

9. Da nun ferner jeder Quartierstand an sich schon einer in seiner Lage größtmöglichen Sicherheit genießen muß, wenn er gut eingerichtet ist, und er das Mittel seyn soll, das Land zu schützen; so kann man auch bey der Anordnung zur Deckung desselben durch Quartierstände, keine günstigere Form der ganzen Fronte, als die angeführte wählen.

10. So wie sich nun aber die Wahl der Stellungen für detaschirte Corps in Rücksicht der Stellung des Hauptcorps, nach den Regeln richtet, welche man zur Erhaltung einer fortdauernden Communication, einer geschwindern und zeitigern Vereinigung aller Corps, als feindlicher Seits dies Statt findet, endlich zur Sicherheit des Rückzugs derselben nach den wichtigen Pässen der zweyten innern Grenze befolgen muß; eben so ist es auch unumgänglich nöthig, keine einzige dieser Regeln bey der Anordnung verschiedener Quartierstände zur Deckung einer ganzen Grenze zu verabsäumen.

11. Denn jeder Quartierstand kann und muß nicht allein für sich, als eine besondere Position eines detaschirten Corps betrachtet werden, sondern durch die Anlage dieser Quartierstände, müssen auch die darin stehenden Corps bey

der

der Eröffnung des Feldzuges, und so bald sie auf die ihnen zur Bewahrung angewiesenen Positionen gerückt sind, sich bereits in dem Besitz aller der genannten Vortheile befinden, die ihre Lage nothwendig macht, wenn man dieser Vortheile auch nicht bey jedem Quartierstande in Rücksicht des andern als Quartierstand betrachten dürfte.

B. Grundsatz. Man muß die Quartierstände nur dann zur Deckung des Landes benutzen, wenn die Witterung den Feind und uns an der fortdauernden Zusammenhaltung der Truppen im Lager zur schnellen Ausführung einer Unternehmung hindert.

§. 60.

a. Lehrsatz. Der Uebergang von der Lager- zur Quartierstellung muß allmählig geschehen, um stets die verhältnißmäßige Streitfähigkeit gegen die feindlichen Angriffsmittel zu erhalten.

1. Da es höchst gefährlich ist, seine Truppen bereits in die Quartiere verlegt zu haben, wenn der Feind noch mit einer ansehnlichen Macht im Felde steht, so muß man auf alle Fälle suchen der letzte zu seyn, welcher die Armee in die verschiedenen Quartierstände auseinander gehen läßt. Selbst wenn man nur einige Tage länger als der Feind im Felde bleibt, so ist dies schon hinlänglich. Dies erhält man aber vorzüglich durch zwey Umstände.

2. Der erste ist, wenn unsere Truppen aus einem Lande gebürtig sind, wo ihnen die Ertragung der Hitze oder Kälte, welche Witterung nun gerade die Beziehung der Quartiere bewürkt, gewohnt ist, dem Feind aber diese Beschwerden der Jahrszeit oder des Klima's unerträglich fallen.

3. Der zweyte Umstand, welcher uns erlaubt das Feld zu einer Zeit zu behaupten, wo es dem Feinde unmöglich fällt, ist, daß man hinlängliche Fouragemagazine an gut gelegenen Orten angehäuft hat, damit die Reiterey aus Mangel des Futters nicht ruinirt werde.

4. Sollte

4. Sollte es nun aber seyn, daß der Feind nicht zuerst aufbrechen wollte, und man selbst den Anfang machen müßte; so sucht man sich eine sehr starke Position aus, welche feste und gut angebrachte Verschanzungen noch mehr befestigen, und in der man nicht gleich die ganze Armee nöthig hat, um der Hauptmacht des Feindes zu widerstehen.

5. Aus diesem Lager schickt man nun anfänglich ein solches Corps zurück, was man entbehren kann, und legt es hinter dem Lager in solche Quartiere, daß sich die Truppen immer mit dem Hauptcorps in einem Tagemarsche vereinigen können; denn dadurch ist man so viel als möglich gegen alle entscheidende Vorfälle geschützt, wenn der Feind solche vielleicht wagen sollte.

6. Wenn der Feind indessen sieht, daß wir anfangen in die Quartiere zu gehen, und dennoch keinen glücklichen Erfolg von einem Angriffe auf unsere Stellung hoffen kann, so wird er wahrscheinlich auch aufbrechen, um sich entweder erst einige Tagemärsche von uns zu entfernen und dann mit mehrerer Sicherheit auseinanderzugehen, oder unser Manöver nachmachen, und sein Heer theilweise zurückschicken.

7. Thut er dies Letztere, so müssen wir auch damit fortfahren, dabey aber hauptsächlich dahin sehen, daß wir unsere Macht bis zur völligen Beziehung der bestimmten Quartierstände, immer früher zusammenziehen können, als der Feind im Stande ist dasselbe zu thun, und irgend einem uns nachtheiligen Unternehmen, als z. B. die Berennung einer Vestung, Besetzung eines für den künftigen Feldzug wichtigen Passes, Festigkeit und Dauer zu geben.

8. Wir wissen, daß in einigen Ländern die Heere oft gezwungen sind, auch wegen der außerordentlichen Hitze, wie z. B. in Spanien und Italien herrscht, sich in Quartiere zu zerstreuen. Wollte man nun aus irgend einer wichtigen Ursache, wie vorzüglich die wäre, wenn es unmöglich fiele durch einen Quartierstand das Land gehörig zu decken, dennoch im Felde stehen bleiben; so muß man sich so viel als mög-

möglich in einer kühlen Gegend, wo es nie am Winde fehlt, lagern und so oft als es die Lage der Gegend zulassen will, das Lager verändern, damit man nicht allein das Anstecken der Luft, sondern auch die großen Insekten vermeide, welche den Pferden höchst nachtheilig sind.

9. Wollte man nun im Gegentheil im Winter eine Lagerposition behaupten, so muß man sie durch ein Corps, das sich Baracken erbauet, beständig bewahren lassen; mit der Hauptarmee, die dies Corps oft ablöset, in der Nähe Lager beziehen, oder sie in sehr enge Cantonirung legen; so daß die Fronte gegen Mittag sich wendet, und der Rücken so wie die Seiten durch Gebürge oder hohe Waldung gegen die Nordwinde so viel als möglich geschützt sind.

10. Auch muß man sich, wenn man kann, auf dem Abschuß der Höhen, oder sandigem und steinigtem Boden lagern, damit man von Ueberschwemmungen, stehendem Wasser oder Moraste keine Ungelegenheiten habe. Indessen diesem allen ungeachtet, wird man bey einem etwas hartem Winter eine totale Ermattung und Aufreibung der Armee nicht verhindern können, wenn man nicht wenigstens hinlänglich Holz zum Feuer herbeyschaffen, und Baracken für die Leute erbauen läßt.

11. Da nun die Sicherheit der Quartiere auf die gegenseitige Anordnung und Vertheilung der Streitkräfte der feindlichen Armee beruhet, wodurch diese in dieselbe Vertheidigungslosigkeit als die unsrige gesetzt wird; so hebt sich auch natürlich dieses gegenseitige Verhältniß der hinlänglichen Widerstandskraft auf, sobald der Feind anfängt von der Stellung in Quartieren zu der in Lagerpositionen überzugehen, und mithin die schnell anwendbare Kraft zu vergrößern.

12. In diesem Fall ist es nun zwar deswegen vortheilhaft, länger als der Feind in den Quartieren zu bleiben, weil sich nicht allein die eigenen Truppen mehr als die feindlichen ausruhen, sondern weil man auch um so eher die Entwickelung des feindlichen Angriffsplans ersehen kann.

13. In-

13. Indessen wächst die Gefahr mit jeder nähern Zusammenziehung der feindlichen Macht, und es ist daher äußerst nothwendig die Anstalten zur innern Communication der einzelnen Quartiere unter sich, und der verschiedenen Quartierstände im allgemeinen, zu vermehren und zu sichern; auch diejenigen Quartiere, welche einem unvermutheten Angriffe ausgesetzt sind, entweder gänzlich zurückzuziehn, oder so zu verstärken, daß der Feind keinen entscheidenden Erfolg von seinem Angriffe hoffen kann.

14. Vorzüglich müssen alle diejenigen Pässe schon hinlänglich besetzt seyn, durch welche die Communicationslinien von einem Quartiere oder ganzen Quartierstande zum andern laufen; denn sollte es dem Feinde gelingen, dieselben zu gewinnen, und sich hier mit einer kleinen Macht unserer Hauptarmee zu widersetzen, so ist es ihm ein leichtes mit seinem Hauptheere unsere abgeschnittenen Quartiere zur Ergebung zu zwingen, und vielleicht die ganze Vertheidigungsfronte für den ganzen künftigen Feldzug auf einmal zu durchbrechen.

§. 61.

b. Lehrsatz. Wenn man in einem alles deckenden Posten steht, gegen den der Feind aus irgend einem Grunde nichts unternehmen kann, so ist es möglich, früher als er aber nach und nach die Quartiere zu beziehen, ohne daß diese Zertheilung Gefahr bringt.

1. Diese bisher gegebenen Regeln und nothwendigen Betrachtungen zeigen uns die Vorsicht, welche wir anwenden müssen, wenn die Truppen zu einer fortdauernden Deckung des Landes aus den Lagerpositionen in die Quartierstände übergehen sollen, und der Feind noch in der Nähe sich befindet, und mehr oder weniger zu fürchten ist.

2. Indessen giebt es Fälle, wo man ungeachtet dieser scheinbar drohenden Gefahr, dennoch sehr gut und mit hinlänglicher Sicherheit die Vertheidigungsstellung der Lagerpositio-

sitionen, in die der Quartierstellungen umwandeln kann, wenn man nur sonst genau auf des Feindes Bewegungen durch große Corps leichter Truppen passen läßt; damit man zeitig genug eine Zusammenziehung der Truppen bewerkstelligen könne.

3. Man kann aber die Truppen mit Sicherheit in die Quartiere verlegen, wenn man sieht:

a. Daß man selbst nichts mehr, das von Nutzen und Bestand wäre, unternehmen kann.

b. Wenn irgend ein Hinderniß oder die Lage der Sachen den Feind selbst verhindert etwas zu unternehmen.

4. Der erste Fall ist nun, wie man sieht, nur vorzüglich in Betrachtung zu ziehn, wenn die Truppen entweder schon in dem vergangenen Feldzuge offensiv agirt haben, oder von jetzt an offensiv agiren sollten. Dies mag nun entweder in einem würklichen Angriffs- oder in einem mit plötzlichem Angriff verbundenen Vertheidigungskriege geschehen sollen, so sind die hierbey zu befolgenden Regeln immer einerley.

5. Der zweyte Fall ist nun aber ganz defensiver Natur und tritt bey folgenden Lagen ein. — Wenn unsere Vestungen, welche die Sicherheit des Landes befördern, mit allem zu einer langen Belagerung hinlänglich versehen sind; so daß, wenn auch der Feind die Truppen in den herumliegenden Quartieren verdrängt, er dennoch sowohl wegen der Witterung, als auch wegen der Schwierigkeit die Belagerung zu decken, keinen glücklichen Erfolg erwarten kann.

6. Wenn die Fronte unserer Quartiere durch irgend ein Gebürge, durch einen dicken Wald, Morast oder breiten Fluß, und durch starke mit hinlänglicher Artillerie besetzte Verschanzungen so gedeckt ist, daß der feindliche Angriff gegen unsre Cordonfronte so viel Zeit wegnimmt, als wir bedürfen, um ein hinlängliches Corps in einer Stellung zu versammeln, die dem Feinde ohne einen nachtheiligen Angriff gegen sie zu wagen, alles fernere Vordringen auf irgend eine Art verbiethet.

7. End-

7. Endlich kann man auch ungescheuet die Quartiere vor dem Feinde beziehn, wenn das Terrain, welches dazu gebraucht und erfordert wird, selbst nach einer feindlichen Besitznahme der fernern Behauptung unserer Hauptvertheidigungslinie auf keine Weise nachtheilig wird.

8. Dies würde nicht der Fall seyn, wenn man über diese Gegend weg um die Flanke oder in den Rücken der Vertheidigungslinie gelangen könnte; oder wenn sich auf derselben die wichtigsten Pässe der Grenze in einem geringen Umfange vereinigten, diesseits der Grenze aber in weiten Entfernungen von einander lägen.

9. Ferner würde das freygelassene Terrain in des Feindes Händen uns nachtheilig werden, wenn es ihm die Mittel ertheilte, mit Sicherheit seiner Flanken nach einer vielleicht selbst zurückliegenden Gegend vorzurücken, und hier Pässe zu besetzen, welche zur Erhaltung einer sichern und bequemen Communication nothwendig in unserer Gewalt bleiben müssen.

10. Alle die Gegenden, deren Lage solche Nachtheile nicht in Rücksicht der fernern Vertheidigung mit sich führen, — und die also gewissermaaßen vor der Hauptvertheidigungslinie, oder an einer Stelle derselben liegen müssen, die von ihren andern Theilen umklammert, flankirt oder an einem starken Orte von denselben getrennt und hinterwärts noch einmal von einer besondern Fronte, die mit den nebenliegenden Theilen der vordern Linie einen einwärtsgehenden Bogen macht, umzogen wird; — können daher zu Quartierständen gegen den noch im Felde stehenden Feind dienen, wenn sie sich sonst zur Deckung des ganzen Landes nahe genug an den Hauptpässen und gefährlichsten Stellen der Grenze befinden.

11. Doch muß man auf allen Fall bey solchen an und für sich nicht deckenden Quartierständen dahin sehen: daß, wenn der Feind ja einen Hauptangriff gegen sie selbst oder gegen einen andern Theil der Grenze unternehmen sollte, man schon vorher ohne Unordnung die nicht zu vertheidigenden Quar=

Quartiere geräumt, die Hauptvertheidigungslinie zum Schutz vor sich, und die Ausgänge der Pässe in die verlassenen Quartiere, so wie auch alle andere nöthige Positionen bereits gehörig besetzt habe, ehe noch der feindliche Angriff Sicherheit erhalte und der Behauptung der ganzen Fronte gefährlich werde.

12. Ferner, damit man auch immer noch die Mittel behalte, in die verlassenen Quartiere wieder vorzurücken, sobald der Feind sein Vordringen einstellt, und entweder in seine alten Quartiere zurückgeht, oder die von uns verlassenen besetzt, wo er nun einen ungesicherten auswärtsgehenden Bogen formiren muß, in welchem derselbe von allen Seiten umschlossen, und durch eine schnelle Bewegung unserer verstärkten Flügel in Verbindung mit der Mitte, gegen das Zentrum und die Rückseite seiner neuen Quartiere, leicht wieder zu vertreiben ist.

Dritter Abschnitt.

Anwendung der Stellungswissenschaft in einem Offensivkriege.

I. Hauptgrundsatz. Die Stellungen im Offensivkriege müssen zugleich die nöthige Vertheidigungsfähigkeit sichern.

A. Grundsatz. Die Offensivstellungen müssen besonders eine sehr große Bewegbarkeit gestatten.

§. 62.

a. Lehrsatz. Die Stellungen in der Offensive müssen zur Sicherheit der Armee wie die in der Defensive, jedoch mit Rücksicht auf die Offensivmittel eingerichtet seyn.

1. Die Natur des Offensivkrieges schreibt das Gesetz vor, dem Feinde mit der größtmöglichsten Sicherheit so viel Land zu entreißen als sich thun läßt. Allein diese anfängliche Eroberung eines Landstrichs würde wenig Nutzen schaffen, wenn man denselben nicht auch so lange behaupten wollte, als nöthig wäre, dem Feinde die daraus fließende Kraft bis zu seiner gänzlichen Ermattung zu entziehn.

2. Eine solche Behauptung hängt nun aber, wie wir schon aus der Stellungskunst beym Defensivkriege wissen, von der immerwährenden Sicherheit und Vertheidigung ab, welche die festen Posten und die Defileen genießen, welche

die Fronte des eroberten Landes und die Communicationen darin decken.

3. Da nun die Lager oder Quartierstände der Armeen diejenigen Punkte sind, von da aus nicht allein diejenigen Posten gewonnen werden müssen, welche das eroberte oder eigene Land decken, sondern von da aus sich auch die Bewegungen nach neuen, die Eroberung noch weiter vorliegender Länder deckenden, Positionen dirigiren und anfangen müssen; so sieht man hieraus, daß die Positionen der Armeen im Offensivkriege sowohl wie im Defensivkriege, die Schlußbänder des ganzen Angriffs- oder Vertheidigungsgebäudes sind, und daher die Wahl derselben, oder die Stellungskunst in beyden Kriegsarten von der größten Wichtigkeit seyn muß.

4. Je größer nun aber auch die Wichtigkeit der Stellungskunst im Kriege ist, je schwerer ist daher die Ausübung dieser Wissenschaft, und es giebt wenige Feldherrn, die es sehr weit darin gebracht hätten. Oft ist es daher möglich, daß die gute Wahl der Stellungen beym Anfang eines Feldzuges die vortheilhafteste Würkung auf seinen ganzen Lauf äußern, ja sogar in mehrern Fällen wohl den ganzen Krieg entscheiden können.

5. Dies ist um so leichter einzusehen, wenn man nur bedenkt, daß derjenige, welcher in Rücksicht der verschiedenen Lagen, worin sich die beyderseitigen Armeen befinden, die vortheilhaften Stellungen in seiner Gewalt hat, zugleich auch die Schlüssel zu den Wegen besitzt, welche zu einer Besiegung und Vertreibung des Feindes führen.

6. Da also die Stellungskunst die Grundlage der Bewegung, des Gefechts, und also des ganzen Krieges ist; so folgt hieraus, daß es vorzüglich nothwendig wird, in jeder Lage, es mag in einem Defensiv- oder Offensivkriege seyn, zur Ausführung irgend einer Operation eine zu diesem Zwecke und zur eigenen Sicherheit vortheilhafte Stellung zu besitzen.

7. Wenn

7. Wenn man die Führung eines Offensivkrieges beschließt, so will man die feindliche Macht schwächen, dies geschieht aber vorzüglich durch Eroberung der Gegenden, in denen sich die Ergänzungsquellen der feindlichen Streitkraft befinden.

8. Allein da die Mittel, um diese Operationen auszuführen, entweder selbst in dem eroberten feindlichen Lande, oder in unseren eigenen anfänglichen Besitzungen liegen, und der Feind um seine Existenz zu verlängern und seine Vertheidigung zu sichern, eben so, wie wir es gegen ihn thun, auch unsere Ergänzungsmittel zu zernichten oder uns zu entziehen, und also die Gegenden, worin sie sich befinden, zu erobern suchen wird; so folgt hieraus, daß wir auch bey der Führung des Angriffs, auf die Behauptung und Sicherung der eigenen und eroberten Gegenden sehen müssen; d. h. also nichts anderes, als daß bey dem Laufe eines Offensivkrieges zugleich die Anwendung der Regeln zur Defensive mit angewandt werden müssen, oder daß ein Offensivkrieg immer zugleich mit ein Defensivkrieg ist.

9. Aus dem Gesagten folgt ferner; daß, da die Stellungskunst die Grundlage und das gewöhnlichste, so wie das sicherste und zugleich nothwendigste Mittel zur Gründung einer gedeckten Defensive ist: die Stellungskunst im Offensivkriege von der größesten Wichtigkeit wird, indem man jetzt durch sie zweyerley Zwecke befördert; nämlich nicht allein die Mittel und Eingänge zu den Wegen, auf welchen man die Vertreibung des Feindes aus seinem eigenen Lande bewürken kann, zu gewinnen, sondern auch zugleich die eigene Grenze gegen feindliche Einfälle zu schützen. — Man muß daher die Stellungskunst im Defensivkriege als die Grundlage der Stellungskunst im Offensivkriege ansehen.

10. Die Stellungskunst bey dem Offensivkriege richtet sich nun in Rücksicht der Beförderung offensiver Absichten, nach der Art, wie der Feind angegriffen, und seine Verthei-

digungsfronte durchbrochen werden soll, und in welcher Lage er sich dabey befindet. Diese Lage kann nun aber so seyn:

a. Daß es möglich ist, ihn zu überfallen.

b. Daß er bereits vollkommen gerüstet und zu unserm Empfange bereit ist.

11. Die Art, wie man übrigens in eine Vertheidigungslinie eindringen kann, ist fünferley, nämlich entweder:

a. Durch eine Schlacht.

b. Durch Einschränkung der Fourage.

c. Durch Detaschiren.

d. Durch Bewegungen.

e. Durch eine Diversion.

12. In allen diesen Fällen ist die Stellungskunst verschieden, denn sie allein muß die Möglichkeit der Ausführung dieser Mittel größtentheils an die Hand geben. Indessen finden doch mehrere Anordnungen bey der Wahl der Stellungen Statt, welche allen gemein sind, und in jedem Falle befolgt werden müssen. Es ist daher nothwendig diese allgemeinen Regeln den Vorschriften in den besondern Fällen, in einem eigenen Paragraphen vorhergehen zu lassen.

§. 63.

b. Lehrsatz. Das Terrain der Offensivpositionen muß die kräftigste Würkung unserer Hauptstärke gestatten, die Einschließung unmöglich machen, und bey aller Sicherheit der Lage einen freyen nicht durch nahe Defilees aufgehaltenen Offensivmarsch erlauben.

1. Wenn man im Anfange eines Feldzugs die Armee zusammenzieht, und vom Feinde so weit entfernt ist, daß man von ihm nichts zu fürchten hat, so sind alle Lager gut, wenn nur die Truppen geräumig in denselben stehen, und die

die nöthigen Lebensmittel, so wie Wasser und Holz in der Nähe sind, auch das Terrain bequem und gesund ist.

2. Je länger man sich in einem Lager aufzuhalten denkt, je nothwendiger ist die Beobachtung der vorigen Regel, und in solchen Lagern giebt man den Truppen gewöhnlich mehr Terrain, als wenn man sich nur einige Tage darin aufhalten will.

3. Da die nach unserm Lande gehenden schiffbaren Flüsse, ein großes Erleichterungsmittel einer schnellen Transportation der Lebensmittel gewähren; so ist es eine äußerst vortheilhafte Lage einer Position, wenn sich in ihrer Nähe ein schiffbarer Fluß befindet, den man unter ihrem Schutze zur Versorgung der Truppen benutzen kann.

4. Hat man verschiedene Märsche zu thun, ehe der Feind, welcher angegriffen werden soll, zu erreichen ist, so muß man alle diejenigen Naturgegenstände, welche zwar einer Heerstellung mehr Sicherheit und Deckung gewähren, wenn sie sich vor derselben befinden, aber auch den Marsch gerade dieser sichernden Eigenschaften wegen, höchst beschwerlich, in dem Angesichte des Feindes gefahrvoll und langwierig machen, nie vor die Front nehmen, sondern das Lager immer vor diese Defilees setzen, und zwar so weit als möglich, damit der Nachtheil desto kleiner werde, welcher aus einem vielleicht nöthigen und plötzlichen Rückzuge, daraus entspringen könnte.

5. Zieht man sich hingegen vor dem Feinde zurück, so ist der Feind gezwungen, diese deckenden Defilees zu passiren, wenn er unsere Bewegung hindern will. In diesem Fall zieht man also aus solchen Defilees zum Schutze unserer Operation den größten Vortheil, wenn man die obige Regel umwendet, d. h., die Läger bey einer Retirade nicht vor, sondern hinter die Defilees setzt.

6. Damit der Zusammenhang der Bewegungen zur Erreichung, der die Offensive oder Defensive entscheidenden Posten, schneller vollzogen werde, so ist es gut in jedem Lager

die Avantgarde gleich die Wege besetzen zu lassen, welche zu dem neuen Lager führen, damit dieselben nicht allein dadurch dem Heere gesichert werden, sondern damit auch die Avantgarde um so zeitiger bey der Hand sey, den Marsch zu eröffnen.

7. Die Situation des Lagers muß so beschaffen seyn, daß wir auf alle Fälle den Vortheil in einem plötzlichen Gefechte besitzen; dies sey nun, daß man entweder aus dem Lager herausfällt und den Feind selbst angreift, oder, daß wir den Angriff des Feindes in unserm Lager erwarten wollen.

8. Sind wir stärker als der Feind, so wählt man freye, offene Gegenden zu den Lagerplätzen, und sucht die Sicherheit und Deckung derselben lieber durch Verschanzungen und vortheilhafte Schlachtordnungen, als durch beschwerlich zu passirende Terraingegenstände zu erhalten. Denn im erstern Falle bleibt man Herr seiner Bewegungen, und kann gegen einen angreifenden Feind die ganze Streitkraft des Heers in ihrem vollsten Maaße anwenden, welches beydes in einem beschlossenen Terrain höchst selten der Fall seyn wird.

9. Sind wir aber schwächer als der Feind, so muß man nothwendig die abgehende Streitkraft, um dennoch offensive Absichten ausführen zu können, durch die Benutzung der vortheilhaft liegenden und deckenden Terraingegenstände zu ersetzen suchen. Indessen ist es auch nothwendig, die Situation der Läger nach derjenigen Waffe zu wählen, von deren Anwendung man sich entweder vorzüglich den Sieg verspricht, oder die den Haupttheil des Heers ausmacht.

10. Sind wir daher stärker an Cavallerie als der Feind, so wählt man eine ebene Gegend, wo indessen die Flügel und der Rücken der Reiterey durch gut angebrachte Infanterie- und Artilleriedetaschements verstärkt und gesichert werden können.

11. Ist Infanterie und Artillerie die Hauptwaffe, und besitzt der Feind vorzüglich Cavallerie, so zieht man eine durchschnittene oder mit platten Defilees versehene Gegend einer

einer ebenen zum Lager vor; denn hier kann nicht allein der Hauptheil unseres Heers seiner Streitkraft die größte Würkung geben, sondern die feindliche Reiterey wird auch ganz unnütz und unschädlich.

12. Die Sicherheit eines jeden Lagers erfordert übrigens außer der Befolgung aller in der Kriegeskunst diesfalls gegebenen Regeln, daß man es an keinem Orte aufschlage, der von dem Feinde unter Wasser gesetzt werden kann, wenn er die Dämme durchsticht und die Flüsse abgräbt oder abdämmt, die sich in seiner Gewalt befinden.

13. Eben so wenig darf sich das Lager in einer Gegend befinden, die, wenn es auf den benachbarten Gebürgen regnet oder Schnee schmilzet, von den angelaufenen Strömen überschwemmt wird.

14. Ehe man ein Lager bezieht, ist es unumgänglich nöthig, die ganze Gegend, welche wir vor uns haben, und überhaupt die uns auf allen Seiten umgiebt, so wie den ganzen Raum zwischen uns und dem Feinde, mit der größten Aufmerksamkeit zu untersuchen, aus Furcht, daß er sich derselben Vortheile bedient, uns in den wichtigsten Punkten, von denen die fortdauernde Behauptung des Lagers abhängt, zuvorkommt, und die Beziehung des Lagers unserer Seits entweder höchst gefahrvoll macht, oder daß er sein eigenes Lager deckt und vielleicht in den Stand gesetzt wird, irgend einen großen Streich auszuführen.

15. Wenn man daher entdeckt, daß der Feind entweder schon einen solchen vortheilhaften Posten besetzt hat, oder eben besetzen will, durch welchen er uns einschränkt, gewisse Communicationen in Gefahr bringt, und uns nöthigt, das Lager mit unendlichen Schwierigkeiten zu verlassen, so muß man ohne Anstand sogleich diesen Posten angreifen, und wenn er von Wichtigkeit ist, den Angriff mit aller Macht unterstützen, so wie sich auf alle Fälle gefaßt machen.

16. Indessen erfordern solche Unternehmungen die größte Vorsicht, und damit die Ausführung derselben so viel als möglich gesichert werde, so setzt sich diesfalls die ganze

Armee in Bewegung, und marschirt in der nämlichen Ordnung, wie sie fechten will; zugleich macht man von den zum Angriff bestimmten Truppen ein eigenes Avantcorps, und hält die Hauptarmee beständig in solcher Ordnung zurück, daß die Wiedereinnahme des verlassenen Lagers vom Feinde nicht gehindert werden kann.

17. Wenn man ein Lager unter dem Geschütz eines festen Platzes nimmt, so ist es ungleich vortheilhafter sich nicht mit dem Rücken an die Vestungswerke zu setzen, sondern die eine Flanke nur durch die Vestung zu decken, die andere aber in das Feld hineinzustrecken, und dieselbe entweder durch ein vortheilhaftes Terrain oder durch Kunst zu sichern.

18. In dieser Lage giebt das Geschütz der Vestung nicht allein Front und Rücken des Lagers eine ganz außerordentliche Verstärkung, sondern es ist dem Feinde jetzt auch fast unmöglich, das Heer wegen des großen zu besetzenden Lagers einzuschließen, welches im erstern Falle weit leichter war.

19. In einer jeden Stellung, die man bezieht, muß die Communicationslinie zurück und auch zur Seite, sowohl nach den Magazinen, engen Pässen, als auch nach den nebenstehenden Corps vollkommen gedeckt seyn.

20. Kann dies nicht ganz bey einer gewissen Bewegung des Feindes und der Besitznahme einiger Posten von ihm, die wir nicht zu verwahren vermochten, erreicht werden; so muß der Lauf dieser Communicationen und die zu ihrer Sicherheit nöthigen Positionen und Posten so angeordnet seyn, daß der Feind während oder nach Ausführung seiner Bewegung einer derselben einen freyen Weg auf seine eigene Communication, die zu seiner Erhaltung wichtig und bald entscheidend ist, frey läßt. In diesem Falle wird alsdann unsere Communicationslinie durch die Furcht gesichert, welche der Feind beständig für seine eigene empfindet.

21. Ein Offensivlager muß, mehr wie jedes andere, die Eigenschaft besitzen, daß es leicht wird, nach jeder

Seite

Seite aus demselben in das Land vorzurücken; denn nur durch gut kombinirte Bewegungen, die schnell ausgeführt werden können um irgend einen wichtigen Posten zu gewinnen, in welchem uns der Sieg gewiß ist, ist es möglich eine geschwinde und dauerhafte Eroberung und Durchbrechung, der nach und nach uns entgegengesetzten feindlichen Vertheidigungslinien zu bewürken.

22. Wir haben aber schon in der Kriegskunst die Schwierigkeiten bemerkt, welche sich bey einem durch Natur starken Lager, den schnellen Bewegungen der Truppen auf das umgebende Terrain, widersetzen. Es ist also weit vortheilhafter die Offensivläger lieber durch Verschanzungen mit großen Zwischenräumen, als durch Terrainhindernisse zu verstärken, denn die ersten hemmen nicht so wie die letztern eine schnelle Bewegung.

23. Zu dieser Eigenschaft einer schnellen Ausrückung kommt nun bey einem Offensivlager noch dies nothwendige Erforderniß, daß es sich in einer Gegend befindet, welche die näheste Vertheidigungslinie von selbst schon unterbricht, d. h., daß der Feind wegen der zu großen Gefahr nicht wagen darf, die Theile derselben, welche in der Nähe unseres Lagers liegen, zu besetzen, oder weil sich das Lager selbst schon innerhalb der feindlichen Fronte befindet, und die Flanken seiner übrigen Posten längst derselben unsicher macht.

24. Wo dies nicht der Fall ist, da muß uns die Lagergegend die Wege in die Hände geben, welche uns schneller und mit größerer Kraft als den Feind, eine Stelle die für ihn höchst wichtig ist, in der feindlichen Fronte mit Sicherheit erreichen, und solche Anstalten zeitig genug treffen lassen, die nicht allein die wahrscheinliche Ueberwältigung dieses Theils der feindlichen Fronte, sondern uns auch eine hinlängliche Deckung unsers Rückens und unserer Communicationen verstatten.

D. Grund-

B. Grundsatz. Die verschiedenen Offensivstellungen müssen ein festes Vertheidigungssystem und dadurch die Verstärkung der Angriffskraft erzeugen.

§. 64.

a. Lehrsatz. Der ganze Verband der Offensivstellungen muß auf der eigenen Vertheidigungsfronte einen starken Keil bilden, dessen Flanken wo möglich durch große Hindernisse gedeckt und einen nicht unter 90 Grad großen Winkel verbunden sind.

1. Da es nothwendig ist, in jeder Offensivstellung zugleich die eigenen Vertheidigungsfronten, oder vielmehr die Zugänge zu ihnen, und die nothwendigen parallel und rückwärtslaufenden Communicationen zu decken, dies aber nicht allein immer schwieriger, sondern auch sowohl für die einzelnen Posten, als für die Erhaltung des Ganzen höchst gefahrvoll wird, je länger die Grenz- oder Operationsfronten, und je weiter die eigenen Länder und ihre Vertheidigungslinien, als die Ergänzungsquellen unserer Macht, davon entfernt sind; so folgen aus dieser Betrachtung folgende sehr wichtige Regeln, die bey der Wahl der Stellungen in einem Offensivkriege nie vernachläßiget werden müssen.

2. Damit die äußerste Fronte der jedesmaligen im Besitz habendenLänder, und also die darin befindlichen Front- und Rückencommunicationen die größtmöglichste Deckung erhalten, so muß man so viel als möglich die Stellungen so wählen, daß sich zwischen ihnen, längst der ganzen besetzten Fronte hinunter Defileen bildende Terraingegenstände befinden, bey welchen es leicht ist, den feindlichen Durchbruch zu verwehren.

3. Um eine immerwährende Sicherheit des Rückens und des Wiedereintritts in die eigene Vertheidigungslinie zu genießen; so muß man nie in einer zu langen Strecke und über mehrere Defileen vorrücken, welche die zurücklaufende Communication durchschneiden, wenn man sie nicht hinlänglich besetzt, und die Flanken dieser Posten gesichert hat.

4. Fer=

4. Ferner ist es zur Erhaltung eben dieses Zwecks nothwendig, nie eine Stellung so zu nehmen, daß feindliche Läger, Vestungen oder feste Posten, welche unserer unmittelbaren Sicherheit, oder den Rückzugs- und Communicationswegen gefährlich werden könnten, uns im Rücken unerobert oder unblockirt liegen bleiben.

5. Um diese Erforderniße noch besser zu erhalten und den Verband zwischen allen Theilen der eingenommenen Operationsfronte noch besser zu sichern, so müssen die Stellungen der Haupt- und Unterstützungscorps nie in einer weit vorgehenden schmalen Spitze genommen seyn, sondern jede neue Stellung muß zugleich eine ganz neue, mit der alten Grenze parallele Fronte, dem Feinde entgegensetzen.

6. Ist man aber mit dem Hauptcorps mehr als mit den andern Theilen der Fronte vorgerückt, so muß sich in derjenigen parallelen Linie dahinter, in der sich eine vortheilhafte Vertheidigungsfronte zum Schutze der Magazine und des eigenen Landes, anlegen läßt, eine längst der ganzen Grenze, oder doch wenigstens längst einem großen Theile derselben, ausgedehnte Basis fester Posten und Positionen befinden, und die Stellung des Hauptcorps auf beyden Seiten mit derselben, durch Stufenartig in starken Posten zur Defensive und einander zur Unterstützung vortheilhaft angeordneter Corps, verbunden werden, so daß das ganze Positionsgebäude die Form eines Keils erhält.

7. In dieser Form sind die Flanken eines jeden Corps beständig gesichert, die Communicationen gedeckt und der Rückzug in die eigene Vertheidigungsfronte vollkommen ungehindert.

8. Es ist indessen nicht gleichgültig, was dieser Keil für eine Form besitzt, sondern auch sie wird nach Regeln bestimmt. — Wir wissen bereits aus dem Vorigen, daß, je weiter die Stellung eines Heers von ihrer anfänglichen Vertheidigungsfronte, die man, wenigstens in einem Feldzuge, als die Umzingelung der zur Fortdauer der militairischen Streitkraft des Heers unentbehrlichen Ergänzungs-

Quel-

Quellen ansehen muß, entfernt ist, — die Schwierigkeit dieser Ergänzung immer zu, und daher die Würkungsfähigkeit des Heers als des auf die feindliche Vertheidigungskraft dringenden Körpers, immer mehr abnimmt.

9. Die Gefahr, in der sich überdem eine lange Communicationslinie nach dem Magazine befindet, abgeschnitten zu werden, setzt ihrer Länge, so wie auch die Möglichkeit einer zeitigen Ergänzung aus diesem Quell der militairischen Existenz, also ein Ziel.

10. Hieraus folgt, daß, um diese entscheidenden Nachtheile beym Vorrücken so viel als möglich zu umgehen, eine vorgehende Armee mehr und mehr Magazine in einer Grundlinie ihrer Operation zum Gebrauch offen haben muß, je größer ihre Entfernung von dieser Grundlinie, die als die anfängliche Vertheidigungsfronte zu betrachten ist, wird.

11. Denn da nun die Ergänzung der abgehenden Streitkräfte des Heers von mehreren Punkten zugleich gegen einen Punkt, nämlich das Lager der Armee geschieht, so sind also auch die auf einmal ankommenden Massen um so größer, und das Ausbleiben der Transporte wird minder schädlich. Eben so wenig schädlich ist nun auch die Abschneidung einer Communication, da uns doch noch immer mehrere zu benutzen übrig bleiben.

12. Beyde Nachtheile nehmen nun immer mehr ab, je länger diese Basis der militairischen Würkungskraft in Verhältniß der Entfernung des Heers von derselben ist. Auch entsteht hieraus noch der große Vortheil einer bessern Flankendeckung der Stellung gegen den zur Seite derselben vorrückenden Feind, der nun immer selbst flankirt wird.

13. Aus dem Gesagten folgt, daß, je stumpfer der Winkel des Operationskeils ist, je größer ist die Sicherheit desselben, und am besten würde es seyn, wenn die Ergänzungsquellen conzentrisch gegen die Stellung des Heers würkten, d. h., daß die Figur der Basis einen einwärtsgehenden Bogen formirt.

14. Die

14. Die beste Figur der Vertheidigungsfronte ist daher auch am vortheilhaftesten zur Operationsbasis, und 90 Grad der Scheidepunkt zwischen dem stumpfen und spitzen Winkel, dasjenige Maaß, welches wenigstens der Winkel des Operationskeils besitzen muß, wenn hinlängliche Sicherheit, Anzahl und Ergiebigkeit der Lebensfäden nach den Magazinen, in der durch die zurückkehrende Vertheidigungslinie gebildete Basis der Offensivstellung, dieser mitgetheilt werden soll.

15. Kann man die eine Seite dieses Keils durch ein vortheilhaftes Terrainhinderniß, als das Meer, ein breiter Fluß oder Morast, oder steile Gebürge und morastige Wälder sind, decken, so braucht man ihr nur wenig oder gar keine Bedeckung zu geben, kann den stufenartig abfallenden Positionen der andern Flanke desto mehr Kraft ertheilen, und vielleicht durch eine solche Stellung, die ganze feindliche Vertheidigungsfronte in die Flanke fassen und überflügeln; weswegen man es nie verabsäumen muß, so viel als möglich, durch eine solche Benutzung vortheilhaft liegender Terrainhindernisse dem Zusammenhange des Positionskeils eine größere Stärke und Deckung zu geben.

16. Da es eine Hauptregel im Kriege ist, den Feind so viel als möglich, von dem eigenen Lande entfernt zu halten, weil man nicht allein dasselbe durch eine solche Entfernung mehr schützt, sondern auch den Feind in engern Schranken hält und schwächt, so kann es wohl seyn, daß bey jeder Offensivstellung nicht immer die stufenartige Anordnung der Flankencorps bis zur eigenen Defensivlinie Statt findet.

17. In diesem Falle ist es aber dennoch nothwendig, die Flanke der Hauptstellung, und der von da nach der eigenen Grenze laufenden Communication, durch irgend ein vortheilhaftes Terrainhinderniß oder durch ein Corps in einer starken Position, welches einen Cordon vor sich her zieht, so zu decken, daß der Feind nothwendig dies Corps verjagen muß, wenn er nicht durch einen Rückenangriff desselben, indem

indem er es wagt unsere Communicotion zu durchbrechen, in die größte Gefahr gerathen will.

18. Da nun aber durch eine solche Stellung wohl die gerade dahinter liegenden Theile der eigenen Vertheidigungslinie, sehr selten aber die in den Flanken liegenden Gegenden der Grenze durch die Hauptstellung unmittelbar und zeitig genug gedeckt werden können; so ist es unumgänglich nöthig, sobald sich die Offensivstellung nur etwas zu sehr von der eigenen Grenzfronte entfernt, alle die Positionen derselben mit einer hinlänglichen Kraft auf die nämliche Art zu besetzen, welche eine gewisse Zeit ihren eigenen Kräften überlassen seyn, und dennoch ihrer Wichtigkeit wegen, nothwendig erhalten werden müssen.

19. Wäre das feindlich Land eine freye große Ebene, so wissen wir, daß Cavallerie und reitende Artillerie hier die Hauptwaffen zur Bekämpfung des Feindes seyn müssen, um schnell und tief in das Herz der feindlichen Besitzungen vorzudringen.

20. In solchen Fällen ist es dann meistens zur Dekkung der Magazin- und Marschcommunication genug, wenn man auf beyden Flanken der Hauptstellung, und an den Gemeinschaftsdefileen im Rücken derselben bis zur eigenen Grenze in Schlössern, kleinen Städten oder sonst vortheilhaften Punkten, feste Infanterieposten anordnet, die hinlänglich mit Artillerie versehen sind, und durch Cavalleriedetaschementer unterstützt werden, die sich von Weite zu Weite hinter dieser Postenkette befinden.

21. Ist man dann so weit vorgedrungen, als es mit Sicherheit geschehen kann, so muß man das Hauptheer nicht allein an einem Orte ins Lager setzen, der gesund, und durch die Fruchtbarkeit und den Reichthum des umliegenden Landes zur Ernährung des Heers bequem ist, sondern der auch eine große Festigkeit besitzt, oder durch einige Verschanzungen leicht zu erlangen ist.

22. Denn da wir jetzt den Feind nicht weiter mehr zurücktreiben können, ohne eine Schlacht zu liefern, so muß

uns

uns die Lage der Position die Vortheile an die Hand geben, unsere Uebermacht zur Vertreibung des Feindes darin zu nuzzen, daß man mit Sicherheit mehrere Detaschements machen kann, welche sich durch das Schrecken ihrer Waffen die äussersten Gegenden des Landes unterwürfig machen können, wohin vielleicht, wenn man auch wollte, die ganze Hauptmacht, wegen der großen Schwierigkeiten, die meistens bey der Sicherstellung und zeitigen Erhaltung der Lebensmittels, bey einer großen Entfernung der Magazine Statt finden, nicht reichen kann.

§. 65.

b. Lehrsatz. Wenn die Grenze zur Aufstellung eines so allgemeinen Operationskeils zu lang ist, so muß das Hauptcorps durch Stufenweise gestellte Seitencorps und durch Auswahl zurückliegender leicht zu erreichender, die Gemeinschaft deckender Hauptstellungen, sich und die fernere Ausführung der Offensive sichern.

1. Da man in einem Offensivlager vorzüglich Freyheit zu den nöthigen Bewegungen haben, und sie so wählen muß, daß von da aus des Feindes Stellung auf den Flanken bedroht wird, seine Communication leicht abgeschnitten oder er selbst mit wenigen Schwierigkeiten angegriffen werden kann; so läßt sich nicht immer auf die eigene Festigkeit dieser Läger Rücksicht nehmen. Doch gilt dies nur in den Fällen, wenn der Feind nicht gern schlagen, oder man ihn dazu reizen will.

2. Denn findet das Gegentheil Statt, und man zwar einer Schlacht nicht ausweichen, sie aber in einer vortheilhaften Position annehmen will, so befindet man sich gewissermaaßen in einer defensiven Lage, und die Hauptstellung der Armee muß nothwendig wie eine Defensivposition betrachtet werden, obgleich das ganze Stellungsgebäude der Truppen eine Offensivabsicht bezweckt.

3. Sollte daher das Lager nicht sehr fest seyn und eine freye Lage haben, auch auf den Flanken keine hinläng-

liche Terraindeckung besitzen, vermittelst welcher die ganze Stellung mit der zurückliegenden Vertheidigungsfronte verbunden ist, und eine vollkommen sichere Communication genießt; so ist kein anderes Mittel dem Heere die nöthige Sicherheit zu geben, als vor der Fronte und auf den Flanken auf eine halbe Meile, und so weit es sich mit Sicherheit thun läßt, Detaschements zu postiren, damit man vom Feinde nie unerwartet überflügelt oder angegriffen werden kann.

4. Wie übrigens ein solches Defensivlager beschaffen seyn, und welche Vortheile es in Rücksicht der Landesdeckung haben muß, lehrt der vorige Abschnitt, und es ist hier also nur noch folgendes zu bemerken nöthig.

5. Ein vollkommenes Defensivlager muß entweder das ganze Land oder doch wenigstens einen großen Theil seiner Grenze decken, und überhaupt nicht leicht anzugreifen seyn, auch darf der Feind nicht die Mittel durch die Lage desselben besitzen, diese Stellung tourniren und im Rücken angreifen, oder uns durch eine Position die Communication abschneiden zu können, ohne selbst der augenscheinlichen Gefahr entgegen zu sehen, umgangen und abgeschnitten zu werden.

6. Hieraus folgt also, daß sich sehr selten eine solche Stellung finden wird, wenn nicht Vestungen auf unsern Flanken liegen, oder große Gebürge, Moräste, Seen, breite Flüsse oder morastige verhauene Wälder von unsern Flügeln ab, mehrere Meilen rückwärts ins Land laufen.

7. Die Läger, in welchen man sich behaupten will, müssen zwar einer Vestung gleichen, aber nicht so wie diese, eingeschlossen werden können, welches man allein nur durch die vortheilhafte und kunstvolle Benuzzung und Verschanzung der umliegenden Terrainhindernisse erhalten kann.

8. Da sich nun aber solche vollkommene Defensivläger sehr selten, dem Plane der ganzen Offensivstellung gemäß, finden, so muß man schon zufrieden seyn, wenn sich ein Lager

ger an der nothwendigen Stelle befindet, das nicht leicht von vorne angegriffen werden kann, und in den Flanken auf eine kleine Weite rückwärts gedeckt ist. Gegen das Umgehen bleibt dann weiter nichts übrig, als daß man sich weiter zurück in ein anderes Lager der Art zieht; wenn man sonst nichts entscheidendes unternehmen will.

9. Da man das Terrain rückwärts kennt, da der Feind einen weitern Weg bey dem Umgehen machen muß als wir, und dennoch immer eine große Vorsicht nicht vernachlässigen darf; so fällt eine solche Veränderung der Stellung meistens nicht schwer.

10. Will die Armee nicht eine Schlacht vermeiden, so wird sich bey einem Rückmarsche vielleicht leicht eine Gelegenheit ergeben, wo sie selbst dem Feinde mit Vortheil in die Flanke fallen, ihn in eine Schlinge ziehn, oder gar abschneiden kann. Wollte sie sich in solchen Fällen blos defensiv verhalten, und die Fortdauer ihrer Offensivstellung durch die passive Behauptung der diese ausmachenden festen Posten erhalten, so würde sie nothwendig über kurz oder lang geschlagen werden.

11. Sind nun die Flanken an einem solchen Lager so wenig gedeckt, daß man bey der Bewegung in eins zur Seite, vor oder rückwärts liegendes Lager, nicht die gehörige Sicherheit gegen eine schnelle feindliche Bewegung genießt; so setzt man 4 bis 5000 Schritte, oder nach Beschaffenheit des Terrains noch auf eine größere Distanz, Corps in starken Positionen etwas vorwärts auf die Flanken, damit der Feind sich bey dem Angriffe darauf, oder aus Furcht vor einem solchen von dem Corps selbst, so lange in seinem Manöver aufhält, bis unser Hauptheer hinlängliche Anstalten vorgekehrt hat, um die Bewegung des Feindes, wo nicht zu seinem eigenen Verderben, doch wenigstens ganz unschädlich zu machen.

12. Diese Anstalten können übrigens bestehen, in der Beziehung eines mehr rückwärts, oder gegen die vom Feinde bedrohete Flanke gewandten Lagers, in der schnellen Bewe-

gung nach einem Posten, der dem Feinde den Rückzug abschneidet oder die Flanke seiner Position bedrohet; endlich in einer schnellen Unterstützung des angegriffenen oder bedroheten Flankencorps, oder in einem plötzlichen unvermutheten Angriff auf den sich noch in der Bewegung befindenden Feind.

13. Weiß man hierbey die Stellungen und Bewegungen der beyden sich unterstützenden Corps dem Terrain gemäß und zur Begünstigung eines unvermutheten Angriffs vortheilhaft anzuordnen, so kann derselbe so entscheidend werden, daß das feindliche Heer, in dieser Bewegung, die uns aus unserm Vortheile verjagen sollte, sein Grab und das Ende seiner Widerstandsfähigkeit findet.

14. Sollte übrigens ein Lager so gelegen seyn, daß man es wohl umgehen, aber dennoch von keiner Seite, wegen des durchschnittenen Terrains in kurzer Zeit mit Erfolg angreifen kann; so hat man kein Umgehen und in Flankenehmen darin sehr zu befürchten. Denn unterdessen man den angreifenden Feind, welcher hier oder da durchdringen will, aufhält; zieht man sich nach einer andern Seite zurück, oder fällt ihn selbst mit der Hauptmacht an einer schwachen Stelle plötzlich an.

15. In diesen Fällen muß man aber alle Defilees und Zugänge auf eine große Distanz besetzen, damit man Zeit genug zu diesem Rückzuge behält, die Pässe in seiner Gewalt hat, durch welche ein unvermutheter Angriff auf den Feind geschehen kann, und damit man ihn sowohl rückwärts als vorwärts aufzuhalten vermöge.

§. 66.

e. Lehrsatz. Man muß stets die Vor- und Nachtheile der beyderseitigen Stellungen gegen einander abwägen, um eine vortheilhafte Veränderung der Stellung so schnell als möglich zu bewurken.

1. Wenn man nun das bisher Gesagte reiflich erwägt, und man will die vortheilhafte Lage der Positionen beyder gegen einander streitenden Heere genau kennen lernen; so findet sich, daß dieselbe vorzüglich durch folgende Resultate bestimmt wird.

2. Ob eine oder die andere von beyden Armeen hinlänglich ihre eigene Vertheidigungslinie und die Vestungen darin decke, und durch welches Mittel dies geschehen müsse und könne.

3. Ob dieses alles auch mit den gegenseitigen Communicationen der Fall sey, indem ohne dies die Vortheile in 2 nicht benutzt werden können.

4. Wer die meisten Hindernisse und den längsten Marsch zurücklegen muß, um seinen Gegner vortheilhaft anzugreifen. Bey welchem hierzu die meiste Zeit und Streitkraft erfordert wird. Auch welcher Theil in Rücksicht der Castrametation das stärkste und vortheilhafte Lager besitzt.

5. Wer dem andern am leichtesten die Zufuhr abschneiden kann, und woher eine jede Armee ihre Lebensmittel erhalte.

6. Wohin die eine Armee geleitet werden würde, wenn der Gegner diese oder jene Bewegung machen würde, und ob die Lage für diesen oder jenen vortheilhaft ist, wenn man dem Feinde in der angenommenen Bewegung zuvorkommt.

7. Wer die nähesten und vortheilhaftesten Wege zu den wichtigsten Punkten der beyderseitigen Vertheidigungslinien besitzt, und dabey der verlassenen Gegend dennoch die größte Deckung giebt; d. h. wer in den Stand gesetzt ist, durch die Beziehung dieser oder jener Position die Operationslinien gleich-

gleichsam so in der Hand zu halten, daß der Feind genöthigt ist ein großes Manöver auszuführen und darüber mehrere Märsche zu thun, um einem von uns unternommenen kleinen Manöver, kurzen und sichern Marsche seine Würkungskraft zu benehmen.

8. Wen die Gegend und die künstlichen oder natürlichen Befestigungen derselben am mehrsten in den Stand setzt, sich durch eine zeitige Beziehung eines neuen Lagers vor einer Umgehung, großem Rückzuge oder Communicationsabschneidung, zu sichern, und wer die besten Anstalten getroffen hat, um sich die Benutzung dieser Vortheile auch nicht leicht entreißen zu lassen.

9. Welcher Theil am leichtesten seinem Gegner durch gut gewählte Posten oder detaschirte fliegende Läger die Fourage so sehr einzuschränken im Stande ist, daß er aus Mangel gezwungen wird aufzubrechen, und beym Aufbruch Land oder Armee Preis zu geben.

10. Welcher Theil am sichersten durch die Stärke seines Lagers gedeckt, Detaschements ausschicken kann, die den Feind zwingen, gleichfalls zu detaschiren und sich zu schwächen, so daß sein Hauptposten, welcher vorhin stark und furchtbar war, nun aus Mangel an Truppen es nicht mehr ist, und Armee oder Detaschements uns Vortheile über sich geben.

11. Wem es durch die Lage seiner Position am leichtesten wird, eine Diversion zu unternehmen, die den Feind entweder zur Verlassung seines Postens zwingen, oder ihn für seine Hartnäckigkeit in der Behauptung desselben strafen muß.

12. Findet sich nun kein einziger dieser Vortheile bey der Behauptung unseres Lagers, so muß man überlegen, wenn man aufbricht, um die Parallele, die der Feind vertheidigen will, an einem andern Orte zu bedrohen, ob der Feind

Feind alsdann auch gezwungen ist, uns in unsern Bewegungen zu folgen; und wenn er es ist, ob er alsdann längst der ganzen Linie Posten und Lager finde, die Land und Armee gegen alle Unternehmungen sicher stellen; oder ob er vielmehr durch die mannigfaltigen Märsche und Contremärsche gezwungen ist, uns im Marsche oder im Lager Vortheile dereinst über sich zu geben, und vielleicht selbst die unaufhörliche Bewegung sein Ruin wird.

13. Auf diese Weise muß man nun die Güte eines Lagers prüfen. Was nutzen aber alle diese Vortheile gegen einen unternehmenden Feind, wenn wir selbst nicht gegen alle Gefahren gedeckt sind, die einen Posten bedrohen. Dies macht daher, wie schon mehreremale angeführt ist, auch bey jedem Lager die Anwendung derjenigen Vorschriften nothwendig, welche die Defensive eines Postens sichern.

14. Da wir diese Anordnungen bereits aus den vorigen Abschnitten kennen, so ist nöthig hier kurz zu wiederholen, daß man diese Sicherheit sowohl durch vertheidigende Maaßregeln, als durch Maaßregeln zum Angriff, die den Absichten des Feindes, die Schwäche unserer Stellung in diesem oder jenem Betracht zu nützen, mit Gewißheit zuvorkommen, erhalten kann. Ueberall muß man daher seine Gefahren kennen, die Mittel, sie zu hintertreiben und die Zeit, welche zur Ausführung derselben erfordert wird, genau berechnen.

II. Hauptgrundsatz. Die Offensivstellung muß stets die Mittel in sich enthalten, durch welche der Hauptangriff oder das näheste dazu abzweckende Unternehmen am leichtesten auszuführen ist.

A. Grundsatz. Wenn die Offensivstellung dazu dienen soll, den Feind aus seiner Vertheidigungsfronte zu verdrängen, so muß sie auf jeden Fall seine Schwächen bedrohen, und eine Erleichterung einer schnellen Benutzung der dadurch entstehen feindlichen Unordnung gewähren.

§. 67.

a. Lehrsatz. Soll die Stellung zu einer vortheilhaften Schlacht führen, so muß sie den Feind entweder zwingen sie selbst mit entscheidendem Nachtheil anzugreifen, oder sich in eine Gegend zu begeben, wo uns der Angriff und der Sieg leicht wird.

1. Wir haben oben gesehen, daß die verschiedene Lage, in welcher sich der Feind befindet, die Anordnungen zu unserm Angriffe auch umändert. Ist es nun möglich den Feind, bey dem Anfange eines Kriges oder Feldzuges unvorbereitet und wehrlos anzutreffen, d. h. ihn zu überfallen, so wird es leicht seyn die entscheidenden Positionen durch schnelle und wohlgeordnete Bewegungen zu gewinnen; indem, wie angenommen wird, die feindlichen Anstalten zur Sicherheit derselben entweder nicht hinreichen, oder noch vor ihrer gehörigen Ausführung überrascht werden.

2. Da nun also sowohl die deckenden als die Angriffsstellungen ohne Schwierigkeiten in unsere Hände fallen, und nicht erst durch die Würkung dieser oder jener vortheilhaften Position erhalten werden müssen: so folgt hieraus, daß die Stellungskunst bey einem Offensivkriege mit Ueberfall von derselben Gattung zwar, wie bey jedem andern Offensivkriege ist, da die Würkungsarten aus einer jeden Stellung zur Eroberung des feindlichen Landes, im Ganzen immer die-

dieselben bleiben, allein bey einem Ueberfall weit leichter auszuführen steht, als bey einem Angriffe gegen den schon gerüsteten Feind.

3. Da nun die minder oder größere Streitkraft des Feindes, welche er unserm Angriffe entgegenzusetzen vermag, und seine übrige Defensivverfassung, die gemeinen Vorsichten bestimmen, welche wir zur Sicherheit unserer Operation und der verschiedenen eingenommenen Posten befolgen müssen; so macht die Wahl der Läger, welche diesen erforderlichen Grad der Sicherheit, zugleich aber auch die vollkommenste Deckung der Lebensmitteltransporte gewähren, fast alles aus, was zu beobachten nöthig ist.

4. Die Stellungskunst ist also in einem solchen Falle fast weiter nichts, als die Kunst gute Marschrouten zu dem vorhabenden Zwecke zu bestimmen; ihre Anwendung ist daher gewissermaaßen nur zweckmäßiger Gebrauch der Bewegungskunst in einem besonderm Falle.

5. Ungleich schwerer und wichtiger ist nun aber die Stellungskunst gegen einen schon gerüsteten Feind. Hier kommt es dann darauf an, durch welches Mittel man in die feindliche Parallele dringen will. Das erste und leichteste ist, eine Schlacht, zugleich aber auch das unsicherste von allen, das gar zu oft unsere Hoffnungen täuscht, wenn der Feind die Kunst versteht, von der Vertheidigung zum Angriff überzugehen, und seine Armee durch Verschanzungen zu stärken, die den Muth und die Möglichkeit nicht nehmen, daß man die Unordnungen des Angreifers nütze.

6. Die Stellungskunst wird indessen bey der Anwendung dieses Mittels weniger wichtig, weil man den Feind entweder in seinem erwählten Posten unmittelbar angreift, oder ihn durch geschickte Bewegungen suchen muß, aus demselben zu drängen, wenn er stark ist, und dann eine starke Position zu nehmen, in welcher der Feind, durch den Drang der Umstände, gezwungen ist, uns mit Nachtheil anzugreifen.

b. Lehrsatz. Soll der Feind durch die Würkung des Detaschirens aus seiner Fronte vertrieben werden, so muß unser Hauptlager nebst allen Gemeinschaftslinien die völligste Sicherheit bis zur entscheidenden Benutzung der hervorgebrachten feindlichen Schwäche genießen.

§. 68.

1. Regel. Die Eintretende Schwäche beyder Heere muß dem Feinde die größere Gefahr drohen, und die nähere Absicht des Detaschirens muß in ihrer Ausführung würklich entscheidend seyn.

1. Ein drittes Mittel, die Parallele des Feindes zu durchbrechen, und ihn aus einem guten Posten zu vertreiben, ist die Kunst zu detaschiren; dies muß indessen so geschehen, daß wir es mit Sicherheit thun und der Feind nicht.

2. In mehreren Fällen ist der Feind gezwungen ebenfalls zu detaschiren, wenn wir es thun. Gesetzt, beyde Armeen ständen sich jetzt in vortheilhaften Lagern einander gegenüber, so daß man von beyden Seiten nur mit augenscheinlichem Nachtheile des Feindes einen Angriff zu befürchten hat.

3. Wir detaschiren nun von beyden Flügeln ein Corps, das vorwärts gegen den Feind Posto faßt, und zwar als Tete oder Avantgarde der künftigen Märsche, die wir längst der Parallele auf einem der beyden Flügel thun wollen.

4. Wenn nun der Feind diesem Corps nicht auch ebenfalls etwas entgegen detaschirte, so würden wir gleich durch die erste Bewegung, schon vom ersten Lager ab, die Parallele durchbrechen, oder wir gewönnen Märsche, um eins oder mehrere Läger davon, unsere Absicht zu erreichen, die Parallele zu durchdringen, in der Flanke des Feindes zu kampiren, und von dem ganzen Lande ihn abzuschneiden, das wir durch diese neue Stellung im Rücken gewonnen haben.

5. Ist nun aber der Feind gleichfalls gezwungen uns entgegen zu detaschiren, so hat er dabey folgende Gefahren zu überwinden. — Er muß zu rechter Zeit detaschiren, damit wir ihm nicht in der Besetzung eines wichtigen Postens zuvor-

zuvorkommen; bey einer solchen Bewegung, die um nichts zu kurz berechnet seyn darf, kann also der Feind von uns leicht getäuscht werden.

6. Sobald der Feind detaschirt, so ist er gezwungen das Lager der Hauptarmee zu schwächen, und da er als defensivgehender Theil vorzüglich alles anwenden muß uns eine hinlängliche Widerstandskraft entgegen zu setzen, so läuft er sogleich Gefahr das Hauptlager überwältigt zu sehen, sobald dieser Posten, wenn er gut seyn soll, eine gewisse Zahl von Truppen erfordert, die er nun nicht hat.

7. Da der Feind immer aufmerksam und zugleich furchtsam wegen unserer Bewegungen seyn muß, so ist es sehr leicht, ihn durch häufiges nächtliches Allarmiren so abzumatten und in Unruhe zu erhalten, daß wir dadurch eine Bewegung oder die Besetzung eines Postens in der feindlichen Flanke verbergen, welcher die Behauptung des Feindes in seinem Hauptlager mit der größten Gefahr für ihn verknüpft.

8. Besitzen wir eine große Uebermacht und ein sehr festes Lager, so ist es möglich diese Ueberlegenheit so zu gebrauchen, daß wir die feindliche Kraft endlich ganz erschöpfen, indem wir ein Corps nach dem andern so weit seitwärts detaschiren, daß es dem Feinde wegen seiner Schwäche unmöglich fällt, uns bis zum Ende hin zu folgen, wir also den Feind endlich überflügeln, seine Flanke umgehen, dadurch die verschiedenen Posten zum Rückzuge nöthigen und so die Stellungen gewinnen, die alles entscheiden.

9. Was nun die verschiedenen Unternehmungen betrift, die ein abgeschicktes Detaschement zum Nachtheile des Feindes unternehmen kann, so bestehen sie:

a. In einer eigenen Unternehmung.

b. In Vorbereitung zu einer solchen, die nachher durch die Armee ausgeführt wird.

10. Zu den erstern gehört vorzüglich:

a. Einen

a. Einen wichtigen, die feindliche Parallele oder die Flanke der feindlichen Hauptstellung deckenden, oder ihre Communication mit den Magazinen und diese selbst sichernden, Posten plötzlich und mit Ueberlegenheit anzugreifen.

b. Die Besetzung eines zum Unterhalte des Feindes nöthigen Ortes.

c. Die Zerstörung eines Magazins, einer feindlichen Communicationsbrücke oder irgend einer andern engen Passage, deren Verlust den Feind in große Verlegenheit setzt. Dies würde z. B. der Fall seyn, wenn der Feind weit über einen Fluß vorgerückt wäre, und man zerstörte die einzige Brücke, über welche er seinen Rückzug nehmen, und die Communication mit seinem Lande erhalten müßte.

d. Die Aufhebung eines zum Unterhalte des Feindes, und zur Fortdauer seines vielleicht auf eine Vestung unternommenen Angriffs, unentbehrlichen Transports.

e. In einer reichen Gegend, welche vorzüglich die Bedürfnisse des feindlichen Heers liefern muß, die Fouragierungen zu hindern, oder Contributionen auszuschreiben und das Land dadurch außer Stand zu setzen, irgend eine Unterstützung an die feindlichen Corps abgeben zu können.

II. Die Vorbereitungen zu einem Streiche, den hernach die Armee ausführen soll, sind besonders folgende:

a. Die Berennung einer vom Feinde abliegenden Vestung, durch eine schnelle Besetzung der umliegenden Posten, zu veranstalten.

b. An einem Orte, den der Feind nicht besetzt hält, oder wo er doch wenigstens die Unternehmung nicht erwartete, die nöthigen Brücken über einen Fluß zu schlagen den nachher die Armee durch diese einmal vollendete Arbeit

Arbeit leicht passiren kann, und dadurch die feindliche Vertheidigungslinie durchbricht.

c. Den vom Feinde vernachläßigten Ein- oder Ausgang eines schwer zu passirenden Defilees vorläufig zu besetzen.

d. Einen Posten zu besetzen, welcher eine solche Lage hat, daß wenn man nun mit dem Hauptcorps die feindliche Stellung angreift, diese entweder wegen des besetzten Postens sogleich verlassen werden muß, oder doch deswegen ungleich schwerer als vorher vertheidigt werden kann, und die feindliche Armee, ist ihre Stellung einmahl genommen, durch den bemerkten Posten in die größte Gefahr bey einem Rückzuge versetzt wird.

12. Es kann oft der Fall seyn, daß es Posten giebt, die wenn sie nur von einem hinlänglichen Corps besetzt werden, die Ausführung irgend eines Unternehmens so gewiß machen, daß der Feind nicht im Stande ist, dasselbe zu hindern, wenn er nicht vorher das Corps vertrieben, und den entscheidenden Punkt in Besitz genommen hat.

13. Hieraus folgt, daß es also gerade nicht immer nöthig ist, durch ein detaschirtes Corps sogleich ein bezwecktes Unternehmen ausführen zu lassen; sondern daß es oft hinreicht, um dem Feinde die zu seiner Vertreibung nöthigen Besorgnisse zu erregen, und ihn dadurch zur Ausführung gewisser Bewegungen zu zwingen, wenn man nur dem detaschirten Corps eine solche sichere Stellung anweiset, aus der es ihm leicht wird, das Unternehmen ausführen zu können, wenn der Feind nicht die gehörigen Gegenanstalten macht, welche aber nothwendig die von uns erwartete Veränderung seiner Stellung hervorbringen müssen.

§. 69.

§. 69.

2. Regel. Die Stellungen und Bewegungen der verschiedenen Corps müssen so seyn, daß sie sogleich mit der nöthigen Sicherheit zur Ausführung eines andern entscheidenden Unternehmens schreiten können, wenn der Feind das erstere hindert.

1. Aus diesen Regeln fließen nun zum Theil diejenigen, welche in Ansehung der Stellung der Hauptarmee, mit Rücksicht auf die Positionen der detaschirten Corps und die Anordnungen zur Deckung der eigenen Vertheidigungslinie, beobachtet werden müssen, welche wir hier aber nicht nöthig haben zu wiederholen, da sie völlig die nämlichen sind, welche man ebenfalls beym Detaschiren in einem Defensivkriege zu beobachten hat, und die im Vorigen angegeben sind.

2. Es ist also weiter nichts nöthig hinzuzusetzen, als, daß wenn die Positionen detaschirter Corps in Rücksicht der beiderseitigen Hauptstellungen vortheilhaft gewählt seyn sollen, so muß die Stellung eines detaschirten Corps demselben oder der Hauptarmee nicht blos die Mittel an die Hand geben, ein dem Feinde gefährliches Unternehmen auszuführen; sondern auch zugleich eine so vortheilhafte Lage besitzen, daß, wenn sich der Feind dem ersten Unternehmen so widersetzt, daß es unterbleiben muß, man dem ungeachtet, vielleicht selbst durch das Widerstreben des Feindes an dem zuerst bedroheten Punkte, nun andere Wege frey erhält, durch deren schleunigen Gebrauch es möglich ist ebenfalls ein Unternehmen auszuführen, welches dem Feinde eben so schädlich, wo nicht noch schädlicher als das erstere ist.

3. Sollte diese Wichtigkeit der Punkte in den beyden Vertheidigungslinien nicht verborgen seyn, und er vielleicht deswegen dem erstern minder schädlichen Unternehmen nicht entgegenwürken, so führt man es aus.

4. Kann aber der Feind sich demselben entgegensetzen, ohne zugleich das andere befürchten zu müssen, so bleibt kein anderes Mittel, durch die Würkung des Detaschirens in die feind=

feindliche Parallele zu bringen, als mit der größten Aufmerksamkeit die Blößen des Feindes zu beobachten, und die erste, welche hinlänglich genug ist, um einen sichern Vortheil davon erwarten zu können, sogleich zu benutzen, wenn sich der Feind irgend einem detaschirten Corps widersetzen will, und dabey die Sicherheit eines andern wichtigen Punkts vernachläßigt, und auch vielleicht vernachlässigen muß.

5. Eine Benutzung solcher Blößen, die der Feind bey der Ausübung seines Vertheidigungssystems giebt, kann übrigens in mancherley Unternehmungen bestehen; z. B. eine andere Vestung zu berennen, indessen der Feind eine decken will; den Fluß oder das Defilee an einem andern Orte zu passiren, während er es an einem bedroheten verhindern will; ein gegen detaschirtes, vielleicht zu gefährlich gestelltes, Corps oder die zu sehr geschwächte Hauptstellung plötzlich anzugreifen, und durch die überlegene Macht zu durchbrechen.

6. Es ist aber nicht genug, durch die Ausstellung und die kluge Bewegung der detaschirten Corps und der Hauptarmee, sich eine Blöße in der feindlichen Parallele verschaft, und dieselbe würklich durch eine planvolle Anordnung für den ersten Augenblick und zu einer vorläufigen Benutzung gesichert zu haben; sondern man muß auch die verschiedenen Anordnungen so getroffen und die in einander greifenden Bewegungen der Corps sehr genau berechnet, und mit den Widerstandskräften des Feindes, die er sowohl in der Benutzung des Terrains als in der Stärke seines Heers, und der Anlage seiner Ergänzungs- und Unterhaltungsquellen findet, verglichen haben, damit man sich auch vollkommen so lange in den entscheidenden Posten behaupten könne, als zur völligen Ausführung des vorgesetzten Zwecks nöthig thut.

7. Um dies genau zu erhalten, ist es unumgänglich nothwendig, nicht allein die Bewegung, der die wichtigen Punkte besetzen sollenden Haufen nach ihrer Dauer und Sicherheit zu berechnen; sondern auch diese Posten, und die,

welche die Unterstützungscorps beziehen sollen, so wie die gegenüberliegenden Stellungen des Feindes zu kennen.

8. Ferner müssen wir eine hinlängliche Kenntniß besitzen, nicht allein von den Wegen, die sowohl von unsern Stellungen zu denen des Feindes in allen Richtungen; sondern die auch innerhalb der beyderseitigen Vertheidigungsfronten von einem Posten zum andern führen, und die Communicationen derselben ausmachen; damit man auf allen diesen Straßen die verschiedenen Posten ordnen lerne, welche die Sicherheit und den Gebrauch derselben begründen.

9. An diesen vielfachen und wegen der genauesten Nachricht von des Feindes Stellungen und Vorposten, noch weiter ausgedehnten Kenntnissen, die in das größte Detail, und zur außerordentlichsten Vorsicht bey ihrem Gebrauche führen, ist es oft nicht genug, die ganze Unternehmung sicher zu stellen.

10. Oft kann ein Gewitter, ein plötzlich ausgetretener Strom, ein misverstandener Befehl, ein verirrtes Corps, alle Sicherheit, alle gemeinschaftliche Würkung über den Haufen werfen, und den Zweck der ganzen Untenehmung rückgängig machen.

11. Es ist also auch unumgänglich nöthig, hierauf ebenfalls zu achten, und Maaßregeln zu nehmen, daß, wenn ein Unglück dieser Art eintrifft, man wenigstens zur Benutzung der alten verlassenen Vortheile zurückkehren könne, und nicht alle, sondern nur diesen Entwurf aufgeben müsse.

12. Die beste Art von allen, wenn man die Absendung und die Richtung eines detaschirten Corps so viel als möglich verheimlichen will, ist folgende: So wie die Armee das Hauptlager bezieht, so detaschirt man die Reserven beyder Flügel noch während des Marsches, berechnet aber die Zeit wohl, in welcher der Feind dieses Manöver erfahren und mit einer hinlänglichen Macht in den zu besetzenden Posten ankommen kann, damit man wenigstens den Anfang der Bewegung verbirgt.

13. In

13. In derselben Nacht oder mit Anbruch des Tages, unternimmt man nun einen allgemeinen Angriff auf alle Vorposten und besondern Stellungen des Feindes zugleich, damit hierdurch sowohl die Hauptarmee als die Seitencorps allarmirt und unthätig erhalten werden.

14. Dies geschieht entweder um mit ganzer Gewalt in irgend einem Posten durchzudringen, und sich den Weg über die Stellung des feindlichen Corps wegzubahnen; oder blos die Aufmerksamkeit des Feindes auf sich zu ziehn, während die ihm schädliche Bewegung des detaschirten Corps geheim, und bis auf einen solchen Punkt vollendet wird, daß ihre Würkung nicht anders als mit den größten Schwierigkeiten, die uns abermals günstige Gelegenheit zum Siege geben, vom Feinde hintertrieben werden kann.

15. Die Gefahr und die Unentschlossenheit des Feindes wird sich um ein großes vermehren, und ihn in den mehrsten Fällen unbezweifelt aus seiner Parallele drängen, wenn er nicht irgend ein glückliches Offensivunternehmen ausführt, — wenn man nämlich auch gegen den Flügel des Feindes schnell und entschlossen detaschirt, wo wir nicht durchdringen wollen; hier die Posten weit ausbreitet und Anstalten zum Marsche trifft, während man auf der andern Seite alles geheim hält, und das Corps, wo möglich, verbirgt, das bestimmt ist, die Avantgarde des künftigen Marsches zu machen, und zuerst alle die Posten zu besetzen, durch die sich die Armee in des Feindes Flanke werfen will.

§. 70.

3. Regel. Bey der Ausführung aller Absichten des Detaschirens ist es gut, wenn sich das Hauptcorps in einem starken Posten dem Feinde in die Flanke setzen und ihn mit einer excentrischen Stellung mehrerer Corps umgeben kann.

1. Wollen wir den Feind durch Einschränkung der Fouráge aus seiner Parallele treiben, so muß man eine an sich

sehr starke Stellung nahe an ihm nehmen, wo möglich ganz in der Flanke desselben, sonst aber etwas seitwärts, daß die leichten Truppen dem Feinde um die Flügel und in den Rükken kommen können, um seine Transporte aufzuheben, seine Fouragirungen zu beunruhigen, und die ausgehenden Commandos in Hinterhalte zu locken und zu schlagen.

2. Hierbey ist es nun von der größten Wichtigkeit so oft und genau als möglich von der Lage des Feindes, seinen Bewegungen und Planen Nachricht zu haben, und ihn dieserhalb durch kleine Detaschements und falsche Angriffe immerwährend beunruhigen zu lassen.

3. Indessen muß man sich hier vorzüglich hüten, die eigene Communications- und Vertheidigungslinien, durch die Abschickung der den Feind umgehenden Corps, nicht zu schwächen und unbedeckt zu lassen, sondern diesen durch gut postirte Flankendetaschements, Vestungen, starke Postencordons oder durch befestigte schwer zu passirende Defilees, die gehörige Deckung geben.

4. Oft erlaubt es die Stärke der feindlichen Vertheidigungslinie, die Natur der umliegenden Gegend, oder die freye Lage und wenige Stärke der eigenen Vertheidigungsfronte nicht, daß wir uns vor der Front des feindlichen Lagers wegziehn, und auf die Flanke desselben setzen können. In diesem Falle ist kein anderes Mittel, als man sucht ihn auf einer oder der andern Flanke durch ein schnell nach einem starken Posten abgeschicktes Corps, zu überflügeln.

5. Zwischen diesen Flankenstellungen ordnet man nun zur Deckung der Communication einen hinlänglich starken, und gut durch einige feste Posten gesicherten Communicationscordon an, welcher uns beständig die Freyheit läßt, sowohl die detaschirten Truppen zeitig genug und mit Sicherheit an uns ziehen, als auch ihre verschiedenen Posten aus dem Hauptlager unterstützen zu können.

6. Die dem Feinde in die Flanke oder gar in dem Rükken gesetzten Corps, oder in Ermangelung einer zu ihrer Sicherheit hinlänglich starken Stellung, die zu gleichem

Zwecke

Zwecke dienenden befestigten Posten, müssen so gelegen seyn, daß man von da leicht die Pässe gewinnen kann, welche des Feindes Communication mit seinen Magazinen, Rückzugspunkten oder mit den wichtigsten Gegenden seiner eigenen Vertheidigungslinie abschneiden, oder welche die Durchbrechung und die Beunruhigung seiner Fouragirungsketten leicht machen.

7. Diese Punkte, deren Besitz die Behauptung des feindlichen Lagers entscheiden muß, werden dann so schnell als möglich von den Flankencorps und den dem Feinde im Rücken besetzten Posten, stark besetzt und planmäßig sowohl durch die hinter ihnen liegenden Detaschements, als auch durch Anfälle der Hauptarmee auf das feindliche Lager, direkte und indirekte unterstützt, wenn der Feind etwa mit einer zu großen Macht aus dem Hauptlager die ihm im Rükken liegenden Posten angreift, und dadurch gerade diese Hauptstellung vielleicht zu sehr schwächt.

8. Hier ist dann eine sehr große Aufmerksamkeit vorzüglich nothwendig, damit der Feind uns einen solchen plötzlichen Anfall auf die ihn einschränkenden Posten nicht so lange entzieht, bis seine glückliche Würkung ohne Schaden des Feindes nicht mehr zu hintertreiben steht.

9. Wollen wir nun aber den Feind blos durch Einschränkung der Fourage aus seinem Posten vertreiben, so muß man den Umfang des Landes kennen, das ihm sowohl als uns zum Fouragiren bleibt; man muß wissen, den Ertrag von Fourage zu berechnen, den ein Land von gewisser Größe und Fruchtbarkeit liefert. Dies alles lehrt die Lehre vom Fouragiren.

10. Man muß ferner die Mittel und Wege kennen, wie man sich die Fourage versichert, und den Feind zwingt auf die, so man ihm anweiset, sich einzuschränken. Posten und Lager, die man vorwärts und auf beyden Flanken nimmt, und wohl zu unterstützen weiß; diese allein stellen sicher, nicht die überlegene Zahl der Reiterey, die bey solchen Gelegenheiten oft zum Ruin wird.

11. Man muß also die genaueste Kenntniß des Landes besitzen, um wohl zu berechnen, wie man dem Feinde durch Bewegungen oder forcirte Märsche in den wichtigen Posten zuvorkommt und sich behauptet, die ihm den Unterhalt rauben.

12. Uebrigens muß man bey der eigenen Armee die strengste Oeconomie beobachten, den Feind nach der beurtheilen, deren seine Armee fähig ist, und hieraus, aus der Stärke derselben, und der Größe und Fruchtbarkeit des zu benutzenden Landes, das man dem Feinde einräumen muß, beurtheilen, wie lange er sich behaupten kann und selbst auf das Aeußerste rechnen.

13. Alsdann vergleicht man diese Zeit, so die Ausführung des großen Entwurfs uns vergönnet und entscheidet, ob dies Mittel auch sicher und schnell genug zum Zweck führe; damit, wenn dies der Fall ist, man denjenigen Posten, welche die Einschränkung der Fourage bewürken sollen, auf die nothwendige Zeit der Behauptung derselben, eine Festigkeit und innere Stärke oder Unterstützungskraft ertheile, welche den Nutzen einernten lässet, den man von ihnen hoft.

§. 71.

c. Lehrsatz. Die Entsendungen müssen die günstigen Zufälle nur zur schnellern und leichtern Erreichung ihres Zwecks benuzzen, und sich also dadurch nie davon ableiten lassen.

1. Regel. Man muß zu den Detaschements die bewegbarsten, aber mit allem zu ihrer Absicht nöthigen hinlänglich versehenen Truppen nehmen, und ihre Zusammensetzung auf eine gute Art sowohl nach dem Zwecke als nach dem Lande bestimmen.

1. Nachdem wir so die Regeln angegeben haben, welche man bey der Anwendung des Detaschirens in Rücksicht der Stellungskunst befolgen muß, so ist es auch nothwendig, die Vorschriften zu geben, welche den zu verschiedenen Zwecken deta-

detaschirten Corps und fliegenden Lägern selbst angehen. Es kommt hier nun vorzüglich auf den Zweck an, den das detaschirte Corps ausführen soll. Hieraus bestimmt sich dann, theils aus was für Truppen das Detaschement bestehen soll, theils was der Anführer desselben zu thun hat.

2. Alle Ursachen, warum man aber detaschirt, werden sich größtentheils auf folgende zurückbringen lassen.

a. Irgendwo eine hinlängliche Widerstandskraft aufzustellen.

b. Eine Unternehmung gegen den Feind auszuführen.

3. Die Art der Truppen, woraus ein Detaschement bestehen soll, wird erstens durch die Gegend, und zweytens durch den Zweck bestimmt. Wie die Gegend die Wahl der Truppen bestimmt, ist bekannt. Wenn aber ein Posten als ein Dorf, eine Landstadt, eine Brücke, eine Schanze oder ein befestigter Paß besetzt, oder angegriffen werden soll, so muß das Detaschement vorzüglich aus Infanterie bestehen, und nur so viel Cavallerie bey sich haben, als zur Sicherheit des Marsches dieses Detaschements bis zu dem Punkte erfordert wird, der das Ziel davon seyn soll.

4. Ist es nothwendig, daß ein solches Corps nach der Ausführung seiner Unternehmung, wieder einen gefährlichen Rückzug über eine ebene Gegend nehmen muß, so muß man auch hierauf Rücksicht nehmen, und dem Detaschement die zur Deckung dieses Rückzugs nöthige Reiterey beygeben.

5. Wenn hingegen Schnelligkeit das Hauptерforderniß bey dem Unternehmen des Detaschements seyn muß; z. B. wenn man ein hinter der Fronte des Feindes unbesetzt liegendes Magazin verbrennen, oder ein gefährlich gestelltes, frey stehendes Communications-Detaschement schnell überfallen und aufheben will; so ist es nothwendig, das abgehende Detaschement vorzüglich aus Cavallerie zusammenzusetzen, und hier umgekehrt nur so viel Infanterie bis auf eine gewisse Weite zur Besetzung einiger Posten mitzuschicken, damit der Rückzug des weiter vorgehenden Haufens völlig gedeckt ist.

6. Es kann indessen der Fall seyn, daß Zweck und Gegend eine verschiedene Truppenwahl heischen. Hier ist kein anderes Mittel, als entweder einem Theile der Reiterey die nothwendige Infanterie hinten aufsetzen zu lassen, oder die Infanterie auf besondern Wagen fortzuschaffen, oder endlich gut exercirte Dragoner zum Detaschement zu nehmen, die sowohl zu Fuß als zu Pferde streiten können.

7. Sollte indessen gerade keine besondere Schnelligkeit bey dem Marsche des Corps erfordert werden, so hat es auch weiter keine Schwierigkeiten, die Infanterie wie gewöhnlich marschiren zu lassen, wenn man nur die nothwendigen Anordnungen gehörig trifft und nach dem Terrain mit einander so abwechseln läßt, als es die gehörige Deckung des Marsches erheischt.

8. Wenn übrigens der Zweck des Detaschements auch Artillerie nöthig macht, so muß man hierzu die leichteste und wohlbedienteste nehmen; denn bey dem Transporte derselben können leicht solche Schwierigkeiten entstehen, die die ganze Unternehmung verzögern, ja wohl gar ganz rückgängig machen.

9. Da es nun überhaupt sehr vortheilhaft ist, eine jede Unternehmung so schnell und mit so wenig Schwächung des Hauptcorps zu vollenden als möglich; so ist es am besten die Detaschements aus den leichten Truppen des Heers und der reitenden Artillerie zusammenzusetzen, und ihnen nur so viel Linientruppen beyzugeben, als zur Forzirung irgend eines festen Postens, den das Detaschement besetzen muß, nöthig thut.

10. Außerdem muß man aber einem jeden Detaschement die nothwendigen Sachen, als Portativbrücken, Leitern u. s. w. die zu der vorhabenden Unternehmung nöthig sind, mitgeben, oder überzeugt seyn, daß die Truppen diese Erfordernisse an den gehörigen Orten bereits vorfinden, oder doch leicht erhalten können.

§. 72.

§. 72.

2. Regel. Ein Detaschement, das irgendwo Hülfe bringen, oder einen wichtigen Posten besetzen soll, muß den Marsch dahin verheimlichen, und den erreichten Posten so wie die Gemeinschaft nach dem Hauptlager auf alle Art sichern.

1. Die allgemeinen Vorschriften für jedes Detaschement haben wir bereits kennen gelernt. Soll nun ein Detaschement zur Aufstellung einer Streitkraft in irgend einen Posten dienen, so kann dies entweder geschehen, daß es eine solche nur verstärkt, und also nur Hülfe dahin bringt, oder daß es zuerst den Posten besetzt.

2. Im erstern Falle ist es vorzüglich nothwendig, den Marsch des Detaschements so heimlich als möglich auszuführen; denn die Verstärkung, welche der vom Feinde bedrohete Posten durch die ihm zugeschickte Hülfe erhält, wird jenen um so mehr überraschen, je weniger derselbe auf eine solche Stärke des Postens gefaßt ist.

3. Dieserhalb ist es ferner nothwendig, daß der Anführer die genaueste Kenntniß des Landes besitzt, und durch Patrouillen und Vorposten genau die Vorsichten beobachtet, welche die Sicherheit des Marsches und die obigen Vortheile gewähren.

4. Ein Detaschement, das zur Sicherheit der Armee oder zur Deckung der Communicationen einen Posten besetzen soll, muß alle die obigen Vorschriften befolgen, und sich an dem Orte nach Verhältniß der Umstände, durch Verschanzungen und kluge Ausstellung der verschiedenen Waffen nach dem Terrain, gegen allen Angriff, so viel als möglich in Sicherheit setzen.

5. Es muß seine Posten so ausstellen, daß in der ganzen Strecke, die das Detaschement decken soll, nichts feindliches ihm unbewußt vorbey kommen könne.

6. Wo dies nicht durch gute und so viel als möglich befestigte Posten geschehen kann, da muß es durch klüglich ausgeschickte Patrouillen bewerkstelligt werden.

7. Zwischen dem Hauptposten und dem Detaschement muß ein so viel als möglich sicherer Communications-Cordon, durch Besetzung vortheilhaft liegender Defilees, Schlösser, Dörfer oder auch einzelner Häuser gezogen werden; und der Rückzug des Detaschements nach dem Hauptlager, durch zwischen gestellte Posten an den wichtigsten Defilees seine gehörige Deckung erhalten.

8. Die kleinen feindlichen Commandos, welche sich in die Communication hineinschleichen wollen, müssen von dem Detaschement abgeschnitten und aufgehoben werden, damit dem Feinde so viel als möglich ist, die von denselben zu erhaltenden Nachrichten, entzogen werden.

9. Sind die feindlichen Haufen größer, und erfordern mehr Widerstand, so setzt sich das Detaschement denselben in einer vortheilhaften Stellung entgegen, oder greift sie selbst noch während des Marsches an, wenn man dem Feinde nur einigermaaßen gewachsen ist.

§. 73.

3. Regel. Ein Detaschement, das gegen den Feind eine Unternehmung ausführen soll, muß dies schnell thun, den Marsch bis dahin sichern, alles schlagen, was ihm nicht gewachsen ist, und sich entgegensetzt, durch den Sieg sich aber nicht vom Ziele oder, in ein Versteck leiten lassen, und nach der Ausführung den Rückzug schnell und sicher endigen.

1. Wenn nämlich ein Detaschement zur Ausführung irgend eines Unternehmens abgeschickt wird, so kann dies auf zweyerley Art geschehen.

a. Dasselbe ist nämlich entweder gegen den Feind geradezu gerichtet, als einen Transport oder ein feindliches Commando mit List oder Gewalt aufzuheben.

b. Oder man kann nur dabey zufällig handgemein mit ihm werden; als wenn ein Detaschement Contribution, Fourage beytreiben, eine verdächtige Person, ein schlecht ausgestelltes Commando aufheben soll.

2. Diese

2. Diese letztern haben nun alle die bereits gegebenen Regeln in Betreff der abgeschickten Detaschements zu befolgen. Im erstern Falle aber ist sich vor allen denjenigen feindlichen Haufen zu hüten, gegen die wir nicht geschickt sind, und nur auf das loszugehen, was man eigentlich angreifen will; damit wir nicht allein zu früh entdeckt werden, sondern auch nicht gerade hierdurch dem zu überwältigenden Posten eine schädliche Verstärkung selbst zuschicken.

3. Dieserhalb ist es unumgänglich nothwendig, sowohl bey Tage als auch bey Nacht alle die nöthigen Vorsichten genau zu beobachten, welche uns die gehörige Deckung und Verheimlichung der Bewegung verschaffen.

4. Ist dann nun aber einmal der Zeitpunkt zur Attake gekommen, so muß sie so schnell als möglich geschehen, um die ganze Sache geschwind zu Entscheidung zu bringen.

5. Oft sendet man ein Detaschement, welches man ein fliegendes Corps nennt, weil es sich bald von diesem nach jenem Orte begiebt, um dem Feinde auf alle mögliche Art Abbruch zu thun.

6. Der besondere Zweck eines solchen Detaschements kann daher seyn, einen Theil des Landes zu beschützen, dem Feinde Verdacht und Unruhe zu erwecken, einen Platz zu decken, oder Sukkurs hineinzuwerfen; die Transporte aufzunehmen und dieselben weiter zu bringen; dem Feinde die seinigen abzuschneiden; denselben die Communication zu unterbrechen, oder ihm solche schwerer zu machen; Contribution einzutreiben; einem feindlichen Corps die Spitze zu bieten, und sich im Nothfalle in einer solchen Stellung zu setzen, daß das Hauptlager leicht davon unterstützt werden könne. Hieraus sieht man also, daß sich alle diese Zwecke würklich auf die zurückführen lassen, die wir im vorigen Paragraphen angegeben haben.

7. Ein solches fliegendes Lager dem Feinde in den Rücken oder auf die Flanke zu setzen, ist für ihn eine höchst beschwerliche Sache. Der Feind wird dadurch außeror-

denlich eingeschränkt in seinen Fouragirungen seyn, und man hält ihn gewissermaaßen blokirt.

8. Da nun ein solches detaschirtes Corps auf alles aufmerksam seyn muß, was der Feind unternimmt, so ist es nothwendig, daß der Befehlshaber desselben ein lebhafter, erfahrner und unternehmender Mann sey, der durch seine Wachsamkeit und kluge Bewegungen sich in den Stand setzt, Gefangene zu machen, aber dem Feinde keine zu geben.

9. Dieserhalb ist es nöthig, daß er seine Truppen die schärfste Mannszucht ausüben läßt, und nicht verstattet, daß sich Jemand von denselben entferne. Kurz, er muß alles das im Kleinen befolgen, was die Armee selbst zur Sicherheit ihrer Operationen und Lager nöthig hat.

10. Je näher ein solches Corps dem Feinde steht, je mehr muß dasselbe Partheyen gegen denselben ausschicken, denn die Gefahr, welcher dasselbe ausgesetzt ist, ist gewöhnlich größer als bey der Armee selbst, und kann daher nur durch eine verdoppelte Lebhaftigkeit und Wachsamket vermindert werden.

11. Ungeachtet sich ein großer Fluß oder anderes Defilee zwischen dem Feinde und dem Detaschement befindet, so muß sich dasselbe doch niemals sicher glauben, sobald der Feind Herr von einer Passage über den Fluß ist, sie mag auch noch so klein seyn, weil man nicht allezeit wissen kann, was der Feind für Bewegungen macht, uns heimlich auf den Hals zu kommen.

12. Daher muß man auch die Entfernung des Feindes nicht größer annehmen, als von dem Defilee bis zum Lager, weil derselbe leicht bis zu dem erstern herankommen kann, ohne daß der General die geringste Nachricht davon erhält.

13. Uebrigens muß ein detaschirtes Corps seine Bewegungen und Läger so einrichten, daß es wenigstens bey einem Haupttreffen sich zeitig genug mit der Hauptarmee ver-

vereinigen, oder zum mindesten nicht davon abgeschnitten werden könne.

14. Der Befehlshaber eines solchen Corps muß ferner seiner Gemächlichkeit wegen, sein Quartier nicht außer der Communication mit seinem Lager nehmen, oder dieses gar deswegen selbst wählen, es muß ihm nie an guten Spionen, die er gut bezahlen muß, fehlen; endlich muß er in dem Lande, wo er steht, eine strenge und geschwinde Gerechtigkeit üben, damit nicht allein seine Truppen den Einwohnern schonend begegnen, sondern diese auch dem Anführer, er sey Freund oder Feind geneigt werden, welches ihm bey widrigen Vorfällen oft die größten Vortheile verschaffen kann.

15. Soll endlich ein Detaschement durch Recognoszirungen oder Gefangene Nachricht von Feinde einbringen, so muß es gerade, jedoch mit der gehörigen Vorsicht und nicht blindlings auf den Feind losgehen.

16. Wo es nur etwas vom Feinde antrift, dem es nur einigermaaßen gewachsen ist, das muß geradezu und schnell von ihm angegriffen und geschlagen und Gefangene davon gemacht werden.

17. Weil hierbey aber leicht der Feind einen verstellten Rückzug thun könnte, um uns in ein Versteck zu locken, so ist es der Klugheit gemäß, mit den folgenden Truppen nicht zu hitzig und schnell blindlings zu verfolgen.

18. Stößt nun aber das Detaschement auf ein stärkeres vom Feinde, welches nicht gut überwältigt werden kann; so muß es sich nicht mit demselben einlassen, sondern sich langsam zurückziehen und dabey beständig scharmuziren.

19. Hierbey muß man beständig suchen, durch abgeschickte Partheyen den Feind heranzulocken, und durch Anlegung von Hintelhalten in Defilees, durch verstellte Flucht und dergleichen Gefangene zu machen, und so dennoch das Unternehmen auszuführen.

20. Alle Detaschements, die endlich nach vollendeter Verrichtung wieder zurück marschiren sollen, müssen diesem Rückzug durch die größten Vorsichtsmaaßregeln die gehöri-

hörige Sicherheit zu geben suchen; denn nichts ist fast gewisser, als daß einem solchen Detaschement, welches dem Feinde irgend einen Schaden gethan hat, den derselbe nicht hat hindern können, mit desto mehr Beharrlichkeit und Uebermacht von demselben auf seinem Rückmarsche aufgepaßt wird.

21. Es ist daher nothwendig auf alle Fälle durch andere Detaschements diejenigen Päße besetzen zu lassen, die das zurückkommende Corps passiren muß; damit dasselbe entweder mit Gewalt feste Pukte erreichen, oder durch Hin- und Hermärsche den Feind so lange täuschen kann; oder ist dies nicht der Fall, den Feind auf immer durch einen wohl unterstützten, plötzlich entschlossenen Angriff sich vom Leibe zu schaffen.

§. 74.

d. Lehrsatz. Das Detaschiren ist die Bewürkung einer Diversion in der Nähe. Beydes beruht auf dieselben Regeln, nur bedarf die große entfernte Diversion einer lange vorher bedachten Anlage und einer der dazu nöthigen Kosten angemessenen Sicherheit und entscheidenden Würkung ihres Ganges.

1. Will man endlich durch eine Diversion in des Feindes Fronte eindringen, so wählt man vorzüglich nur dann dies gewöhnlich sehr kostspielige und langwierige Mittel, wenn der feindliche Posten so stark ist und eine so günstige Lage besitzt, daß er weder durch Uebermacht vortheilhaft anzugreifen, noch durch Abschneidung der Fourage, Detaschiren oder Märsche zu erobern steht.

2. Die Diversion also, die dann nur noch zur Vertreibung des Feindes übrig bleibt, ist nichts anderes als Detaschiren nach weiten entfernten Punkten, und zur Ausführung wichtigerer Unternehmungen; oder eigentlich das Detaschiren ist eine Diversion in der Nähe.

3. Wenn nun aber eine Diversion von einer günstigen Würkung zur Erreichung unseres Zwecks gefolgt seyn soll, so

muß

muß der Verlust, welcher aus der glücklichen Ausführung derselben dem Feinde erwächst, entscheidend größer seyn, als die Vortheile, welche er durch die fortdauernde Behauptung derjenigen Stellung, aus der man ihn durch die Diversion vertreiben will, erhalten kann.

4. Die Stellung, welche also die Ausführung einer Diversion begünstigen soll, muß daher die nämlichen Vortheile in Rücksicht der feindlichen Position, der Gegend, nach welcher die Diversion gerichtet ist, und der umliegenden Wege dahin, so wie der Posten, welche die Communication der Hauptstellung mit der Diversion decken, und den Rückzug der letztern sichern müssen, darbieten, welche wir bey der Wahl einer Offensivstellung angegeben haben, aus der man den Feind durch Detaschiren in seine Flanken und Rücken vertreiben will.

5. Der ganze Unterschied besteht hier blos darin, daß die Diversion größere Zwecke und entferntere Punkt zum Ziele hat, als ein Detaschement; alles, was daher von letzterm im Kleinen gesagt ist, gilt auch bey dem erstern im Großen.

6. Um daher die Posten und Stellungen, so wie die zu ihrer Besetzung nöthigen Streitkraft genau zu bestimmen, so ist vor allem nöthig, die Zeit festzusetzen, da der Feind die Absicht der zur Diversion abgeschickten Truppen erfährt; und alsdann alle die Partheyen sich zu denken, die er ergreifen kann.

7. Es giebt hierbey Fälle, wo er blos einen Theil der Armee entgegen detaschirt, und es wagt, dennoch die alte Position zu behaupten; es giebt aber auch Fälle, wo er mit ganzer Macht aufbricht; auf beydes muß man gefaßt seyn, und nie in Maaßregeln sich einlassen, die zu tief verwickeln, und den Rückzug auf alle Fälle unmöglich machen, wo er nöthig ist.

8. Die größte Gefahr bey einer solchen Diversion ist dann da, wenn der Feind derselben mit einer hinlänglichen Macht

Macht zum Angriffe näher ist als wir sie unterstützen können. In einem solchen Falle muß man mit der größten Vorsicht über die Pässe und Wege wachen, wo der Feind die Communicationslinie zwischen der Hauptstellung und der Diversion durchbrechen kann, damit man wenigstens noch immer die Mittel besitzt, den Rückzug der Diversionstruppen, oder eine Hülfsbewegung der Hauptarmee gegen dieselben zu sichern.

§. 75.

e. Lehrsatz. Soll die Offensivstellung das Mittel seyn, um daraus durch vortheilhafte Bewegungen den Feind aus seiner Fronte zu treiben, so muß sie selbst der Schlüssel der eigenen kürzesten Fronte und derjenigen Communicationen seyn, welche unmittelbar in die entscheidenden Schwächen des feindlichen Vertheidigungsgebäudes leiten.

1. Das dritte Mittel den Feind aus seiner Parallele zu vertreiben, sind Bewegungen; d. h. Märsche, welche nach solchen Richtungen genommen, und mit einander verbunden werden, daß der Feind zuletzt dadurch irre geleitet wird, an einer Stelle der Grenze eine Lücke läßt, und durch die schnelle Benutzung dieser Blöße unserer Seits, in seiner Vertheidigungsfronte, noch ehe er es sich versieht, durchbrochen ist.

2. Es ist also nicht eigentlich der Marsch, welcher den Feind zwingt, daß er auch marschiren muß, sondern die Folgen desselben, die er davon zu befürchten hat, wenn er es nicht thut. Scheinbare verführen indessen einen geschickten Feind nicht, sondern diesen bringen nur wichtige, ernsthafte Stellungen, deren Folgen von Entscheidung seyn können, zum Aufbruch gegen seinen Willen.

3. Wenn man daher die Stellungskunst so anordnen will, daß wir daraus die obigen Vortheile erlangen, so kommt es vorzüglich darauf an, den Entwurf der Bewegungen genau zu überdenken, und ob wir uns dadurch nicht in eine Gegend werfen, welche unserer fordauernden Behauptung in gewis-

gewissen Fronten nicht ungleich nachtheiliger als vortheilhaft werden kann.

4. Oft kann eine Stellung an sich und in ihren Folgen vielleicht vortheilhaft seyn, und verliert dem ungeachtet doch ganz ihre Nutzbarkeit, weil die neue Vertheidigungs- und Communicationsfronte dahin, sehr ausgedehnt wird, und die Besetzung einer so großen Anzahl von Posten erfordert, daß das Heer nicht hinreicht alle diese wichtigen und nothwendigen Punkte zu sichern.

5. Wenn man daher durch Bewegungen die feindliche Fronte durchbrechen will, so ist es besonders nöthig, solche Stellungen und Communicationsfronten zu wählen, die dem Feinde eine so viel als möglich kleine Linie darbieten, gegen welche er operiren kann, die uns aber alle diejenigen Punkte in unsere Gewalt geben, welche wir bedürfen, theils die zu machenden Bewegungen so viel als möglich zu bedekken, und dem Feinde zu entziehen, theils auch sich mit weniger Mühe die Eingänge alle der Wege zu öffnen, auf welchen man dem Feinde nach den mehrsten Punkten seiner Grenze zuvorkommen kann.

6. In diesem Falle hat also eine Stellung, aus der man die feindliche Grenze durch Bewegungen durchbrechen soll, mit einer Defensivstellung vieles gemein, indem es bey dieser ebenfalls sehr vortheilhaft ist, wenn die Stellung die Eingänge vieler Wege auffaßt, welche sich wie Strahlen von derselben aus nach allen Gegenden der feindlichen Fronte hinziehen, und den Feind, durch dessen Besitz so vieler Wege, also zugleich für mehrere Punkte seiner Grenze besorgt machen müssen.

7. Sichert daher die Stellung die Eingänge der nahen Gegenden und Defilees nicht unmittelbar selbst, so muß sogleich ein hinlängliches Corps vor die Hauptstellung gesetzt werden, welches mit einem dieselbe umgebenden starken Postencordon diese wichtigen Punkte besetzt hält, und darin bey einem etwanigen Angriffe des Feindes von dem im Zentro stehenden Hauptheere unterstützt wird.

8. In

8. In dieser Stellung kann sich die Armee so setzen, daß sie von allen den umliegenden Defileen gleichweit entfernt ist, und welches ihr beliebt leicht erreichen und passiren kann. Ueberdem ist diese Naturlage der verschiedenen Operationswege in Rücksicht der Offensivstellung nicht nur am gewöhnlichsten, sondern sie giebt auch noch durch die Vorschiebung des Avantcorps größtentheils den Vortheil, die Bewegung des Hauptheers dem Feinde eine Zeitlang verbergen zu können.

9. Wenn daher die Stellung an irgend einem Defilee genommen ist, dies mag ein Fluß, ein Gebürge oder ein Morast seyn, welches das feindliche Land in der Länge durchschneidet, so muß man alles anwenden, sich einen Durchgang oder Uebergang über dasselbe anzuordnen; denn besitzt man eine solche Passage und hat sie auf der andern Seite, wo die Hauptarmee nicht steht, entweder durch vortheilhafte Posten oder durch Verschanzungen hinlänglich gesichert, so ist dies eine der vortheilhaftesten Lagen einer Position in Rücksicht offensiver Unternehmungen.

10. Des Feindes Aufmerksamkeit ist nämlich auf beyde Seiten des Defilees vertheilt, seine Macht getrennt und in einen großen schwachen Bogen, der leicht zu durchbrechen ist, auseinander gezogen.

11. Man muß den Feind in einer solchen Stellung beständig durch kleine und falsche Angriffe in einem immerwährenden Allarm und einer fortdauernden Abmattung erhalten, durch nahe detaschirte Corps die Eingänge zu den Wegen auf beyden Seiten des Defilees genau und stark bewachen lassen; so kann dies eine Schlinge werden, in welcher der Feind seinen Untergang finden würde.

12. Nachdem man ihn nämlich eine Zeitlang ermattet hat, und durch mehrere Scheinangriffe sich die Aufmerksamkeit des Feindes erst vorzüglich auf die eine Seite des Defilees gewandt, und derselbe die dasigen Posten verstärkt hat, um seinen Wunsch, uns in einem solchen Lager einzuschließen, zu erreichen; so geht in einer finstern Nacht, und wäh-

während man nach Beschaffenheit der Umstände, auf der vom Feinde verstärkten Seite, Scheinangriffe thut, unterdessen die Hauptmacht auf die andere Seite und fällt plötzlich über die geschwächten feindlichen Posten her; durchbricht sie mit leichter Mühe, sucht die Communicationsposten des Feindes an dem Defilee über den Haufen zu werfen, und hat dann nach der geöffneten Gegend freyes Spiel; indem, wie vorausgesetzt ist, die Eingänge aller dahin führenden Wege in unserer Gewalt sind.

B. Grundsatz. Wenn eine Offensivstellung das Deckungsmittel der Ausführung einer Unternehmung seyn soll, so ist sie zwar völlig wie eine Defensivstellung anzuordnen, doch müssen sich daraus alle drey, oder doch für die Lage die entscheidendste der drey Unternehmungen zur Entfernung des Feindes mit Sicherheit vollführen lassen.

§. 76.

a. Lehrsatz. Die Anordnung zur Ausführung des Hauptunternehmens muß mit der Offensivstellung zu seiner Deckung in der genauesten Verbindung stehen.

1. Das Bisherige sind nun die Regeln, welche man bey der Wahl der Positionen in einem Offensivkriege, nachdem gerade der Zweck der Position seyn soll, befolgen muß. Es giebt aber einige Fälle, wo der Zweck der Stellung eine Offensivoperation ist, die Stellung selbst aber defensiver Natur seyn muß.

2. Im allgemeinen ist dies der Fall, wenn man mit einem Heere eine Gegend oder Posten erobern will oder schon erobert hat, und nun durch die Stellung diese Gegend und die Operation darin, bedecken und gegen den Feind behaupten soll.

3. Ein solcher Fall tritt vorzüglich ein, wenn man eine Vestung belagert, ein feindliches abgeschnittenes Corps angreifen oder irgend einen andern wichtigen Punkt, der hinter uns liegt, besetzen, verschanzen, oder etwas daselbst zer-

 stören

stören will, während man diese Operationen durch ein besonderes Observationscorps decken muß. Hier agirt der eine Theil des Heers offensiv, und der andere defensiv, um den erstern zu begünstigen.

4. Das erste was man hier festsetzen muß, ist eine zusammenhängende Defensivlinie zur Deckung der zurückgehenden innern, und der mit der feindlichen Fronte parallelen Seitencommunicationslinien. Ist dies durch unmittelbare Besetzung gewisser Posten, oder durch Aufstellung einiger Flankenstellungen erhalten, so gründet man die Sicherheit der Stellungen derjenigen Truppen, sowohl zur Defensive als Offensive, welche die Angri sunternehmung ausführen sollen, und die die gewisse Communication zwischen denselben und den andern Theilen der Grenze gewähren.

5. Nach diesen Bestimmungen sucht man in der Nähe des angegriffenen Postens auf den Seiten zu, wo der Feind einen Entsatz desselben versuchen könnte, eine vortheilhafte Gegend aus, in der sich viele Flüsse, Gehölze, Moräste oder gar Gebürge rund um den Posten herum befinden. Wenigstens muß man dahin trachten, eins von diesen Defileen zur Bedeckung zu erhalten.

6. Ein solches Defilee macht alsdann die Observationsarmee zu ihrer Defensivlinie, wenn man eher durch eine kräftige Vertheidigung als durch einen eigenen plötzlichen Angriff, der die feindliche Macht, so lange als die Unternehmung dauert, erschlafft, zu siegen hofft.

7. Ist die Gegend nicht so günstig, daß der angegriffene Posten in einer mäßigen Entfernung, von einem schwer zu passirenden Defilee umgeben ist, so muß man durch die Kunst den Mangel der Natur ersetzen, und durch eine kluge Auswahl der nahe liegenden Wälder, Berge, Flüsse und Moräste, deren offene Gegenden man mit Verhauen, Ueberschwemmungen oder starken Verschanzungen versieht, sich so gut als möglich ist, eine Front erschaffen, längst der man seine Be-

we-

wegungen einrichtet, und nun die Unternehmung des im Rükken operirenden Corps, durch schnell bezogene vortheilhafte Positionen, gegen den Einbruch des Feindes in diese Linie sichert.

8. Ist die Gegend so frey oder die umliegenden Defileen mit einer solchen Macht des Feindes besetzt, daß wir uns ihrer nicht zur Deckung des Angriffs, und der Communicationslinie zwischen denselben und den wichtigsten Theilen der eigenen Vertheidigungsfronte, bedienen können; so bleibt kein anderes Mittel übrig, als entweder auf dieser Ebene sich durch vortheilhaft angelegte unzusammenhängende Verschanzungen an den Seiten, wo der feindliche Entsatz zu befürchten ist, eine Vertheidigungslinie aufzubauen, wo man dann diese Schanzen gut besetzt und als die vorliegende Kette der zu unterstützenden Posten ansieht; oder daß man sich in eine Contravallationslinie einschließt, die man durch einen großen Kreis gut gestellter Vorposten bewachen, und durch detaschirte Corps die Gemeinschaft mit den andern Theilen der Grenze erhalten muß.

9. Diese letztere Art, durch eine Observationsarmee einen Angriff zu decken, ist gewissermaaßen die schlechteste unter allen, wenn sonst nicht die Front der Contravallationslinie durch Naturhindernisse ganz besonders verstärkt, und die würklich zu beobachtende Gegend derselben verkürzt wird, so daß dies der vortheilhafteste Posten zur Defension in der ganzen umliegenden Gegend ist.

10. Es giebt also viererley Arten durch eine Armee eine Defensive zu führen, um die Offensive einer andern Armee dadurch zu sichern. Diese vier Arten sind:

a. Wenn sich die Armee in eine Contravallationslinie einschließt.

b. Wenn die Armee ihre Stellung blos durch unzusammenhängende Verschanzungen deckt und verstärkt, um bey einem feindlichen Anfalle selbst immer noch die Vortheile eines überraschenden Angriffs zu genießen.

c. Wenn die Armee sich eine den Angriff rundumgebende Vertheidigungslinie aussucht, und durch Bewegungen längst derselben den Feind vom Einbruche abhält.

d. Wenn die Armee sich eine feste Stellung wählt, und dieselbe besetzt, sobald der Feind unsere Offensive unterbrechen will, um darin gegen ihn ein vortheilhaftes Gefecht liefern zu können.

§. 77.

b. Lehrsatz. Nur da, wo der anzugreifende Posten zu stark, und die eigenen Kräfte zu einer noch würksamen Theilung zu schwach sind, verbindet man die Angriffs- und Sicherheits-Stellung mit einander.

1. Was nun die erste Art der Deckung eines Angriffs insbesondere betrifft, so ist diese mehrentheils jetzt dann nur noch gebräuchlich, wenn es unmöglich fällt eine der andern anzuwenden. Ehemals, wo die Armeen klein waren, und die Angriffe auf einen festen Posten oft sehr lange dauerten, war dies die gewöhnlichste und meistens auch die sicherste Manier einen Angriff zu decken. Allein dem ungeachtet behielt sie so wie jetzt, immer noch die großen Nachtheile, welche sie verwerflich machen, und die vorzüglich in drey Punkten bestehen.

2. Man kann, da die Armee durch die sie umgebende Verschanzung von dem umliegenden Lande so gut wie abgeschnitten ist, wenn sich der Feind in der Nähe befindet, leicht umringt, selbst belagert, und an aller Communication mit den zurück- und seitwärts liegenden Theilen der eigenen Vertheidigungslinie, so gehindert werden, daß es unmöglich fällt, durch diese Stellung der Armee, denselben die geringste Deckung zu geben.

3. Wenn der Feind bey seinem Angriffe auf uns unglücklich ist, so können wir die Vortheile der daraus erwachsenden Unordnung, nicht zur Vergrößerung unseres Sieges benuz-

benutzen, denn hieran werden wir durch die, unsere ganze Stellung umgebende und dem Feinde alle unsere Ausfälle von selbst schon vorher anzeigende, zusammenhängende Verschanzung gehindert.

4. Denn da er uns gewissermaaßen in derselben wegen der wenigen Ausgänge blockirt hält, so müssen wir entweder mit den ausfallenden Truppen durch dieselben defiliren, oder die Verschanzung an den Stellen, wo der Ausfall geschehen soll, so weit niederreißen, daß wir mit einer hinlänglich breiten Front, die unsern Angriff gehörig deckt, gleich Anfangs ausrücken können.

5. Besitzt aber der Feind die Klugheit und nur so viel Standhaftigkeit, daß er nicht vor einem bloßen Schreckbilde fliehet, und also einige gut plazirte und gedeckte Batterien auffährt, so wird weder die eine noch die andere Art unseres Vorrückens in einem solchen Feuer des Feindes, der jetzt fast ganz die nämlichen Vortheile besitzt, als wenn er einen Fluß vertheidigte, glücken.

6. Da wir ganz vom übrigen Lande so leicht abgeschnitten werden können, so ist es auch eben so schwer und oft ganz unmöglich, die nöthige Subsistenz aus denen in der Vertheidigungslinie befindlichen Magazinen zu erhalten. Aus diesem Grunde wird daher es unumgänglich nöthig, innerhalb des Lagers selbst, ein Magazin und Bäckerey zu errichten, welches die Truppen bis zum Ende der Offensivoperation, und der Einschließung derselben durch den Feind, ernähren kann.

7. Allein ungerechnet, daß die Anordnungen und Vorsichtsmaaßregeln, welche bey der Mitführung eines solchen ungeheuren Transports, als zu dem Magazine gehört, den Marsch des Heers nach dem Angriffspunkte, mit den größten Schwierigkeiten und Hindernissen belasten und sogar oft die ganze Unternehmung rückgängig machen würden; — so ist, selbst wenn dies Magazin in dem Lager vor dem an-

zugreifenden Posten glücklich angekommen und eingerichtet wäre, noch nicht alles gewonnen.

8. In dieser Stellung hat man nämlich den Feind sowohl in der Front als im Rücken zu befürchten, und da man gezwungen ist, sich lange in seiner Nähe aufzuhalten; so erfordert es nicht allein die größte Vorsicht, sondern auch ein besonderes Glück, wenn er nicht in einer so langen Zeit einmal Gelegenheit finden sollte, unserm Magazine Abbruch zu thun.

9. Ueberdem gehörte zur Sicherheit desselben ein Ort, der nicht allein gegen den plötzlichen Anlauf der Feinde hinlänglich gedeckt wird, sondern der auch die vollkommenste Sicherheit gegen die feindlichen Bomben genießt, sie mögen geworfen werden von welchem Orte der Feind will.

10. Einen solchen Ort in der Stellung, worin sich eine Armee in Rücksicht des anzugreifenden Postens, und des demselben zu Hülfe kommenden Feindes befindet, anzutreffen, ist nicht allein sehr schwer, sondern oft durch die Lage dieser aufeinander Bezug habenden Position, und des sie umgebenden Terrains, sogar unmöglich, ohne eine Arbeit auszuführen, welche die Umstände nicht verstatten; indem nothwendig zur Sicherheit der Magazine in einem solchen Falle, bombenfeste Gewölbe erfordert werden.

11. Außer diesen großen Unbequemlichkeiten einer durch eine Zirkumvallationslinie gesicherten Offensivstellung, gehört noch folgende dazu, um ihre wenige Tauglichkeit völlig zu begründen. Die abgesonderte Lage der Stellung von dem umliegenden Terrain gewährt, wie wir schon gesagt haben, dem Feinde die großen Vortheile, mit einer gleichen Macht, die unsrige oft gänzlich durch Besezzung und Befestigung der Pässe und umliegenden Höhen, einzuschließen.

12. Sollte

12. Sollte es daher dem Feinde bey seinen Angriffen auf die unsere Offensivoperation deckende Zirkumvallationslinie glücken, dieselbe zu durchbrechen, und ihre fernere Vertheidigung unmöglich zu machen; so sind wir entweder gezwungen, uns bis auf den letzten Mann zu wehren, oder uns mit Gewalt einen Durchweg nach einer deckenden und die eigene Vertheidigungsfronte sichernden Stellung zu eröffnen, indem die uns rund umgebenden starken Posten des Feindes allen förmlichen Rückzug entweder ganz unmöglich, oder doch höchst gefährlich machen.

§. 78.

c. Lehrsatz. Wenn der Feind nicht zu nahe steht, und die Einschließung des zu erobernden Postens nicht zu viel Kraft erfordert, so ist es besser ein befestigtes Schlachtfeld in der Nähe zu wählen, auf welches man beym Anrucken des Entsatzes sich begiebt, und denselben schlägt.

1. Wählte die Armee nicht die zusammenhängende Contravallationslinie, sondern nur abgesonderte starke Verschanzungen und Posten, zur Deckung und Verstärkung der die vorhabende Offensivoperationen beschützenden Stellung; so wissen wir, daß dadurch die Ausführbarkeit eines eigenen vortheilhaften Angriffs, und überhaupt eine leichtere und vielfältigere Bewegbarkeit der Armee außerhalb der Stellung erhalten wird, und gerade hierdurch sich also die obigen Nachtheile zum Theil umgehen lassen.

2. Der Umstand, daß man leichter, schneller und sicherer bey einem für uns günstigen Augenblicke, einen eigenen plötzlichen Angriff gegen den Feind unternehmen kann, gewährt uns die Vortheile, daß der Feind ungleich vorsichtiger, zusammengedrängter, und weniger täuschend über den wahren Punkt des Durchbruchs, seinen Angriff führen muß, daher unsere Aufmerksamkeit und Kräfte nicht gar zu sehr theilen kann.

3. Hierdurch wird also die Vertheidigung unserer Stellung erleichtert und die Stärke derselben vergrößert; sobald der feindliche Angriff aber unglücklich abgelaufen ist, die Frucht des erhaltenen Sieges, entweder durch einen nun erfolgenden schnellen ungeordneten Rückzug des jetzt nicht mehr sichern Feindes, oder durch einen eigenen plötzlichen allgemeinen Anfall auf denselben, ungemein erhöhet.

4. Dadurch aber, daß wir in den Stand gesetzt werden, den Feind vorsichtiger zu machen, und seine Truppen zusammengedrängter zu erhalten, erleichtern wir uns auch die Bewegungen außerhalb der Stellung; indem der Feind nicht mehr so wie vorhin, alle die umliegenden Päße gehörig besetzen und behaupten kann.

5. Durch diese leichtere Bewegbarkeit außerhalb des Lagers, erhalten wir aber die Mittel, die Communication mit den andern Theilen der Grenze besser zu sichern, die Offensivstellung der Armee daher auch zum Theil mehr oder weniger, nachdem ihre Stärke und die günstige Lage der umliegenden besetzten Päße ist, zur Deckung und Vertheidigung der eigenen Grenzfronte bequem und nutzbar zu machen.

6. Je größer nun die Benutzung dieser Vortheile ist, um so sicherer können wir auch die zurückliegenden Magazine gebrauchen, und dadurch die großen Nachtheile eines immer mitzuführenden Magazins umgehen.

§. 79.

d. Lehrsatz. Erlaubt es die Stärke des Heers, so muß es getheilt und in einer vortheilhaften Defensivfronte ein eigenes Observationscorps zum Schutze aufgestellt werden.

1. Die Anwendung des dritten Mittels gewährt gewöhnlich einen weit größern Spielraum, ein größeres Terrain zur Benutzung, eine uneingeschränktere Lage, und ist also des-

deswegen, weil man dem Feinde oft mehrere Hindernisse entgegenstellen, und sich selbst leichter aus einer gefährlichen Lage herausziehen kann, den erstern Deckungsarten vorzuziehen.

2. Allein da sich das Heer theilen, jeder Theil aber noch hinlänglich stark seyn muß, der eine um den zu deckenden Angriff auszuführen, der andere aber, um mit Hülfe der umliegenden Terrainvortheile denselben und die Communication mit der Grenze zu decken; so ist es deutlich, daß hierzu eine große Ueberlegenheit an Truppen, oder ganz besonders vortheilhaftes Terrain, welches dieselben ersetzet, erfordert wird.

3. Außer einer solchen Ueberlegenheit ist dann aber noch nöthig, so wie wir oben gesehen haben, durch eine kunstvolle und planmäßigen Benutzung der umliegenden mannigfaltigen größern oder kleinern Terrainhindernisse, sich eine zusammenhängende, und die Gemeinschaft der Angriffsstellung mit der eigenen Grenze und der darin liegenden Magazine vollkommen sichernden Vertheidigungslinie zu bilden, und wo die Kargheit der Natur dieselbe unterbrochen hat, diesen Mangel durch Anlegung fester Posten und aufgestellte Flankendetaschements zu ersetzen.

4. Hat man sich auf diese Weise eine hinlänglich starke, und nach Verhältniß der Stärke des Heers, soviel als möglich zusammengedrängte Vertheidigungsfronte, zur Deckung des zu führenden Angriffs, ausgesucht und verstärkt; so befindet man sich in Rücksicht ihrer Behauptung ganz in einer defensiven Lage, und muß daher alle die Regeln anwenden, welche nicht allein uns die zeitige Benutzung dieser ausgesuchten Deckungsfronte sichern, sondern welche auch die eigentliche Führung einer thätigen nnd planvollen Defensive längst derselben, bis zur Ausführung des dadurch gedeckten Angriffs, sowohl durch Anwendung der Stellungskunst, als des Gefechts, begründen.

5. Wird die Ausführung dieses Mittels dahin verändert, daß sich die Armee ein Schlachtfeld aussucht, und beym Anrücken des Feindes, mit Hinterlassung der nöthigen Wachen zur Beobachtung des angegriffenen Postens, auf dasselbe rückt, um hier den Feind zu erwarten, und durch ein daselbst geliefertes Gefecht zurückzuschlagen; so gehört hierzu zwar in den meisten Fällen keine so große Uebermacht, als wenn man den Angriff durch Vertheidigung einer förmlichen Defensivfronte sicherte, allein es erfordert doch eine ganz besonders günstige Lage des Terrains und der andern nähesten Theile der eigenen Grenze.

6. Eine solche Beschützung der Offensivoperation ist im Ganzen genommen vollkommen mit der Vertheidigung einer Defensivfronte einerley, wo der Posten zur Defensive entschieden ist, und man also die Zugänge zur Gegend, wo der Angriff auf den feindlichen Posten geführt wird, durch diese Stellung decken kann.

7. Hier ist es also unumgänglich nothwendig, daß die umliegenden Terrainhindernisse so in unserer Gewalt, und so schwer zu passiren sind, daß der Feind nothwendig gezwungen ist, nur auf einem einzigen Wege gegen diese Fronte anzurücken und seinen Angriff zu führen, den wir schon vorher vollkommen kennen, und dieserhalb durch Kunst noch mehr verstärkt, und die Flanken des diesen Weg deckenden Postens gesichert haben.

8. Ist durch den Lauf und die Schwierigkeiten der Terraingegenstände, welche sie der feindlichen Passage entgensetzen, eine solche vortheilhafte Lage der Vertheidigungsfronte, und des sie sichernden Postens erwachsen, daß der Feind beym Angriff desselben nothwendig gezwungen ist, sich mit dem Rücken nach unserm Lande, und der noch von uns besetzten zurückliegenden eigenen Vertheidigungslinie, zu wenden, vielleicht gar Defilees zu passiren, welche ihn nachher bey seinem Angriffe von seinem Lande abschneiden; so kann man durch diese außerordentlich günstige Beschaffenheit des Ter-

Terrains, nicht allein das Anrücken des Feindes bis zu den deckenden Hauptposten höchst beschwerlich machen, sondern auch den Angriff des Feindes selbst, durch eine plötzliche Combination aller jetzt demselben im Rücken und auf der Flanke stehenden Corps und Posten, gegen die Rückzugspunkte und die hintern Theile der feindlichen Schlachtordnung, zum höchsten Verderben desselben gereichen lassen, indem man ihn plötzlich selbst einschließt und abschneidet.

9. Allein wenn nun auch die Natur der Gegend eine so sehr vortheilhafte Lage und Befestigung der den Angriff deckenden Vertheidigungsfronte gestattet, und der Feind selbst durch einen kurzen und leichten Marsch sich sogleich an der Fronte des deckenden Postens befinden kann; so muß doch wenigstens diese Position so angeordnet seyn, daß es dem Feinde auf keine Weise möglich ist, dieselbe zu umgehen, und dem angegriffenen Ort eine solche Hülfe zu leisten, daß eine Eroberung desselben dadurch unmöglich wird.

10. Ein anderes nothwendiges Erforderniß bey der Deckung eines Angriffs, durch die Wahl eines dem Feinde entgegenliegenden vortheilhaften Schlachtfeldes ist, daß da man doch wenigstens in einiger Zeit die Armee theils zur Beobachtung des angegriffenen feindlichen Postens, theils zum Widerstand gegen den anrückenden Feind theilen muß, dieselbe, wenn sie auch ein weniges schwächer an Truppen ist, als er diesen Abgang dennoch durch die Benutzung vortheilhafter Terrainhindernisse oder angelegter fester Posten, vollkommen ersetzen muß, indem diese ganze Summe der Streitkraft und Widerstandsfähigkeit nothwendig größer seyn muß, als dies feindlicher Seits Statt findet.

11. Das letzte Erforderniß bey der Benutzung einer solchen den ganzen Angriff deckenden Stellung ist, die leichten Truppen so zu postiren und solche Streifereyen damit thun zu lassen, daß man die vollkommene Gewißheit besitzt, man werde von der Annäherung des Feindes so frühzeitig benachrichtigt werden, daß man mit den nöthigen Truppen und

und der gehörigen Anordnung zu dem gewählten Schlachtfelde aufbrechen, dasselbe erreichen, und sich mit allen Vortheilen zum Treffen postiren kann, welche die Gegend und die Wichtigkeit des dadurch zu erhaltenden Zwecks nothwendig machen.

12. Diese Sicherheit, die Vortheile früh genug benutzen zu können, welche die Auswahl der deckenden Position gewähren, ist vorzüglich in denjenigen Fällen unumgänglich nöthig, wo die Schwäche der Armee und die Stärke des angegriffenen feindlichen Postens, die Gegenwart eines solchen Theils vom Heere beständig bey demselben nöthig macht, welcher den Rest zu sehr verkleinert, um damit die deckende Position hinlänglich sichern zu können.

13. Besitzt man daher eine solche Uebermacht, daß sich mit dem einen Theile derselben der Angriff gehörig führen läßt, während der andere Theil durch die immerwährende Besetzung und Behauptung der ausgewählten Position, denselben gegen den Feind deckt, so ist dies die größtmöglichste Sicherheit, die man einer Offensivoperation durch die Vertheidigung einer Defensivstellung geben kann.

14. Wollte man nun die Vortheile einer solchen, den Angriff auf den feindlichen Posten, deckenden Stellung erwägen, und ob die Wichtigkeit der Sache ihre Wahl rechtfertigt; so muß man vor allen Dingen untersuchen, welches der beste Weg ist, den der Feind im Anrücken gegen uns gebrauchen kann, und welchen er gebrauchen muß.

15. Ist nun dieser Weg bestimmt, so untersucht man des Feindes Absicht, die entweder darin besteht, daß er gerade vorrückt, um uns anzugreifen, oder daß er sich zwischen unsere Armee und ihre Magazine setzt, um uns die Lebensmitel, die Gemeinschaft mit der eigenen Grenze und oft den Rückzug abzuschneiden.

16. Jetzt ist dann die Frage, welche Sicherheit gewährt nun der erwählte Posten gegen alle diese Gefahren? Sind

Sind wir darin sicher vor dem Angriff? Deckt er die eigene Offensivoperation überall, nach welcher Seite der Feind sich auch wendet?

17. Setzt der Feind, indem er uns zu umgehen sucht, nicht etwa selbst seine Rückzugspunkte und eigene Parallele in Gefahr, so daß es vielleicht durch die schnelle gut geordnete Bewegung eines Corps möglich wird, einen dem Feinde schädlichen Posten zu besetzen und ihn in der Falle zu fangen, die er uns legte? Oder, ist dies nicht möglich, haben wir dann Lebensmittel genug, die Magazine entbehren zu können, die der Feind uns abschneiden wird, oder ist es möglich die Gemeinschaft mit ihnen zu behaupten?

18. Es kann seyn, die Position gewährt diese Vortheile nicht; wir wählten sie, so lange der Feind noch fern war, um die Belagerung mit desto größerer Hitze zu betreiben. Vielleicht findet man die hinlängliche Sicherheit an irgend einem Defilee weiter vorwärts, wenn wir dem Feinde auf eine gewisse Weite entgegenrücken.

19. Es giebt hier vielleicht Posten, wo wir nach Verhältniß unserer Macht im Stande sind, ihn aufzuhalten, und seinem Marsche Grenzen zu setzen; Posten wo wir sicher vor dem Angriffe, und die Communicationen gedeckt sind.

20. Es giebt Gegenden vielleicht, die der Feind berühren muß, wo wir mit Vortheil fechten können und die größte Hoffnung des Sieges haben. Wird der Feind eine so kühne Bewegung vermuthen? Ist es möglich, sie ihm zu verbergen und welche Maaßregeln muß man treffen?

21. So bildet man einen Entwurf für jeden Weg; dann aber kombinirt man sie, um von jedem zum andern überzugehen, so wie es die Umstände erfordern. Es kommt dann vielleicht auf ein Gefecht an, und da es nun wohl der Fall seyn kann, daß dieses nicht entscheidend genug ist, um den Feind zum Rückmarsche zu zwingen, ja wir vielleicht selbst weichen müssen; so ist es nothwendig auch hierauf zu den=

denken, und solche Posten, wenn es die Umstände erfordern, gleich anfänglich schon besetzen zu lassen, welche nicht allein den Rückzug des Observations- und Angriffscorps in der Folge bis in die eigene Grenze decken, sondern die auch vorzüglich dem erstern die hinlängliche Zeit gewähren, welche dasselbe nothwendig zur Veranstaltung eines solchen Rückzugs bedarf, um dem Feinde nicht die kostbaren Erfordernisse, als Artillerie, Wagen, Munition u. s. w. welche man zum Angriffe bedurfte, schlechterdings zurückzulassen.

§. 80.

Lehrsatz. Die Quartierstände im Offensivkriege müssen zur erleichternden Ausführung der entscheidendsten Angriffsmittel für den folgenden Feldzug eingerichtet, dabey aber auch zur Deckung der diese Stellung sichernden und noch auszuführenden Unternehmungen benutzt werden.

1. Regel. Die verschiedenen Quartierstände müssen in denjenigen Gegenden angeordnet werden, welche die Schwächen der eigenen Fronte sichern und die der feindlichen in der Folge öffnen; doch müssen die zu dieser Benutzung nöthigen Truppenarten in der Nähe verlegt und dem Terrain gemäß gesichert werden.

1. Bis jetzt haben wir die Regeln angegeben, welche bey der Anwendung der Stellungskunst vermittelst der Lagerstellungen zu befolgen sind; da aber der Einfluß der Witterung im Winter auf die Armee zu nachtheilig werden muß, wenn man dieselbe ihm lange aussetzen wollte; so ist man so gut im Offensiv- wie im Defensivkriege gezwungen, Quartierstände von den Truppen beziehen zu lassen.

2. Diese Quartierstände müssen nun aber nothwendig eine solche Lage und solche Einrichtungen haben, welche uns fortdaurend die Vortheile sichern, eine thätige Offensive beginnen oder fortsetzen zu kennen, d. h. welche nicht allein das eigene Land und die eroberten Gegenden decken, sondern auch

auch die bequemsten und entscheidendsten Wege für uns offen erhalten, um bey Eröffnung des neuen Feldzugs die Offensive mit dem größtmöglichsten Vortheil wieder beginnen zu können.

3. Was nun die Anordnungen betrifft, die man in Rücksicht der Anlage des Quartierstandes zur Deckung des eigenen Landes sowohl als des eroberten, welches man jetzt natürlich als eigenes Land betrachten muß, zu befolgen hat, so sind dieses vollkommen die nämlichen, welche im vorigen Abschitte obgehandelt wurden, indem ihr Zweck sowohl hier wie da, vollkommen defensiv ist.

4. Wollen wir aber die Eigenschaften betrachten, die einen Quartierstand zur Offensive geschickt machen, so ist es bey seiner Anlage nothwendig, nicht auf den Plan des eben vollendeten, sondern des nächstfolgenden Feldzugs Rücksicht zu nehmen.

5. Denn da man aus ihm zu den Lagerstellungen, Märschen und Gefechten, deren Combination den Zusammenhang des Feldzugs ausmacht, übergehen muß; so ist es natürlich, daß der Quartierstand die zu diesem Zwecke vortheilhafteste Anlage besitzen muß.

6. Man geht gewöhnlich bey Endigung des Feldzugs aus den Cantonirungsquartieren zu den Winterquartieren, und beym Anfang des Feldzugs, aus letztern in erstere über.

7. Die Gründe, warum nun die Armee mehrentheils Cantonirungen bezieht, sind:

a. Wenn man gar zu weit von dem Lande, wohin der Krieg gespielt werden soll, entfernt ist, und die Armee dennoch zeitig aus ihren Quartieren aufbrechen und an die vorderste Parallellinie rücken soll, um nahe genug zu seyn, dem Feind entweder in irgend einem wichtigen Posten zuvorzukommen, oder denn doch den Feldzug zeitig genug eröffnen zu können.

b. Wenn

b. Wenn es noch früh im Jahre ist, und man doch Zeit gewinnen will, die Magazine rückwärts anzulegen.

c. Wenn die Armee sich nach einer Belagerung oder andern Unternehmung ausruhen soll, und warten will, bis die Fourage völlig heraus ist.

d. Endlich, wenn die Witterung schlecht wird, und die Fourage mangelt, folglich die Armee Pflege erhalten muß, indessen die Umstände es nothwendig machen, im Angesichte des Feindes stehen zu bleiben, weil dieser hartnäckig in seinem Posten bleibt, oder weil dieser genöthigt werden soll, sich zu entfernen, damit die eigene Armee die Winterquartiere in dieser Gegend beziehen könne.

8. Nachdem nun der Ausgang des vergangenen Feldzugs gewesen ist, werden die Quartiere im eigenen oder im feindlichen Lande genommen. Ist das letztere der Fall, so ist es um so nöthiger alle Vorsichtsmaaßregeln zu nehmen, welche die Sicherheit des Heers gewähren. Denn hier kennt der Feind wahrscheinlich alle Vortheile des Landes ungleich besser als wir, und es wird ihm mit Hülfe der Einwohner, seiner Mitbürger um so leichter uns zu schaden.

9. Das nothwendigste mit, was man also zu befolgen hat, ungeachtet sich das ganze Land in unserm Besitze befindet, ist, daß man alle diejenigen Posten, welche zur Deckung der innern parallelen Communication der verschiedenen Theile der Quartierstände unter sich erforderlich sind, so wie auch diejenigen, von welchen die Sicherheit des Rückzugs aus den Quartieren in die eigene Vertheidigungslinie abhängt, nicht allein in einem beständigen, zur Passage nöthigen Zustand erhält und sie allenfalls bewachen läßt, sondern daß man sie auch befestigt, und Truppen in ihre Nähe legt, welche in jedem Augenblicke ihre Vertheidigung übernehmen und gegen die ersten Anfälle des Feindes hinlänglich behaupten können.

10. Das zweyte, was nöthig thut, ist, daß man die Truppen in die Quartiere so verlegt, wie man sie bey dem Anfange des neuen Feldzugs in dieser oder jener Gegend gebrauchen will; denn soll die Umänderung der Quartiere nahe bey dem Anfang des Feldzugs geschehen, so verursacht dies nicht allein manche Schwierigkeiten, sondern der Feind wird auch nothwendig durch eine so große allgemeine Bewegung aufmerksam gemacht, und um so mehr auf den Entwurf des Angriffs geführt, den wir uns vorgesetzt haben.

11. Ist es nun also der Fall, daß vor einem Theile des Quartierstandes, z. B. eine für den künftigen Feldzug wichtige Position liegt, die vorzüglich mit Cavallerie besetzt und vertheidigt werden muß, die hier befindliche Fronte des Quartierstandes aber zu ihrer Vertheidigung nothwendig viel Infanterie bedarf; so muß man dennoch die Anlage der Quartiere so einrichten, daß durch die Nähe der nothwendigen Waffen an den erforderlichen Stellen, diese beyden Zwecke zu erreichen stehen.

12. Da die Cavallerie nun durch die ihr eigenthümliche Geschwindigkeit manches wieder einbringen kann, was ihre seltene Brauchbarkeit hindert, so ist es meistens leicht, durch die Infanterie der Reiterey die nöthige Sicherheit zu ertheilen, und diese hinter dem ersten Treffen den durch sie zu erreichenden Punkten genug nahe zu setzen.

13. Das dritte Erforderniß ist, daß der genommene Quartierstand die Eingänge der bequemsten und entscheidendsten Wege in die stärkste feindliche Defensivlinie uns zum freyen Gebrauch sichert. Hierzu gehört nun die nämliche Lage im Großen, welche wir in dieser Rücksicht bey der Wahl einer Lagerposition in den vorigen Paragraphen angegeben haben.

14. Diese Lage besteht vorzüglich darin, daß wir von irgend einem Theile des Quartierstandes aus, und mit einem hinlänglichen Corps schnell, und ohne daß es sich der Feind versieht, auf die Rückseite oder die Flanke derjenigen Defilees gelangen können, welche die Fronte der Posten decken, durch deren kunstvolle Verbindung der Feind sich eine Vertheidigungsfronte schuf, und welche nun nothwendig gesprengt werden muß, sobald man den Feind durch eine schnelle Umgehung zur eiligen Verlassung eines solchen Passes zwingen kann.

15. Je versteckter man eine solche Anlage der zu diesen Zwecken dienlichen Quartiere treffen kann, so daß der Feind darin nur eine vielleicht verstärkte Maaßregel zu unserer eigenen Deckung zu sehen glaubt, und die Vortheile nicht bemerkt, welche ein solcher Anfangs nur kleiner Posten an diesem oder jenem Defilee, durch plötzliche Verstärkung und Vorrückung desselben, uns zur gänzlichen Aufhebung seiner Quartiere gewähren muß, — um so entscheidender, um so günstiger wird die plötzliche Ausführung dieser Bewegung seyn.

16. Kann man nur seine Angriffsabsichten klug genug, hinter den dem Feinde vorgespiegelten nothwendigen Maaßregeln zur Sicherung der eigenen Defensive gehörig verstecken, so läßt sich wohl eine solche günstige Wendung der Posten und Quartierfronten, durch eine kluge Wahl der Terrainvortheile zur eigenen Deckung, und der danach eingerichteten Truppenvertheilung erhalten.

17. In Ländern von hohen Gebürgen und dicken Waldungen, wo es fast unmöglich ist, die hinlängliche genaue Kenntniß des Landes zu erhalten, und wo dennoch leicht ein einziger vergessener Schleichweg, ein verborgenes Thal, auch wohl ein zu gewissen Zeiten ausgetrockneter Bach, die Vertheidigung der ganzen feindlichen Defensivlinie dadurch entscheidet, daß man durch eine schnelle Benutzung dieser aufgefun-

gefundenen Passage, in den Rücken kommt, — ist die beschriebene günstige und verstärkte Quartieranlage am leichtesten zu erhalten.

§. 81.

4. Regel. Wenn durch einen Quartierstand eine Offensivunternehmung gedeckt werden soll, so muß er zwey starke Fronten formiren, die sich einander den Rüken zuwenden, und wovon die eine den feindlichen Posten völlig umschließt, während die andere sich gegen den Sukkurs wendet.

1. Oft ist es der Fall, daß man gewisse feindliche Posten als Vestungen oder stark verschanzte Läger detaschirter Corps, vor dem Winter nicht hat erobern können, und jetzt gezwungen ist, die Winterquartiere zu beziehn. Da nun der Feind aus den Gegenden um den noch von ihm besetzten Posten vertrieben ist, so ist es vielleicht möglich, dieselben ohne förmlichen Angriff zur Uebergabe zu zwingen, wenn man sie nur eine gewisse Zeitlang genau einschließt und allen feindlichen Sukkurs abwehrt.

2. In einem solchen Falle wird nun, zur Erreichung dieses Zwecks, der Quartierstand der Armee in dem eroberten Lande mehrentheils so angeordnet, daß er sich zwischen den zu erobernden Posten und dem feindlichen Heere befindet, erstere aber durch gewisse dazu bestimmte Quartiere so einschließt, daß ihre Besatzungen nichts von Wichtigkeit unternehmen dürfen, und nothwendig sich aus Mangel des Unterhalts ergeben müssen.

3. Bey der Anordnung eines solchen Quartierstandes muß man also die Offensive mit der Defensive verbinden. Denn wenn auch kein würklich aktiver Angriff auf die zu erobernden Posten geschieht, so ist er doch passiv dadurch, daß

man den feindlichen Besatzungen alle Hülfe und Unterhaltung abschneidet, und sie also durch die Würkung ihrer eigenen Schwäche überwindet, auch der Zweck dieser Anordnungen immer eine Eroberung bleibt.

4. Da nun aber der andere, gegen das Hülfsheer des Feindes zu liegende, Theil des Quartierstandes die Vollendung dieser Eroberung, also eigentlich nur die Behauptung derjenigen Quartiere und Posten, welche dies bewürken, decken soll, folglich zur Schutzwehr eines gewissen Terrains dienet: so ist es also nothwendig auf dieser Front der Quartiere, um so genauer alle diejenigen Regeln in Ausübung zu bringen, welche eine starke und gedeckte Defensive gewähren.

5. Man kann also einen solchen Quartierstand als eine Stellung betrachten, wo man den Feind sowohl auf der Fronte als im Rücken hat, und deswegen gezwungen ist in derselben zwey Fronten mit den Truppen zu nehmen. Diese Lage macht aber allein schon die Behauptung eines solchen Quartierstandes sehr gefährlich.

6. Nehmen wir nun noch den Umstand hinzu, daß dem Feinde bey einem Angriffe gegen unsere Hauptfronte, aus der Vorfindung gewisser fester Punkte, die entscheidendsten Vortheile bey seinen Operationen erwachsen, welche er zur Wiedereroberung der zwischen diesen Punkten liegenden Gegenden vollführt; so wird es deutlich, daß bey der Festsetzung der Fronte eines solchen Quartierstandes, nothwendig eine größere Stärke dem Feinde als in jedem andern Falle entgegengesetzt werden muß.

7. Da es nun überdem vortheilhaft ist, die zu Hülfe eilenden Truppen des Feindes von den zu erobernden Posten zu entfernen; so muß man die Fronte der den Angriff auf dieselben deckenden Quartierstände, wenn sich in einer Weite von 4 bis 6 Meilen kein schwer zu passirendes Defilee findet, wel=

welches die Flanken und die Fronte der Quartiere sichern könnte, nothwendig so weit vorrücken, bis ein solcher vortheilhafter Terraingegenstand angetroffen wird.

8. Sollte dies aber wegen feindlicher Vestungen oder zu starker Stellungen nicht angehen, so ist es unumgänglich nothwendig, die Fronte um so mehr durch Truppen, Verschanzungen, überhaupt durch Anwendung der Befestigungskunst, und vorzüglich auch dadurch mit zu sichern, daß man eine Gegend aussucht, welche der Feind nothwendig passiren muß, wenn er die angegriffenen Posten entsetzen will, die aber durch unzugängliche Terrainhindernisse, in der zu behauptenden Fronte so sehr als möglich verkleinert wird, und also unsere Kraft mehr konzentrirt.

9. Die Fronte des Quartierstandes, welche nach den zu erobernden Posten hingewandt ist, muß, wenn man die Eroberung derselben blos durch Blokade erhalten will, vollkommen nach den Regeln der Defensive angelegt seyn, und die größtmöglichste Stärke besitzen. Denn da man hier den Feind am nähesten hat, und er wahrscheinlich alles wagen wird, um sich in seiner beschränkten Lage Luft, und vielleicht Communication mit seinem Heere zu verschaffen; so ist es nothwendig, durch alle mögliche Mittel einem Unglücke auf dieser Seite vorzubeugen, indem es hier gar zu leicht, wenn es der Feind sonst nur zu benutzen versteht, die traurigsten Folgen, ja oft die Aufhebung der ganzen Blokade veranlassen kann.

10. Bey einer solchen Lage des Quartierstandes zwischen zwey feindlichen Gegenden, kann der Rückzug in die eigene Grenze bey einem Unglücke höchst gefährlich werden; man muß auch nothwendig die Truppen des Feindes in den abgeschnittenen Posten abhalten, um irgend eine Streiferey oder Diversion in dem eigenen Lande uns im Rücken auszuführen.

11. Hieraus folgt, daß es nicht genug ist mit dem, dem feindlichen Hauptheere entgegestehenden Quartierstande eine starke Fronte gegen die abgeschnittenen feindlichen Posten zu formiren, sondern daß man diesen Posten auch noch ein besonderes Corps entgegensetzen muß, welches unsere eigene Grenze gegen dieselben sichert.

12. Ferner muß man von den Quartieren dieses Corps bis zu der Rückenfronte unseres Hauptquartierstandes noch Posten anordnen, welche zwischen alle diese verschiedenen Theile unserer Truppen eine vollkommen sichere und unmittelbare Communication gewähren, die feindlichen Posten gänzlich umgeben und einschließen, und unsern Heertheilen im Fall eines Unglücks einen ordnungsvollen Rückzug an den Seiten der feindlichen Posten weg, bis in die eigene Grenze vollkommen decken.

13. Was nun die Hauptfronte des Quartierstandes betrifft, so muß diese nicht allein wegen der innern Gefahr, welche die zu erobernden Posten erzeugen, äußerst gut zur Vertheidigung seyn, sondern auch eine solche Lage haben, daß dadurch so wie nach denen in den vorigen Paragraphen angezeigten Regeln, auch zugleich die Auffassung aller, oder wenigstens der wichtigsten, Vortheile erlangt werden, welche wir bey der künftigen Offensive bedürfen. Sollte dies nicht gleich anfänglich möglich seyn, so muß es doch der Feind wenigstens nach der Eroberung der Posten nicht mehr wehren können.

Die Bewegungswissenschaft.

In drey Abschnitten.

Zweyten Theils Erster Band.

Zweyte Abtheilung.

Inhalt.

Die Bewegungswissenschaft.

Erster Abschnitt.

Allgemeine Anordnungen bey jeder Bewegung.

I. Hauptgrundsatz. Eine jede strategische Bewegung muß stets mit Rücksicht auf die Erhaltung einer gesicherten Vertheidigung unternommen werden.

A. Grundsatz. Die zu beyden Kriegsarten nöthigen Communicationen müssen durch den Marsch gedeckt bleiben.

§. 1.

a. Lehrsatz. Jede Bewegung muß einen, zur Ausführung des Allgemeinen Kriegesplans erforderlichen Zweck haben, und dessen Erreichung durch die genaue Anwendung der Kriegeskunst erleichtern.

1. Ein Marsch kann sehr wohl angeordnet seyn, so daß er in Rücksicht eines feindlichen Angriffs die vollkommenste Sicherheit genießt, und führt dennoch nicht zur Erreichung eines auf die Lage des Krieges Einfluß habenden Zwecks. Da nun aber der Marsch oder die Bewegung der wesentlichen Theil des Manövers ist, und dieses durch die gehörige

Combination der Würkungen, die durch Besetzung gewisser Posten und durch das Glück eines Gefechts herbeygeführt werden, das entscheidende Mittel zur Erhaltung des vorgesetzten Kliegeszwecks wird; so folgt hieraus die große Wichtigkeit der unternommenen kriegerischen Bewegungen, und daß sie nie ohne hinreichenden Grund und Zweck ausgeführt werden dürfen.

2. Aus denselben Gründen ist es daher unumgänglich nothwendig, den sich bewegenden Truppen, durch die Ausübung der durch die Kriegskunst bestimmten Regeln, die größtmöglichste Sicherheit zu geben, daher auch so viel als möglich die zu sehr combinirten Bewegungen zur Erreichung eines Zwecks zu vermeiden, auch nur in der Nothwendigkeit dieselben in der Nacht, oder mit zu sehr anstrengender Geschwindigkeit zu unternehmen.

3. Um dies also noch besser erhalten zu können, so muß eine jede Bewegung genau nach dem Lande, in welchem sie geschehen soll, nach der Stellung, Stärke, Geschwindigkeit und den verschiedenen Posten und Vestungen des Feindes, nach dessen Entfernung, bis zu den Punkten, wo er einen für ihn vortheilhaften Angriff auf uns thun könnte, nach der Zeit, die er hierzu, und wir zur Einrichtung einer kraftvollen Gegenwehr, endlich nach der Zeit und den Mitteln, welche wir zur Ausführung des vorgesetzten Marschzwecks bedürfen und würklich besitzen, eingerichtet und berechnet werden.

4. Kann man dabey die Beschaffenheit des Landes benutzen, um die Würkungskraft des Haupttheils des marschirenden Heeres zu vergrößern, so müssen diese zur Sicherheit der Bewegung entscheidenden Vortheile nie vernachläßigt werden. Man muß also suchen, die Bewegung über ein ebenes Land zu leiten, wenn unsere Hauptkraft in der Cavallerie und reitenden Artillerie besteht. Zur Sicherheit der Bewegung von Infanterie schickte sich aber ein durchschnittenes, doch mit guten brauchbaren Straßen versehenes Land am besten.

5. Ein

5. Ein anderes nothwendigeres Erforderniß zur genauen Berechnung einer Bewegung ist, daß man die Länge der Tage und Nächte in den verschiedenen Jahrszeiten genau kennt. Denn ohne diese Kenntniß wird man entweder zu früh oder zu spät an dem Endpunkte der Bewegung eintreffen. Nimmt uns nun hierbey der Feind wahr, so ist es weit gefährlicher zu früh, als zu spät zu kommen, denn im letztern Fall sieht man den Fehler schon von weiten ein; man verliert also weiter nichts, als daß die Mühe umsonst ist, indem man sich ohne Gefahr wieder zurückzieht. Derjenige, welcher aber in diesem Falle zu früh kommt, verfehlt nicht allein sein Vorhaben, sondern ist auch noch in Gefahr, geschlagen zu werden.

6. Entdeckt uns der Feind hingegen nicht, so ist es vortheilhafter zu früh, als zu spät zu kommen. Denn im erstern Falle läßt sich der Zeitpunkt zur Attake an einem bequemen Orte abwarten; oder ist man verrathen, so kann man mit Sicherheit wieder zurückgehen. Kommt man aber zu spät, so verfehlt man den Zweck, und wird vom Feinde um so mehr verfolgt und in Gefahr gesetzt, je weniger wir es wußten, daß der Feind nun schon auf unsere Ankunft vorbereitet war.

7. Wenn man nun die Bewegungen wohl mit einander verbindet, und die Zeit berechnet, die man nothwendig zu ihrer Ausführung haben muß, so würde man in den meisten Fällen durch einen ordinairen Marsch eben so viel ausrichten können, als durch einen forcirten Marsch, der Menschen und Pferde zu Grunde richtet.

8. Allein diese Ausrechnungen und Bestimmungen der Zeit, sind Worte, die nicht alle Generale gerne hören. Man will sich in seinen Bewegungen nicht binden lassen, sondern seine Märsche leicht und ungezwungen thun. Sie lernen daher den Werth dieser Worte nicht eher kennen, als bis sie mit Schanden haben abziehen müssen, und etliche tausend Menschenleben ihrer Unwissenheit wegen aufgeopfert sind.

9. Aus dem bisher Gesagten erhellt also, daß, eine Bewegung geschehe nun aus freyer Wahl oder gezwungen, die Absicht derselben sey Angriff oder Vertheidigung, so ist in beyden Fällen der Zweck derselben immer dieser, gewisse Läger, gewisse Posten zu gewinnen. Sind sie erreicht, so sind wir entweder einen Schritt näher zum Angriff, einen Schritt weiter im großen Plane des Feldzugs, oder wir vernichten wenigstens die Hoffnungen des Feindes.

10. Ein Feind aber, der die Grundsätze des Krieges kennt, will nie, was wir mit Ueberlegung und Zweck wollen. Ist es uns also vortheilhaft, gewisse Läger, gewisse Posten zu gewinnen, so ist es auch gewiß der Entwurf unsers Feindes, uns dies zu verbieten, unsern Marsch fruchtlos zu machen, und wäre es möglich, ihn zu unserm Untergange zu leiten.

11. Der Feind kann dies auf zwey Arten. Erstens wenn er uns in unsern Lägern und Posten zuvorkommt. Zweytens, wenn er uns während des Marsches überfällt, und zu einem nachtheiligen Gefecht zwingt. Gegen beydes muß man also Maaßregeln ergreifen.

12. Das letztere Erforderniß, wird durch die genaue Befolgung derjenigen Anordnungen erhalten, welche in der Kriegeskunst zur Gründung einer hinlänglichen Marschsicherheit vorgeschrieben sind.

13. Das erstere aber gründet sich auf eine genaue Berechnung der erforderlichen Zeit zur Ausführung des Zwecks, in Rücksicht auf die Kräfte der Truppen, welche der Grundstein aller Manövers sind, und ohne die jeder Marsch mit Bezug auf hinlänglichen Zweck und Landesdeckung gewagt ist.

14. Betrachten wir nun die verschiedenen Zwecke, welche man sich durch eine unternommene Bewegung zu erhalten vorsetzt, so finden wir, daß sie sich auf folgende Punkte reduziren lassen:

a. Eine Schlacht zu liefern.

b. Eine

b. Eine Schlacht zu vermeiden.

c. Das Lager zur bessern Verpflegung der Truppen, oder weil uns der Feind eingeschlossen hält, zu verändern.

d. Eine solche Absicht des Feindes zu verbindern.

e. Den Feind in eine andere Gegend zu locken.

f. Zu verhindern, daß er nicht in eine solche dringe.

g. Ueber einen Fluß oder Defilee zu setzen; oder allgemeiner, die Vertheidigungslinie des Feindes zu durchbrechen.

h. Den Feind an einem solchen Unternehmen zu hindern.

i. Eine Vestung oder überhaupt einen abgesonderten feindlichen Posten zu berennen.

k. Zu verhindern, daß der Feind einen berenne.

l. Einen Scheinmarsch zu thun, um den Feind in eine Falle zu locken, und dann durch einen andern Marsch seine Absicht zu erreichen.

15. Wir sehen hieraus nun, wie auch schon oben gesagt ist, daß eine jede Bewegung entweder einen offensiven oder defensiven Zweck hat, d. h., entweder zur Ausführung oder zur Verhinderung eines gewissen Unternehmens, oder endlich zur Verwirrung der feindlichen Gedanken von unserer wahren Absicht, d. h., also zum Schein geschieht.

16. Nach diesen drey Hauptabtheilungen wollen wir nun die allgemeinen Regeln vortragen, die man bey einem jeden, zu einer dieser Abtheilungen gehörigen Marsche beobachten muß; und dann mit Rücksicht auf die Richtung und Gegend, in der eine jede der angeführten Bewegungen geschieht, die besondern Anordnungen dieser verschiedenen Märsche abhandeln.

§. 2.

b. Lehrsatz. Wenn der Marsch völlig gesichert und nach einer zweckmäßigen Richtung genommen ist, so wird dadurch auch die Communication gedeckt.

1. Alle Bewegungen, welche geschehen, sowohl um eine Unternehmung zu befördern, als um eine solche zu hintertreiben, müssen immer so eingerichtet werden, daß man die Truppen nie an solche Oerter führt, wo sie nichts mehr zur Deckung und Sicherheit der eigenen Grenze nutzen können. Das heißt, man muß die eigene Vertheidigungslinie durch eine Bewegung des Heers, nie ganz vertheidigungslos machen.

2. Befolgt man diesen Hauptgrundsatz aller Märsche, so kann der Feind eine Bewegung, die von unserer Armee ausgeführt wird, nie in Rücksicht des Landes unmittelbar zu seinem Vortheile benutzen, nur muß dieselbe auch nothwendig auf die Grundsätze gebauet seyn, welche im Betreff des Marsches an sich befolgt werden müssen, und die in der Kriegeskunst angegeben sind.

3. Diese Grundsätze eines jeden Marsches sind aber kurz folgende:

a. Daß der Zweck desselben gehörig erreicht wird.

b. Daß die Bewegung die nöthige Sicherheit gegen feindliche Angriffe genießt.

c. Daß dieselbe so bequem als möglich geschehe.

4. Um den Zweck einer Bewegung zu erreichen, kann man zwey Mittel anwenden, nämlich

a. Geschwindigkeit.

b. Gute Anstalten.

5. Wir wissen, daß die Geschwindigkeit von doppelter Art ist; sie besteht nämlich in der schnellen Bewegung, oder in einer anhaltenden Dauer derselben; wir wissen indessen

dessen schon aus der Kriegeskunst, daß nur die höchste Noth einen forcirten Marsch, wegen der großen Abmattung des Heers, die damit verbunden ist, rechtfertigt, und daß daher ein kluger Feldherr sich nicht oft in diese Verlegenheit setzen lassen wird.

6. Die Anstalten zur Erreichung des Zwecks bestehen hingegen in folgenden Punkten:

a. Daß man die Armee so sehr als möglich durch Entfernung des schweren, und auch wohl selbst des leichten Fuhrwerks zu erleichtern sucht.

b. Daß man die zu gebrauchenden Wege gehörig ausbessert, und zum vorhabenden Marsch bereitet.

c. Daß man durch vorausgeschickte oder zurückgelassene Detaschements solche Posten besetzen läßt, wo sie entweder den Marsch der großen Armee bereiten, oder durch die Gefahr, welche die Stellungen dieser Corps einem die Armee im Marsche angreifenden Feinde aussetzen, diese Bewegung derselben decken können.

7. Hieraus sieht man, daß die Anstalten, welche zur Erreichung des Marschzwecks angewandt werden müssen, mit denen, durch deren Anwendung die Sicherheit der Bewegung erhalten wird, und die in folgenden bestehen, fast von gleicher Art sind.

a. Man muß die Bewegung dem Feinde verbergen, durch irgend ein Mittel von denen, welche die Kriegeskunst angiebt und anzuwenden lehrt.

b. Es ist nothwendig alle diejenigen Vorkehrungen zu treffen, welche die Armee gegen einen nachtheiligen Angriff des Feindes während des Marsches sichern, und die in der Kriegeskunst abgehandelt sind.

8. Zur Bequemlichkeit einer Bewegung gehören endlich:

a. Gute Wege.

b. Keine Umwege.

c. Keine unnöthige Fatiguen, als Abbrechen und Wiederaufmarschiren, Halten und Wiedermarschiren oder gar Laufen.

d. Die nöthigen Anstalten, sobald diese Dinge würklich überflüssig sind und vermieden werden könnten, sie auch würklich zu vermeiden.

9. Aus dem Bisherigen folgt also der Grundsatz, daß keine Bewegung zweckmäßig ist, die nicht durch die genaue Befolgung aller Regeln der Kriegeskunst, vollkommen gegen die innere Unordnung und gegen die äußern Angriffe des Feindes gesichert wird. Denn ein Unternehmen ist so gut, als ohne Zweck, wenn man die Maaßregeln nicht dabey anwendet, welche bey einem thätigen Feinde denselben nur allein erreichen lassen.

10. Was nun die Befolgung des ersten Hauptgrundsatzes anbetrifft, so beruht diese vorzüglich auf drey Dingen, nämlich:

a. Daß die Communication nicht abgeschnitten werde.

b. Daß der Feind nicht einen wichtigen Platz wegnehme, Magazine zerstöre, oder überhaupt eine uns nachtheilige Diversion ausführe.

c. Daß der Feind die Rückkehr in die eigene Parallele, wenn sie nöthig würde, nicht hindern könne.

11. Die Communication mit den Magazinen, aus welchen die Truppen auf ihrem Marsche verpflegt werden sollen, kann in gewissen Fällen wohl so lange vernachlässigt werden, wenn die Armee entweder so viel mit sich führt, als zur Befriedigung ihrer Bedürfnisse bis zur Ausführung der Unternehmung und der Rückkehr zu ihren Magazinen gehört; oder wenn sie in der Gegend und an dem Orte, wodurch und wohin ihr Marsch geht, das Nöthige vorfindet.

12. Eine solche Lage ist denn doch aber für die Truppen, welche sich darin befinden, äußerst gefährlich. Denn führen sie ihre Magazine mit sich, so erschwert dieser hierzu nöthige ungeheure Troß, die Schnelligkeit und Ordnung der Bewegung ganz außerordentlich, und gewährt dem Feinde nicht allein den Vortheil, uns an dem zu erreichenden Punkte zuvorzukommen, sondern, wenn er will, uns auch um so leichter an irgend einem nachtheiligen Orte einzuholen, und mit Vortheil anzugreifen.

13. Man würde in einem solchen Falle vielleicht schon genöthigt seyn, das ganze Fuhrwesen dem Feinde preiß zu geben, um nur die Armee zeitig genug in einer Position aufstellen zu können, die ihr die nöthigste Sicherheit gegen den feindlichen Angriff gewähren soll. Allein wenn man auch das Fuhrwesen noch rettete, so würde es doch unausbleiblich verloren gehen, sobald das Gefecht unglücklich für uns ausfällt.

14. Was müßte dann aber aus dem Heere, und der dadurch zu erhaltenden Sicherheit des Landes werden, wenn man sich entweder durch die Richtung des Marsches die Gemeinschaft mit den Magazinen selbst benommen oder dieselben so vernachläßigt hat, daß sie dem Feinde nicht so schnell wieder entrissen werden können, als es die verzweifelte Lage des Heers nöthig macht.

15. Minder gefährlich ist es zwar, wenn man beym Verluste der Magazincommunication, die nothwendigen Erfordernisse in der Gegend selbst vorfindet, durch welche der Marsch geschiehet, indem diese nicht in einer so großen Summe bey einem uns vom Feinde abgedrungenen Gefechte, auf dem Spiele stehen, als wenn wir sie immer mitschleppen.

16. Allein, da sich die nöthige Summe dieser Bedürfnisse nie so ganz auf einem Flecke vereinigt befindet, als doch zur ordnungsmäßigen täglichen Versorgung der Armee, in jedem der von ihr bezogenen Läger, gehört; so ist man deswegen gezwungen durch die Richtung des Marsches entweder,

weder, oder durch besonders dazu ausgeschickte Detaschements, die Lebensmittel aus der nahe liegenden Gegend herbeytreiben zu lassen.

17. So leicht nun dies vielleicht ist, wenn sich der Feind entfernt befindet, so schwer wird es in seiner Nähe, nicht allein weil dann die ausgeschickten Detaschements oft sehr gewagt werden müssen, auch die Einwohner, wenn das Land feindlich ist, sich auf die Gegenwart ihres Heeres gründen, und weniger thätig und bereitwillig bey der Ablieferung der Erfordernisse werden; sondern weil der Feind während eines mäßigen Marsches, und vorzüglich, wenn er viele leichte Truppen hat, oft genug Gelegenheit findet, die ganze für uns nutzbare Gegend zu verwüsten, oder von den Lebensmitteln zu entblößen, oder auf andere Art, durch schnelle Besetzung starker vortheilhaftliegender Posten uns den Eingang darin zu verbieten.

18. Hieraus folgt nun, daß wenn man auch die Möglichkeit des Hauptentwurfs der zu unternehmenden Bewegung, auf die Vorfindung der Lebensmittel in der zu durchziehenden Gegend, oder auf die Eroberung feindlicher Magazine gründet, es doch der Klugheit und militairischen Vorsicht angemessen ist, hierauf nicht allein zu bauen, sondern für den Nothfall sich immer noch so viel als möglich die Communication mit einem Magazine vorzubehalten, das eine sichere Lage hat, und dem Heere wenigstens auf dem Rückzuge dienen kann, im Fall es von der Ausführung seines Zwecks, durch plötzlichen Verlust der vorzufindenden Lebensmittel, abgehalten wird.

19. Was nun die Mittel und die Arten ihrer Anwendung betrift, durch welche man sich die Communication sichern kann, so sind dies gewissermaaßen die nämlichen, durch welche man überhaupt auch die eigene Parallele während einer Bewegung decken muß; und die wir daher mit diesem Punkte zugleich abhandeln wollen, indem man sehr wohl die Communicationslinie als eine zu deckende Parallele ansehen kann und muß.

§. 3.

e, Lehrsatz. Die Communication muß durch Bedeckung der Operationsflanke erhalten werden.

1. Regel. Wo möglich, so muß hierzu ein beschwerlich zu passirendes Terrainhinderniß benutzt werden.

1. Das zweyte Erforderniß zur Deckung der eigenen Parallele ist, daß der Feind nicht ein uns schädliches Unternehmen in derselben ausführe, während unsere Truppen in der Ausführung der Bewegung begriffen sind. Das erste was hierzu nun erfordert wird, ist, daß die Marschwege des Heers von der eigenen Parallele auslaufen, und nicht durch beschwerliche Defilees in der kürzesten Richtung davon getrennt sind; auch daß die Eingänge in diese Operationslinien durch starke Posten gesichert werden.

2. Beydes wird dann am besten Statt finden, wenn die wichtigen Posten in der eigenen Parallele so angelegt sind, daß die zu benutzenden Operationswege auf sie zulaufen. Denn alsdann genießt das vorgerückte Heer durch diese Richtung des Weges, und durch den starken Posten am Eingange desselben, die Sicherheit eines Rückzugs auf demselben Wege zurück in die eigene Parallele.

3. Da nun aber der in derselben am Ende des Operationsweges liegende feste Posten, vom Feinde nicht im Rükken liegen gelassen werden darf, welches geschehen würde, wenn derselbe durch diesen Eingang in den Operationsweg dem Heere im Rücken vordringen wollte; so folgt hieraus, daß dieser Eingang des Weges durch den daran liegenden festen Posten der eigenen Parallele, nicht allein dem genauen Verband der Operaionslinie mit der Vertheidigungslinie, sondern auch die vollkommene Sicherheit des Eingangs der erstern gewährt.

4. Zur Deckung der eigenen Parallele ist ferner nöthig, daß man die Seiten des Operationsweges entweder durch gut besetzte beschwerliche Terraingegenstände, die längst derselben herlaufen, oder durch vortheilhaft gestellte Corps oder befe-

stigte Posten, die sich einander die Flanken, vor gänzlicher Umgehung sichern, deckt.

5. Da die Terraingegenstände nicht nach unsern Plänen verrückt werden können, sondern diese sich nach jenen richten müssen, wenn man sonst sie vortheilhaft zur Deckung benutzen will, die Richtung der Bewegung sich aber vorzüglich nach den leichtesten und am wenigsten gefährlichen Wegen richtet, die man zu Erreichung des vorgesetzten Zwecks nehmen kann; so kann selten auf diejenigen Terraingegenstände Rücksicht genommen werden, welche die Flanke einer Bewegung, und also ihren Zusammenhang mit der eigenen Parellele decken könnten.

6. Läßt es indessen die Zeit, welche man zur Ausführung des Marsches und seines Zwecks bedarf, zu, daß man vorher hinlängliche Detaschements zur Behauptung eines auf der Flanke befindlichen Flusses, Gebürges, Moors oder Waldes, in den entscheidenden Posten aufstellen, und sich dadurch eine vortheilhafte Schutzwehr verschaffen kann; so ist es freylich unumgänglich nöthig, alles anzuwenden, um diese die eigentlich würkende Kraft so sehr verstärkende günstige Lage benutzen zu können.

7. Längst eines solchen in Besitz habenden Terrainhindernisses, wird alsdann ein förmlicher Vertheidigungscordon angeordnet. Denn was würde es zur Sicherheit der Operation helfen, wenn man auch den der eigenen Parallele am nähesten liegenden Eingang des Weges gesichert hätte, auf welchem die Armee vorrückt, wenn es nicht zugleich alle diejenigen Seitengänge desselben, oder Lücken des ihn deckenden Terrainhindernisses mit sind, durch welche der Feind auf der Flanke in den Operationsweg und der Armee im Rücken gelangen könnte.

8. Wenn daher schon der erste Eingang der wichtigste ist, indem dadurch der unmittelbare Verband mit der eigenen Grenze erhalten wird, und man durch seine Besetzung das Mit tel in Händen behält, den in der Flanke des Operationsweges durchgebrochenen Feind, zwischen zwey Feuer

zu

zu bringen; so darf man sich doch über den Grad der Sicherheit, den die Armee hierdurch erhält, nicht täuschen, welches bey seiner genauen Kenntniß des Landes leicht geschehen kann.

9. Oft kann der Feind, welcher einmal die Seitendeckung des Weges durchbrochen hat, dem ungeachtet einen so starken Posten zur Sperrung desselben antreffen, daß entweder ein Angriff von zwey Seiten gegen denselben gar nicht geschehen kann, oder daß es doch unmöglich ist dadurch dem Feinde den Rückzug abzuschneiden; indem es oft der Fall wird, daß er seine Stellung auf den Flanken bis an den Eingang, durch welchen er einbrach, mit denselben Terrainhindernissen decket, die seinen Einbruch verwehren sollten.

§. 4.

2. Regel. In Ermangelung eines Naturhindernisses müssen starke Posten dasselbe ersetzen.

1. Ist es nun aber nicht möglich einen solchen beschwerlichen Defileen bildenden Terraingegenstand, zur Deckung des Operationsweges auf den Flanken, gegen feindlichen Durchbruch zu schützen, so bleibt kein anderes Mittel, als die gehörige Deckung durch vortheilhafte Posten und Corps zu erhalten. Es kommt also jetzt darauf an, diesen Detaschements die zweckmäßigsten Stellungen anzuweisen.

2. Diese Stellungen müssen nun nothwendig Defensivstellungen seyn, indem durch sie die Offensive der vorgehenden Armee gedeckt werden soll. Kann man indessen bey ihrer Wahl zugleich die Vortheile einer Offensivstellung anbringen, so ist es natürlich, daß dies nie vernachlässigt werden darf; indem es ein durch die Erfahrung bewiesener Satz ist, daß die Vertheidigung einer Linie darin besteht, wenn man den Feind immer mit sich selbst zu beschäftigen sucht; das heißt, indem man eine mit Offensive verbundene Defensive führt.

3. Aus

3. Aus der Stellungskunst wissen wir, daß eine jede Position in Rücksicht der Offensive sowohl als der Defensive verwerflich ist, wenn sie dem Feinde eine kleine Front und lange Flanken darbietet, zwischen welchen nur ein kleiner schmaler Theil der eigenen Parallele liegt, und diese also gleichsam mit der vordersten Position nur als durch einen einzigen Strich oder Faden zusammenhängt.

4. Ferner, daß im Gegentheil diejenige Offensivstellung die größte Sicherheit genießt, welche entweder selbst die eigene Vertheidigungslinie in ihrer ganzen Fronte ausmacht, oder wo die besetzten Punkte von den vordersten an, bis in die eigene Defensivgrenze, auf beyden Flanken wie eine Treppe sich ausbreiten, und also die ganze Offensivstellung mit der eigenen Grenze die Form eines Keils besitzt.

5. Diese nämliche Anordnung bey der Offensivstellungskunst, muß man auch bey der Deckung der Flanke eines Operationsweges beobachten; indem ja dieser Besitz des Weges, er mag von so geringer Dauer seyn als er will, nichts anders ist, als der Besitz einer Offensivstellung, weil man nothwendig wechselsweise aus der Bewegung in die Stellung, und aus dieser in jene übergehen, und das Heer nie aus der einen in die andere Situation übertreten kann, wenn nicht beyde zugleich die gehörige Sicherheit genießen.

6. So wie sich also die vom Feinde anzugreifende Flanke des Operationsweges verlängert, so müssen auch schon die Stellungen und Posten ausgesucht und die Detaschements bereit seyn, welche durch die schleunige Besetzung dieser Punkte die bedrohete Flanke decken.

7. Zwischen diesen Corps und Posten werden dann sogleich die nöthigen Communicationscordons gezogen; oder, sind hierzu nicht Truppen oder verstärkende Terrainhindernisse genug da, wenigstens diejenigen Defilees gehörig gegen den ersten Anfall besetzt, welche gleichsam die Schlußsteine des ganzen Gemeinschaftsgebäudes sind, und ohne deren Besitz der Feind sich nicht auf der von ihm durchbrochenen Communication erhalten kann.

8. Oft

8. Oft sind diese die Flanken der Operation deckenden Punkte so wichtig, und liegen dem Feinde so nahe, daß es unmöglich seyn würde, dieselben früh genug zu besetzen, wenn man damit so lange warten wollte, bis die Armee in ihrer Gegend angekommen wäre.

9. In einem solchen Falle ist es dann unumgänglich nothwendig, vor der Armee ein leichtes, oder vielmehr nicht durch Bagage beschwertes Corps früh genug vorauszuschikken, welches dann die deckenden Posten einnimmt. Jedoch muß das Hauptheer diesen Theilen, in Rücksicht der schleunig anwendbaren Kraft und der Entfernung des feindlichen Hauptcorps, nahe genug seyn, um sich zeitig genug gegen einen gefährlichen Angriff sichern zu können.

10. In mehreren Fällen ist es zwar dem Feind unmöglich, mit seiner Hauptmacht unserm detaschirten Corps in denen den Operationsweg sichernden Posten zuvorzukommen. Allein, schickt er selbst zu diesem Zwecke ein Detaschement ab, so bleibt ihm diese Möglichkeit.

11. Hier ist nun nichts anders zu thun, als ihn durch Scheinbewegungen mit den Detaschements oder mit der ganzen Armee, welches jedoch nur in der Noth geschehen darf, wenn die Demonstrationen der erstern dem Feinde nicht gefährlich genug scheinen, — zu täuschen; oder seinen Detaschements durch versteckte Wege plötzlich in den Rücken oder auf die Flanken zu fallen, wo man aber oft in die Nothwendigkeit gesetzt wird, etwas zu wagen. Dies ist indessen meistens nicht so gefährlich als es scheint, weil der kühne Entschluß den Feind gewöhnlich diejenige Zeit über, außer Fassung setzt, die wir zur Erreichung unseres Zwecks bedürfen.

12. So wie sich nun von Zeit zu Zeit die Operationswege verlängern, und also gegen diejenigen Seiten, wo sich der Feind befindet, an Schwäche zunehmen; so müssen auch die auf den Flanken staffelartig bis in die eigene Grenze gestellten Posten, weiter vorrücken, und eine beständig sichere

Communication durch eine planvolle Benutzung der umliegenden Terraingegenstände gründen.

13. Diese Vorrückung der Communcationscorps ist deswegen nothwendig, weil sonst der formirte Keil der Offensivstellung zu spitz wird, und dadurch sowohl an Vertheidigungs- als an Angriffskraft verliert; es müßte denn seyn, daß man bereits ein die Communicationslinie vollkommen deckendes Defilee in seiner Gewalt hätte, in welchem Falle die fortdauernde Behauptung desselben hinlänglich ist.

14. Uebrigens ist es natürlich, und die nothwendige Verstärkung der vordersten, zur eigentlichen Ausführung des Unternehmens bestimmten Corps, erfordert es, daß man bey der Wahl derjenigen Flankenposten, welche die Flanken der Operationslinie decken sollen, mit beständiger Rücksicht auf die Entfernung der eigenen Grenze, welche doch immer gewissermaaßen als das Behältniß der diese Posten unterstützenden oder aufnehmenden Kraft, angesehen werde muß, — genau darauf sieht, welche nicht allein den besten Verband durch gehörige Benützung des Terrains erhalten können, sondern welche auch durch die Leichtigkeit einer gegenseitigen Unterstützung, im Ganzen die wenigsten Truppen erfordern.

15. Da übrigens die innere Stärke der ganzen Operation außerordentlich vergrößert wird, sobald man nur gegen die eine Flanke derselben etwas zu befürchten hat; so folgt hieraus, daß es dieserhalb am besten ist, wenn die Operationslinie eine solche Richtung besitzt, die auf der einen Seite entweder durch ein völlig unzugängliches Terrainhinderniß, oder durch die Landesgrenzen auf dem einen Flügel der Parallele so gedeckt wird, daß der Feind entweder durch das Terrain, oder durch die Achtung für fremde Grenzen, an einer Abschneidung der Operationslinie von dieser Seite gehindert wird, während zur Verhütung dieses Zwecks die staffelförmig gestellten Flankencorps ihn auf der andern Seite davon abhalten.

16. Ue-

16. Uebrigens ist es nothwendig, daß alle diese Flankencorps durch ihre Stellung und den Besitz der entscheidenden Wege, in Rücksicht des Hauptcorps alle diejenigen Vortheile genießen, welche detaschirte Posten besitzen müssen, und die wir in der Stellungskunst angegeben haben.

17. Sollte endlich der Lauf der Defileen, die Lage der feindlichen Posten, welche nicht so schnell erobert werden können, als es die Kürze der Zeit erfordert, welche zur Ausführung und Deckung der Operation nöthig ist, — oder die zu freye Gegend, in der die Bewegung geschiehet, — die Erhaltung einer hinlänglich starken, und in vortheilhafter Richtung gegen die eigene Grenze fortlaufenden Defensivfronte, zur Deckung des Marschweges und seiner Gemeinschaft mit dem eigenen Lande, unmöglich machen; so bleibt kein anderes Mittel als durch starke Befestigung einiger Gegenden, gewisse feste Punkte und Positions zu erhalten, in welche sogleich die Flankencorps konzentrirt gestellt werden, und nur um und zwischen sich einen Avertissementscordon ziehen.

18. Stehen diese Corps dann nicht zu weit auseinander, und befinden sich an denjenigen Stellen, wo die eigenen und feindlichen Wege zusammenlaufen; so darf es der Feind schwerlich wagen, sich auf die Operationslinie, zwischen diese Corps zu setzen, aus Furcht, daß sie ihn durch die in ihrer Gewalt befindlichen feindlichen Wege umgehen und einschließen.

19. Glaubt man aber in den befestigten Posten nicht hinlängliche Kraft einem feindlichen Angriffe entgegensetzen zu können; so muß nothwendig die eigene Sicherheit in einer beständigen Bewegung der Corps von einem Lager in das andere gesucht werden, damit der Feind unsern Aufenthalt zur Ausführung eines Angriffs immer zu spät erfahre, und sich doch an seine Rückzugspunkte gebunden fühlen muß, weil er von unserer Gegenwart an den dahinführenden Wegen überzeugt ist.

20. Um daher den Feind beständig in dieser Furcht zu erhalten, und ihm bey Gelegenheit würklich im Rücken oder gegen die Flanke zu agiren, welches in jedem Falle, wenn sonst eigene Sicherheit dabey ist, immer das beste Mittel zur Entfernung des Feindes bleibt, — so müssen die mehrmals veränderten Standörter der die Flanke der Operationslinie deckenden Corps beständig so genommen werden, daß es leicht ist, die vielleicht auf einige Augenblicke verlassenen Eingänge der feindlichen Wege, und der die zu deckende Communicationslinie abschneidenden Posten, — wieder zu gewinnen.

21. Dies kann geschehen entweder, daß man nach denselben einen kürzern Weg als der Feind besitzt, oder daß der Feind sie nicht anders mit Sicherheit besetzen und behaupten kann, als bis wir aus den zu der Zeit inne habenden Posten vertrieben sind, wogegen neue Bewegungen oder schnell ausgeführte Angriffe auf wichtige feindliche Posten uns sichern müssen.

22. Man sieht aus dieser ganzen Kette von Operationen, welche um den vorgesetzten Zweck gehörig zu erreichen, sehr genau mit einander kombinirt und in einander greifen müssen, — daß eine vollkommene richtige Berechnung aller dazu nöthigen Märsche, die sicherste Kenntniß der feindlichen Kraft, der von ihr nothwendig zu besetzenden Posten, der Zeit, in welcher die beyderseitigen Unstützungen eintreffen können, und eine außerordentliche Aufmerksamkeit dazu gehört, um auf diese Weise die Flanke einer Operationslinie und ihren Zusammenhang mit der eigenen Grenze zu decken.

§. 5.

§. 5.

d. Lehrsatz. Man muß suchen die Operationsflanken durch die Richtung der Operationslinie zu sichern.

1. Regel. Wenn die Bewegung mit der Grenze parallel geschieht, so sind die näheren Theile derselben von dem Corps unmittelbar selbst gedeckt; die entferntern werden es entweder mittelbar durch den erreichten Zweck der Bewegung oder durch abgesendete Haufen.

1. Bis jetzt haben wir die Anordnungen betrachtet, welche in Rücksicht der Deckung der Operationslinie und ihres Verbandes mit der eigenen Parallele, beobachtet werden müssen; allein es ist auch nothwendig, die Richtung dieser ganzen Marschlinie so zu nehmen, daß von da aus eine beständig sichere Defensive den andern Grenztheilen durch die Armee ertheilt werden kann, wenn sie nicht selbst eine solche Stärke besitzen, daß es leicht ist, die vorhabende Unternehmung auszuführen, ohne einen feindlichen schädlichen Einbruch in die entferntern Grenztheile befürchten zu dürfen.

2. Das erste Erforderniß zur Erreichung dieses Zwecks, ist die Gründung einer vollkommenen Communication zwischen der Operationslinie des Heers, und der eigenen Vertheidigungsfronte der Landesgrenze, — durch die genaue Befolgung der im vorigen Paragraphen gegebenen Regeln.

3. Auch ist es nothwendig, die nähesten Communicationswege von einem Posten zum andern, den Lauf der Defileen, und die Stärke derjenigen Gegenden zur Vertheidigung zu kennen, wo die verschiedenen Straßen zusammenstoßen; denn aus der Kenntniß dieser Sachen erhellt die Möglichkeit, wie schnell sich dieser oder jener Theil der gegenseitigen Vertheidigungslinien erreichen, und dem eigenen Lande dadurch entweder durch eine passive oder aktive Defensive der nöthige Schutz ertheilen läßt.

4. Der Weg, welcher zur Erreichung eines gewissen Zwecks, zur Ausführung einer gewissen Operation führt, läßt sich selten wählen, sondern wird meistens durch die

Fehler des Feindes und die Lage der entscheidenden Terraingegenstände und Posten, durch den Lauf der beyderseitigen Vertheidigungslinien und ihre Stärke bestimmt. Aus diesem Grunde kann es kommen, daß die eigene Grenze von diesem nothwendigen Operationswege aus wenig oder gar keine Sicherung erhält, und man eine besondere Deckung derselben anordnen muß.

5. Die hierzu nöthige Streitkraft kann aber wahrscheinlich an der Spitze der Operationslinie entscheidender angewandt werden. Es ist daher immer nothwendig zu untersuchen, ob der Grenze von der Operationslinie aus keine Deckung zufließen kann.

6. Soll dies aber bestimmt werden, so muß man annehmen, daß die Operationslinie nach der Beschaffenheit der eigenen Grenze, und nicht die Anordnungen zur Sicherheit der letztern sich nach der Wahl der erstern richten, denn sonst können die Eigenschaften der erstern nicht deutlich werden, welche sie in Rücksicht der Deckung der Grenze besitzen muß.

7. Es ist aus dem vorigen Hauptstücke bekannt, daß man einen Theil der Grenze entweder durch unmittelbare Besetzung desselben, oder durch Aufstellung einer ihn deckenden Flanke vertheidigen kann. Auf eine ähnliche Art muß man also auch die Deckung des Landes durch die Richtung der Operationslinie zu erhalten suchen.

8. Marschirt man nun aber innerhalb oder außerhalb der eigenen Vertheidigungsfronte, dies ist fast eins, und parallel mit derselben, so wird natürlich dadurch der Theil der Grenze immer unmittelbar von der Armee gedeckt, der sich bey ihrer seitwärts-fortschreitenden Bewegung nahe vor oder hinter ihr befindet.

9. Wenn dieser Armee also die Hauptarmee des Feindes gegenüber bleibt, so ist von derselben in den gewöhnlichsten Fällen auf den andern entferntern Posten der Vertheidigungslinie nichts zu fürchten. Denn, wenn die Parallele zur Vertheidigung gehörig eingerichtet ist, so muß sie dem

Heere

Heere die Mittel verstatten, an jedem wichtigen Punkte der Grenze, wo nicht früher, doch wenigstens eben so früh, wie der ihm gegenüberstehende Feind einzutreffen, oder irgend ein hinlängliches Mittel zu seiner Behauptung vorkehren zu können.

10. Sollte aber die Beschaffenheit der Grenze und der sie deckenden Terrains, dies nicht erlauben, welches der Fall seyn würde, wenn dieselben einen nach uns zu einwärtsgehenden Bogen formirten, und die innern Communicationslinien nur allein zu unserm Gebrauche offen stünden, aber durch mehrere beschwerliche Defilees liefen; — so bleibt kein anderes Mittel, die entferntern Theile der Grenze zu sichern, als ein besonderes Corps zu ihrer Vertheidigung anzuordnen, und ist dies nicht da, sich durch den Marsch der Armee die Gewißheit zu gründen, ein dem Feinde schädliches Unternehmen ausführen zu können, so bald er sich aus der gegen über liegenden Gegend seiner Grenze entfernt.

11. Hierzu gehört, daß die Bewegung zu einem solchen Posten, und durch einen solchen Strich des Landes führt, auf welchen die vortheilhaftesten Offensivwege gegen das feindliche Land auslaufen. Denn alsdann ist es leicht den Feind, von diesem Mittelpunkte aus in dem ganzen Umkreise hinlänglich zu beschäftigen und in Furcht zu erhalten.

12. Sollte er es nun wagen, mit einem Theil der hier stehenden Truppen zu einem entferntern Einbruch in unsere Grenze zu marschiren; — so läßt man ihn so weit fortrücken, bis man sicher ist, er werde nicht schnell genug zur Abwendung eines Angriffs wiederkommen, und durchbricht dann einen der umliegenden Posten mit einer hinlänglichen Uebermacht, um durch diesen einzigen Hauptschlag, die Vertreibung des Feindes aus allen übrigen leicht erhalten zu können.

13. Ist man nun aber genöthigt eine Bewegung nach einer Gegend hin zu machen, welche diese Vortheile nicht dar-

bietet, so ist dieser Marsch entweder in offensiver- oder defensiver Absicht unternommen.

14. Ist das erstere, so muß man überzeugt seyn, daß das dadurch ausgeführte Unternehmen dem Feinde zu schmerzhaft wird, um ihn einen Einbruch in unsere entferntern Grenztheile würklich ausführen, oder ihn dabey so lange thätig seyn zu lassen, bis es uns würklich gefährlich werden könnte.

15. Geschieht aber die Bewegung in defensiver Absicht, so muß man überzeugt seyn, daß die Ausführung derselben zur Erhaltung der Vertheidigungsfronte, oder der einmal inne habenden Offensivstellung, im Grunde entscheidend vortheilhafter ist, als die Bedeckung der vom Feinde bedroheten Gegenden.

16. Je wichtiger nun die entfernten Gegenden zur Behauptung des innehabenden Landes sind, je schneller muß die Bewegung geendigt werden, welche zur Sicherung einer Stelle der Parallele erfordert wird, damit man sobald als möglich wieder zur Deckung der entblößten Theile zurückeilen könne.

17. Erfordert nun aber die Sicherheit der eben erreichten Gegend, die Gegenwart des Heers, der andere Theil der Grenze wäre aber nicht minder wichtig, so bleibt kein anderes Mittel beyde zu erhalten, als durch einen schnellen versteckten Marsch dem einen feindlichen Corps über den Hals zu kommen, es durch ein glückliches Gefecht unschädlich zu machen, und nun eben so schnell nach dem verlassenen Orte zurückzugehen, wenn nicht der erlangte Sieg irgend einen vorthelhaften Weg zu einer Operation öffnet, die von selbst schon das andere vielleicht unterdessen schon vorgedrungene feindliche Corps zurückruft.

18. Ist man überzeugt, daß dasjenige feindliche Corps, dem man zuerst gegenüber steht, die schädlichste Unternehmung von beyden ausführen kann, sobald wir gegen das

das andere aufgebrochen sind, und, wenn auch dies letztere glücklich geschlagen wird, wir dennoch dem erstern selbst durch den schnellsten Rückmarsch nicht hinlänglich vorkommen können; so ist es den Regeln der Kriegskunst gemäß, nach welchen beständig die Abwendung des nähesten und größern Schadens, der des kleinern entfernten vorzuziehen, daß man alles anwendet, das erste feindliche Corps noch vor dem Aufbruche zu einem für uns vortheilhaften Gefechte zu zwingen. Doch muß die darüber zu verwendende Zeit nicht so groß seyn, daß dadurch vielleicht gar die nun erfolgende Bewegung auch unwürksam wird.

19. Hätte man nur ein statt zwey feindliche Corps zu fürchten, so wird die Deckung des Landes durch oder während der Beweguug ungleich leichter. Denn ungerechnet, daß es nicht so viel Schierigkeiten macht, einem Corps als zweyen entgegen zu würken, so ist es auch für den Feind viel schwerer uns bey den Bewegungen dieses einen Corps, so wie bey zweyen der Fall war, alle die für uns vortheilhaften Offensiv = Operationswege zu verbieten.

20. Ueberdem, — wenn die Sicherheit des Landes einmal die Lieferung eines Treffens heischt, — braucht man nicht so ängstlich in der Wahl des Zeitpunkts zu seyn, und kann den vortheilhaftesten Augenblick abwarten, indem man überzeugt ist, daß mit einem Siege die ganze feindliche Streitkraft darnieder geworfen wird.

§. 6.

2. Regel. Wenn die Bewegung von der Grenze abweicht, so muß diese und die Gemeinschaft dahin durch die als sie deckende Flanke aufgestellte Operationslinie oder durch den Endposten und dessen Würkung gesichert werden.

1. Bey der im vorigen Paragraphen beschriebenen, mit der Grenze parallellaufenden Bewegung, wird das

Land in sofern nur durch eine aufgestellte Flanke gedeckt, als die Form der Grenze eine solche schon von selbst aufstellt, oder wenn die Gegend, wohin der Marsch geschieht, einen vortheilhaften Flankenangriff gegen den andringenden Feind, durch den in Händen habenden Verbindungspunkt der in das feindliche Lend laufenden besten Operationswege, gestattet.

2. Bey einer Bewegung, deren Richtung von der eigenen Grenze abführt, und mit derselben einen Winkel formirt, entsteht nun aber von selbst schon eine Art Flanke zum Schutz für die übrigen Grenztheile. Allein oft kann der Feind zwar auf der Spitze dieser Flanke oder eigentlichen Operationslinie, mit Vortheil bekämpft werden, ohne daß dadurch, oder von daher, den andern Grenztheilen Deckung geschaffen werden könnte; — es kommt also darauf an, diese Fälle genau zu bestimmen, und die Mittel gegen die daraus entspringenden Nachtheile anzugeben.

3. Soll aber eine Operationslinie und die zu ihrer Deckung aufgestellte Flankenstellung, den neben liegenden Grenztheilen Deckung gewähren, so kann dies entweder passiv oder aktiv, d. h., durch frühere Besetzung des vom Feinde bedroheten Punkts oder durch Ausführung eines Angriffs geschehen, der in seinen Folgen dem Feinde so schädlich wird, daß er um denselben abzuwenden, sein Unternehmen aufgeben muß.

4. Soll die Deckung des Landes von der Marschlinie aus durch passives Benehmen geschehen, so müssen die Communicationswege von da aus nach den wichtigsten Posten der Vertheidigungslinie, die man als die Verbandsteine derselben ansehen kann, nicht allein weit kürzer und bequemer seyn, als diejenigen, welche den Feind nach diesen Posten nehmen muß, sondern ihre Eingänge und die ihren schnellen Gebrauch sichernden Defileen, müssen sich entweder schon innerhalb der von uns besetzten Fronte, oder doch so nahe und in solcher Richtung davon befinden, daß der Feind die-

dieselben nicht früher als wir erreichen, und gegen uns sperren kann.

5. Um die kürzesten Communicationswege nach den wichtigsten Posten zu besitzen, so muß man nothwendig, da die Operationslinie mit der Vertheidigungslinie eine nach uns einwärtsgehende Form bildet, und der Feind also leicht den Vortheil der Cordenbewegung erhalten kann, — alle feindliche Posten, welche sich innerhalb dieses Winkels befinden, entweder durch eigene aus demselben vorgehende, oder denselben abschneidende Corps, die von der Marschlinie und von der Grenze zugleich detaschirt werden, um im Rücken des Feindes zusammenzustoßen, verdrängen lassen; — zu ihrer Deckung eine förmliche Vertheidigungsfronte, durch Treppenartig gestellte Corps anordnen, und hinter derselben die Communicationswege von der Spitze der Marschlinie seitswärts bis in die eigene Grenze, auf das beste und schnellste in Stand setzen lassen.

6. In einigen Fällen ist es indessen möglich, die kürzeste Communicationslinie, schon aus der Natur des zwischen den Schenkeln des Winkels, welchen die Marschrichtung mit der Grenze macht, liegenden Terrains zu erhalten. Diese Gegend kann nämlich so mit Terrainhindernissen angefüllt, oder durchschnitten seyn, daß, so bald wir die Spitze des Marschweges erreicht haben, der Feind dadurch in eine Front zurückgedrängt wird, welche einen ungleich größern und längern einwärtsgehenden Bogen, in Rücksicht der zum Angriff auf unsere Grenze zu gebrauchenden Wege formirt, als derjenige, den wir durchlaufen müssen. Folgendes Beyspiel zeigt dies näher.

7. Es

7. Es sey A. A, A ein mit einem Heere inpassabeles Gebürge; d.r Fluß BB mache die Vertheidigungsfronte

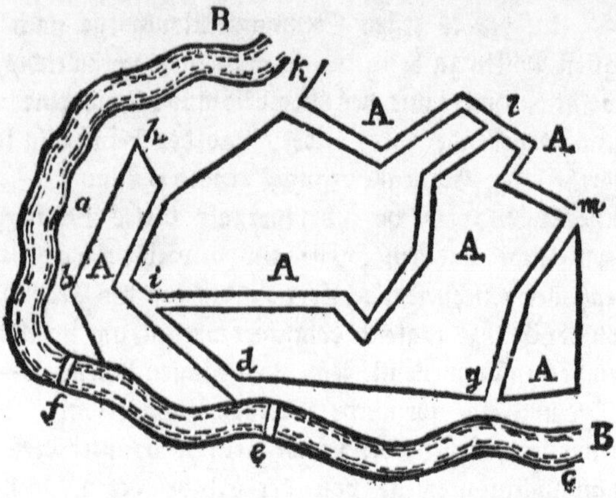

der beyden Länder von a bis c. Der Feind hat die Hauptposten seiner Fronte in b, d, g etabilirt. Wir aber haben von e bis c einen starken Cordon gezogen, bey f und e zwey Brücken, bis a einen Cordon, und bey e unsere Hauptmacht der feindlichen bey d gegenüber stehen.

8. Da nun der Feind aus d den Posten a und b nur über h zu Hüfle kommen kann, unser Weg von e bis f aber weit kürzer ist, so beschließen wir bey f die feindliche Front zu durchbrechen. Zu diesem Ende wird die Brücke e in gehörigen Stand gesetzt, befestigt, und alle Anstalten zum Uebergange gemacht, in der Nacht aber das ganze zweyte Treffen nach f geschickt, welches hier den Fluß passirt, und während ein besonderes Detaschement den Posten a beunruhigt, die feindliche Stellung b schnell über den Haufen wirft.

9. Da nun das hier geschlagene Corps bis k keinen Posten findet, wo es sich halten könnte, und selbst hier noch kaum hinreicht, auch die feindliche Hauptarmee über h in Rücken genommen werden kann; so ist diese gezwungen, schnell ihre Stellung zu verlassen und durch i nach l zurückzuwei-

weichen, nicht allein, damit sie der Einschließung entgehe, sondern auch um das Corps in k hinlänglich zu verstärken, welches aber wegen unserer Stellung bey h nicht angeht.

10. Da nun aber der Weg von i nach l ungleich länger als der von e nach k ist, und unser Heer bey e schon vorher wußte, daß der Rückmarsch des Feindes geschehen mußte, sobald das Corps in b geschlagen war; — so macht es sich bereit den Feind verfolgen zu können und den größtmöglichsten Nutzen von dem Siege bey b zu erhalten. Dieser Nutzen besteht aber vorzüglich darin, daß das Heer früher bey k ankommt, als der Feind das dasige Corps von l aus verstärken kann.

11. Bis i kann nun zwar die Armee nicht schneller marschiren als der Feind, weil sie hieran durch ihn selbst unmittelbar gehindert wird, da sie ihn verfolgt. Sobald er sich aber durch i ins Gebürge gezogen hat, wird dieser Posten in i angegriffen und überwältigt, dann ein Corps dem Feinde nachgeschickt, der Posten i aber in den besten Vertheidigungsstand gesetzt, während das Hauptcorps unaufhaltsam nach k marschirt, und nothwendig früher daselbst als der Feind ankommen muß.

12. Ist nun dieser Punkt gewonnen, wenn auch nicht erobert, so ist der Feind gezwungen, uns hier seine Hauptmacht entgegenzusetzen, wenn er sonst nicht die Behauptung des Gebürges, als seiner neuen Grenzdeckung, höchst zweifelhaft machen will.

13. Durch diese Richtung unserer Operationslinie haben wir dann aber eine neue Vertheidigungsfronte, und das erhalten, wovon oben die Rede war, nämlich die kürzeste Communication nach den entscheidenden Posten der nebenliegenden Grenztheile.

14. Diese Posten sind nämlich c und b. Nach erstern ist es dem Feinde unmöglich, uns die Gemeinschaft zu nehmen. Nach i e, und denen zwischen e unn c liegenden Posten, können wir aber aus k weit eher als der Feind kommen, da unser Weg von k über h i und e, weit kürzer ist, als die

die beyden feindlichen Wege von k über l und i, oder von l über m und g.

B. Grundsatz. Während der strategetischen Bewegung von der eigenen Vertheidigungsfronte ab, muß diese auf irgend eine Art völlig gesichert bleiben.

§. 7.

a. Lehrsatz. Wenn die Stärke der Operationsflanke und die von da auslaufenden Wege es einigermaaßen gestatten, so muß die Sicherheit der eigenen Fronte durch eine Flankenwürkung von der Operationslinie aus erhalten werden.

1. Die Lage der feindlichen Posten und die Form seiner besetzten Vertheidigungslinie bestimmt, ob es leichter und vortheilhafter ist, durch die Flankenstellung der Marschlinie auf der eigenen Vertheidigungslinie, diese durch passive oder durch aktive Defensive zu schützen. Die Möglichkeit der Anwendung der einen oder der andern Art, wird aber sowohl aus diesen Angaben als durch die Kürze der Communicationswege festgesetzt.

2. Da indessen die unmittelbare Besetzung einer zu vertheidigenden Stelle der gewisseste Schutz für sie ist, indem, wenn auch die Eroberung eines feindlichen Postens, vielleicht einen noch stärkern Schutz geben würde, — diesem Siege noch manches unvorhergesehene Hinderniß in den Weg gelegt werden kann; — so muß man in jedem Falle zuerst dahin trachten, den entferntern Grenztheilen von der Marschlinie aus, die erstere Art der Vertheidigung gewähren zu können, dabey aber dennoch so viel als möglich, die Lage der Terraingegenstände zur Anordnung der aktiven Vertheidigungsart benutzen.

3. Vorzüglich ist dieses dann unumgänglich nöthig, wenn die eigenen Communicationswege von der Spitze der Operationslinie bis nach den zu deckenden entferntern Genztheilen, länger, beschwerlicher oder leichter abzuschneiden als die

die feindlichen sind und dennoch die Tete des Marschweges behauptet werden muß.

4. Hier bleibt nun kein anderes Mittel die entferntern Grenztheile vom Marschwege aus zu schützen, als wenn man von daher schnelle und zweckmäßig geordnete Offensivoperationen gegen die Communication oder gegen die Unterhaltungsquellen und ihre Deckung im Rücken des vordringenden Feindes vornimmt, dabey aber die Flanken und den Rücken dieser Bewegungen im Kleinen auf die nämliche Art sicher stellt, als bey der Hauptbewegung nöthig war.

5. Zu einer solchen Benutzung der durch die Operationslinie auf der Vertheidigungsfronte aufgestellten Flanke, gehört aber eine besonders günstige Lage des zwischen beyden genannten Linien liegenden Terrains, und der feindlichen Posten.

6. Aus dieser Lage erfolgt die Nothwendigkeit, daß die Operations- oder Marschlinie auf solche Art durch Defilees oder gut postirte Corps, mit einigen Hauptpunkten der eigenen Vertheidigungsfronte verbunden seyn muß, daß die Armee, wenn auch nicht vor dem Feinde, dennoch aber unbezweifelt dieselben erreichen, und sich also auf diese Art wieder in die eigene Grenzlinie werfen kann.

7. Die Wege, welche der Feind von seiner Parallele aus zum Angriff unserer Grenze nehmen kann, müssen eine solche Richtung haben, daß sie unserer Operationslinie die Flanke bieten, und auf derselben von keinem beschwerlich zu passirenden Defilee, dessen Uebergänge wir nicht besitzen, gedeckt werden.

8. Diese Flanke der feindlichen Operationswege muß von der Spitze der unsrigen, oder von irgend einem Posten in derselben, leicht erreicht, und durch einen starken Posten abgeschnitten werden können. Dieser Posten muß soviel als möglich durch Besetzung eines vortheilhaft liegenden Terraingegenstandes, entweder eine unmittelbare Communication mit der Operationslinie, oder irgend eine Flankenvertheidigung erhalten.

9. Wird

9. Wird die Flanke des feindlichen Operationsweges in einer gewissen Strecke von irgend einem Terrainhindernisse gedeckt, so muß doch in unserer Operationslinie ein Punkt liegen, von da dies Hinderniß umgangen, und der Rückzugsweg des Feindes in einem gewissen Passe schneller erreicht werden kann, als er sich durch diesen Paß zurückzuziehn im Stande ist.

10. Findet nun aber kein einziger dieser Vortheile Statt, weil vielleicht der Operationsweg des Feindes von dem unserigen zu weit entfernt ist, und zu viele feste Posten sich zwischen beyden befinden, so muß die Spitze oder die Flanke der eigenen Operationslinie Posten enthalten, von da aus es mit Sicherheit leicht wird, ein dem Feinde höchst schädliches Unternehmen in seiner eigenen Parallele auszuführen.

11. Dieserhalb ist es daher nothwendig, daß sich auf der Spitze oder in den Flankenposten unserer Operationslinie diejenigen Wege vereinigen, welche uns früher als die vorgerückten feindlichen Truppen, an die entscheidenden Punkte zur Durchbrechung der feindlichen Vertheidigungsfronte bringen.

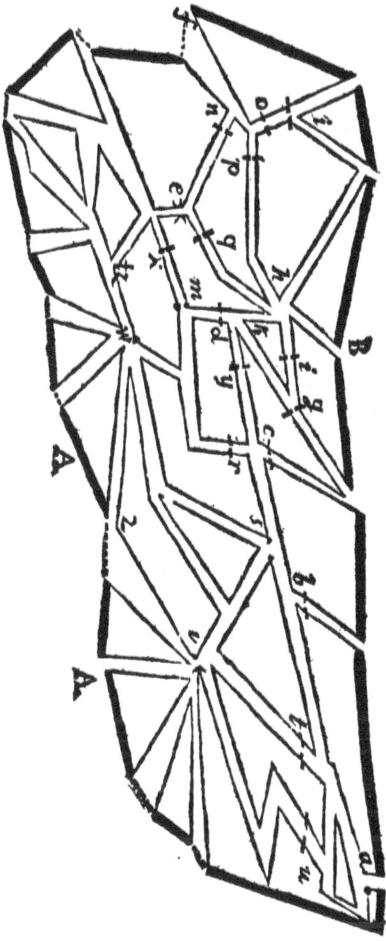

12. Es sey A A unser Land, und die Posten v, w, x und e formiren die Vertheidigungslinie. Der Feind steht mit dem Hauptcorps dem unsrigen bey w gegenüber, besetzt die Posten u, t, s, und setzt bey k ein Corps, welches

nach m, q und n starke Detaschements zur Deckung der rechten Flanke der Hauptarmee detaschirt.

13. Da nun der ganze rechte Flügel des Feindes genöthigt ist zurückzugehen, sobald der Posten k von ihm verlassen werden muß; so beschließt man, dies auf folgende Art auszuführen. Das Corps bey z rückt halb nach v und macht Scheinangriffe gegen t und u, während das Corps aus v bis an den nach w führenden Weg vorrückt.

14. Unterdessen verschanzt sich die Hauptarmee bey w, das Corps aus t z bricht aber schnell nach e auf, und während man einen falschen Angriff auf n thut, um das feindliche Corps von k dahin zu ziehn, fällt man schnell über q zurück, und wirft diese Posten, worauf der Feind nothwendig schnell nach r, k und h zurückweichen muß, indem in B das Hauptmagazin steht, aus welchem der Feind leben muß.

15. Nachdem wir unser Hauptcorps nach h gezogen und die linke Flanke durch einen Posten in o gesichert haben, so nimmt der Feind die Hauptstellung bey B, setzt aber Posten in a, b, c und g, während unser rechter Flügel in v, w, d und i stehen bleibt. Das Hauptcorps in h hat nun mit dem wichtigen Posten w über k und d die kürzeste und gerade Communication, die indessen nicht ganz vollkommen zusammenhängend ist. Eine vollkommen sichere Communication besitzt aber die Armee über q, e und t z.

16. Wenn uns also der Feind von h durch Operationen gegen den rechten Flügel zurückdrängen will, so muß er sich entweder auf die Communication von w über d nach h setzen, oder er muß w oder v nehmen. Das erstere kann nur allein über r oder y, oder von g aus geschehen.

17. Wählt der Feind den erstern Weg, so muß ihn eine Bewegung von d gegen c nothwendig in große Gefahr bringen, und diese Bewegung ist vollkommen gedeckt, sobald man nur ein Observationsdetaschement in k läßt. Auch kann man ihm von w aus gegen den Weg in Rücken gehen, der von m nach r läuft. Will sich der Feind von y oder g

auf

auf die Communication nach k werfen, so wird das Corps in i verstärkt, gegen g vorgeschickt, und indem ein Theil des Corps aus w nach r vorgeht, so steht der Feind nun zwischen r, d und h, und ist im Rücken sowohl wie auf den Flanken bedroht.

18. Will der Feind den Posten w angreifen, so kann er dies am sichersten über r von c aus thun. In diesem Falle wird das Corps in d von h aus rückwärts schleunig verstärkt, und dies geht nun nach Beschaffenheit der Umstände über y gegen c vor, oder indem es d besetzt läßt, neben m vorbey in den Weg nach r, und fällt dem auf w attakirenden Feind in den Rücken, oder schneidet ihn durch Besetzung des von w nach r führenden Passes den Rückzug ab.

19. Will der Feind endlich den Posten v überwältigen, so kann er dies von den drey Punkten s, t und u, und wenn dabey ein Corps von r gegen w vorrückt um diese Gegend in Respeckt zu halten, so hat die Operation vollkommene Sicherheit. Der Feind ist dabey aber gezwungen seine Hauptmacht in der Gegend von y, m und w zu vertheilen, um nicht allein den Angriff, sondern auch die Pässe zwischen v, c und a zu sichern.

20. Dieser Angriff des Feindes gegen v läßt sich nun von der zwischen h und w bestehenden Operatiotionslinie nicht mehr unmittelbar decken, sondern es muß entweder durch Verstärkung des Postens v durch das Corps bey z geschehen, oder man muß durch eine Operation von h aus, den Rückzug des Feindes zu bewürken suchen.

21. Dies kann nur durch eine Diversion ausgeführt werden, indem man die Rückzugswege des bey w angreifenden Corps nach t und u nicht abschneiden oder nur bedrohen kann. Der Posten h giebt uns aber die Vortheile an die Hand, jede der umliegenden Positionen von o, B, g und y, mit Ueberlegenheit schnell anzugreifen, ehe es dem Feinde möglich wird einem dieser Posten Verstärkung von dem andern zuzuschicken.

 22. Hier-

22. Hieraus erhellt die große Wahrscheinlichkeit, daß man entweder einen der wichtigen feindlichen Posten überwältigen, und in die Gegend B einbrechen wird, oder daß man das über r gegen w vorgegangene Corps abschneiden und ruiniren kann.

§. 8.

b. Lehrsatz. Wenn auch die Vertheidigung der Grenze durch die Flankenwürkung von der Operationslinie aus geschehen kann, so muß doch die erstere nach Verhältniß der Gefahr eine eigene unmittelbare Deckung erhalten.

1. Die dritte Art endlich, wie man die Grenze durch die Operationslinie sichern kann, ist, wenn man durch diese letztere unmittelbar die entscheidenden Posten der eigenen Parallele, und die Zugänge zu denselben in Besitz hat, und sie deckt.

2. Hierzu gehört aber:

a. Eine günstige Richtung der Operationslinie.

b. Vortheilhafte Terrainhindernisse, wodurch dieselbe auf den Flanken gedeckt und mit der Grenze verbunden wird.

c. Eine schmale Grenze, oder Terraingegenstände, welche einen Angriff auf die entferntern Theile derselben höchst schwierig und gefährlich machen.

3. Was das erstere betrifft, so findet dies Statt, wenn die Marschlinie von den entscheidenden Punkten der Parallele ausläuft; ferner wenn sie geradeaus und nicht seitwärts geht, weil sonst keine unmittelbare Deckung der dahinter liegenden Grenze Statt finden kann.

4. Weil nun aber die Sicherheit der Communication ungleich schwerer zu erhalten ist, wenn die Marschlinie auf beyden Flanken angegriffen werden werden kann; so wäre es in diesem Falle besser, die Operationslinie von einem der bey-

beyden Flügel ausgehen zu lassen, und die eine Flanke derselben durch die Grenze des Kriegestheaters zu schützen.

5. Allein da man dann nur einem geringen Theile der Grenze unmittelbare Deckung geben könnte, und die ganze in der freyen Flanke liegende Parallele nur durch Seitenvertheidigung zu schützen ist; so gehörte eine ganz vorzügliche Stärke derselben dazu, wenn man vom Flügel aus agiren, und auf unmittelbare Deckung der Grenze durch die Operationslinie rechnen will.

6. Soll nun aber die Marschlinie von einem in der Mitte der Parallele liegenden Posten auslaufen, so kann man zwar nach beyden Seiten zu die Grenze durch Flankenvertheidigung, aber eben so wenig durch unmittelbare Deckung schützen; sondern dies ist eigentlich nur von demjenigen Stücke der Grenze zu verstehen, welches sich gerade hinter der Fronte des Operationsstrichs befindet.

7. Hieraus ist also wieder der Grundsatz aller Operationen klar, daß man nämlich die Fronte derselben so groß, und so viel als möglich längst der ganzen Ausdehnung der Grenze ausbreiten muß. Dies kann aber mit Sicherheit nicht gut anfänglich anders geschehen, als wenn man durch mehrere Flankencorps diejenige staffelartige Offensivstellung nehmen läßt, welche im vorigen Hauptstücke auseinandergesetzt ist.

8. Mangelt es aber an Truppen oder an hinlänglich deckenden Posten längst der ganzen Parallele, in den erforderlichen Entfernungen von ihr; so muß die Operationslinie längst einem Flusse, Gebürge oder Moraste hinlaufen, damit wenigstens die Seite nach dem Defilee zu, vollkommen gedeckt werde.

9. Ist es möglich auch die andere Flanke durch ein solches Defilee zu sichern, und laufen diese beyden deckenden Terraingegenstände von der eigenen Grenze aus auf die Spitze der Operation zu in einen Winkel gegen einander, so genießt man die vortheilhafteste Lage, und deckt mit der möglichst kleinsten Kraft, die größtmöglichste Gegend.

10. Allein demungeachtet wird die Deckung dennoch geringe seyn, welche der Grenze durch die Richtung der Operationslinie unmittelbar zufließen kann, wenn nicht auch die Grenze nur sehr klein, oder eine außerordentliche Stärke besitzt, in welchem Fall aber ihre Erhaltung vorzüglich nur durch diese innere Kraft allein erhalten werden könnte. Die Grenze darf also eigentlich nicht länger seyn, als die Flügel der Operationsfronte austreten; diese mag nun mit derselben ganz parallel oder in einem Winkel gegen sie auslaufen.

11. Hieraus sieht man also, daß, soll eine Operation vorwärts der eigenen Grenze beständig eine unmittelbare Deckung gewähren, so müssen alle Theile derselben verhältnißmäßig gegen die Spitze der Operation vorgeschoben werden.

12. Allein die Ausführbarkeit dieses Unternehmens, wenn es sicher bleiben soll, hängt von der Stärke des Heers und der Güte vorwärtsliegender Communications- und Flankenposten ab. Denn wäre das Land zu frey, und die Armee zur Anordnung der erforderlichen Posten zu schwach, so würde die Grenze lange nicht die Deckung erhalten, die sie bey der eigenen Besetzung derselben genießt, und man würde daher thöricht handeln, auf diese Art die in Händen habenden Vortheile selbst zu verwerfen.

13. Hieraus sehen wir nun die großen Schwierigkeiten, welche überhaupt Statt finden, wenn man eine eigene Grenze durch die Richtung und Benutzung einer besetzten Operationslinie decken will, vorzüglich wenn diese Deckung unmittelbar geschehen soll. Es können daher Fälle entstehen, wo man die eigene Grenze vermittelst der durch die Operationslinie in Händen habenden Posten, weder durch gerade noch durch Flankenvertheidigung von da aus schützen kann.

14. Dann muß also die Grenze entweder selbst eine eigene Stärke und Besetzung haben, welche uns berechtigt, ihre Behauptung und Erhaltung gegen die feindlichen Angriffe davon hoffen zu dürfen. Oder findet dies nicht Statt, so muß die Schwäche des Feindes oder die fehlerhafte Anlage

seiner

seiner Magazine, ihm einen Angriff gegen die ungedeckten Theile der Grenze unmöglich machen.

15. Sollte nun aber auch dieser günstige Umstand nicht Statt finden, und man will dennoch die Operation ausführen, dabey aber nicht die Sicherheit der zurückbleibenden Gegenden aufs Spiel setzen, so bleibt kein anderes Mittel, als den Feind schnell und mit Vortheil aus denjenigen Posten zu vertreiben, von wo aus er seinen Zweck erreichen könnte, und entweder diese ihm nothwendigen Punkte selbst zu besetzen, oder dem Feinde eine solche Niederlage beyzubringen, daß er völlig unfähig zu einem Angriffe wird.

16. Da aber ein zu diesem Zwecke geliefertes Treffen, auch leicht für die gänzliche Kraftlosigkeit unserer eigenen Armee ausfallen kann; so muß man die Folgen dieses gewagten Mittels genau mit den Folgen zusammenstellen, welche aus der glücklichen Beendigung der dadurch zu sichernden Operation für uns entstehen können und werden, damit man auf alle Fälle sicher sey, daß ungleich mehr gewonnen als verloren werde.

17. Endlich muß eine jede Operationslinie so viel als möglich eine gerade Linie, und keine stark ausschweifende Schlangenlinie bilden, wenn die Flanken derselben nicht besonders gut gedeckt sind. Denn in Ermangelung einer hinlänglichen Stärke, leidet die Sicherheit der Communication durch diese Figur sehr, weil alsdann oft die austretenden Stellen darin dem Feinde näher als unserm Hauptcorps liegen, und leicht von ihm erreicht werden können.

18. Ist hingegen die Flankendeckung stark, so ist diese schlangenförmige Operationslinie, die größere Länge der Communication abgerechnet, deswegen vortheilhaft, weil man dann gewöhnlich ein größeres Terrain nahe am Feinde decken kann.

§. 9.

c. Lehrsatz. Bey allen strategetischen Bewegungen muß die Rückkehr in die eigene Grenze völlig gesichert seyn.

1. Die letzte Erforderniß zur Gründung einer Vertheidigungsfähigkeit der Grenze von der Operationslinie aus ist, daß der Feind auf keine Art die Rückkehr der Armee in die eigene Parallele verwehren kann, wenn sie nöthig wird.

2. Betrachten wir die vorhergehenden Paragraphen genau, so erhellet daraus, daß gar keine unmittelbare Vertheidigung der entferntern Grenztheile von dem Marschwege aus möglich ist, wenn die Rückkehr in die Parallele abgeschnitten wird.

3. Kann man also die Grenze von dem Marschwege aus nicht durch Flankenvertheidigung schützen, sondern muß zu diesem Zwecke selbst hinmarschiren, so ist die Rückkehr in die eigene Parallele unumgänglich nöthig. Selbst wenn eine solche Flankenvertheidigung möglich ist, darf dieses Erforderniß nicht fehlen, indem sonst der natürliche Verband, der zwischen Land und Heer bestehen muß, gewissermaaßen ganz aufgelöst würde.

4. Die nämlichen Mittel, welche übrigens die Flanken der Marschlinie, und die Möglichkeit einer Vertheidigung der Grenze von derselben ab, sichern, sind es auch, durch deren Anwendung man den Rückzug in die eigene Parallele deckt. Wenn daher durch diese Mittel die beyden ersten Erfordernisse erhalten werden, so wird das letztere schon von selbst mit gesichert, indem ohne dasselbe die beyden erstern nicht gut Statt finden können.

5. Die Regeln, deren Befolgung uns Sicherheit der Communication, und also auch Vertheidigung der entferntern Grenztheile vom Marschwege aus verschaffen, haben wir bereits ausführlich angegeben, und es bleibt also hier nichts weiter übrig, als die Mittel zu bestimmen, durch welche der Feind im Stande ist, uns die Rückkehr in die eigene Parallele zu wehren, um daraus leicht die Anwendung der

der obigen Regeln zur Verhinderung dieser nachtheiligen Lage aufzufinden.

6. Das erste Mittel, dessen sich der Feind bedienen kann, um den Rückweg in die eigene Parallele unmöglich oder höchst gefährlich zu machen, besteht darin, daß er eine starke Stellung zwischen unserm Lande und der Armee nähme.

7. Allein will der Feind dies Vorhaben ausführen, so muß er nicht nur die Flankendeckung unserer Marschlinie durchbrechen; sondern auch in den mehrsten Fällen das Corps, welches die Gemeinschaft mit unserm Lande hindern soll, in eine sehr gewagte und gefährliche Stellung setzen; so daß er befürchten muß, dies Corps werde selbst abgeschnitten und durch einen plötzlich dagegen unternommenen überlegenen Angriff aufgerieben.

8. Will der Feind mit einem solchen Corps eine gehörige Gemeinschaft unterhalten, so muß entweder die Natur des Landes sehr zu seinem Vortheile sprechen, so daß er dieser Communicationslinie und seiner eigenen verlassenen Grenze dadurch die erforderliche Sicherheit geben kann, oder er wird leicht selbst in die Grube stürzen, die er uns gräbt.

9. Wenn unsere Operationslinie geradeaus laufen kann, um den vorgesetzten Zweck zu erreichen, so muß seine weit länger, und uns umzingelnd angelegt werden, wenn er uns vorher gegenüber stand, und die entferntern Theile unserer Grenze noch einige Vertheidigungskraft besitzen, welche dann der feindlichen Position im Rücken steht.

10. Wenn man daher die Gefahr recht erwägt, worein der Feind selbst geräth, wenn er uns umgehen und abschneiden will, so wird sich zeigen, daß sie mehr in der Einbildung als in der Würklichkeit Statt findet, und sich dieses Mittel, dessen sich der Feind zu unserm Untergange bedienen will, durch einen raschen und dem Feinde verborgenen Angriff, auf das uns im Rücken stehende Corps, so zu unserm größten Vortheile wenden läßt, daß der Feind eine vollständige Niederlage erleiden muß. Die Kriegesgeschichte eines der

größten lebenden Feldherrn, hat noch kürzlich diese Grundwahrheit mit den glänzendsten Beyspielen bestätigt.

11. Das zweyte Mittel, dessen sich der Feind bedienen kann, um den Rückweg zu sperren, besteht darin, daß er uns soweit und in solchen Richtungen ins Land lockt, welche wegen der Länge des Weges, schon Schwierigkeiten einer dauerhaften und leichten Gemeinschaft mit sich führen; dadurch aber für uns die größte Gefahr enthalten, daß es der Feind durch seine Bewegungen dahin gebracht hat, durch die veränderte Lage des Kriegesschauplatzes und der Richtungen der Operationslinien, uns irgend ein beschwerliches Defilee mit einer wohl versehenen Vestung in den Rücken zu schaffen.

12. Kann dann der Feind nun durch seine Stellung einen kürzern Weg zu dieser Vestung erhalten, als wir uns in Sicherheit zu setzen im Stande sind: so wird er sich durch einen plötzlichen versteckten Marsch nach der erwähnten Vestung wenden, hier alle Sicherheit genießen, und von da aus durch eine fernere Thätigkeit längst dem sich in der Nähe befindenden Defilee, leicht solche Posten gewinnen, wo er uns vollkommen den Rückzug abschneidet, oder doch zu einem großen Umweg nöthigt, der dem Feinde die Zeit giebt, ein für uns sehr schädliches Unternehmen ausführen zu können.

13. Soll nun aber der Feind eine so außerordentlich vortheilhafte Lage für sich erschaffen können, so müssen wir ihm nothwendig hierzu mit die Hand bieten.

14. Nimmt man aber an, daß auch wir unsern Plan gehörig überschauen und dem Zwecke gemäß einrichten; so ist es deutlich, daß wahrlich eine seltene Fähigkeit des entgegenstehenden Feldherrn dazu gehört, wenn er uns wider Willen nach seiner Absicht, und ohne daß dieselbe uns deutlich wird, zu handeln zwingt. Die neueste Kriegsgeschichte stellt uns ein ewig denkwürdiges Beyspiel einer solchen Operation dar, und gründet auf immer den Ruhm des erhabenen Feldherrn, der sie ausführte.

15. Ge=

15. Gegen ein solches Mittel des Feindes läßt sich dann weiter nichts thun, als entweder schnell bis in eine starke Position zurück zu marschiren, die nicht durch die anfängliche Bewegung des Feindes umgangen und unnütz gemacht werden kann, oder man muß sich, da jeder sich bey einer solchen Lage größtentheils die Schuld selbst zuschreiben kann, — plötzlich in den Rücken oder auf die Flanke des Feindes werfen, und ein vortheilhaftes Gefecht zu liefern suchen.

16. Sollte man würklich so unglücklich seyn, dasselbe zu verlieren, so ist man freylich zum Rückzuge genöthigt, aber dies war vor dem Gefechte derselbe Fall; es ist also im Grunde wenig oder nichts verloren, da sich im Gegentheil die ganze Sache durch einen Sieg zu unserm Vortheile wieder entscheiden läßt.

17. Nur muß man dabey die ganze Macht des Feindes aufzuhalten suchen, damit nicht ein besonderes Corps von ihm sich unterdessen der entscheidenden Posten dennoch bemächtige, und also oft gar den Sieg unnütz mache. Zu diesem Ende muß man daher, wo möglich selbst während des Gefechts, ein Corps zur Besetzung der den Rückzug entscheidenden Stellung abschicken.

18. Das dritte Mittel, wodurch der Feind uns den Rückzug abschneiden könnte, besteht darin, daß er uns auf der Tete der Operationslinie geradezu angreift, und dabey während einer plötzlichen Durchbrechung der Fronte oder des Flügels, die selbst nachher wieder unschädlich gemacht werden kann, ein Corps schnell nach einem uns bisher im Rücken gelegenen blockirten Posten schicket, die Einschließung desselben aufhebt, und durch eine vortheilhafte Stellung neben diesem Posten mit Hülfe seiner Besatzung einen Paß sperrt, durch welchen nothwendig unser Rückzug genommen werden müßte.

19. Zur Anwendung dieses Mittels feindlicher Seits gehört nun nicht allein eine besonders günstige Lage des Terrains, und nothwendig ein sicherer Ort, wo sich der plötzlich

lich durchgebrochene Feind setzen könnte; sondern auch entweder eine schlechte Stellung unserer Armee, oder eine nachläßige Vertheidigung derselben und große Uebermacht des Feindes. — Kann also der Feind dieses Mittel anwenden, so müssen wir uns die Schuld davon größtentheils selbst zuschreiben.

20. Das letzte Mittel, wodurch uns endlich der Feind die Rückkehr erschweren und vielleicht unmöglich machen könnte, wäre, wenn das Land, worin wir vorrücken, eine solche Lage hat, daß es sich leicht überschwemmen läßt, und die zu diesem Zwecke zu gebrauchenden Schleusen sich in des Feindes Gewalt, und gegen die Bemühungen des Heers gesichert finden.

21. Dies Mittel kann der Feind natürlicher Weise nur in Ländern von ganz besonderer Beschaffenheit anwenden, und es läßt sich also vermuthen, daß man hiergegen eine um so größere Aufmerksamkeit wenden werde, da die Natur des Landes uns von selbst schon auf dieses vorzufindende Hinderniß leiten muß. Man kann sich indessen auf keine Art gut dagegen sicher stellen, als wenn man den Feind schnell aus den Posten vertreibt, welche die Schleusen decken, noch ehe die Ueberschwemmung völlig bewerkstelligt ist.

22. Ist der Feind gezwungen über eine lange Brücke, oder gar auf einer Flotte zu uns zu kommen, so ist ihm die Rückkehr gänzlich abgeschnitten, wenn irgend eine Naturbegebenheit, oder ein abgeschicktes Corps oder eine Flotte, die Brücke oder die Fahrzeuge des Feindes zerstört, wozu oft nur wenige Augenblicke gehören.

23. Derselbe Fall würde eintreten, wenn der Feind, auf einen starken Frost sich verlassend, über viele und breite Gewässer gegangen wäre, und ein plötzliches Thauwetter des Wassers gewöhnliche Gestalt, und mithin die Schwierigkeiten seiner Passage wieder herbeyführte.

24. Ein ähnlicher Fall würde Statt finden, wenn wir gezwungen sind über ein hohes Gebürge in das feindliche Land einzubrechen, der Feind durch seine Bewegungen,

oder

oder durch großen Widerstand in gewissen Pässen uns verführt, durch einen Paß in seine Parallele einzubrechen, von dem er vorher weiß, daß derselbe in einer gewissen Zeit durch einen natürlichen oder hingeleiteten Waldstrom, gefüllt und gänzlich unbrauchbar gemacht wird.

25. Eine andere Benutzung eines solchen Passes wäre, wenn die Straße durch denselben nur über ein schmales Felsenstück geht, das an beyden Seiten tiefe Abgründe oder Gewässer hat, und man nun in diesem festen Theile, der die ganze Verbindung giebt, dem Feinde unbewußt starke Minen anlegt, welche man auf irgend eine Weise, z. B. durch einige kühne versteckte Leute anzünden läßt, so bald das Heer den engen Ort passirt hat.

26. Widerfährt uns ein solches Unglück, so haben wir es uns ebenfalls selbst zuzuschreiben; denn es kann nicht Statt finden, wenn wir die gehörige Kenntniß des Landes uns zu erhalten bemühen, und kein Defilee passiren, bevor wir dasselbe nicht auf das genaueste untersucht haben.

27. Ist aber einmal der Rückzug auf eine ähnliche Weise versperrt, so bleibt nichts übrig, als den Feind anzugreifen, wo man ihn trifft, und sich dadurch entweder einen neuen Rückweg ins eigene Land, oder eine Stellung zu verschaffen, von da aus man dem Feinde selbst so viel zu schaffen giebt, daß er an einen Angriff auf unsere Grenze bis zu seiner gänzlichen Ueberwindung, oder bis man der verlassenen Parallele ein neues Heer geschickt hat, gar nicht denken kann.

II. Haupt-

II. Hauptgrundsatz. Jede strategische Bewegung muß zugleich zur vortheilhaftesten Erreichung des dadurch beabsichtigten Zwecks auf verschiedene Art eingerichtet werden.

A. Grundsatz. Die zu erwählende Marschart richtet sich nach der Größe der vorhandenen Sicherheit, und nach der leichtesten Ausführung des vorgesetzten Zwecks.

§. 10.

a. Lehrsatz. Man muß auf alle Art die Sicherheit der Armee an sich, und die Erreichung ihres Zwecks begründen.

1. Nachdem nun durch die Anwendung der bisher gegebenen Regeln die Communication zwischen der operirenden Armee und ihrer Grenze, so wie die Vertheidigungsart dieser letztern selbst, gehörig fest gesetzt ist, so kann die Bewegung des Heers selbst vor sich gehen.

2. Man muß aber dabey Rücksicht auf den allgemeinen Zweck nehmen, den der Marsch hat; d. h. ob er zuerst zur Ausführung, oder zur Verhinderung einer Absicht ununternommen wird, und auf welche Art die Bewegung ausgeführt werden soll. Ob sie nämlich geschieht:

a. Mit der ganzen Armee.

b. Mit Divisionen zugleich, welches man einen kombinirten Marsch nennt.

c. Mit auf einander folgenden Divisionen.

d. Mit einem bloßen Theile der Armee.

3. Allein die Bewegung mag nun zu welchem Zwecke, und auf welche Art man will, geschehen, so ist doch bey jeder vorzüglich zweyerley während derselben zu beobachten.

a. Daß

a. Daß man einen feindlichen Angriff im Marsche gehörig abtreibt, und in Rücksicht der Erreichung des Zwecks unschädlich macht.

b. Daß uns der Feind nicht in der Ausführung unserer Absicht oder an dem zu erreichenden Posten zuvorkomme.

4. Was die Anstalten betrift, um einen feindlichen Angriff im Marsche in Rücksicht der Armee selbst, unschädlich zu machen, so werden diese in der Kriegskunst gelehrt. Allein der Feind wendet oft dies Mittel nicht immer vorzüglich dazu an, um die Armee unmittelbar zu schlagen, obgleich dies mit seine Nebenabsicht seyn muß, wenn er sie erhalten kann; sondern er sucht nur das Heer auf seinem Wege aufzuhalten und dadurch Zeit zu gewinnen, ein hinlängliches Corps auf gedeckten Wegen abzusenden, und den Posten, dessen Besitz der Zweck der Bewegung war, eher damit zu besetzen, als wir ihn erreichen können, und also auf diese Weise unsern Marsch zu vereiteln.

5. Wir sehen also hieraus, daß wenn sich auch ein Heer gegen den Angriff des Feindes auf dem Marsch hält, ja denselben wohl gar schlägt, und also in Rücksicht seiner selbst völlig unschädlich macht, derselbe dennoch höchst schädlich in Absicht der Erreichung des Marschzwecks bleiben, ja denselben unterdessen vielleicht schon ganz unmöglich zu erhalten gemacht haben kann.

6. Die Mittel, welche wir nun zu Verhinderung dieses feindlichen Vorhabens anwenden müssen, sind mit denen einerley, welche überhaupt das Zuvorkommen des Feindes abwenden, indem der Hauptzweck, weswegen der Feind uns angriff, eigentlich nichts anders ist, als dieses Zuvorkommen einer hinlänglichen Macht zu bewürken.

7. Dieses Zuvorkommen des Feindes verhindert man nun aber vorzüglich durch folgende Mittel:

a. Daß

a. Daß man den Marsch geheim hält und dem Feinde so viel als möglich verbirgt.

b. Daß man ihn so schnell als möglich vollendet und alle diejenigen Hindernisse vorläufig wegräumt, welche den Marsch aufhalten können.

c. Daß man sich im Voraus der Mittel seinen Marsch zu vollenden und seinen Zweck zu erreichen, versichert.

8. Die Arten, wie man nun einen Marsch vor dem Feinde verbergen könne, zeigt die Kriegeskunst ausführlich. Will man aber bey dem Geheimhalten der Bewegung zugleich die entgegenstehenden Hindernisse wegräumen, als z. B. neue Wege anlegen, oder alte ausbessern, einen vom Feinde besetzten, dem Marsche schädlichen Posten wegnehmen, eine nothwendige Brücke schlagen; — so muß man bedenken, daß sich beydes nicht immer gut mit einander verträgt.

9. Es kommt also hier auf Klugheit und Kenntniß des Terrain und der Umstände an, um, wenn beydes nöthig ist, es so gut als möglich miteinander zu vereinigen; und, läßt es sich nur irgend thun, denjenigen Arbeiten, welche den Feinde nicht entzogen werden können, einen andern wahrscheinlichen Zweck unterzuschieben.

10. Man muß dabey zwar alles in Bereitschaft halten, sich ihrer im ersten Augenblicke zu bemächtigen und sie zu benutzen, wenn der Feind sie zerstören oder besetzen will, sey es daß er unsere Absicht erräth, oder aus einem andern Grunde dies thut; allein auch bis zu diesem entscheidenden Augenblicke alles zu entfernen suchen, was die eigentliche Absicht dieser Arbeiten dem Feinde verrathen könnte, daher in diesem Betrachte gewissermaaßen nachläßig und ganz ohne Aengstlichkeit scheinen, ob man gleich beständig ins Geheim an dem Plan arbeitet und auf die kleinsten Unternehmungen des Feindes lauert.

11. Was die Mittel betrift, die vorläufig anzuwenden sind, um sich die Erreichung des Marschzwecks zu versichern, so

so gehören hierzu in den mehrsten Fällen, günstige Umstände. Denn dies kann oft durch Besetzung eines Orts, eines Postens mit einem vorausgeschickten Corps, eines Passes, durch welchen der Feind müßte, wenn er den Zweck der Bewegung vereiteln wollte, geschehen.

12. Ferner kann man diese Absicht auch dadurch erhalten, daß man den neben uns her marschirenden Feind in einer Gegend und von einer Seite angreift, wo es leicht wird die Fortsetzung seiner Bewegung zu hindern, oder ein von ihm unterdessen abgeschicktes Corps aufzuhalten, oder selbst dadurch einem eigenen Corps auf einem versteckten, oder doch gedecktem Wege, einen solchen Vorsprung zu verschaffen, daß der Feind dasselbe an der Erreichung des Marschzwecks nicht mehr hindern kann.

13. Allein wenn nun eins dieser Mittel ausgeführt werden soll, und die Arme, ungeachtet sie vielleicht genöthigt ist Gefechte zu liefern, und sowohl während als auch nach denselben beständig auf die Erreichung ihres eigentlichen Zwecks denkt, so daß sie sich auch keinen Augenblick vergeblich aufhält; so ist dennoch unumgänglich nöthig, daß die Ausführung des erwählten Mittels auch möglich sey.

14. Hierzu gehört nun aber, daß ein solcher Ort, der dem Feinde die Besetzung der Stellung, die man erreichen will, unmöglich macht, oder ein solcher Posten, oder ein solcher Paß für ein besonderes Corps zur Besetzung, oder eine solche vortheilhafte Position und ein so günstiger Augenblick, in dem man den Feind durch einen jetzt unternommenen Angriff aufhalten könnte, oder endlich ein solcher gedeckter und guter Weg, auf dem man durch ein während des Gefechts schnell abgeschicktes Corps das Ziel des Marsches sicher erreichen könnte, — würklich vorhanden sey, und man bey den abgeschickten Heertheilen auch alle die Regeln beobachten kann, die zu ihrer Sicherheit nöthig sind.

15. Da nun aber das Daseyn und die zweckmäßige Benutzung aller dieser Sachen, nothwendig von der Beschaffenheit der Gegend und dem Betragen des Feindes abhängt;

so erweist sich hieraus der oben angegebene Satz, daß nämlich nothwendig günstige Umstände dazu gehören, um sich der Mittel, seinen Zweck zu erreichen, im voraus zu versichern, noch mehr.

§. 11.

b. Lehrsatz. Die Art der Bewegung richtet sich nach der erforderlichen anzuwendenden Kraft, nach den vorhandenen Deckungsmitteln der Fronte, und nach der Anordnung des Feindes.

1. Regel. Die Bewegung geschieht mit der ganzen Armee in einem Corps, wenn die Würkung gleich entscheiden soll, und bis dahin die eigenen Verbandspunkte die erforderliche Sicherheit haben.

1. Die Art des Marsches richtet sich nun zwar insbesondere größtentheils mit nach dem eigentlichen Zwecke, welchen man sich durch die Bewegung zu erreichen vorgesetzt hat, indem hierzu natürlicher Weise die eine Art mehrere Leichtigkeit wie die andere gewährt, nachdem nun gerade die Umstände sind; allein im Ganzen genommen wird die Wahl der Marschart durch folgende Dinge bestimmt.

2. Mit der ganzen Armee marschirt man:

a. Wenn man überzeugt ist, daß der Feind unterdessen keinen gefährlichen Streich ausführen kann, und ein wichtiges Terrainhinderniß oder Vestungen die Grenze und die Communication mit derselben decken.

b. Wenn man vorher weiß, daß sich der Feind bereits mit seiner Armee ebenfalls nach dem zu erreichenden Punkte in Marsch gesetzt hat.

c. Wenn unser Marsch den Feind nothwendig zu dieser Bewegung zwingt, und daß man, wenn derselbe an das Ziel unserer Bewegung hingelangte, viel, hingegen nichts aber wagen würde, wenn er auch hernach den Marsch nicht und wohl gar einen andern thäte.

d. Wenn

d. Wenn man dem Feinde ein entscheidendes Treffen liefern, oder überhaupt ein Unternehmen ausführen will, welches nothwendig die ganze Armee erfordert, und in seinen Folgen so wichtig wird, daß dadurch alle diejenigen Unternehmungen unschädlich werden, welche der Feind während des Marsches vielleicht ausführen könnte.

3. Bey allen diesen Marschzwecken herrscht nun immer eine große Gefahr, indem man jedesmal die Gegenwart des feindlichen Hauptheers fürchten muß. Die Armee muß sich also in diesen Fällen fortdauernd zum Gefecht bereit halten, wenn die Lage der Gegend nicht so besonders günstig ist, daß sowohl die Bewegung, als die nachher zu nehmende Stellung, durch irgend ein beschwerlich zu passirendes Terrain, als ein breiter Fluß, Morast, Gebürge, dicke Waldung, so gedeckt wird, daß der Feind nothwendig durch den Anblick der großen Gefahr, welcher er sich aussetzt, wenn das Heer in unserer Gegenwart das Defilee passiren und sich formiren soll, von allem uns schädlichen Angriffe abgehalten wird.

§. 12.

2. Regel. Der gleichzeitige Marsch mehrerer Divisionen gewährt eine schnelle überraschende und die feindliche Kraft theilende Würkung; doch wird dabey eine völlige verhältnißmäßige Sicherheit der Corps und ihrer gemeinschaftlichen Würkungsfähigkeit erfordert.

1. Der Marsch mit Divisionen zugleich, oder ein kombinirter Marsch ist ein solcher, wo die Divisionen der Armee marschiren, ohne sich im Marsche in einer aneinanderhängenden Schlachtordnung stellen zu können.

2. Man gebraucht diesen Marsch besonders in folgenden Fällen am meisten.

a. Wenn sich die Bewegung schnell endigen soll.

b. Wenn man die Aufmerksamkeit des Feinde auf mehrere Punkte vertheilen will.

c. Wenn man einen Angriff an mehr als einem Orte thun, und entweder die ganze feindliche Armee oder ein Corps derselben, oder doch Truppen davon einklemmen und abschneiden will.

d. Dieser Marsch ist also dann vorzüglich brauchbar, wenn man eine Schlacht liefern will.

e. Wenn ein Defilee, das vom Feinde vertheidigt wird, passirt werden soll.

f. Wenn die Armee eine Vestung oder einen andern feindlichen Posten berennen will.

3. Soll nun aber die Bewegung des Heers auf diese Weise geschehen, so ist nöthig, daß die einzelnen Theile desselben keine Gefahr laufen. Dies findet aber Statt, wenn man sicher weiß, daß der Feind nichts vom Marsche erfahren, oder doch wenigstens nicht hindern und unsere Colonnen beunruhigen kann; entweder weil die Bewegung so sehr ins Geheim geschieht, oder weil man so glücklich gewesen ist, alle die auf den Marsch zuführenden Straßen und Päße mit abgeschickten Corps zu besetzen; oder überhaupt ein in der Geschwindigkeit inpassabeler Terraingegenstand die Bewegung gegen den Feind deckt.

4. Ist ein Angriff des Feindes hingegen zu erwarten, so muß derselbe unumgänglich erst die ausgestellten Posten über den Haufen werfen, und dadurch jeder einzeln marschirenden Colonne so früh seine Absicht ankündigen, daß sie sich in den gehörigen Sicherheitszustand setzen, und man ihr wo möglich von den andern Heertheilen Unterstützung zuschicken kann.

5. Jeder Heertheil muß wo möglich mit dem ihm zur Seite marschirenden andern, im Fall der Noth Communication haben können und sich nach einem derselben zurückzuzie-

ziehen im Stande seyn. Findet aber diese Lage der Sachen nicht Statt, so muß der Marsch eines jeden Corps wenigstens so eingeleitet werden, daß wenn der Feind unvermuthet auf dasselbe zu kömmt, es sich sicher nach einem Posten zurückziehen könne, wo es nicht allein gesichert bleibt, sondern auch in der Folge wieder zum Heere stoßen kann.

6. Zu diesem Ende ist es auch nothwendig, daß jedes Corps auf seinem Marsche immer Stellungen antreffe, wo es sich halten kann, bis ihm Hülfe von den andern Colonnen geschickt wird.

7. Aus diesem Grunde, und wegen des allgemeinen Verbands der ganzen Operation ist es daher nothwendig, die Richtungen der verschiedenen Marschlinien so gegen einander zu wenden, daß wenn der Feind einen Angriff gegen eine der Divisionen unternimmt, er nothwendig von den andern einen Flanken- oder Rückenanfall zu gewärtigen hat, ehe er noch mit der erstern fertig wäre, und also aus Furcht abgeschnitten zu werden, den Angriff unterläßt.

8. Zur Ausübung einer solchen gegenseitigen Unterstützung gehört aber nothwendig, daß, so wie die Armee vorrückt, die Pässe derjenigen Defilees, welche zwischen den verschiedenen Divisionen in der Länge und Quere durchlaufen, bereits durch immer vorausgehende Zwischencorps besetzt werden, damit uns hier der Feind nicht zuvorkomme, und die Divisionen zwinge, auf der geraden Richtung ihrer Bewegung zu bleiben.

§. 13.

3. Der Marsch geschieht mit auf einander folgenden Divisionen, wenn das Ziel schnell die Aufstellung einer Streitkraft fordert, oder Terrain und andere Rücksicht die schnelle Beendigung einschränkt. Eine richtige Berechnung der gegenseitigen Unterstützungsfähigkeit der Divisionen ist aber unumgänglich nöthig.

1. Den Marsch mit auf einander folgenden Divisionen thut man;

a. Wenn die zu passirende Gegend so durchschnitten und mit vielen langen beschwerlichen Defileen versehen ist, daß der Marsch mit ganzer Armee in einem Corps, zu schwierig und langsam geschehen würde.

b. Wenn man einen gewissen Theil der Armee, der sich besonders schnell bewegen kann, vorausschicken muß, um sich vorläufig der Mittel zu versichern, welche den darauf folgenden Marsch der übrigen Truppen decken.

c. Wenn man noch nicht völlig bestimmt hat, die vorhabende Bewegung zu vollenden, weil vielleicht die Umänderung eines feindlichen Entschlusses, oder eine zu erwartende Begebenheit, uns andere Plane zu befolgen vorschreibt, und man dennoch in der erstern Bewegung einen entschiedenen Vorsprung besitzen will.

2. Soll aber ein solcher Marsch ausgeführt werden, so muß die Schnelligkeit der Bewegung, oder die Vorsichtsanordnung so groß, oder das Terrain endlich so günstig seyn, daß keine der Armee-Divisionen, wenn sie nach einander die Defilees passiren, weder in denselben selbst, noch bey dem Ausmarsche daraus, von einem überlegenen Feinde angegriffen werden können.

3. Denn da sich die Heertheile in einem solchen Falle unmöglich unterstützen können, weil die Entfernung von einander zu groß ist; so würde es dem Feinde ein leichtes seyn, jede Division, so wie sie sich in der gefährlichsten Lage befände, die er ruhig abwarten kann, mit Vortheil anzugreifen, und so das ganze Heer Theilweise aufzureiben.

4. Ist aber ein Angriff auf die vorausgehende Division möglich, so muß das Terrain, die Stärke der Division oder die Schnelligkeit der hinzueilenden Armee, derselben die Vortheile an die Hand geben, welche sie bedarf, um sich gegen den andringenden Feind bis zur Ankunft der Hülfe zu halten.

5. Fin-

5. Findet aber eine solche vortheilhafte Lage nicht Statt, so müssen wenigstens die Marschrichtung und die zu ihrer Sicherheit nöthigen Posten so geordnet seyn, daß der angegriffenen Division ein freyer Rückzug gedeckt bleibe.

6. Endlich ist es auch nothwendig, daß die Absendung einer solchen Division, eine andere Bewegung der Armee, die nachher nöthig werden könnte, nicht aufhalte, unsicher oder gar unmöglich mache.

7. Bey der Bestimmung einer solchen Bewegung ist es also höchst wichtig, die Länge der zwischen den Divisionen befindlichen Lücken zu kennen, ferner die Zeit, worin die eine zur andern stoßen kann, die Weite, in der die vordere von einem Posten ist, der sie sichern kann, wenn sie angegriffen wird, die Länge der zu durchziehenden Defilees, die Stärke und Stellung der Detaschements, die man sowohl zur Sicherheit der Flanken, als zur Erreichung derjenigen Pässe bedarf, durch welche man sich zurückziehen müßte, im Fall der Feind den Weg, worauf man anrückt, auf irgend eine Art abgeschnitten hätte.

§. 14.

4. Regel. Wird nur wenig Kraft erfordert, oder ist die Zurückhaltung der Hauptmacht aus andern Gründen nöthig, so geschiehet die Bewegung nur mit einem Corps.

1. Will man den Marsch nur von einem Theile des Heers ausführen lassen, so findet dies besonders in folgenden Fällen Statt:

a. Wenn man überzeugt ist, daß der Feind zur Verhinderung der Bewegung ebenfalls nur einen Theil seines Heers anwenden kann.

b. Wenn man voraus weiß, daß man in dem durch den Marsch zu erreichenden Posten, nur ein Corps und nicht

nicht die ganze Hauptmacht des Feindes zu bekämpfen h. t.

c. Wenn überhaupt ein Theil des Heers zur Ausführung, des durch die Bewegung bezweckten Unternehmens, hinreicheud ist.

2. In den erstern beyden Fällen ist es nothwendig, daß sich das abgeschickte Corps beständig zu einem Gefechte bereit hält, indem es sowohl noch während der Bewegung als kurz nach der Beendigung derselbeu, unvermuthet auf den Feind stoßen, oder der Zweck seiner Absendung vielleicht selbst ein zu unternehmender schneller Anfall auf einen feindlichen Posten ist.

3. Im letztern Falle ist es oft nothwendig die größte Geschwindigkeit anzuwenden. Dies findet vorzüglich Statt, wenn es darauf ankommt, den Durchgang durch ein Defilee zu verhindern, das noch nicht besetzt ist, wo man also dem Feinde zuvorkommen will, und wo ein Theil des Heers hinlänglich ist, die ganze feindliche Macht aufzuhalten.

4. Ein anderer Fall tritt ein, wenn man die Besatzung, irgend einer Vestung oder eines Postens noch vor der völligen Berennung oder Abschneidung, durch ein paar tausend Mann verstärken will, welche hinlänglich sind, das ganze Unternehmen rückgängig zu machen.

5. Uebrigens ist es unumgänglich nöthig, daß man bey allen Corps, die man in dieser oder ähnlichen Absichten detaschirt, die bereits bekannten Regeln ihrer Stellung, und die in Ansehung ihrer Bewegung, welche die vorigen Paragraphen enthalten, genau befolgt.

§. 15.

6. Lehrsatz. Für den Angreifer schicken sich die schnell entscheidenden, für den Vertheidiger die vorsichtigern Marscharten am besten.

1. Was den Zweck einer Bewegung anbetrift, so kann man zwar sagen, daß eine jede derselben zur Verhinderung einer

einer feindlichen Absicht, also auch zur Ausführung eines gewissen Unternehmens, geschieht.

2. Allein will man auf die besondere Art des Zwecks Rücksicht nehmen, wie es doch jedesmal nöthig ist, um diejenigen Dispositionen zu treffen, welche die Lage erfordert; so kann man gewissermaaßen annehmen, daß nur diejenigen Bewegungen zur Ausführung eines Unternehmens geschehen, welche eine offensive Absicht zum Grunde haben, und diejenigen Bewegungen zur Verhinderung eines Unternehmens unternommen werden, welche in defensiver Rücksicht geschehen.

3. Nach diesen beyden Grundsätzen richtet sich dann meistens die Wahl der Art, in der die Bewegung geschehen soll. Denn da die Offensive den Feind größtentheils von allen Angriffsprojekten auf unsere Parallele abhalten wird, wenn wir activ genug sind, um den Feind an den seine Sicherheit entscheidenden Posten, hinlänglich zu beschäftigen, so kann man dann gewöhnlich eine Bewegungsart zur Ausführung eines Unternehmens anwenden, die das Heer mehr concentrirt, als wenn man zur Verhinderung einer Absicht des Gegners marschirt.

4. Da die Offensivunternehmungen größtentheils ausserhalb der eigenen Parallele geschehen, so ist es bey denselben vorzüglich nothwendig, die größten Vorsichten zur Deckung dieser eigenen zurückbleibenden Parallele anzuwenden.

5. Diejenigen Bewegungen, welche zur Vertheidigung eines Landes, also mehrentheils zur Verhinderung des feindlichen Unternehmens geschehen, werden gewöhnlich innerhalb der eigenen Grenze, oder doch wenigstens in keiner grossen Entfernung von ihr unternommen, und sichern dieselbe also schon von selbst.

6. Wenn wir dasjenige genau betrachten, was im vorigen Paragraphen von den Fällen gesagt ist, in welchen diese oder jene Bewegungsart zweckmäßig sey; so erhellt hieraus deutlich, daß der Marsch mit ganzer Armee, zwar der kraftvollste sowohl im Off- als im Defensivkriege ist, in-

dessen dennoch mehr im erstern als im letztern anwendbar seyn wird, und dies zwar deswegen; weil im Defensivkriege unsere Entschlüsse sich nach denen des Feindes richten, und man aus Vorsicht oft einen Theil der Kraft zurückhalten muß, wenn der Feind die Ausführung eines Unternehmens drohet, das er schnell in ein anderes verwandeln könnte.

7. Der Marsch mit Divisionen zugleich wird sich am wenigsten für den defensiv gehenden Theil schicken, weil er gewöhnlich entweder zur Ausführung mehrerer Angriffe an verschiedenen Punkten der feindlichen Parallele, zugleich, oder deswegen geschieht, um die Aufmerksamkeit des Feindes zu theilen, damit er den wahren Angriffspunkt nicht so leicht errathe. Denn obschon die Gründung einer sichern Defensive oft die Ausführung eines Offensivuntenehmens erfordert, so bleibt der näheste Zweck desselben nicht die Verhinderung, sondern die Vollstreckung einer Operation.

8. Die Bewegung mit auf einander folgenden Divisionen, läßt sich sowohl im Offensiv- als Defensivkriege mit Vortheil gebrauchen. Da indessen der erstere mit größerer Entscheidung als letzterer geführt werden muß, und diese Marschart die größtmöglichste Vorsicht zur Deckung der zu verlassenden Gegenden gestattet, der Defensivkrieg aber Vorsicht im höchsten Grade erheischt; so schickt sich für die Natur dieser Kriegesart, wenn sonst nicht entscheidende Vortheile rufen, vielleicht die Bewegung des Heers von einem Punkte zum andern mit auf einander folgenden Divisionen am besten.

9. Der Marsch mit einzelnen Corps kann oft vortheilhaft zu beyden Zwecken angewandt werden, und es ist daher Regel ihn da zu gebrauchen, wo er zur Ausführung oder Verhinderung des eigenen oder feindlichen Unternehmens entscheidend genug würkt.

10. Ungerechnet, daß die Bewegung viel schneller und heimlicher als mit dem ganzen Heere geschehen, und also

also um so mehr durch Ueberraschung würken kann, so besitzt man auch den Vortheil, mit den noch übrigen Hauptcorps irgend ein anderes Unternehmen auszuführen oder zu hintertreiben, und also nicht mehr Kraft zur Erreichung des erstern Zwecks aufgewandt zu haben, als vollkommen hinlänglich ist, diese Erreichung würklich zu bewürken.

11. Der Zweck der Bewegung, und die Art, worin sie ausgeführt wird, mag aber seyn, welche sie will, so kann doch die Richtung, in der sie geschieht, im Ganzen genommen nur zweyerley seyn. Man marschirt nämlich:

a. selbst nach dem Orte hin, wo das Unternehmen ausgeführt oder verhindert werden soll.

b. Oder man marschirt nach einer andern oft entgegen gesetzten Seite.

12. Marschirt man selbst nach dem Orte hin, wo die Ausführung oder Verhinderung des Unternehmens geschehen soll, so nähert man sich gewöhnlich dem Feinde, oder muß oft selbst einen Angriff ausführen. Es ist also nöthig, daß man sich beständig zum Gefecht bereit hält, und übrigens ganz diejenigen Regeln in Ausführung bringe, welche im Vorigen zur Wahl dieser oder jener Marschart angegeben sind.

13. Marschirt aber das Corps nach einer entgegengesetzten oder andern Richtung, so geschieht dies deswegen, weil man überzeugt ist, daß durch diese Richtung der Bewegung dem Feinde ein Streich versetzt wird, der ihm weit empfindlicher ist, als das, was er etwa durch einen Marsch nach dem entscheidenden Punkte erhalten kann, und der ihn also zwingt, diesen Punkt oder seinen bisherigen Weg zu verlassen, um den erlittenen Schaden zu verbessern, und uns daher freye Hand zur Ausführung oder Verhinderung eines Unternehmens in der verlassenen Gegend zu geben.

14. Oft ist es nicht einmal nöthig den gedroheten Streich würklich auszuführen, sondern schon hinlänglich, denselben ernst-

ernstlich zu drohen, um den Feind von der Gegend wegzuziehen, wo er uns durch seine Gegenwart an der Erreichung unseres Zwecks hinderlich fällt.

15. Aus der Nothwendigkeit einer dieser beyden Fälle folgt also, daß diese Bewegungsart zur Erreichung oder Verhinderung einer Absicht, nicht unmittelbar, sondern mittelbar zu diesem Zwecke würkt, und daß man völlig von den entscheidend günstigen Folgen einer solchen Bewegung überzeugt seyn muß, wenn sie unternommen und die verlassene Gegend nicht in die größte Gefahr versetzt werden soll.

16. Um dies aber zu verhüten, bleibt kein anderes Mittel als, die Bewegung nicht mit dem ganzen Heere auf einmal, sondern nur mit einem Theile desselben auszuführen, indem man dadurch folgende große Vortheile erhält.

a. Man hält sich bereit nach Ausführung des vorhabenden Streichs, doch noch nach der Seite, wo der Feind hingegangen ist, oder wo das eigentlich bezweckte Vorhaben geschehen soll, hin zu marschiren.

b. Wenn man nicht gewiß weiß, ob der Feind sich durch die Furcht vor dem gedroheten Streiche, wieder von seinem Vorhaben, welches dem unsrigen entgegensteht, abbringen lassen wird, und, wenn er würklich in seinem Vorhaben beharret, man ihm nothwendig noch nach muß.

c. Wenn dadurch, daß sich die Armee aus ihrem bisbisherigen Lager wegbegiebt, an dieser Stelle eine gefährliche Blöße in der Parallele entstände, welche hingegen bey der Zurücklassung eines Corps nicht Statt finden kann.

B. Grund-

B. Grundsatz. Ist es zu schwer durch den eigentlichen Marsch selbst den Zweck zu erreichen, so erleichtert man diese Erreichung durch vorher ausgeführte Scheinbewegungen.

§. 16.

a. Lehrsatz. Jeder Scheinmarsch muß dem Feinde ein wahrscheinliches ihm sehr schädliches Unternehmen vorspiegeln, sich aber mit vieler Vorsicht die Mittel zur Ausführung des wahren oder des anfänglich scheinbaren vorbehalten.

1. Wenn die Stärke der feindlichen Parallele oder die Lage unserer Magazine es verhindert, durch eine der obigen Bewegungsmethoden eine vorgesetzte Absicht zu erreichen, und dies soll denn doch einmal durch Bewegungen geschehen; so bleibt kein anderes Mittel, als die Scheinmärsche übrig.

2. Ein Scheinmarsch ist aber eine solche Bewegung, die nicht nach der wahren Absicht, die man vorhat, sondern blos darum geschiehet, den Feind ebenfalls zu Bewegungen zu locken, wodurch man hernach in den Stand gesetzt wird, durch Benutzung irgend einer vom Feinde gegebenen Blöße, den wahren Zweck zu erreichen.

3. Soll nun aber ein solcher Marsch die gehörige Würkung haben, so muß man dem Feinde durch die Scheinbewegung nothwendig ein Unternehmen vorspiegeln, welches nicht allein so wahrscheinlich ist, daß er es für das wahre halten kann, sondern daß es ihm auch so schädlich in seinen Folgen werden muß, daß er genöthigt ist, seine volle Aufmerksamkeit darauf zu wenden, und nicht noch hinlänglich Kräfte über zu behalten, um dem würklichen Unternehmen ebenfalls entgegen zu streben.

4. Da sich der Feind durch diese vorgespiegelte Absicht verführen, und von dem wahren Zwecke unseres Marsches ablenken lassen muß, so wird man denselben um so viel leichter erreichen, je wahrscheinlicher das falsche Unterneh-

men dem Feinde ist. Kann man es aber dahin bringen, aus dieser Scheinoperation zugleich eine wahre, das heißt, eine dem Feinde würklich schädliche, zu machen, so ist dies am allerbesten; denn dann mag er eine Parthie ergreifen welche er will, so ist auf jeden Fall unser Vortheil und sein Nachtheil gewiß.

5. Diese Scheinmärsche können nun wieder entweder mit der ganzen Armee, oder nur mit einem Corps derselben geschehen, und zwar ebenfalls auf eine der vorhin angegebenen Arten.

6. Doch richtet sich die Wahl dieser Art nicht so viel nach dem vorgespiegelten Unternehmen des Scheinmarsches, als nach der leichtern und sicherſten Manier zur Erreichung des wahren Zwecks der ganzen Operation. Denn wollte man es umgekehrt machen, so wäre es möglich, daß zwar der Feind dadurch vollkommen hintergangen würde, allein wir selbst uns vielleicht zugleich aller Mittel beraubten, den wahren Zweck der Bewegung auszuführen.

7. Derjenige wird also wahrscheinlich in der Benutzung solcher Scheinmärsche am glücklichsten seyn, der die meisten Kriegeslisten besitzt, und sie am vortheilhaftesten zur Täuschung des Feindes anzuwenden weiß. Je weniger man sich alsdann solcher Mittel zur Erreichung seines Zwecks in den bisherigen Operationen bedient hat, je leichter und entscheidender werden sie zu unserm Vortheil glücken.

8. Man muß sich ihrer daher entweder sehr selten und nur im Nothfalle bedienen, oder einen so großen Erfindungsgeist besitzen, daß man im Stande ist, dem Feinde beständig neue und sehr wahrscheinliche Unternehmungen vorzuspiegeln, die ihn verleiten sollen.

9. Allein, wenn man auch würklich eine so außerordentliche Mannigfaltigkeit von scheinbar wahrhaften Unternehmungen durch großes Nachdenken hervorbringen könnte, so ist es denn doch selten der Fall, daß man nur eine mäßige Anzahl von ihnen, und oft gar keine ausführen, d. h., dem Feinde damit ernstlich drohen kann, indem hierzu die

Beschaf-

Beschaffenheit beyder Heere, und ihre gegenseitige Angriffs- und Vertheidigungsfähigkeit, die aus der Lage und Benutzung des Terrains erwächst, das meiste mitwürkt.

10. Soll nun der Scheinmarsch mit der ganzen Armee geschehen, so entzieht man den übrigen Grenztheilen die ganze Vertheidigungskraft, oder doch wenigstens einen großen Theil derselben. Es ist daher in diesem Falle nöthig, die Bewegung so einzurichten, daß sie uns nicht zu weit von der wahren Absicht abbringt, und dadurch um so mehr dem Feinde vielleicht Gelegenheit gebe, sie ganz zu vereiteln.

11. Dies würde leicht Statt finden, wenn der Feind, unterdessen, daß wir uns von dem zu erreichenden Posten entfernen, zwischen ihm und unserm dermaligen Lager eine starke Stellung bezöge, die uns den Marsch dahin versperrte, und nothwendig erst erobert werden müßte.

12. Noch auf eine andere Weise würde der Feind das Unternehmen erschweren oder gar unmöglich machen, wenn er durch die Wendung der beyderseitigen Bewegungen in ein Terrain versetzt würde, wo er die verschiedenen Verbindungspunkte der unsere Parallele bedrohenden Offensivwege in seiner Gewalt hätte, und uns also, durch die Anstellung eines Corps an irgend einem solchen Passe, die vielfältige Veränderung unsers Lagers gefahrvoll machen würde, und wir daher aus Furcht, daß der Feind nach unserm Aufbruche wo durchdringen, oder dem Heere in Rücken kommen könnte, gezwungen sind mit der größten Vorsicht, also sehr langsam zu agiren, welches aber oft der Natur der Scheinmärsche gerade entgegensteht.

13. Um indessen bey diesem nothwendigen Uebel so wenig als möglich Nachtheil zu ziehen, und um gleichsam des Feindes Entschluß vorher zu sondiren, so ist es in den mehrsten Fällen bey solchen Scheinbewegungen vortheilhaft, wenn man außer einer mäßigen Geschwindigkeit dieselben mit aufeinander folgenden Divisionen thut, d. h., daß man das Heer so sehr als es ohne Schaden möglich ist, ausdehnt,

viel

viel Terrain einnehmen läßt, und der Avantgarde eine große Menge von leichten Truppen mit giebt, welche durch ihre große Ausbreitung vor den Teten der Colonnen, diese nicht allein gegen den feindlichen Ueberfall bewahren, sondern auch durch den Schrecken, den sie aller Orten hin verbreiten, den Scheinmarsch des Heers schnell bekannt und desto glaubwürdiger machen.

14. Oft wenn der Weg zurück nach dem wahren Ziele des Marsches, nicht schnell und sicher genug mit der ganzen Armee durchlaufen und darauf das Unternehmen ausgeführt werden kann, so verlangt es meistens die Nothwendigkeit, diese Bewegung blos mit einem Theile des Heers auszuführen. In solchem Falle ist dann der Marsch mit aufeinander folgenden Divisionen der beste, indem man dabey immer noch Kraft genug zurückbehält, um schnell nach einer andern Seite marschiren zu können, wenn dies erfordert würde.

15. Derjenigen Division, womit man dem Feinde, durch ihren Marsch nach einer gewissen Seite, ein Unternehmen glaubend machen will, giebt man eine große Anzahl leichter Truppen mit, um durch den Schwarm derselben die wahre Stärke des Corps zu verbergen.

16. Dies Corps rückt dann mit der den Umständen gemäßen Geschwindigkeit, nach der Gegend, wo man den Feind bedrohen will, bis in einen Posten, von da es viel Lerm durch seine leichten Truppen verbreiten kann und den Feind zwingt, seine Postirung noch über diesen Posten hinauszutreiben, um das Scheinunternehmen zu hindern.

17. Zu gleicher Zeit läßt man Gerüchte aussprengen von den Absichten, die man durch diese Detaschirung bezweckt; doch muß dies auf keine plumpe Art geschehen, damit nicht der Feind unseren wahren Zweck errathe, ungeachtet wir ihn zu verbergen suchen.

18. Es ist daher die Ausbreitung solcher Sachen nicht zu ängstlich zu betreiben, sondern nur als beyläufig und geheimnißvoll, doch mit ernster Mine zu denjenigen Leuten

da=

davon zu sprechen, von denen man weiß, daß sie sogleich diese Winke benutzen werden, um den Feind darauf aufmerksam zu machen. Die Art der Bekanntmachung solcher Scheinabsichten, muß daher vollkommen ihrer Wichtigkeit angemessen seyn, um sie dem Feinde desto glaubwürdiger zu machen.

19. Ist man überzeugt, daß er einmal auf diese Weise aufmerksam gemacht ist, so hat man gewöhnlich alles erhalten, was durch Worte erhalten werden kann, d. h., man hat den Feind ängstlich in der Ergreifung seines Entschlusses gemacht.

20. Obgleich nun die Folgen dieses Zweifels, worin sich der Feind befindet, für uns sehr vortheilhaft werden können; so werden sie doch ganz ohne Nutzen bleiben, sobald unsere Bemühungen blos in Worten bestehen, und nicht so durch Thaten unterstützt sind, daß der Feind nothwendig an die dadurch vorgespiegelte Absicht glauben, und ihr entgegenstreben muß, wenn er nicht einen entscheidenden Schaden erleiden will.

§. 17.

b. Lehrsatz. Der Marsch mit aufeinander folgenden Divisionen ist zu Scheinmärschen der beste, man muß aber das Ende desselben durch einen plötzlich hervorbrechenden Hinterhalt oder durch vorher gegangene Täuschung des Feindes verbergen.

1. Die Marschrichtung des vorangehenden Corps, einige von demselben ausgeführte Arbeiten, seine Zusammensetzung und die von ihm mitgeführten Sachen, das Herumschwärmen seiner leichten Truppen, endlich der Marsch einer noch nachfolgenden Division oder selbst des ganzen Heers bis zu einem gewissen Orte, sind die Mittel, durch deren kluge und zweckmäßige Anwendung man dem Feinde den Glauben an die Scheinunternehmung beybringen muß.

2. Rückt indessen die Armee selbst der vordern Division zur Bestätigung des Unternehmens, bis zu einem gewissen Punkte nach, so muß sie wenigstens so viel Truppen zurücklassen, daß die Pässe, durch welche sie wieder zurück muß, vollkommen bis zu ihrer Ankunft gesichert sind.

3. Dies kann oft durch ein gut und versteckt gestelltes Corps geschehen, das diesen entscheidenden Posten nahe genug ist, um jedem Feinde darin zuvorkommen zu können, oder ihn doch wenigstens durch einen schnellen und leichten Angriff, wieder daraus zu vertreiben.

4. Sobald nun der Feind mit einer solchen Macht und so weit unserer Bewegung nachgefolgt ist, daß er nun nicht gut mehr das wahre Unternehmen hintertreiben kann, wenn wir schnell nach demselben umkehren; so macht die Armee in der Nacht oder an einem verdeckten Orte Halt, und kehrt, nachdem der Feind dieser Stelle vorbey ist, um der immer noch fortrückenden Division entgegen zu arbeiten, so heimlich und so schnell als möglich, nach dem wahren Ziele ihrer Anstrengung um.

5. Ist es möglich, das wahre Unternehmen mit einem Theile des Heers auszuführen, so muß man suchen denselben zurückzulassen und zu verstecken; denn, wenn nun der Feind der Scheinbewegung nachfolgt, welches wahrscheinlich geschehen wird, da er sieht, daß alle unsere Truppen dazu gebrauchen werden; — so wird die wahre Unternehmung um desto leichter und schneller ausgeführt werden, weil das versteckte Corps einen viel kürzern und unvorhergesehenern Marsch zu dem entscheidenden Posten hat, als die weggerückte Armee. Selbst wenn man genöthigt ist, ein solches Corps etwas ins Land hineinzuziehen, so finden in den mehrsten Fällen diese Vortheile noch Statt.

6. Ist es aber nicht möglich, ein solches Corps vor dem Feinde zu verbergen, so muß es freylich wieder von der Hauptarmee ausrücken, wenn man dem Feinde keinen Verdacht

dacht geben will. In einem solchen Falle würde derselbe dann am meisten getäuscht werden, wenn die Armee sich des Nachts in seiner Nähe lagerte, so daß er die Länge ihrer ganzen Fronte an der Ausbreitung der Wachtfeuer sehen könnte.

7. Rund um das Lager würde ein verstärkter Cordon gezogen, der zwar alles hinein aber nichts herausließe, und nun bräche, wenn alles ruhig ist, das erforderliche Corps aus dem zweyten Treffen in der größten Stille auf, ließe aber alle Wachtfeuer brennen, so daß der Feind auf keine Weise, als von einem vielleicht durchgekommenen Spion oder Ueberläufer von diesem Aufbruche Nachricht erhalten könnte; wogegen man aber alle mögliche Vorsicht anwenden muß.

8. Um aber dem Feinde auch solche Nachrichten so viel als möglich schädlich zu machen, so muß man mit dem Corps Anfangs die bisher beobachtete Marschrichtung fortsetzen, und dabey dem Soldaten merken lassen, daß die vorderste Division schleunig verstärkt werden solle; dann aber plötzlich in einem Haaken umkehren, und schnell hinter dem Lager des Heers in einer solchen Weite wegmarschiren, daß es ferner einem Ueberläufer unmöglich wird, so geschwind bey dem Feinde anzukommen, daß dieser, auf die neue Nachricht bauend, früh genug an dem verlassenen Posten ankommen kann, um unsere wahre Absicht zu vereiteln.

9. Ist es nun aber nothwendig zur Ausführung des wahren Unternehmens mit der Armee selbst zurückzumarschiren, so muß sich dieselbe, selbst wenn sie vorher zur Bestätigung der Scheinabsicht, auf eine gewisse Weite mit vorwärts geht, — immer außer dem Gesichtskreise des Feindes erhalten und ihre Gegenwart nur durch die leichten Trupps kund thun, welches völlig hinreicht.

10. Bey diesem Betragen hat sie dann den Vortheil, daß es der Feind nicht als etwas Besonderes aufnimmt, wenn er vielleicht in dieser oder jener Stunde oder in einer Nacht, keine genaue Nachricht von uns erhält; und unter diesem Schleyer ist es also desto leichter einen plötzlichen Aufbruch zu verbergen, indem man zugleich von denjenigen Mitteln Gebrauch macht, die den Aufbruch des Heers verheimlichen, und die in der Kriegeskunst angegeben sind.

11. Ist es nicht nöthig mit dem Hauptheere der vordern Division zu folgen, um das Unternehmen glaubhaft zu machen, so muß man sich wenigens beständig marschfertig halten, und dieses Nachrücken aussprengen, damit die Aufmerksamkeit des Feindes, so viel als möglich, von diesem Hauptcorps abgezogen werde.

12. Kann es aber hierdurch nicht allein geschehen, so muß sich die Armee nach einem festen Posten oder hinter ein Defilee, das sie schnell wieder passiren kann, einen mäßigen Tagemarsch weit vom Feinde zurückziehn und dabey aussprengen: sie wolle sich nur erst in Sicherheit setzen und noch einige Nothwendigkeiten in Empfang nehmen, um dann desto schneller und ungestört der vorangehenden Division folgen zu können.

13. Der eigentliche Zweck hierbey ist indessen, den Feind um so mehr zu verwirren, seine Aufmerksamkeit von dem Hauptcorps zu entfernen, und seine Erkundigungen so schwer als möglich zu machen.

14. Wenn man nun, nachdem der Feind weit genug entfernt ist, die wahre Bewegung mit dem Heere anfangen kann, ohne daß es nöthig ist, das vorangehende Corps vorher wieder an sich zu ziehen, so ist dies am besten; indem der Feind so lang als möglich in seinem falschen Wahne erhalten wird, und die wahre Bewegung um so schneller vollendet ist.

15. In diesem Fall giebt man der Tete-Division blos die Ordre, nachdem sie bis zu einem gewissen Punkte vorgerückt, der Feind schon über dieselbe hinaus ist, und wir

also den nöthigen Vorsprung gewonnen haben, — hier Halt zu machen, und sich bey dem Einbruche der Nacht entweder zu dem Heere auf einem sichern Wege zurückziehen, oder nach einer starken Position begeben solle, in der von ihr das dasige Land gedeckt wird.

16. Sollte es hingegen nöthig seyn, die abgeschickte Division mit zu dem wahren Unternehmen zu gebrauchen, vielleicht gar mit dem Anfange der zu demselben nöthigen Bewegung, auf ihre Rückkunft zu warten; so ist dies allerdings diejenige Lage, in der eine Täuschung des Feindes am schwersten fällt.

17. Hier bleibt nun weiter kein Mittel übrig, als den Zweck der erstern Unternehmung so wahrscheinlich als möglich zu machen, und daher mit dem Hauptcorps sich selbst nach demselben zu bewegen, wenn es sich irgend thun läßt.

18. Die Truppen sind dabey übrigens von aller nicht ganz unentbehrlichen Last, und von der Bagage zu befreyen, und endlich durch Anwendung aller möglichen Mittel dem Feinde die völlig genaue Kenntniß von unserm Marsch zu entziehn, und den folgenden schnellen Marsch nach der andern Gegend ganz zu verstecken.

Zweyter Abschnitt.

Anordnungen bey den verschiedenen Bewegungen in Rücksicht auf einen Offensivzweck.

I. Hauptgrundsatz. Alle Offensivbewegungen, welche nicht unmittelbar selbst die feindliche Fronte durchbrechen, müssen dennoch stets mit Rücksicht auf diesen Zweck geschehen, und sind auch nur als denselben erleichternde Mittel anzusehen.

A. Grundsatz. Die Lagerveränderung zur bessern Verpflegung des Heers kann mehrstens nur in der Entfernung vom Feinde geschehen.

§. 18.

a. Lehrsatz. Eine Lagerveränderung zur bessern Erlangung der Bedürfnisse, muß in der Nähe des Feindes so selten als möglich geschehen, indem dadurch gar leicht eine entscheidende Blöße entstehen kann.

1. Aus dem vorigen Abschnitte wissen wir, daß die Zwecke, welche die verschiedenen Bewegungen eines Heers oder Corps haben, sich allgemein in drey Classen theilen lassen. Sie geschehen nämlich entweder um eine Operation auszuführen; zweytens, um eine solche zu verhindern; drittens, um den Feind in der Errathung unserer wahren Absicht zu täuschen.

2. Da

2. Da nun eine Bewegung zur Täuschung des Feindes nichts anders als ein Mittel ist, einen der beyden andern Zwecke desto besser ausführen zu können; — so ändert sich die Einrichtung des Scheinmarsches einigermaaßen nach dem Zwecke ab, den man dadurch befördern will, und hieraus folgt daher; daß die Lehre von den Scheinbewegungen so gut eine allgemeine als eine besondere Abtheilung der Bewegungskunst ist. Sie ist indessen mehr allgemein als besonders, indem sie zugleich zum Nutzen eines jeden andern Marsches angewandt werden kann.

3. Da man nun ferner die besondern Befolgungen bey den Scheinmärschen in Rücksicht des Zwecks, der dadurch zu befördernden Operation, leicht aus den Anordnungen bey den geraden Bewegungen zur Ausführung dieser Operationen selbst erkennt; so ist billig die Lehre von den Scheinbewegungen, als eine allgemeine Kenntniß, den besondern Vorschriften bey den verschiedenen Märschen, vorgesetzt, und kann also um desto eher bey dem Folgenden auf dieselbe verwiesen werden.

4. Es kommt jetzt darauf an, die beyden obigen allgemeinen Zwecke in die besondern Fälle zu zerlegen, und dann für jeden Fall die eigenen Regeln festzusetzen. Schon im ersten Abschnitte haben wir die verschiedenen Gründe, warum man marschirt, angegeben, und es ist also nur nöthig folgendes zu wiederholen.

5. Die Absichten, welche man durch einen Marsch verhindern will, erhellen aus denen, die man durch eine Bewegung ausführen will, und diese sind nun:

a. Um ein vortheilhafteres Lager zur Erhaltung der Fourage und des übrigen Unterhalts zu erlangen.

b. Die feindliche Armee einzuschließen, oder eine Vestung zu berennen.

c. Den Feind in eine andere Gegend zu locken.

d. Eine Schlacht zu liefern.

e. Eine feindliche Vertheidigungsfronte zu durchbrechen.

6. Die Bewegungen, welche nun zur Ausführung dieser Zwecke geschehen, beabsichtigen also eigentlich eine Offensiv-Unternehmung. Sehen wir sie in dieser Rücksicht an, so sehen wir, daß der Durchbruch der Fronte der eigentliche Hauptzweck, und die übrigen Absichten bey ihrer Erhaltung nur erleichternde Mittel zur Erreichung des erstern sind. — Alle Offensivbewegungen bezwecken also entweder die Ausführung einer den Durchbruch der Fronte erleichternden Unternehmung, oder diesen Durchbruch unmittelbar selbst.

7. Was den ersten Punkt anbetrifft, so ist hier weiter keine besondere Regel in Rücksicht der Marschordnung zu beobachten, als welche die Kriegeskunst überhaupt angiebt, und es kommt nur darauf an, so viel als möglich eine Stellung zu wählen, die außer ihrer Stärke, uns hinlänglich durch die umliegende Gegend, oder durch die günstige gedeckte Lage unserer Magazine, auf die ganze Zeit mit den nöthigen Lebensmitteln versorgt, die wir an diesem Theile der Grenze zubringen müssen.

8. Denn da die öftere Bewegung in der Nähe des Feindes, welche man zur bessern Erhaltung der Lebensbedürfnisse zu unternehmen gezwungen ist, immer gefährliche Augenblicke enthalten, und ungeachtet der größten Kunst dennoch bey einem thätigen Gegner uns oft in ein nicht wünschenswerthes Gefecht verwickeln könnte; so ist es um so nöthiger, alles aufzubieten, um die öftere Wiederholung solcher Bewegungen zu verhindern.

9. In den meisten Fällen ist es auch selten möglich, das Lager in der Nähe des Feindes zur Erhaltung einer größern Bequemlichkeit öfters zu verändern, ohne nicht zugleich eine nachtheilige Blöße in der Deckung unseres Defensiv- oder Offensiventwurfs zu geben.

10. Gewöhnlich geschieht das an der nämlichen Stelle, wo das Lager gestanden hat. Eine solche Blöße darf aber durch die Veränderung der Position auf keinen Fall Statt finden, denn sonst wird das neue Lager, ungeachtet es an sich recht stark seyn, und die Erstattung der Lebensmittel vollkommen decken kann, ganz ohne Zweck.

§. 19.

b. Lehrsatz. Die Bewegung zur Erlangung eines bessern Verpflegungslagers darf nur nach einer fruchtbaren, die Ausführung des Feldzugsentwurfs eben so gut sichernden und unsere Transportlinien nicht preisgebenden und sie verlängernden Gegend geschehen.

1. Hieraus folgt daher, daß eine Bewegung, welche zur Erhaltung der Lebensmittel geschieht, zugleich ihre Richtung nach einer solchen Gegend haben muß, welche durch die darin nun genommene Position den Entwurf des Feldzugs und die Deckung des Landes eben so wie die verlassene Stellung sichert, es mag nun durch welche Art man will, geschehen.

2. Da nun aber der Feind wahrscheinlich diese vortheilhafte Gegenden eben so gut als wir kennen wird, und daher wo möglich sicher alles anwendet, um uns den Weg dahin abzuschneiden, oder sie vor uns zu besetzen, um die Vortheile derselben wo nicht auf seine Seite zu lenken, sie doch wenigstens für uns unnütz zu machen; — so fordert es unsere eigene Sicherheit, den Feind über unsere Absicht zu täuschen, und durch einen Scheinmarsch oder durch andere Mittel von der zu besetzenden Position abzulocken, so daß wir nachher einen Vorsprung dahin haben.

3. Befinden sich unsere Magazine in festen Plätzen, von denen schiffbare Flüsse oder gute Heerstraßen nach der zu behauptenden Parallele laufen, und ist diese letztere den Regeln der Stellungskunst und des Kriegeszwecks gemäß eingerichtet; so ist es für den Feind würklich ein schweres Unter-

ternehmen, uns diejenigen Gegenden streitig zu machen, wo wir am bequemsten die nöthigen Bedürfnisse aus den Depots erhalten können.

4. Was hingegen diejenigen betrifft, welche das Land liefern soll, so hängt es hier blos von den Umständen ab, ob das Heer zu ihrer Herbeyschaffung mit Rücksicht auf die Sicherheit der Parallele, etwas beytragen kann.

5. Denn da die Festsetzung einer Parallele und ihrer Communication, sich größtentheils nach der Vertheidigungsfähigkeit des umliegenden Terrains richtet, so hängt es vom Zufall ab, ob die zu fouragirende Gegend eine solche Lage hat, daß man in derselben die Vortheile dieser Deckungsfähigkeit ferner benutzen kann, oder darin andere verfindet, welche die erstern ersetzen.

B. Grundsatz. Die Bewegungen, welche den Feind in eine andere Gegend locken sollen, müssen ihn überraschen oder täuschen.

§. 20.

a. Lehrsatz. Marschirt die Armee gleich selbst nach der zu erreichenden Gegend; so muß sie dem Feinde zuvorkommen, sich stets zu einem Treffen bereit halten, und die verlassene Gegend auf irgend eine Art sichern.

1. Wenn man sich bewegt, um den Feind in eine andere Gegend zu locken, so kann dies auf zwey Arten geschehen: Der Marsch ist nämlich entweder selbst nach dieser Gegend gerichtet, und scheint hier ein Unternehmen zum Zwecke zu haben, dessen Verhinderung der Feind nothwendig mit seiner ganzen Macht hintertreiben muß. Oder der Marsch geschieht nach einer andern Gegend, als nach der, wohin man den Feind locken will, so daß er jetzt nun unsere Entfernung mit Vortheil zu benutzen glaubt, wenn er in die verlassene Gegend vordringt.

2. Will

2. Will man den Zweck der Bewegung auf die erstere Art erhalten, so muß der Marsch, da er gerade zum Ziele gerichtet ist, schnell und überraschend geschehen, und wo möglich gleich Anfangs eine solche Richtung haben, daß man den Feind von der zu erreichenden Gegend abschneidet.

3. Denn da nun vorausgesetzt wird, daß die Wichtigkeit der bedroheten Stelle, seine Gegenwart nothwendig erfordert, so ist er gezwungen einen weiten Umweg um unser Heer herum zu nehmen, oder sich durch eine Schlacht, zu welcher wir uns immer gefaßt machen müssen und den Platz wählen können, da wir den Vorsprung haben, — den Weg zu bahnen.

4. Beides giebt uns das, was wir verlangen; den Feind nämlich mit Vortheil zu schlagen, oder ihn gleich mit entscheidendem Nutzen auf unserer Seite, in eine Gegend zu ziehn, wo die Führung des Krieges günstiger wird.

5. Bey allem diesen ist aber nöthig, daß diejenigen Gegenden, welche das Heer verläßt, entweder auf irgend eine Art noch durch dasselbe gedeckt werden, oder so unwichtig sind, daß der feindliche Einfall darin unmöglich den Schaden zu ersetzen im Stande ist, welcher dem Feinde durch unsere Bewegung erwächst.

§. 21.

b. Lehrsatz. Marschirt die Armee nach der entgegen gesetzten Seite, so muß die verlassene und die würklich zu erreichende Gegend mit einigen Corps unter einem Vorwande besetzt bleiben, welcher den wahren Zweck verbirgt, und der Armee die Erreichung der Gegend sichert, wenn der Feind durch ihre Scheinbewegungen weit genug davon abgezogen ist.

1. Soll der Zweck der Bewegung auf die andere Art erhalten werden, so gehört eine besonders vortheilhafte Lage derjenigen Gegend dazu, nach welcher der Feind hingezogen werden soll. Durch unsere Entfernung von da, muß dem Feinde nämlich die Leichtigkeit einer Unternehmung in dieser Ge-

Gegend vorgespiegelt werden, die ihm einen großen Vortheil gewähren würde, und alles das aufwiegt, was wir vielleicht unterdessen an einer andern Stelle auszuführen drohen.

2. Da indessen der Feind nicht gut voraussetzen kann, daß wir die Wichtigkeit der freyen Gegend nicht kennen sollten, und also aus unserer Entfernung von da, irgend eine List leicht vermuthen könnte, so muß unsere Bewegung einen wahrscheinlichen Zweck haben, und ihm dabey entweder selbst, oder durch ein besonderes Corps eine Vertheidigung der freyen Gegend scheinbar machen. Diese Vertheidigung muß indessen allmählich nachlassen, so wie der Feind immer mehr vordringt, und Kräfte zu ihrer Ueberwältigung anwendet.

3. Die Armee macht unterdessen mehrere Scheinbewegungen, wobey man aber beständig die Operationslinie so anordnet, daß man mit mehrern Corps zugleich und wo möglich auf den Flanken des vorgerückten Feindes, plötzlich die verlassene Gegend erreichen, und den Feind, ehe er es glaubt, in einer Lage einklemmen kann, die uns über ihn entscheidende Vortheile gewährt.

4. Diejenigen Corps, welche also in der Nähe der Gegend bleiben, in welcher man den Feind fangen will, müssen unter verschiedenen Vorwänden solche Posten beziehn, die nicht allein eine beständige Gemeinschaft dieser Corps gestatten, sondern auch die Wege bewahren, durch welche man wieder in die vom Feinde besetzte Gegend rücken, und dem Hauptheere die schnelle Erscheinung in derselben möglich machen kann.

5. Die ganze Sache beruht also darauf, daß man kluge Scheinmärsche thut, während man sich beständig der Schlüssel in die verlassene Gegend versichert.

6. Was nun ferner diejenigen Bewegungen anbetrifft, welche geschehen, um zu verwehren, daß uns der Feind nicht nach einer gewissen Gegend ziehe, und hier den Krieg mit Vortheil führe; so müssen sie eben so gemacht werden, als wenn man eine gewisse Parallelele zu vertheidigen hat,

und

und man kann die eben gezeigten Arten der Bewegung, welche der Feind zur Erreichung seines Zwecks gegen uns anwendet, auch mit Vortheil gegen ihn gebrauchen.

II. Hauptgrundsatz. Die Offensivbewegungen, welche den Durchbruch der feindlichen Fronte unmittelbar bewürken, müssen stets mit Rücksicht auf die Sicherheit der daraus fließenden vortheilhaften Folgen, und der Deckung der ferner nöthigen Terrains angeordnet werden.

A. Grundsatz. Die Bewegungen, welche zur vorläufigen Schwächung der feindlichen Fronte unternommen werden, müssen schnell entscheidend und so seyn, daß sie die feindliche Macht theilen, der unsrigen aber eine zusammenhängende konzentrische Würkung gestatten.

§. 22.

a. Lehrsatz. Die Bewegung zur Lieferung einer Schlacht muß in mehrern gleichzeitig umringend marschirenden Colonnen besonders um den feindlichen Flügel geschehen, wo wir die Fronte durch den Sieg öffnen wollen.

1. Bewegt man sich, um eine Schlacht zu liefern, so kommt es hier vorzüglich darauf an, alles vorher wohl zu überlegen, und die Ursachen einzusehen, durch welche die Unternehmung befördert oder gehindert wird; damit man die Richtung des Marsches so ordne, daß dadurch nach dem Siege allein schon ein entscheidender Vortheil in der fernern Führung des Krieges erwächst.

2. Dies wird der Fall seyn, wenn man sich durch den Marsch plötzlich auf diejenige feindliche Flanke wirft, wo es am leichtesten ist in die feindliche Parallele mit Sicherheit einzudringen und sich festzusetzen, sobald der Feind durch den Sieg aus seiner bisherigen Position vertrieben ist. Oder wo wir durch die Vertreibung des Feindes uns gleich in einer Ge-

Gegend befinden, deren Behauptung die bisher hier schwache eigene Grenze nun vollkommen deckt; oder endlich von da es uns leicht wird, das ganze fernere Vertheidigungsgebäude des Feindes zu umgehen, und unnütz zu machen.

3. Man muß durch die im vorigen Paragraphen angegebenen Scheinmärsche, den Feind vorher in eine Gegend gelockt haben, die uns die obigen Vortheile gewährt, und ihm nach seiner Niederlage den Rückzug nach den entscheidenden Posten seiner Parallele wo nicht unmöglich, doch so beschwerlich macht, daß wir einen sichern Vorsprung dahin erhalten, und einer Benutzung unseres Sieges gewiß sind, die er uns nicht zu entreißen im Stande ist.

4. Um aber den Feind in eine solche Falle zu locken, muß man gewissermaaßen ängstlich in seinen Bewegungen scheinen, und irgend eine kleine Blöße zeigen, die ihm zu einem falschen Schritte verführt, und die doch durch ein gut kombinirtes Manöver, welches dem Feinde die Flanken und die Sicherheitspunkte seiner Stellung abzugewinnen sucht, plötzlich wieder gedeckt wird, und nun das Mittel ist, ihn in einer Schwäche zu überraschen, die seinen Untergang herbeyführt.

5. Damit eine solche Bewegung so schleunig als möglich geendigt werde, welches ihrer Wichtigkeit nach nothwendig ist, so muß man das Heer in so viel Colonnen als möglich theilen, die indessen die gehörige Verbindung, und durch eine einige Stunden weit vorausgehende starke Avantgarde, eine vollkommene Sicherheit gegen den plötzlich überraschenden Angriff des Feindes besitzen.

§. 23.

§. 23.

b. Lehrsatz. Deckt die anzugreifende Armee eine von einem andern Theile derselben unternommene Arbeit, deren Hinderung der nächste Zweck der Schlacht ist, so muß der Feind durch zickzackförmige Scheinmärsche erst so nahe als möglich an die Arbeit zurückgedrängt, und wo möglich auf einer schwachen Flanke derselben zum Gefecht gebracht werden.

1. Ist das feindliche Heer, welches man angreifen will, dazu bestimmt, irgend eine von einem eigenen Corps desselben unternommene Unternehmung, als die Belagerung einer Vestung, die Einschließung eines unserer Corps, die Erbauung gewisser wichtigen Verschanzungen, oder die Ausführung irgend einer andern Arbeit ist, zu decken; so muß man suchen durch die oben angegebenen Bewegungen, das feindliche Heer so nahe an die Stellung des von ihm zu deckenden Corps zu drängen als möglich ist, und welches man wahrscheinlich erlangen wird, sobald eine Gegend erreicht ist, wo uns der Feind nothwendig in der Bewegung folgen muß, wenn er seinen Zweck vollführen will.

2. Thut das Heer nun nach jedem Tagemarsche, als wenn es im Sinne hat, die Nacht über vollkommen ruhig zu seyn, bricht aber plötzlich und in der Stille auf, so daß dem Feinde jedesmal ein kleiner Vorsprung abgewonnen wird, und setzt es endlich seine Tagemärsche in ein lang ausschweifendes Zickzack zusammen, so daß jeder neue Marsch immer etwas in die zu gleicher Zeit bestehende feindliche Parallele eingreift; so muß der Feind nothwendig endlich, wenn sonst das Terrain nicht ganz entgegen ist, bis an seine zu deckende detaschirte Stellung zurückgedrängt werden.

3. Dieses Zurückdrängen bringt aber seine entscheidenden Vortheile. Denn verliert der Feind in einer großen Entfernung von der zu deckenden Position eine Schlacht, so bedarf er vielleicht nur eines mäßigen Rückzugs, und er findet wieder eine neue Vertheidigungsfronte, wo er sich aufs neue setzen, und abermals zur Deckung seines Unternehmungs-

nehmens eine Schlacht wagen kann. Aber auch wenn sich der Feind nicht wieder setzen könnte, so hat doch wenigstens sein zurückstehendes Corps vollkommen Zeit abzuziehen, und eine Anordnung zu treffen, welche zugleich den Rückmarsch der Hauptarmee deckt.

4. Dies alles fällt hingegen in den meisten Fällen gänzlich weg, sobald eine Niederlage der feindlichen Armee nahe an dem zu deckenden Unternehmen erfolgt. Denn jetzt ist der Raum und die Zeit zu klein, sich noch einmal zur Sicherheit derselben zwischen uns und der zu deckenden Stellung zu setzen; dies macht es daher wahrscheinlich, daß diese Stellung zugleich mit durchbrochen, oder das Corps darin wenigstens so in Unordnung gebracht wird, daß ein allgemeiner schneller Rückzug unumgänglich nöthig ist.

5. Diese Vermehrung der Unordnung in den feindlichen Positionen muß aber nothwendig noch die Folgen des Sieges, bey einer planvollen Thätigkeit sehr vergrößern; und wenn man nun gar den Fall betrachtet, daß die feindliche Unternehmung in der Belagerung einer Vestung oder der Einschließung irgend eines andern Postens besteht, dessen Besatzung nun in dem Augenblicke des Sieges wieder Freyheit der Handlung bekömmt, und sich gleich in eine Gegend versetzt sieht, welche dem Feinde die größte Gefahr droht; — so ist es wahrlich unglaublich wie die Geschichte nur so wenige Fälle dieser Art darbietet, welche eine totale Niederlage des feindlichen Heers, die hier eine leichte Sache wird, zur Folge hatten.

6. Bey allen den Bewegungen, welche man vornimmt um eine Schlacht zu liefern, muß man jedesmal suchen ein solches Terrain zu denselben zu wählen, welches am vortheilhaftesten für diejenige Truppenart ist, die unsere Hauptstärke bildet.

7. Wenn gleich der Feind in dem Falle seyn sollte, eine Schlacht zu vermeiden, die wir suchen, so kann er doch vielleicht die geheime Absicht haben, uns an einem nachtheiligen Orte auf dem Marsche plötzlich anzugreifen, um uns

auf einmal vom Halse los zu werden. Spricht aber das Terrain und unsere darnach eingerichtete Marschordnung zu unserm Vortheil, so sind wir in jeder Lage und jedem Augenblick bereit, die Schlacht unter günstigen Umständen zu liefern.

8. Da dies Bewegungen um eine Schlacht zu liefern einen offensiven Zweck haben; so würde es widersinnig seyn, wenn das Heer in dem Augenblicke, wo die Schlacht nahe ist, plötzlich in eine furchtsame Defensive zurückfiele, die nun dem Feinde auf einmal freyen Willen läßt, und uns alle vielleicht durch die Bewegung erlangten Vortheile wieder entreißen kann.

9. Nur in dem einzigen Falle fänden diese Nachtheile nicht Statt, wenn das Heer durch den Marsch eine Stellung erreicht hätte, die nicht allein zu jeder Zeit einen neuen offensiven Marsch gestattet, sondern die auch dem Feinde nun so nachtheilig wird, daß er, ohne seinen höchsten Schaden nicht herbey zu führen, gezwungen ist, diese Stellung unter den für ihn nachtheiligsten Umständen anzugreifen.

10. Allein eine so günstige Lage der Naturgegenstände und der beyderseitigen Vertheidigungsfronten, als zum würklichen Daseyn eines solchen Falls gehört, findet sich äußerst selten. Um sich daher immer die Wege zu einer thätigen Offensive zu erhalten, ist es daher eine Hauptregel, daß wenn man auf der Richtungslinie der Bewegung, Defilees zu passiren hat, die Nachtläger während dieses Marsches, stets eine gute Strecke jenseits dieses Defilees auf der feindlichen Seite genommen werden müssen.

11. Befindet sich aber der zu schlagende Feind noch diesseits des Defilees, so muß man ihn durch kluge Bewegungen nicht über dasselbe, sondern auf dem diesseitigen Terrain von dem Defilee abzutreiben und dies plötzlich zu besetzen suchen, während nun die feindliche Hauptarmee in einer Lage angegriffen wird, wo kein Rückzug für sie überbleibt, oder wo man sie wenigstens zugleich zwischen zwey Feuer bringt.

 12. Läßt

12. Läßt sich der Feind nicht von dem Defilee wegziehn, so ist es auch wohl schon hinlänglich, wenn man ihn so nahe daran gedrängt hat, daß der Rückzug dadurch seinen Untergang herbeyführen muß, sobald man ihn schlägt.

13. In diesem Falle ist es also, wie man sieht, natürlich vortheilhafter, selbst wenn es möglich wäre die Defilees mit Sicherheit zu passiren, die Schnelligkeit der Bewegung zu mindern, um den Feind noch diesseits des Defilees zu schlagen.

14. Ist es dabey möglich zugleich ein besonderes Corps an einem andern Orte das Defilee passiren, und es eine solche Stellung annehmen zu lassen, aus der es leicht wird, für die Armee die nach dem Siege einzuschlagenden Operationswege zu öffnen und zu sichern; so werden die Vortheile, welche man aus der Wendung der Bewegung in Rücksicht des Defilees und aus dem Laufe desselben, in der Schlacht zieht, diejenigen nicht aufheben, welche man aus der schnellen und dem Feinde zuvorkommenden Passirung dieser Defilees erhalten kann.

§. 24.

c. Lehrsatz. Soll ein feindlicher Posten zur darauf folgenden Ueberwältigung desselben eingeschlossen werden, so ist der Feind vorher aus den dies verhindernden Posten zu vertreiben; indem ein von uns eingenommener Zentralposten mehrere und wichtige Punkte der feindlichen Fronte bedroht.

1. Wenn man ein feindliches Corps einschließen oder einen Posten berennen will, so heißt dies so viel: durch eine unerwartete den Feind überraschende Bewegung diejenigen Päße und Stellungen zu gewinnen und zu besetzen, vermittelst welcher der einzuschließende Feind mit seinem Lande Communication hat, und entweder Lebensmittel oder Hülfe an sich ziehen, oder endlich sich in Sicherheit begeben kann.

2. Der

2. Der Fall, wo man einen Posten zur Sicherung des dann zu thuenden Angriffs einschließt, kommt häufiger vor, als derjenige, wo es geschieht, um demselben die Lebensmittel und die Hülfe zu benehmen, und ihn also auf diese Weise zur Uebergabe zu bringen.

3. Bey der erstern Gelegenheit ist es selten, daß die Einschließung so lange zu dauern braucht, als bey der letztern. Ist indessen zur Ausführung des Angriffs ebenfalls eine Zeit von mehrern Tagen nöthig, so muß man zur Sicherheit desselben und der Einschließung im erstern Falle eben die Vorsichtsmaaßregeln als im andern Falle anwenden.

4. Bey einer solchen Umzingelung einer feindlichen Stellung oder eines Postens ist also zweyerley zu beobachten, nämlich:

a. Die Bewegung zur Ausführung dieser Operation selbst.

b. Die Stellung der Einschließungscorps und die Dekkung dieser Stellung gegen den zu Hülfe eilenden Feind.

5. Was die Bewegung zur Einschließung betrifft, so ist es vorher zu ihrer Sicherheit unumgänglich nöthig, den Feind aus denjenigen Posten zu entfernen, welche ihm die Gemeinschaft und Unterstützung des einzuschließenden Corps oder Postens gestatten.

6. Hat der Feind aber einmal diese Punkte in Besitz, so kann er nicht gut anders daraus entfernt werden, als wenn unsere Armee solche Scheinbewegungen macht, die den Feind für einen andern Posten fürchten lassen, der ihm eben so wichtig als der erstere ist, und also gleichmäßig seine Aufmerksamkeit erfordert, so daß er sich genöthigt sieht zu seiner Bedeckung eine Bewegung zu unternehmen, welche uns nun den Vorsprung nach den zu erreichenden Posten giebt.

7. Wäre aber der Feind durch solche Bewegungen nicht wegzubringen, sey es daß er unsere Absicht erräth, oder die bedrohete Gegend eine hinlängliche eigene Stärke besitzt, so daß er in kurzer Zeit nichts für sie zu fürchten braucht, und also erst die Entwickelung unserer wahren Absicht abwarten kann; so bleibt kein anderes Mittel, als entweder durch eine glückliche Schlacht den Feind aus den Posten wegzudrängen, oder, wird dieselbe in einer andern Gegend geliefert, seine nunmehrige Schwäche zu benutzen, um ihm darin zuvorzukommen.

8. Um bey diesen Angriffen so sicher als möglich zu gehen, ist es freylich am besten so lange zu warten, bis der Feind auseinander und in die Quartiere geht, denn alsdann ist seine Macht zertheilt und kann leicht so an mehrern Orten durchbrochen werden, daß der einzuschließende Posten gleich abgeschnitten wird.

9. Da indessen die Deckung einer solchen Einschließung im Winter unserer Seits oft eben so schwer fällt, als die anfängliche Schützung des Orts gegen dieselbe; so ist es selten rathsam zu der Ausführung einer solchen Operation den Einbruch des Winters zu wählen, wenn man nicht durch die Besetzung eines Terrains, das unserm Cordon eine große Stärke giebt, vor allem plötzlichen Durchbruch des Feindes völlig gesichert ist.

10. Hieraus folgt also, daß man keinen bessern Zeitpunkt zur Ausführung einer solchen Operation wählen kann, als den Anfang des Feldzugs. Jedoch ist hierzu nöthig, daß wir dem Feinde in der Eröffnung desselben zuvorkommen. Denn jetzt trifft man ihn noch in seinen Quartieren zerstreut an, kann die eigentliche Absicht leicht durch die Verlegung der Truppen in den eigenen Quartieren verbergen, und diese dennoch zur schnellen und überraschenden Ausführung derselben anordnen; auch hat man nun den ganzen noch übrigen Feldzug vor sich, und braucht daher nicht zu fürchten, daß der Einfluß der Jahrszeit die Vollendung des Angriffs hemmt.

§. 25.

§. 25.

d. Lehrsatz. Die Bewegung zur Einschließung eines Postens muß mit mehreren Divisionen den Posten umringend zugleich, und nach Postengeschehen, die völlige Sicherheit der Einschliessung geben, während der Rest des Heers die Rückkehr in die eigene Fronte deckt.

1. Wir haben schon im vorhergehenden Abschnitte gesehen, daß keine Marschart schneller vollendet und überraschender in Rücksicht des Feindes ausgeführt werden kann, als die mit Divisionen von mehrern Punkten ab zugleich.

2. Da es nun bey der Abschneidung und plötzlichen Umzingelung eines feindlichen Postens vorzüglich darauf ankommt, theils den Feind über den wahren Angriffspunkt zu täuschen, theils ihn in den Communicationspunkten zu überraschen oder zuvorzukommen, und das feindliche Corps auf einmal auf allen Seiten, von den Gegenden, woher Unterstützung kommen könnte, zu trennen; — so folgt hieraus, daß keine Bewegungsart so vollkommen, als die mit Divisionen zugleich diese Erfordernisse gut gewährt.

3. Will man sie aber anwenden, so gehört hierzu:

a. Daß man den feindlichen einzuschließenden Posten von mehreren Seiten her umgehen kann, und nicht durch den Lauf eines schwer zu passirenden Hindernisses als eines Morastes, breiten Flusses oder Gebürges, an welchem der Posten liegt, gezwungen wird, nur durch einen einzigen Durchgang auf die andere Seite des Postens zu gelangen, so daß die Truppen einen ganzen Halbzirkel auf der Seite durchlaufen müssen, wo die feindlichen Gegenden sind, um die Einschliessung zu formiren.

b. Daß man einen Theil in der eigenen Parallele besitzt, der mehrere Posten an den Wegen enthält, auf welchen man gegen den einzuschließenden Feind anrücken muß, so daß dieser Theil der Parallele als die Grundfläche, die von da aus gehenden Operationslinien als die Seitenflächen, und der einzuschließende feindliche Posten, als die Spitze eines Keils anzusehen sind.

4. Fände der erstere Punkt nicht Statt, und man wäre gezwungen durch eine einzige Oeffnung die Einschliessung zu formiren, so würde der Vortheil, den man aus dem zweyten Punkte ziehen kann, in sofern wegfallen, daß es nun unmöglich wäre, vermittelst desselben diejenigen Posten zu umgehen, durch die der Feind die Communication und den Rücken des einzuschließenden Punkts deckt, und also würden diese nun weit schwerer zu erobern seyn.

5. Aller Nutzen, der also bey dem Mangel von a aus der Gegenwärtigkeit von b fließen würde, bestände darin, daß sich die Front des die Einschließung des feindlichen Ortes erschwerenden Postens, von mehrern Punkten her bedrohen, und von da vor derselben vielleicht plötzlich ein dem Feinde überlegenes Corps vereinigen ließe. Allein diese günstige Einrichtung muß jede Parallele in Rücksicht einer Offensivoperation haben, und man kann also nicht annehmen, daß sie unmittelbar zur Begünstigung der Einschließung wirkt.

6. Haben nun die Posten in der eigenen Parallele, wo man die zur Formirung der Einschließung bestimmten Corps mit Sicherheit versammeln kann, eine so vortheilhafte Lage, daß sich auf denen von da auslaufenden Wegen mehrere feindliche Posten bedrohen und umgehen lassen; so wird die Aufmerksamkeit des Feindes um so mehr getheilt, und eine plötzliche Zusammenstoßung dieser Corps hinter den eigentlich einzuschließenden Ort, desto schneller, sicherer und überraschender geschehen können.

7. Da übrigens eine solche Bewegung zur Einschliessung eines Postens, der innern Einrichtung nach mit derjenigen gleichkommt, die man zur Durchbrechung einer feindlichen Parallele oder Vertheidigungslinie unternimmt, so wäre es unnöthig hier mehr zu sagen, als bereits geschehen ist.

8. Die

8. Die Bewegung zur Ausführung der Einschließung kann nun auf eine doppelte Art geschehen, nämlich entweder mit dem ganzen Heere, oder nur mit einem detaschirten Corps. Mit dem ganzen Heere macht man diese Zirkelbewegung,

a. wenn sich die Gegend um den feindlichen Posten so ganz in unserer Gewalt befindet, daß nicht das Geringste von einem zu Hülfe eilenden Feinde zu fürchten ist, bis sich das Heer im Stande befindet, ihn gehörig zu empfangen.

b. Wenn diejenigen Posten des Feindes, welche die Einschließung seiner Position oder Vestung verhindern, so stark von ihm besetzt sind, und nicht anders, als durch einen förmlichen Angriff, oder durch eine gewaltsame Umgehung derselben gewonnen werden können, und zu dieser Operation die gesammte Kraft des Heers erfordert wird.

9. Der gewöhnlichere Fall hingegen ist, daß man die Einschließung durch ein bis dahin in der eigenen Vertheidigungsfronte zurückgehaltenes Corps vollstrecken läßt, und dies zwar deswegen:

a. Weil die Bewegung versteckter und schneller auszuführen steht, als wenn sie mit der ganzen Macht unternommen wird, da dieser immer das Hauptaugenmerk des Feindes folgt.

b. Weil oft der Feind erst aus der Nähe des einzuschließenden Postens weggezogen werden muß, und dies auf keine Weise besser geschehen kann, als wenn die eigene Hauptarmee Bewegungen unternimmt, welche den Feind für einen andern wichtigen Theil seiner Vertheidigungsfronte ernstliche Besorgniß geben, und seine Annäherung zu demselben erheischen.

§. 26.

e. Lehrsatz. Die Stärke und Zusammensetzung des nöthigen Einschließungscorps wird nach der Größe und dem Terrain der engsten Einschließungsposten, so wie nach den nöthigen Flankenpositionen zur Sicherheit der eigenen Fronte und ihrem Zusammenhang mit dem besetzten Zirkel formirt.

1. Die Stärke eines solchen Einschließungscorps wird nach dem bestimmt, was der Feind von allen Seiten dagegen unternehmen kann. Dies hängt von folgenden Umständen ab:

a. Wie stark der einzuschließende Feind ist.

b. Wie nahe und wie stark der zu Hülfe eilende Feind ist.

c. Wie die Stellung der Einschließungscorps gedeckt werden kann, sowohl nach dem einzuschließenden als nach dem zu Hülfe eilenden Feind.

2. Was den ersten und andern Punkt betrift, so richtet sich ihre Würkung fast gänzlich nach der Beschaffenheit des dritten. Dieser dritte Punkt wird nun zwar eigentlich durch die Stellungskunst bestimmt, wir wollen indessen das Nothwendigste hier wiederholen.

3. Wenn die Einschließung lange dauern soll, so darf die Stellung der Truppen nirgends von dem feindlichen Posten aus beschossen werden können. Liegt daher derselbe in einer volkommenen Ebene, so muß die Stellung mit ihrer Fronte wenigstens 3000 Schritte abgerückt seyn.

4. Liegen aber Höhen, Waldungen oder andere erhabene Gegenstände näher am Feinde und sind nicht von ihm besetzt, so daß sie dennoch seine geraden Schüsse gegen uns verhindern; — so kann man die Front der Stellung an diesen Stellen dem feindlichen Posten immer bis an den erhabenen Gegenstand näher rücken.

5. Da die Front der Stellung in einem großem Zirkel den feindlichen Posten umgeben muß, so gehört zu ihrer

rer hinlänglichen Besetzung eine so große Macht, daß oft ein großes Heer dazu nicht hinreicht.

6. Dieserhalb ist es nothwendig die Front so sehr als möglich zu verkürzen, und dies kann nicht anders geschehen, als wenn man diejenigen Terraingegenstände mit zur Formirung der Einschließungsfronte nützt, die an und für sich schon eine leichte Passage vorhindern.

7. Hier kommt es denn nicht darauf an, ob diese Gegenstände etwas näher oder weiter vom Feinde liegen, als sein Geschütz reicht. Denn wenn nur längst denselben der gehörige Observationscordon gezogen ist, so kann man von den Hauptposten früh genug ankommen, um einen Durchbruch des Feindes zu verhüten.

8. Wenn daher ein feindlicher Posten recht stark und fest eingeschlossen werden soll, so müssen sich in der gehörigen Entfernung vom Feinde Terrainhindernisse um denselben herumziehn, die wenig Durchgänge besitzen, so daß wenn man diese Defilees stark verschanzt und besetzt, und längst den die Pässe bildenden Gegenständen einen gut geordneten Cordon zieht, ein feindlicher Durchbruch nur allein durch diese wenigen Pässe zu befürchten, hier aber wegen der Stärke der Posten ebenfalls leicht zu verhindern ist.

9. Liegt also der feindliche Posten in einer Ebene, so ist man genöthigt diese Contravallationslinien durch starke Verschanzungen und tiefe zusammenhängende Gräben zu formiren, um diejenigen Verstärkungen durch die Kunst hervorzubringen, welche die Natur versagt hat.

10. Wenn der feindliche Posten an einem Defilee liegt, so vermehrt dies seine Stärke in Rücksicht der Einschließung außerordentlich; denn nun wird die Fronte der Einschließungstellung durch diejenigen Gegenstände getrennt, welche die Defilees bilden, so daß oft die nothwendige Communication zwischen den Theilen des Einschließungcorps nicht Statt finden kann.

11. In diesen Fällen bleibt kein anderes Mittel, als die Front der Contravallationslinie so weit zurückzuziehen,

 daß

daß man das Terrainhinderniß mit in dieselbe einschließt, und also umgehen kann; oder daß man, aller Mühe ungeachtet mehrere Communicationswege über dasselbe anlegt, und ihre Aus- und Eingänge durch starke Verschanzungen sichert. Denn der Feind könnte sonst leicht mit seiner Hauptkraft über einen Theil des Einschließungscorps plötzlich herfallen, es über den Haufen werfen, und auf diese Weise die Blockade aufheben.

12. Ausser den übrigen Regeln, die zur Verstärkung einer Stellung beobachtet werden müssen, muß man nun auch genau folgende beobachten. Die eingenommenen Posten müssen sich nirgends in einer Gegend befinden, die entweder durch plötzlich angelaufene Flüsse, oder durch Schleusen, welche sich in feindlichen Händen befinden, überschwemmt werden könnte, so daß man gezwungen ist, die Truppen von diesen Stellen zurückzuziehn und den Cordon der Einschließung selbst zu brechen.

13. Sollten daher solche Schleusen oder gefährliche Flüsse würklich vorhanden seyn, so muß man durch die Bewegungen der Armee sich vor allen Dingen derjenigen Punkte zu bemächtigen suchen, wo durch Zerstörung dieser Schleusen, oder durch Aufbauung von Dämmen eine Ueberschwemmung unmöglich wird: Oder wo man selbst dieselbe hervorbringen kann, so daß dies Hinderniß statt uns nachtheilig zu werden, uns jetzt Vortheile bey der Formirung des Einschließungscordons gewährt.

14. Was nun die Deckung der Einschließung gegen den zu Hülfe eilenden Feind betrift, so muß sie, wenn man sie durch das Einschließungscorps selbst erhalten will, durch ähnliche Anstalten von demselben geschehen, als gegen den feindlichen Posten selbst angewandt sind.

15. Man ist also genöthigt eben eine solche verstärkte Stellung um den Rücken, wie um die Fronte des besagten Corps einzurichten; nur mit dem Unterschiede, daß, da die erstere die letztere in einer ziemlichen Entfernung umgiebt, die wenigstens so groß seyn muß, daß die Unterstützung der ver-

verschiedenen Heertheile untereinander, bequem geschehen kann, — dieselbe, oder die sogenannte Cirkumvallation, eine weit größere Fronte als die letztere oder die Contravallation erhält.

16. Da überdem die Cirkumvallation gewöhnlich der größern feindlichen Macht entgegengesetzt wird, so ist es um so nöthiger, dieselbe durch alle mögliche Mittel zu verstärken, und die eigentlich zu besetzenden Theile darin, durch Benutzung vortheilhafter Terraingegenstände zu verkürzen.

17. Oft ist es der Fall, daß dasjenige Terrain, welches zur Formirung und Deckung der Cirkumvallation dienen soll, zu weit von demjenigen entfernt ist, welches zum Schutze gegen den eingeschlossenen Feind dient, und also die Contravallationslinie formirt, als daß beyde Fronten von ein und demselben Corps könnten beschützt werden.

18. Hier kann man nun nichts anders thun, als entweder ein besonderes Observationscorps zur Behauptung der angeordneten Cirkumvallationslinie aufzustellen, oder die Einschließung bey dem Anrücken des Feindes einen Augenblick aufzuheben, ihm entgegen zu gehen und schnell zu schlagen, darauf wieder umzukehren, und die Einschließung oder den dadurch gedeckten Angriff auf den abgeschnittenen Feind fortzusetzen.

19. Die Deckung der Einschließung mag nun geschehen, auf welche Art man will, so werden doch die dazu nöthigen Truppen billig nicht mit zu dem Einschließungscorps gerechnet, und die Stärke dieses letztern eigentlich nur nach den angegebenen Punkten bestimmt.

20. Was nun endlich die Truppenarten betrift, aus welchen ein solches Einschließungscorps bestehen muß, d. h. ob viel Infanterie und wenig Reuterey, oder letztere mehr als erstere nöthig ist und wie viel Geschütz das Corps bedarf; so hängt dies allein von dem Terrain ab, welches sich im Umfange der zu formirenden Einschließungslinie befindet, ob die

die Posten verschanzt werden müssen, und mit was für Truppen der Feind dieselben angreifen kann.

21. Da man übrigens den Marsch eines solchen Corps, selbst wenn er durch kombinirte Bewegungen von verschiedenen Seiten her geschieht, dennoch auf alle mögliche Art beschleunigen muß, so darf man den Truppen, außer den nöthigen Lebensmitteln auf ein paar Tage, nicht die geringste Bagage, oder sonst etwas mitgeben, was den Marsch auf irgend eine Art aufhalten könnte.

§. 27.

f. Lehrsatz. Sobald die Einschließungsstellung gewonnen ist, so muß dieselbe, so wie die nähesten Theile der eigenen Fronte unmittelbar durch diese Stellung, und diese durch Defensivbewegungen erhalten und geschützt werden.

1. Regel. Bey der nothwendigen Beziehung einer Cirkumvallation kann die Bewegung keine Sicherheit geben, alles beruht hier auf die Stellung, doch ist die Anordnung einer Observationsarmee in den mehrsten Fällen zweckmäßiger.

1. Ist man überzeugt, daß dem eingeschlossenen Feinde kein Sukkurs zur Rettung geschickt werden kann, so ist es nur nöthig das Heer nach ihm zu hinlänglich zu sichern, da hier die einzige Gefahr ist, die es zu befürchten hat; und in diesem Fall kommt alles auf die Befolgung der Regel der Stellungskunst zurück.

2. Indessen muß man es nie versäumen, die wichtigsten Durchgänge und Posten zu verschanzen; denn ungerechnet, daß sie dadurch dem Feinde eine desto größere Kraft entgegensetzen, so werden auch die Truppen um so mehr geschont, da die Sicherheit der Stellung bey weitem nicht so viel erfordert, als wenn die Truppen ganz frey stehen.

3. Ist nun aber eine Hülfsarmee des Feindes zu fürchten, so muß man freylich eine besondere Deckung gegen dieselbe aufstellen; es kommt also darauf an zu bestimmen, ob hier-

hierzu eine Cirkumvallation oder eine Observationsarmee am dienstlichsten ist.

4. Soll es durch eine Cirkumvallation geschehen, so muß dieselbe, wenigstens an den gefährlichsten Gegenden, vollkommen gut besetzt seyn, wenn sie was helfen soll. Allein eine kleine Berechnung derjenigen Linie, welche in solcher Lage durch eine zusammenhängende Schlachtordnung in den gewöhnlichsten Fällen, zu vertheidigen wäre, wird die ungeheure Macht zeigen, welche selten dazu angewandt werden kann.

5. Der Durchmesser des feindlichen Postens sey 1000 Schritt, so muß unsere Contravallation wenigstens 2000 Schritte von demselben abstehn; der Durchmesser des von uns zu besetzenden Einschließungszirkels beträgt daher 5000 Schritte, der Umfang dieses Zirkels selbst aber 15000 Schritte oder 1½ Meilen. Zur Vertheidigung dieses Umfangs sind also wenigstens 30000 Mann nöthig, wenn der Feind 8 bis 10000 hat, und sich auf die Festigkeit seines Postens verlassen kann.

6. Nehmen wir nun an, daß die zu vertheidigende Cirkumvallation nur 500 Schritte von der Contravallation absteht, welches fast zu wenig ist, um nicht bey dem ersten Durchbruch sogleich auch die Ueberwältigung der ganzen Stellung befürchten zu müssen; so ist dennoch der ganze Umfang der Cirkumvallation 18000 Schritte, wozu, weil hier die Gefahr größer ist, als an der Contravallation, wenigstens 54 bis 60000 Mann nöthig sind. Die ganze Macht beträgt daher 80 bis 90000 Mann, und dennoch ist die Stellung dieser Macht höchst gewagt, und bietet einem klugen Feinde entscheidende Vortheile dar.

7. Statt der 50 bis 60000 Mann an der Cirkumvallation, wären daher, bey einem thätigen und klugen Anführer, wahrscheinlich 40000 Mann in ein Corps vereinigt, völlig hinlänglich, durch zweckmäßige Bewegungen längst einer ausgesuchten vortheilhaften, und diejenigen Seiten der

der Einschließung, wo der feindliche Sukkurs durchdringen muß, deckenden Vertheidigungslinie, den Feind von allem Durchbruche abzuhalten.

8. Außer in dem Falle, wo man so schwach, und das Heer nicht viel stärker ist, als zur gehörigen Sicherung der Contravallation gehört, und seine Stellung nicht durch höchst beschwerliche Defilees gesichert wird; ist es allemal besser die Deckung der Einschließung durch ein besonderes Observationscorps derjenigen durch eine mittelmäßig starke Cirkumvallation vorzuziehn.

9. Da man bey dieser Art von Deckung sich auf mannigfaltige Weise von dem eingeschlossenen Orte entfernen muß, so ist es ungeachtet der Observationsarmee vortheilhaft und nothwendig, daß diejenigen Truppen, welche die Einschließung formiren, sich selbst und ihre Communicazionspunkte, nach beyden Seiten zu verschanzen; denn, wenn alsdann der Feind auch etwas gegen diese Posten unternehmen sollte, so kann man sie doch einige Zeit ihrer eigenen Stärke überlassen, welches oft hinreicht, einen entscheidenden Schlag auszuführen.

§. 28.

2. Regel. Die deckenden Bewegungen der Observationsarmee geschehen in einem Zirkel, dessen Mittelpunkt der eingeschlossene Posten ist, doch fallen sie plötzlich gegen den Feind aus, wenn man mit Sicherheit seine Flanke auf der Seite der Vertheidigungslinie gewinnen kann, wo diese am schwächsten ist.

1. Was nun die Bewegung einer Observationsarmee zur Deckung der Einschließung betrift; so muß man bemerken, daß der feindliche Posten, der durch diese Einschließung erobert werden soll, sowohl als der Mittelpunkt dieser Märsche, als auch derjenigen anzusehen ist, welche der Feind macht, um den Platz zu entsetzen.

2. Die

2. Die Observationsarmee, welche die nähefte an demselben ist, hat den Vortheil, ihre Bewegungen in einem kleinern Bezirke zu machen, als die feindliche; auch kann sie in der Sehne des zu vertheidigenden Bogens marschiren, während der Feind genöthigt ist, oft selbst noch außer dessen Umfange, also in einem noch größern Bogen sich zu bewegen.

3. Setzt sich hingegen die Observationsarmee vor, nur defensiv, nie offensiv bey ihrem Geschäfte zu verfahren; so hat dadurch der Feind nun wieder den Vortheil, daß jene, weil sie keine andere Absicht hegt, als sich diesem nur zu widersetzen, ihre Bewegungen nach den seinigen einrichten muß, die er also denn schon vorher vollkommen überdacht hat, während wir erst die Gewißheit davon einziehen müssen, ehe aufgebrochen wird; wodurch also zum Theil der obige Vortheil wieder verloren geht.

4. Bey den Bewegungen einer Observationsarmee, tritt also der Fall der schwersten und künstlichsten Devensive ein, und es gehört daher warlich ein geschickter Feldherr dazu, welcher gegen einen thätigen Feind, ohne offensive Schlacht, selbst eine gute Vertheidigungslinie, die sich um den eingeschlossenen Posten herzieht und sich in seiner Gewalt befindet, behaupten, und dem eingeschlossenen Orte dadurch alle Hülfe benehmen will.

5. Will man daher die Deckung durch vollkommene Defensive erhalten, so ist es nothwendig, daß der die Observationsarmee commandirende Feldherr alle mögliche Mittel vorkehre, um eine genaue Kenntniß von allen feindlichen Bewegungen und der ganzen umliegenden Gegend zu erhalten.

6. Denn das erstere giebt ihm den nothwendigen Vortheil, nach allen Punkten hin, wo der Feind durchbrechen will, einen Vorsprung zu behaupten. Das zweyte aber läßt ihm die Hülfsmittel erkennen, welche er in der planmäßigen Benutzung der umliegenden deckenden Terraingegenstände besitzt, um seine Vertheidigung zu verstärken.

7. Sollte

7. Sollte indessen die Communication zwischen der Observations- oder zwischen der Einschließungsarmee und dem eigenen Lande, nicht schon vollkommen durch die Stellungskunst mehrerer Flankencorps, gesichert seyn, sondern mehrere hierzu nöthige Punkte nur durch schnelle Bewegungen der Observationsarmee geschützt werden können; — so ist es derselben selten möglich, daß sie ganz vollkommen defensiv verfahren, und innerhalb ihrer angeordneten, den feindlichen Posten umgebenden Vertheidigungslinie bleiben kann; sondern sie wird in den gewöhnlichsten Fällen, wo nämlich beschwerliche große Defilees nicht den Verband mit den die Communication sichernden Punkten erhalten lassen, — gezwungen seyn, durch Offensivbewegungen beydes, die Einschließung und die Communication zu decken.

8. Die Weite, in der sich nun aber eine Observationsarmee von der Einschließungsstellung entfernen kann, richtet sich allein nach der Beschaffenheit des Landes. Denn ist dasselbe offen und frey, so ist es fast unmöglich dem Feinde darin immer zuvorzukommen; da man sich hingegen vielleicht mehrere Meilen zur Ausführung eines Streichs zur Seite begeben kann, wenn ein von uns bewachter großer Fluß, Moor oder gebürgichter Wald den Feind aufhält.

9. Die erste Grundregel zur Anordnung der Bewegungen einer Observationsarmee ist aber, die Marschrichtung und die dadurch zu erreichenden Posten so zu wählen, daß man immer auf einem geradern, folglich kürzern Wege, der zugleich vollkommen brauchbar ist, als der Feind die Einschließungsstellung erreichen kann, und durch die Benutzung dieser Vortheile beständig zwischen dem Feinde und dem zu erobernden Posten bleibe, oder einen Ort besetzt halte, von da aus man dem Feinde den Untergang droht, sobald er sich aus seiner bisherigen Stellung entfernt, und gegen die Einschließung anrückt.

10. Hieraus folgt daher, daß wenn man durch Offensivbewegungen die Einschließung sichern will, dieselben so viel als möglich, geheim und überraschend geschehen müssen,

um

um plötzlich einen Posten zu gewinnen, der entweder dem Feinde die Lebensmittel oder den Rückzug abschneidet.

11. Auch ist es hinlänglich, wenn der gewonnene Posten alle Stellungen und Märsche, die der Feind bey einer Annäherung an den eingeschlossenen Platz nehmen muß, so gefährlich macht, daß sie zu seinem größten Ruin ausschlagen können; — oder endlich, wenn von da es leicht ist, ein wichtiges, ein Hauptmagazin des Feindes, oder einen Posten wegzunehmen, der die Behauptung eines großen Theils seiner Parallele entscheidet.

12. Diese Offensivmärsche müssen also vorzüglich gegen die Flanken und die Rückzugspunkte des Feindes gerichtet seyn, dabey aber, um durch die im Vorigen erklärten Mittel, die Gemeinschaft mit der Einschließungsstellung zu erhalten, völlig gesichert und mit der eigenen Parallele auf das genaueste verbunden werden; so daß es, wie schon gesagt, dem Feinde auf keine Art möglich wird, die eine oder die andere ohne den größten Nachtheil zu erreichen.

§. 29.

3. Regel. Da ein Seeplatz auch mit einer Flotte einzuschließen ist, so muß diese in mehrern Häfen geheim ausgerüstet und dann überraschend entweder zur unmittelbaren Blokade der feindlichen Häfen, oder zur Besetzung der sichernden Flankenstellung vorgeführt werden, indem ein Theil derselben entfernte feindliche Küsten bedroht.

1. Wenn man einen feindlichen Posten einsperren und ihm die Zufuhr oder Truppenunterstützung abschneiden soll, und er liegt am Meere, so daß er vielleicht selbst einen Hafen sichert; so ist es nicht hinlänglich diesen Ort auf der Landseite, durch die Stellung der Truppen abzuschneiden; sondern es wird auch eine Flotte erfordert, welche dieses auf der Meerseite vollführt, und einen Entsatz verhindert, der hier von einer feindlichen Flotte unternommen werden könnte.

2. Einige Feldherrn wählten den Winter zur Belagerung der Seeplätze, in Hoffnung, der Feind könne wegen der stürmischen Jahrszeit keine Verstärkungen mehr zu Wasser hineinwerfen.

3. Diese Maxime kann indessen nur bey einem höchst nachlässigen und unwissenden Gegner gelingen. Denn da dieser selbst wohl weiß, welche Schwierigkeiten der Winter seiner vorhabenden Verproviantirung des Seeplatzes entgegensetzt; so wird er sicher dieses nothwendige Manöver schon früher ausführen und nicht bis auf den letzten Augenblick verschieben. Ueberdem leiden wir von der Witterung die nämlichen Nachtheile als der Feind.

4. Eine aus großen Kriegesschiffen bestehende Flotte, ist indessen mannichmal nicht hinlänglich, einen Seeplatz vollkommen einzuschließen. Denn wenn sich nahe am Ufer seichte Stellen finden, die unter dem Feuer des Feindes liegen, und wegen des wenigen Wassers nicht von den großen Schiffen besetzt werden können, so ist es den feindlichen Ruderschiffen ein leichtes, in einer finstern Nacht auf diesen seichten Stellen durch oder neben unserer Linie vorbeyzukommen, und den Hafen zu erreichen. — Hieraus ersehen wir daher die Nothwendigkeit auch kleinere Kriegesfahrzeuge zu besitzen, mit welchen diese Stellen gesperrt werden.

5. Ist es möglich auf der Flotte einen Theil des Heers, und die Nothwendigkeiten zu einem Angriffe auf den einzusperrenden Feind, einzuschiffen; so ist es vortheilhaft die Flotte eher auslaufen zu lassen, als sich die Truppen in Marsch setzen, welche die Einschliessung zu Lande formiren sollen. Je überraschender diese Bewegung der Flotte geschieht, je besser ist es. Man muß daher die vorläufige Einschließung, durch vorausgehende Geschwader von Galeeren und leichten Fregatten, vollführen lassen.

6. Uebrigens gewährt dieser frühere Aufbruch der Flotte noch folgende Vortheile:

a. Die

a. Die gewöhnlichen auf der See eintretenden Zufälle, können der Vollendung der ganzen Operation nicht so leicht hinderlich seyn.

b. Wenn sich in dem feindlichen Hafen noch kleinere Fahrzeuge befinden, so werden diese durch die plötzliche Erscheinung unserer Flotte an der Flucht verhindert, und die Eroberung des feindlichen Postens, die uns auch zum Herrn dieser Schiffe macht, um so nützlicher.

c. Man schneidet unterdessen dem feindlichen Posten die Zufuhr aller Kriegesbedürfnisse zur See ab.

d. Die Bootsleute der im Hafen eingesperrten Schiffe vermehren die zehrenden Mäuler, und verringern also um so schneller den feindlichen Mundvorrath.

7. Es kann indessen vier Fälle geben, wo es den eingeschlossenen feindlichen Schiffen leicht wird, zu entwischen: deshalb ist es nothwendig, ungeachtet der vortheilhaften Stationirung der Einschließungsflotte, alles anzuwenden, um Batterien oder Bombardiergaliotten so legen zu können, daß ihr fortgesetztes Feuer die feindlichen Schiffe unbrauchbar machen wird. — Was übrigens die Fälle betrifft, in welchen eine vollkommene fortdauernde Einschließung des Hafens durch die Flotte schwer fällt, so sind es folgende.

8. Wenn die feindlichen Schiffe eine sehr weitläuftige Küste, die ihrer Länge wegen, von unserer Flotte nicht gänzlich gesperrt werden kann, zu ihrem Zufluchtsorte haben; folglich ihre Sicherheit an derselben allemal finden, indem sie bey einem günstigen Winde, der uns nahe an der großen Flotte zu halten zwingt, in einer finstern Nacht schnell durch die Linie segeln.

9. Wenn es unserer Flotte an bequemen Häfen fehlt, wo sie gegen den Wind in Sicherheit seyn könnte, und also bey jedem Sturme sogleich gezwungen wird in die offene See zu laufen. Denn ehe sie im Stande ist ihre vorige Station wie-

wieder einzunehmen, werden die feindlichen Schiffe längst nach einer andern Gegend ausgelaufen seyn.

10. Wenn die Einschließungsflotten durch widrige Winde an der schnellen Fahrt verhindert werden, und also später als die Landarmee vor dem feindlichen Posten ankommen. Denn sobald der Feind aus der Ankunft der Armee leicht auf die der Flotte schließen kann, so wird er alles anwenden, die unnützen Verzehrer und die ihm mehr hinderlichen als vortheilhaften Schiffe, bey Zeiten auf dem Meere fortzuschaffen.

11. Endlich werden auch dann noch die eingesperrten feindlichen Schiffe für den Feind gerettet, wenn es ihm gelingt uns zur Aufhebung der Einschließung zur See, durch eine für ihn glückliche Seeschlacht, oder durch eine gefährliche Diversion, welche die schleunige Gegenwart unserer Flotte erheischt, auf immer, oder selbst nur auf eine Zeitlang, zu zwingen.

12. Die Flotte, welche zur Einschließung nöthig ist, muß so viel als möglich, in mehrern Häfen ausgerüstet werden. Denn dadurch ist es vielleicht mit Hülfe eines ausgesprengten Gerüchts möglich, den Feind über den wahren Bestimmungsort dieser verschiedenen Geschwader zu täuschen, und ihn nun bey einer schnellen überraschenden Fahrt, unvorbereitet anzutreffen.

13. Da man mit einer Flotte so leicht große Strecken zurücklegen kann, so ist es immer vortheilhaft, wenn sonst nicht der Feind selbst eine Seemacht besitzt, die der unsrigen nachher die zu nehmende Station verbietet, — die feindliche Küste vorher in einer andern Gegend mit einer Landung zu bedrohen, um den Allarm und die Aufmerksamkeit des Feindes hierher zu ziehn, unterdessen man schnell nach dem ersten Ziele segelt.

14. Während der Station der Flotte vor dem eingesperrten Orte, müssen indessen 3 Wachtschiffe ausgesetzt seyn, die alle 24 Stunden abgelöst werden. Zwey davon fahren, so viel es Wind und Wasser zugeben wollen, beständig vor

dem

dem Hafen hin und her, während das dritte vor der Mitte immer stille liegt. Auf diese Weise ist der Hafen beständig geschlossen, und es befindet sich wahrscheinlich immer ein Schiff über dem Winde desjenigen feindlichen Schiffs, das in den Hafen einlaufen will.

15. Diese Wachtschiffe gehen jedem Segel entgegen, das sie erblicken, um zu sehen, wozu es gehört. Will es schnell durch die Linie und in den Hafen laufen, so geben sie das verabredete Zeichen, worauf sogleich einige Schiffe die Anker lichten, und Jagd auf den Feind machen.

16. Die ganze Linie, selbst nicht einmal ein großer Theil davon, darf aber nicht nachfolgen, sondern muß ganz still liegen. Denn sonst könnte der Feind diesen Fehler benutzen, uns durch fortgesetzte Flucht bis zur Nacht weit in die See locken, und unterdessen durch eine besondere Eskadre, oder durch einen schnellen Umschweif der fliehenden Flotte, hinter uns den Hafen erreichen und dadurch den Ort entsetzen.

17. Oft schleicht sich ein feindliches Fahrzeug in der Nacht unvermerkt bey den Wachtschiffen durch, stellt sich des Morgens als Freund, und nähert sich dem Admiralschiffe, als ob es demselben seine Ehrerbietung bezeigen will. Auf einmal aber geht es mit vollen Segeln durch und kehrt sich nicht an die auf ihn gerichteten Schüsse, und erreicht bey günstigem Winde den Hafen.

18. Es ist also nothwendig, daß man hiergegen auf seiner Huth sey, und der Flotte den Befehl gebe; daß dasjenige Kriegsschiff, welches dem feindlichen am nähesten über dem Winde liegt, sogleich unter Segel gehe, und, will das feindliche Fahrzeug nicht sogleich die Segel streichen, dasselbe ohne Gnade angreifen solle.

19. Aber wenn man nun auch dem Feinde an allen nöthigen Schiffsarten überlegen ist, und besitzt in der Nähe der einzuschließenden Stadt keinen eigenen Hafen, der unserer Flotte bey einem Sturme Schutz geben kann; so ist es noth-

nothwendig, die umliegenden feindlichen Häfen vorher zu besetzen. Denn dadurch erschafft man sich nicht allein Zufluchtsörter, sondern benimmt auch dem Feinde diejenigen Punkte, von da aus er eine Hülfe nach dem eingeschlossenen Platze abschicken kann.

20. Wollte man dies nicht thun, so würde die Flotte gezwungen seyn, da in einer bloßen Bay keine hinlängliche Sicherheit Statt findet, — auf offener See vor Anker zu gehen; damit sie, wenn es nöthig ist, den Vorgebürgen vorbeykommen kann. Aber eben diese Entfernung in die See vermehrt die Würkung aller Winde auf die Flotte.

21. Ist man schwächer an Fahrzeugen als der Feind und will dennoch den Hafen sperren, so kann dies nur dadurch geschehen, daß man sich in Besitz der den Hafen bestreitenden Batterien und Forts setzt, und diese Stellen so hinlänglich mit Artillerie und Truppen versieht, daß es kein Schiff wagen darf, unter ihrem kreuzenden Feuer den Hafen zu verlassen, oder in denselben einzulaufen.

22. Ein anderes Mittel ist, daß man den Hafen mit einer Kette sperrt, die an beyden Enden durch Verschanzungen, und in der Mitte durch bewaffnete Fahrzeuge gedeckt wird. Diese Kette wird aus starken Balken, die mit dicken Tauen verbunden sind, zusammengesetzt; und damit sie durch ihre eigene Schwere, oder durch die Gewalt der daran stoßenden Schiffe nicht durchbrochen werde, so legt man sie von Weite zu Weite auf einige Brückenschiffe. — Auch kann man den Eingang eines Hafens durch versenkte Fahrzeuge, oder eingerammte Pfähle sperren.

B. Grundsatz. Die Bewegungen, welche die Durchbrechung der Fronte unmittelbar bewürken, müssen sich besonders nach der Anzahl der Eingänge und der Widerstandsfähigkeit des Feindes richten.

§. 30.

a. Lehrsatz. Die den Feind überfallende Bewegung im Anfange eines Feldzugs muß die Verbandposten seines Vertheidigungsgebäudes völlig in unsere Gewalt bringen.

1. Regel. Die in den Quartieren vertheilten Truppen müssen, ohne daß es völlig deutlich wird, schon die Vortheile besitzen, entweder in der eigenen Fronte, oder im feindlichen Lande, eine schnelle Vereinigung einer Streitmasse zu bewürken, welche die umliegenden entscheidenden feindlichen Posten in unsere Gewalt giebt.

1. Alle Bewegungen, die im Felde gemacht werden, haben entweder den Einbruch in eine Vertheidigungsfronte oder ihre Behauptung zum Zweck, und sie können entweder gleich beym Anfange oder im Laufe eines Feldzugs unternommen werden.

2. Geschieht die Bewegung zu Anfange eines Feldzugs, so müssen sich die Truppen nothwendig erst versammeln, es mag nun in ein oder in mehrere Corps geschehen. Der Grundsatz bey der Anordnung dieser Versammlung der Armee, ist aber der: die Versammlungsorte und die Marschrichtungen der Truppen von ihren Quartieren dahin, so zu wählen, daß man dadurch gleich eine solche Grundlage erhält, von da aus die fernern Operationen leicht und mit Sicherheit geschehen können.

3. Diese Zusammenziehung der Armee geschieht nun entweder beym Anfange des ganzen Krieges, oder bey der Eröffnung eines jeden Feldzugs. Soll der Krieg offensiv seyn, so kann man den Feind entweder überfallen oder nicht, so daß man gezwungen ist, einen schon bereiten Feind anzugreifen.

 4. Da

4. Da nun der Feind während des Krieges nie so ganz unvorbereitet seyn wird, als vor dem würklichen Ausbruch desselben möglich und wahrscheinlich ist; so wird man auch sehr selten Gelegenheit haben, den Feind beym Anfange eines Feldzuges so zu überfallen, als wenn dieser Feldzug zugleich den Krieg eröffnet.

5. Ist nun der Entwurf beym Anfange des Offensivkrieges der, den Feind zu überfallen, so läßt man die Truppen so schnell als möglich aus ihren bisherigen Quartieren nach dem Sammelplatze marschiren. Die Quartiere müssen dabey schon so eingerichtet seyn, daß die Truppen von da aus auf die vortheilhafteste und schnellste Art die Bewegung vollenden, und sich auf ihre Sammelplätze begeben können.

6. Der Versammlungsort der Truppen wird entweder bestimmt:

a. An der Grenze des feindlichen Landes, oder

b. Im feindlichen Lande selbst.

7. Die Gründe, wonach der Versammlungsort festgesetzt wird, fließen aus den Vortheilen, welche die eigene Grenze zur Vertheidigung und zur Unterstützung des vorhergehenden Angriffs, und der Lage derjenigen Punkte in der feindlichen Parallele gewähren, welche am günstigsten zum Angriffe sind.

8. Die erstere Lage des Versammlungsorts wählt man nun besonders in denjenigen Fällen:

a. Wenn wir genöthigt sind vorher Maaßregeln zur eigenen Vertheidigung zu nehmen.

b. Wenn die feindliche Grenze so stark ist, daß man sie nicht gleich durchbrechen kann.

c. Wo kein Ueberfall möglich ist.

d. Wenn

d. Wenn der Feind zwar nicht stark genug ist, um der vereinten Macht zu widerstehen, doch aber den einzelnen Theilen der Armee was anhängen könnte.

9. Uebrigens zieht man die Armee entweder in ein einziges großes Corps oder auf einem allgemeinen Sammelplatze, oder in mehrere Detaschements zusammen. Das erstere geschieht:

a. Wenn nur ein Weg in das feindliche Land führt.

b. Wenn von dem allgemeinen Sammelplatze aus, alle die Wege auslaufen, die in der Folge genommen werden müssen.

c. Wenn die eigene Grenze eine hinlängliche Stärke besitzt, und die Ueberwältigung des Feindes eine große Kraftanstrengung auf einen Punkt erfordert.

10. In besondere Corps zieht man die Armee zusammen,

a. Wenn man von mehrern Seiten in das feindliche Land einfallen will, und die Wege nicht in einer Position zusammen laufen.

b. Wenn es nöthig ist an einigen Stellen gleich anfänglich eine Vertheidigung aufzustellen, während von andern Gegenden her der Angriff geschieht.

c. Wenn die Fourage zu rar in einer einzigen Gegend ist, um eine große Truppenanzahl in einem Lager davon erhalten zu können.

§. 31.

2. Regel. Die Bewegungsart beym Durchbruch selbst hängt von der Größe des erhaltenen Geheimnisses, der Form und Stärke der feindlichen Fronte, und der möglichen Erreichung der innern entscheidenden Gemeinschaftsposten derselben ab.

1. Von diesem einen oder von mehrern Versammlungsorten, oder gleich von den Quartieren aus, kann die Armee nun auf zweyerley Art in das Land einbrechen, nämlich entweder

a. Kolonnenweise zugleich, oder

b. Mit auf einander folgenden Divisionen.

Die erstere Art ist die vorzüglichste, indessen gehört eine günstige Lage der Umstände dazu.

2. Der Einbruch mit Colonnen zugleich wird besonders in folgenden Fällen entscheidend nutzbar.

a. Wenn die eigene Vertheidigungsfronte die feindliche Grenze in einer langen Strecke berührt, und also die Truppen durch kürzere Märsche in den Diagonallinien von mehrern Seiten eindringen, und sich leicht in einem tief hinter der feindlichen Vertheidigungsfronte liegenden Posten vereinigen können.

b. Wenn man dabey noch Hoffnung hat, feindliche Quartiere und Posten in dem vereinten Marsche zwischen den Colonnen einzuklemmen und sie so von der Hauptmasse des Feindes abzuschneiden, daß sie entweder gleich von selbst fallen, oder doch leicht und mit Sicherheit überwältigt werden können.

c. Wenn sich durch den Marsch dieser kleinern Corps von verschiedenen Seiten her, wie gewöhnlich ist, die ganze Bewegung weit geheimer halten läßt.

3. Alle

3. Alle diese Vortheile werden noch größer, noch entscheidender werden, wenn die feindliche Grenze eine auswärtsgehende Form besitzt, auf den Flügeln nicht sehr stark ist, in einiger Entfernung einen großen Fluß oder anderes beschwerliches Terrain hinter sich hat, und unsere Posten und Quartiere mit einer starken Frontdeckung die ganze feindliche Stellung umgeben.

4. Denn wenn in diesem Falle auch die Spitze der feindlichen Stellung sehr stark ist, so ist dem ungeachtet die gänzliche Abschneidung der vorgestreckten Spitze des Feindes sehr leicht; denn man braucht nur plötzlich mit mehrern Corps die Flügel der feindlichen Linie zu durchschneiden, und die Versammlung der Armee an den Pässen des im feindlichen Lande befindlichen beschwerlichen Defilees festzusetzen, um durch das Gelingen dieser Bewegung nicht allein alle noch vorwärts stehende feindliche Posten abzuschneiden, sondern auch ihre Entsetzung durch die Behauptung der gewonnenen Defilees fast unmöglich zu machen.

5. Wenn eine solche Bewegung mit Colonnen von verschiedenen Seiten gegen einen Zentralpunkt im feindlichen Lande schnell, so verdeckt als möglich und auf einmal ausgeführt wird, so wird der Feind in den mehrsten Fällen in Schrecken gesetzt, so daß man ihm zuvorkommen kann. Damit aber die gleich anfänglich bezweckte Unternehmung nicht mißlinge, so muß man alles dazu Nothwendige gleich bey der Armee mitführen, oder es doch wenigstens in einer solchen Entfernung besitzen, daß durch den Transport auf keine Weise Aufschub entsteht.

6. Die Befehlshaber der verschiedenen Lager oder Quartierstände erhalten nun zum Aufbruch gewisse Befehle, die ihnen vorschreiben bis nach einer gewissen Gegend zu marschiren, welche zwar nicht ganz außerhalb des kürzesten Weges nach dem Sammelplatze liegt, aber dennoch ein anderes Unternehmen zu verstehen giebt, als der förmliche Durchbruch der feindlichen Vertheidigungslinie ist.

7. Au-

7. Außer diesen Befehlen erhält nun jeder noch einen besondern, aber geheimen oder verschlossenen Befehl, der erst an dem zuerst erreichten Platze eröffnet werden darf, und worin nun die Route und das ganze Verfahren genau angegeben ist, welche jedes Corps bis zu seinem Einbruche, oder bis zur Vereinigung mit den andern Theilen des Heers befolgen soll.

8. Auf diese Weise kann man eine überlegene Streitkraft plötzlich an einem schwachen, und zu unserm Einbruch vortheilhaft gelegenen, Punkte der feindlichen Fronte, versammeln und den Feind über den Haufen werfen, ehe er es noch ahndet, und bevor er Zeit hat diejenigen Truppen zurückzuziehen, welche durch diese Bewegung vielleicht von der Hauptmasse abgeschnitten werden.

9. Wenn aber eine solche Bewegung würklich die Niederwerfung eines Theils der feindlichen Vertheidigungsfronte entscheiden, oder doch sehr erleichtern soll, so muß ihre Wendung den Feind völlig überraschen, und dies kann nicht anders geschehen, als daß man

a. Die vorläufigen Anordnungen zum Marsch, unter dem Vorwande der eigenen Vertheidigung, doch so geheim als möglich macht.

b. Eine Zeitlang nach Vollendung der Vorbereitungen wieder etwas stille liegt, und dann plötzlich in der Nacht aufbricht und so schnell als möglich fortrückt.

c. Daß die Truppen alle an einem Tage in denjenigen Versammlungsstellungen eintreffen, welche die fernern Operationen sichern.

10. Wenn man aber dies letztere erhalten will, so ist es nothwendig die Länge des Weges jeder Colonne, und auch die Güte und Hindernisse desselben genau zu kennen, und danach in Vergleichung derjenigen Kräfte, welche jeder Truppenart zum Marsch eigen sind, den Aufbruch der Corps und das Ende der Bewegung fest bestimmen zu können.

11. Da

11. Da indessen die feindlichen Spione weit eher getäuscht werden, wenn die Bewegung der Armee plötzlich allgemein wird, ohne daß man das sichere Ziel derselben kennt, einige Colonnen aber wahscheinlich einen kürzern Weg nach dem Vereinigungsposten haben, als andere; so muß man die Tagemärsche der erstern entweder verkürzen, oder die Truppen nach Verhältniß der Länge der andern Routen, Umwege nehmen lassen; die indessen so versteckt als möglich liegen, und in Rücksicht ihres Rückzugs und der Seitencommunication keine Gefahr für sie haben.

12. Kann man den Einbruch mit mehrern Colonnen zugleich nicht wählen, so nimmt man den mit auf einander folgenden Divisionen. Diese Bewegungsart wird dann vorzüglich nothwendig:

a. Wenn nur ein Eingang in des Feindes Land, und dieser durch Defilees geht.

b. Wenn alle Truppen noch nicht bereit sind, und man muß eilig ein Vorhaben ausführen, das der fernern Bewegung die nöthige Sicherheit geben soll, aber durch Zögerung leicht misglücken würde.

c. Wenn in einem der beyden Fälle noch nicht alles zur Erhaltung der ganzen Armee herbeygeschaft ist, oder werden kann.

13. Bey dieser Methode des Zusammenziehens und Einrückens der Armee ins feindliche Land, kommt es aber vorzüglich darauf an, so wie die verschiedenen aufeinander folgenden, Divisionen, in das feindliche Land einrücken, daß dieselben nach Verhältniß ihrer Entfernung von einander, und folglich der sich gegenseitig ertheilenden Unterstützung, gleich Posten finden, die stark genug sind, um sich gegen das Andringen des Feindes, bis zur Ankunft der nachfolgenden Corps, halten, und die Operationswege decken zu können.

14. Es ist also auch hier nothwendig, die Länge des Weges einer jeden Division, ihre Geschwindigkeit im Marsche, ihre Entfernung von einander, die Anzahl und Stärke womit der Feind uns angreifen kann, genau zu berechnen, um alle diese Elemente der ganzen Operation so anzuordnen, daß sie schnell und auf jeden Fall mit entscheidender Uebermacht ausgeführt werden kann.

§. 32.

b. Lehrsatz. Die Offensivbewegungen, welche im Anfange des Feldzugs gegen einen vorbereiteten Feind unternommen werden, bezwecken die vorläufige Sicherstellung der eigenen Armee, ihrer Vertheidigungsfronte und der Eingänge zu den in der Folge zu nehmenden Offensiv-Operationswegen.

1. Ist bey Eröffnung eines Feldzugs kein Ueberfall möglich, so zieht man die Truppen allmählich zusammen. Man läßt dabey die Infanterie vorher in die Städte vorrükken, welche den Orten, wo man die Armee zu versammeln Willens ist, am nähesten liegen, damit sie nachher nicht zu große Märsche zu machen braucht, um sich zu vereinigen.

2. Die Cavallerie bleibt indessen in den rückwärts liegenden Quartieren, wo sie hinlängliches Futter findet, so lange stehen, bis sich das Heer würklich versammelt; denn alsdann kann sie, vermöge der ihr eigenthümlichen Geschwindigkeit, immer noch zeitig genug eintreffen.

3. Man zieht also die Truppen nach und nach aus den weitläuftigern Quartierständen in engere, und näher an denjenigen Punkten der feindlichen und der eigenen Grenzen zusammen, die nach dem Plane des Feldzugs angegriffen oder besonders vertheidigt werden sollen; — bis endlich die Armee aus den Quartieren sich plötzlich in den durch den Entwurf des Feldzugs bestimmten Lagerpositionen vereinigt.

4. Dieses successive Vorrücken und Vereinigen der Truppen geschieht besonders zur Erhaltung folgender Vortheile.

a. Um

a. Um es den Truppen bequemer zu machen, und sie zu den Beschwerlichkeiten des Kriegs zu gewöhnen, welches nur allmählig und nicht durch die plötzliche Abwechselung ganz entgegengesetzter Lagen, geschieht.

b. Um Zeit zu gewinnen, die Anstalten zum Feldzuge recht vollkommen zu machen, so daß nachher nichts die vorgesetzten Operationen aufhalten könne.

c. Um durch diese, im Bezirk der eigenen Vertheidigungsfronte vorgenommenen langsamen Bewegung, den Feind in einer beständigen Ungewißheit über den wahren Ort des Angriffs zu erhalten.

5. Diese Verbergung des wahren Angriffsorts ist in den meisten Fällen sehr vortheilhaft. Um sie aber desto besser zu bewürken, so müssen die Truppen in verschiedene Corps in Positionen zusammengezogen werden, deren Lage nur eine gut gedeckte Defensive anzeigt, nichts desto weniger aber eine schnelle Vereinigung dieser Corps in einem Posten gestattet, dessen Vortheil die Vollführung der entworfenen Operationen sichert.

6. Hat die eigene Greuze eine hinlängliche Stärke, so kann man mit Sicherheit die Quartiere längst derselben weit genug ausdehnen; und da der Vortheil in unsern Händen ist, die Armee an mehrern Punkten dieser langen Linie zu vereinigen: so ist auch dies ein Mittel den wahren Ort des Angriffs zu verbergen.

7. Hier kann indessen nur eine kluge Ueberlegung der Weite der Oerter, der Beschaffenheit der Wege dazwischen, der Stärke der eigenen und feindlichen Deckungsmittel, und dessen, was Truppen in Marschiren thun können, zum Leitfaden dienen, um die Wahl der beyden angegebenen Mittel zu bestimmen.

8. Wenn der Feldzug mit der Belagerung eines Platzes oder der Besetzung oder Ueberwältigung eines Passes, eröffnet werden soll; so ist entweder der anzugreifende Ort mehrern unsern festen Punkten in der Vertheidigungsfronte nahe gele=

gelegen, oder er ist weit davon entfernt, so daß sich in dieser Entfernung noch mehrere feindliche Posten befinden, die man alle auf einmal aus einem gewissen Lager bedrohen kann.

9. Findet der erstere Fall Statt, so muß sich das Heer in mehrere Corps zusammenziehn, damit man nun mit denselben diejenigen Bewegungen ausführen kann, welche wir näher auseinander gesetzt haben, da die Rede von dem Marsche zur Einschließung und Abschneidung eines gewissen Postens war.

10. Findet der zweyte Fall Statt, so daß die Truppen nicht mit einem einzigen Marsche den anzugreifenden Posten erreichen können, oder daß die Armee zu viele Plätze bedrohen müßte, um nach demjenigen den Vorsprung zu erhalten, der angegriffen werden soll; so muß sich die ganze zum Agiren bestimmte Armee in ein Corps zusammenziehn, und sobald dies geschehen, vorwärts gegen den Platz rücken, der nicht angegriffen werden soll, auch die schwere Artillerie und den ganzen übrigen Belagerungstrain solche Bewegungen hinter sich machen lassen, als ob es würklich auf diesen Platz abgesehen wäre; damit sich die Hauptaufmerksamkeit des Feindes hierher ziehe.

11. Sollte der Feind nun diese falsche Bewegung würklich für die wahre annehmen, und die Vorsorge für den eigentlichen Angriffspunkt vermindern; so macht die Cavallerie schnell eine Bewegung gegen denselben zurück und berennt ihn, während die Infanterie und das Geschütz in aller möglichsten Geschwindigkeit dem Avantcorps folgt, und die förmliche Einschließungsstellung besetzt.

12. Wird das Heer vorläufig nur deswegen zusammengezogen, um einen zum Unterhalte vortheilhaften Posten zu besetzen, und man setzt voraus, daß dabey nicht die Absicht herrsche die Lebensmittel, sondern dem Feind nur die Fourage zu benehmen: so kommt es hier auf die Klugheit des Feldherrn an, der zu dieser Absicht einen Posten erwählt, welcher nicht allein die nöthige Fourage hinlänglich uns in die Hände giebt, sondern auch so liegt, daß von da aus

aus dem Plane der folgenden Operationen leicht und sicher nachgegangen werden kann.

13. Liegt ein solcher Posten sicher, so ist es gerade nicht nothwendig gleich Anfangs die Ausführung aller der ermüdenden Vorsichtsmaaßregeln zu betreiben, sondern man läßt die Truppen meistens so lagern, wie sie ankommen, und sieht nur dahin, daß der Posten nicht gar zu weitläuftig ist.

14. Kann man indessen durch die Bewegungen der Truppen nach dem Sammelplatze sie gleich nach solchen Stellen leiten, durch deren Besetzung sogleich eine kräftige Positionsvertheidigung aufgestellt wird; so muß man es nie unterlassen, denn im entgegengesetzten Falle könnte bey der Nähe eines thätigen Feindes leicht ein solcher Angriff gegen uns ausgeführt werden, der alle unsere kühnen Offensivplane auf einmal über den Haufen würfe.

15. Wird die Armee in verschiedene Corps zusammengezogen, so muß man noch dabey bemerken, daß sie in ihren anfänglichen Stellungen gleich eine gehörige Defensivcommunication besitzen; ferner, daß die Flanken der Wege, welche nach dem vorwärtsliegenden Sammelplatze führen, so wie die von dem einen in den andern tretenden Nebenwege hinlänglich durch vorangeschickte Detaschements und Posten gedeckt sind.

16. Damit nicht allein die vorgehende Bewegung mit der nöthigen Sicherheit für jeden einzelen Heertheil geschehen könne, sondern damit auch bey einer plötzlichen unglücklichen Wendung der Sachen, die eigene Vertheidigungsfähigkeit der Grenze nicht zugleich mit der Möglichkeit einer Offensive, über den Haufen geworfen werde.

17. Dieserhalb ist es auch am besten, daß die Corps in denjenigen Hauptposten der eigenen Vertheidigungsfronte zusammengezogen werden, durch welche die allgemeine Verbindung des ganzen Vertheidigungssystems erhalten wird.

18. Denn wenn diese Vertheidigungslinie planmäßig, d. h., mit Rücksicht einer vortheilhaften Offensive angeord-

net ist, so werden die Hauptposten darin auch eine solche günstige Lage haben, als ein Versammlungsort bedarf, um alle diejenigen Vortheile erhalten zu können, welche man bey den fernern vorwärts gerichteten Bewegungen nöthig hat, und die zur Täuschung des Feindes über den wahren Angriffspunkt dienlich seyn können.

§. 33.

•. Lehrsatz. Die Bewegungen zur Durchbrechung einer Fronte im Laufe des Feldzugs richten sich nach der Natur und Stärke dieser Fronte und nach den Mitteln die Verbindung dabey mit der eigenen Fronte zu decken.

1. Regel. Um den Uebergang eines Flusses durch Bewegungen zu erhalten, so muß er scheinbar an andern Orten unternommen, der Feind nun aber durch Scheinmärsche getäuscht, und der Uebergang durch einen erlangten Vorsprung gewonnen werden.

1. Sobald nun einmal die Armeen versammelt und dem Kriegsplane zufolge postirt sind, so fangen sie an zu agiren, d. h., die eine ist bemühet, die ihr entgegengesetzten feindlichen Vertheidigungsfronten zu durchbrechen, während die andere dies zu verhindern sucht. Hierbey kommt es nun darauf an, durch welche Terrain- oder künstliche Hindernisse die Vertheidigungsfronte gebildet wird, deren Durchbrechung oder Vertheidigung der Zweck der Bewegungen ist.

2. Eine Vertheidigungsfronte wird nun aber im allgemeinen

a. durch Difilees,

b. durch eine Kette von Vestungen, oder

c. durch das Meer gedeckt.

3. Ob nun zwar der angreifende Theil meistens in jedem dieser Fälle besondere Regeln zu befolgen hat, so ist doch

doch das Betragen des defensivgehenden Theils überhaupt genommen immer dasselbe. Wir wollen indessen das des Angreifers zuerst betrachten.

4. Wird die Vertheidigungsfronte durch Defilees gedeckt, so sind meistens die Wege dadurch schon vorhanden, obgleich sie durch den Feind vielleicht beschwerlich gemacht oder verdorben seyn können. Bey einem Flusse findet also das Besondere Statt, vor dem Uebergange durch Schlagung von Brücken, wenn keine brauchbare Furten in der Nähe sind, die Wege erst bereiten zu müssen.

5. Die Schlagung einer oder mehrerer solcher Brücken, so wie die anfängliche Vertheidigung derselben, erfordert aber nothwendig die Aufstellung einer Anzahl Arbeiter und Truppen auf dem jenseitigen Ufer. Der anfängliche nöthige Schutz dieser Leute kann aber nur allein durch das Artillerie- und Musquetenfeuer, der am diesseitigen Ufer befindlichen Truppen erhalten werden, wenn sich der Feind unserm Uebergange widersetzt.

6. Diejenigen Flüsse, deren Breite nun das Hinüberreichen dieser Feuers von einem Ufer zum andern, erlaubt, können also wohl mit Gewalt passirt werden, höchst selten aber andere Defilees, welche durch Gebürge oder überhaupt durch erhabene Gegenstände gebildet werden.

7. Denn hier kommt es auf den Besitz des Ausgangs so gut wie des Eingangs an, und wenn die Seitenhöhen des Defilees oder die in demselben genommenen feindlichen Posten, keine Aufstellung von Truppen auf denselben nicht zulassen, so ist auch keine Beschützung des Defileeausgangs möglich, und daher die Passage des Defilees nur durch ein Gefecht in demselben, wobey aber die Uebermacht fast gar keinen Nutzen hat, zu entscheiden.

8. Wegen dieser großen Hindernisse bey der gewaltsamen Passage eines Defilees, muß man daher alles anwenden dieselben mit List, d. h. zu passiren, bevor uns der Feind entscheidende Hindernisse in den Weg legen kann. Diese Art der Passage von Defilees ist indessen eine von denjeni-

jenigen kriegerischen Unternehmungen, welche die mehrste Vorsicht und Fähigkeit erfordert, vornehmlich wenn der Fluß durch einen klugen und wachsamen Feldherrn vertheidigt wird.

9. Das erste was man nun zu thun hat, ist, eine solche vortheilhafte Offensivstellung zu wählen, die in der Stellungswissenschaft näher aus einander gesetzt ist, und uns den Vortheil giebt mehrere Punkte mit Uebermacht in Rücksicht der feindlichen Stellung zu bedrohen.

10. Nachdem nun die Natur und der Lauf des Flusses, die Weite, in welcher der Feind von demselben steht, die Zeit, in welcher er diesen oder jenen Punkt des Flusses erreichen kann, die Zeit, die man nöthig hat, den Fluß zu passiren; endlich die Einsicht und der Charakter der verschiedenen feindlichen Befehlshaber, und welchen Posten jeder commandirt, erkundigt ist, und man alles das, was zur Unternehmung so wie zu einem plötzlichen Gefecht, auf welches man sich doch immer vorbereiten muß, nöthig thut, bereit hat; — so fängt man die Bewegungen an, welche uns auf die andere Seite des Flusses bringen, und des Feindes Vertheidigung niederwerfen sollen.

11. Nun bedient man sich aller Scheinanstalten und der Scheinbewegungen der Armeen, gewöhnlicher aber mit Theilen derselben, um den Feind irre zu machen. Man kann dies bald erreichen, wenn man die Vortheile gehörig benutzt, welche dem offensiven Theile von selbst schon eigen sind, und vorzüglich darin bestehen, daß der Vertheidiger keine gehörige Nachricht von uns erhalten, auch die Sache nicht eher rekognosciren kann, als bis sie schon geschehen ist.

12. Es ist also nöthig und leicht dem Feinde an mehrern Orten, die so weit als möglich von einander entfernt liegen, zugleich Verdacht zu erwecken; und dabey stellt man sich, als würde gar nicht an den Ort gedacht, wo man würklich überzugehen denkt.

13. Nimmt

13. Nimmt man nun wahr, daß sich der Feind in verschiedene Lager vertheilt, weil er an mehrern Orten etwas zu befürchten glaubte, und sich also aller Orten schwächt, indem er seine Quartiere zu weit auseinander zieht; so muß nun der Uebergang ohne Zeitverlust an dem wahren Punkte ausgeführt werden; weil man jetzt wahrscheinlich die Zeit hinlänglich besitzt, die fernere Passage zu sichern, und alle die schnell anrückenden einzelnen feindlichen Corps zu schlagen, bevor sie zu etwas Entscheidenden hinlänglich stark werden.

14. Die Bewegungen, welche indessen dem Feinde an mehrern Punkten zugleich Verdacht erwecken sollen, müssen sehr klug ausgedacht, und so berechnet seyn, daß uns das Detaschiren nicht schadet. Denn wenn auch würklich der Feind gezwungen würde, sich zu zertheilen, so zerfällt man doch seiner Seits ebenfalls in diesen Fehler, der uns sehr schädlich werden könnte, wenn der Feind vollkommen Herr des andern Ufers ist, und durch Rekognoscirkähne unsere Bewegungen erfahren kann. Bey allen diesen Scheinmärschen muß man indessen dem Feinde mehr als eine Truppenart zeigen, denn sonst wird er bald das Blendwerk entdecken.

15. Hat man durch diese falsche Bewegungen und Angriffe die Aufmerksamkeit und Kräfte des Feindes getheilt, und ihn dahin gebracht, daß er irgendwo eine Blöße geben muß, so schickt man schnell ein Corps Reiterey, die leichteste Infanterie und reitende Artillerie hin, diese Blöße zu benutzen, und indem man diesen Truppen das nöthige Schanzzeug mitgiebt, so setzt man sie in den Stand den gewonnenen Uebergang zu befestigen, um ihn bis zur Ankunft der Armee behaupten zu können.

16. Um den Feind noch besser zu täuschen, muß man es sich übrigens nicht verdrießen lassen, hier und da eine Brücke zu schlagen, und dabey eine Zeitlang eine Kanonade zu unterhalten. Denn wenn auch vielleicht ein Theil der angefangenen Brücke verloren gehen sollte, so sind doch dies die besten Mittel nicht allein des Feindes Aufmerksamkeit hin-

länglich zu beschäftigen, sondern s. auch vorzüglich gegen diese Punkte zu ziehn, und an andern Punkten seine Kraft zu schwächen.

17. Das Corps, welches bestimmt ist den Uebergang des Heers zu bereiten, marschirt nun in der größten Stille mit den erforderlichen Bedürfnissen zur Schlagung der Brükken in der Nacht ab, und bleibt beständig in einiger Entfernung vom Flusse, damit sein Marsch nicht durch die feindlichen Schleichpatrouillen entdeckt werde.

18. Ist dies Corps an dem Orte des Uebergangs angekommen, so schickt es ein auserlesenes Detaschement Infanterie mit dem nöthigen Schanzzeuge über den Fluß, und läßt von demselben nicht allein das Terrain hinlänglich rekognosciren und mit versteckten Posten versehen, sondern auch die Punkte verschanzen, welche die Deckung der Ausgänge der nun zu schlagenden Brücken gewähren.

19. Sobald die Nachricht bey dem Hauptheere eingelaufen ist, daß das detaschirte Corps seinen Zweck in aller Stille erreicht hat, so bricht die immer zum Marsche bereite Armee ebenfalls in der Nacht auf, und rückt so still und schnell als möglich, indem sie beständig in einer gewissen Entfernung vom Ufer bleibt, ihrem Corps nach.

20. Unterdessen läßt man aber die Wachtfeuer im alten Lager brennen, läßt selbst einen Theil desselben stehen, und ihn durch ein hinlängliches Detaschement bewachen, welches die gewöhnlichen Schildwachen, Patronillen und Anrufungen unterhält.

21. Um dabey noch besser des Feindes Aufmerksamkeit vom wahren Uebergange abzuziehn, brechen zugleich einige Truppen mit Brückengeräthe nach der entgegengesetzten Richtung auf, rücken längst dem Ufer in dieser Richtung mit einigem Getöse, durch welches, als von ungefähr der Feind diese Bewegung entdecken muß, fort, und unterhalten dieses Manöver so lange, bis das Hauptheer am wahren Orte des Uebergangs angekommen seyn wird.

22. Da=

22. Damit aber der wahre Zweck dieser kombinirten Bewegungen dem Feinde selbst durch seine Spione nicht gemeldet werden kann, so muß ihm kein anderer, als diejenigen Generale und Officiere erfahren, welche unmittelbar zur Ausführung der Unternehmung gebraucht werden.

23. Ist nun die Armee angekommen, und die Anstalten sind so weit fertig, so passirt sie so schnell als möglich, nachdem vorher alle Stellen von ihr gehörig besetzt sind, welche das Debouschee und die Formirung irgendwo decken und sichern können.

24. Um dies noch besser zu erhalten, muß man die Truppen, welche bereits hinüber sind, ungesäumt nach solchen Posten führen, welche das schnelle Herannahen des Feindes verhindern, und also nicht allein den fernern Uebergang, sondern auch die weitern guten Folgen desselben sichern.

25. Kommt indessen der Feind nach, um den Uebergang zu hindern, so sind die Umstände zu erwägen. Ist man noch zu schwach, um ihn geradezu wegtreiben zu können, so muß man einhalten, beobachten, was er beginnt, und darnach seine Anstalten machen, um entweder, wenn er den rechten Zeitpunkt versäumt, doch zu passiren, oder einen sichern Rückzug für das was schon hinüber ist, zu haben. Im letztern Falle ist das Unternehmen verfehlt, und man muß es auf eine andere Art, oder in andern Gegenden auszuführen suchen.

26. Ist man aber jenseits stark genug um den Feind anzugreifen, oder ihm doch wenigstens die Spitze bieten zu können; so muß man entweder, wenn das Heer selbst in einer starken Lage ist, die den Uebergang deckt, seinen Angriff wohl bereitet erwarten: oder, wenn der nicht vollendet werden kann, ohne den Feind wegzutreiben, ihn ohne Bedenken mit dem anzugreifen, was drüben ist, ehe er es sich versieht; denn glaubt er sich überfallen, so wird er wenig Widerstand thun.

27. Es geschieht oft, daß man einen wichtigen Posten verlassen sieht, weil die dahin gestellten Truppen in einer

Anwandlung von Furcht, oder aus schlechtem Betragen des Befehlshabers, sich zu dem großen Haufen begeben haben, um dann vereint mit diesem Succurse wieder auf den vordringenden Feind loszugehen.

28. Allein wenn diese Truppen durch entschlossene Anfälle auf den Feind ihrem Succurse zuvorkommen, und alles werfen, was sich setzen will, so wird dieser erste Vortheil, er mag auch noch so klein seyn, ungleich größer, setzt alles in Schrecken, und ermuntert die Sieger immer mehr, deren Macht beständig zunimmt, so oft Schiffe mit neuen Truppen besetzt ankommen. Ueberdem weiß der Feind wegen Dunkelheit der Nacht, die zu solchen Unternehmungen die beste Zeit ist, da bey einem gewaltsamen Uebergange, es im Gegentheil der Tag war, nicht einmal wie viel Truppen übergegangen sind.

29. Soll der Uebergang auf Flössen geschehen, so ist dies eine sehr schwere Unternehmung, die fast nie in Gegenwart eines thätigen kraftvollen Feindes gelingen kann, da hier die Truppen nur beständig Theilweise ohne Unterstützung eine Zeitlang agiren müssen, und nicht, so wie bey dem Uebergange über Brücken oder durch Furten, durch eine zusammenhängende unmittelbar darauf folgende Colonne unterstützt werden.

30. Wenn daher ein solcher Uebergang gelingen soll, so muß man entweder durch die schon bekannten Mittel einen Marsch über den Feind, und dadurch Zeit zum Uebergange gewonnen haben, oder es muß sich doch wenigstens auf irgend eine Art eine hinlängliche Anzahl Infanterie haben setzen, und durch gefällte Bäume decken können, um die ersten Anfälle des herbeystürzenden Feindes aufzuhalten.

31. Bey einem Uebergange mit Flössen ist auch das noch schwer, den Feind in Rücksicht des wahren Uebergangsorts in Ungewißheit zu erhalten, wenn derselbe sicher ist, daß wir entweder nicht die nöthigen Brückenmaterialien besitzen, oder die Beschaffenheit des Flusses die Schlagung einer

Brücke

Brücke hindert. Denn in diesem Falle kennt er ja den Punkt, wo wir unsere Flösse bereiten, und wenn dies auch selbst an mehrern Orten geschieht, so ist doch vorher zu sehen, daß der Uebergang nicht weit davon unternommen werden wird.

32. Da es nun immer sehr gefahrvoll ist, mit den Flössen auf dem Wasser selbst zu manövriren, vorzüglich wenn der Feind vielleicht gar einige bewaffnete Fahrzeuge auf demselben hielte, so ist es zur Täschung des Feindes ganz besonders vortheilhaft, wenn das diesseitige Ufer von mehrern großen Kanälen so durchschnitten wird, daß die Flöße sich vermittelst derselben schnell und unvermuthet aus der einen Gegend des zu passirenden Flusses in eine andere verfügen können.

33. Ist denn die Stellung planmäßig zur Benutzung dieser Vortheile angeordnet, so wird es nicht schwer fallen, den Feind zu hintergehen, und den Fluß plötzlich an einem Orte zu passiren, den er nicht vermuthet. — Italien, und die Niederlande sind vorzüglich die Länder, deren mannichfacher Lauf der Gewässer, diese Bewegungen begünstigen.

§. 34.

2. Regel. Werden die Defilees von andern Gegenständen gebildet, so muß ein leichtes Corps irgend eine versteckte Passage vor dem Feinde gewinnen, und sich darin festsetzen, bis die unterdessen die Scheinbewegungen ausgeführte Armee ankommt, und nun den Durchbruch forcirt.

1. Wird die Vertheidigungslinie von andern Defilees gebildet, so sind die Anstalten zur Passage im Ganzen genommen, dieselben wie bey den Flüssen; außer daß man sich nicht vorher mit Bereitung des Weges aufzuhalten nöthig hat.

2. In solchen Fällen kommt daher fast alles auf die Versicherung des Debouschees an. Man muß hier überall nicht allein den Marsch vollkommen sichern, sondern dabey

auch immer dem Feinde zuvorkommen. Das Geheimniß, die Geschwindigkeit und die gute Ordnung der Bewegung, sind also die einzigen Mittel, um den vorgesetzten Zweck zu erreichen.

3. Die Posten und die vielen Truppen dienen öfters zu nichts, wenn man bey Besetzung der Pässe und der Berge, die den Marsch von beyden Seiten einschließen, die andern entferntern Posten, selbst diejenigen, die man nicht mehr nöthig zu haben glaubt, vernachläßigt. In solchen Ländern, wo die kleinsten Fehler stets Nachstellungen nach sich ziehn, ist die Nachläßigkeit gegen einen kühnen unternehmenden Feldherrn von den nachtheiligsten Folgen.

4. In einem gebürgigten Lande lassen sich zwar die Bewegungen am besten verbergen, sie erfordern aber destomehr Kenntniß und Vorsicht, um nicht überfallen zu werden; da die Menge der Truppen hier nichts entscheidet, und alles von der guten Disposition und dem Muthe des Feindes abhängt, welches beydes aber eben so gut der schwächere Feind als wir besitzen kann.

5. Dieserhalb muß ein Feldherr, der in solchen Ländern Krieg führt, und vielleicht eine Armee commandirt, die schwächer als die feindliche ist, immer etwas um soviel eher auf gut Glück wagen, weil im Fall er auch geschlagen würde, dies doch nie so weit gehen kann, daß ihm nicht noch sollten einige Mittel zu seiner Retirade übrig bleiben; — die Flucht ist in solcher Gegend meistens nicht so gefährlich als das Verfolgen.

6. Sollte man daher einen Paß, Steig oder Bach, der schwer zu passiren wäre, in einer Entfernung von einigen Tagemärschen wissen, so muß man durch ein besonderes schnell marschirendes Corps, solche Punkte auf alle Fälle vor dem Feinde zu gewinnen, und sich durch gefällte Bäume oder auf andere Art, gegen die anfänglichen Anfälle desselben zu decken suchen.

7. Kann man sich nun auf irgend eine Art einmal der Debouschees versichern, so hat man gewonnen. Es ist indes-

dessen aber um so schwerer je länger das Defilee ist, und je beschwerlicher die Wege dadurch sind. Daher sind auch diese Art von Defilees als weit beschwerlicher in Rücksicht ihrer Passage anzusehen, als die Flüsse; zumal wenn der Feind die Durchgänge innerhalb befestigt hat, weil diese erst forcirt, und dann das Debauschee wieder durch neue Angriffe oder Bewegungen gewonnen, und für den nun erfolgenden Durchgang der Truppen gesichert werden muß.

8. Was übrigens die Bewegungen betrift, den Feind über den wahren Ort des Durchgangs in Ungewißheit zu erhalten, so sind sie die nähmlichen, welche man auch beym Uebergange über die Flüsse anzuwenden hat.

9. Hier wird dies zum Theil noch besser geschehen können, da die erhabenen Gegenstände des Terrains die Bewegungen verbergen, und nicht allein durch ihre mannigfaltigen Biegungen und Thäler oft unvermuthete Angriffe gestatten, sondern dies alles selbst nur wenige Truppen erfordert, um dem Feinde anfänglich eben solchen Schrecken dadurch zu machen, als wenn die drohende Macht größer wäre.

10. Allein viele dieser Vortheile gehen verloren, wenn man gezwungen ist, die Scheinbewegungen von einem Flügel zum andern, von einem feindlichen Posten gegen den andern, in dem Gebürge oder Walde selbst vorzunehmen, der dem Feinde zur Deckung dienet.

11. Denn alsdann wird nicht allein die Beschwerlichkeit der Communicationswege unsere Schnelligkeit und daher das Geheimniß der Bewegung vermindern, sondern uns auch denselben Gefahren während des Marsches aussetzen, die wir dem Feinde zu bereiten dachten, und die auf unserer Seite weit größer sind, da der Feind wahrscheinlich alle die Schlupfwinkel des Gebürges oder Waldes, durch die er uns plötzlich anfallen und in eine nachtheilige Lage bringen kann, besser kennt als wir.

12. Dieserhalb ist es von entscheidendem Nutzen, wenn das Gebürge eine solche Beschaffenheit besitzt, daß der Feind gezwungen wird, die seine Grenze sichernden Posten weit

gegen die nach uns zugewandte Seite des Gebürges vorzurücken.

13. Denn dadurch entfernt er sich nicht allein destomehr von seinem Lande, und setzt lange Defilees in seinen Rücken, sondern er erhält auch wahrscheinlich dadurch eine beschwerlichere Communication zwischen seine Posten, oder sie liegt, da sie schon am diesseitigen Abhange des Gebürges herläuft, uns doch wenigstens um so näher, sie leicht durchbrechen zu können.

14. Dies wird durch den uns nun zu Theil werdenden Vortheil, unsere Bewegungen und Scheinangriffe von der Ebene und einer ungetrennten und kürzesten Communication aus vornehmen zu können, noch leichter, da der Feind vielleicht schwer zu passirende Gebürge zwischen seinen Posten liegen hat, und gezwungen ist rückwärts Umwege zu nehmen, um von einem zum andern zu gelangen.

§. 35.

3. Regel. Befindet sich der Feind diesseits des von ihm zu vertheidigenden Defilees, so drängt man ihn erst so nahe als möglich in einer Gegend an dasselbe, von da wir einen sichern Marsch nach dem ausgesuchten Uebergangsorte haben. Dieser Marsch wird durch ein besonderes Corps, das sich vielleicht dem Feinde gar in den Rücken werfen kann, gesichert, während die Armee sein Hauptlager stark umschließt, den feindlichen Aufbruch erwartet und dabey schnell angreift.

1. Oft ist es der Fall, daß der Vertheidiger sich diesseits seiner Grenzfronte befindet, und gezwungen ist, dieselbe in unserer Nähe zu passiren, um sie dann zu vertheidigen.

2. Hier kann sich nun eine votrefliche Gelegenheit finden, den Feind gänzlich zu schlagen, und sein Vertheidigungssystem auf einmal über den Haufen zu werfen.

3. Um diesen entscheidenden Vortheil zu erlangen, so kommt es nur darauf an, daß man dem Feinde den Rückzug

zug über die in seinem Rücken sich befindenden Defilees, durch einen zu rechter Zeit auf ihn unternommenen Angriff zu hindern und vor den Pässen zu unterdrücken sucht. — Zur Ausführung dieser Operation gehören aber folgende Punkte.

4. Wachsamkeit, um zu verhindern, daß der Feind die Passage der Defilees nicht heimlich verrichte. Um diese besser zu erhalten, so muß die feindliche Stellung in einem Halbzirkel, von immer in Bewegung bleibenden Detaschements und fliegenden Corps umzogen werden, welche nicht aufhören die feindlichen Posten zu allarmiren, und jeden Marsch des Feindes so nahe als möglich zu recognosciren.

5. Eine zum Theil hieraus zu erlangende genaue Kenntniß der Lage des Feindes, um auf jeden Fall ein Angriffsprojekt vorher darnach entwerfen zu können. Dies zu begünstigen und zu vereinfachen, ist es unumgänglich nöthig, daß man den Feind vorher durch solche Scheinbewegungen, denen er nothwendig entgegen würken muß, so nahe als möglich an das Defilee zurücktreibt, damit er nun auf keine Weise den Ort seines Uebergangs verberbergen kann.

6. Ist es dabey möglich an einer andern Stelle ein eigenes Corps plötzlich auf die andere Seite des Defilees zu schicken, welches sich wo nicht gar dem feindlichen Uebergange gerade entgegensetzen, doch so in seinem Lande verbreiten könnte, daß er den Verlust von Posten befürchten müßte, deren Erhaltung zu seiner fernern Vertheidigung unentbehrlich sind; so würde dies das kräftigste Mittel seyn, den Feind, selbst ohne viel Rücksicht auf eine nachtheilige Lage gegen unser Hauptcorps, zu einer schnellen Retirade zu bewegen, die wir alsdann mit den größten Vortheilen benutzen könnten.

7. Um aber sowohl diese Vortheile, als auch nur diejenigen, welche aus der gewöhnlichen Lage entspringen, gehörig benutzen zu können, ist unumgänglich nöthig, daß Anstalten getroffen werden, welche alle Augenblicke, und besonders des Nachts, wo der Feind wo möglich zu entwischen suchen wird, einen ordnungsvollen und den Um-

stän-

ständen angemessenen heftigen Angriff gestatten. — Dieserhalb ist es nothwendig bey solchen Gelegenheiten beständig einen Theil des Heers zum Aufbruch völlig bereit, und den Rest sich wenigstens angezogen, gesattelt und aufgeschirrt zu halten.

8. Dies ist indessen noch nicht hinlänglich, wenn man alle die Vortheile einerndten will, die bey solchen Gelegenheiten aus einer günstigen Lage oder selbst aus einem unvorhergesehenen Zufalle entspringen können. Der Feind kann nämlich durch einen solchen Umstand auf einige Zeit, zur fortdauernden Vertheidigung der eben passirten Defilees unfähig, und zum Rückzuge nach entferntern Punkten gezwungen seyn, sobald wir in diesem Augenblicke die nun vor uns liegenden Defileen passiren. — Zu diesem Zwecke müssen daher schon alle Erforderniße planmäßig geordnet werden, welche einen schnellen Durchgang gestatten.

9. Allein es ist vielleicht zur fernern glücklichen Führung des Kriegs vortheilhaft, den Durchgang an einem von dem Rückzugswege des Feindes entfernten Punkte zu unternehmen. — Die schnelle ordnungsvolle Bewegung nach dieser Gegend muß daher schon völlig vorbereitet, und wo möglich durch ein besonderes Corps, das sich entweder schon auf der andern Seite der Defilees befindet, oder das dem weichenden Feinde unmittelbar folgt, soviel als möglich gedeckt werden, so daß dessen Bewegungen des Feindes Aufmerksamkeit von dem Marsche und Uebergange der Hauptarmee abziehen.

10. Sollte sich der Feind blos deshalb auf dieser Seite des Defilees aufgestellt haben, um unsere Bewegungen genauer zu beobachten und bey dem Uebergange selbst plötzlich im Rücken anzugreifen; so wird er zur glücklichen Ausführung dieses Plans nicht allein eine stete genaueste Kenntniß unserer Bewegungen, ferner mehrere feste Läger in unserer Nähe nöthig haben, sondern auch eine besonders günstige Gegend zum Schauplatze seiner Bewegungen, die ihm während derselben längst der Linie der Defilees, beständig eine

eine starke Deckung der davon abgewandten Flanke seiner Stellung gewährt.

11. Eine solche außerordentlich vortheilhafte Lage findet aber höchst selten Statt, und kann dennoch leicht von uns unnütz gemacht werden, sobald unser eigenes Vertheidigungssystem planmäßig geordnet ist. — Denn wenn auch die zu passirenden Defilees unsere erste Vertheidigungslinie ausmachen, so wird sich doch hinter derselben noch eine zweyte befinden, die uns nach der Durchbrechung der vordern zur Deckung dient, und die jedesmal die freye Flanke des vorrückenden Feindes umfaßt und mit der größten Gefahr bedrohet.

12. In dieser Lage wird nun einige Zeit defensiv verfahren und vor dem anrückenden Feinde gewichen, während man an entfernten Punkten der feindlichen Fronte, durch besondere Corps seine Aufmerksamkeit zu theilen sucht, und ein anderes hinlängliches Corps hinter unserer zweyten Vertheidigungsfronte, heimlich und schnell nach einem Punkte herumschickt, von da aus dasselbe plötzlich den Rückzug des vorgerückten Feindes abschneiden kann, indem zugleich das Hauptcorps auf ihn eindringt, und während er nun zu einem schnellen Rückzuge gezwungen wird, an einem andern Punkte das Defilee passirt, wo es in Rücksicht des fernern Feldzugs am vortheilhaftesten ist.

§. 36.

4. Regel. Die Bewegungen zur Durchbrechung einer Vestungskette sind nur die Mittel diejenige von ihnen recht einschließen zu können, deren Eroberung den Durchbruch sichert. Die Scheinbewegungen längst der und in die Parallele des Feindes entwickeln sich also schnell in die Bewegungen zur Einschließung eines Postens.

1. Besteht die Vertheidigungsfronte des Feindes aus einer Kette von festen Plätzen, so tritt bey der Durchbrechung derselben durch Bewegungen ein sehr nachtheiliger Umstand ein, nämlich daß der Feind nicht allein, selbst wenn seine

seine Fronte durchbrochen ist, sich noch fortdauernd an den wichtigsten Punkten in derselben auf unsern Flanken befindet, und dadurch die Schnelligkeit unserer Bewegungen hemmt; sondern daß er selbst durch den Besitz dieser Punkte den Vortheil erhält, zu ihrer Behauptung eigene Angriffe in unserm Lande ausführen zu können.

2. Diese Vortheile des Feindes können nicht ganz durch unsere Bewegungen unnütz gemacht werden, sondern es muß vorzüglich durch die Anordnung guter Offensivstellungen geschehen, und hierdurch wird dem agirenden Corps ein großer Theil seiner Kraft entzogen. — Besitzt man indessen eigene gute Vestungen, die eine starke Vertheidigungslinie bilden, so wird dadurch der Vortheil des Feindes größten Theils aufgewogen.

3. Eine solche Vestungskette kann nun entweder im Zwischenraume zwischen zwey Vestungen, oder bey einem solchen Orte selbst durchbrochen werden. Soll es auf die erstere Art geschehen, so ist man oft in die Nothwendigkeit versetzt, ein zwischen solchen zwey Plätzen befindliches Defilee zu passiren.

4. In diesem Falle muß man nothwendig erst den Feind durch Scheinmärsche längst der Parallele, durch Bewegungen des Belagerungstrains, zu hintergehen suchen, und dann durch einen schnellen Marsch schräg vorwärts den Ort des Durchbruchs und das feindliche Land erreichen.

5. Hierbey ist aber unumgänglich nöthig, daß diejenigen Vestungen des Feindes, welche dem Durchbruche oder der Heimlichkeit des Marsches hinderlich seyn können, durch besondere Corps, wenigstens auf der nach uns zu gelegenen Seite umschlossen und beobachtet werden, damit sich die ausgeschickten Detaschements der feindlichen Vestungen auf keine Weise weit ausbreiten, und unsere Bewegungen hindern können.

6. Wird die Gegend zwischen den feindlichen Vestunden durch kein Defilee oder sehr durchschnittenes Terrain gedeckt, so ist es zwar um so leichter hier die Fronte des Feindes

des durch einige Märsche schnell zu durchbrechen, und in seinem eigenen Lande zu kampiren; allein wir verlieren nun eben auch die Vortheile der Deckung, die der Feind vor uns aus der Natur des Terrains benutzte, und die uns ungleich wichtiger als ihm sind, indem die feindlichen Vestungen, welche jetzt ebenfalls ein viel freyeres Spiel haben, beständig noch auf den Flanken bleiben.

7. Aus diesem Grunde wird es auch sehr schwer seyn, sich lange in einer solchen Gegend zu behaupten, und unsere Corps einer immerwährenden Gefahr der größten Niederlage aussetzen, wenn das Heer innerhalb der feindlichen Vestungschaine mit ihr parallele Bewegungen ausführen sollte.

8. Selbst wenn das Terrain durchschnitten, vielleicht gar durch Defilees gedeckt ist, so wird zwar unsere erste Durchbruchsstellung größere Deckung und Festigkeit bekommen können, allein dies wird auch in den meisten Fällen alles seyn, was man erhalten kann.

9. Denn wenn sich das Heer von diesem Passe durch vorgehende, oder mit der feindlichen Fronte innerhalb derselben parallel laufende Märsche entfernen wollte, so würden die nahen Vestungen des Feindes schnell wieder in ihre alten Rechte eintreten, und ihre Besatzungen wo nicht den Rückzug sehr beschwerlich, vielleicht gar unmöglich machen, uns doch aus steter Furcht davor wenigstens von aller fernern Offensive abhalten.

10. Hieraus folgt also, daß keine Durchbrechung einer durch eine Vestungskette gesicherten Grenze von Dauer seyn kann, wenn man nicht wenigstens eine dieser Vestungen in seiner Gewalt hat, und dadurch die Gemeinschaft sichert.

11. Um aber eine solche Vestung nehmen zu können, muß sie eingeschlossen werden. Der Zweck aller Scheinbewegungen längst einer Vestungskette ist also der, dem Feinde endlich einmal bey derjenigen, die angegriffen werden soll, so zuvorzukommen, daß man Zeit hat ihre Einschließung

völlig sichern zu können; wie dies geschieht, haben wir in den vorigen Paragraphen gezeigt.

12. Liegen indessen die feindlichen Vestungen nicht so, daß sie das feindliche Land decken und unserer Gemeinschaft schädlich seyn können; so braucht man sich auch nicht viel um sie bekümmern, und kann dreist die Durchbrechung der feindlichen Grenze zwischen ihnen vornehmen, wobey man die Bewegung nach einer solchen Position leiten muß, die nicht allein die unnützen feindlichen Vestungen gänzlich abschneidet, sondern auch allem durch sie vielleicht noch zu fürchtenden Schaden ausweicht und ihre Eroberung nach sich zieht.

§. 37.

d. Lehrsatz. Wenn das feindliche Land nur eine Seeküste uns zum Angriffe darbietet, so geschehen die Scheinbewegungen mit der Flotte, und der Ort der Landung richtet sich sowohl nach den nöthigen Gemeinschaftsposten des Seekriegs, als auch nach den bedürfenden Vortheilen des anfangenden Landkriegs.

1. Regel. Es ist eine überlegene Kriegsflotte, und eine völlig geheime Zusammenbringung der Transportflotte nöthig.

1. Wenn die feindliche Grenze oder die zu durchbrechende Vertheidigungsfronte von dem Meere gedeckt wird, so daß wir den Feind nicht anders, als durch eine förmliche Landung angreifen können; so kommt hier vorzüglich alles darauf an, nicht allein eine günstige Stelle zum Landen in Rücksicht dieser Operation selbst, und des fernern vortheilhaften Ganges, des von da aus zu führenden Krieges, zu erreichen, sondern hierin dem Feinde so zuvorzukommen, daß er nicht im Stande ist uns eine hinlängliche Kraft entgegen zu stellen, die das Ausschiffen der Truppen hindern könnte.

2. Die

2. Die Bewegungen, welche daher geschehen, um auf diese Weise den Feind zu täuschen, und den vortheilhaften Landungsplatz zu erreichen, werden also eigentlich zur See und von der Flotte ausgeführt, und können daher nicht als Märsche eines Landheers zu einem gewissen Zwecke betrachtet werden.

3. Denn obgleich sich die Truppen zugleich mit der Flotte bewegen, so sind doch hier alle Anordnungen zur Sicherheit und zur Erreichung des Zwecks der Bewegung, nicht mehr von den Truppen unmittelbar besorgt, sondern diese werden gewissermaaßen als ein Frachtgut betrachtet, das durch eine zu seiner Deckung bestimmte Kriegesflotte sicher an den Ort seiner Bestimmung gebracht werden soll.

4. Was also bey dieser Operation die Landtruppen unmittelbar angeht, bezieht sich größten Theils auf ihre Bedürfnisse, Einschiffung, auf die öconomische und militairische Anordnung derselben während der Fahrt, auf die Deckung ihrer Ausschiffung und ihrer gleich darauf zu unternehmenden nöthigsten Bewegungen.

5. Die Anordnung der Flotte während der Fahrt, die Signale zur Bezeichnung dieser oder jener Ordre, das Betragen bey einem Seegefechte, bey einem Sturme, die Bewegungen um den Feind von dem wahren Landungspunkte abzuziehn, und endlich die Deckung und Ausführung der Landung selbst, dies alles gehört größten Theils in das Gebiet der Marine-Wissenschaft.

6. Da indessen das Schicksal und das Betragen einer auf einer Flotte eingeschifften Armee zu genau mit dem der Flotte selbst verwebt ist, so wird es zweckmäßig seyn, hier einen kurzen Abriß von allem demjenigen zu geben, was zur Vorbereitung und Ausführung einer Landung nöthig thut.

7. Die ganze Operation kann man in folgende Punkte theilen.

a. Die Vorbereitungen und das Einschiffen der Truppen.

b. Die Fahrt zur feindlichen Küste selbst.

c. Die Landung und die gleich darauf nothwendigsten Unternehmungen.

8. Das erste, was zur glücklichen Ausführung einer Landung im feindlichen Gebiete nothwendig, ist eine überlegene Kriegesflotte, welche der großen Anzahl von Transportschiffen die nöthige Sicherheit geben kann. Da dieser Artikel ganz in die Seewissenschaft gehört, so können wir ihn hier übergehn und annehmen, daß die erforderliche Kriegesflotte zu unserer Deckung parat sey.

9. Nun kommt es zunächst darauf an, die nöthigen Frachtschiffe herbey zu schaffen. Kann man die nöthige Anzahl in unserm und unserer Bundesgenossen Lande erhalten, so müssen keine fremde in Beschlag genommen werden. Denn dadurch wendet man nicht allein das zu verbrauchende Geld seinen eigenen Leuten zu, sondern hat auch nun jetzt ohne Zweifel viel sicherere und treuere Schiffer als im andern Falle.

10. Freylich, wenn unsere und unserer Alliirten Länder die nöthige Anzahl von Fahrzeugen nicht liefern können, so muß man zu den fremden seine Zuflucht nehmen: doch dabey folgende Vorsicht gebrauchen. Man schreibt nämlich zu gleicher Zeit an mehrere treue und verschwiegene Kaufleute oder Consuls, daß sie monathlich so viele Fahrzeuge miethen, als nur immer möglich ist, und sie unter irgend einem Handlungsvorwande, zu bestimmter Zeit nach diesem oder jenem Hafen schicken können.

11. Während nun in unsern eigenen Häfen dieselben Maaßregeln befolgt werden, zertheilen sich unsere Kriegesschiffe an verschiedene Küsten, um alle ihnen begegnenden Fahrzeuge anzuhalten und nach den eigenen Häfen zu führen, wo man sich mit den Schiffern wegen der Bezahlung vergleicht,

gleicht, und sie soviel als möglich dazu anhält, daß sie einen in unserm Lande angesessenen reichen Kaufmann zum Bürgen stellen; oder daß die Schiffer einer Nation sämmtlich für einander gut sagen.

12. Alles dieses muß mit der größten Güte und Freundschaft geschehen, und kein Geld geschont werden; damit auf keine Art die Sache den Schein einer Gewaltthätigkeit erhält, und keiner, weder der Eigenthümer noch der Führer des Schiffs, einen gegründeten Anlaß zur Klage gegen ihre Regierung führen, und diese dadurch ungünstig gegen uns gesinnt machen könne.

13. Kommt daher ein Schiffer mit voller Ladung an, und kann sie nicht gleich verkaufen, so muß man ihm ein Waarenlager anweisen, wo er seine Güter in Sicherheit legen kann; da aber die Eigenthümer der Niederlagsgewölbe bey solchen Gelegenheiten oft zu viel fordern, so muß man hierin einen billigen Preis bestimmen, oder der Staat die Sicherheit der Güter selbst übernehmen.

14. Uebrigens muß man keine auf irgend eine Weise sehr beschädigten, oder der Gefahr des Sinkens nahen Schiffe miethen, denn hiermit ist uns nichts gedient. Auch muß der Contrakt mit den Schiffern so geschlossen werden, daß sie verpflichtet sind, nach Verhältniß der Größe des Fahrzeugs, eine hinlängliche Anzahl Leute zur Regierung des Schiffs, so wie die zu deren Ernährung auf eine gewisse Zeit erforderlichen Lebensmittel stets bereit zu haben.

15. Damit die Zeit, welche zwischen der Herbeyführung der Schiffe und dem Absegeln der Flotte verstreicht, so kurz als möglich sey, weil dadurch die Kosten um ein Ansehnliches verringert werden; so müssen alle die Maaßregeln zur Herbeyführung der Schiffe auf einmal, ohne große vorherige Umstände, und so geheim als möglich geschehen.

16. Was die Zeit des Anfangs dieser Maaßregeln betrifft, so muß man zufolge des Monats, in dem das Einschiffen vor sich gehen soll, reiflich erwägen, ob es rathsamer sey, entweder wegen der vielen Zufälle, dadurch sich

manche Schiffe verspäten können, die Unternehmung' aufzuschieben; oder es darauf ankommen zu lassen, daß man ihnen die Miethe einige Monate länger bezahlt, bis die Truppen und alle Bedürfnisse gehörig angekommen sind.

17. Vortheilhaft ist es, wenn solche Unternehmungen weder vor dem May angestellt, noch bis auf den Herbstmonat verzögert werden. Denn da es zu jeder andern Jahrszeit gewöhnlich stürmt, so werden dann leicht die Schiffe, selbst der größesten Flotte, so verschlagen und getrennt, daß öfters in mehreren Tagen an keine Vereinigung zu denken ist, und die Flotte Theilweise einem kleinen feindlichen Geschwader zur Beute werden kann. Ueberdies leiden die Pferde sehr dabey, und selbst die Annäherung an einem ganz offenen Ufer, das sonst zur Landung das beste ist, wird sehr gefährlich.

18. Da die Zurüstungen zu einer so großen Unternehmung, als die Ueberschiffung einer ansehnlichen Armee in das feindliche Land ist, so mannichfach und verwickelt sind, daß man unmöglich genau den Zeitpunkt ihrer Beendigung angeben kann, und sie gewöhnlich länger dauern, als man anfangs glaubte, die Herbeyführung der Transportflotte oder wenigstens ihr langes Stilliegen, dem Feinde gar zu leicht die Absicht verrathen kann; so ist es der Klugheit gemäß, die Zurüstungen so einzurichten und zu betreiben, daß sich schon alles bey der Ankunft der ersten Fahrzeuge bereit findet, und diese nun sogleich die Erforderniße nach den verschiedenen Versammelungshäfen führen können.

19. Kann man aber demungeachtet das Geheimniß nicht lange genug bewahren, und liegt nun dem Feinde das Unternehmen klar vor Augen, so ist es die höchste Zeit die größte Thätigkeit und Beschleunigung anzuwenden, damit der Feind so wenig als möglich seine Vertheidigungsmittel vergrößere.

20. Da die Besorgung einer Einschiffung vielleicht das verwickeltste und schwerste Kriegesgeschäft ist, was man einem Manne auftragen kann, so muß der Generalintendant

des

des Seewesens seine Plane sehr wol vorher mit den commandirenden Generalen der Truppen, mit dem Admirale der Flotte und den Handwerkern, welche die verschiedenen Erfordernisse zu machen haben, genau überlegen, damit nachher in der Hauptsache nichts zu ändern ist, und alles nur die Beschleunigung der Arbeit zum Zweck hat.

21. Zur Erreichung dieses Zwecks und der Erhaltung der Ordnung ist es daher nöthig; daß sich der Generalintendant eine hinlängliche Anzahl geschickter Officiere, Commissaire und Quartiermeister aussuche, welche nichts anders thun, als ihn zu unterstützen. Jeder erhält die Aufsicht auf eine einzige Sache, z. B. der eine blos über das Zimmerholz, der andere über das Eisen, die Tonnen, das Brodt u. s. w.

22. Jeder dieser Leute hält ein genaues Verzeichniß von allem dem, was er machen läßt, auch für wen? Von allem, was er liefert und an wen? Von allem was fertig ist, und wo es zu finden? Auch wie viel von jeder Sache an der vorgeschriebenen Zahl noch fehle? Jeder dieser Oberaufseher hat noch einige Gehülfen unter sich, wozu man lauter unverdrossene Leute nehmen muß, da hier der Arbeit die Fülle ist.

23. Die Oberaufseher geben dem Generalintendanten alle Abende von der Besorgung und Fortrückung ihres Geschäfts den genauesten Rapport. Der Intendant bemerkt dabey dasjenige, was er zur Veranstaltung nothwendig findet, und giebt nachher jedem einen schriftlichen Verhaltungsbefehl auf den künftigen Tag. Befiehlt er dabey einem etwas auszuliefern, so setzt er den Empfangschein hinter den Befehl.

24. Weil es indessen am Tage öfters nöthig ist, gewisse Befehle auf der Stelle vollstrecken zu lassen; so muß der Intendant nicht allein Vor= und Nachmittags einige Stunden am Einschiffungsplatze gegenwärtig seyn, sondern auch einige Ordonanzschaluppen beständig, zum Ueberfahren seiner stets bey sich habenden Adjudanten bereit liegen.

§. 38.

2. Regel. Die Transportschiffe müssen als Wohnungen für die Truppen so bequem als möglich eingerichtet, mit den Bedürfnissen zur Reinigung versehen, die Leute selbst zur gesellschaftlichen Oeconomie angewiesen, und nur die nöthigsten Lastthiere mitgenommen werden.

1. Die ersten Schiffe, welche man bekommt, richtet man für die Reiterey ein, wofern sie sich dazu schicken; diese macht das meiste zu schaffen. Zuerst werden die Abtritte, die Speisekammern, die Krippen, die Bediehlung der Fußboden vorgenommen.

2. Wenn die Fahrzeuge kein Verdeck haben, folglich der Raum nicht weiter reicht, als für die Pferde und Menschen, für das Wasser und die Lebensmittel, so hängt man zu beyden Seiten des Schiffes Netze heraus, und füllt sie mit dem Heu und Stroh; nur müssen sie am Festmachen der Schiffsseile nicht hinderlich fallen.

3. Große Schiffe sind zum Fortbringen der Reiterey nicht so gut als kleine, auch nicht als die Barken und Tartanen, welche nicht nur eine solche Höhe, daß die Pferde mit dem Kopfe das Verdeck nicht erreichen, sondern auch eine solche Breite haben, daß man zwischen der doppelten Reihe von Pferden durchgehen kann.

4. Auch können kleine Fahrzeuge näher als große ans Ufer kommen, daher ist nicht allein die Einschiffung, sondern auch die Ausschiffung der Reiterey um so leichter: Ueberdem ist man in einem kleinen Fahrzeuge auf keiner Seite weit von der Luke im Verdeck entfernt, folglich können die Pferde desto bequemer Athem schöpfen.

5. Zu Krankenschiffen muß man große Schiffe nehmen, in welche die Luft durch verschiedene Oeffnungen oder Thüren, die man darin macht, freyen Eingang findet. Nebst den gewöhnlichen Luken muß daher auch das Verdeck offen und vergittert seyn, weil man sich doch mit Wachstuch gegen den Regen verwahrt.

6. So

6. So wie nun die für die Infanterie bestimmten Schiffe allmählig in dem Versammlungshafen ankommen, so verfertigt man auch die Abtritte, die Pritschen zum Liegen, die Kammern oder Schränke zu den Lebensmitteln, wofür indessen oft der Schiffer selbst zu sorgen hat.

7. Sind die Fahrzeuge eingerichtet, so muß, ehe die Truppen sich einschiffen, eine genaue Musterung über jede an Bord gehende Brigade gehalten, und dabey dem Chef derselben gesagt werden, daß diese Musterung bey dem Ausschiffen wiederholt werden, und jede fehlerhafte Stellung der nöthigen Mannschaft exemplarisch bestraft wird.

8. Der ungeheure Troß der jetzigen Armeen ist schon zu Lande eine höchst unangenehme Fessel der Operationen, noch weit mehr wird er es aber zur See, wo die vorräthigen Lebensmittel nicht allein in geringerer Summe vorhanden, sondern, wegen der vielen unvorhergesehenen oft entscheidenden unglücklichen Vorfälle, auch viel kostbarer als zu Lande sind.

9. Aus diesem Grunde muß daher der Troß eines eingeschifften Heeres so sehr als möglich vermindert werden. Man erlaubt also für zwey Subalternen höchstens einen Knecht. Für den Hauptmann einen, für einen Staabsofficier drey, für einen Brigadegeneral viere, und für einen Divisionsgeneral fünf bis sechse. Außerdem noch für jede Reitereybrigade, oder für jedes Bataillon Infanterie zwey Marketender.

10. Bey der Infanterie nimmt man nicht mehr als für jeden Staabsofficier und Adjudanten ein Reitpferd, bey der Cavallerie, für jeden Compagnieofficier zwey, jedem Staabsofficier aber drey Pferde mit.

11. Wollen andere Officiere außerdem Pferde mitnehmen, so miethen sie sich in Compagnie ein Fahrzeug dazu, und sorgen für die Wartung und Erhaltung ihrer Pferde.

12. Bey der Vertheilung der Truppen auf die Transportschiffe richtet man sich genau nach der Stellordnung der

Truppen, d. h., man giebt so viel als möglich nicht allein ganze Compagnien, sondern auch von einer und derselben Brigade auf ein Schiff, und vertheilt nun diese Schiffe in ihrer Fahrt nach derselben Ordnung, wie die Brigaden, und in diesen die Bataillone und Compagnien der Truppen, in ihrer nach der angenommenen Schlachtordnung eingerichteten Marschordnung neben und hintereinander folgen würden.

13. Hat nun der Chef der Brigade die Compagnien ernannt, so schickt er dem Intendanten durch seinen Adjudanten die Namen der Hauptleute zu, wobey der Name ihres Schiffes und der des dasselbe führenden Schiffers bemerkt ist. Der Intendant liefert hiergegen alsdann das Verzeichniß der für diese Compagnien bestimmten Anzahl Lebensmittel und Wassertonnen, so wie von allen denjenigen Sachen aus, welche unter der Aufsicht des auf jedem Schiffe befehlenden Officiers stehen.

14. Jeder dieser Officiere ist dann verpflichtet, die Lebensmittel so wie das Wasser, welches immer unter allen an Bord zu bringenden Bedürfnissen das letzte bleibt, damit sich seine Güte desto länger halte, genau zu untersuchen, und die etwa gefundenen Mängel sogleich dem Intendanten zu melden, indem dieser, ohne sich an die Lieferanten zu kehren, nach seiner Pflicht verbunden ist, ohne Verzug das Fehlerhafte zu ersetzen.

15. Die Betrügereyen können bey der Lieferung der Lebensmittel und des Wassers auf mannichfache Art geschehen; und es erfordert würklich eine fortdauernde Anstrengung, um die daraus erwachsenden unheilbaren Uebel für die Folgen der Operation, gleich in ihrer Geburt zu ersticken, welches doch so nöthig ist.

16. Da nach der Einschiffung das Schicksal der Truppen von der Neigung der Seeleute für dieselben größtentheils mit abhängt, so ist es nicht allein dieserhalb, sondern auch überhaupt zur Gründung günstiger Folgen der ganzen Operation nöthig, daß die Commandeure der Truppen sich be-

mühen,

mühen, mit denen der Flotte im guten Einverständnisse zu leben.

17. Hieraus entspringt auch der Nutzen, daß, wenn der Schiffer dem Commandeur der darauf befindlichen Truppen, welcher die Marine nicht versteht, in der Beendigung seiner Vorbereitungen und der schnellen Fahrt entgegen ist, der letztere nun mit Hülfe des Seeofficiers den Schiffer antreiben und erfahren kann, ob er Recht oder Unrecht habe.

18. Das Pulver wird auf besonders dazu bestimmte Fahrzeuge vertheilt, weil es nicht rathsam ist, eine zu große Menge dieser Waare, die von einem einzigen Fünkchen in die Luft fliegen kann, dieser Gefahr zu unterwerfen. Setzt man die Pulvertonnen in den Raum, so muß man ihnen Bretter unterlegen, damit das Pulver nicht feucht werde.

19. Man muß dabey durchaus nicht leiden, daß den Pulvertonnen einiges Eisenwerk zu nahe komme, denn es kann bey dem Schwanken des Schiffes leicht ein Fünkchen heraus springen. Daher werden auch die gefüllten Bomben durch Bretter von einander abgesondert, so daß jede in einem eigenen Fache liegt.

20. Sind einige Fässer mit eisernen Reifen beschlagen, so muß man zwischen zwey immer eins ohne Eisen legen. Die Pulverschiffe müssen übrigens an einem besondern Orte beladen werden. Man darf weder das Kochen noch das Tobackrauchen auf solchen Schiffen leiden. Um dies zu befördern, setzt man auf ein solches Schiff nur einen einzigen Officier, welcher die versiegelten Befehle bey sich führt, wovon wir nachher reden wollen.

21. Um aber das Kochen auf solchen Schiffen entbehren zu können, so muß man sie mit Pökelfleische, geräucherten Würsten und Fischen, mit marinirten Fischen, Käse und andern Speisen versehen, die keines Kochens bedürfen.

22. Ueberdem müssen die Pulverschiffe auch stets einen besondern Wimpel führen, daran man sie erkennt, und damit kein anderes Schiff mit brennendem Feuer auf dem Heerde, oder mit angezündeten Pfeifen zu nahe kommt.

23. Be-

23. Bevor nun aber die Truppen an Bord gehen, wird die Artillerie statt des Ballastes auf die besten Fahrzeuge, oder in die Kriegesschiffe gebracht. Bey jedem Stücke sind die zu seinem Gebrauch auf dem Lande erforderlichen Sachen, damit man zu jeder Zeit alles Nöthige zu einer Landbatterie bereit habe, selbst wenn die Flotte getrennt würde.

24. Diese Sachen müssen übrigens deswegen auf die besten oder auf die Kriegesschiffe geladen werden, weil sie unumgänglich zum Landkriege nöthig, und so am sichersten verwahrt sind, da nicht allein die großen starken Schiffe dem Sturme besser trotzen, sondern auch nicht so leicht von ihrem Wege verschlagen werden.

25. Die Befehlshaber der Land- und Seemacht müssen sich unterdessen mit den Generalintendanten öfters besprechen, damit einer dem andern mit Herbeyschaffung der in sein Fach einschlagenden Bedürfnisse hülfreiche Hand biete.

26. Diese Bedürfnisse, welche die eingeschifften Truppen nöthig haben, sind folgende:

a. Jeder Kameradschaft giebt man ein Faß zum Wasser, eins zum Wein, und zwey kleine zum Oel und Essig. Der eine Fußboden wird durch einen 2 Zoll hohen Rand verwahrt und mit einem Spundloche und Spunde versehen, der andere aber mit einem Hahn, um jedem seinen Antheil geben zu können.

b. Ferner erhält jede Kameradschaft zwey hölzerne Kannen zum Trinken, zwey hölzerne Näpfe zum Essen. Hölzerne Löffel. Einen verzinnten kupfernen Kochtopf, mit einem genau passenden Deckel, damit bey dem Schwanken des Schiffs nichts heraus spritze.

c. Ein beutelförmiges Netz nebst einem dazu gehörigen Stricke, worin man den Fisch oder das Pökelfleisch in die See hänget und wässert, weswegen es auch immer einen Tag vor dem Essen hergegeben wird.

d. Mat-

d. Matten, darauf zu schlafen. Will man essen, so werden sie aufgerollt. Einen Besen und Korb; um den Auskehrigt darin zu fassen. Lavendel, Rosmarin, oder Wacholderbeeren, um das Schiff alle Tage damit auszuräuchern. Denn sonst fällt es nicht möglich, den übeln Geruch von so vielerley Ausdünstung und gesalzenen Speisen zu vertragen, ohne krank zu werden.

e. Einige Talch- und Wachslichter zur Vorsorge, wofern des Nachts etwas vorfallen sollte. Und endlich einen oder zwey Säcke, ihre Strümpfe hineinzustecken; denn sonst sind sie gleich den ersten Tag voll Flecken.

§. 39.

8. Regel. Die Einschiffung geschieht bey dem ruhigsten Winde, und so, daß jeder Schlachthaufe in völliger Ordnung nur auf das ihm angewiesene Schiff übergesetzt wird, worauf nach der Einschiffung keiner wieder an das Land zu lassen ist. Der Reiterey giebt man übrigens diejenigen Stellen zur Einschiffung, wo die Schiffe am nähesten ans Land kommen können.

1. Ist alles auf diese Art versehen, so erhalten die Truppen die Ordre, von einem gewissen Tage an jede Stunde zum Aufbruch und Einschiffen bereit zu seyn, und unterdessen alles Geräthe, das sie nicht unumgänglich brauchen, zu Schiffe zu bringen.

2. Indem dies geschieht, stellen sich die Fahrzeuge in eine andere Ordnung, nämlich in diejenige, in welcher sie auslaufen sollen. Hierdurch verhütet man, daß sie bey dem Absegeln nicht einander stoßen, oder eins sich in des andern Tauen verwickele.

3. Die Nacht vor dem Einschiffen befiehlt man jeder Brigade, Morgen früh an eine gewisse Gegend des Hafens oder der Rhede zu rücken, wo alle Schaluppen und Boote, sowohl die der Frachtschiffe, an deren Bord die Truppen tre-

ten

ten sollen, als auch die der Kriegesschiffe von der Abtheilung, mit welcher sie segeln sollen, auf sie warten.

4. Jede Brigade wird nun in so viel Abtheilungen zerlegt, als Frachtschiffe für sie bestimmt sind, und jede muß zur Verhütung alles Zeitverlustes und Unordnung dazu gehalten werden, daß sie nicht in die Fahrzeuge trete, die nicht für sie bestimmt sind.

5. Liegen indessen viele kleine Ruderschiffe in einem Hafen, so vertheilt sie der Intendant unter die Frachtschiffe, damit durch ihre Hülfe das Einschiffen der Truppen desto schneller geschieht.

6. In jedes dieser Schiffe wird nun von dem Kommandeur des Kriegesgeschwader, wozu die Transportschiffe gehören, ein Seeunterofficier gesetzt, welcher den Schiffer antreibt wieder aufs neue vom Ufer Leute zu holen.

7. Geschieht das Einschiffen in einem kleinen Hafen, so behält man ihn zu den Brücken für die Reiterey, die Infanterie hingegen wird auf der Rehde zu beyden Seiten des Hafens eingeschifft.

8. Können sich die für die Reiterey bestimmten Frachtschiffe wegen des seichten Grundes nicht nahe genug an die Brücken legen, so hohlt man die Pferde auf andern kleinen Fahrzeugen von den Brücken ab, welches aber unterhalb des Windes von diesen Schiffen geschehen muß.

9. Wenn dabey des Tages widrige Winde, des Nachts aber Ruhe herrscht, wie zu mancher Jahrszeit Statt findet, so muß man die Einschiffung des Nachts vornehmen.

10. Jeder Reiterey-Brigade werden ihre Brücken, auf welchen sie sich zu Schiffe begeben soll, angewiesen. — Da diese übrigens so wenig kosten, so sollte man ihre Zahl so sehr als möglich vergrößern, weil nun die Einschiffung desto schneller vollendet wird.

11. Ein höchst nachtheiliger Zufall würde es seyn, wenn nach der Einschiffung der Reiterey, der widrige Wind die Schiffe von der Abfahrt abhält. Denn alsdann leiden nicht allein die Pferde sehr viel, sondern sie verbrauchen auch nun

nun eine erstaunliche Menge des Wasservorraths, der vielleicht nicht wieder ersetzt werden könnte, wenn auf einmal ein heftiger fortdauernder, zu unserer Reise günstiger Wind entstünde.

12. Sehr leicht kann übrigens durch das nachlässige Betragen der Schiffer und Soldaten, oder durch die Uebereilung der Officiere, die ihre Leute schnell eingeschifft haben wollen, eine schädliche Unordnung entstehen. Um diesem daher auf allen Fall vorzubeugen, ist es nothwendig, daß sich die Generale der Land- und Seemacht bey dem Einschiffen gegenwärtig befinden und auf die genaueste Ordnung achten.

13. Damit nachher das Ausschiffen desto schneller gehe, wozu in Rücksicht der Vortheile des Feindes, der stets den gelandeten Truppen Uebermacht entgegenzusetzen suchen wird, nie eine hinlängliche Anzahl kleiner Ruderschiffe vorhanden ist; so müssen sich bey der Flotte immer eine größere Anzahl solcher Schaluppen befinden, als etwa zur Einschiffung erforderlich sind.

14. Dauert nachher die Reise lang oder ist stürmisch, so werden diese Fahrzeuge am Bord der großen Kriegesschiffe genommen, weswegen sie klein doch nicht so klein seyn müssen, daß sie gleich von jeder etwas hohen Welle über den Haufen geworfen werden können.

15. Das Vordertheil dieser Schiffe muß mit einer hohen Klappe versehen seyn, die man niederlassen kann, wenn man will, und die den Truppen bey der Ausschiffung zu Brücken dienen können. Lassen sich dabey einige kleine Kanonen mit Sicherheit darin placiren, so werden ihre eigenen Vertheidigungs- und Angriffskräfte sich sehr vergrößern; überhaupt wären eine solche Art Flösse, als in der Kriegeskunst bey dem Uebergange der Flüsse beschrieben sind, selbst bey einer Landung von Meere ab, vortheilhaft.

16. Ist die Einschiffung vollbracht, und der Feldherr auf das Admiralschiff getreten, so müssen die Krieges- und andere Schiffe, welche bisher ihre Stelle nicht so haben einneh-

nehmen können, wie dies während der Fahrt seyn soll, dies nun jetzt thun, und dieserhalb weit genug auseinander gehen.

17. Jetzt erscheint der Befehl, daß die Officiere bey Strafe des Absetzens, und die Soldaten bey Strafe der Galeeren, nicht von ihren Schiffe ans Land gehen sollen. Wer dagegen handelt, den läßt der Chef des Hafens arretiren und zum Admiral bringen.

§. 40.

4. Regel. Nach der Einschiffung werden die zu befolgenden Signale, Schlachtordnungen, Vereinigungspunkte und Zugordnungen den Chefs in verschlossenen nur in einer gewissen Lage zu öffnenden Befehle angezeigt.

1. Nun übergiebt der Admiral seinen Generalieutenanten, Geschwaderchefs und Schiffscommandeurs, die Verhaltungsbefehle und Losungszeichen in einem versiegelten Papiere, welches sie nicht anders als nach Abfahrt der Flotte und in Gegenwart ihrer Officiere eröffnen dürfen.

2. Die Frachtschiffe erhalten ebenfalls ein solches Papier. Es wird zuerst dem Chef der Truppen auf jedem derselben gegeben. Sobald man nun unter Seegel gegangen, und kein fremdes Schiff mehr da ist, so übergiebt dieser es dem Schiffer, und erlaubt nachher keinem einzigen Fahrzeuge, auch dem Boote seines eigenen Schiffs nicht mehr, nach dem Lande zurückzukehren. Diese Vorsicht ist zur Verhinderung der möglichen Verrätherey eines Schiffers nöthig.

3. Noch eine andere versiegelte Ordre wird den Chefs der Landtruppen auf jedem Krieges- oder Frachtschiffe zugestellt, mit Befehl dieselbe nur in Gegenwart einiger Zeugen zu eröffnen, doch nur in dem Falle, wenn dieses Schiff durch Sturm, oder andere Zufälle, die Flotte aus dem Gesichte verlieren sollte.

4. Es wird darin angezeigt, in welchem Hafen, an welchem Vorgebürge, nnd an welcher Küste sie nach und nach die Flotte aufsuchen, oder Nachricht von ihrem Laufe einholen sollen.

5. Eini-

5. Einige Zeit vorher, ehe man nun aber das Einschiffen vornimmt, muß man sowohl den Hafen, worin es geschehen soll, als alle andern an der benachbarten Küste befindliche schließen; damit die feindlichen Spione die Abfahrt nicht voraus berichten können. Eben so darf man auch die ersten 4 bis 6 Tage nach der Abfahrt, selbst nicht einmal einen Fischernachen aus diesen Häfen hinauslassen.

6. Um daher die Heimlichkeiten der Operation zu befördern, muß die Kriegsflotte vor ihrem Auslaufen alle Fahrzeuge, welche nicht unter dem Geschütz des Hafens vor Anker liegen, dazu anhalten sich an einen Ort zu legen, wo man sie mit demselben erreichen kann.

7. Keine Flotte kann nun aber jemals in See gehen, sie mag einen Feind haben oder nicht, bevor nicht gewisse in besonderm Lagen nothwendige Befehle, durch die erklärte Bedeutung einiger sie angebenden Losungszeichen, genau bestimmt und jedem Schiffe bekannt sind. Denn es wäre nicht allein zu langweilig und beschwerlich, sondern auch oft unmöglich, wenn man die nöthigen Befehle von Schiff zu Schiff ansagen wollte.

8. Diese Losungen werden nun in der Nacht durch einen Rauch von Feuerwerksätzen gegeben, durch Kanonenschüsse, durch Raketten und durch Laternen, welche allemal etwas anders bedeuten, nachdem ihre Anzahl größer oder kleiner ist, nachdem man sie oft auf- und abhält, und nachdem sie in dieser oder jener Ordnung, an diesem oder jenem Orte des Schiffs ausgehängt werden. Die Bedeutung des Rauchs, der Kanonenschüsse und der Raketen, verändert sich zu folge ihrer Anzahl, der Zeit, die man zwischen ihnen läßt, oder des Zeichens, das man zwischen zwey Schüssen giebt.

9. Bey neblichtem Wetter sind die Losungen durch Schießen die besten. Bey hellem Wetter nimmt man auch noch die Flaggen dazu, welche nach ihrer Farbe und dem Orte, von wo man sie wehen läßt, bald dies bald jenes bedeuten. Uebrigens muß ein Kanonenschuß jedesmal der

Flotte vorher anzeigen, daß der Admiral ein Zeichen geben will. Nur wenn man den Feind überfallen will, so darf dies nicht geschehen.

10. Diese allgemeinen Losungen werden durch das Innehalten der Zahl der Schüsse, und andere zwischen denselben gegebene Zeichen, auf mehrere Arten verändert, nachdem sie entweder die ganze Flotte, nur ein gewisses Geschwader oder ein einzelnes Schiff betreffen, als z. B., wenn es alle Segel beysetzen, ein sich sehen lassendes feindliches Schiff rekognoskiren, es verfolgen oder gehen lassen soll.

11. Auch hat eine Flotte ihre besonderen Losungen, wenn sie sich in Schlachtordnung stellen; das Gefecht anfangen oder endigen, wenn ein Theil dem andern Hülfe leisten, wenn die Chefs nach dem Admiral kommen sollen, u. s. w.

§. 41.

5. Regel. Die Transportschiffe bleiben in einem gut geordneten Haufen bey einander, die großen Kriegesschiffe decken sie auf allen Seiten, und die leichtern Kriegsschiffe dienen zur äussern Sicherheit der Fahrt. Die Flotte muß immer beysammen bleiben, und bey widrigem Winde laviren.

1. Segelt nun die Flotte nach ihrer Bestimmung ab, so wird sie in drey Haupttheile getheilt, nämlich in die Avantgarde, die Mitte und die Arriergarde. Jeder dieser Haupttheile wird wieder in seine Geschwader, und jedes Geschwader in seine Unterabtheilungen getheilt, so daß man jedem Geschwader, jeder Abtheilung und jedem einzelnen Kriegsschiffe eine gemäße Anzahl Frachtschiffe zutheilt, welche sie zu decken haben.

2. Die leichten Fregatten, welche stets die ganze Flotte umschwärmen, und vorzüglich zum Recognösziren bestimmt sind, wozu man die Seitenpatrouillen und Detaschements bey einer zu Lande marschirenden Colonne gebraucht, dürfen nicht im geringsten gebunden seyn, und dieserhalb giebt man ihnen auch keine Frachtschiffe zu decken.

3. Schifft

3. Schifft man längst der feindlichen Küste hinunter, so segelt der größte Theil der Kriegesschiffe, ja selbst fast alle Galeeren und Fregatten zwischen der Küste und den Frachtschiffen.

4. Ist die meiste Gefahr bey der Avantgarde zu besorgen, so besteht sie auch aus dem größten Theile der Kriegesschiffe; das Gegentheil findet Statt, wenn die feindlichen Geschwader dem Nachzuge am heftigsten drohen.

5. Ist die Gefahr auf allen Seiten gleich groß, so segeln die Kriegesschiffe in zwey Reihen, und nehmen die Transportschiffe zwischen sich. Denn auf diese Weise mag der Feind herkommen, von welcher Seite er will, so befinden sich beyde Reihen zwischen ihm und dem Winde; wenn die Transportschiffe ihre Segel einnehmen, und die unter Winds befindliche Reihe bey dem Winde hält.

6. Weil nun eine Landung im feindlichen Gebiete allemal mehr Fracht- als Kriegesschiffe erfordert, so müssen die letztern nicht so weit von einander entfernt seyn, daß ihnen die Vereinigung schwer fiele, wenn sie sich des Morgens in der Nähe eines feindlichen Geschwaders befänden. Um diesem Unheil vorzubeugen, muß man die Transportschiffe in so viel Reihen segeln lassen, daß keine länger wird, als die Reihe der Kriegesschiffe.

7. Die bey den Flügeln der Avant- und Arriergarde herumschwärmenden leichten Fregatten, müssen sogleich ein Zeichen geben, wenn sie etwas feindliches erblicken. Auch müssen sie es sich angelegen seyn lassen, die Transportschiffe, welche in der Nacht von ihrer Straße ab, oder bey stürmischem Wetter unter den Wind gekommen sind, wieder zur Flotte zu bringen.

8. Sieht man bey anbrechendem Tage, daß einige Fahrzeuge voraus gelaufen sind; so giebt man ihnen ein Zeichen zu warten; sind einige zurückgeblieben, so befiehlt man ihnen durch ein anderes Zeichen alle Segel beyzusetzen. Die Flotte fährt unterdessen nur mit den Marssegeln, damit jene desto eher zu ihr stoßen können. Befinden sich die Frachtschiffe

schiffe oberhalb Windes von der Flotte, so winket man ihnen beyzulegen; wären sie unter demselben, so legt die Flotte bey.

9. Dann ist aber die Schwierigkeit groß, wenn ein widriger Wind entsteht, und heftig bläst. Denn unter einer großen Flotte giebt es allemal viele Schiffe, welche nicht vor dem Winde halten können. Da nun immer einige auch besser bey dem Winde segeln, als andere, so geräth bey dem Umlegen oder den Wendungen im Laviren die ganze zum Segeln vorgeschriebene Ordnung in Verwirrung.

10. Damit man also weder rückwärts, noch allzuweit von seiner Straße abkomme, so ist kein ander Mittel, als die Schläge lang genug zu machen, um so viel als möglich eine geringe Anzahl derselben zu erhalten. Muß man indessen unumgänglich vor dem Winde halten, so setzt man nicht mehr als die nothwendigsten Segel bey.

§. 42.

6. Regel. Die Flotte muß wo möglich an einer freundlichen Küste aber 14 Meilen davon hinsegeln, selten einlaufen, und ihre Zug- und Schlachtordnung, so wie die Signale und die eigentliche Richtung und Absicht der Fahrt, aufs äußerste verbergen.

1. Es ist gut, wenn man sich an eine freundliche Küste hält, wofern es ohne einen allzugroßen Umschweif geschehen kann, und die Küste mit guten Häfen versehen ist.

2. In diese kann sich die Flotte begeben, wenn der widrige oder Seitenwind allzustark tobet: sie kann auch die im Sturme beschädigten Fahrzeuge daselbst lassen, die Kranken ausschiffen, und im Fall die Windstillen eine Verzögerung in der Fahrt verursacht haben, frisches Wasser und Lebensmittel einnehmen.

3. Allein unerachtet daß man an einer freundlichen Küste hinsegelt, so muß man doch stets einige Meilen weit von

von den Vorgebürgen weghalten, damit man vorbeykommen könne.

4. Läuft man unterwegs in einen Hafen, wo zu befürchten steht, die feindlichen Spione möchten von irgend einem Frachtschiffer eine Abschrift der festgesetzten Signale erhalten, so muß man dieselben verändern, vorzüglich wenn feindliche Geschwader in der See sind, die sich diese Nachricht zu Nutze machen könnten.

5. Fehlt es an der Bequemlichkeit neben einer freundlichen Küste hinsegeln zu können, so muß man einige Schiffe mit nichts anders, als mit Wasser für die Reiterey beladen, vorausgesetzt, daß die Lastschiffe keine hinlängliche Menge dieses ersten aller Erfordernisse an Bord nehmen können; wie wohl bey einer etwas zahlreichen Reiterey meistens der Fall seyn wird.

6. Da unser Zweck ist, einen Einfall in das feindliche Land zu thun, und nicht die vielleicht in See seyende Flotte desselben aufzusuchen und zu schlagen, dies auch bey einer so großen Menge von Transportschiffen fast unmöglich, hingegen bey einem Angriffe eine totale Niederlage zu befürchten ist; so folgt hieraus, daß wenn die Kriegesflotte nicht schon vor dem Auslaufen der Transportflotte, den Feind aus der See weggeschlagen und die Fahrt vollkommen gesichert hat, man sich jetzt auf keine Art dem Feinde zeigen, und ihm gerade seine Absicht erleichtern muß, die nicht günstiger erhalten werden kann, als wenn er uns noch vor geschehener Landung in offener See antrifft.

7. Unsere Flotte muß also alles anwenden, durch eine versteckte schnelle und andere Absichten verrathende Fahrt, der Aufmerksamkeit des Feindes zu entgehen, und einen Vorsprung zu gewinnen, der ihr die Landung ohne Furcht vor feindlichen Angriffen zur See, ruhig ausführen läßt.

8. Da es nun also in den meisten Fällen entscheidenden Vortheil bringt, wenn der Feind die eigentliche Absicht unserer Flotte nicht kennt; so ist es nothwendig, daß man noch vor der Abfahrt derselben einen ganz andern Zweck und

Angriffspunkt angiebt, als der würklich ausgesehene ist. Ferner muß man beym Auslaufen wenigstens so lange eine ganz andere Richtung halten, wie man den Nachzug noch vom Lande entdecken kann.

9. Endlich ist es nothwendig, daß man stets in einer Entfernung von 14 bis 15 Meilen vom festen Lande bleibe, und ist man im Nothfalle dasselbe zu erreichen, so muß man nachher einige Kreuzzüge thun und sich bald hier bald da sehen lassen, um den Feind zu verwirren; wodurch aber nicht allein die Fahrt verzögert, sondern auch die Flotte in Gefahr gesetzt wird, eingeholt und angegriffen zu werden.

10. Da man dies aber auf alle Fälle zu vermeiden suchen muß, weil unter solchen Umständen der Vortheil stets auf des Feindes Seite seyn wird, so kann man dies letztere Mittel den Feind zu täuschen, vielleicht nur dann anwenden, wenn man keine feindliche Flotte zu fürchten hat. Ist dies aber der Fall, so ist es wohl am besten, durch fortdauernde Schnelligkeit und Verstecktheit der Fahrt, so viel als möglich den nöthigen Vorsprung noch abzugewinnen, und den durch Zufall erlittenen Nachtheil wieder einzubringen.

§. 43.

7. Regel. Der Landungsort muß an sich die Ausschiffung begünstigen, die Flanken der gelandeten Truppen und ihre beste Würkungskraft sichern; übrigens muß die eingenommene Küste so lang als möglich, mit einem guten, leicht zu erobernden Hafen versehen, und zum Theil der Schlüssel der innern Landcommunicationen seyn.

1. Ist nun die Flotte soweit gekommen, daß ihr die feindliche Küste vor Augen liegt, so kommt es darauf an den vortheilhaftesten Ort zur Landung zu wählen. Diese Wahl wird nach drey Erfordernissen bestimmt, die fast gleich wichtig sind.

a. Der Landungspunkt muß das Ausschiffen der Truppen an und für sich so viel als möglich begünstigen.

b. Die

b. Die Gegend des Landungspunktes muß uns große Vortheile, zur fernern Führung des Krieges von da aus gegen das feindliche Land gewähren.

c. Der Landungsort oder die gleich darauf in Besitz genommene Gegend muß uns die leichteste Gemeinschaft nach unsern Magazinhäfen gestatten.

2. Was den ersten Punkt betrift, so kennen wir bereits aus dem vorigen Hauptstücke diejenigen Vortheile, welche die Gegend des Landungsplatzes in Rücksicht der verstärkten Deckung der Landung darbieten muß.

a. Es muß nämlich, kürzlich wiederholt, keine starke den Landungspunkt umfassende und bestreichende feindliche Stellung in der Nähe seyn.

b. Sollte der Feind durch seine Reiterey vorzüglich die Landung zu hintertreiben suchen, so muß man sie in der Nähe eines Gebürges oder Waldes vornehmen.

c. Ueberhaupt ist es aber gut, wenn sie auf einer Landzunge, an der auf einmal viele Frachtschiffe landen können, geschieht. Denn jetzt werden nicht allein die Flügel der vorrückenden Truppen durch die an den Seiten liegenden Buchten gedeckt, sondern diese verstatten nun auch eine zur Deckung der Landung vortheilhafte Station der kleinern Kriegesschiffe.

3. Der zweyte Vortheil ist zum Theil der wichtigste in der ganzen Führung des Angriffs auf einer feindlichen Küste, und man muß suchen ihn auf alle mögliche Art zu erhalten, da die Natur der Operationen von einem Landungspunkte aus, an und für sich schon dem glücklichen Ausgange sehr entgegen ist.

4. Da der besetzte Landungspunkt in der feindlichen Vertheidigungslinie, die auf beyden Flügeln desselben noch in des Feindes Gewalt ist, ganz isolirt liegt, und die feindlichen Stellungen ihn von allen Seiten umgeben; so sind alle

unsere gegen dieselben unternommenen Operationen excentrisch, folglich immer gefährlicher je weiter sie vorgehen, da sie der Feind stets überflügelt und den Rückzug und Communicationsweg bedroht.

5. Die Hauptsache, wobey man in der Bestimmung des Landungsorts in Rücksicht der fernern Kriegsführung zu sehen hat, ist, daß seine Lage uns zum Herrn derjenigen feindlichen Positionen macht, welche dem Feinde die Communication und Behauptung eines Hafens sichern, von da aus die vorzüglichsten Straßen oder schiffbaren Flüsse gegen das Herz seines Landes laufen, und der die Niederlage unserer Magazine werden kann.

6. Die Eroberung dieses Punktes wird dann die erste Absicht unserer Operationen. Oft nöthigt uns aber die Stellung des Feindes und die Beschaffenheit der Küste, an einem Orte zu landen, der uns zwar während der Landung selbst alle erforderliche Sicherheit gibt, aber keineswegs vortheilhaft zur Gründung eines Depots zur fernern glücklichen Führung des Krieges liegt.

7. In diesem Falle müssen wir die Vortheile des Landungsplatzes blos als Mittel ansehen, die Ausschiffung glücklich zu beenden, und eine anfängliche Gemeinschaft mit der eigenen Küste zu unterhalten. Die Truppen selbst aber müssen, sobald diese Absichten gesichert sind, alle ihre Kräfte aufbieten, um mit Vortheil diejenige Gegend zu besetzen, welche für den fernern Krieg günstig ist.

8. Soll dies aber mit Vortheil wirklich geschehen, so müssen die Communicationen nach den eigenen Magazinhäfen, welche als die Ergänzungsquellen der würksamen Streitkräfte anzusehen sind, durch die Lage des Landungs- oder ersten Depotorts begünstigt und abgekürzt werden.

9. Begünstigend ist diese Lage, wenn sich in der Nähe ein vortheilhafter, und gegen die feindlichen Anfälle hinlänglich gedeckter Hafen in unserer Gewalt befindet, und die Landcommunication von da zu unserm vorrückenden Heere gedeckt ist.

10. Die

10. Die Deckung dieser Communication ist aber noch nicht hinlänglich, sondern auch die muß gesichert seyn, welche nach unsern eigenen Magazinhäfen übers Meer führt.

11. Hierzu kann die Lage des Depotorts auf der feindlichen Küste auch viel zutragen, sie muß nämlich so seyn, daß die dem Feinde noch gehörenden Häfen sich nicht unserer Seecommunication in der Flanke befinden. Ferner muß der Landungs- oder Depotplatz nicht in der Tiefe der Biegung einer großen einwärtsgehenden Küste, sondern stets auf den so viel als möglich hervorspringendsten Theilen der feindlichen Küste liegen.

12. Durch die Beobachtung dieser Regel verkürzt man nicht allein die Seecommunication ansehnlich, verhindert auch die Diversionen und Einschließungen, welche der Feind von den hervorspringenden Küstengegenden uns im Rücken vornehmen könnte, wenn wir uns in den einwärtsgehenden Bogen begäben; sondern wir verstärken auch den nachherigen Angriff zu Lande, dessen Flanken fast gar nicht zu sichern sind, wenn der Feind rückwärts des ersten Ausgangs dieses Angriffs, auf dessen Flanken noch Land und feste Posten besitzt.

13. Hat nun die landende Armee nicht so viel von denen zur Activität der Truppen nöthigen Bedürfnissen bey sich, und ist also schon gleich anfänglich die Seecommunication ihr würklicher Lebensfaden, dessen Fortdauer und Sicherheit die Existenz der streitenden Kräfte unterhält; so ist auch unumgänglich nöthig, daß alle Kräfte der Truppen anfänglich die Erreichung der Deckung dieses Punkts zum Zwecke haben müssen.

14. Wenn daher in einem solchen Falle die Gegend, von da aus die Führung des Landkriegs am vortheilhaftesten wird, nicht die nämliche ist, durch deren Besitz die Seecommunication am besten gesichert wird; so muß man dennoch im obigen Falle die Wahl unter den Landungsplätzen so treffen, daß die Eroberung der zur Deckung der Seecommuni-

cation unentbehrlichen Posten, unmittelbar darauf und fast von selbst folget.

15. Ist dieser Zweck erreicht, so muß nun freylich alles angewandt werden, um auch den vortheilhaften Kriegesschauplatz schnell zu erreichen. — Indessen sind in den meisten Fällen, die beyden gleich wichtigen Erfordernisse des Landungsplatzes gewöhnlich in einer Gegend vereinigt, und die Sicherheit der Operation leichter zu erhalten.

16. Kommt es nur vorzüglich darauf an, die Landung zu bewerkstelligen, man wüßte aber eigentlich nicht, wo der Feind seine größte Macht stehen hat, indessen seine Corps überhaupt unserm Heere nicht gewachsen sind; so ist es sehr vortheilhaft die Landung zugleich an mehrern Orten zu unternehmen.

17. Dasjenige Geschwader, welchem es am ersten gelingt, giebt den übrigen schleunig Nachricht davon, damit diese die Landung gleichfalls an demselben Orte vornehmen, wenn es ihnen etwa an dem ihrigen nicht gelingen sollte.

18. Die Mittheilung einer solchen Nachricht von einer Flottenabtheilung zur andern wird sehr leicht seyn, wenn sich dieselben nur sehen können. Sollte dies aber nicht der Fall seyn, so stationirt man einige Wachtschiffe zwischen sie, und läßt durch diese das zu gebende Zeichen wiederholen, indem dennoch die Benachrichtigung geschwinder, als durch abgeschickte Schaluppen geschieht.

19. Die Landungen an mehrern Orten zugleich, so wie die Scheinangriffe, die man oft unternimmt, um eine versteckte Landung gelingend zu machen, sind nicht allein darin vortheilhaft, daß sie des Feindes Aufmerksamkeit zertheilen, sondern wenn sie gelingen, so schöpft man den größten Nutzen aus ihnen erst bey der fernern Führung des Landkrieges.

20. Wir wissen, es ist nämlich ein Grundsatz, die vorgeschobenen Offensivstellungen soviel als möglich durch eine ausgedehnte Basis fester, unter sich mit guter Communication versehener Posten zu sichern.

21. Fer=

21. Ferner, eine jede Offensivoperation muß nicht durch exzentrische Bewegungen von einem Punkte aus, sondern konzentrisch von mehrern Punkten zugleich aus gegen einen geschehen.

22. Nimmt man nun gleich mehrere feste Posten der Küste in Besitz, so hat man die Mittel in Händen, beyde Grundsätze auf das vortheilhafteste in Ausführung zu bringen.

§. 44.

8. Regel. Kurz vor der Landung geht eine allgemeine Musterung her; die Transportschiffe stellen sich, ihre Schaluppen an der Seite habend, hinter der Kriegesflotte; die Truppen sind in den Schaluppen geordnet, die Kriegesflotte bildet, mit den leichtesten Schiffen auf den Flügeln, um den Landungsort einen Bogen, und bestreicht ihn mit einem heftigen konzentrirten Kanonenfeuer.

1. Einige Stunden vor dem Ausschiffen müssen die Soldaten ihre ganze Armatur in Ordnung bringen und die Gewehre laden, dann die Patrontaschen, Pulverflaschen und Bajonette auf die Weise anhängen, daß die Munition nicht naß werde. Gleich darauf wird das ganze zum Landen bestimmte Corps nochmals genau durchgesehen, und die noch vorgefundenen Mängel ersetzt.

2. Bey dieser Musterung wird jede Schiffsbesatzung, so wie sie in die Schlaluppen treten soll, in gewisse Züge und Rotten getheilt, so daß derjenige, welcher den Anfang machen muß, auf dem Oberlaufe gestellt wird, die übrigen aber unter dem Verdeck, um so alle Unordnung, die leicht an einem engen Orte entsteht, zu verhüten.

3. Die Reiterey darf ihre Vorbereitungen zum Ausschiffen eben so wenig vergessen. Sie muß nämlich ihren Pferden Wind machen, und dies geschieht durch einen unten und oben offnen Sack, oder mittelst eines aufgehangenen Segels, das mit einem Ende an die Pferde, und mit dem andern an die Luke des Verdecks reicht. Man netzt auch die Pferde mit Wasser, damit sie nicht steif werden, wenn sie

sie in einem Augenblicke aus einer großen Hitze in das kühle Seewasser oder in die kühle Luft kommen.

4. Auch muß man die zur Landung bestimmten Schaluppen im Voraus fertig machen, die Ruder und andere Dinge, die auf auf der Reise schadhaft geworden sind, ergänzen, die Schaluppen selbst, wenn sie auf den Schiffen sind, ins Meer lassen, vom Hinter- bis Vordertheil Bretter über dieselben nageln, und ihnen so einen Ueberlauf machen, von welchem die Mannschaft desto leichter an das Ufer steigen kann.

5. Die Schaluppen müssen in gewisse Geschwader abgetheilt, über jedes ein Befehlshaber gesetzt, diesem die von ihm zu besorgenden Frachtschiffe angewiesen, und die Ordnung bestimmt werden, in der die Ausschiffung geschehen soll. Am besten ist es, wenn man einer jeden Schaluppe einen See- und Landofficier zutheilt, weil dann die ganze Sache beherzter und rühmlicher geschieht, als wenn sie blos von dem Schiffer abhängt.

6. Damit der Admiral wegen unzählich vieler anderen Geschäfte seine Befehle desto ungehinderter ertheilen könne, so wird ein Oberbefehlshaber über alle Landungsschaluppen gesetzt, der sich während des Landens auf eine Galliotte setzt, damit er so schnell als möglich von einem Orte zum andern kommen kann. Dieser Befehlshaber erhält auch einige der leichtesten Ordonanzschiffe, damit er seine Befehle gleich nach mehrern Orten senden könne.

7. Sobald nun die Zeit zum Ausschiffen da ist, so ernennt man man auf jedem Schiffe einen wachsamen Officier, welcher die Losungszeichen gut versteht, damit er auf diese Achtung und dem Befehlshaber des Schiffs Nachricht davon gebe, weil es sehr nachtheilig werden kann, wenn man die Losung zu spät oder unrecht versteht.

8. Der Chef jeder Flottenabtheilung muß das vom Admiral gegebene Zeichen wiederholen, sowohl um zu zeigen, daß er es bemerkt habe, als auch, weil in dem großen Raume, den eine Flotte einnimmt, und wegen der

Ver-

Verhinderung, welche die vielen Lastschiffe dem Gesicht verursachen, manches Schiff das Zeichen gar nicht wahrnehmen würde, wenn es sonst Niemand als der Admiral und dieser es nur ein einzigesmal gäbe. Dieserhalb paßt auch schon vorher stets ein Soldat oder Matrose auf dem Maste auf.

9. Dies alles, was bis jetzt erwähnt ist, geschieht noch während des Segelns, nun aber giebt der Admiral das Zeichen, daß alle Krieges- und Lastschiffe, die Schaluppen, die Boote und Nachen, welche schon vor dem Auslaufen zum Ausschiffen der Truppen von jeder Flottenabtheilung bestimmt sind, sich an ihre Stellen begeben. Diese Stellen wollen wir nachher näher bemerken.

10. Die Frachtschiffe rücken hinter die Kriegesschiffe in die See, und sind sowohl von diesen, als auch von einander selbst nicht weiter entfernt, als wie erfodert wird, damit keins an das andere stoße. Hier legen sie sich nun vor Anker; wäre aber der Grund so tief, daß die Ankertaue nicht reichten, so halten sie sich mit dem Schönfahrsegel.

11. Damit die Landungsschaluppen wissen, zu welchem Schiffe sie gehören, so muß jedes derselben statt der sonst gewöhnlichen Flaggen und Wimpel, vom großen Maste, vom Hinter- und Vorkastel andere Wimpel wehen lassen. Einer dieser Wimpel bedeutet die Geschwaderabtheilung, der andere das Schiff; und sowohl eines als das andere wird durch ihre Farbe angezeigt. Damit diese Losungswimpel aber hinlänglich gekannt werden, so muß einem jeden Geschwaderobersten und Befehlshaber schon vor dem Auslaufen ein Verzeichniß derselben zugestellt werden.

12. Sieht der Admiral, daß dies alles ausgeführt ist, so giebt er den Schaluppen das Zeichen, denjenigen Schiffen, dazu sie gehören, an Bord zu legen, und die Truppen einzunehmen.

13. Befänden sich einige von diesen Schiffen unter dem Winde, und könnten ihre Stelle nicht einnehmen, so muß der Befehlshaber des nähesten Schaluppengeschwaders schnell eini-

einige Schaluppen abschicken, und die Mannschaft aus den bemerkten Schiffen abholen lassen.

14. Ist der Wind stark oder die See geht hohl, so legen die Schaluppen unterhalb des Windes an Bord. Ist aber dieses Hinderniß nicht vorhanden, so legen sie von beyden Seiten an.

15. Der Befehlshaber über die Truppen muß dahin sehen, daß alles in größter Stille geschehe, damit man desto leichter die Befehle und Signale vernehmen, und sie in Ordnung ausführen könne. Schon vorher aber muß jedem Schiffe scharf untersagt werden, diejenigen Schaluppen, welche ihm nicht angewiesen sind, an seinen Bord zu nöthigen.

16. Die Truppen selbst steigen nach der Schlachtordnung in die Schiffe, wobey die Officiere Achtung geben, daß sich die Leute nicht einander drängen, fortstoßen oder ihre Gewehre naß machen. In der Ordnung, in der nun die Leute in die Schiffe steigen, bleiben sie auch in denselben, um eben so wieder ans Land zu gehen.

17. Der Feldherr und sein ganzer Generalstaab schiffen sich gleich bey den ersten Fahrten aus, und suchen die Truppen gleich so auszubreiten und zu postiren, wie es zur fernern Deckung der Landung am besten ist.

18. Damit aber die ersten Trupps doch wenigstens einigermaaßen gedeckt sind, so müssen einige besondere Schaluppen, worin sich blos die zu ihrer Führung nöthigen Leute befinden, mit spanischen Reitern versehen seyn, welche die gelandeten Haufen gleich vor sich stellen.

19. Befindet sich die völlige Mannschaft, welche auf das erstemal ans Land fahren soll, in den Schaluppen, so giebt man ihnen ein Zeichen, daß sie sich zwischen die Kriegesschiffe oder hinter denselben in Ordnung stellen.

20. Nun

20. Nun machen die Kriegesschiffe Feuer gegen das Land, doch nur Schuß vor Schuß; denn geben sie die ganze Lage auf einmal, sonst verstriche zu viel Zeit zwischen zwey Feuern.

21. Jedes Schiff feuert gegen das ihm gerade gegenüberliegende Stück der Küste, damit das ganze Ufer an allen Orten gleich stark bestrichen werde. Merket man dabey an der durch die Kugeln aufgeworfenen Erde, daß hin und wieder unbestrichene Räume geblieben sind, so müssen die Schiffe die Richtung ihres Geschützes verbessern, und wenn es nöthig seyn sollte von beyden Flügeln der Flotte dieselben etwas gegen die Mitte konzentriren.

22. Die ganze Flotte, welche durch ihr Feuer die Landung beschützt, liegt in einem halben Mond, dessen Spitzen von den kleinsten Schiffen gebildet werden. Dies geschieht nicht nur, weil dann ihr Geschütz weit genug aufs Land reicht, sondern auch deswegen, weil sie keinen so tiefen Grund als die großen Schiffe brauchen, folglich dem Lande sich besser nähern können. Diesem ungeachtet müssen aber sowohl große als kleine Schiffe die Wassertiefe oft sondiren, sobald der geringste Zweifel eintritt.

23. Die Galeeren und die Galliotten bedecken die Seiten der Fregatten. Ihre streifenden Schüsse sind zur Bestreichung der feindlichen Verschanzung sehr vortheilhaft.

24. Im Fall aber der Feind unverschanzt wäre, so müssen die ihm am nächsten liegenden Schiffe mit Kartätschen auf ihn feuern. Ein solcher Fall wird indessen so leicht nicht Statt finden, da der Feind nur in Raserey sich dem Feuer einer ganzen Flotte ohne einige Bedeckung aussetzen kann.

§. 45.

9. Regel. Sobald der Feind zum Weichen gebracht ist, so landen die Schaluppen in einer so großen Fronte als möglich, erleichtern dabey die schnelle Formirung der Schlachtordnung, die sich durch Spanische Reiter deckt, während die Flügel der Kriegesflotte so viel möglich vor derselben ein kreuzendes Kanonenfeuer erhalten.

1. Haben nun die Kriegesschiffe der Flotte die Verschanzung der Feinde niedergeschossen, ihr Geschütz unbrauchbar gemacht und sie vom Platze vertrieben, so giebt das Admiralschiff ein Zeichen zur Landung. Sogleich rücken nun die Schaluppen in einer so langen Reihe, als es der Raum zwischen den Kriegesschiffen nur verstatten will, neben einander so schnell als möglich gegen den Strand, indem sie bey günstigem Winde neben den Rudern die Segel zu Hülfe nehmen.

2. Hierbey ist aber ja zu beobachten, daß man die Segel zeitig genug hissen und die Ruder aus dem Wasser nehmen muß, damit die Fahrzeuge nicht gewaltsam an das Ufer prallen. Denn außerdem daß die Schaluppen durch dieses Anstoßen an die Steine viel Schaden litten, so verlöre man auch viel Zeit darüber, bis sie wieder flott und zur zweyten Fahrt fertig würden. Bey einer sehr wichtigen Unternehmung ist indessen wenig daran gelegen, ob die Soldaten bis an die Schenkel naß werden oder nicht.

3. Bey diesem Segeln gegen das Land, müssen aber die Befehlshaber der Schaluppen nicht wegen eines unzeitigen Ehrgeizes einander vorlaufen und den Weg verrennen, um die ersten am Lande zu seyn. Denn es können dabey nicht nur die Fahrzeuge an einander stoßen, sondern es ist auch weit größere Gefahr dabey, wenn die Truppen nicht zugleich ans Land treten.

4. Die Schaluppen müssen daher nothwendig so viel Raum zwischen sich und ihren Nachbarn lassen, daß die Leute beym Aussteigen Platz genug haben, sich ohne Verwirrung und Nachtheil in Schlachtordnung zu stellen. — Sobald

bald nun die Schaluppen in dieser Ordnung durch die Linie der Kriegesschiffe sind, so hört diese mit dem Feuern auf.

5. Dies ist nun ohne Zweifel der Zeitpunkt, wo die Feinde, die sich bisher außer dem Kanonenschusse hielten, nun im vollen Rennen ans Ufer eilen, und unsere Truppen, ehe sie noch eine feste Schlachtordnung gebildet haben, angreifen werden. In diesem Falle müssen die Schaluppen außerhalb des Flintenschusses vom Ufer still halten, und ihre kleinen Kanonen gegen den Feind spielen lassen.

6. In derselben Zeit setzen die auf den Flügeln der Flotte stehenden Fregatten, Galeeren, Brigantinen und Galliotten ihr Feuer unausgesetzt fort. Hierdurch wird der Feind ohne Zweifel genöthiget, abermals vom Strande zu weichen, und dann nähern sich die Schaluppen demselben und setzen ihre Leute aus.

7. Haben nicht alle Schaluppen in einer einzigen Reihe Platz, so macht man zwey Reihen daraus. Ist die Mannschaft aus der ersten Schaluppenreihe aus Land gestiegen, so nähert sich die zweyte der vordern so genau, daß die Vordertheile derselben an die Hintertheile der ersten stoßen, und die Soldaten aus der hintern Reihe gleich über die vordern Schaluppen weglaufen, und landen können.

8. Indem die Soldaten ans Land steigen, so müssen sie das Gewehr hoch halten, damit die Pfannen nicht naß werden; gleichfalls müssen sie die Patrontasche hoch hängen, um das Naßwerden der Munition zu verhüten.

9. Der Feldherr stellt nun die zuerst gelandeten Haufen, indem sie sich durch die spanischen Reiter bedecken, sogleich an die vortheilhaftesten Orte in Schlachtordnung.

10. So wie sich nun die Truppen auf dem Ufer ausbreiten, so müssen auch die Galeeren und anderen leichten Kriegsschiffe, welche bisher durch ihr Feuer die Flanken der Landung deckten, zu beyden Seiten weiter fortrücken, damit sie unsere eigenen Leute nicht treffen, und dennoch zur fernern Deckung etwas beytragen können, im Fall der Feind über die erste Landung herfiele, ehe die zweyte schon da wäre.

11. Ist dies Seitwärtsrücken der Kriegesschiffe wegen Schwierigkeiten des Ufers, nicht möglich, so müssen dennoch dieselben eine solche Stellung annehmen, daß wir bey der Landung Vortheil von ihrem Feuer haben, selbst wenn man genöthigt seyn sollte, die Glieder der Truppen zu verdoppeln.

12. Sobald nun die erste Mannschaft ausgestiegen ist, so müssen die Frachtschiffe, welche bis jetzt außer dem feindlichen Kanonenschusse hielten, dem Ufer nach Möglichkeit näher rücken. Die Schaluppen kehren unterdessen ohne Zeitverlust zurück, um die zweyte Landung zu unternehmen. Hierbey müssen sie sich gleichmäßig an die Schiffe vertheilen, welche ihre Wimpel noch fliegen lassen, denn diejenigen, welche dies nicht mehr thun, haben auch keine Truppen mehr an Bord.

13. Sind die auf der zweyten Fahrt begriffenen Schaluppen nicht weit mehr vom Ufer entfernt, so rücken die schon gelandeten Truppen weiter vor, damit die ankommenden Platz zur Formirung erhalten. Stehn aber die erstern schon in zwey Treffen, und der Raum erlaubt es, so schliessen sich die folgenden unmittelbar daran.

14. Das Ausschiffen der Reiterey, die hinter der Infanterie ans Land setzt, um sich dann nach den Flügeln zu begeben, geschieht eben so aufs Signal, wie bey der Infanterie. Diejenigen Schiffe, welche die Pferde abholen, müssen so nahe als möglich an die Stelle fahren, wo die Reiter nebst dem Pferdezeuge ausgesetzt worden sind.

15. Hier wirft man nun die Pferde über Bord. Sie müssen nichts an sich haben, als eine drey Schuh lange Halfter, welche gerade herabhängt, damit sie die Reiter daran zu sich ziehn können. Um den Hals darf die Halfter nicht gelegt werden, denn sonst könnte sich das Pferd darin verwickeln und am Schwimmen gehindert werden.

16. Bey

16. Bey diesen die Pferde übersetzenden Schiffen befinden sich einige Leute in kleinen Fahrzeugen, welche den Riegel, oder das Stückchen Holz, das am Ende des Landungsriemen durch ein Loch gesteckt ist, und ihn angezogen hält, herausnehmen, unterdessen ein Bootsknecht dem Pferde den Kopf hält.

17. Ist zu befürchten, der Feind möchte noch während der Landung mit Uebermacht herbeykommen, so muß man lieber die Pferde mit Sattel und Zeug über Bord werfen. Nur muß man dabey den Zügel nicht zu lang schießen lassen, daß sie mit dem Fuße darin treten, auch muß der Brustriem hängen bleiben, und der Sattelgurt nicht fest geschnallt seyn, damit er nicht reiße, wenn er von Wasser aufschwillt.

18. Zu diesem Mittel muß man jedoch nur in der Noth greifen, denn den Pferden fällt das Schwimmen desto beschwerlicher, und das Sattelzeug wird gänzlich verdorben.

19. Nach der Ausschiffung der Truppen folgt die der Kriegsbedürfnisse. Die diese am Bord habenden Schiffe lassen ihre Wimpel von neuem fliegen, um die Schaluppen herbeyzurufen, und sobald jeder Schiffer seinen Vorrath, der eben so gepackt ist, wie er ans Land gefahren werden soll, ausgeschifft hat, so nimmt er die Wimpel wieder ab.

20. Sobald die Truppen am Lande sind, wird jeder Bediente seines Herrn Geräthe ebenfalls dahin bringen wollen, dies darf aber vor Ausschiffung der Kriegesbedürfnisse nicht geschehen, und dann muß man doch dabey genau die Ordnung beobachten, in der die Truppen ans Land gestiegen sind.

21. Wenn die Armee sogleich irgend einen Posten berennen soll, so wird die Bagage nebst dem größten Theile der Bedürfnisse in der Nähe dieses Postens, und dann erst, wenn das Heer schon davor steht, gelandet.

22. Eben dies geschieht mit dem Hospitale. Ueberhaupt aber, muß man die Kranken nicht eher landen, bis alle zu ihrer Verpflegung nöthige Anstalten getroffen sind.

§. 46.

10. Regel. Um die Hauptlandung zu erleichtern, so müssen die entbehrlichsten Theile der Flotte an entfernten Orten Scheinangriffe unternehmen, Schrecken verbreiten, durch schnelle Fahrten die ganze Küste in Besorgniß setzen, und so der Hauptflotte, die bis dahin entfernt blieb, den nöthigen Vorsprung zur sichernden Endigung der Landung verschaffen.

1. Oft ist es nöthig die feindliche Macht zu vertheilen, und hierzu dient nichts besseres als ein verstellter Angriff. In diesem Falle bleibt die Hauptflotte außer dem Gesichte des feindlichen Ufers; einige Kriegesschiffe hingegen nebst dem größten Theile der Frachtschiffe, nähern sich dem Orte, wo die verstellte Landung gedroht werden soll.

2. Hier setzen sie nun ihre Schaluppen aus, geben auf die Feinde, die sich am Ufer sehen lassen, Feuer, lassen auch, wenn die Anzahl derselben nicht erheblich wäre, würklich einige Truppen aus den Kriegs- und Frachtschiffen ans Land treten, welche Vieh wegtreiben, die Dörfer und Höfe wegbrennen, die Bauern verjagen, und in der Nacht viele Feuer in einer geraden Linie anzünden, damit der Feind hier würklich die Landung vermuthe, seine Truppen dahin ziehe, und dadurch den eigentlich ausgesuchten Angriffspunkt schwäche.

3. Indem dies nun geschieht, muß die Hauptflotte beständig 14 bis 15 Meilen von der Rheede, wo man aussteigen will, über dem Winde bleiben, in der Nacht aber dem Lande sich plötzlich nähern, und den folgenden Tag die Ausschiffung vornehmen.

4. Die Gegend, wo man nun aber eine verstellte Landung vornimmt, muß wenigstens eine Tagereise von dem würklichen Angriffspunkte entfernt seyn. Die bey jener ausgeschiffte Mannschaft darf sich ferner auf keinen Fall so tief ins Land hinein wagen, daß sie von einer feindlichen Parthey abgeschnitten werden könnte.

5. Von

5. Von diesen gelandeten Truppen läßt man nun des Nachts nur etwa 40 bis 50 Mann am Lande, blos nur um die Feuer zu unterhalten, und zu verhindern, daß die Bauern nicht heranschleichen, und die Abwesenheit des Heers ersehen. Die Schaluppen müssen indessen stets bey ihnen bleiben, damit es bey einem unvermutheten Falle, nicht an einem Rettungsmittel fehle.

6. Ueberhaupt muß man zu dieser Unternehmung lauter Kadets, Unterofficiere, oder Soldaten von geprüfter Treue nehmen, damit keiner zum Feinde übergehe, und die ganze Sache verrathe. Die nämliche Vorsicht muß man auch bey den Bootsknechten der ans Land geschickten Schaluppen gebrauchen.

7. Außer diesem ist es aber auch nöthig, daß man zu dieser verstellten Landung nur diejenigen Frachtschiffe abschikket, deren an Bord habende Geräthschaften bey der ernstlichen Landung am leichtesten zu missen sind. Sobald nun der Anfang zur letztern gemacht wird, muß man überdem die abgeschickten Fahrzeuge von jener zurückrufen.

8. Die erstaunliche Geschwindigkeit einer Flotte giebt uns die Mittel an die Hand, schnell von einem Punkte der feindlichen Küste zum andern zu eilen, ehe es dem Feinde möglich wird, wenn er sonst nicht aller Orten Corps stehen hat, uns eine hinlängliche Macht entgegenzustellen.

9. Diese großen Vortheile, welche wir in der Bewegbarkeit der streitenden Masse vor dem Feinde voraus haben, muß uns doch endlich bey der gehörigen Benutzung dieser günstigen Lage, an irgend einem Punkte einen solchen Vorsprung geben, daß die Landung möglich wird. Es kommt also nur dann darauf an, den wahren Angriffsort durch Scheinbewegungen und Angriffe, bis auf den entscheidenden Augenblick zu verbergen.

§. 47.

11. Regel. Nach ausgeführter glücklicher Landung müssen durch einen Sieg oder durch schnell ausgeführte, von den verschiedenen Landungspunkten aus konzentrisch zugleich vorgehende Colonnen, die Pässe einer, die Küste und der daran anzulegenden oder zu erobernden Seehäfen, so wie die fernere Operationswege deckenden, Fronte gewonnen werden.

1. Sobald die Landung glücklich, und so viel als möglich an einigen Orten zugleich ausgeführt ist, so kommt es darauf an den ausgeschifften Truppen und die nun anzulegende Basis der künftigen Operationen, die gehörige Sicherheit zu geben. Hat man das Glück gehabt den Feind gleich nach der Landung zu schlagen, so wird man wahrscheinlich im Anfange die hinlängliche Freyheit erlangen, um die Sicherheitsarbeiten auszuführen.

2. Auf allen Fall muß man durch ausgesendete Detaschements die in der Nähe liegenden und zur Deckung unserer Posten, oder zur Eröffnung der künftigen Operationswege, dienlichen Pässe besetzen, und verschanzen, um dem Feinde hierin zuvorzukommen.

3. Man muß sich durch fliegende Corps und gut kombinirte Stellungen, so vieler Posten längst dem Ufer als möglich bemächtigen, bis man auf beyden Flanken durch eine Bucht des Meers, ein Gebürge, einen Morast, oder einen tiefen schnellen Strom, eine hinlängliche Flankendekkung unserer auf diese Weise angeordneten Operationsbasis erhält.

4. Das erste Augenmerk muß indessen darauf gehen, wie man sich innerhalb weniger Tage durch einen Ueberfall, einen gewonnenen Sieg, oder durch einen offenbaren Angriff zum Herrn eines Seehafens macht, der uns zur Hauptniederlage der Magazine, zur Verwahrung der Lazarethe, zum Zufluchtsorte der Land- und Seemacht, und endlich zum Communicationspunkte mit unserm eigenen Lande dienen kann.

5. Ist

5. Ist aber die schnelle Ausführung einer solchen Eroberung nicht thunlich, so muß man wenigstens keine Zeit verlieren, nicht weit von der See, und an einem zur Erreichung aller jetzt erwähnten Absichten bequemen Platz, ein wohl verschanztes Lager zu errichten, welches sowohl die Eingänge der künftig zu haltenden Operationswege, als auch des zum Ausschiffen erwählten Hafens hinlänglich deckt.

6. Vorzüglich ist diese Anstalt nöthig, wenn ein Sturm einige Schiffe verschlagen hat, oder wenn es uns an Fahrzeugen, das ganze Heer auf einmal herbey zu schaffen, mangelte, folglich nur ein Theil desselben im feindlichen Gebiete steht, und so lange als die verschlagenen Schiffe nicht zu uns stoßen, oder so lange der Wind der Flotte nicht erlaubt, die zweyte Fahrt zu unternehmen, seiner beständig anwachsenden Macht ohne Verschanzung nicht widerstehen könnte.

7. In jedem dieser Fälle, und zwar ehe der Feind in großer Anzahl herbey kommt, müssen die zuerst ausgeschifften Truppen alle Lebensmittel und alles Vieh, das sie in der Gegend umher antreffen, nach dem festen Lager bringen, vorzüglich, wenn man an einer Küste gelandet hat, wo es oft plötzlich zu stürmen pflegt. Denn ein solcher unvorhergesehener Sturm könnte unsere Schiffe nöthigen, die Anker zu kappen und in die See zu laufen, ehe so viele Lebensmittel als nöthig ausgeschifft wären.

8. Hat man nun die Landung an mehrern Orten zugleich unternommen, und daselbst, wo nicht Posten erobert, doch ohne Zweifel neue angelegt, so wird dadurch die feindliche Communicationslinie zwischen diesen Posten sogleich gebrochen, während die unsrige zur See besteht. Der Feind wird also bald genöthigt seyn sich aus diesen nun zwischen unsere festen Posten vorgeschobenen Spitzen zurückzuziehn, um uns wieder eine volle zusammenhängende Linie entgegen zu setzen.

9. Thut er dies aber nicht, und man kann nicht durch einige Anläufe sich der wichtigsten noch vom Feinde besetzten

Plätze am Ufer bemächtigten, so muß sich das Heer, sobald es die Landungspunkte durch gut besetzte und befestigte Lager gehörig gesichert hat, von da aus in mehrern Colonnen zugleich in Bewegung nach einem Posten setzen, dessen Besitz uns die ganze am Ufer gelegene Gegend in die Hände giebt.

10. Ist diese Operation gut geordnet und wird sie schnell genug ausgeführt, so ist nichts gewisser, als daß der eingeklemmte Feind nun um so eiliger nach dem Rückzugspunkte fliehen, oder eingeschlossen und zu einem verzweifelten Gefechte genöthigt werden wird.

11. In diesem Falle müssen dann die Colonnen schon den bestimmten Befehl erhalten haben, ob sie zur fernern Führung des Krieges gleich ungesäumt vorrücken und gewisse wichtige Posten besetzen; oder ob sie sich schnell nach der Seite des feindlichen Heers wenden, und dieses durch einen plötzlichen, von allen Seiten zugleich anstürmenden Angriff mit einem Hauptschlage vernichten sollen.

12. Ist dann einmal die erste Eroberung und Einrichtung gesichert, so sind die folgenden Offensivoperationen eben so, wie bey der Durchbrechung einer jeden andern Fronte.

Drit-

Dritter Abschnitt.

Anwendung der Bewegungswissenschaft im Defensivkriege.

I. Hauptgrundsatz. Die Bewegungen im Defensivkriege, welche nicht unmittelbar selbst die Behauptung der Fronte bezwecken, geschehen doch entweder um die Lage des Feindes gefährlicher oder die unsrige besser zu machen.

A. Grundsatz. Man muß auf alle Art suchen dem Feinde den Unterhalt zu benehmen.

§. 48.

a. Lehrsatz. Man muß stets dem Feinde in der Beziehung der festen Läger, welche den Unterhalt decken, mit der Armee oder Corps zuvorkommen, seine Flanken und Rücken mit leichten Truppen umfassen und selbst immer in Bewegung seyn.

1. Bewegt man sich mit einem Corps, um den Feind an der Beziehung einer Position zu verhindern, wo er gewisse nothwendige Bedürfnisse leichter als in seiner gegenwärtigen Lage erhalten kann, so kann ein solches Manöver oft entscheidend für den ganzen Krieg werden, wenn es glückt.

2. Da das Corps aber hierbey gewöhnlich in dem Falle ist, sich außerhalb und von der eigenen Vertheidigungsfronte ab, bewegen zu müssen, und also eine Offensivoperation auszuführen, so ist es um so nöthiger der eigenen Grenze während unserer Abwesenheit eine hinlängliche eigene Stärke zu ertheilen.

3. Sind wir indessen gewiß, daß der Feind gerade aus Mangel derjenigen Bedürfnisse, welche wir ihm durch unsere Bewegung entziehn, von einem Angriffe abgehalten wird, so ist diese große zurückbleibende Kraft in der eigenen Grenze gerade nicht nöthig.

4. Um indessen den Zweck einer solchen Bewegung vollkommen zu erreichen, ist es nothwendig dem Feinde in der Besetzung der zu fouragirenden Gegend zuvorzukommen. Dies kann aber ohne Zufall nicht gut anders geschehen, als wenn man die Operationen des Feindes und die Mittel zu seiner Erhaltung in dieser und jener Stellung genau durchdenkt, denn alsdann wird man nothwendig diejenigen Gegenden entdecken, welche der Feind zur Erhaltung seiner Truppen in dieser oder jener Zeit des Feldzugs besetzen muß.

5. Ist nun diese Kenntniß einmal erlangt, und die eigene Parallele hinlänglich gesichert, der Feind auch so viel als möglich über unsern Entschluß getäuscht, so muß man sobald und so schnell als möglich nach den für die Folgezeit entscheidenden Gegenden marschiren, und hier alle Lebensmittel entweder selbst aufzehren, oder kommen sie in Transporten, diese auffangen oder doch wenigstens einen andern Weg zu gehen nöthigen.

6. Oft gehört nur eine kurze Zeit und wenig Detaschements dazu, dies auszuführen, und dann muß die Hauptarmee eine solche Stellung besitzen, welche nicht allein in gehöriger Communication mit dem eigenen Lande, sondern auch mit den im Zirkel um dieselbe verbreiteten Detaschements steht, damit diese sich zu jeder Zeit zum Hauptcorps zurückziehn können.

§. 49.

b. Lehrsatz. Die Bewegungen um dem Feinde die Bedürfnisse einzuschränken, dürfen nur bey seinem Mangel daran anfangen, sie müssen eine entscheidende Gegend in unsere Hände bringen, und wo möglich gleich den Anfang des Feldzugs bilden.

1. Wollte man indessen eine solche Bewegung dann schon ausführen, wenn der Feind an dem Orte, wo er zu der Zeit steht, noch hinlänglichen Vorrath von den ihm zu entziehenden unentbehrlichen Bedürfnissen besitzt, um während unserer Abwesenheit von der eigenen Grenze irgend ein schädliches Unternehmen auszuführen, vielleicht unsere eigenen vorgehenden Truppen abzuschneiden; so wird natürlich der ganze Zweck des Marsches nicht allein gänzlich verfehlt, sondern vielleicht selbst zu unserm Unglücke umgewandelt.

2. Aus diesem Grunde muß man nothwendig die Bewegung nach den zur künftigen Erhaltung des Feindes, ihm unentbehrlichen Gegenden, so lange verschieben, bis man überzeugt ist, die ihm noch übrigen Kräfte gestatten demselben nicht ferner die vollkommene Ausführung, eines uns so entscheidend schädlichen Unternehmens, daß dadurch der Rückzug des Feindes verhindern würde.

3. Es ist freylich wahr, daß eine große Klugheit dazu gehört, gerade den Augenblick zu treffen, in welchem die Bewegung angefangen und vollendet werden muß, um sie dem Feinde so schädlich als möglich zu machen, ohne dabey die Sicherheit der eigenen Vertheidigungslinie aufs Spiel zu setzen.

4. Allein da man so ziemlich genau den Zeitpunkt wissen kann, in welchem der Feind zu Veränderung seiner Stellung nach der entscheidenden Gegend hin gezwungen ist, so hat man doch Zeit sich vorzubereiten, und einen günstigen Zeitpunkt abzuwarten, indem es meistens nicht darauf ankommt, wenn das Unternehmen auch etwas früher, als es sollte, ausgeführt wird.

5. Denn

5. Denn diese Ausführung ist gewöhnlich um so gewisser, das Unternehmen des Feindes aber um so ungewisser, nicht allein, weil ihm vielleicht der Durchbruch der Parallele nicht gelingt, sondern weil er auch durch unsere plötzliche Bewegung wahrscheinlich so in Furcht geräth, daß er an keine Offensive, sondern nur daran denken wird, wie er durch eigene Mittel, oder durch unsere Vertreibung aus den eingenommenen Posten, den Schaden ersetzt.

6. Am besten wird man dem Feind zuvorkommen können, und zugleich am entscheidendsten dadurch auf den Gang des Krieges würken, wenn man eine solche Operation kurz vor dem Anfange des Feldzugs thun kann.

7. In den Quartieren zerstreuet, ist dann der Feind vielleicht am wenigsten fähig, diese Bewegung, die übrigens plötzlich und schnell von verschiedenen Corps ausgeführt werden muß, zu verhindern, und wird dann, wenn er sie nicht hindert, wahrscheinlich gezwungen, sich tief ins Land zurückzuziehen, und uns den ganzen vordern Theil seiner Parallele zu überlassen.

8. Aus diesem Grunde sollte eigentlich jeder Feldherr darauf denken, ob er nicht durch eine solche oft den ganzen Krieg entscheidende Bewegung, den Feldzug eröffnen und damit dem Feinde zuvorkommen könnte; denn da das Bedürfniß zu leben beyden kriegführenden Theilen gemein ist, so ist diese Operation in einem Defensivkriege eben so wichtig als in einem Offensivkriege.

9. Soll übrigens diese Bewegung beym Anfange eines Feldzugs geschehen, so ist sie völlig in der Ausführung mit derjenigen gleich, welche man in diesem Zeitpunkte zur Durchbrechung einer feindlichen Vertheidigungsstellung ausführt, diese mag aus Quartierständen oder Lagerpositionen bestehen.

B. Grundsatz. Der Defensive-Theil muß alle Bewegungskünste anwenden, um sich nicht zu einer Schlacht zwingen zu lassen.

§. 50.

a. Lehrsatz. In der Nähe des Feindes kann man sich, gegen dessen schnellen Anfall, nur durch einen geheimen und gut geordneten Marsch nach einem festen, auf der Flanke des Feindes liegenden, Posten sichern.

1. Bewegt sich die Armee um eine Schlacht zu vermeiden, so kann dieser Zweck entweder dadurch erreicht werden, daß man sich vom Feinde entfernt, und den Marsch so wendet, daß wenn der Feind folgen wollte, ihm nun mehrere feste Posten im Rücken zu liegen kämen, die ihm die größte Gefahr drohen.

2. Oder das Heer müßte schnell nach einem zur Dekkung des Landes wohl gelegenen festen Lager eilen, dessen Stärke dem Feind allen Vortheil bey einem Angriff darauf entrisse.

3. Oder das Heer müßte durch einen versteckten Marsch die feindliche Vertheidigungs- oder Communicationsfronte, plötzlich an einem Punkte bedrohen, dessen Wichtigkeit so entscheidend wäre, daß der Feind zu dessen Behauptung nothwendig in eine ängstliche Defensive zurückgeworfen würde.

4. In allen drey Fällen kann man entweder nahe oder weit vom Feinde stehen. Findet das erstere Statt, so muß man befürchten, er werde durch einen plötzlichen Angriff die Ausführung der Mittel unnütz, und unmöglich machen, welche uns gerade gegen einen solchen Angriff in Sicherheit setzen sollten.

5. Hier kommt es also vorzüglich darauf an, durch alle nur ersinnliche Vorsicht; den Marsch, wenigstens einen anfänglichen Vorsprung zu verbergen, und ihn mit Sicherheit zu thun. Dies alles muß noch in einem höhern Grade ange-

angewandt werden, wenn etwa die Armee sehr muthlos seyn sollte.

6. Da man nie den Ort seiner Sicherheit zu früh erreichen kann, so muß der Marsch dahin geschwind, aber ohne Unordnung, geschehen, und dieserhalb alle die Regeln befolgt werden, welche die Marschlehre zeigt. Uebrigens muß man suchen sobald als möglich eine durchschnittene Gegend zu gewinnen.

7. Hier ist des Feindes Nachsetzen nicht allein an sich schon schwieriger, sondern man ist auch im Stande mit wenigen Leuten seine etwanigen Anfälle abzuschlagen. Man muß indessen doch so viel Zeit besitzen, das ganze Heer in die Defilees hineingezogen zu haben, ehe die feindliche Hauptmacht anlangt.

8. Steht der Feind so weit, daß uns höchstens ein Corps Cavallerie nachfolgen kann; so läßt sich diesem noch weit eher in einem durchschnittenen Terrain aller Angriff unmöglich machen, und in Verhältniß der Entfernung des Feindes, und dessen, was ihm darnach möglich ist, vieles von denen die Truppen sehr angreifenden Vorsichten abnehmen.

9. Soll nun die Bewegung vom Feinde abwärts geschehen, um den Angriff durch die Entfernung unmöglich zu machen, so kommt es hier sehr auf eine günstige Lage der festen Posten an.

10. Denn wenn der Feind nun dazwischen durchrückt um uns zu verfolgen, so muß er gezwungen seyn, seine Marschlinie so zu nehmen, daß die zurückgelassenen festen Posten seinen Rückzug und die Zufuhr seiner Lebensmittel beschwerlich machen, und wenn unser Heer plötzlich sich nach einem dieser Posten umwendet und ihn erreicht, bevor der Feind noch dazwischen durch ist, dieser nun einer förmlichen Niederlage entgegen sehen muß.

11. Uebrigens muß die Richtung der Bewegung so eingerichtet seyn, daß man von da aus sich entweder leicht wieder an die Hauptposten der zurückgelassenen Vertheidigungs-

gungsfronte, die nun etwa vom Feinde in Gefahr gesetzt werden, zurückbegeben kann, oder daß man sich bereits in einer Gegend befindet, die von selbst schon uns alle Oeffnungen derjenigen Wege in die Hände giebt, welche eine fernere Sicherung der eigenen Vertheidigungsfronte gewähren.

§. 51.

b. Lehrsatz. Ist der Feind entfernt, so muß man sich durch drohende Offensivbewegungen und dadurch erreichte starke Diversionsstellungen gegen eine nachtheilige Schlacht sichern.

1. Bey solchen Gelegenheiten kommt es sehr mit darauf an, den Feind zu täuschen und ihn durch Scheinbewegungen plötzlich auf die Gafahr gewisser Punkte aufmerksam zu machen, welche ihn zwingt Maaßregeln zu ergreifen, deren Ausführung aufs neue seine Bewegungen uns zu erreichen und anzugreifen verzögern, und wir daher Zeit erhalten unsere Sicherheit auf irgend eine Art zu vermehren.

2. Geschieht die Bewegung nach einer Position, deren Stärke den feindlichen Angriff verhindert, so kommt es hauptsächlich darauf an, in diesem Lager einen solchen Vorrath aller Bedürfnisse zu besitzen, oder die Communication nach den Magazinen so zu sichern, daß der Feind auf keine Weise uns durch Abschneidung der Lebensmittel etwa zur Verlassung des Lagers unter nachtheiligen Umständen zwingen, und uns dann leicht zu einem für uns unglücklichen Gefechte nöthigen kann.

3. Liegt das zu beziehende starke Lager so, daß uns der Feind in seiner bisherigen Stellung den Weg dahin abschneidet, so ist es wahrlich eine sehr schwere Sache dasselbe dennoch zu gewinnen. Denn dies kann nur dadurch geschehen, daß plötzlich ein abgeschicktes Corps dem feindlichen Posten in der Nacht in den Rücken fällt, während ein anderes ihn von vorne angreift, und verbunden mit dem erstern ihn

ihn nun durchbricht, und den Weg für die schon bereitstehende Armee öffnet, die nun schnell durchrückt.

4. Oder geht dies nicht, so muß das Heer durch einen überraschenden und heimlichen Marsch plötzlich von dem Posten, der den Weg nach der entscheidenden Stellung sperrt, sich abwenden und drohende Bewegungen um die feindlichen Flanken vornehmen, welche in einer Ordnung und auf einem Terrain geschehen, wodurch die Armee vor einem plötzlichen Anfalle des Feindes geschützt wird, und ihn dennoch zwinget, irgend eine Bewegung zur Sicherung seiner Position oder seiner Magazine vorzunehmen, die ihn aber unvermerkt von dem Passe entfernt; so daß wenn wir nun schnell in der Nacht nach demselben wieder umkehren, es leicht ist, ihn mit unserer Hauptmacht zu forciren und die deckende Stellung zu gewinnen.

5. Alle diese Bewegungen müssen aber so geschwind und heimlich ausgeführt werden, daß der Feind nothwendig davon überrascht wird, und die Zeit welche er braucht, die dienlichen Gegenanstalten zu treffen, hinreicht immer die folgende Bewegung auszuführen, bis wir endlich durch einen forcirten oder sehr gedeckten Marsch die Stellung erreichen, welche uns vor einem Gefechte in Sicherheit bringt. Diese Stellung muß indessen so beschaffen seyn, daß sie uns alle die Vortheile gewährt, welche wir zur fernern vortheilhaften Führung des Kriegs bedürfen.

6. Geschieht endlich die Bewegung selbst gegen die feindliche Parallele und Kommunikation, so daß also gewissermaaßen die Ausführung oder Bedrohung einer Diversion den Feind vom Gefecht zurückhalten soll; so muß nicht allein der Marsch selbst dem Feinde ein Blendwerk vormachen, so daß man einen sichern Vorsprung gewinnt, sondern die erwählte Gegend muß so beschaffen seyn, daß der Feind entweder zur Deckung der nun offenen Straßen gezwungen ist, sich in viele Corps zu zertheilen und sich so selbst die Macht zu nehmen, uns zu schaden; oder es müssen sich solche Naturhindernisse zur Deckung unserer Stellung und Communication

cation in der Nähe befinden, daß, sollte der Feind ja eine Schlacht wagen, der Vortheil ganz auf unserer Seite ist.

II. Hauptgrundsatz. Die Bewegungen zur Vertheidigung einer Fronte betreffen die Erhaltung der darin liegenden festen Posten, und sie müssen daher vorzüglich angreifend auf die feindlichen Schwächen seyn.

A. Grundsatz. Die Behauptung der festen Posten an sich wird durch die einander unterstützenden Kräfte der Besatzung und det Armee bewürkt.

§. 52.

a. Lehrsatz. Die Besatzung dient zur unmittelbaren Behauptung des Postens, und muß alle seine Stärken zur Vertheidigung nutzen.

1. Regel. Das Corps muß die Zugänge so lange als möglich behaupten um gegen mehrere Seiten der Einschließung agiren und dieselbe durch einen plötzlichen Anfall durchbrechen zu können.

1. Wenn man die Abschneidung, Umzingelung oder Einsperrung eines Postens verhindern will, so kann dies entweder durch Bewegungen der Besatzung dieses Postens, oder durch ein Hülfscorps geschehen.

2. Will man es auf die erstere Art erhalten, so muß die größte Wichtigkeit entweder in der Erhaltung der Besatzung liegen, so daß es nicht darauf ankommt den behaupteten Posten frey zu geben; oder die Besatzung muß so stark seyn, daß sie, ungeachtet der Posten die nothwendige Streitkraft zu seiner Vertheidigung erhält, noch ansehnlich genug bleibt, um offensive dem Fende schädliche Unternehmungen ausführen zu können.

3. Kann man den Posten der Erhaltung der Truppen aufopfern, so ist dies ein Mittel den Feind vielfältig zu verwirren, und sogar oft entscheidende Vortheile über ihn zu erhalten. Gewöhnlich befindet sich ein Corps, das eine wichtige aber vorstehende Gegend gegen den von mehrern Seiten anrückenden Feind behaupten soll, in der Lage alle Kunst aufzubieten, um eine plötzliche Einschließung seines Lagers, zur Erhaltung der Communication mit den Magazinen und der Vertheidigungsfronte zu verhindern.

4. Ist das Land eine Ebene, so ist es sehr schwer die Bewegungen des Feindes um uns einzuschließen, zu verhindern, ist es hingegen ein durchschnittenes Terrain, wo die feindlichen Corps, wegen der Schwierigkeit einer schnellen Passirung der Hindernisse, an einer überraschenden Vereinigung gehindert werden; so ist es im Gegentheile leicht, Bewegungen vorzunehmen, die eine Einschließung verhindern.

5. Blos durch Bewegungen läßt sich indessen doch nicht eine Einschließung verhindern, sondern es ist nothwendig, daß man die günstigen Gelegenheiten benutzt, um irgend einem der feindlichen Corps einen solchen Streich anzuhängen, daß es zum Rückzuge gezwungen ist, und wir dadurch den Cordon des Feindes zerreißen.

6. Die Bewegungen müssen also nicht allein blos defensiver Natur seyn, sondern auch den Feind bedrohen, d. h., wenigstens zugleich mit offensive Absichten vorspiegeln.

7. Da nun der Feind mit wahrscheinlichem Glücke nie eine Stellung völlig einschließen und angreifen kann, bis er sie genau rekognozirt hat, und die Rückzugswege derselben kennt; so ist dies der Grundsatz, auf welchen der sich gegen die Umzingelung bewahrende Feldherr, sein Verfahren gründen muß.

8. Die anfängliche Stellung dieses Corps muß demselben die Straßen und Päſſe der ganzen umliegenden Gegend in seine Gewalt geben, denn dadurch ist es nur allein möglich, die geschwinde Vereinigung der feindlichen Corps

zu

zu hemmen, und sich dem einen oder dem andern plötzlich in die Flanke oder in den Rücken zu werfen.

9. Sollte der Feind die zu uns führenden Defilees angreifen, so müssen sie mit aller Kraft und Aufmerksamkeit vertheidigt werden; und ist endlich ihr Verlust nicht mehr zu hindern, so muß man plötzlich mit aller Gewalt durch das eine durchfallen, und sich wieder auf der andern Seite desselben setzen, während der Feind in den verlassenen Raum vordringt, und sich nun getäuscht sieht.

10. Um ein solches Manöver noch besser und würksamer ausführen zu können, muß man suchen die anfängliche Stellung des Corps an dem Vereinigungspunkte mehrerer Flüsse, Morast- oder Gebürgsarme, zu nehmen, und über jedes dieser Hindernisse einen befestigten Uebergang anlegen, alle übrigen Passagen vorher so weit man kommen kann, zerstören, um dem Feinde die Anlage derselben desto beschwerlicher zu machen.

11. Rückt nun der Feind zur Umzingelung an, so ist er gezwungen sein Heer in mehrere Haufen zu theilen, um jede Lücke zwischen den Defileen zu besetzen. Diese Vertheilung zwingt ihn aber einen großen Zirkel zu behaupten, der doch aller Orten nicht gleich stark, oder überhaupt nur schwach besetzt seyn kann. Um dies noch zu vermehren, so müssen die Vorposten an den Flüssen, Morästen oder Gebürgen, rund um so weit als möglich vorgesetzt und befestigt werden.

12. Ist indessen der Feind in seinem Lager angekommen, so muß man durch kleine und immerwährende Angriffe die feindlichen Positionen auf der einen Seite des Defilees in einer beständigen Unruhe und Aufmerksamkeit erhalten, so, daß es dem Feinde sowohl am Tage als in der Nacht etwas gewöhnliches bleibt.

13. Hierdurch wird man ihn, in Rücksicht dieses beständigen Allarms, wahrscheinlich so sicher machen, daß es dann leicht fällt in der Folge unter diesem Schleyer, ihn auf irgend einem andern schwachen Punkte zu überfallen, und

plötzlich die Gemeinschaft und die Kette zwischen seinen Corps zu durchbrechen.

14. Sobald nun der Feind so nahe steht, daß er uns von mehrern Seiten her zugleich angreifen kann, und bereits seine Disposition gemacht hat; so wartet man bis in die Nacht kurz vor der Ausführung dieses Plans, nun aber setzt man so schnell und heimlich als möglich über das eine Defilee, und bezieht aufs neue ein so starkes Lager, daß der Feind ohne vorherige Rekognoszirung nicht anzugreifen wagen darf.

15. Diese abermalige Untersuchung der Gegend und unserer Stellung nimmt aber dem Feinde so viel Zeit, als wir gerade bedürfen wieder eine neue plötzliche Lagerveränderung auszusinnen, die ihn aufs neue um alle seine angelegten Vortheile bringt.

16. Der Hauptgrundsatz bey dem Verfahren zur Verhinderung einer allgemeinen und schädlichen Umzingelung ist also, das Lager so oft und so heimlich als möglich zu ändern, dabey es aber so zu wenden, daß es wenigstens immer eins der feindlichen Corps bedroht.

17. Eine solche vielfache vortheilhafte Lagerveränderung läßt sich aber eher in einem großen, als in einem kleinen Bezirke ausüben; der Feind wird aber unsern Bewegungszirkel so viel als möglich einzuschränken suchen: deshalb ist es unmöglich auf die Länge der Zeit beständig eine solche außerordentliche Aufmerksamkeit anzuwenden, und die frühe Kenntniß des feindlichen Vorhabens, so wie auch eine hinlängliche Verdeckung des Marsches zu besitzen, als nothwendig zu der vielfachen Wiederholung der Bewegungen erforderlich ist.

18. Wenn man daher einmal eines der feindlichen Corps in einer nachtheiligen Lage überrascht hat, welches bey so kombinirten Manövers als der Feind immerwährend zu machen hat, und hinlänglicher Aufmerksamkeit leicht zu erhalten ist; — so muß man mit der Hauptmacht schnell über

über dieses Corps herfallen, und bevor es sich recht besinnt, so weit zurückschlagen, daß nichts mehr davon zu befürchten ist.

19. Nun wendet man sich, wo möglich plötzlich gegen die Flanke oder den Rücken des nähesten feindlichen Corps, während im alten Lager eine Arriergarde stehen bleibt, die das erste Anrücken eines feindlichen Corps in unsern Rücken so lange verwehren kann, bis wir durch unsere Bewegung dasselbe ebenfalls zum Rückzuge nöthigen, oder mit der Hauptmacht im Lager wieder eingetroffen sind.

20. Der angenommene Lauf der Defilees kann auf die vortheilhafteste Art dazu dienen, die Communication eines auf diese Art vorrückenden Corps mit der erstern Hauptstellung, wenn ihm diese wichtig bleiben muß; oder doch wenigstens die Flanke des Marsches zu decken. Indessen gehören zur Ausführung einer solchen, die eigene Erhaltung bezweckenden, Offensivunternehmung, zwey Sachen, die selten immer da sind oder angewandt werden können.

21. Die erste ist eine immerwährende frühzeitige Benachrichtigung der feindlichen Entschlüsse, gefolgt von einer schnellen verdeckten Ausführung der Bewegung. Die zweyte ist ein immer gegenwärtiger Vorrath, der zur fernern Streitfähigkeit der Truppen nöthigen Erfordernisse.

22. Das erste ist nothwendig, um dem Feinde den nöthigen Vorsprung nach den entscheidenden Punkten abzugewinnen. Das zweyte ist erforderlich, weil die Truppen in der angenommenen Lage leicht zu solchen Bewegungen gezwungen werden können, die ihnen alle Verbindung mit den vorher besetzten oder in der Nähe gehabten Posten abschneidet.

23. Nur wo eine Vestung in der Nähe ist, in welcher das Magazin vor allen feindlichen Angriffen frey und sicher liegt, und mit der die Truppen durch den Lauf der Defileen eine beständige gedeckte Gemeinschaft unterhalten können, ist

es möglich die Kriegesbedürfnisse von der Armee selbst zu entfernen.

24. Die Lage, worin sich nun aber ein solches mit starker Umzingelung und Abschneidung bedrohetes Corps befindet, ist zu gefahrvoll, als daß es sich lange und mit immerwährendem Glück gegen die feindlichen Bemühungen behaupten könnte. Dieserhalb ist es auch den Grundsätzen der militairischen Klugheit gemäß, sich auf irgend eine Weise einem umzingelnden feindlichen Angriffe sobald als möglich zu entziehen. Dies wird aber immer für denjenigen schwer fallen, dessen Zweck es ist eine gewisse Gegend zu behaupten, und den Feind am Einbruche darin zu hindern.

25. Wenn daher ein solches Corps die Erreichung dieses Zwecks, nicht durch einen schnellen Sieg über einen Theil der feindlichen Heere, sichern kann, sondern immer zum passiven Handeln gezwungen wird, die fortdauernde Erhaltung der davon gedeckten Gegend aber wichtig ist: so muß man dieselbe in der Länge der Zeit, nicht allein nur auf die Würkungskraft des eingeschlossenen Corps beruhen lassen, sondern nothwendig noch ein besonderes Heer aufstellen, welches demselben durch eine fortdauernde Würkung auf den Einschliessungszirkel des Feindes, oder dessen Ernährungsquellen, außerhalb dieses Zirkels, zu Hülfe kommt, und die feindliche Streitkraft auf diese Weise zwischen zwey Feuer bringt.

26. Oft kann ein mit allgemeiner Einschließung bedrohetes Corps schon eine Gegend decken und dadurch seinen Zweck erfüllen, wenn es sich auf einem Terrain aufhält, von da aus eine gefährliche Diversion gegen den Feind unternommen werden kann, sobald er in der zu deckenden aber nicht unmittelbar von uns besetzten Gegend, einbricht.

27. In diesem Falle ist der Feind gezwungen, ein Hauptaugenmerk auf das Corps zu wenden, und die zu deckende Gegend in Ruhe zu lassen. Kann alsdann das Corps nur einmal den feindlichen Cordon sprengen, so bleibt ihm

ihm gewöhnlich noch immer die unmittelbare Besetzung der zu deckenden Gegend frey.

§. 53.

2. Regel. Darf der anfängliche Posten von dem Corps nicht verlassen werden, so ist er wie eine belagerte Veste zu betrachten, und daher durch zweckmäßige Verbindung der Benutzung seiner Stärke und der Ausfälle unmittelbar zu vertheidigen.

1. Ist ein Posten so wichtig, daß das Corps, welches mit einer feindlichen Umzingelung bedroht wird, ihn nicht Preiß geben darf, so fallen alle die großen Vortheile weg, welche die Truppen aus der vielfachen Veränderung ihrer Position, zu ihrer fortdauernden Behauptung in dieser Gegend, ziehn können. Denn nun sind sie in einem gewissen und noch dazu meistens nicht großen Bezirk eingezwängt; oder wollen sie ja außerhalb desselben Bewegungen ausführen, so darf dabey doch nie die Gemeinschaft mit dem Hauptposten verloren gehen, an den sie daher gewissermaaßen angekettet sind.

2. In einer solchen Lage muß also die Behauptung des Postens und die Sicherung des darin stehenden Corps, fast nur allein aus der eigenen Stärke der Position, in Verhältniß der dagegen anwendbaren feindlichen Streitkräfte, und aus der plötzlichen Würkung eines außerhalb des Einschließungskreises besonders agirenden Hülfscorps, gezogen werden.

3. Einen auf solche Art eingeschlossenen Posten kann man daher vollkommen als eine belagerte Vestung betrachten, und also von der Besatzung zu ihrer Erhaltung die Bewegungskunst gegen den Feind anwenden lassen, sobald man mit ihr außerhalb des besetzten Postens agirt, d. h., sobald man Ausfälle thut; denn zurückkommen muß man in den besetzten Posten, weil dessen Erhaltung hier der Hauptzweck aller Bewegungen wird.

4. Was nun aber die Bewegungen anbetrifft, die mit der Besatzung der Position außerhalb derselben geschehen, um die feindliche Einschließungsstellung unnütz zu machen, so sind dabey die nämlichen Regeln zu befolgen, welche die beyden vorigen Paragraphen enthalten, sobald nämlich die zu behauptende Position eine förmliche Feldstellung ist.

5. Ist es aber eine Vestung oder Stadt, so ist man fortdauernd an ihre Wälle und Mauern gekettet, und obschon dann das Verfahren im Ganzen dasselbe bleibt, sobald man die Vestung als eine Lagerstellung ansieht, so muß es doch insbesondere vorzüglich in der Lehre vom Vestungskriege vorgetragen werden, und gehört also nicht hierher.

b. Lehrsatz. Ein jeder eingeschlossener und angegriffener fester Posten muß noch eine mittelbare Beschützung durch die Würkung eines außerhalb desselben gegen die Erhaltungsquellen des Feindes oder gerade gegen die Einschließungsstellung agirenden Corps erhalten.

§. 54.

1. Regel. Ist die Einschließung noch nicht vom Feinde eingenommen, so kann sie durch dies Corps gehindert werden, wenn es eine Position einnimmt, die entweder beym Fortrücken des Feindes eine entscheidende Diversion gestattet, oder von da dasselbe durch eine leichte und sichere Bewegung einen starken Posten gewinnt, der dem Feinde geradezu die Wege und Pässe nach der Einschließungsstellung sperrt.

1. Wenn man durch ein besonderes Corps die Folgen verhindern will, die in Rücksicht der Erhaltung eines Postens oder des darin stehenden Corps, aus der Umzingelung und Einschließung desselben entstehen werden, so kann dies entweder geschehen, ehe noch der Feind die Einschließung zu Stande gebracht hat, oder zweytens, wenn dies schon ausgeführt ist.

2. Im

2. Im erstern Falle ist die Deckung des Postens natürlich weit sicherer, als im andern; denn hier muß der sich schon völlig zu unserm Empfange in Stand gesetzte Feind nothwendig vorher auf irgend eine Weise durchbrechen oder durch eine Diversion nach einer andern Gegend, und von dem eingeschlossenen Posten abgezogen werden.

3. Will man also die Einschließung eines Postens durch vorher unternommene Bewegungen vereiteln, so kann dies entweder mittelbar oder unmittelbar geschehen. Dies letztere findet Statt, wenn man eine Stellung besitzt, aus der es leicht wird eine Bewegung zu vollführen, die uns nach einem starken Lager bringt, das entweder den Zugang zu dem vom Feinde einzuschließenden Posten geradezu versperrt, oder denselben während seiner Gegenwart und Angriffe so sehr gefährlich macht, daß er diese Operation ohne unsere vorherige Zurücktreibung, vernünftiger Weise nicht wagen darf.

4. Hierbey kommt es nun vorzüglich darauf an, daß man des Feindes Absichten zu errathen sucht, und sich nicht durch Scheinbewegungen, die hier vom Feinde wahrscheinlich mehreremale angewandt werden, täuschen lasse. Denn wenn es mehrere Posten giebt, die der Feind mit einer Einschließung bedroht, so ist es fast unmöglich eine solche Stellung zu nehmen, die uns nach allen diesen Punkten hin den Vorsprung gewährt.

5. Dieserhalb ist es auch nothwendig, diejenigen unter denselben zu kennen, welche die Verbandpunkte des ganzen angenommenen Stellungssystems sind, um wenigstens nach diesen einen gewissen Vorsprung zu besitzen; da wahrscheinlich von ihrer Behauptung, wo nicht die Behauptung, doch wenigstens die Nutzbarkeit aller übrigen detaschirten Läger, Vestungen oder befestigten Posten abhängt.

6. Am mehrsten ist dies mit denjenigen Posten nöthig, welche in einer durchschnittenen Gegend liegen; so daß man nur durch wenige, vielleicht gar gefährlich liegende Pässe dieselben erreichen kann. Denn erreicht der Feind diese

Stellen vor uns, so ist eine gewaltsame Entsetzung des nun eingeschlossenen Postens, wo nicht unmöglich doch fast immer höchst beschwerlich und gefahrvoll.

7. Läßt indessen die große Wichtigkeit eines andern Postens, die Nähe des Hülfheers an der in dem durchschnittenen Lande liegenden Position nicht zu, so bleibt kein anderes Mittel, als die Besatzung desselben so zu verstärken, und die dazu führenden Pässe zu verschanzen und zu besetzen, daß nun Streitkräfte in dieser Gegend genug vorhanden sind, um den Posten so lange gegen den Feind zu behaupten, bis das Hülfsheer nach der Sicherung des wichtigern Punkts zurückkommen und den angegriffenen entsetzen kann.

8. Soll die Verhinderung der Einschließung mittelbar geschehen, so heißt dies nichts anders, als, statt daß man im vorigen Falle geradezu auf die Gegend würkte, welche der Feind bey der Einschließung besetzen mußte, man nun jetzt gegen diejenigen Gegenden agirt, die entweder die Gemeinschaft des Feindes mit seinem Lande, oder die Deckung der entscheidendsten Stellen in der Grenzfronte desselben selbst gewähren.

9. Hier kommt es dann, so wie im vorigen Falle, darauf an, eine Stellung zu besitzen, von da aus das Hülfscorps schnell und überraschend die Communication oder gar die Parallele des Feindes erreichen, an den wichtigsten Punkten durchbrechen und sich da festsetzen kann, ehe noch der Feind im Stande ist sein Manöver ganz auszuführen und seine Stellung zu sichern.

10. Hier sieht man nun deutlich den großen Vortheil einer Stellung, die mehrere wichtige Wege gegen die feindlichen Posten in unsere Gewalt giebt, selbst wenn sie sich auch nicht sehr nahe an diesen Posten befindet.

11. Nach-

11. Nachdem die Bewegungs= und Deckungskräfte des Feindes, welche er zur Ausführung und Sicherung der Einschließung anwenden kann, genau berechnet, und gegen die Mittel unserer Widerstandsfähigkeit verglichen sind; — so haben wir es nun in unserer Gewalt, den Feind plötzlich an mehrern Orten in Furcht zu jagen, und mit vollkommener Sicherheit Scheinmärsche zu thun, die, wo nicht den Feind gänzlich an seinem Unternehmen verhindern, dasselbe doch wenigstens verzögern, und uns die Mittel geben irgend einen wichtigen Punkt zu gewinnen, die feindliche Linie zu durchbrechen, und durch die nunmehrige Unsicherheit des Feindes, ihn zum Rückzuge zu zwingen.

12. Ist man überzeugt, daß der Feind um den bedroheten Posten einzuschließen, sich nothwendig eines gewissen Weges, Flusses, Passes oder Depotorts bedienen muß; so setzt sich das Hülfsheer diese Gegenstände zum vorläufigen Ziele seiner Bewegungen, und sucht diese entscheidenden Punkte zu besetzen, die Straßen durch Ueberschwemmungen oder andere Mittel unbrauchbar zu machen, die Flüsse abzuleiten, und die Brücken zu verderben.

13. Kann man dabey die hierzu nöthigen Mittel bis auf den letzten Augenblick verbergen, und sich selbst etwas in der Entfernung halten, so ist dies am besten; denn nun verläßt sich der Feind auf die Vortheile der genannten Gegenstände und benutzt sie.

14. Werden sie nun aber während dieser Benutzung dem Feinde selbst plötzlich entzogen, so ist wahrscheinlich sein Verlust um so größer. Doch kommt es hier darauf an, ob die ihm gelassene Zeit nicht hinreicht, der Vollführung seiner Absicht Festigkeit, Dauer und Sicherheit zu geben.

§. 55.

§. 55.

2. Regel. Hat der Feind bereits die Einschließung angeordnet, so muß man zuerst auf die Ergänzung der vielleicht, in Rücksicht der Stärke des Postens, noch fehlenden innern Streitkräfte bedacht seyn. Dies muß durch vereinigte überraschende Würkung des eingeschlossenen und außerhalb agirenden Corps geschehen.

1. Wenn der Feind bereits die Einschließung des zu deckenden Postens ausgeführt und durch seine Stellung hinlänglich gedeckt hat, ehe noch die im vorigen Paragraphen angegebenen Mittel ihre Würkung äußern können; so ist man gezwungen kräftigere Maaßregeln zu unternehmen, indem der Feind sich nun so leicht nicht aus seiner einmal eingenommenen Stellung verjagen läßt.

2. Indessen ist es doch in einigen Fällen wohl möglich, daß sich ein Posten durch eine förmliche Entsetzung leichter, als durch vor der Entschließung desselben noch vorhergegangene Bewegungen geschehen kann, erhalten läßt.

3. Solche Gelegenheiten treten ein, wenn die einschließende Armee genöthigt ist, wegen des Laufs derjenigen Defilees, an welchen der Posten liegt, sich in mehrere Corps zu theilen, die eine beschwerliche Gemeinschaft untereinander haben; oder wenn durch irgend ein Terrainhinderniß der feindliche Cordon so ausgedehnt wird, daß er nothwendig mehrere schwache Stellen enthalten muß.

4. Ferner, wenn das um den Posten herumliegende Terrain gar keine, oder doch höchst beschwerliche Communication des Feindes mit seinen Magazinen gestattet; endlich, wenn der Feind zur Vollführung seiner Entschließung, den größten Theil seiner Macht zusammenziehen muß, so daß er dadurch nothwendig einige wichtige Punkte in seiner eigenen Parallele entblößt, und uns also die vortheilhaftesten Wege zu einer entscheidenden Diversion geöffnet werden.

5. Der Entsatz eines Postens kann nun übrigens ebenfalls entweder unmittelbar oder mittelbar geschehen, d. h. indem

dem man entweder geradezu auf die Stellung des Feindes und die Deckung derselben, oder im andern Falle auf die Gemeinschaft oder eigene Parallele des Feindes würkt.

6. Im erstern Falle kann man wieder entweder die Einschließung des Postens durch die Verstärkung seiner innern Streitkräfte, oder durch die Vertreibung des Feindes aus der Einschließungsstellung aufheben.

7. Da man nun zur Erreichung eines Zwecks nie zu viel Mittel, von denen nicht das eine das andere aufhebt, anwenden kann; so ist es auch Regel, daß, wofern nur die Stärke des Heers, die Lage und Beschaffenheit des Landes und der beyderseitigen festen Posten es zulassen, man so viel als möglich die vorhin genannten Arten des Entsatzes miteinander so zu verbinden suchen muß, damit jede an dem entscheidendsten Orte angewandt wird.

8. Will man nun einen Posten dadurch entsetzen, daß man seine innere Streitkraft verstärkt, so kommt es darauf an, welche Art von Bedürfnissen der Posten vorzüglich bedarf; ob es nämlich Truppen, Munition, Lebensmittel, Artillerie, Gelder u. w. sind; denn das eine dieser Erforderniß läßt sich oft leichter als das andere den eingeschlossenen Truppen zuführen, und bey der Uebersendung des einen wird vielleicht nicht eine so große Annäherung der Armee an den Feind erfordert, als bey der des andern.

9. Das gewöhnlichste Mittel, wie man einen eingeschlossenen Posten mit Gelde, Lebensmitteln und Pulver versieht; ist einem dazu commandirten Detaschemente Reiterey diese Sachen mitzugeben, so daß die Officiere das Geld erhalten, und die Reiter die Mehl= und Pulversäcke hinten auf die Pferde nehmen, und nun alles durch den Feind nach dem Posten auf irgend eine Art durchzukommen sucht.

10. Je weiter unsere Armee von der feindlichen entfernt ist, desto schlechter wird diese letztere auf ihrer Hut seyn. In diesem Falle ist es daher wahrscheinlich am leichtesten, zumal wenn der Feind noch nicht verschanzt steht, daß ein Detasche=

tasche=

taschement in der Nacht, und indem es sich für eine feindliche Parthey ausgiebt, den Posten erreichen kann.

11. Doch ist hierzu nöthig, daß man wie bey jedem Ueberfalle, die Gegend, die Anordnung des Feindes und das Feldgeschrey desselben wisse; ferner daß sich bey den Truppen einige Officiere und Soldaten befinden, welche die Sprache des Feindes gut sprechen können, und dies auch würklich während des Marsches durch das feindliche Lager thun, damit der Feind hierdurch um so mehr getäuscht werde.

12. Hat er sich aber bereits so festgesetzt, daß ein größerer Nachdruck dazu gehört, um eine Verstärkung in den eingeschlossenen Posten zu werfen, so nähert man sich ihm so viel als möglich; nimmt alle von ihm in der Gegend besetzte feste Schlösser und Pässe weg und befestigt die eigene Stellung so, daß man vollkommen sicher darin steht.

13. Auch muß man suchen die Stellung des Feindes, dadurch daß man seine Vorposten zurücktreibt, so viel als möglich zu beschränken. Kann man dabey einige Batterien auf vortheilhaften Höhen so anlegen, daß sie das Lager oder die Angriffe, welche der Feind auf den eingeschlossenen Posten macht, in Rücken fassen, so muß dies nie unterlassen werden, indem es ihn in einer beständigen Unruhe und Furcht erhält, und äußerst viel zum Durchbruch der feindlichen Stellung beytragen kann.

14. Der ganze Vorrath der Bedürfnisse, die in den umschlossenen Posten hineingeschaft werden soll, muß an dem vortheilhaftesten Orte, so heimlich als möglich herbeygeschaft werden. Ist dies geschehen, so muß kurz vor der Ernennung der Hülfscorps, eine enge Kette von Posten rund um das Lager gezogen werden, damit der Feind nicht das Geringste erfahre.

15. Nun commandirt man die Leute, läßt sie schleunig zusammenkommen, und theilt unter ihnen die mitzunehmenden Sachen aus. Dabey ist es gut, wenn das Pulver in lederne Schläuche gethan wird, die die Reiter oder eigene dazu bestimmte Maulthiere tragen.

16. Un=

16. Unterdessen daß dies alles angeordnet wird, ist ein besonderes Corps von einer andern Gegend des Lagers heimlich ausgerückt, und nachdem es so verdeckt als möglich einen Umweg zurückgelegt hat, muß es sogleich den Feind an einer von dem wahren Durchbruchsorte entfernten Stelle heftig anfallen und beständig durch verzögerte Angriffe in Allarm und Furcht erhalten.

17. Diese Angriffe ziehn nun vielleicht wohl des Feindes Aufmerksamkeit von der rechten Stelle ab, allein sie sind dennoch nicht hinreichend um die ganze Unternehmung genug zu sichern. Es ist daher auch nöthig, nicht nur daß die eingeschlossenen Truppen die Ankunft des Succurses genau wissen und ihn erkennen, damit kein Mißverständniß entstehen und der Posten oder die Hülfstruppe verloren gehen könne; — sondern daß auch selbst die eingeschlossenen Truppen die Ankunft des Succurses erleichtern.

18. Um dies zu erhalten, bestimmt man dem Befehlshaber des eingeschlossenen Corps durch einen Spion oder auf irgend eine andere Art, eine gewisse Nacht, da der Succurs ankommen soll, und in der also ein Theil des eingeschlossenen Corps schnell auf den Feind ausfallen, den Weg öffnen, sich mit dem Succurse vereinigen, und mit demselben zurückgehen muß. An jemehr Orten man den Feind dabey allarmiren kann, je besser ist es. Uebrigens muß alles so stille als möglich marschiren, und jeder Trupp einige sichere Bothen haben, damit auf keine Weise der Weg verfehlt werde.

19. Die Leute müssen ein doppeltes Feldgeschrey erhalten. Bey dem ersten erkennen sie sich untereinander selbst, wenn sie zwischen den Feinden sind; das zweyte verschaft ihnen den Einlaß in den eingeschlossenen Posten.

20. Dieses letztere muß man also nothwendig vorher mit dem Befehlshaber des Postens abgeredet haben, aber vor dem Feinde auf das sorgfältigste verwahren; denn dieser könnte es sonst leicht zur Ueberumpelung des Postens gebrauchen. Die Officiere müssen es daher nicht eher, als wenn

sie

sie ausrücken, und die Soldaten kurz vor dem Anblicke des Feindes erhalten.

21. Weiß man vorher, daß die Truppen auf Verschanzungen treffen, so müssen sich Leute dabey befinden, die Schanzzeug und Faschinen haben, um die Brustwehren schleunig niederzureißen und die Gräben zu füllen.

22. Ist es zu besorgen, daß sich der Feind heimlich Meister von dem eingeschlossenen Posten gemacht haben könnte; so muß das Hülfscorps von den eingeschlossenen Truppen noch eine besondere Losung vorher empfangen haben, damit der Feind sogleich vom erstern entdeckt werde.

23. Man kann dem Hülfscorps noch eine stärkere Truppenzahl zur Bedeckung mitgeben, und diese letztere in Hinterhalt legen, um den Rückzug des erstern zu decken, wenn dasselbe den eingeschlossenen Posten nicht hat erreichen können und der Feind das Corps verfolgt. In diesem Falle muß der Anführer desselben seinen Rückweg nach der Gegend zu nehmen, wo der Hinterhalt versteckt liegt.

24. Oft hat zwar der eingeschlossene Posten den durch die Hülfstruppen ihm zugeführten Vorrath nöthig, aber keineswegs die Truppen selbst, indem diese nur dazu dienen würden, den Vorrath noch früher aufzuzehren. In einem solchen Falle muß also das Hülfscorps, wenn es den Vorrath abgeliefert hat, mit den Kranken und unbrauchbaren Leuten aus dem Posten wieder zurück.

25. Dies ist aber ein höchst schweres Unternehmen, indem wahrscheinlich gleich nach dem Durchbruch die feindliche Einschließungsarmee unter den Waffen und in solchen Posten stehen wird, welche einen Rückzug verhindern. Deswegen ist es auch weit besser den Rückzug auf eine andere Nacht zu versparen.

26. Alsdann gelingt er wahrscheinlich, weil der Feind die dazu bestimmte Nacht nicht errathen, und durch die Ungewöhnlichkeit solcher Unternehmungen, ihn bey der würklichen Gegenwart derselben, eine solche Unschlüssigkeit ergreifen wird, daß die Truppen schon einen ziemlichen Weg zu-

rück-

rückgelegt haben können, bevor er im Stande ist sie anzugreifen.

27. Uebrigens muß die Hauptarmee zugleich den Feind an mehrern Punkten allarmiren, sobald sie von dem Anmarsch der zurückkehrenden Truppen benachrichtigt ist; auch müssen denselben sogleich mehrere Detaschements entgegenrücken, um den Weg desto besser zu öffnen.

28. Die zurückkehrenden Truppen müssen indessen, wofern es nur irgend möglich ist, einen ganz andern Weg, als denjenigen nehmen, den sie gekommen sind, weil der Feind wahrscheinlich den erstern am sorgfältigsten bewachen wird.

29. Fehlt es dem eingeschlossenen Posten blos am Gelde, so nimmt die Hülfsarmee so nahe als möglich, und damit uns der Feind nicht zuvorkomme, durch eine plötzliche überraschende Bewegung, ein Lager am Feinde, und führt da Mörser- und Haubitzbatterien auf, so daß man von da aus sehr bequem den eingeschlossenen Posten erreichen kann.

30. Nun giebt man dem Commandeur desselben Nachricht, füllt dann die Bomben mit Geld an, und wirft dieselben in die Stadt oder in das eingeschlossene Lager. Auf diese Weise könnte man auch wohl andere Sachen in den Ort hineinschaffen; sie müssen aber wenig Raum einnehmen.

31. Liegt der eingeschlossene Posten an einem breiten Gewässer, und der Feind hat keine Brücken oder Fahrzeuge auf demselben; so kann man den Posten auch wohl dadurch Munition oder Lebensmittel zuführen, wenn man diese Sachen in wohl verpichte Tonnen thut, und dieselben den Strom nach den Posten zu hinunter schwimmen läßt, auch wohl einige kleine Kähne mitschickt, die sie mitten im Strome zu erhalten suchen. Die ganze Sache muß indessen des Nachts unternommen werden.

§. 56.

3. Regel. Soll der eingeschlossene Posten durch unmittebare Würkung auf die Einschließungsstellung entsetzt werden, so muß die Armee erst durch einige gut ausgedachte Scheinbewegungen den Feind ungewiß machen, und dann dicht an seiner Schwäche plötzlich ein festes Lager gewinnen, von da der Durchbruch der feindlichen Fronte schnell und entscheidend erfolgt, während das verstärkte eingeschlossene Corps durch einen heftigen Ausfall unterstützt.

1. Befindet sich das feindliche Einschließungslager in einer Gegend, die durch die Oeffnung gewisser vielleicht von demselben entferuter Schleusen, unter Wasser gesetzt werden kann; so muß man durch gut ausgestellte Posten, welche indessen ihre wahre Absicht nicht geradezu dem Feinde verrathen, diese Schleusen zu sichern suchen, mit der Armee sich aber in einer solchen Gegend aufhalten, und solche Bewegungen machen, welche dem Feinde ganz andre Besorgnisse und Unternehmungen vorspiegeln.

2. Man fährt damit so lange fort, bis der Feind die Einschließungsstellung bezogen hat und sich vollkommen sicher dünkt, nun aber macht das Heer eine schnelle verdeckte Bewegung nach einem Posten, wo es nicht allein die Oeffnung und die Behauptung der Schleusen decken, sondern auch mit entscheidendem Vortheile den Feind anfallen oder den Rückzug abschneiden kann, sobald er durch die plötzliche eintretende Ueberschwemmung gezwungen, entweder blos seine Stellung verändern, oder gar die Einschließung aufheben will.

3. Sollte indessen der Feind die Wichtigkeit der Schleusen kennen, und sein Unternehmen nicht eher beginnen, als bis er sich derselben bemächtigt hat; so müssen die Bewegungen und Läger des eigenen Heers beständig so geordnet seyn, daß dasselbe einen sichern Vorsprung vor dem Feinde nach diesen Punkten, oder wenigstens nach irgend einem Posten besitzt, welcher auf keine Weise das Vordringen des Feindes nach den Schleusen zuläßt.

4. Sind

4. Sind solche Schleusen nicht da, so ist es vielleicht möglich einen Damm durchzustechen, der die Ausbreitung eines in der Nähe befindlichen Gewässers hemmt, welches vielleicht das feindliche Lager unter Wasser setzt, so bald es freyen Lauf hat. Oft kann man mit mäßiger Arbeit einen Fluß so leiten, daß durch diesen veränderten Lauf die Ueberschwemmung erhalten wird.

5. Ist es nicht möglich durch solche Mittel den Feind zum Weichen zu bringen, so muß es entweder durch einen förmlichen Einbruch in die feindliche Stellung, oder durch Besetzung von Posten geschehen, welche uns die Mittel an die Hand geben, den Feind durch ein überlegenes Artilleriefeuer oder durch die Drohung gefährlicher Angriffe zur Aufhebung seines Postens zu zwingen.

6. Hierbey kommt es nun darauf an, daß die Armee dem Feinde den Vorsprung nach diesen wichtigen Posten abgewinne; der Feldherr muß daher die genauesten Nachrichten von ihm besitzen. Uebrigens kann er seine Bewegungen, von denen ebenfalls der zu entsetzende Posten als der Mittelpunkt anzusehen ist, anfangen, wann er will.

7. Die wahre Absicht bey denselben muß indessen so lange als möglich verborgen gehalten werden. Dies zu befördern muß die Armee oft den Feind an mehreren Orten zugleich in Allarm bringen, und einen Durchbruch drohen.

8. Vor Einbruch der Nacht setzt sich z. B. das ganze Heer, diejenigen Truppen ausgenommen, welche die zur Sicherheit der folgenden Bewegung nöthigen Posten besetzt halten, — in Marsch, um dem Schein nach am andern Morgen oder selbst noch in der Nacht die eine Seite der feindlichen Gegend anzugreifen.

9. Unterdessen läßt man hier nur ein Corps, welches hinlänglich ist, die feindliche Besorgniß die Nacht über durch Scheinangriffe zu unterhalten, und rückt nun mit dem Hauptheere schnell, aber stille und verdeckt entweder wieder zurück

 oder

oder noch weiter um den feindlichen Zirkel vorwärts, bis es sich einer Stelle gegenüber befindet, die entweder gar nicht oder zu schwach besetzt ist, oder wo die vorhin bemerkte entscheidend vortheilhafte Stellung des Geschützes möglich wird, — um hier plötzlich beym Anbruch des Tages zu erscheinen, und von da ab den Feind entweder anzugreifen, oder ihn blos durch die Vortheile der besetzten Gegend zu vertreiben.

10. Schnelligkeit, kluge Verdeckung der wahren Absicht und der dahinführenden Bewegung und ein entschlossener Anfall, wenn es nöthig ist, sind also die Haupterfornisse bey der Ausführung eines solchen Unternehmens, wo es vorzüglich darauf ankommt, plötzlich an einer Stelle des feindlichen Zirkels zu erscheinen, wo der Feind uns nicht erwartete, und wo wir den Vortheil auf unserer Seite haben, im Fall ein Gefecht die Sache entscheiden müßte.

11. Hat man indessen triftige Gründe ein solches entscheidendes Treffen zu vermeiden, welches leicht bey der unmittelbaren Entsetzung des Postens entstehen kann; so muß sich die Armee plötzlich aus der Entfernung und von der Ausführung einer Scheinabsicht, welche bis dahin den Feind sicher, oder wenigstens minder aufmerksam auf seine eigene Deckung gemacht hat, nach einem nahe am Feinde gelegenen Posten bewegen, wo sie vor allem feindlichen Angriffe sicher steht.

12. Von da aus, oder noch während der Bewegung nach diesem Posten, werden nun schleunig mehrere Detaschements abgeschickt, welche sich aller in der Gegend herumliegenden festen Oerter, wodurch der Feind einen festern Zusammenhang in seine Stellung bringt, zu bemächtigen suchen.

13. Sobald dies geschehen ist, sucht die Armee, wenn ihr bisheriger Posten nicht vollkommen dazu tauglich ist, durch eine neue überraschende Bewegung eine Stellung zwischen den genommenen Posten zu gewinnen, welche die Hauptmacht des Feindes nothwendig im Harnisch gegen sie erhält;

wäh-

während nun mehrere heimlich und durch Umwege abgeschickte Detaschements, die feindliche Stellung zu umgehen und sich bey dem eingeschlossenen Posten zu setzen bemühen.

14. Wenn man auf solche Art den Feind durch einige vorher ausgeführte Scheinbewegungen, herumgezogen und endlich eine solche entscheidende Position gewonnen, auch dem eingeschlossenen Posten ein Corps zugeschickt hat; so ist es selten möglich, daß wenn dieses Corps dem Feinde nun in den Rücken würkt, derselbe sich noch länger, bey der Gegenwart unserer Hauptarmee vor seiner Fronte, in seiner Stellung halten könnte.

15. Die Armee, welche den Posten entsetzen will, hat daher allemal mehr Vortheil, als die Observationsarmee, wenn nicht eine ganz besonders vortheilhafte Lage der Naturhindernisse Statt findet. Denn die erstere kann, wie schon gesagt, ihre Bewegungen anfangen, wenn sie will, und letztere ist gezwungen sich nach dieser zu richten. Was gehört aber nicht für Geschicklichkeit und Klugheit dazu, wenn man aller Orten und zu jeder Zeit einem thätigen und wachsamen Feinde zuvorkommen will?

§. 57.

4. Regel. Liegt der eingeschlossene Posten an einem grosen schiffbaren Gewässer, so muß der zu Lande agirende Entsatz durch das Feuer nnd die Landung von einer Flotte aus, auch zu Wasser auf das beste unterstützt werden. Liegt der Posten an einem Defilee, so müssen die feindlichen Communicationen darüber zerstört, eigene angelegt, und dadurch der Vortheil erlangt werden, den Entsatzangriff auf beyden Seiten des Defilees abwechseln zu lassen.

1. Liegt der Posten an einem Flusse, so ist das erste, was man zu thun hat, ober- und unterhalb desselben eine wohl gedeckte Brücke zu schlagen, oder wenn man nur eine schlagen kann, die andere wenigstens immer in Bereit-

reitschaft zu haben. Das zweyte, was man zu thun hat, ist, alles anzuwenden, um die feindlichen Communicationsbrücken zu zerstören, wozu die Truppen in dem eingeschlossenen Posten ein Großes mitwürken können, und dies auch müssen.

2. Jetzt setzt sich das Heer an die Brücke, und macht alle die Anstalten, welche einen nahen Angriff auf dieser Seite gegen den Feind anzeigen, und diesen zwingen, den größten Theil seiner Macht, uns hier entgegen zu sezzen.

3. In der Nacht aber passirt ein Corps, welches hinlänglich ist, um dem Feinde die entscheidenden Vortheile vorläufig zu entreißen, — den Fluß, durchbricht die geschwächte feindliche Stellung auf der andern Seite desselben, und kann, indem es von dem Hauptheere entweder dadurch, daß dies ihm nachfolgt, oder dadurch, daß es einen Angriff gegen den vor sich habenden Feind unternimmt, unterstützt wird, — den Posten leicht entsetzen.

4. Dies ist die Grundlage aller derjenigen Bewegungen, welche man zur Entsetzung eines an einem Flusse, oder auch andern Defilee, über welches wir einen bequemen, der Feind aber einen höchst unbequemen oder gar keinen, Uebergang besitzen, — vornehmen muß, obgleich sie sich noch auf mannigfaltige Art verändern läßt.

5. Es erhellt hieraus indessen der große entscheidende Nutzen, welcher aus der Lage eines solchen Postens an einem Defilee erwächst, indem es leicht wird, endlich einmal dem Feinde an einer Seite desselben den Vorsprung abzugewinnen, wo der da postirte Theil seines Heers schwächer als die gegen ihn geführte Macht ist.

6. Liegt der Ort am Meere und soll er durch eine Flotte entsetzt werden, welches man dann gewöhnlich thut, wenn die Einschließungsstellung zu Lande durch einige stark besetzte Pässe so gedeckt ist, daß ein Durchbruch nicht wahrschein-

scheinlich wird; — so ist das erste Erforderniß, daß sich in der Nähe einige sichere Häfen befinden, von da aus unsere Flotten schnell den bedroheten Posten erreichen, und sich auch wieder zurück in Sicherheit begeben können.

7. Die Entsetzung zur See kann nur in sofern geschehen, daß man dem Posten innere Kraft zuführt, oder durch das Artilleriefeuer der Flotte den Feind zur Verlassung seiner Posten am Ufer zwingt. Sind diese dann so wichtig, daß nothwendig die Verlassung der ganzen Stellung darauf folgen muß; so ist nun freylich der Posten völlig entsetzt, — allein gewöhnlich ist dies nicht der Fall.

8. Eine Hülfsflotte kann daher wohl das Mittel zu einem Entsatze seyn, aber selten denselben gleich selbst bewürken. Dies wird noch mehr der Fall, wenn der Feind bereits eine starke Stellung zwischen dem Meere und dem Posten genommen hat, und also selbst keine Flotte zur Einschließung gebraucht. Denn nun ist unsere Flotte auf allen Fall genöthigt ein Corps an das Land zu setzen, und durch dasselbe die feindliche Stellung forciren zu lassen; — in diesem Falle geschieht also der Entsatz nicht zur See, sondern zu Lande.

9. Es darf daher kein gewaltsamer Entsatz zur See unternommen werden, wenn der Feind entweder den Hafen stark verschanzt, oder mit durch Steine angefüllte und versenkte Schiffe gesperrt hat. Wenn indessen die Gefahren und Schwierigkeiten eines Entsatzes zu Lande dieselben als bey einem zur See sind, so muß man ihn doch lieber zu Lande unternehmen.

10. Denn selbst wenn wir zurückgeschlagen werden, so ist der Nachtheil noch nicht so groß, weil der Feind nicht weit verfolgen darf, oder thut er es, sich der größten Gefahr unterwirft, indem wir uns leicht plötzlich wenden, ihn schlagen und mit ihm die Stellung erreichen können.

11. Soll nun aber die Entsetzung würklich zur See geschehen, so muß die Flotte einige Tage früher unter Segel gehen, als das ausgesprengte Gerücht den Anfall angiebt, damit der Feind soviel als möglich überrascht werde. Acht Tage vor und nach dem Aufbruche wird kein einziges, selbst nicht einmal ein Fischerfahrzeug in die See gelassen; auch werden alle Schiffe, welche der Flotte begegnen, entweder mitgenommen, oder unter Eskorte nach sichern Häfen geschickt.

12. Hat man sich auf diese Weise der feindlichen Flotte bis auf 15 bis 20 Meilen genähert, so legt man bis zu Anbruche der Nacht bey, damit die verirreten Schiffe Zeit haben sich wieder an ihre Posten zu begeben.

13. Beym Einbruche der Nacht wird die Fahrt ohne Laternen und so gut es der Wind erlaubt gegen den Feind fortgesetzt, so daß man ihn mit Anbruch des Tages anfallen kann. Doch muß man sich während der Dunkelheit hüten, dem Feinde allzunahe zu kommen, welches zumal bey niedrigen Küsten leicht geschehen kann.

14. Die Bedürfnisse, welche man dem Posten zuführen will, werden schnell segelnden und gut geführten Schiffen anvertrauet, die während des Gefechts suchen, über das am weitesten entfernte feindliche Schiff den Wind zu gewinnen, und den Posten zu erreichen. Einige Fregatten oder Galeeren müßten indessen diese Frachtschiffe begleiten, und die kleinen feindlichen Fahrzeuge, welche nahe am Ufer liegen bleiben, verjagen.

15. Hat man einen sichern Hafen in der Nähe, und viele nicht tief gehende kleinere Kriegesschiffe in demselben, so ist es zur Nachtzeit meistens leicht, den eingeschlossenen Posten von da aus mit den nöthigen Erfordernissen zu versehen, indem sich dann die feindliche Flotte nicht so nahe ans Land legen kann, als zum Aufhalten unserer schnell segelnden kleinern Schiffe nöthig wäre. Selbst am Tage läßt

sich

sich dem Posten eine solche Verstärkung zuführen, wenn eine Windstille herrscht, und man dem Feinde an den erwähnten kleinern Fahrzeugen überlegen ist.

16. Besitzt man keine Ruderschiffe, wohl aber mehrere leichte und schnelle Segler, so erwartet man einen günstigen Wind, der hier allemal desto besser seyn wird, je stärker er ist, weil es dann dem Feinde unmöglich fällt auf offenbarer See zu segeln, — und führt sie nun ins Geheim so nahe an, als es die feindlichen Wachtschiffe erlauben.

17. Nun aber segelt man von einer genauen Kenntniß der Küste und einer dunkeln Nacht begünstigt, schnell durch die feindliche Flotte, die auf der Weite von ihr bis an den Posten zu wenig Spielraum hat, um uns leicht einholen zu können.

18. Noch leichter ist ein solches Unternehmen, wenn sich längs dem eingeschlossenen Posten eine lange Küste befindet, wo der Grund sehr seichte ist, und vom Geschütze des Postens bestrichen wird; denn wenn dann der Feind auch würklich unsere Schiffe sieht, so kann er ihnen doch nur mit den kleinern Kriegsfahrzeugen beykommen, die aber leicht abzuweisen sind.

19. Es ist in allen diesen Fällen sehr vortheilhaft, wenn man auf jeder Seite des Postens einen nahen bequemen Hafen besitzt, wo eine Hülfsflotte ausgerüstet und parat gehalten werden kann; denn alsdann braucht man nicht jedesmal nur auf einen gewissen günstigen Wind zu warten, und kann jeden Augenblick bey einem Sturme, der den Feind zwingt sich etwas zu entfernen, oder sich hinter die Landspitzen in Sicherheit zu legen, — benutzen.

§. 58.

5. Regel. Ist die feindliche Einschließung zu stark, so zieht man durch Scheinangriffe dagegen hier erst die Hauptkraft des Feindes her, und wirft sich nun gleich plötzlich in ein starkes, seine Magazingemeinschaft hemmendes Lager, oder auf eine schwache und entscheidende Stelle der feindlichen Vertheidigungsfronte, deren zu erhaltende Sicherheit dem Feinde die Aufhebung der Einschließung nöthig macht.

1. Wenn die Stellung des Feindes um den Posten einzuschließen, oder selbst diese Einschließung zu decken zu stark ist, und zu wenig Wahrscheinlichkeit eines glücklichen Durchbruchs gewährt; so bleibt nichts anderes als die Diversion übrig, um den Feind zum Abzuge zu zwingen.

2. Diese Diversion ist also eine mittelbare Würkung auf die Vermögungskräfte des Feindes seine bisherige Stellung zu behaupten. Dieserhalb kann sie auf zwey Arten Statt finden, nämlich entweder würkt man gegen die herbeykommende feindliche Unterhaltung, und die Mittel sie zu sichern, oder der Zweck der Bewegungen wird dahin verändert, daß der Feind einen schleunigen und gefährlichen Durchbruch seiner eigenen Landesgrenze befürchten muß.

3. Die Möglichkeit aller dieser Mittel den Posten zu entsetzen, hängt von den Vortheilen ab, welche wir aus den zu diesen Zwecken besetzten Stellungen ziehen können. Wie aber diese Stellungen beschaffen seyn müssen, um die Aufhebung der feindlichen Transporte, oder einen eigenen gefährlichen Angriff auf die feindliche Grenze zu erleichtern, dies haben wir bereits aus der Stellungskunst ersehen.

4. Hier kommt es also vorzüglich darauf an, die Richtung und die Schnelligkeit der Bewegung so anzuordnen, daß diese entscheidenden Posten auf allen Fall vor dem Feinde erreicht, oder wenn er sie ja besetzt hat, doch bald wieder gewonnen werden können.

5. Un=

5. Unsere eigene Stellungskunst muß uns aber gleich anfänglich schon diese Punkte gesichert haben, so daß wir uns nur dahin in Bewegung zu setzen brauchen, um sie zu erreichen.

6. Sollte aber diese absolute Sicherheit der entscheidenden Posten nicht Statt finden, so muß man zwar insgeheim über sie wachen, und dieserhalb einige starke Posten anordnen, die auf allen Fall ihre anfängliche Vertheidigung übernehmen könnten, obgleich sie zu andern Zwecken ausgestellt scheinen; mit dem Hauptheere sich aber in einer Gegend aufhalten, und durch mehrere Märsche die feindliche Aufmerksamkeit hierher ziehn, die uns zwar die Mittel an die Hand giebt, durch einige forcirte und verdeckte Märsche die wichtigen Posten bald zu erreichen, aber den Feind für die Ausführung einer ganz andern Absicht, als die Erreichung dieser Posten ist, besorgt macht, oder die ihm eine völlige Unwissenheit und Nachlässigkeit unserer Seits glauben läßt.

7. Soll der Entsatz zur See geschehen, so ist es nothwendig, daß man viele Kaperschiffe und mehrere nahe und sichere Häfen besitze, wo die vielleicht von der feindlichen Flotte gejagten, oder durch den Sturm vertriebenen Fahrzeuge eine immer bereite Zuflucht finden.

8. Mit diesen Schiffen wird dann beständig in denjenigen Gegenden des Meers gekreuzt, wo die feindlichen Transporte durch müssen, und dieselben auf alle mögliche Art angegriffen und abgeschnitten.

9. Kommt darauf die feindliche Hauptflotte zum Treffen angesegelt, so zieht man sich sogleich wieder zurück, und sucht den Feind weit in die See vorzulocken, worauf es alsdann wohl einer besondern Eskadre glückt ihn zu umgehen und den Posten zu erreichen.

10. Kann der Feind auf keine andere Art seine Bedürfnisse erlangen, als aus einem gewissen Hafen zur See; so

so muß man alles anwenden, die feindliche Seemacht von diesem Hafen abzuziehn, dann aber schnell mit einer eigenen hinlänglichen Flotte nach demselben hinsegeln und ihn auf das strengste einschließen, um so die einzige Quelle zu verstopfen, deren Benutzung die feindliche Streitfähigkeit erhält.

11. Kann man den Feind nicht anders als durch eine wahre Diversion zum Rückzuge bringen, so ist hierzu eine eigene mit hinlänglicher Mannschaft und allem Nöthigen genugsam versehene Flotte, am tauglichsten.

12. Denn durch kein anderes Mittel kann man so schnell und so furchtbar, in weniger Zeit mehrere wichtige Punkte in einer langen Fronte bedrohen, und würklich irgendwo mit Vortheil eindringen, als durch eine schnell segelnde Flotte, welche ihren Feind aus den nahen Meeren verjagt hat.

13. Dieserhalb ist es zur Führung eines Defensivkrieges auch höchst vortheilhaft, und bey einem Offensivkriege unumgänglich nöthig, eine siegreiche Flotte zu besitzen, wenn der Schauplatz des Krieges eine lange Meersküste ist.

14. Wenn man indessen einen Posten durch eine Diversion entsetzen will, so muß man es seiner Besatzung wissen lassen, damit sie nicht durch unsern Abzug bestürzt werde, sondern das Mittel ihrer Rettung kenne, und daraus Muth zu einer langen Gegenwehr schöpfe.

§. 59.

6. Regel. Damit zwey von einander durch die Einschließung getrennte Corps mit Uebereinstimmung dagegen agiren können, so müssen sie von ihnen verständliche, aber sonst dem Feinde unverständliche Benachrichtigungsmittel festsetzen. Hierzu dienen Signale, Spione, und heimlich übersendete Chifferbriefe.

1. Bey allen diesen Bewegungen der eingeschlossenen Truppen sowohl, als des Hülfscorps kommt es nun vorzüg-

züglich darauf an, daß beyde Theile übereinstimmend agiren. Hierzu ist unumgänglich nöthig, daß sie sich einander von ihrem Vorhaben Nachricht geben können, und dies wird auf dem gewöhnlichen und leichtesten Wege durch die Einschließungsstellung des Feindes verwehrt.

2. Hier muß man also zu ungewöhnlichen Mitteln seine Zuflucht nehmen, d. h., einander seine Absicht entweder durch, dem Feinde unverständliche, Signale oder durch chiffrirte Briefe kund thun, die man auf irgend eine Weise durch einen Menschen oder selbst durch ein Thier überschickt.

3. Will man durch Signale mit einander reden, so ist vorzüglich nöthig, daß diese jedem Theile kenntbar genug sind, um Mißverständnisse zu vermeiden; — daß sie an einem solchen Orte geschehen, der vollkommen vor dem feindlichen Artilleriefeuer sicher liegt, aber gegenseitig den beyden Theilen, die sich die Signale geben, so viel als möglich vor allen übrigen Gegenständen in die Augen springt.

4. Die Leute, welche bey dem Signalorte Wache halten, oder vielmehr diejenigen Officiere, welche die Signale geben, dürfen nicht abgelößt werden; denn sonst müßte man mehrern das Geheimniß anvertrauen, und bald würde es jeder, — endlich auch der Feind wissen, und der Nutzen der ganzen sonst so vortheilhaften Anstalt verschwände auf einmal.

5. Steht man nahe genug an dem eingeschlossenen Posten, so können beyde Theile durch Bomben oder hole Kanonenkugeln, in welche sie die Briefe thun, und die sie nur auf bestimmte Plätze werfen, auch mit einer hellbrennenden Brandröhre versehen, damit man sie leicht erkennen könne, — einen Briefwechsel unterhalten.

6. Ist die Entfernung aber zu groß, um dies Mittel gebrauchen zu können, so lassen sich zur Mittheilung von Nachrichten die beyden größten Erfindungen der neuern Zeit, nämlich der Telegraph und der Luftball vortreflich benutzen. Vermittelst des letztern können sich die Befehlshaber der bey-

der-

derseitigen Theile sogar mündlich verabreden, was sie thun wollen.

7. Der entscheidende Vortheil, welcher durch das Exercitium der zweckmäßigen Benutzung dieser beyden vortreflichen Sachen entspringt, ist ja auch überdem schon durch eine genugsame Erfahrung bestätigt, und es wäre daher zu wünschen, daß man sobald als möglich bey jedem großen Heere sie gehörig betriebe.

8. Wenn man indessen keins von beyden Mitteln anwenden kann, so muß man die Vortheile des Telegraphen auf eine mehr gewöhnlichere Art durch Signale zu erhalten suchen. In der Nacht kann dies durch eine gewisse Zahl Laternen, die man an einem hohen Orte aufsteckt, durch Raketen, durch Fackeln, des Tages aber durch Rauch, Kanonenschüsse und Bomben geschehen. Diejenigen Nächte, wo weder ein starker Nebel herrscht, noch der Mond scheint, sind zum signalisiren am besten.

9. Ehe man eine Losung giebt, muß man vorher eine gewisse Anzahl Fackeln oder Laternen anzünden, Raketen steigen lassen, einen Rauch machen, Geschütze abbrennen, oder auf die erwähnte Weise Bomben werfen, damit die Wache auf das, was ferner angezeigt wird, Achtung gebe, und der Officier, nachdem er durch ein Gegenzeichen seine Aufmerksamkeit gemeldet hat, sich in Bereitschaft setze, um die signalirten Sachen aufzuzeichnen. Diese Aufzeichnung muß indessen niemand lesen.

10. Sind nun alle Losungszeichen gegeben, so meldet der Officier durch ein Gegenzeichen, daß er alles wohl verstanden, oder nicht verstanden habe, und um nähere Erklärung bitte. Diese beyderseitige Versicherung, trägt sehr viel dazu bey; eine Unternehmung, welche zugleich von zwey Corps, die von einander getrennt sind, ausgeführt werden soll, zu beschleunigen, und denjenigen Theil, welcher die Zeichen gab, von einer Unternehmung abzuhalten,

in

in welcher ihm der andere nicht beystehen würde, weil er sein Zeichen nicht gesehen oder verstanden hat.

11. Das Zeichen, womit man antwortet, muß allemal ein anderes seyn, als dasjenige, womit man die Nachricht giebt. Denn wäre es dasselbe, so könnte uns der Feind leicht betrügen, indem er nur z. B. eben so viele Fackeln anzünden dürfte, als er gesehen hat.

12. Bey Tage kann jeder Buchstabe durch einen Rauch, der so und so oft wiederholt wird, durch eine gewisse Anzahl Schüsse oder Bomben, bey der Nacht hingegen, durch eine gewisse Anzahl Raketen, Laternen oder Fackeln angedeutet werden. Um aber jeden Buchstaben von dem andern zu unterscheiden, so muß auf jedem ein gewisses Zeichen folgen, damit man die Anzeige des neuen Buchstabens erkenne.

13. Jede Fackel und Laterne muß eine mäßige Zeit sowohl empor gehoben, als niedergesenkt werden, damit man sie deutlich sehen und zählen könne, wie oft sie erscheint. Die Zahl, die man jedem Buchstaben giebt, muß nicht nach der Stelle, die sie im Alphabet hat, eingerichtet werden, sondern man nimmt ein gewisses Wort zum Schlüssel an, z. B. Monsieur, und setzt nun das ganze Alphabet dahinter, außer den Buchstaben, die sich schon in diesem Worte befinden.

14. Jedem Buchstaben giebt man nun nach der Reihe eine Zahl zum Namen:

M	o	n	s	i	e	u	r	a	b	c	d	f	g	h
1.	2.	3.	4.	5.	6.	7.	8.	9.	10.	11.	12.	13.	14.	15.

k	l	p	q	t	v	w	x	y	z.
16.	17.	18.	19.	20.	21.	22.	23.	24.	25.

Wollte man dann z. B. daß Wort Schlacht andeuten, so macht man die Zeichen 4. 11. 15. 17. 9. 11. 15. 20.

15. Diese ganze Methode durch einzelne Buchstaben einander dasjenige zu wissen thun, was nöthig thut, ist indessen in den meisten Fällen viel zu sehr zusammengesetzt

und

und zu langwierig, als daß sie könnte oft in Ausführung gebracht werden; auch ist diese genaue Mittheilung aller Sachen selten nöthig, sondern es sind gewöhnlich nur einige wenige Lagen und Befehle, die einem abgeschnittenen Corps zu wissen nöthig werden. Hieraus folgt, daß es weit zweckmäßiger ist, gleich ganze Gedanken, ganze Nachrichten und Befehle durch ein einziges Signal auszudrücken.

16. Wenn man den verschiedenen Fällen nachdenkt, die angezeigt werden müssen, so lassen sie sich auf folgende zurückbringen.

a. Vorläufiges Zeichen, daß man eine Losung geben will.

b. Antwort, man halte sich fertig darauf Acht zu geben.

c. Wie viel Tage kann sich der abgeschnittene Posten halten.

d. Einen, zwey, drey, vier u. s. w. Tage.

e. Der Posten wird entsetzt werden.

f. Auf der Seite gegen Morgen, Abend, Mittag oder Mitternacht.

g. Künftigen Sontag, Montag, Dienstag u. s. w.

h. Zwischen Untergang der Sonne und Mitternacht, zwischen Mitternacht und dem anbrechenden Tage, Vormittags, Nachmittags.

i. Daß und wann der Feind genöthigt seyn wird die Einschließung und den Angriff auf den Posten aufzuheben, und zwar aus dieser oder jener Ursache.

k. Es ist kein Entsatz zu hoffen, der Posten soll sich aber auf das äußerste wehren, selbst wenn die Besazzung zu Kriegsgefangenen wird.

l. Der Posten soll sich so gut wehren als er kann, doch soll die Besatzung noch freyen Abzug erhalten.

m. Ant-

m. Antwort, man habe die Losung nicht recht verstanden, man solle sie wiederholen.

n. Antwort, man habe alles wohl verstanden.

o. Nachricht des Postens an das Heer, es fehle an Lebensmitteln, an Pulver, an Granaten, an Flintensteinen, an Gewehren, an Geschütz, an Gelde, an Lunten, an Leuten, an Artilleristen, an Ingenieurs, an Arzeney.

p. Die Sturmlücke wird in so und so viel Tagen ersteiglich seyn.

q. Der Posten kann sich nicht länger als so und so viel Tage wehren.

r. Die Bürgerschaft will sich empören.

s. Die Besatzung will einen Aufstand erregen.

t. Man will an dieser oder jener Seite einen Ausfall vornehmen, das Heer solle ihn unterstützen u. s. w.

17. Die Raketen, welche man als Losungszeichen des Nachts steigen läßt, müssen ein hellleuchtendes Feuer und viele Sterne haben; die aber, welche man des Tages brauchen will, müssen einen starken Knall von sich geben, wenn sie zerplatzen.

18. Uebrigens ist es nothwendig, daß diese Signale, die auch durch brennende Pechpfannen, welche man in gewisser Anzahl rechts oder links in die Höhe hält, angezeigt werden können, an derjenigen Seite des Postens gegeben werden, welche von dem Angriffe des Feindes abgewandt ist, damit das hier herrschende Artilleriefeuer der Verständlichkeit der Signale nicht hinderlich werde.

19. Ist der Posten so eng und so stark eingeschlossen, daß man auf keine Weise irgend eine Nachricht hineinbringen

kann, und es ist doch zu befürchten, er werde sich ergeben, wenn nicht schleunig ihm die Annäherung des Entsatzes kund gethan wird; so bleibt kein anderes Mittel, als man rückt so geschwind als möglich mit einer starken Artillerie, und einer Avantgarde, die sie hinlänglich deckt, auf einen Berg vor, läßt das sämmtliche Geschütz mehrere male nach dem Posten zu abbrennen, und diese Salven fortdauernd während des Vorrückens wiederholen; denn alsdann werden die eingeschlossenen Truppen aus diesem Kanoniren, das man vorzüglich des Nachts, und wenn der Wind günstig ist, sehr weit hören kann, die Annäherung des Heers erkennen und desto mehr Muth erhalten.

20. Das zweyte Mittel einen abgeschnittenen Posten von einem Vorhaben oder von andern Sachen zu benachrichtigen, ist der chiffrirte Briefwechsel. Hierbey ist zweyerley zu bemerken, nämlich die Art des Chiffrirens selbst, und die Art der Ueberbringung der Briefe.

21. Was das erstere anbetrifft, so giebt es sehr viele Methoden; allein die meisten sind bey einer genauen Kenntniß der Wortfügungen in den Sprachen, und einer steten Betrachtung derjenigen Zeichen, welche die Selbstlauter bedeuten und sich durch ihre Stellen, die sie in den Worten haben, leicht zu erkennen geben, bald zu entziffern. Hier wollen wir daher eine Art angeben, die unmöglich demjenigen verständlich seyn kann, welcher nicht ein gewisses Wort kennt, das man als den Schlüssel der ganzen Schrift vorher unter einander verabredet hat.

22. Man muß eine solche Tafel besitzen, wie die beystehende ist, welche aus lauter gewöhnlichen Buchstaben in der hier gezeigten Ordnung besteht. Ihr Gebrauch ist folgender. Man will z. B. schreiben: Tenez vous sur vos gardes l'ennemi marche à vous. (Haltet euch munter, der Feind rückt gegen euch an.).

23. So setzt man vorläufig ein Schlüsselwort und die Orthographie desselben, nach der man die nöthigen Buchstaben aus der Tabelle heraussuchen soll, fest; z. B. Constantinople, welches Wort man von vorne an bis zum Ende ganz durchgehen, und dann so oft wiederholen will, bis die Nachricht zu Ende ist.

24. Nun frägt man sich nach der Tabelle (S. Fig. I) was giebt C (der erste Buchstabe von Constantinople) dem T (ersten Buchstaben in Tenez) für einen Buchstaben, der T bedeuten könnte? Man betrachtet auf der Tabelle in der ersten Columne die Vierecke gegen C über, und findet t und h. Daher setzt man h in dem Briefe, weil man ohne Unterschied die obern oder untern Vierecke nehmen kann, die zwischen zwey Linien stehen, und nur durch eine schwächere Linie von einander geschieden sind.

25. Weiter, was giebt C dem e? Antwort g, denn ich muß den Buchstaben nehmen, der mit e in einem Vierecke stand, und nur durch eine schwache Linie davon abgesondert war. Wenn ich auf diese Art mit dem Worte Constantinople fertig bin, so fange ich wieder von vorne bey C an, und fahre fort, wie vorher, so lange ich noch etwas von dem Schlüsselworte übrig habe.

26. Fehler müssen dabey nicht gemacht werden: sollte es aber geschehen; so muß der Korrespondent bey dem Lesen bald ein Wort verkürzen, bald verlängern, um den Sinn zu errathen. Die Interpunktion ist willkührlich und hängt von dem Witze des Briefstellers ab. Es ist bey dieser Art kein Errathen aus der Aehnlichkeit der Vokale möglich.

27. Bey dieser Tabelle ist aber noch zu bemerken, daß N. der zehnte Buchstabe, weggelassen worden. Uebrigens muß man bey dem Dechiffriren, wenn Fehler gemacht seyn sollten, zuweilen einen Buchstaben überspringen oder zurückgehen, damit man den Sinn erhalte.

28. Jetzt kommt es darauf an, zu wissen, wie der, an den der Brief gerichtet ist, sich benehmen soll, um ihn zu dechiffriren. Er muß zuerst eine Tafel haben, wie die hier beygefügte, und das Wort Constantinople schon wissen, auch die Buchstaben dieses Worts nach der bestimmten Ordnung jedesmal ganz durchnehmen. Auf diese Art bringt er: Tenez vous sur vos Gardes, l'ennemie marche à vous, heraus. Man kann die Buchstaben des Wortes Constantinople, die man hier in großen Karakteren beschrieben, mit Zahlen bezeichnen, um nicht irre zu werden.

29. Was nun die Ueberbringung dieser Briefe betrifft, so kann sie auf verschiedene Art geschehen, z. B. durch Tauben oder Hunde. In dem eingeschlossenen Posten müssen sich nämlich Tauben befinden, die auf einem Dorfe zu Hause gehören, das von unserm Heere besetzt ist, und hier befinden sich welche, die nach dem Posten gehören. Man muß indessen diese Tauben allein setzen, und so, daß sie eine freye Aussicht nach ihrer Heimath haben.

30. Will man nun ein Briefchen überschicken, so bindet man es der Taube unter den Flügel; und giebt dem Briefe die Farbe der Taube, damit es der Feind nicht bemerkt und das Thier herunterschießt. In dem Posten müssen nun Leute bestellt seyn, welche auf die Ankunft dieser Tauben warten und sie einfangen. Damit sie indessen nicht durch den Dampf des Kanonenfeuers zurückgeschreckt werden, so muß man einen Zeitpunkt zu ihrer Absendung wählen, wo die beyderseitigen Batterien schweigen.

31. Will man Hunde zu Ueberbringern gebrauchen, so müssen sie gewöhnt seyn beständig wieder nach Hause zu laufen, auch muß man sie etwas hart halten, und zuletzt mit einigen Prügeln wegschicken. Die Wachen in dem Posten

müssen

müssen aber schon auf die Ankunft dieser Hunde vorbereitet seyn, und sie auffangen.

32. Liegt der abgeschnittene Posten an einem Strome, so läßt der Befehlshaber, unter dem Vorwande des Fischfangs, ein Netz über den Fluß spannen, und fängt darin unsere Briefe auf, die man in Wachsleinewand nähen, und dem Strome oberhalb des Postens anvertrauen muß. Derjenige, welcher die Briefe abholt, muß ein treuer Mensch seyn, und sein Geschäft unter einem scheinbaren Vorwande verrichten.

33. Merkt der Feind etwas, so spannt er oberhalb ein Netz aus und fängt unsere Briefe auf, oder er reißt durch abgeschickte Bäume das unsrige entzwey. Auch muß man dem eingeschlossenen Posten durch ein Signal die Nacht genau melden lassen, in der der Brief angeschwommen kommen wird, damit jeder sein Netz zur gehörigen Zeit ausspanne, und keinen zu frühen Verdacht erwecke.

34. Damit kein solcher Brief am Ufer im Gesträuche oder Schilfe hängen bleibt, so muß man nicht allein mehrere auf einmal abschicken, sondern auch jeden in eine hölzerne Kugel thun, die man in der Mitte aufschrauben, und die mit einer Wasser gleichen Farbe angemalt ist, sie dem Feinde nicht so leicht zu entdecken. Aber selbst wenn er eine solche Kugel auffängt, so wird doch sicher eine von allen ans Netz gelangen, und der Posten benachrichtigt, da im Gegentheil der Feind den chiffrirten Brief nicht versteht.

35. Hat man gute Taucher, so ist dies ebenfalls ein vortrefliches Mittel zur Benachrichtigung. Der Taucher hat dann die Briefe, in einem doppelten wohl vernäheten Umschlage von Wachsleinewand, um den Leib gebunden. Der Taucher muß des Nachts abgehen, und nur wenn ihm die Noth, entweder zum Athemholen oder

zum Ausruhen zwingt, ans Land steigen oder über das Wasser kommen.

36. Ist die Reise etwas lang, so muß er sich einen wohl gepichten Schlauch unter die Achseln, und zum Ueberflusse mit einem Bande um den Hals binden. Aus dem Schlauche muß eine dem Windrohre eines Dudelsacks ähnliche Röhre gehen, damit er den Schlauch, wenn er oben über dem Wasser bleiben und ausruhen will, aufblasen kann.

37. Will er dann aufs neue untertauchen, so drückt er den Wind aus dem Schlauche heraus, und verstopft die Röhre mit einem genau passenden Pfropfe, damit kein Wasser hineinlaufe.

38. Ein solcher Taucher muß nun außerdem noch ein gutes Messer an dem Gürtel hängen haben, damit er die ihm ausgestellten Netze entzweyschneiden kann. — Uebrigens ist es eine Hauptregel, daß derjenige, welcher einen Brief überbringt, weder den Inhalt noch den Schlüssel zur Chifferschrift kennt.

B. Grundsatz. Die Bewegungen zur Vertheidigung einer Vertheidigungsfronte im Allgemeinen richten sich nach den Eigenschaften der zu behauptenden Fronte und den Kräften, welche die Armee zur Benutzung dieser Stärken besitzt.

§. 60.

a. Lehrsatz. Beym Anfange eines Feldzugs richtet sich die Versammlung der Armee besonders nach den schon vorher entdeckten möglichen Absichten des Feindes.

1. Regel. Ist kein Ueberfall zu besorgen, so versammelt sich das Heer in den deckenden Posten nach und nach, im entgegen gesetzten Fall aber schnell und zuvorkommend durch eine allgemeine konzentrirte Bewegung aller Corps, welche wo möglich einen Zentral- oder alles deckenden Posten wählen, in dessen Ermangelung aber dem Feinde zur Seite bleiben, und nichts Wichtiges entblößen.

1. Soll sich eine Armee bey dem Anfang eines Feldzugs zusammenziehn, um eine gewisse Grenze zu vertheidigen, so richtet sich die Ordnung dabey und die Wahl der Versammlungsörter nach den Mitteln zur Führung des Krieges, und nach den eigenen Umständen, worin sich die Armee befindet.

2. Vorzüglich entscheidet die Beschaffenheit der Vertheidigungslinie viel. Hier kann nun der Posten zur Defensive entweder entschieden seyn, oder er hängt von dem ab, den sich der Feind wählt. In beyden Fällen kommt es wieder darauf an, ob die Vertheidigungsfronte entweder durch Defileés, oder durch eine Kette von Vestungen gebildet wird.

3. Ist der Posten zur Defensive entschieden, und man ist vollkommen sicher gegen einen Ueberfall, so ziehen sich die

Truppen demselben allmählich näher, und man läßt ihr durch Truppen oder Bauern, wo nöthig, stärker machen, auch wohl durch ein detaschirtes Corps besetzt halten, und achtet nur darauf, immer, ehe ihn der Feind wegnimmt, in denselben rücken zu können.

4. Ist man aber wegen eines Ueberfalls besorgt, und der entscheidende Posten nicht so stark, daß er von einem bloßen Corps hinlänglich bis zur Ankunft der Hauptarmee behauptet werden könnte; so ist es nothwendig, durch eine allgemeine Bewegung plötzlich in dem Posten das Heer zusammenstoßen zu lassen, der Feind mag vereinigt seyn oder nicht.

5. Denn nun ist man gegen alle Unfälle gedeckt, und kann vielleicht selbst noch eine günstige Gelegenheit erhalten, irgend ein Unternehmen auszuführen, oder eine weiter vorliegende Postenchaine zu gewinnen, wodurch das eigene Land um so besser gesichert wird.

6. Sollte der Fall Statt finden, daß man sich in der Wahl der Versammlungsörter nach denjenigen richten müßte, welche der Feind nimmt, so ist es von den gefährlichsten Folgen in dieser wichtigen und oft für den ganzen Feldzug entscheidenden Bewegung, einen falschen Schritt zu thun.

7. Dieserhalb muß man nicht allein das Terrain der beyderseitigen Grenzen und die Vortheile, welche aus der Lage der darin befindlichen festen Posten fließen, vollkommen genau kennen, um hiernach die wahren und falschen Angriffe beurtheilen zu können; sondern es gehört auch eine außerordentliche Aufmerksamkeit dazu, zumal, wenn ein Ueberfall zu besorgen steht, daß man sich keinesweges durch die feindlichen Bewegungen täuschen, und sich den Vorsprung nach den entscheidenden Posten abgewinnen lasse.

8. Die=

8. Dieserhalb ist es nothwendig bey dem Zusammenziehen der Armee ganz den feindlichen Bewegungen zu folgen, und seine Quartiere so lange und so weit ausgedehnt zu halten, als es die Möglichkeit erfordert, sich überall, wo es die feindlichen Bewegungen nöthig machen können, zusammenzuziehn, und es dabey die Sicherheit der Armee erlaubt.

9. Diese Sicherheit wird übrigens nicht fehlen, wenn nur die eigene Vertheidigungsfronte planmäßig angelegt, und der Quartierstand hiernach, und zur schnellsten Ausführung des entworfenen Vertheidigungsplans angeordnet ist.

10. Wenn nun die Defensive auf Vestungen beruht, so zieht sich die Armee so zusammen:

a. Daß sie einen Posten wählt, von wo aus sie die Berennung einer jeden Vestung hindern, oder ihr wenigstens zu Hülfe kommen kann; hierzu ist indessen nöthig, daß sich das Heer mit dem Feinde messen könne.

b. Daß sie mehrere Corps formirt, die sich durch eine plötzliche Bewegung nach den wichtigsten festen Punkten begeben, und unter den Kanonen derselben feste Läger, die durch Zwischencorps in eine gute Communication gesetzt werden, beziehn, um ihre Belagerung zu verhindern.

c. Auch der wenigen Reiterey, die in den Plätzen zu den Ausfällen nöthig ist, zieht sich der ganze übrige Rest in ein oder mehrere Corps an solchen Orten zusammen, die eine völlige Freyheit der Bewegung nach allen Seiten erlauben, die aber auch so gelegen sind, daß sie:

α. Von den Positionen der Infanterie vollkommen gegen den Ueberfall oder die Umzingelung gedeckt sind, und β. denjenigen Wegen, welche der Feind zur Führung einer Belagerung von einem der vorliegenden Vestungen und festen Positionen halten muß, im Rücken oder in der Flanke, oder doch wenigstens so liegen, daß man von da leicht des Feindes Transporte und Fouragirungen beunruhigen, oder den eingeschlossenen Posten Hülfe bringen kann.

11. Beruht nun endlich die Defensive auf einem Fluß oder andern Defilee, so finden zwey Fälle Statt: entweder ist daselbst nun ein Zentralposten oder nicht. Im ersten Falle muß alles so eingerichtet werden, daß immer noch Zeit und Mittel genug vorhanden sind, beym Eintreffen der Nachricht, daß sich der Feind zusammenzieht, — die eigene Armee, oder wenigstens eine solche Macht in dem Zentralposten zu vereinigen, die hinlänglich ist, bis zur Ankunft der übrigen Heertheile, die Vertheidigung der Grenze zu führen.

12. Will man hierbey völlig sicher gehen und gegen allen Ueberfall gedeckt seyn, so kehrt man sich an die feindlichen Bewegungen nicht, sondern versammelt das Heer einige Zeit vorher, und erwartet nun den Feind.

13. Findet kein Zentralposten Statt, so ist man von selbst gezwungen den erwähnten Vortheil aufzugeben, und entweder eine so große Aufmerksamkeit anzuwenden, daß man alle Bewegungen des Feindes genau erfährt, und bey der Vergleichung derselben mit den Eigenschaften der Vertheidigungsfronte und den Angriffsmitteln des Feindes, seine wahren Absichten enträthselt, so daß man ihm mit Sicherheit von dem ersten Näherrücken der Quartiere, bis zur völligen Vereinigung der Armee folgen, und also zeitig genug zuvorkommen kann.

14. Oder man zieht die Armee in einzelne Corps vor dem Defilee zusammen, doch in solche Posten, daß nicht allein

lein eine stete Communication unter denselben Statt, sondern daß sie sich auch immer früher als der Feind an denjenigen Punkten vereinigen können, die dem bevorstehenden Einbruch entgegengesetzt sind.

15. Sind aber endlich diese Corps bestimmt auf ihrem ersten Sammelplatze das Vertheidigungsgebäude zu unterstützen, so müssen sie entweder durch die Stärke ihrer Stellung, oder durch die Anordnung der gegenseitigen Unterstützung so gesichert seyn, daß sie sich bis zur Ankunft derjenigen Hülfe halten können, die nach Verhältniß desjenigen bestimmt ist, was der Feind gegen diese Posten unternehmen kann.

§. 61.

2. Regel. Ist es möglich, so muß der defensivgehende sich am frühesten versammeln um die durch den Angreifer wegen seines Unterhaltes künftig zu benutzenden Gegenden selbst erst auszuzehren; die deckenden Positionen zu befestigen und die eigenen Magazine zu errichten und zu sichern.

1. Aus dem bishergesagten ersieht man nun deutlich, daß die Sicherheit des Defensivkrieges größtentheils auf einer zweckmäßig angewandten Stellungskunst beruht, und also die Bewegungskunst gewissermaaßen als das Mittel, durch welches die deckende Stellung zeitig genug in Besitz genommen werden kann, anzusehen ist.

2. Bey dem Offensivkriege ist es aber gerade das Entgegengesetzte. Denn hier sichert zwar die Stellungskunst die einmal besetzten Länder, allein die planmäßige Anwendung der Bewegung nach gewissen entscheidenden Zielen, ist das Mittel, aufs neue die feindliche Vertheidigungsfronte zu durchbrechen, und von Zeit zu Zeit eine neue vorliegende Grenzlinie

zu erhalten, bis der Punkt erreicht ist, dessen Besitznahme den ganzen Feldzug entscheiden muß.

3. In den meisten Fällen zieht nun zwar der offensive Theil seine Armee eher, als der Vertheidiger die seinige zusammen, weil der letztere gewöhnlich in der Ergreifung seiner Maaßregeln sich nach den Bewegungen des erstern richten muß; und dieser Umstand ist es eben, der überall die Vertheidigung weit schwerer als den Angriff macht, da hierdurch der Angreifer die sicherste Zeit erhält, durch Scheinbewegungen und falsche Angriffe, seine wahre Absicht zu verbergen.

4. Es kann indessen doch auch der Fall werden, wo der defensivgehende Theil seine Armee eher als sein Gegner zusammenziehen muß: als z. B., wenn er eine Gegend aufzehren will, ehe der Feind ins Feld rückt, um durch den nun entstehenden Mangel an Fourage und andern Bedürfnissen, ein Unternehmen unmöglich zu machen. Oder wenn zur bessern Führung der Defensive, eine Arbeit auszuführen nöthig ist, (z. B. einen gewissen wichtigen Posten zu verschanzen, Communicationswege zu machen) und diese durch die Armee unmittelbar selbst gedeckt werden muß.

5. Allein der Grund der frühen Versammlung mag seyn, welcher er will, so ist doch dabey noch nöthig auf folgende Punkte Rücksicht zu nehmen. Eine Armee kann sich nämlich nicht wohl eher in ein Lager zusammenziehen, als bis das Korn ziemlich hoch im Felde steht, damit der Mangel der bey unsern jetzigen Armeen ungeheuren Summe täglicher Rationen, auf keine Weise zu befürchten ist, und die nöthigen Bewegungen aufhalten kann.

6. Dieser Zeitpunkt, wo hinlängliches Futter auf dem Felde vorhanden ist, kann nicht allgemein bestimmt werden, da er sich nach dem Klima, der Fruchtbarkeit des Bodens und dem Fleiße der Einwohner richtet.

7. Wenn

7. Wenn daher diese Erfordenisse nicht mit der Ausführung unsers vorgefaßten Entschlusses, das Heer zu einer gewissen Zeit zu versammeln, übereinstimmen und sie begünstigen, dennoch aber die Versammlung des Heers zur Gründung einer sichern Defensive, keinen Augenblick länger aufgeschoben werden darf; so bleibt kein anderes Mittel übrig, als hinlänglich starke Fouragemagazine zur Hand zu haben, aus denen der Mangel des grünen Futters hinlänglich ersetzt werden kann.

8. In diesem Falle ist es dann vorzüglich gut, wenn die Anordnung des Vertheidigungssystems es gestattet, die Versammlungsläger an schiffbaren Flüssen zu erwählen; die von unsern Magazinen ab eine solche Richtung nehmen, welche, wenn man sie als die Ernährungslinien ansieht, eine regelmäßige und sichere Versorgung der Armee bey allen ihren Bewegungen gestatten.

9. Sollte es aber auch nicht thunlich seyn, die zur Ausführung lange dauernder und vielleicht vorgehender Bewegungen nöthigen Magazine, wenigstens nicht an den dazu dienlichen Stellen, anzuhäufen, so würde freylich ein entscheidender Schaden daraus erwachsen, wenn die Armee nun gezwungen wäre länger unversammelt zu bleiben, als es die Gründung einer sichern Defensive erforderte. Hier wäre dann kein anderer Rath, als die Unterhaltung des Heers, auf die Eroberung und Benutzung der feindlichen Magazine zu gründen.

10. Durch eine allgemeine gut berechnete und schnell ausgeführte Bewegung, wie sie der offensive Theil bey einem Ueberfalle zu machen hat, muß man alsdann suchen den Feind plötzlich aus seinen vordersten Positionen zu vertreiben, und hinter denselben die neue Vertheidigungsfronte zu ziehen.

11. Denn

11. Denn glückt dieses Unternehmen, das nothwendig bis auf den letzten Augenblick verborgen bleiben muß, so fallen uns wahrscheinlich mehrere feindliche Magazine in die Hände, die nothwendig nahe an der Grenze angelegt werden mußten, damit das vorrückende Heer auf einer desto größern Weite in unserm Lande davon zehren konnte, oder damit dieselben gleich zur Hand wären, um schnell vorwärts gebracht zu werden.

12. Außer diesem ist es nun bey allen im Anfange eines Feldzugs vorzunehmenden Bewegungen, noch unumgänglich nöthig, den Grundsatz zu befolgen, den Truppen nicht gleich zu große Märsche thun zu lassen, sondern diese nur von Zeit zu Zeit an Beschwerlichkeiten zu vergrößern.

13. Ist der Plan des Feldzugs nach den Mitteln zur Führung desselben wohl angeordnet, so kann diese successive Anstrengung der Streitkräfte sehr gut ohne den geringsten Nachtheil geschehen; und nichts ist zweckmäßiger als auf solche Art Menschen und Vieh zu schonen, und sie so des Feldlebens gewohnt zu machen; da im Gegentheil eine anfängliche plötzliche Anstrengung ein Heer so angreifen kann, daß es vielleicht einen großen Theil des Feldzugs über nie seine ganze Kraft wieder erhält.

§. 62.

b. Lehrsatz. Die Bewegungen im Laufe des Feldzugs um eine Fronte zu behaupten stützen sich auf die Grundsätze der Stellungskunst, und müssen vorzüglich durch Hervorbringung einer Lage würken, die den Feind bey der Ausführung eines Unternehmens in steter Furcht erhält.

1. Regel. Man muß bey den Defensivbewegungen stets eine besonders gegen die feindliche Operationsflanke starke Flankenstellung zu erhalten suchen.

1. Wir kommen nun zu den Bewegungen, welche zur Vertheidigung einer Grenzfronte geschehen. Hier muß man sich

sich zuvor der Grundsätze erinnern, auf welche eine deckende Defensive gebauet wird. Diese Grundsätze sind aber folgende.

2. Eine Defensive nach dem strengsten Sinne ist nichts anders, als ein stetes Zuvorkommen mit einer hinlänglichen Streitkraft, an jeder Stelle der Grenze, um dem hier durchbrechen wollenden Feinde dieselbe entgegenzusetzen.

3. Da der Feind jedesmal die Bewegung zum Einbruch anfängt, wir auch nicht gleich davon Nachricht erhalten, und eben so wenig stets seinen wahren Zweck kennen, so ist es fast unmöglich dem Feinde einen für uns höchst schädlichen Vorsprung nach irgend einem Posten zu verwehren, zumal wenn er sich die Mühe nimmt uns vorher durch einige Scheinmärsche irre zu führen und ungewiß zu machen.

4. Wir müßten also nach dem entscheidenden Punkte immer früher oder wenigstens zugleich mit dem Feinde aufbrechen, hierzu gehörte die vorläufige genaue Kenntniß seiner Absicht. Diese ist aber, wenn der Feind will, fast nie möglich. Da man nun überdem bey solchen parallelen Bewegungen stets in der Nähe des Feindes bleiben muß, so wächst hierdurch die Gefahr eines plötzlichen Angriffs auf dem Marsche.

5. Es ist daher nicht allein der Natur der Sache, welche dem angreifenden Feinde stets den Vortheil schenkt, — sondern auch der Klugheit angemessen, welche lehrt, keinen Vortheil, den man mit dem Feinde zugleich hat, ungenutzt zu lassen, — wenn man stets diese parallele Defensive so viel als möglich zu vermeiden sucht, indem der stets passive Theil über kurz oder lang dabey unterliegen und eine gefährliche Blöße geben muß.

6. Hieraus folgt also, daß, da man die Vortheile, welche wir mit dem angreifenden Feinde gemein haben, nicht anders benutzen kann, als wenn man selbst angreifend verfährt,

führt, eine kräftige Defensive nur durch eine planvolle Offensive erlangt werden kann.

7. Um aber dieser Vertheidigungs-Offensive die größte Kraft, und zugleich die größte Leichtigkeit zu ertheilen, so muß man sie nur gegen die schwächsten Theile der feindlichen Operation mit überlegener Macht führen.

8. Diese schwächsten Theile sind aber nicht die Lagerstellungen seiner Angriffs- oder seiner Observationscorps, sondern die Operationslinien, auf welchen diese würkenden Spitzen des Angriffs, Verbindung, Nahrung und neues Leben aus den Ergänzungsquellen ihres eigenen Landes erhalten.

9. Man muß also gegen den angreifenden Feind nicht die gerade Vertheidigung, sondern das, was man Flankenvertheidigung nennt, als das vorzüglichste Erhaltungsmittel einer Grenzfronte ansehen.

10. Die gerade Vertheidigung muß also nur angewandt werden, in sofern dadurch der angreifende Feind bis zur eintretenden Würkung des Flankenangriffs, vom Eindringen und Festsetzen im Herzen unserer Vertheidigungsposten abgehalten wird.

11. Da der Feind bey seinem Angriff gezwungen ist, in keilförmiger Operationsfigur einzudringen, so wird die Spitze derselben stets von den festen Posten unseres eigenen Landes umklammert, und durch diese Lage dem Feinde von selbst schon immer die Flanke seiner Operation abgewonnen.

12. Hieraus folgt also, daß, da man den Feind im eigenen Lande stets mit einer überlegenen Streitkraft, die aller Orten ihre Ergänzungsquellen deckt, umgiebt und ihm in der Flanke steht, die Vertheidigungsoffensive gegen die Operationslinien und Verbindungspunkte des Feindes, am besten

besten sich innerhalb der eigenen Vertheidigungsfronte ausführen läßt.

13. Um die Kraft zu dieser Vertheidigungsart zu behalten, so muß man sich nie dem heftigen Anfalle der auf den Spitzen der feindlichen Operation agirenden Corps entgegen, und aussetzen; sondern so wie diese vordringen, dem Stoße ausweichen, sich theilen, die angreifende Spitze in der Mitte durchlassen, und sich auf den Flanken derselben wieder sezzen; plötzlich und mit Uebermacht aber über diese herfallen, und durch ihre Niederwerfung die feindliche Operations- und Gemeinschaftslinie zerreißen, und den feindlichen Rückzug beschwerlich machen.

14. Man muß also bey allen Bewegungen, sie mögen nun wegen des feindlichen Glücks rückwärts von der eigentlichen Hauptvertheidigungslinie ab, oder gegen die feindliche vorgehen, stets eine einwärtsgehende Stellung, oder ist dies nicht möglich, wenigstens eine feste Flankenstellung gegen den andringenden Feind zu erhalten suchen, indem nur eine solche Anordnung die erwähnten Vortheile gewährt.

§. 63.

2. Regel. Die Parallelbewegungen müssen so viel als möglich vermieden, und nur da angewandt werden, wo unsere vordere von einem Defilee gebildete Fronte noch ganz in unserer Gewalt ist.

1. Bisher hat man stets zu glauben geschienen, die zweckmäßigste Defensive bestehe darin, sich mit den Schutz ertheilen sollenden Corps dem eindringenden Feinde gerade entgegen zu werfen.

2. Allein bey diesem Verfahren setzte man nicht nur durch eine leichte entstehende Schlacht, sogleich alles aufs

Spiel, sondern man zog auch gerade die allerstärksten Theile der feindlichen Streitkraft gegen sich, und die Mittel zur Erhaltung wurden also, so lange man bey der Ausführung dieses unrecht verstandenen Begriffs einer Defensive im strengsten Sinne des Worts blieb, und der Feind seine Kräfte planvoll zu benutzen verstand, bald gänzlich danieder geschlagen.

3. Bey diesem zweckwidrigen Verfahren war die Stellungskunst zur geraden Vertheidigung wichtiger als die Bewegungskunst, so wie dies bey dem Angreifer umgekehrt der Fall ist. Die Erfahrung vieler Jahrhunderte lehrt uns aber, daß keine menschliche Klugheit im Stande ist, durch passives Verhalten alle die Listen, Anfälle und Naturhindernisse zu überwinden und unnütz zu machen, welche der angreifende Feind durch schlaues Zögern stets zu seinem Vortheile gebrauchen kann.

4. Schon aus dem Vorigen erhellt es, und ich wiederhole es nochmals, es ist also kein Defensivkrieg nach dem strengsten Sinne des Worts möglich; und wollte man ihn würklich führen, so würde es nur mit dem größten Nachtheile geschehen können. Der sich Vertheidigende muß also stets zur Erreichung seines Zwecks, einen ausweichenden Offensivkrieg führen.

5. Bey diesem Verfahren wird nun dem Vertheidiger die Bewegungskunst immer eben so wichtig, als dem Angreifer seyn, da er nur durch sie größtentheils seinen Zweck, die Verjagung selbst des stärkern Feindes, herbeyführen kann, weil es ihm eben so unmöglich fällt, durch bloße Anwendung der Stellungswissenschaft, das Land zu decken; indem selbst die in dieser Rücksicht vortreflichst gewählte Stellung, gewöhnlich durch feindliche Bewegungen in ihren Flanken umgangen und unnütz gemacht wird, obgleich man bald wieder eine findet, wo es aber eben so geht.

6. Nur

6. Nur wenn wir diese aus der ganzen Wissenschaft immer erweisliche Wahrheit genau betrachten, so erhellt schon ganz der Grundzug unseres Betragens. Nur kommt es jetzt zum Theil mit darauf an, wodurch und wie stark unsere Vertheidigungsfronte gedeckt wird?

7. Was das erstere betrifft, so wird entweder dieser Schutz durch ein Defilee, oder durch eine Kette von Vestungen erhalten. Der zweyte Punkt gründet sich auf die Beschwerlichkeit und Langwierigkeit einer Passage der deckenden Defilees, und auf eine eigene innere Stärke der Vestungen.

8. Bey der Anordnung defensiver Bewegungen, ist es aber deswegen nothwendig auf diese beyde Punkte stets Rücksicht zu nehmen, weil uns der erstere angiebt, welche Gegenden vorzüglich die Anstrengung unserer Kräfte zur Erhaltung erheischen.

9. Der zweyte zeigt uns aber den Zeitraum, in welchem die Würkung dieser Anstrengung nothwendig erfolgen muß, wenn wir den Zweck davon erreichen, und nicht vielleicht unterdessen wieder eben so wichtige Posten in Gefahr bringen wollen.

10. Besteht nun die Grenze aus Defilees, so entstehen doppelte Vortheile zur Deckung. Die erstern bestehen darin, daß man unmittelbar die Ausrückung des Feindes aus den Defilees zu hemmen sucht. Die andern aber, daß der vorrückende Feind nur durch einige Punkte seine Verbindung mit den Ergänzungsquellen der Macht erhält, und von hieraus in auswärtsgehenden Marschlinien operiren muß, welches bekanntlich der größte Vortheil zur Erleichterung unserer Defensive wird.

11. Aus der Stellungswissenschaft haben wir ersehen, daß wenn der Vertheidiger sich der erstern Vortheile will

theilhaftig machen, mehrere, nicht allemal vorhandene, günstige Umstände eintreten müssen.

12. Die Vertheidigungsfronte darf nämlich nicht über eine gewisse Länge betragen, die Schwierigkeit der Defilee-passage muß bis auf einen gewissen Grad gestiegen seyn, man muß stets ganz genau nicht allein die Bewegungen, sondern auch den Zweck des Feindes wissen, wo eigentlich der Ueber- oder Durchgang geschehen soll.

13. Alles dieses ist durch die Unvollkommenheit der irdischen Dinge nicht so pünktlich zu erhalten möglich, als es doch zur Abtreibung des Feindes unumgänglich nöthig ist. Ueberdem wird auch die ganze Sache schon dadurch ungewiß, daß es der Feind ist, welcher die Punkte angiebt, gegen die unsere Kraft gerichtet seyn soll.

14. Ist es daher nicht ungleich besser, diese Punkte selbst zu wählen, sie schon vorher zu kennen? und dies wird vollkommen der Fall seyn, wenn wir die Behauptung der Grenze vorzüglich durch die Benutzung der vorhin angegebenen zweyten Art von Vortheilen, zu erhalten suchen; d. h., wenn wir gegen die Operationslinien und Communicationspunkte des vorrückenden Feindes würken.

15. Hier giebt dann die Natur des Landes, und der einmal angenommene Communicationspunkt des Feindes, fest und bestimmt die Gegend an, welche das Ziel unserer Würkung seyn muß, und wir können daher alles schon vorher in unserer Absicht anordnen.

16. Auch noch der Vortheil ist entscheidend für die Güte des zweyten Verfahrens, daß man bey demselben eine lange Linie als Ziel vor sich hat, in welcher viele Punkte liegen, deren jeder höchst wichtig ist; und bey der unmittelbaren Entgegenwürkung bey der feindlichen Passage, nur ein einziger Zielpunkt unserer Bewegung sich findet, der also wahrschein-

scheinlich immer schwerer zu erreichen seyn wird, als einer unter den vielen im erstern Falle.

17. Da es indessen bey gewissen Gelegenheiten und bey einem vielleicht nicht genug thätigen Feinde immer möglich bleibt, zeitig genug zur unmittelbaren Vertheidigung eines Debouschees anzukommen, überdem fast nie durch die Benutzung dieser Vortheile, die Ausführung der andern ungleich wichtigern beeinträchtigt wird; so muß man auch nichts versäumen, was uns dazu dienlich seyn könnte, man muß alle die Vorsichtsmaaßregeln ebenfalls genau ausüben, welche in der Stellungskunst zu diesem Zwecke, eine schnelle Entdeckung der feindlichen Absicht, eine vorläufige Behauptung des diesseitigen Defileeausgangs, und eine schnelle Bewegbarkeit des Hauptheers nach demselben zu erhalten, angegeben werden.

18. Ist es nun aber nicht möglich, auf diese Art den Feind zurückzuhalten, entweder, weit wir zu spät kamen, oder vom Feinde geschlagen wurden, so sind wir gezwungen, uns zurückzuziehn. Diese retrogade Bewegung muß aber bereits die Grundlage zur leichten Ausführung unseres nun zu folgenden Betragens enthalten, d. h., sie muß unmittelbar und ohne daß es der Feind hindern kann, zu denjenigen Stellungen führen, aus welchen die nun nach einigen Ruhen zu unternehmenden Anfälle auf die feindlichen Operationslinien und Communicationspunkte, am leichtesten geschehen können.

§. 64.

3. Regel. Alle Defensiv-Rückzüge von der Fronte müssen in mehrern Corps geschehen, und stets die Beziehung einer offensiven einwärtsgehenden und den Feind umfassenden Fronte bezwecken.

1. Man kann sich aber in dreyerley Richtungen von einer durchbrochenen Vertheidigungslinie zurückziehen, nämlich entweder in gerader oder paralleler, in konzentrischen und in exzentrischen Linien; es kommt also jetzt darauf an, aus der Betrachtung dieser Methoden, die zweckmäßigste zu erkennen.

2. Bey der erstern Methode läßt sich darin noch ein Unterschied machen, ob nämlich das sich zurückziehende Heer nur ein, oder mehrere Corps formirt. Im erstern Falle findet ein großer Fehler Statt; nämlich, daß man die feindliche Aufmerksamkeit ganz unzertheilt nur gegen einen einzigen Weg lenkt, und zweytens, daß man das Grundgesetz eines Rückzugs, so viel Land als möglich zu decken, hier ganz vernachlässigt; indem der Feind außer dem schmalen Wege, auf welchem wir zurückgehen, Herr des ganzen Terrains zu beyden Seiten desselben bleibt.

3. Durch diese Natureigenschaft eines geraden in ganzer Masse unternommenen Rückzugs, erhält auch der Feind die entscheidendsten Vortheile zur Beunruhigung und Verzögerung dieser Bewegung. Er darf nur von dem in seiner Gewalt befindlichen Flankenterrain des Marschweges, fliegende Corps gegen die Seiten und den Zielpunkt des Marsches aussenden, während ein behutsam dem Feinde nachrückendes Corps seinen Nachtrab stets durch Scharmützel und zerstreuete Angriffe zwackt und aufhält, und dadurch oft den Seitencorps so viel Zeit verschaft, daß diese den Spitzen der sich zurückziehenden Armee vorkommen, sie umziehn, und so das Heer einschließen.

4. Zöge man sich mit dem Heere in mehrere Corps zertheilt, parallel mit der zu verlassenden Vertheidigungsfronte, zurück, so umgeht man zum Theil die obigen Nachtheile, indem des Feindes Aufmerksamkeit getheilt wird, und er es dennoch nicht ohne die größte Gefahr wagen kann, zwischen diese Colonnen vorzugehen. Auf allen Fall wird also nicht allein das Heer, sondern auch das Land besser als vorhin gesichert, denn der Feind muß stets befürchten, daß man sich in seine Flanken wirft, und wird also aus Furcht hiervor, seine Bewegung zügeln.

5. Wenn sich hinter der vom Feinde durchbrochenen Vertheidigungsfronte in der Nähe entweder die Hauptstadt, das Hauptmagazin, oder sonst ein sehr wichtiger Posten befindet, so gerathen die meisten Heerführer auf den Gedanken, die Truppen nun von der zu verlassenden Linie zur Deckung des wichtigen Postens, durch schnelle konzentrische Bewegungen zu vereinigen, und den Feind in irgend einem starken Lager zu erwarten.

6. Hier tritt nun also aus dem Gefühle: man widersteht dem Feinde durch zusammengezogene Macht besser, ein konzentrischer Rückzug ein. Allein nichts ist fehlerhafter als dies. Denn da sich keine der zurückeilenden Colonnen von der andern auf ihren Flanken gedeckt sieht, und das Heer im ganzen, so wie es sich entfernt, immer mehr und mehr Terrain auf seinen Flanken preiß giebt, so steht es dem Feinde auch hier frey alle die Mittel anzuwenden, durch welche er den Rückzug auf einem einzigen Wege beschwerlich und oft verderblich machte.

7. Würde man in solchem Falle bedenken, daß der Feind weit besser zurückgehalten wird, wenn man sich selbst in seine Flanken wirft, und aus einer ängstlichen leidenden Defensive, zu einer feurigen aber behutsamen Offensive gegen seine schwächsten Theile, die Flanken- und Commu-

nicationslinien, übergeht, — so würde man sich nicht seiner kraftvollen Operationsstirne gerade entgegensetzen, sondern sich zur Seite wenden, und ihn ruhig in sein Verderben gehen lassen.

8. Nur in dem einzigen Falle ist ein konzentrirter Rückzug gerade zurück nothwendig, wenn sich hinter der ersten Vertheidigungsfronte ein großes beschwerliches Terrainhinderniß herumzieht, welches nur gerade zurück Durchgänge hat, wenn man sich aber zur Seite zieht, und diese Passage frey läßt, dann dem auf diese Art postirten Heere keinen Rückzug und keine Gemeinschaft mit dem eigenen Lande gestattet.

9. Hier ist es nun unumgänglich nothwendig, nicht allein zur Deckung des Landes, sondern vorzüglich zur Sicherheit des Heers, sich konzentrisch nach dem alles entscheidenden Durchgange zurückzuziehen. Dieser Fall wird aber höchst selten, und nur durch vorhergegangene oder augenblickliche Nachlässigkeit des Feldherrn eintreten.

10. In jeder andern Lage ist es also zweckmäßiger sich nach den Seiten, das heißt exzentrisch, oder aus einer zusammengedrängten Stellung in eine größere diese umgebende zurückzuziehn.

11. Hier wirft man sich schon durch die Natur der Sache gegen die Flanken und die Erhaltungsquellen des Feindes, und tritt also unmittelbar schon selbst während der Bewegung in die Stellung ein, welche die großen entscheidenden Vortheile der Flankenangriffe gestattet, und die den Feind aus Furcht hiervor nothwendig Fesseln in seinen Bewegungen anlegen muß.

12. Hier führen wir nun am zweckmäßigsten die Regel aus, durch mehrere weichende Colonnen, eine Besorgniß dem Feinde für seine Flanken einzuflößen, welche ihn zwingt seine

seine Aufmerksamkeit zu zertheilen. Er darf also nicht in den Bogen vorgehen, den die weichenden Corps formiren, ohne zu befürchten, plötzlich umfaßt und eingeschlossen zu werden.

13. Was übrigens die einwärtsgehende Stellung der Corps, wozu diese exzentrische Bewegung führt, sobald sie stark genug ist, sowohl zur gegenseitigen Vertheidigung und Sicherheit der Heertheile an sich, als auch zur Deckung des Landes beyträgt, ersehen wir aus der Stellungskunst.

14. Auch daraus ersehen wir, die Zweckmäßigkeit der auseinandergehenden Rückzüge, daß, wie wir wissen, alle auswärts spitz vorgehende Offensivoperationen, fehlerhaft und gefährlich, mit einer breiten Grundlinie versehene konzentrische hingegen die vortheilhaftesten sind.

15. Der Schutzkrieg ist das Gegentheil des Angriffs, sind also in diesem letztern konzentrirte Operationen die besten, so sind es die hereinwärts auseinander tretenden, als das Gegenmittel der obigen, eben so in einem Schutzkriege.

16. Besitzt man nun zur Seite desjenigen Passes, wo der Feind das die vordere Fronte bildende Defilee passirt hat, noch einen Durchgang desselben, so ist dies noch mehr ein Grund, die retrogade Bewegung exzentrisch, und zum Theil mit nach dieser Passage hin zu machen. Denn nun befindet man sich in der Lage diesen Durchgang auf die vortheilhafteste Art benutzen zu können.

17. Dies geschieht nämlich, indem man plötzlich Heerhaufen durch denselben detaschirt, dem Feind so noch mehr umklammert, und seine Communications- und Erhaltungswege selbst innerhalb seiner Grenze zu durchschneiden drohet, welches, wenn es glückt, nothwendig seinen Untergang herbeyführen kann.

18. Auf

18. Auf denselben Grundsätzen beruht die Würkung der Bewegung mit dem ganzen Hauptcorps auf die feindliche Seite des Defilees, indem man dem Feinde gerade entgegen nur ein ihn stets observirendes, und wiederholte kleine Angriffe unterhaltendes mäßiges Corps setzt, während die Hauptmacht durch die Stellung in seiner Flanke, gegen die Quellen seiner Fortdauer agirt.

19. Dies, freylich wenn es glückt, entscheidende Mittel, das gewissermaaßen schon eine Art von Diversion ist, läßt sich indessen nur dann anwenden, wenn unsere eigene Communications- und Erhaltungslinien, und die dem Feinde gerade entgegenliegenden Hauptpunkte der zweyten Vertheidigungsfronte, eine solche Deckung haben, die uns ihre Behauptung bis zum Eintritt der entscheidenden Würkung unserer Operation, völlig sichert.

§. 65.

4. Regel. Sobald sich auf der Operationslinie des Feindes eine Schwäche zeigt, so muß der Vertheidiger dieselbe sogleich durch eine vorgehende, die feindliche Flanke durchbrechende Bewegung benutzen. Dies ist besonders zur Erhaltung der Vestungsketten nöthig.

1. Bis jetzt haben wir die Bewegungen zur Vertheidigung einer durch Defilees gebildeten Vertheidigungsfronte betrachtet, jetzt müssen wir auch die betrachten, welche zur Behauptung einer Vestungskette geschehen sollen. Erhalten wir hier die Vestungen, die vielleicht selbst noch durch ein Defilee verbunden sind, so decken wir auch das Land.

2. Eine Vestung wird aber entweder durch eine gegen den zu ihrer Belagerung anrückenden Feind gewonnene Schlacht, die nun seine Kräfte niederwirft, oder durch einen Entsatz, d. h., wenn man den Feind von der bereits begonnenen Belagerung wegschlägt, oder endlich durch eine Diver-

Diversion gegen seine Magazine und die von da zu ihm laufenden Erhaltungswege, behauptet.

3. Durch diese drey nämlichen Mittel behaupten wir aber überhaupt einen Paß oder andern Posten in der Vertheidigungslinie. Sehen wir daher die Vestungen als vom Feinde bedrohete Pässe des die Fronte bildenden Defilees an, von welchen wir den Feind wieder verjagen wollen; so findet zur Erhaltung der Vestungen alles das nämliche statt, was in den letztern Paragraphen zur Behauptung eines Defilees gesagt ist.

4. Da nun überdem ein hitziges allgemeines Gefecht stets ungewiß ist, und man dabey alle vielleicht sonst noch anzuwendende Streitkräfte aufs Spiel setzt; so folgt hieraus und aus dem bisher Gesagten, daß es der Natur des jetzigen Krieges angemessen sey, die Magazine und Zufuhrlinien des Feindes bey allen Bewegungen und Operationen, und vorzüglich im Defensivkriege, mehr als sein Heer selbst zum Gegenstande zu machen.

5. Die neuern Heere tragen nicht so wie die der alten die Quellen zu ihrer Fortdauer in sich selbst mit herum, sondern diese liegen außerhalb denselben und oft ohne daß sie große Sicherheit besitzen.

6. Die Magazine sind also das Herz, durch dessen Verletzung man den zusammengesetzten Menschen, die Armee, zerstört. Die Zufuhrlinien sind die Muskeln, durch deren Abschneidung der militairische Körper oft tödlich gelähmt wird.

7. Da diese nun von der Seite und von hinten kommen, so folgt, daß Flanken und Rücken der Gegenstand der Operationen seyn müssen, und dies sowohl im Angriffs- als Vertheidigungskriege. Frontalgefechte müssen daher vermieden werden.

8. Es

8. Es zeigt sich bald, daß alle Parallelmärsche, alle Parallelstellungen unnütz werden, um dem Feinde einen Damm entgegen zu setzen. Vorzüglich wenn der Feind überlegen ist, so wird er durch Detaschiren jede einzelne Stellung leicht umgehen können.

9. Hieraus folgt also nochmals, daß man eigentlich nie ganz passiv bleiben, sondern sich sobald als möglich wieder in den Trutzkrieg versetzen müsse, indem man die Spitzen der feindlichen Operation nur observirt und beschäftigt, während man sich mit der Hauptmacht in die Flanken gegen die Magazine und Subsistenzlinien des Feindes vorwirft, denen man sich gewissermaßen nur zu nahen braucht, um sie unbrauchbar, und also die feindliche Streitkraft erlahmend zu machen.

Die strategische Gefechtsanwendung.

In zwey Abschnitten.

Zweyten Theils Erster Band.

Dritte Abtheilung.

Inhalt.

Die
Lehre von dem Gebrauche des Gefechts.

Erster Abschnitt.

Grundsätze um das Gefecht zu liefern.

I. Hauptgrundsatz. Man darf das Gefecht als letztes aber schnell entscheidendes Mittel zur Erreichung eines Zwecks nur dann liefern, wenn die Vortheile des Sieges nicht schwer zu erhalten sind, und die Nachtheile der Niederlage völlig überwiegen.

A. Grundsatz. Jedes Treffen, von dem man sich einen glücklichen Ausgang versprechen will, muß in Rücksicht aller dazu beytragenden Würkungen gehörig vorbereitet seyn.

§. 1.

a. Lehrsatz. Das Gefecht muß freywillig, offensiv und nicht durch den Feind von uns erzwungen seyn.

1. Wir haben bereits bey den beyden vorigen Abtheilungen gesehen, daß eine Stellung oder ein Marsch sehr wohl, und der nöthigen Sicherheit der Truppen gemäß, an-

geordnet seyn kann, ohne in Rücksicht der Erreichung des Kriegszwecks und der Deckung des Landes zweckmäßig zu seyn. — Derselbe Fall ist es nun mit einem Gefechte. Denn dies kann an und für sich eine sehr gute Disposition besitzen, ohne gerade zur Führung des Kriegs weder nothwendig noch vortheilhaft zu seyn.

2. Hier kommt es nun darauf an die kriegerischen Lagen näher anzugeben, wo ein Gefecht entweder nöthig oder zweckwidrig ist, damit man ferner die Gelegenheit und Mittel erkenne, durch deren Anwendung und Benutzung man in den Stand gesetzt wird, das beschlossene Gefecht auf das vortheilhafteste zu liefern, oder sich zu dem auszuweichenden Gefechte nicht gegen seinen Willen zwingen zu lassen.

3. Eben so ist es auch nicht gleichgültig, was das Heer unmittelbar nach gelieferter Schlacht, sie mag nun gewonnen oder verloren seyn, zur fernern Erreichung des Kriegeszwecks und der Landesdeckung vornimmt, obgleich dies alles sehr wohl zur unmittelbaren Sicherheit des Heers sehr zweckmäßig seyn kann.

4. Aus diesen Betrachtungen folgt nun, daß die Lehre von der Anwendung des Gefechts zur Erreichung des Kriegszwecks in die beyden Hauptabtheilungen zerfällt:

a. Von den Ursachen zur Lieferung eines Gefechts.

b. Von den Ursachen zur Vermeidung eines Gefechts.

5. Die erste dieser beyden Abtheilungen, von welcher dieser erste Abschnitt handelt, zerfällt nun in folgende Unterabtheilungen:

a. Unter welchen Umständen eine Schlacht zu suchen ist.

b. Welche Mittel den Feind zur Schlacht zwingen.

6. Der zweyte Abschnitt, der von den Gründen zur Vermeidung des Gefechts handelt, zerfällt in folgende Unterabtheilungen:

a. Un-

a. Unter welchen Umständen das Gefecht zu vermeiden ist.

b. Welche Mittel zur Erlangung dieses Zwecks die würksamsten sind.

7. Bevor wir nun zu der Abhandlung dieser verschiedenen Sätze übergehen, ist es nothwendig erst einige allgemeine Grundsätze über den Gebrauch des Gefechts vorangehen zu lassen.

a. Ein Gefecht bringt alle Streitkräfte der dabey gegenwärtigen Truppen in eine Thätigkeit, die zwar auf den Untergang des Feindes abzweckt, aber in ihren Folgen so ungewiß ist, daß oft unser eigener Ruin, wo nicht daraus unmittelbar erwächst, doch stets zu befürchten bleibt.

b. Sind aber diese Kräfte des Heers oder die Mittel zur Erreichung des Kriegeszwecks überwunden, und vom Feinde für einen großen Theil der Folgezeit unwürksam gemacht, so fällt nicht allein die Erreichung offensiver Absichten unmöglich, sondern selbst die Beschützung des eigenen Landes ist den größten Schwierigkeiten unterworfen, und in mehrern Fällen ebenfalls nicht thunlich.

c. Hieraus folgt also, daß im Ganzen genommen diese Lage, worin die Kräfte des Heers so sehr in Gefahr einer gänzlichen Auflösung kommen, d. h., ein allgemeines entscheidendes Gefecht, so viel als möglich umgangen werden muß.

d. Also nur dann, wenn zur Ausführung unsers Plans, der zugleich nach den Umständen am vortheilhaftesten und nothwendigsten seyn muß, ein Gefecht unumgänglich nöthig, und kein einziges anderes Mittel übrig bleibt, darf man zu einer solchen gefährlichen Ausflucht schreiten, obgleich bey den mehrsten Feldherrn gerade ein Treffen das erste Mittel ist, welches sie zur Erreichung ihres Zwecks ausüben.

e. Ist man nicht in diese äußerste Nothwendigkeit gesetzt, aus Mangel anderer Mittel zur Lieferung eines Gefechts zu schreiten, sondern man will es nur als einen Schlüssel zu den Pforten des Sieges gebrauchen, der uns diese um so glänzender öffnet; so müssen uns zu diesem Entschlusse Gründe leiten, die auf unserer Seite überwiegende Vortheile zeigen, und die Niederlage des Feindes so gewiß vorher sagen, als es bey menschlicher Klugheit möglich ist.

8. Aus allem diesen folgt nun der allgemeine Grundsatz, daß man nur dann ein Treffen liefern darf, wenn vorher zu sehen ist, daß bey dem Gewinnst desselben viel gewonnen, und bey dem Verluste nach Verhältniß, nicht allein des Gewinnstes, sondern vorzüglich der Mittel zur fernern vortheilhaften Führung des Kriegs, wenig vorloren werden kann.

9. Ein Feldherr darf sich daher nie zu einer Schlacht zwingen lassen, und wenn er sich dazu entschließt, so muß er die Absicht haben, das Menschenblut viel mehr zu schonen, als dasselbe zu vergießen, vielmehr die Rechte und Ehre seines Vaterlandes aufrecht zu erhalten, als die Menschheit zu kränken.

10. Weder das Murren des Heers und der Welt, noch die Furcht vor dem Feinde wegen Mangel an Muth, verachtet zu werden, dürfen für den Feldherrn Gründe seyn, sich in ein Treffen einzulassen, dessen Nachtheil er vorher sieht.

11. Führt ein Feldherr seinen Feldzug mit Weisheit, so wird er sich nicht gleich durch eine schmeichelhafte Hoffnung verführen lassen, wenigstens wird er warten, bis er den Feind durch seine vorher schon berechneten Manövers zwingen kann, die ein Heer hat, welches ein anderes in einem vortheilhaften Posten anzugreifen genöthigt ist.

§. 2.

§. 2.

b. Lehrsatz. Die entscheidenden Posten der eigenen Vertheidigungsfronte müssen in gehörige Sicherheit gesetzt, das Schlachtfeld und die Schlachtordnung müssen zur besten Benutzung der feindlichen Schwächen und der günstigen Folgen des Gefechts zur schnellen Ausführung des Feldzugsplans gewählt werden.

1. Bevor man zur Lieferung der Schlacht schreitet, ist es nothwendig alle Mittel vorzukehren, welche uns eine vollkommene, oder wenigstens eine hinlängliche Sicherheit verstatten, sobald die Schlacht unglücklich ablaufen sollte.

2. Zu diesen Vorkehrungen gehört vorzüglich eine vollkommene Versorgung der festen Posten in der Vertheidigungslinie mit allen Bedürfnissen, die eine feindliche Eroberung derselben verhindern können. Ferner eine Anordnung, welche den geschlagenen Truppen in denjenigen Posten, die zu ihren Rückzugspunkten bestimmt sind, sogleich wieder eine feste Verbindung giebt, um fernere planmäßige Gegenwehr zu führen.

3. Wenn der Regent des Staats bey seinem Heere gegenwärtig ist, so thut er in den mehrsten Fällen am besten, wenn er sich davon entfernt oder wenigstens an einen Ort begiebt, wo die Gefahr für ihn nicht groß ist. Denn wird der Fürst gefangen, so muß man dem Feinde, selbst wenn er bisher der Besiegte seyn sollte, einen Frieden zugestehen, wie er ihn vorschreibt.

4. Wollte man während der Gefangenschaft des Regenten den Krieg noch fortführen, so würde meistens das Unglück noch größer werden, indem die Unordnung bey der nun folgenden Interimsregierung gewiß zunimmt. Ja würklich der Verlust einer Schlacht ist selbst nicht so nachtheilig für ein Land, als die Gefangenschaft seines Fürsten.

5. Müßte der Fürst etwa besorgen, er werde nach erlittener Niederlage weder die Ueberbleibsel des Heers retten, noch sein Reich behaupten können, so muß er sich vor und während der Schlacht freylich zeigen, und die Truppen

durch Zureden, hauptsächlich aber durch eigenes Beyspiel zur Tapferkeit aufmuntern.

6. Nichts macht freylich dem Soldaten mehr Muth, als wenn er seinen König an der Spitze des Heers erblickt, doch wie gesagt, es kommt hier auf die Umstände an. Eben so ist es nothwendig, wenn die Schlacht vielleicht dem ganzen Kriege den Ausschlag geben könnte, das Heer mit allen Besatzungen zu verstärken, die man nur entbehren kann.

7. In diesem Falle ist es aber auch nothwendig, daß man von der Treue der Einwohner vollkommen überzeugt sey, und diese im Stande sind einen plötzlichen Ueberfall abzuwehren. Denn außerdem würde der Feind die leeren Vestungen und Pässe wegnehmen, und die Schlacht bis auf eine andere Gelegenheit versparen.

8. Den Ort, wo wir das Treffen zu liefern gedenken, muß man in derjenigen Gegend wählen, und den Feind dahin zu locken suchen, wo die fernere Führung des Kriegs am entscheidendsten wird, d. h., wo man am schnellsten und zweckmäßigsten die feindlichen Vertheidigungspositionen umgehen, unnütz machen, den eigenen Magazinen und wichtigen Posten, durch diese Entfernung des Feindes, die kräftigste Deckung ertheilen, und den Weg so wie die Stellung zu den fernern Operationen am besten sichern kann.

9. Aus diesem Grunde muß man stets suchen die Schlachtordnung des angreifenden Heers so zu wenden, daß sich dasselbe zwischen der einen Flanke der feindlichen Armee, und derjenigen Gegend befindet, in der die fernern Offensivoperationen geschehen sollen. Denn durch diese Stellung zwingt man den geschlagenen Feind, sich nach der andern Seite hin zurückzuziehen, und also diejenige unbedeckt zu lassen, wo der fernere Angriff geschehen soll.

§. 3.

§. 3.

c. Lehrsatz. Wenn die Sperrung des Rückzugs den Sieg befördern soll, so darf man dieses Mittel nur dann anwenden, wenn überdies der Rückzug schwer ist, und der Gedanke seiner Möglichkeit nur die Truppen verwirrt, auch sind alle Mittel des Aberglaubens anzuwenden, die den Muth ungebildeter Leute erhöhen.

1. Es wird oft für ein entscheidendes Mittel gehalten den Muth des Heers zu vergrößern, wenn man demselben den Rückzug abschneidet. Allein es ist nicht nur manches Heer dennoch geschlagen, obgleich ihm nicht der geringste Weg zur Flucht offen stand, sondern es läßt sich auch durch kein einziges Beyspiel erweisen, man könne ein gänzlich zu Grunde gerichtetes Heer eben sowohl organisiren, als ein anderes, das nur in Unordnung und zum Weichen gebracht wurde.

2. Es ist daher höchst unweise gehandelt, den Rückzug selbst zu hemmen. Das unordentlichste Heer kann man doch noch wieder durch unzählige Mittel muthig machen und zu etwas gebrauchen. Bey einer vernichteten Armee ist dies aber nicht möglich. Es giebt überdies Nationen, die durch Unglücksfälle desto mehr zur Rache und zum Widerstande gereizt werden.

3. Vielleicht ist es in dem Falle gut den Rückweg gänzlich zu sperren, wenn nur ein sehr schmaler Paß die Flucht eines sehr geringen Theils der Armee gestattete. Denn der Nutzen, der die Rettung dieser wenigen Mannschaft gewähren soll, kommt bey weitem dem Nachtheile nicht gleich, der aus der Unentschlossenheit des ganzen Heers entstehen würde, wenn es das eine Auge auf den Feind, das andere aber nach dem Passe gerichtet hätte.

4. Uebertrafen die Vortheile des Sieges die Nachtheile der Niederlage in einem sehr hohen Grade; oder kann die Regierung einem geschlagenen Heere nicht wieder zu Hülfe kommen; sollte das Gerücht einer Niederlage das Land zum Aufstande bringen; oder endlich wenn man noch keinen

festen Platz besitzt, durch den die Truppen und ihre Magazine gedeckt würden; so sind dies alles Fälle, in denen der Mangel des Rückzugsweges oft auch nützlich seyn kann.

5. Indessen könnte es vielleicht auch die Truppen verdrießen, daß man durch eine Sperrung der Flucht Mangel des Zutrauens in ihre Tapferkeit zeigt. Es ist daher nützlich die Sache so anzustellen, als wenn sie von einem bloßen Zufalle herrührt.

6. Man läßt daher aussprengen, die Feinde hätten einen gewissen Paß besetzt, welcher den Rückweg unmöglich mache; die Commandanten der Vestungen hätten aus Mangel der Lebensmittel, erklärt, daß sie jedem Flüchtlinge die Thore verschließen müßten; oder die Einwohner würden das Gewehr gegen die fliehenden Truppen ergreifen, u. s. w.

7. Kann man die Saldaten bereden, der Rückzug sey abgeschnitten, so wird die Würkung in Rücksicht ihrer Tapferkeit eben so seyn, als wenn dies würklich geschehen wäre. Der Vortheil ist aber auf jeden Fall bey dem erstern Verfahren; denn die Flucht mag so schlecht seyn als sie will, so rettet sie doch wenigstens irgend einen Theil der Truppen. Ist daher die Ausführung dieses Mittels möglich, so zieht man es stets dem andern vor.

8. Der gemeine Mann pflegt genau Achtung darauf zu geben, was für ein Wesen sein Feldherr an sich zeige; sieht er ihn unbekümmert, so schließt er daraus einen glücklichen Ausgang des Treffens; aus einem finstern Gesicht prophezeiht er lauter Unglück. Sollte sich daher kurz vor dem Treffen ein unvermutheter Zufall ereignen, aus dem der dumme Soldat eine übele Vorbedeutung schöpfte, so muß man diese durch eine kluge Auslegung zu unserm Vortheil wenden.

9. Ist das Heer sehr abergläubisch, und sollte also eine kluge Wendung des Zufalls nicht hinlänglich seyn, es zu seinem gewöhnlichen Muthe zurückzubringen, so wäre es eine mißliche Sache, wenn man dem ungeachtet ein Treffen wagen wollte. Ereignet sich aber im Gegentheil etwas,

was, das einer günstigen Auslegung fähig ist, so muß man es dem Soldaten sogleich zu wissen thun, wenn er etwa nicht Achtung darauf gegeben hätte.

10. Einige Feldherrn warteten nicht einmal so lange, bis ihnen der Zufall günstig war, sondern sie veranstalteten selbst solche Begebenheiten. Dies muß indessen mit einer ganz besondern Klugheit und einer steten Verschwiegenheit derjenigen Personen geschehen, die zur Ausführung gebraucht werden.

11. Es geschieht zwar selten, doch ist es möglich, daß kurz vor dem Treffen ganze Schlachthaufen zum Feinde übergehen. Sollte dies nun geschehen, so muß man vorgeben, diese Truppen wären auf ausdrücklichen Befehl des Feldherrn zum Feinde übergegangen, damit sie ihn während des Gefechts anfallen und in Unordnung bringen sollen. Glauben dies nun die Feinde, so werden sie den Ueberläufern nicht trauen, noch sie mit ins Gefecht nehmen; gesetzt aber sie thäten es, so werden die eigenen Truppen nur desto muthiger ins Treffen gehen.

12. Ist es einmal nothwendig eine Schlacht zu liefern, so ist es besser anzugreifen als den Angriff zu erwarten. Der Soldat bekommt um so größern Muth, der Feind aber verliert ihn ganz, oder doch zum Theil. Denn wenn seine Soldaten uns gegen sich anrücken sehen, so denken sie, wir müssen ihnen unfehlbar überlegen seyn.

13. Rücken die Truppen stets weiter, so kommen sie von den Sterbenden und Verwundeten weg. Es macht dem Gesunden warlich keinen sonderlichen Muth, wenn er seine Freunde und Bekannten in dem kläglichsten Zustande von der Welt erblickt.

14. Besitzt man aber eine sehr vortheilhafte Stellung, bey deren Verlassung man sich der feindlichen Macht gänzlich in die Hände giebt, oder wenn die feindliche Nation nicht anders als stehenden Fußes zu fechten pflegt, auch wenn un-

unsere Leute geschickter sind einen Angriff auszuhalten, als ihn selbst zu thun; so muß man das Treffen, wenigstens im Anfange stehenden Fußes annehmen.

B. Grundsatz. Es muß immer nur die Erreichung eines Zwecks, der den allgemeinen Kriegesplan begünstiget, der Grund zur Lieferung einer Schlacht seyn.

§. 4.

a. Lehrsatz. Es ist nothwendig eine Schlacht zu liefern, wenn auf keine andere Art ein sehr nöthiges Unternehmen nicht auszuführen steht.

1. Regel. Wenn durch eine Schlacht ein Posten entsetzt werden soll, so muß die Belagerung erst den Feind geschwächt haben; soll aber die Schlacht den Weg zu einer Belagerung bahnen, so ist sie schnell und früher zu unternehmen, als sich der Feind recht verstärkt hat.

1. Die Gründe zu Lieferung einer Schlacht lassen sich allgemein in zwey Abtheilungen zerlegen; nämlich

a. Um ein gewisses Unternehmen auszuführen.

b. Um das Heer aus einer nachtheiligen Lage zu ziehen. Nach dieser Eintheilung wollen wir nun diesen Abschnitt durchgehen.

2. Die Unternehmungen, deren Ausführung durch eine gewonnene Schlacht entweder mehr gedeckt oder beschleunigt werden, sind:

a. Einen wichtigen Posten zu entsetzen.

b. Zur Belagerung eines dergleichen feindlichen zu gelangen.

c. Eine angefangene Belagerung zu decken.

d. Den Feind aus einem Posten oder einer Vertheidigungsfronte zu vertreiben, um in sein Land eindringen zu können.

e. Den

e. Den Gegner von einem solchen Vorsatz abzuhalten.

f. Dem Feinde Bundesgenossen zu entreißen.

g. Sich solche zu verschaffen.

h. Die Vereinigung zweyer Armeen zu bewürken.

i. Die Vereinigung zweyer Armeen zu hintertreiben.

3. In allen diesen Fällen kommt es nun darauf an, daß die Schlacht an derjenigen Stelle und unter solchen Umständen geliefert wird, welche für die Folge die mehrsten Vortheile gewähren. — Liefert man aus der ersten Absicht eine Schlacht, so muß man suchen den Feind vorher durch Bewegungen und stete Beunruhigung seiner Flanken, so nahe als möglich an den zu entsetzenden Posten heranzudrängen.

4. Ferner muß man den Posten von dem bevorstehenden Entsatze benachrichtigen, damit von da aus dem Feinde plötzlich ein Angriff im Rücken unternommen wird, wenn er zugleich von vorne angegriffen ist.

5. Um die Würkung dieses Rückenangriffs so viel als möglich entscheidend zu machen, so theilt man noch vor dem Anfange der Schlacht gleich einen Theil der Truppen zu einem fliegenden Corps ab, dessen Zweck nur einzig dahin geht, sich mit den ausfallenden Truppen zu vereinigen, und nun unter dem Schutze des Platzes eine Stellung in dem Rücken des Feindes zu nehmen, welche seinen Rückweg wo nicht gänzlich versperrt, doch wenigstens sehr gefährlich macht.

6. Der Grund, warum man übrigens die Schlacht so nahe als möglich an dem eingeschlossenen Posten liefern muß, ist der, weil der Feind dann um so weniger Terrain besitzt uns eine neue Stellung entgegen setzen zu können, und sich bey seiner Niederlage, die durch die ausfallenden bisher eingeschlossenen Truppen um so entscheidender werden kann, die Unordnung gewöhnlich dem Corps seines Heers mittheilt, welches den Posten eingeschlossen hält, so daß nun alles in einem

einem Haufen davon flieht, und wahrscheinlich alle Belagerungswerkzeuge, so wie die ganze Bagage preiß zu geben gezwungen wird.

7. Will ein Heer durch eine Schlacht den belagerten Posten entsetzen, so muß es dem Feinde so lange ausweichen, bis er endlich gezwungen wird, sein Heer zu theilen, oder mit demselben ganz zur Führung der Belagerung sich nach dem Posten zu ziehen.

8. Nun aber ist es Zeit, damit sich der Feind nicht zu sehr in seinem Posten befestige, zum Angriff zu schreiten, und zwar auf derjenigen Seite, wo dem Feinde der Rückzug am leichtesten zu hindern, oder die Eröffnung der Communication mit den eingeschlossenen Truppen am schnellsten zu erhalten ist.

9. Wenn also ein Platz durch die Lieferung einer Schlacht erhalten werden soll, so scheint es in den meisten Fällen, in Rücksicht der Natur der Sache selbst vortheilhafter zu seyn, wenn man diese Schlacht nicht vor dem Anfange der Belagerung, wo der Feind noch alle seine Kräfte beysammen hat, und ihm nichts gewünschteres kommen kann, als eben dies, anbietet; sondern im Gegentheil sich bis in die Mitte der Belagerung durch starke Läger und wohl verbundene Vertheidigungslinien dagegen sicher stellt, und nun den Feind plötzlich damit überrascht, ihn vielleicht gar überfällt.

10. Soll nun aber eine Armee deswegen eine Schlacht liefern, um zur Belagerung eines Platzes gelangen zu können, so ist ihre erste Pflicht, diese Operation so schnell als möglich zu betreiben; denn nicht zu gedenken, daß sich sonst der Feind immer mehr festsetzt, und die Erreichung der Absicht stets beschwerlicher macht, so verstreicht auch die Zeit, welches für den Feind der größte Gewinn ist; denn zur Führung einer Belagerung ist nicht jeder Theil des Jahrs bequem, und ist einmal die schlimme Witterung eingetreten, so hilft der Sieg nichts, indem die bezweckte Benutzung desselben größtentheils unmöglich wird.

11. Eine in dieser Absicht gelieferte Schlacht muß in einer solchen Gegend unternommen werden, daß der Sieg uns unmittelbar in den Besitz derjenigen Posten setzt, welche nicht allein zur Formirung der Einschließung, sondern auch zur Besitznahme einer Linie von Positionen nöthig sind, durch deren Behauptung in der Folge das Heer die Fortsetzung der Belagerung sichert.

§. 5.

2. Regel. Soll durch eine Schlacht eine Fronte behauptet werden, so ist sie nur dann zu liefern, wenn dadurch nicht dem Feinde ein entscheidender Vortheil gegeben wird, als der uns selbst aus dem Siege entspringen kann. Hiergegen muß entweder die unmittelbare Folge des Sieges oder die Bewegungen einer schon auf diesen Fall angeordneten Reserve sichern.

1. Wenn man durch eine Schlacht eine angefangene Belagerung decken, oder den Feind verhindern will, daß er nicht in unser Land eindringe, so ist der Zweck einerley; man will nämlich eine gewisse Vertheidigungsfronte behaupten. Aus dieser Gleichheit des Zwecks folgt also auch die Gleichheit des Betragens in Rücksicht dieses Zwecks.

2. Da man nun aber bey der Führung einer Defensive vorzüglich alle mögliche Mittel anwenden muß, um die Streitkräfte des Heers zu erhalten, so folgt hieraus, daß die Vermeidung der Schlachten und entscheidenden Gefechte vorzüglich Gesetz für denjenigen ist, der durch die Behauptung einer gewissen Linie seine Absicht erreicht.

3. Indessen giebt es bey solchen Fällen doch Gelegenheiten, wo der Feldherr nicht die Wahl hat die Schlacht anzunehmen oder zu verwerfen. Denn, wenn er sich auch stets durch vortheilhaft gelegene starke Posten so gedeckt sieht, daß der Feind es bisher nicht wagen durfte ihn darin anzugreifen, und die Vertheidigungsfronte zu durchbrechen; so kann doch durch die mancherley Bewegungen eine solche Lage entstehen, daß der Feind nur noch einen Schritt zu thun braucht,

braucht, um die Schlüssel zu den Positionen in seinen Händen zu sehen, deren Behauptung die Sicherheit unserer Belagerung oder unseres zurückliegenden Landes gewährte.

4. Hier ist dann die Verwickelung der Sachen auf einen solchen Grad gestiegen, daß man sie, um sich herauszufinden, nicht auflösen, sondern zerhauen muß. Eine Schlacht wird daher jetzt das einzige Rettungsmittel.

5. Diese Schlacht muß aber so viel als möglich in die Länge gezogen, so wie in den meisten Fällen angreifend geliefert, und wo möglich in mehrere kurz aufeinander folgende Treffen zerschnitten werden, während man stets eine muthige und hinlänglich starke Reserve versteckt bereit hält.

6. Bey diesem Verfahren gewinnen wir Zeit, können wahrscheinlich den Ausgang des Gefechts vorher sehen, die Abführung des Belagerungsgeschützes, oder die Aufnahme des Heers in rückwärtsliegenden Posten anordnen, und die plötzlich eintretenden günstigen Zufälle von der Reserve so benutzen lassen, daß eine gänzliche Niederlage des Feindes, oder im Fall eines Unglücks, doch wenigstens ein sicherer Rückzug erhalten wird.

7. Oft sucht der Feind uns bey solchen Gelegenheiten an einem Orte zur Schlacht zu nöthigen, ohne daß es gerade seine Hauptabsicht ist, uns hier durch eine Niederlage zur fernern Vertheidigung unfähig zu machen. Sein vorzügliches Augenmerk geht vielleicht nur dahin, wie er durch diesen Angriff unsere Armee an einem Orte versammelt und in Aufmerksamkeit erhält, während eine verdeckt schleunig fortrückende Colonne seines Heers unterdessen einen Posten zu gewinnen sucht, dessen Verlust unsern schleunigen Rückzug und die Aufhebung der Belagerung nach sich zieht.

8. Hier ist es nun bey mangelnder genauer Kenntniß des Terrains, und der daraus fließenden Vertheidigungsfähigkeit des Heers längst der ganzen Vertheidigungslinie, sehr schwer die wahre Absicht des Feindes sogleich zu errathen, und ihr zweckmäßig entgegen zu streben, ohne bey der nun vielleicht nöthigen Bewegung des Heers die Sicher-

Sicherheit und die Fortdauer desselben auf das Spiel zu setzen.

9. Hat man aber den Entwurf zur Deckung der ganzen Unternehmung genau und in seinem ganzen Umfange überdacht, so wird es auch immer möglich seyn, sich noch zu retten, wenn sonst unsere Kräfte den Umständen angemessen sind.

10. Hier bleibt uns dann die Wahl zwischen zwey Mitteln. Das erste ist schnell mit dem Heere nach denjenigen Posten zurückzueilen, welche bedroht werden, und in denen die verschiedenen Bänder des ganzen Vertheidigungssystems zusammenlaufen, um hier die Schlacht zu erwarten.

11. Das zweyte Mittel besteht darin, daß man mit einer unwiderstehlichen Gewalt, über das uns angreifende Heer herfällt, und durch seine Niederlage die feindliche Colonne, wegen der zu dringenden Gefahr, welche ihrem eigenen Lande droht, zum Rückzuge zwingt; oder durch den Rückzug des feindlichen Heers nun die Freyheit erhält, plötzlich einen Posten in Besitz zu nehmen, der uns vollkommene Sicherheit gewährt, die vorgerückte feindliche Colonne aber gänzlich abschneidet, so daß es leicht wird, sie nun völlig zu zernichten.

12. Will man das erstere Mittel anwenden, so gehört viel Tapferkeit und Kunst dazu, sich ohne großen Verlust den wüthenden Angriffen des so nahen und nachsetzenden Feindes, zeitig und kraftvoll genug zu entziehen, um mit wahrscheinlichem Glücke die neu erreichten und entscheidenden Posten zu behaupten. Hier kommt es dann darauf an den Feind eben so, wie er es mit uns beabsichtigt, zu überlisten und mit einem hinlänglichen Corps einen Vorsprung zu gewinnen.

13. Ist es möglich, und die Vortheile des besetzten Schlachtfeldes oder die Stärke des Heers erlauben es, das zweyte Treffen oder eine starke Reserve nach den bedroheten Posten zurückzusenden, während die übrigen Theile der Armee bis in die Nacht zögern und ihren Rückzug vorsichtig fortsezzen, um dann desto schneller dem vorausgegangenen Corps nach-

nachzueilen, und dennoch das gefährliche Nachsetzen des Feindes soviel als möglich unschädlich zu machen; so ist dies freylich die beste Entschließung und der sicherste Weg zur Erreichung der bedroheten, unsere Behauptung in der besetzten Vertheidigungsfronte entscheidenden Posten.

14. Aber wie gesagt, hierzu gehört eine sehr vortheilhafte durch wenig Kraft zu vertheidigende Position, und die überdies einen so vollkommen gut gedeckten Rückzug nach den entscheidenden Punkten hat, daß der Feind denselben, wenigstens bis zum andern Morgen, nicht abschneiden kann.

15. Drängt aber der Feind zu stark, ist es unmöglich mit einer zur vorläufigen Besetzung der entscheidenden Punkte hinlänglichen Kraft der schnell fortrückenden feindlichen Colonne zuvorzukommen, bietet endlich die Gegend, in der uns der Feind anfiel, keine überwiegende Vortheile zur Vertheidigung und zur Deckung des Rückzugs dar; so ist die Lage noch gefahrvoller, und hier muß man dann nicht lange zaudern, durch einen Streich, der sonst tollkühn und wahrscheinlich ohne große Vortheile seyn würde, das Geschick zu unserm Vortheil zu wenden, und dem Feinde mit einem Schlage seine Hofnungen zum nahen Durchbruch unserer Linie zu rauben.

16. Jetzt sendet man nun so schnell als möglich leichte Corps ab, um der nach unserm Rücken, oder auf unserm Flügel fortrückenden feindlichen Colonne plötzlich in die Flanke zu fallen, wo möglich ihre Tete zu umziehn, und ihre Geschwindigkeit zu zügeln, während man durch Kouriere Ordre an alle zurückstehende Truppen schickt, alles was sie irgend an Leuten entbehren können, so schleunig als möglich nach den entscheidenden Posten zu senden, und im Nothfall selbst dahin zu rücken, wenn etwa der Abzug eines Belagerungstrains gedeckt werden muß.

17. Unterdessen dies geschieht, wird bey dem Hauptheere ein Reservecorps abgetheilt, das zur Behauptung des Rückzugswegs dienen soll, und mit der übrigen Armee fällt man nun den Feind plötzlich und wo möglich auf den Flügeln

geln mit einem so überwiegenden Choc an, daß man ihn, ohne daß er sich zu fassen vermag, von den Stützpunkten seiner Flanken, und den Communicationsposten der detaschirten Colonne wegstößt.

18. Den Augenblick, wo er weicht, benutzt man, das Heer drängt sich zwischen den Feind und den Weg seiner detaschirten Colonne, und während die bis jetzt ruhig gebliebene Reserve nun den Verband mit dem Rückzugswege deckt, und ein zweytes Detaschement aus der zweyten Linie in den Weg eilt, welcher der feindlichen Colonne Verbindung mit ihrem Heere gab, sucht der vorrückende Flügel unserer Armee die Ueberflügelung fortzusetzen, und den Feind gänzlich zur Flucht zu bringen, worauf das Reservecorps ihn nun von einer andern Seite preßt, und die Niederlage entscheidend zu machen sucht.

19. Aus dem Bisherigen ersehen wir, daß hier vorzüglich der glückliche Erfolg von einer plötzlichen Ueberraschung der feindlichen Flügel zu erwarten ist. Ferner, daß die Lieferung dieser Schlacht gewissermaaßen das letzte, indessen sind die Umstände günstig, oft zu unserm höchsten Vortheil, und zugleich das entscheidendste Rettungsmittel bleibt.

20. Die Wahl des einen oder des andern Mittels, wird übrigens, wenn sie blos nach den dem Treffen vorangehenden Umständen geleitet ist, oft durch die Wendung der Schlacht, wo nicht gar unzweckmäßig, doch zuweilen unvortheilhaft.

21. Da man indessen, wenn sonst die Stärke des Heers hinlänglich, und die Umstände günstig sind, in den mehrsten Fällen das zweyte Mittel nach dem ersteren noch anwenden, und zugleich das erstere die entscheidenden Posten unmittelbar, das andere sie aber nur mittelbar, obgleich mit größern, doch zweifelhaften Vortheilen, in die Hände giebt; so wird es Regel, in allen den Fällen, wo es thunlich ist, zuerst auf die Ausführung des erstern, und nur bey einer gewissen zuvor erkannten großen Gefahr

hierin, plötzlich zu der Anwendung des zweyten Mittels überzugehen, indessen man von dem erstern dennoch so viel in Ausführung zu bringen sucht als möglich ist.

§. 6.

4. **Regel.** Soll die Schlacht das Mittel zum Einbruch in eine Fronte seyn, so ist ihre Anordnung besonders nach der Benutzung des durch den Sieg erlangten Terrains zu treffen, um die nöthigen Folgen zur vortheilhaften Ausführung des Operationsplans zu bewürken.

1. Will man eine Schlacht liefern, um in die feindliche Parallele einzudringen, oder die Vereinigung zweyer feindlichen Armeen zu hindern, so ist man gewissermaaßen in demselben Falle, als wenn durch eine Schlacht eine Vestung entsetzt werden soll. Man muß hierbey den Plan zur Schlacht so anlegen: daß man den Feind an einen Ort lockt, von da aus nicht allein der Sieg am entscheidendsten betrieben werden kann; sondern wo man auch bey dem fernern Kriege, oder auch im Fall eines Rückzugs, die günstigsten Lagen besitzt.

2. Damit der Feind keine Posten gewinne und sich so festsetze, daß der fernere Durchbruch oder die Vereinigung der feindlichen Armeen um so schwieriger, vielleicht gar unmöglich wird, so muß man den Feind von denjenigen Punkten, deren Besitz die Ausführung seiner Absicht entscheiden, weg zu manövriren suchen, und ihn dann plötzlich, ohne ihm die geringste Zeit zu lassen, anfallen.

3. Bey der Schlacht selbst muß die Stellung und Anordnung der Armee so gewählt werden, daß ihr Hauptziel diejenigen Punkte sind, durch deren Besitz die Vereinigung der beyden feindlichen Heere, oder die Behauptung der feindlichen Parallele, in der die Schlacht vorfällt, gehindert wird. Zu diesem Zwecke muß ein besonderes Corps abgetheilt seyn, während ein anderes das zweyte feindliche anrückende Heer umschwärmt und aufhält.

4. Ist der Grund zur Lieferung einer Schlacht der, dem Feinde Bundesgenossen zu entreißen, so ist es nothwendig die Schlacht an einem solchen Orte zu liefern, der uns unmittelbar nach dem Siege die Schlüssel zu den Ländern der feindlichen Bundesgenossen, in die Hände liefert.

5. Hier ist es dann vorzüglich nützlich, wenn man den Sieg durch irgend eine Begebenheit glänzend, und die Flucht des Feindes als eine totale Niederlage vorstellen kann.

6. Zu diesem Ende muß auch schon vor der Schlacht ein besonderes Corps angeordnet seyn, dessen Zweck die Ausführung irgend eines, die umliegenden Länder in Schrecken setzenden, überraschenden Streichs unmittelbar nach dem Siege ist.

7. Hierbey muß man nun das geschlagene feindliche Heer so weit zu treiben suchen als möglich, damit es ganz aus dem Würkungskreise zur Hülfe seiner Bundesgenossen gestoßen werde.

8. Hat alsdann unser Heer eine Stellung angenommen, welche die Eingänge von der feindlichen Bundesgenossen Ländern hinter unsere Front bringt, und den Feind davon abschneidet, zu welcher Absicht schon die Wendung der Schlachtordnung in dem Treffen selbst viel beytragen muß; so ist diese Stellung so fest als möglich zu machen.

9. Auch sind schleunig fliegende Corps nach den Hauptpässen der feindlichen Bundesgenossen abzusenden, welche sich in denselben festsetzen und von da aus durch stete Streifereyen, oder auch wohl gar durch eine schnelle überraschende Bewegung gegen die Hauptstädte der feindlichen Bundesgenossen, dieselben endlich, und da sie sich vor der Rache des Feindes jetzt sicher sehen, zum Abfall zu bringen suchen.

10. Liefert man die Schlacht um sich Bundesgenossen zu verschaffen, so gilt hier fast alles, was bisher vom Entgegengesetzten gesagt wurde. Doch ist hier der Unterschied, daß man das Land derselben nicht gleich feindlich behandelt, sondern zwar unter irgend einem Vorwande zu ihrem eige-

nen Schutze die festen Posten und Pässe zu besetzen sucht, aber mit dem Heere durch die Wendung und Benutzung der Schlacht solche Stellungen einnimmt, welche den zu erhaltenden Bundesgenossen Muth und Sicherheit genug gewähren, sich zu unserm Vortheile zu erklären, welches man auch so viel als möglich zu beschleunigen suchen muß. Hierzu wird aber der Besitz der festen Posten immer viel zutragen.

§. 7.

b. Lehrsatz. Wenn die Armee in einer sehr nachtheiligen Lage ist, so ist eine Schlacht zu liefern, wenn ein anderes Mittel nicht hinlänglich schnell würkend ist.

I. Regel. Wenn wir detaschiren müssen, oder der Feind Verstärkung hofft, so ist eine Schlacht nützlich, sie muß aber völlig offensiv und überraschend seyn.

1. Es kann oft geschehen, daß der Feldherr, unerachtet der Sieg nicht zur Ausführung eines besonders vortheilhaften Unternehmens führt, — doch zur Lieferung einer Schlacht gezwungen ist, weil die Anwendung aller übrigen Mittel unmöglich oder doch noch gefahrvoller als eine Schlacht ist, um das Heer aus einer nachtheiligen, und in der Folge dasselbe zernichtenden Lage zu retten.

2. Solche Gelegenheiten, wo eine Armee auf dem Punkte steht in eine schlimme Lage zu kommen, aus der sie nur eine glückliche Schlacht reißen kann, sind:

a. Wenn man weiß, daß die eigene Armee durch den Abmarsch fremder Truppen, oder eine Diversion bald geschwächt werden wird.

b. Wenn der Feind beträchtliche Verstärkungen erwartet.

c. Wenn Mangel an Geld oder Lebensmitteln bevorsteht.

d. Wenn

d. Wenn man voraussieht, daß der Mangel an Fourage Bewegungen nach sich zieht, die durch eine verlorne Schlacht nicht schlimmer werden können.

e. Wenn es sicher ist, daß ein Zeitpunkt kommen wird, wo man doch, und unter viel mißlichern Umständen zur Schlacht gezwungen wird, im Fall man sie jetzt nicht lieferte.

f. Wenn man endlich in den Umständen des Feindes oder in seinen begangenen Fehlern, die sichersten Mittel erblickt, ihn zu schlagen, ohne selbst viel dabey zu wagen.

3. Was den erstern Fall anbetrift, so tritt er sehr öfters ein; es ist daher vom größten Nutzen alle Mittel anzuwenden, dem Feinde den bevorstehenden Abgang der Truppen zu verheimlichen. Denn sonst wird er bey einigen Nachdenken alles anwenden, die Schlacht so lange zu vermeiden, bis uns endlich die äußerste Nothwendigkeit zu der Detaschirung zwingt; ja er wird selbst dieserhalb oft ganze Landstrecken verlassen, indem er wohl weiß, daß ein nachher unternommener plötzlicher allgemeiner Anfall, ihn wieder um so schneller und entscheidender zum Herrn der verlassenen Gegenden macht.

4. Bey solchen Gelegenheiten ist also kein Zaudern, und wenn man nicht eine außerordentlich feste Vertheidigungsfronte besitzt, in der auch selbst die geschwächte Armee im Stande ist, dem Feinde Trotz zu bieten; — so muß man den Feind aufsuchen, und mit allem Feuer, das die Entscheidung der Lage einflößen wird, einen plötzlichen und allgemeinen Angriff gegen ihn selbst vornehmen.

5. Im Fall einer Niederlage ist man freylich zur Räumung der vorliegenden Gegenden gezwungen, allein dies wurde derselbe Fall von selbst schon nach der Detaschirung. Es ist also im Wesentlichen nichts entscheidendes durch die Unterlassung der Schlacht gewonnen, dahingegen der Sieg, das durch den bevorstehenden Truppenabgang aufgehobene

Gleichgewicht, ohne anderer großen Vortheile zu gedenken, schon von selbst wieder gründet.

6. Oft besteht das abgehende Corps aus fremden Hülfstruppen, deren Generale sie bey der nahen Aufhebung einer Verbindung nicht ferner einer großen Gefahr bloß stellen wollen. In diesem Falle sucht man sie bey dem Punkte der Ehre zu fassen, wendet Geschenke und Versprechungen an; und kann man sie dennoch nicht zur Thätigkeit bereden, so giebt man ihnen bey der Schlacht eine Stelle, wo sie vielleicht, ohne es selbst zu wissen, dem Feinde die Ausführung irgend eines für ihn gefährlichen Unternehmens drohen, und wo sie gezwungen sind, sich zu vertheidigen, der Feind also auf jeden Fall genöthigt ist, einen Theil seines Heers gegen sie stehen zu lassen, und sich also gegen die wahre angreifende Macht zu schwächen.

7. Erwartet der Feind Verstärkung, so ist dies für ihn der nämliche Fall positiv, als er es für uns seyn würde negativ, wenn man gezwungen wäre aus irgend einer Ursache ein Detaschement von der eigenen Armee abzusenden. Denn in beyden Fällen wächst die feindliche Macht in Rücksicht der unsrigen, und der Lage, worin sie sich augenblicklich befindet. Es ist also jetzt ganz der vorhin betrachtete Fall.

8. Aus diesem Grunde ist die Handlungsweise beyder Theile im Ganzen dieselbe, d. h., der die Verstärkung erwartende Feind wird der Schlacht so viel als möglich vor der Vereinigung mit derselben, oder der Erreichung eines vortheilhaften festen Lagers, ausweichen, wozu oft ein paar Tage hinreichend sind; da im Gegentheil das andere Heer alles anwenden muß, um den Gegner noch vor diesen angegebenen Zeitpunkten zu erreichen und so zu schlagen, daß ihm selbst die nachherige Verstärkung kein entscheidendes Uebergewicht über uns giebt.

9. Kennt der feindliche Feldherr die Grundzüge des menschlichen Herzens, und die Regeln der Wissenschaft, die er zum Nutzen seiner Nation ausüben soll, so ist die Kennt-

nis

niß der unter Nro. 2. angegebenen Fälle hinlänglich, um bey der Würklichkeit eines solchen, dem Wunsche des Feindes, der stets die Lieferung einer Schlacht bezweckt, durch alle mögliche Mittel auszubeugen, und durch dieses Verfahren den verzweiflungsvollen Muth der gegenseitigen Armee, so abzukühlen und endlich gänzlich zu brechen, bis durch diese Lage und den nun hinzukommenden stürmenden Anfall der eigenen Armee, dieser Muth gänzlich gebrochen, und eine totale feindliche Niederlage herbeygeführt wird.

§. 8.

2. Regel. Steht dem Heere ein drückender Mangel oder eine nachtheilige Einschließung bevor, so muß die zu liefernde Offensivschlacht sowohl das Mittel zur Verhinderung dieser Lage als zur Belebung des Muths seyn, und selbst bey ihrem Verluste wo möglich wenigstens das besetzte Terrain vergrößert haben.

1. Wenn der Mangel an Proviant und Geld, an Fourage, Remontepferden, überhaupt an den nothwendigsten Bedürfnissen des Krieges bevorsteht, so ist es deswegen nothwendig ungesäumt ein Treffen zu liefern, weil, im Fall dies nicht geschieht, der Soldat durch die kummervolle Lage in Verzweiflung geräth, und entweder zum Feinde übergeht, oder Aufruhr erregt.

2. In jedem Falle steht indessen die gänzliche Erlahmung der Kriegesmaschine bevor, und da also nachher der Verlust nicht größer als bey einer Niederlage werden kann, so ist es der Klugheit gemäß, alle Kräfte anzustrengen, um von ihnen noch die größtmöglichste Würkung zu erlangen.

3. Denn ist man glücklich; so steht uns in den meisten Fällen das feindliche Land offen, wir können eindringen, Contributionen ausschreiben, den herrschenden Mangel ersetzen, und wenn gleich hierüber eine kleine Zeit verstreicht, so wird doch die Freude der Soldaten über den erlangten

Sieg sie vielleicht ihr Elend auf einige Zeit vergessen, und es mit weniger Mühe ertragen lassen.

4. Die Fälle, wo es nothwendig ist eine Schlacht zu liefern, um sie nachher nicht in einer noch traurigern Lage liefern zu müssen, sind mancherley; hier nur einige der wichtigsten. — Wenn der Mangel an Nahrung oder andern Ursachen uns zwingt, ein Lager in Gegenwart des Feindes zu verlassen, und die Gegend, durch welche der Marsch gehen muß, bietet dem Feinde entweder entscheidende Vortheile an, z. B., es wären sehr viele und beschwerliche Defilees zu passiren, die Armee hätte einen großen Train zu decken, oder bestände nicht aus denjenigen Truppen, welche vorzüglich zum kräftigsten Widerstande in einem solchen Terrain gehörten; — so ist es zur Anwendung dieser äußerst nachtheiligen Lage am besten dem Feinde plötzlich eine Schlacht zu liefern, denn beym Siege verschwindet sie, und wandelt sich wahrscheinlich in entscheidende Vortheile für uns um, — und bey der Niederlage wird sie wahrscheinlich nicht schlimmer.

5. Oft verursacht die Ungesundheit der Luft, die Theurung der Lebensmittel, der Ueberfluß an Früchten, die üble Beschaffenheit des Wassers, die wenige Achtung für die Reinigkeit des Lagers, die gar zu große Ermüdung und viele andere Zufälle, eine große Anzahl von Kranken bey dem Heere, welches in diesem Falle nothwendig das Lager verändern muß.

6. Wenn aber alles dessen ungeachtet die Krankheiten fortdauern, oder wenn man nun ein anderes gesundes und bequemes Lager einnehmen will, und also oft gezwungen ist dem Feinde ein ansehnliches Stück Landes zu überlassen, so bietet man ihm die Schlacht an, ehe das überhäufte Sterben uns zu der Unmöglichkeit bringt, ihm Widerstand zu thun.

7. Man muß eine aufrührerische Armee dahin bringen, daß sie eine Schlacht liefert, wenn die andern Mittel nicht hinreichend sind, den Tumult zu stillen, und wenn man vor-

voraussieht, daß diese aufgestandenen Truppen diese Parthey anzunehmen, sich nicht weigern werden, weil sie solches ihrer Ehre zu nahe zu seyn glauben.

8. Will man eine Schlacht liefern, um die Fehler oder die ungünstige Lage des feindlichen Heers zu einer plötzlichen entscheidenden Niederwerfung seiner Streitkräfte zu benutzen, so heißt dies nichts anders, als man will eine vortheilhafte Gelegenheit zur Schlacht nicht ungenutzt vorbeygehen lassen.

9. Allein, obgleich bey dieser Lage der Sachen ein Sieg wahrscheinlich ist, so wird dadurch auf keinen Fall die Nothwendigkeit einer Schlacht zur zweckmäßigen Fortführung des Kriegsplans erwiesen, und es ist vielleicht möglich, die fernern nöthigen Vortheile durch andere kriegerische Mittel zu erlangen. In diesem Falle wäre dann wohl eine Schlacht nicht ganz zweckmäßig.

10. Denn nicht zu gedenken, daß aller Vortheile ungeachtet, der Ausgang dennoch unglücklich für uns seyn kann, so leidet doch immer das Heer selbst, wenn es siegt, und überhaupt die Menschheit einen unersetzlichen Verlust. Die Kriegeskunst ist aber nicht die Wissenschaft einer unzweckmäßigen Ermordung, sondern die der Erhaltung der Menschen in den entscheidenden Lagen des Kriegs.

II. Hauptgrundsatz. Die beschlossene Schlacht muß unter den günstigsten Umständen geliefert, und hierzu alle vortheilhafte Vorfälle benutzt werden.

A. Grundsatz. Die Zeit, welche zur Schlacht gewählt wird, richtet sich nach der Würkung der vorhandenen Mittel, die Schwächen des Feindes und die Folgen des Gefechts am vortheilhaftesten zu benutzen.

§. 9.

a. Lehrsatz. Man muß die Schlacht liefern, wenn die Fehler oder die Unordnung des Feindes seine Stärke zernichtet hat.

1. Hat man sich nun aus obigen Gründen einmal zur Schlacht entschlossen, so ist es auch nothwendig zur Lieferung der Schlacht die vortheilhafteste Gelegenheit zu wählen; denn benutzt man sie zweckmäßig, so kann bekanntlich die ungünstige Lage des feindlichen Heers um ein großes vermehrt werden.

2. Solche vortheilhafte Gelegenheiten sind nun: Wenn die feindlichen Truppen übel disciplinirt, muthlos sind, oder schlechte Generale besitzen.

3. Wenn die feindlichen Feldherrn uneins sind, oder man Verständnisse unter ihnen besitzt.

4. Wenn der Feind, besonders in der Nacht, einen Posten oder ein Lager bezieht, das er nicht hinlänglich kennt, Anhöhen unbesetzt läßt, die über ihn dominiren, beträchtliche Holzungen, Communicationswege, oder andere wichtige Posten verabsäumt.

5. Wenn der Feind sich in Verschanzungen einschließt, die von zu großem Umfange sind, oder keine Tiefe haben, umgangen werden können, oder sonst schlecht angelegt worden sind.

6. Wenn er sich überhaupt in einem sonst guten Posten schlecht gelagert, oder verschanzt hat.

7. Wenn

7. Wenn der Feind viele Defilees im Rücken hat, durch welche er sich eben zurückziehen will, und überhaupt sein Rückzüg höchst gefährlich ist.

§. 10.

b. Lehrsatz. Man muß den Feind in der Nacht angreifen, wenn dadurch die Fehler des Feindes seine Schwäche mehren, die unsrige aber verheimlichen; und die Unordnung des Feindes auf irgend eine Art leicht zu bewürken ist.

1. Es giebt Gelegenheiten, wo es vortheilhafter ist den Feind in der Nacht anzugreifen, und dies sind folgende: Wenn der Feind die Sicherheit seines Lagers vernachlässigt, wenig Vorposten hat, sich schlecht ausstellt, oder diese ihre Schuldigkeit nicht gehörig thun.

2. Wenn es möglich ist, sich einzuschliessen, weil man ein Verständniß mit den Officiers der Vorposten hat; und es möglich ist, durch einen entdeckten Spion den Feind sorglos zu machen, oder zu verführen.

3. Wenn Defilees zwischen uns und dem Feinde liegen, und wir Meister von ihren Ausgängen sind. Wenn das Land zwischen uns und ihm so beschaffen ist, daß es schwer wird unsern Marsch zu entdecken, sobald wir des Nachts anfbrechen und mit Ordnung und Vorsicht marschiren.

4. Wenn Terrainhindernisse die Gemeinschaft der feindlichen Truppen in ihrem Lager verhindern oder nur sehr erschweren, und wir uns solcher bemächtigen können, um einen Theil des feindlichen Heers abzuschneiden.

5. Wenn der Feind in einem unverschanzten Lager seine Truppen schlecht vertheilt hat, und besonders verabsäumt die Cavallerie durch Infanterie zu unterstützen, wir aber durch beyde Gattungen von Waffen sie angreifen können.

6. Wenn die Stärke des Feindes blos im Feuer besteht, und seine Truppen zum Gefecht Mann vor Mann nichts taugen, oder größtentheils aus gezwungener Mannschaft

schaft bestehen, die wider Willen dienet, und der man also durch den nächtlichen Angriff Gelegenheit zur Desertion giebt.

7. Wenn es möglich ist dem Feinde in die Flanke oder in den Rücken zu fallen, und ihn unter so äußerst nachtheiligen Umständen zur Veränderung der Fronte zu zwingen.

8. Wenn man im Stande ist, kurz vor dem nächtlichen Angriff einen Theil des feindlichen Lagers in Brand zu stecken, oder unter Wasser zu setzen.

9. Wenn unsere Armee geschlagen ist, und der Feind zerstreut sich sehr, sey es um die fliehenden zu verfolgen, oder um zu plündern; so sucht man schnell den Kern des Heers wieder zu vereinigen, und den, wahrscheinlich ohne Mistrauen und nachlässigen Feind, plötzlich zu überfallen.

§. 11.

c. Lehrsatz. Der Feind muß während seines Marsches angegriffen werden, wenn er nicht hinlängliche Manöverirfähigkeit und Terrainvortheile zur Gründung seiner Sicherheit besitzt, und unser Sieg auf dem gewählten Schlachtfelde günstige Folgen für die Ausführung des Operationsplans haben muß.

1. Oft sind die Gelegenheiten, den Feind anzugreifen, im Marsche ungleich vortheilhafter, als wenn er sich in seinem Lager oder in Quartieren befindet.

2. Dies findet vozüglich Statt: Wenn der Feind auf Märschen sehr sorglos ist, nicht weit, nicht behutsam genug recognoszirt, noch die Posten besetzt, die er zur Sicherheit des Marsches besetzen sollte.

3. Wenn sein Heer übele Disciplin hält, und mehrere Regimenter durch eine große Menge umherstreifender Marodebrüder geschwächt und in Unordnung sind.

4. Wenn

4. Wenn die feindlichen Colonnen übel vertheilt sind und uns die Flanke bieten, so daß bey einem plötzlichen Anfall alles in Unordnung gerathen, oder in einer Schlachtordnung stehen wird, die sich weder für die Beschaffenheit des Terrains, noch für die Eigenschaften der feindlichen Truppen schickt.

5. Wenn ein Theil der feindlichen Armee durch Defilees von dem andern getrennt ist, und man sich leicht in den Stand setzen kann, entweder ganz ihn abzuschneiden, oder doch zu schlagen, bevor er Hülfe erhalten kann.

6. Wenn man den Feind plötzlich angreifen kann, indem er noch wegen irgend einer Ursache defilirt, und in einzelnen Haufen auf den Kampfplatz tritt, oder von einem forcirten Marsche sehr ermüdet ist. Dies ist z. B. der Fall, wenn der Feind im Begriff steht, einen Fluß oder anderes Defilee zu passiren, oder eine Landung in unserer Gegenwart unternimmt.

7. Es ist vortheilhaft dem in Marsche begriffenen Feinde eine Schlacht zu liefern, wenn es möglich ist zwey unserer Armeen, plötzlich und ohne daß er es gewahr wird, zusammenstoßen zu lassen; oder man sie so nahe heranbringen kann, daß der Feind nun nicht allein unvermuthet von einer überlegenen Macht, sondern auch auf zwey Seiten attaquirt wird.

8. Endlich kann man mit Vortheil den Feind während des Marsches angreifen, wenn wir uns vor ihm zurückziehen, und er in Unordnung folgt, oder im Begriff steht, ein Defilee zu passiren, — und sich nun plötzlich das Heer wendet, und mit verstärkter Wuth über den hervorstürzenden Feind einbricht.

B. Grundsatz. Es ist zur Hervorbringung der günstigen Gelegenheiten jedes Mittel der Strategie so anzuwenden, daß auch noch nach dem Gefechte die Benutzung dieser Gelegenheiten vortheilhafte Folgen äußere.

§. 12.

a. Lehrsatz. Wenn es Zeit und Umstände gestatten, so muß der Feind durch Detaschiren, Bewegungen und falsche Angriffe geschwächt, ungewiß gemacht, und wol möglich auf ein nachtheiliges Terrain gezogen werden.

1. Die vorzüglichsten Mittel zur Hervorbringung solcher günstigen Gelegenheiten zur Schlacht, trift der Mann von Genie in der Kenntniß des Kriegesschauplatzes, des gegen ihn agirenden Feldherrn, der Kräfte der beyderseitigen Heere, und der Wehrhaftigkeit der Vestungen und festen Päſſe an.

2. Die Combination der militairischen Ereignisse, die Wahl der Positionen und die Anordnung der Bewegungen, müssen den Augenblick herbeyführen, der den Feind wider seinen Willen zur Schlacht zwingt, und uns den Lorbeer reicht.

3. Um den Feind zur Schwächung seines Heers durch Absendung von Detaschements zu zwingen, so giebt man ihm Besorgnisse für seine Vestungen, Magazine und frey liegende Provinzen; denn nun ist er genöthigt aller Orten Tete zu machen, und die Hauptstellung zu schwächen.

4. Vielleicht sind wir nun im Stande, durch Begünstigung des Landes oder einer geheimen Bewegung, plötzlich und schneller als der Feind, unsere Detaschements an uns zu ziehen. Dann fällt man über seine Armee oder ein gefährlich ohne Hülfe gestelltes Corps her, ehe es sich der Feind am wenigsten versieht.

5. Zu einer andern Zeit ist es möglich, durch einen Angriff des Tages oder des Nachts über alle feindliche Corps zugleich herzufallen, alles in Furcht zu setzen, alles in

in Unthätigkeit zu halten, und dann mit überlegener Macht irgendwo durchzudringen und einen Theil des feindlichen Heers abzuschneiden. — Was für einen Weg man aber auch wählt, überall muß man suchen dem Feinde die Zeit zu entreißen, die er gebraucht seinen Posten zu verschanzen, und haltbar zu machen.

6. Man bezieht diesen oder jenen Posten, der Feind ist gezwungen uns gegenüber einen andern zu beziehn. Dieser Posten, wenn er nicht verschanzt wird, ist schwach, und giebt dem Feinde keine Vortheile. Unsere Truppen sind tapfer und gut, wir brechen auf, und führen den Feind durch eine schnelle und plötzliche Bewegung dahin, er wird angegriffen und geschlagen, ehe er Zeit hatte sich zu besinnen und zu verschanzen.

7. Man weiß den Posten, den der Feind beziehn muß. Zwischen ihm und dem unsern giebt es Defilees, deren Ausgänge in unserer Gewalt sind, wenn wir durch einen forcirten Marsch uns zum Meister derselben machen; wir brechen auf, besetzen die Defilees, berechnen unsern Marsch, daß der Feind spet in seinem Lager anlangt; — und überfallen ihn des Nachts.

8. Der Feind marschirt entweder, weil er will, oder weil man ihn dazu zwang. Zwischen uns und seinem Marsche sind Defilees. Wir können, wenn wir sie besetzen, unsere Bewegung und ihre Richtung verändern, ohne daß es der Feind gewahr wird. Hier liegt unsere Armee im Hinterhalte; der Feind masquirt vielleicht den Ausgang durch ein Corps. Wir greifen es in voller Furie und mit der ganzen Armee an. Es wird alsdann wahrscheinlich geschlagen, und man findet nun das feindliche Heer getrennt, zerstreuet und muthlos. Ist der Feind auf seiner Huth, so ziehn wir uns ohne Gefahr zurück.

9. Man kennt den Posten des Feindes, wäre es möglich ihn daraus zu vertreiben, so hätte er eine äußerst gefährliche Retirade zu machen. Wie ist es nun möglich ihn zum Aufbruch zu zwingen? Durch Posten und fliegende Läger

die seine Fouragirungen einschränken, seine Transporte unsicher machen, seine Magazine und Provinzen bedrohen. Man muß diese Posten beziehn, und dem Feind durch plötzliche, schnelle und unerwartete Bewegungen darin zuvorkommen.

10. Verstellte Retiraden, Anstalten, die Furcht verrathen, ein vorgegebener Befehl der Regierung, daß man nicht schlagen dürfe, und andere Kriegeslisten mehr verführen oft den Feind, und man muß alles versuchen, wenn man auf den Angriff geht, und sich an der Spitze eines Heers befindet, das der Schlachten und des Krieges gewohnt ist, sonst verliert man sein Vertrauen.

11. Will man aber glücklich in seinem Vorhaben seyn, so muß man nie dem Feinde die Zeit lassen, Vorsichten zu nehmen. Man muß seine Läger so nahe an ihm beziehn, als der Entwurf des Feldzugs es erlaubt, und so lange die Gelegenheit nicht reif ist, in allen Zwischenlägern, und auf allen Märschen auf eigene Sicherheit denken.

12. Um den im Marsche begriffenen Feind zur Unordnung und zum Marodiren zu reizen, kann man in die Gegend, wo der Feind durch muß, und wo unsere Truppen in der Nähe im Hinterhalte liegen, verschiedene Viehheerden treiben. Man muß aber ja vermeiden, daß der Feind keine unserer Patrouillen zu Gesichte bekömmt, damit seine Mannschaft sich mit desto weniger Mißtrauen zerstreue.

13. Hat man ein Verständniß mit einigen feindlichen Generalen, so kommt man vor der Schlacht mit ihnen überein, daß sie mit ihren Truppen während derselben eine gewisse Bewegung machen sollen, welche nothwendig Unordnung herbeyführt, und die Truppen nun einen Vorwand zur Flucht daraus schöpfen müssen.

14. In dieser Unordnung läßt man dann ein schon abgetheiltes und bereitstehendes Corps, in die dadurch entstandene Lücke der feindlichen Schlachtordnung rücken, dasselbe sich plötzlich zu beyden Seiten wenden, und dadurch die noch stehenden Feinde in die Flanke nehmen.

§. 13.

§. 13.

6. Lehrsatz. Wenn die Armee eine starke Position besitzt, so muß der Feind durch verstellte Furchtsamkeit oder durch Hinterhalte und leichte Bewegungen, welche den vortheilhaften Posten mit Sicherheit wieder erreichen lassen, zum Angriff auf diese Stellung gereitzt werden. Eine völlige Einschließung des Feindes, dessen ersten Sturm man dann anfangs ausweicht, ist hierzu ein entscheidendes Mittel.

1. Wenn wir dem Feinde vorspiegeln wollen, man habe Befehl auf allen Fall die Schlacht zu vermeiden, so müssen stets mit dem Heere solche Läger auf Höhen und in andern vortheilhaften Gegenden genommen werden, die dem Feinde glauben machen, als fürchte man sich vor ihm; auch läßt man auf gute Manier eine solche falsche Ordre durch doppelte Spione oder durch Ueberläufer verrathen.

2. Nun wird der Feind von unserer Furcht oder Schwäche, die er daraus herleitet, Nutzen schöpfen wollen, und wahrscheinlich herbeyrücken um uns eine Schlacht anzubieten. Ist unser bisheriges Verfahren dem vorgesetzten Zwecke gemäß gewesen, so muß es nun leicht seyn, durch eine plötzliche Bewegung in des Feindes Flanke, ihn in eine Lage zu bringen, welche uns den Sieg gewährt.

3. Kommt nun aber die Zeit zum Schlagen, so müssen die Officiere dem Soldaten es deutlich machen, daß aller dieser Schein und Vorwand von Furcht, den man zeigte, verstellt gewesen sey, um die Feinde zur Schlacht zu locken. Vergäße man diese Vorsicht, so würden die Truppen in den meisten Fällen nicht ohne Furcht ins Treffen gehen.

4. In einigen Fällen ist des möglich, durch einen verstellten Aufruhr im Lager, den Feind zum Angriff desselben zu reizen, und dann plötzlich aus einem Hinterhalte, den er unter solchen Umständen schwerlich vermuthen wird, über die unbedeckten Flanken seiner Colonnen herzufallen, während ihm jetzt das Hauptcorps gerade entgegen geht.

5. Kann man durch nach und nach zum Feinde als Deserteurs übergeschickte Soldaten, auf einmal sein Lager in der Nacht in Brand stecken lassen, während ein allgemeiner Anfall des Heeres erfolgt, so ist dies die schönste Gelegenheit, dem in der schrecklichsten Unordnung herumlaufenden Feinde, eine gänzliche Niederlage beyzubringen.

6. Damit der Feind, den man ungesäumt zur Schlacht nöthigen will, keine Kenntniß von einem schnell zurückgekommenen Detaschement, oder von der Ankunft eines Sukkurses erhalte, so läßt man diese Truppen nur in der Nacht zum Heere stoßen, und nur wenig Zelte für sie aufschlagen, indem man sie mit in die der andern Regimenter vertheilt.

7. Dabey wird eine Postenchaine angeordnet, welche alle Deserteurs auffängt, während man aussprengt, daß die angekommenen Truppen sehr schwach und ermattet sind, bis sich am Tage der Schlacht dieser Vorwand zerstreuet.

8. Ist man gezwungen nach dieser erhaltenen Verstärkung aus irgend einem Grunde in der Nähe des Feindes zu marschieren, so muß es des Nachts geschehen, oder die Truppen müssen so gedrängt als möglich auf einander rükken; und damit sie der Feind bey der Passage eines Defilees nicht zähle, Posten ausgestellt werden, welche alle Annäherung fremder Leute verhindern.

9. Besitzt der feindliche Feldherr einen eigenliebigen hochmüthigen Charakter, so braucht man nur durch fliegende Partheyen das platte Land verwüsten, und das Zögern des Feindes eine Schlacht zu liefern, als Feigheit ausschreyen zu lassen, der man mit öffentlicher Verachtung begegnet, um den Gegner bald zur Wuth und zur Rache aufzureizen, worauf dann die Schlacht nicht lange mehr verschoben bleiben wird.

10. Will man den Feind dadurch zu einer Schlacht zwingen, daß eine seiner wichtigsten Vestungen belagert, oder irgend ein anderer wichtiger Posten bedrohet wird, so muß weder diese zu belagernde Vestung noch der zu bedrohende Posten, eine solche Stärke haben, daß das feindliche

liche Heer eine Zeitlange ganz ruhig den Angriff darauf zusehen kann, ohne den Verlust befürchten zu müssen; — denn in diesem Falle würde die Kriegeslist den Zweck nicht erleichtern.

11. Eins der würksamsten Mittel den Feind zu einem höchst nachtheiligen Gefecht zu zwingen ist, wenn man sein Lager so sehr als möglich, durch eine Kette gut gewählter fester Posten einschränkt und umzingelt; auch die Bäche, vermittelst welche der Feind das Wasser zum Trinken erhält, abgräbt. Denn nun sieht er kein anderes Mittel in seiner Verzweifelung zur Rettung vor sich, als unsere indessen verstärkte Position anzufallen und zu durchbrechen.

12. Es wäre daher höchst unvorsichtig gehandelt, wenn man unter solchen Umständen selbst hinginge, um den Feind anzugreifen, da man nur zu warten braucht, um seinen gänzlichen Ruin herbeyzuführen. Denn nichts kann einer so aufs äußerste gebrachten Armee willkommener seyn, als eine Schlacht, die entweder ihren Ruhm, ihre Rettung oder doch wenigstens einen ehrenvollen Tod giebt.

13. Sieht sich indessen der Feind einmal zum Angriff genöthigt, so wird er ihn wahrscheinlich mit alle der Furie thun, die die Verzweiflung einflößt, und es wird schwer, vielleicht unmöglich seyn, diesen ersten gewaltigen Stoß auszuhalten. Es wäre aber auch zugleich ein sicheres Merkmal einer falschen Beurtheilung der gegenwärtigen Lage, der daraus entspringenden Vortheile und ihrer Folgen, wenn man sich demselben aussetzte.

14. Weit klüger und zur Erhaltung eines gewissen Sieges, würde man handeln, wenn die Truppen, denen man indessen die ganze Absicht des Verfahrens eröffnen muß, den Befehl erhielten, diesem ersten heftigen Chok des Feindes nachzugeben; dem andringenden Haufen einen freyen Durchweg, und dadurch das Mittel zur Flucht zu schenken, nun aber mit desto größerer Ausdauer mit einem verstärkten Anfall, dem sich nun gerettet glaubten, und auf das äußerste geschwächten Feind, auf seinem Marsche in den Rücken

und in die Flanken zu fallen, um dann unter ihm eine unbezweifelte Niederlage zu bewürken.

15. Wenn beyde Heere durch einen Fluß von einander geschieden werden, und man will gern das feindliche Heer auf das diesseitige Ufer locken, um ihm mit Vortheil eine Schlacht zu liefern, indem demselben jetzt der Rückzug unmöglich wird; so gebraucht man dazu folgende List.

16. Vorzüglich ist es nöthig die Cavallerie so sehr als möglich zu schonen, denn sie wird in solchem Falle fast unentbehrlich, die zu erlangende vortheilhafte Lage herbeyzuführen.

17. Nachdem man sich nun längst den schwachen Stellen des Flusses mit Eilfertigkeit verschanzt hat, so zieht man sich des Nachts in aller Stille zurück, und läßt einen Theil der schlechtesten Feldrüstungen stehen, wobey man alle Maaßregeln nimmt, daß der Feind diesen verstellten Schrecken für wahr halten muß.

18. Man läßt übrigens kleine Partheyen an dem Orte zurück, wo die Wachen standen, und giebt ihnen den Befehl die gewöhnlichen Zurufungen fortzusetzen, damit dies alles den Feind überrede, als besorge man sein Nachsetzen. Diese Partheyen und mehrere als Bauern verkleidete Soldaten, beobachten nun auf das genaueste, zu welcher Zeit und an wie viel Orten der Feind eigentlich anfange über den Fluß zu gehn.

19. Sollte er die erste Nacht nicht gleich das Defilee passiren, so ziehen sich die Wachen in Holzung oder Schluchte zurück und setzen dabey versteckte Schildwachen aus, welche so viel als möglich noch ferner das Ufer beobachten.

20. Die als Bauern verkleideten Soldaten zerstreuen sich im Holze und hacken und graben hier, als wenn sie Leute vom Lande wären. Durch diese Leute erhält nun das in gewisser Weite verborgene Heer, auf heimlichen Wegen, sobald als möglich von den Handlungen des Feindes Nachricht.

21. Kann man dabey unweit des Heers einige kluge Officiere mit Ferngläsern so postiren, daß auch sie die Gegend am

am Flusse entdecken können, so wird dadurch dem Rapporte der Wachen mehr Gewißheit verschafft, und es ist ziemlich genau der Zeitpunkt zu bestimmen, in dem plötzlich die stets bereitstehende Reiterey mit ihrer Artillerie, begleitet oder gefolgt von einem Corps der auserlesensten Infanterie aufbrechen muß, um auf verdeckten Wegen die Flanke des, bereits sich diesseits des Defilees befindlichen, feindlichen Corps zu umgehen, und es mit einem unwiderstehlichen Choc über dasselbe zurückzuwerfen.

22. Unternimmt der Feind den ganzen ersten Tag nichts, so verlassen die versteckten Wachen in der Nacht ihre Schlupfwinkel, und stellen sich in der größten Stille längst den schon besetzt gehabten Posten, doch nicht sehr nahe am Flusse, indem sie der Feind sonst entdeckt, und überdem sein Uebergang bey dem dadurch verursachten Lerme, auch in einer beträchtlichen Entfernung gehört werden kann.

23. Sobald dann einige dieser Partheyen bemerken, daß der Feind den Fluß passirt, so müssen sie so schleunig, aber auch so heimlich als möglich den andern Posten davon Nachricht geben, damit sich alles in tiefster Stille, und ohne dem Feinde dem geringsten Argwohn zu geben, zur Armee zurück begebe.

24. Die Anzahl der vom Feinde übergesetzten Truppen bis zur Ankunft unseres Corps, müssen wir aus der genauen Kenntniß der Furthen, der Breite des Flusses, der Schwierigkeit seiner Passage, und der Anzahl der gleich zu gebrauchenden Uebergänge bestimmen, um stets eine überlegene Macht zu behaupten.

25. Um aber nicht allein verdeckte Posten ausstellen, sondern auch das Heer in der Nähe verstecken, ja vielleicht gar während des Gefechts eine vortheilhafte Stellung erhalten zu können; so muß man suchen, den Rückzug des Heers gegen gebürgigte und waldigte Gegenden einzuleiten.

26. Diese durchschnittene Gegend in einiger Entfernung vom Flusse, sichert nicht allein durch die vortheilhafte Stellung der Infanterie der ansprengenden Reiterey, die hier

vorzüglich das Beste thun muß, den Rückzug, im Fall sie unglücklich ist; sondern giebt dieser letztern auch selbst das Mittel an die Hand, vielleicht bis nahe an den Fluß einen Theil ihrer Bewegung zu verbergen, und so den Anfall unvermutheter, also vortheilhafter zu machen.

27. Glaubt man, daß dieser erste Marsch nicht hinlänglich seyn wird, den Feind herüber zu locken, so thut man noch einen oder zwey, aber so kurz, daß die zum ersten Angriff abgetheilten Haufen, durch einen schnellen Rückmarsch, zeitig genug die Ufer des Flusses wieder gewinnen können.

28. Freylich wenn man einen klugen Feldherrn gegen sich hat, so wird wahrscheinlich selbst die vorsichtigste Anwendung dieser Kriegeslist, zur Erreichung des Zwecks nicht hinlänglich seyn, und sie wird daher nur vorzüglich ihre Würkung gegen einen mehr heftigen und unerschrockenen, als weisen Feind zeigen.

29. Ist es möglich den Feind auf einem gut bekannten Wege, mit einem starken Corps Cavallerie, das einen Theil Infanterie hinten aufgenommen hat, einzuholen, und ihn in einem schlechten Posten so lange aufzuhalten, bis das Hauptcorps ankommt; so wird es höchst wahrscheinlich, daß man ihn schlägt, indem er nicht allein ein nachtheiliges Schlachtfeld zu vertheidigen hat, sondern auch gezwungen ficht, und die Formirung des Heers in solcher Lage höchst gefährlich wird.

30. Selbst wenn der Feind fortfährt sich zurückzuziehn, so muß er in den meisten Fällen seine Arriergarde opfern; denn hat die der Cavallerie mitgegebene Infanterie, vortheilhafte Posten zum Schutz ihres Rückweges besetzt, so wird sie der Feind nicht weit verfolgen können, und sich im Gegentheil gerade durch dies Verfolgen dem Verderben näher bringen.

31. Sollten sich aber die Feinde bey Annäherung der Nacht auf einem Berge, oder in andern vortheilhaften Posten setzen, so werden sie dies blos thun um uns zu täuschen, ihren

ihren Trains einen hinlänglichen Vorsprung zu verschaffen, und dann plötzlich und heimlich aufbrechen.

32. Um daher stets zum Verfolgen bereit zu seyn, so muß sich unsere Reiterey in dieser Zeit nie weit zum Fouragieren entfernen, alles muß angezogen, die leichte Artillerie geschirrt bleiben, und die schwere Bagage und alle übrige Trains, welche das Heer bey seinen Operationen entbehren kann, unverzögert nach einem hinlänglich sichern Orte geschickt werden.

33. Unterdessen müssen unsere Partheyen, aller feindlichen Scheinanstalten ungeachtet, so weit als möglich vorwärts streifen, um die wahre Stärke und Lage des Feindes zu entdecken, und sie dem aufpassenden Heere zu berichten.

§. 14.

c. Lehrsatz. Nach gewonnener Schlacht muß die äußerste Thätigkeit die Anführer beseelen, um die Streitkraft so schnell und würksam als möglich dasjenige Unternehmen ausführen zu lassen, welches entweder der voraus bestimmte Operationsplan oder der Zufall so angiebt, daß dadurch eine Entscheidung bewürkt wird.

1. Ist die Schlacht gewonnen und alles dasjenige beobachtet, was die Gesetze der Menschlichkeit vorschreiben, so ist die erste Pflicht des siegenden Feldherrn, das Glück seiner Waffen und das Schrecken der Feinde sich aufs Beste zu Nutze zu machen. Ohne dies wird die Welt seinen Sieg als einen Glücksfall ansehen, und ihren Tadel, wegen seiner wenigen Geschicklichkeit, von dem glücklichen Erfolge Vortheil zu ziehen, nicht zurückhalten.

2. Es ist unmöglich, daß die Menschen von dieser Aufführung des nachläßigen Feldherrn anders urtheilen können. Denn eine Schlacht zu gewinnen, daran hat öfters das wunderliche Glück und der Muth der Truppen eben so viel Theil als die Geschicklichkeit und die guten Anordnungen

des Feldherrn. Allein den Sieg gehörig zu nutzen, das ist der Ruhm, der ihm allein gehört, und der billig das Unterscheidungszeichen zwischen ihm und einem unwissenden General seyn sollte.

3. Der Ueberwinder muß sich also hüten das Schlachtfeld zum Ruheplatz zu machen; sondern alle Verwundete, schwere Bagage und Artillerie, kurz alles was seinen Marsch nur einen Augenblick aufhalten kann, daselbst zurücklassen, und den Ueberwundenen mit seinem Lager so nahe als möglich folgen, damit er nicht Zeit habe sich zu besinnen, und auf irgend eine Art unserm Vordringen wieder eine neue beschwerliche Barriere vorzusetzen.

4. Nichts trägt zur Ehre des Feldherrn mehr bey, als seine Munterkeit und Geschicklichkeit, bey der Ausführung des Unternehmens, der Benutzung der feindlichen Unordnung, und in der Zeit einen Meisterstreich auszuführen, da der Feind über seinen Verlust so bestürzt ist, daß er weder Kraft noch Herz hat, sich unsern Unternehmungen zu widersetzen.

5. Dies ist also der Zeitpunkt, wo man alles wagen, alles versuchen und unternehmen kann, ehe der Feind zu sich selbst kommt. Dies ist der glücklichste Augenblick, der nie ungenutzt vorbeystreichen sollte. Hier ist oft verwegene Kühnheit besser, als die langsamere allzureife Ueberlegung.

6. Besteht das geschlagene Heer aus allerley Nationen, so geht es vielleicht wohl an, sie durch eine geheime Unterhandlung von einander zu trennen, indem man nämlich einigen darunter einen freyen Abzug verspricht, wofern sie ihn ohne Vorwissen der übrigen unternehmen würden.

7. Zuweilen ist es vergeblich, ja sagar mit großer Gefahr verknüpft, den Feind auf eine große Weite zu verfolgen, entweder, weil er über einen Fluß gesetzt und die Brücken abgeworfen hat, oder weil er des Nachts in einer unbekannten sehr durchschnittenen Gegend fortrückt.

8. Tritt nun dieser Fall ein, oder hat man selbst so viel Truppen, daß man, ungeachtet ein Corps den Feind verfolgt,

folgt, noch ein anderes zur Ausführung irgend einer Unternehmung übrig behält, — so muß man, um die Zeit nicht ungenutzt zu lassen, auf dem nähesten Wege die freyen Truppen ungesäumt vor irgend eine uns nützliche feindliche Bestung, oder sonstigen wichtigen Posten rücken lassen, und sie plötzlich von allen Seiten so einschließen, daß der Feind auf keinen Fall Zeit gewinnt, sie mit dem, zum nöthigsten Widerstande, vielleicht Fehlenden zu versorgen.

9. Vorzüglich kann diese schnelle Bewegung sehr nützlich seyn, wenn die Besatzung durch die Nachricht von der Niederlage ihres Heers muthlos gemacht, oder die Bürgerschaft des Orts uns sehr zugethan ist, so daß sie das Schrecken der Besatzung benutzt, und sie durch ihre Menge zur Uebergabe nöthigt.

10. Um die äußere Gefahr noch stärker scheinen zu lassen, so sagt man jedem ausgeschickten etwas beträchtlichen Detaschement; man würde mit dem Hauptcorps selbst folgen.

11. Die Detaschements drohen, die ganze Gegend auf den Grund zu verwüsten, und fordern unter dieser Bedrohung die umliegenden festen Posten des Feindes auf, indem man zugleich hinzufügt; daß, wenn sich diese nicht sogleich ergäben, bey der Ankunft des Heers kein Vergleich mehr Statt finden könnte. Gut befehligte Posten werden sich diesem ungeachtet nicht zur Uebergabe verführen lassen, indessen wird es zwischen durch doch immer einige geben, bey welchen diese List von Nutzen seyn kann.

12. Da es indessen der Fall seyn kann, daß ein solcher Posten, seiner Wichtigkeit wegen, dennoch eine hartnäckige Gegenwehr leistet, so werden nun die großen Vortheile erst recht deutlich werden, die aus der hinlänglichen Versorgung der eigenen nahen festen Plätze entspringen; indem man jetzt ohne große Hindernisse von daher alle diejenigen Bedürfnisse erhält, die bey dem Angriffe eines festen Postens erfordert werden.

13. War der Fürst des feindlichen Landes selbst bey der Niederlage seines Heers in der Nähe, und rettet sich, aus Furcht vor unsern Partheyen, in eine seiner nahen Vesten, so ist äußerst viel daran gelegen, diesen Ort auf das schärfste einzuschließen, um den Regenten in seine Gewalt zu erhalten; im Fall man Kräfte genug besitzt, einen solchen Posten mit Gewalt oder durch Blockade zu erobern.

14. Könnte man indessen von der feindlichen Hauptstadt Meister werden, so würde dieser Streich wahrscheinlich entscheidend seyn, und eine solche Unternehmung, besonders mit einem leichten Avantcorps ist, obgleich die Hauptstädte gewöhnlich tief im Lande liegen, nach einer gewonnenen Schlacht, vielleicht am leichtesten, da ein Sieg oft manches Hinderniß wegräumt, das vorher unübersteiglich schien.

§. 15.

d. Lehrsatz. Nach einer verlornen Schlacht ist alles anzuwenden, aufs schleunigste gegen die Flanken des Feindes in eine drohende Offensive zurück zu treten.

1. Regel. Durch einen schnell unternommenen Ueberfall muß wo möglich die Niederlage ersetzt, oder ihre weitern Folgen durch einen exzentrischen Rückzug und dadurch erlangte starke Flankenstellungen verhindert werden.

1. Da das Kriegsglück sehr unbeständig ist, und man aller klugen Vorsicht ungeachtet überwunden werden kann: so muß die Bemühung des Feldherrn dahin gerichtet seyn, vorzüglich seine eigene Vorstellungskraft von aller Furcht zu befreyen, um bey einem solchen Unglück aufs schleunigste Mittel anzuwenden, die den zu raschen Fortschritten des Feindes Einhalt thun können.

2. Solange daher die Truppen Muth und guten Willen haben, und wenn sie noch so sehr geschlagen sind, darf

daher

daher auch der Feldherr an nichts verzweifeln; denn im Kriege besteht das Uebel stets mehr in der Einbildung als in der Sache selbst.

3. Wenn man die Truppen von der Wahrheit dieses Satzes überzeugen könnte, so würde oft den andern Tag das vielleicht wieder gewonnen, was man den Tag vorher verloren hat. Aber gewöhnlich erstickt das Schrecken den Muth, und die Zeit kann allein ihn wieder belebt machen, besonders, wenn das Heer keinen guten Feldherrn hat.

4. Betrachtet man den Schaden, den eine verlohrne Schlacht herbeyführt, genau, so findet sich, daß jetziger Zeit fast alles in dem Abgang einiger 1000 Mann, dem Verlust des Schlachtfeldes, eines Theils der Artillerie, deren Ersatz aus gut versehenen Magazinen leicht ist, und etwas Bagage, ohne deren Besitz im Nothfall jedes Heer sich einige Tage im Felde behaupten kann, besteht.

5. Eine Schlacht kann also, weil der Rückzug durch die Artillerie gedeckt wird, und das Gefecht sich schon in einer ziemlichen Entfernung entscheidet, — lange nicht mehr so entscheidend, so viel würkend zur fernern Fortsetzung des Krieges seyn, als ehdem.

6. Ein tapferer und geschickter Feldherr, der das Andenken der Niederlage nicht so leicht verschmerzen kann, wird oft in der Trunkenheit des Feindes, in der Unordnung seines Verfolgens, und in andern schon erwähnten Umständen, die Mittel finden, den erlittenen Schaden wieder zu ersetzen. Dies kann selbst dann noch geschehen, wenn das Heer das Schlachtfeld verlassen, und einige Zeit den Rückzug fortgesetzt hat.

7. Sollte aber die Sache, durch einen solchen plötzlich auf den nacheilenden Feind unternommenen Angriff, nicht wieder geholfen werden können, so theilt man das Heer in verschiedene Corps, und läßt jedes einen andern Weg nehmen.

8. Hierdurch erlangen wir den Vortheil, daß nicht nur keins das andere im Marsche oder bey Passirung der Defi-

Defilees hindere, sondern auch der Feind alle diese Corps nicht verfolgen könne, weil es bey einer solchen Verwirrung nicht möglich ist, daß der feindliche Feldherr so viel starke Detaschements machen darf, als die geschlagenen Truppen Wege genommen haben.

9. Um nun aber nicht allein die Sicherheit dieser zurückeilenden Corps, sondern auch die des zu deckenden Landes zu vermehren, so müssen sich die verschiedenen Colonnen exzentrisch zurückziehn, damit sie stets in einem Bogen das Terrain umgeben, auf welchem der Feind vorgehen müßte, wenn er ihren Rückzug oder ihre Communication unter einander hemmen wollte, durch diese Richtung des Marsches aber stets für seinen Rücken und selbst für die unmittelbare Sicherheit im Marsch fürchten muß.

10. Ist es möglich, so muß diese rückgehende Bewegung zur neuen Stellung, nicht durch ein mit vielen beschwerlichen Defileen angefülltes, und durch von kriegerischen unserm Heere abgeneigten Unterthanen bewohntes Land, geleitet werden.

11. Denn obschon ein geschickter Feldherr sich durch unablässige Vorsicht während des Marsches, auch aus einer solchen Lage ohne großen Schaden herauswickeln wird, so ist es doch keineswegs der Klugheit, und der Pflicht zur Erhaltung der noch übrigen Kräfte des Heers gemäß gehandelt, wenn man die Truppen muthwillig in Gefahren stürzt, die umgangen werden konnten.

12. Bey einer entscheidenden Schlacht ist es immer sehr möglich, daß fast die ganze Artillerie und ein großer Theil der Bagage verlohren geht. Der Feldherr muß also die Armee nicht lange an dem Orte stehen lassen, wo sie sich unmittelbar vom Schlachtfelde hinbegeben hat, sondern der Rückzug muß nothwendig bis in eine feste Stellung fortgesetzt werden, wo der erlittene Verlust mit Sicherheit zu ergänzen ist; es müßte denn seyn, daß die erste Position, welche man unmittelbar nach der Schlacht bezieht, schon alle diese Vortheile gewährte. Dann ist es freylich besser

sie

sie zu behaupten, um dadurch so viel Terrain als möglich zu decken.

§. 16.

2. Regel. Ist die Niederlage entscheidend gewesen, so müssen wenigstens die wichtigen festen Posten sogleich durch die Infanterie gesichert, durch die Reiterey aber die feindlichen Communicationen bedroht, und die geschwächten Schlachthaufen und so wie die Trainbedienung ergänzt werden.

1. Hätte man in der Schlacht so viel eingebüßt, daß eine Hauptvestung in Gefahr kommt, genommen zu werden, so wirft man den größten Theil der Infanterie hinein, versammelt die ganze Reiterey in einem sichern Posten, und beunruhigt den Feind damit, wenn er es etwa wagen sollte, Belagerungen zu unternehmen; auch wendet man alles an, seine Detaschements abzuschneiden, und ihnen den Weg in unser Land, dessen Verheerung nur ihr Zweck ist, zu verlegen.

2. Hat der Sieger selbst einen so großen Verlust erlitten, daß er keine Belagerung mehr auszuführen im Stande ist, also aus seinem Siege nichts anderes zieht, als vielleicht unsere Absicht zernichtet, die Ueberhand während dem Rest des Feldzugs, oder ein Land zu bequemen Winterquartieren erlangt zu haben; so muß sich das Heer stets außer der Gefahr eines Angriffs halten, sich in eine feste Position verfügen, wo der Ersatz seines Verlustes leicht ist, und nun alle Kräfte anstrengen, dem Feinde die Winterquartiere in seinem eigenen Lande zu verwehren; dies mag nun durch einen plötzlichen Angriff gegen den nach seinen Quartieren aufgebrochenen, oder gegen den schon in denselben vertheilten Feind geschehen.

3. Fürchtet man, daß die Nachricht der Niederlage einige wichtige Plätze, in denen sich schwache Garnisonen und aufrührerische Unterthanen befinden, zum Abfall an den Feind reizen möchte; so müssen die Truppen, welche zur Ver-

Verstärkung dieser Garnisonen nöthig sind, ungesäumt nach der Schlacht aufbrechen, und ihren Marsch so beschleunigen, daß sie in den zu besetzenden Orten früher, als die Nachricht der Niederlage eintreffen.

4. Selbst wenn die in ihrer Treue wankenden Einwohner solcher Städte, bereits von der verlornen Schlacht einige Nachricht haben, so muß dennoch auf alle mögliche Weise ihr Glaube im Anfange wankend gemacht werden. Denn bevor sie nichts Sicheres erfahren, werden sie nichts unternehmen, und unterdessen hat man Zeit, Gegenmittel vorzukehren.

5. Man kann zu diesem Zwecke Officiers und Kouriers absenden, von deren Treue man versichert ist, welche bey ihrem Einreiten in die großen Städte, alle Merkmale einer großen Freude zeigen, als ob der Sieg unser sey.

6. Da nach einer Niederlage die Summe der Vertheidigungskräfte geringer wird, so ist es auch nothwendig zur Deckung des Landes Mittel anzuwenden, welche den Rest des Heers noch hinlänglich zur fernern Vertheidigung machen.

7. Aus diesem Grunde sucht man in den Gegenden, wo es möglich ist, und wenn die äußerste Noth gebietet, Ueberschwemmungen oder die Landstraßen wenigstens unbrauchbar zu machen, indem man die Schleusen öfnet und die Dämme durchsticht.

8. Oder man sprengt von dem verfolgenden Feinde aus, daß er an den Einwohnern die schändlichsten Grausamkeiten begehe, und das Land verwüste; sucht hierdurch die Leute zu bewegen, sich weiter ins Land hineinzuziehen, ihre Vorräthe entweder mitzuführen, oder selbst zu zernichten, worauf man die verlassene Gegend verheert, und dem Feinde auf demjenigen Terrain die nothwendigsten Bedürfnisse zu seiner Existenz entzieht, auf welchem er die gefährlichsten Unternehmungen ausführen könnte.

9. Doch wie gesagt, zu einem solchen Mittel, darf nur die Unmöglichkeit der Anwendung eines andern, bewegen,

gen, denn es wäre höchst schändlich, dem Landmanne den Erwerb seiner sauern Arbeit aus Langeweile zu verderben.

10. Ist das Heer sehr geschwächt, so sucht man es dadurch wieder zu ergänzen, daß jeder Compagnie aus der nähesten volkreichen Gegend eine gewisse Anzahl schnell ausgehobener Rekruten zugetheilt wird, denen man nach Endigung des Krieges oder des Feldzugs die Freyheit giebt.

11. Fehlt es dabey an Gewehren, diese Leute zu bewaffnen, so ertheilt man in einem solchen dringenden Falle die Ordre, daß jeder Einwohner seine Gewehre und Rüstzeuge an gewisse dazu ernannte Commissaire abliefern solle.

12. Das Abgelieferte wird durch Sachkundige geschätzt, der Eigenthümer aufgezeichnet, und ihm nach dem festgesetzten Zeitpunkte zurückgeliefert, oder das Fehlende bezahlt.

13. Steht man zu tief im feindlichen Lande, oder in einer zu gefährlichen Position, als daß die Verstärkungen aus dem eigenen Lande zeitig und sicher genug bey dem Heere eintreffen könnten; so bleibt kein anderes Mittel die Truppen für den ersten Augenblick schnell genug zu ergänzen, als daß man die Officierknechte, die Marketender und andere unbewaffnete oder nicht zum Fechten verpflichtete Leute, auf einige Monate unter die Compagnien steckt.

14. Um die nothwendigsten Stellen beym Fuhrwesen zu ersetzen, finden sich selbst im feindlichen Lande Leute, die man dazu brauchen kann. Da nun die nicht fechtenden Personen bey einem Heere gewöhnlich den 5ten Theil desselben ausmachen, so erwächst daraus schon eine ansehnliche Verstärkung; nur muß man solchen Leuten eine baldige Erlassung, einige Vorrechte und einen verstärkten Sold zusichern.

Zweyter Abschnitt.

Grundsätze zur Vermeidung der Schlacht.

I. Hauptgrundsatz. Die Vermeidung der Schlacht ist im Allgemeinen in jeder kriegerischen Lage nützlich und nöthig.

A. Grundsatz. Die Schlacht ist zu vermeiden, wenn die Niederlage wahrscheinlicher als der Sieg ist.

§. 17.

a. Lehrsatz. Mit einer muthlosen Armee ist kein Treffen zu wagen, doch ist alles zur Wiederbelebung des Muths anzuwenden.

1. Es ist bey der jetzigen Taktik und der außerordentlichen Menge Artillerie, die selten durch eine Niederlage des Feindes, großen entscheidenden Vortheil in der fernern Kriegsführung gestattet, weit mehr der Fall eine Schlacht vermeiden als suchen zu müssen.

2. Wir wissen, eine Schlacht ist das gewagteste Mittel unter allen, welche durch die Kriegeskunst dargeboten werden, um einen Kriegeszweck zu erreichen. Oft setzt man den Feind schon allein durch die Vermeidung der von ihm gewünschten Schlacht in die größte Verlegenheit, und zwingt ihn

ihn wohl gar zur Aufgebung seines ganzen, durch unsere Niederlage zu begünstigenden Entwurfs.

3. Der richtige Ueberblick derjenigen Lagen, welche uns vorzüglich die Vermeidung der Schlacht vorschreiben, so wie die Auffindung und Anwendung der Mittel, durch welche wir diese Absicht erreichen müssen, ist also wahrlich nicht minder schwer, als die vortheilhaftesten Augenblicke und Lagen zur Lieferung einer Schlacht zu benutzen.

4. Eine Schlacht vermeiden, heißt also sich in den Stand setzen, daß es dem Feinde unmöglich, oder wenigstens so sehr gefährlich wird uns anzugreifen, daß er jeden Augenblick den Untergang seiner fernern Widerstandsfähigkeit vor Augen sieht.

5. Es giebt überhaupt drey Grundursachen, warum man eine Schlacht vermeiden muß, und dies sind folgende:

a. Wenn es wahrscheinlicher ist, daß man die Schlacht eher verlieren als gewinnen wird.

b. Wenn man zukünftige bessere Umstände, um die Schlacht zu liefern, voraussieht.

c. Wenn überhaupt bey dem Siege weniger Vortheil, als bey der Niederlage Verlust in der fernern Führung des Krieges zu erwarten ist.

6. Was den ersten Punkt betrifft, so tritt er vorzüglich in folgenden Fällen ein: Wenn die eigenen Truppen noch nicht gut sind. Dies kann der Fall seyn, wenn das Heer aus neu Geworbenen besteht, oder wenn die alten Regimenter schon seit einiger Zeit die Gefahren des Krieges nicht mehr aus naher Erfahrung kennen. Denn die Tapferkeit, so wie die Kriegeserfahrung nimmt stets durch eine unterbrochene Anwendung ab.

7. Es können selbst die Truppen zur Lieferung einer förmlichen Schlacht wenig taugen, und dennoch alle übrige kriegerische Unternehmungen, als Postenangriffe, Belagerungen, Märsche sehr gut ausführen. In diesem Falle bie-

tet diese Eigenschaft hinlänglichen Grund dar, eine jede förmliche Schlacht zu vermeiden.

8. Oft stellen sich die Truppen, als wenn eine Schlacht ihr sehnlichster Wunsch sey, klagen aber die Umstände an, die eine Erfüllung desselben nicht zuliessen. Hier stimmen nun Worte und Gefühl nicht mit einander überein, und man darf dennoch bey diesem auf solche Art geäußerten Wunsche keine Schlacht wagen, wenn man nicht dabey die wahre Denkungsart des Soldaten erforscht hat.

9. Dies kann nun am besten durch verkleidete getreue Officiere geschehen, die sich mit den Soldaten in allerley vertrauete Gespräche einlassen, und auf eine geschickte Art ihre Stimmung zu erfahren suchen.

10. Dabey müssen aber diese Officiere von der Wichtigkeit ihres Geschäfts überzeugt seyn, und nicht, um dem Feldherrn vielleicht einen Gefallen zu erzeigen, sich verleiten lassen, ihm die strengste Wahrheit von dem, was sie gehört haben, zu verhehlen.

11. Die Tapferkeit des Heers kann der Anführer auch dadurch auf die Probe stellen, daß er vorgiebt, als sey eine sehr gefährliche Unternehmung im Werke, und daß deswegen anbefohlen wird; wer sich unpäßlich befinde, oder mit keinem tüchtigen Gewehr oder Pferde versehen sey, solle austreten. Findet sich nachher bey der genauen Untersuchung dieser Sachen, daß ihre Brauchbarkeit erwiesen wird, so war die Läugnung derselben eine Würkung der Furcht.

12. Es ist zwar ein sehr großer Fehler, wenn ein Feldherr die Feigheit seiner Leute ausschreyen wollte, doch würde es eben so nachtheilig seyn, die erschrockenen Truppen im Lager zu behalten. Ist es daher irgend möglich, so muß man sie gegen die Besatzung eines im Lande liegenden, unwichtigen, oder sonst gedeckten Posten austauschen, oder nach einem andern Heere, gegen eine andere feindliche Nation schicken, wo sie dann vielleicht tapferer seyn werden.

13. Rührt die Muthlosigkeit von der Furcht her, welche die Truppen vor irgend einem besondern feindlichen Corps

haben,

haben, so muß man sie gegen dasselbe anfänglich vor einem Hauptgefechte sicher stellen, aber durch wiederholte kleine Scharmützel den Leuten zeigen, daß der Feind nicht unüberwindlich ist.

14. Wir halten uns stets in feste Posten nahe an ihn, damit die Leute seinen Anblick gewohnt werden, und sich durch kluge Vorstellungen den unglücklichen Erfolg eines Vorfalls aus Sachen erklären, die dabey zufällig auf des Feindes Seite waren. Dasselbe Mittel ist auch am tauglichsten, den Muth von Leuten zu beleben, die noch nie einen Feind sahen.

15. Ist aber der Feind, gegen den man streitet, schon öfterer unser Sieger gewesen, so entsteht aus solchen Vorfällen gewöhnlich die mehrste Muthlosigkeit der Soldaten. Man muß dann genau auf die Officiere Achtung geben lassen, die etwa durch zweifelhafte, oder gar nachtheilige Reden diese Furcht unterhalten, und einigen zum Beyspiel anderer, öffentlich deswegen Verweise geben, — bleiben diese ohne Würkung, mit Schimpf fortjagen.

16. Jeder ehrliebende Officier wird im Gegentheil alle Nachrichten, die den Muth der Krieger herstellen, und die Entwürfe seines Feldherrn befördern können, stets bestätigen.

17. Dieserhald muß auch den Spionen befohlen werden, nur dasjenige unter dem Heere auszubreiten, und zwar mit einer schicklichen Vergrößerung, was den Muth des Gemeinen vermehren kann; es müßte denn seyn, daß solche Nachrichten, wegen irgend eines geheimen Plans, dessen Mittel nicht bekannt werden dürfen, nicht ausgebreitet werden könnten.

18. Um die Vorstellung der Soldaten von den Furcht erregenden Gegenständen so viel als möglich abzulenken, so muß man ihnen etwas zu arbeiten geben, wenn auch diese Beschäftigungen zu nichts anderm dient, als diesen jetzt gefährlichen Müssiggang zu hemmen.

19. Verbindet der Feldherr hiermit stete Freundlichkeit, gut angebrachte Aufmunterungen und Belohnungen; greift er mit kleinen Detaschements der tapfersten Leute, auf einem für ihn vortheilhaften Terrain, und unter günstigen Umständen, etwas stärkere feindliche Trupps an, und schlägt sie, so verfliegt die Furcht seiner Leute und wandelt sich gewöhnlich in Muth und Standhaftigkeit um.

20. Sollten dabey einige Partheyen geschlagen werden, so muß dem ungeachtet, durch frische Trupps das Auflauern der feindlichen Partheyen an vortheilhaften Orten fortgesetzt werden.

21. Bleiben die Truppen diesem allen ungeachtet misvergnügt, so muß man wenigstens auf das strengste verhüten, daß sie sich nicht auf den Vorposten mit den Feinden in Gespräche einlassen. Am besten ist in diesem Falle die Entfernung vom Feinde. Dadurch wird zugleich der Desertion vorgebeugt, die bey solchen Gelegenheiten am stärksten ist.

§. 18.

b. Lehrsatz. Mit einem durch Marsch oder Mangel abgematteten Heere darf keine Schlacht gewagt werden; der schnell entstehende Enthusiasmus ist dann aber vortheilhaft zu benutzen.

1. Oft fehlt es dem Soldaten zwar nicht an Muth, sondern er ist nur über die bisher ertragenen Beschwerlichkeiten, über die auszuführenden Arbeiten unzufrieden.

2. In diesem Falle muß man stets dem Soldaten die Hofnung zu einer baldigen Verbesserung durch eigenes Zureden einflößen, und sich selbst nicht zu gut halten, alle Beschwerlichkeiten gleich dem gemeinen Mann zu ertragen; dies ist das beste Mittel seinen Willen lenkbar zu machen.

3. Erblickt man nun aber endlich eine enthusiastische Stimmung des Heers, und man ist einmal durch den Drang der Umstände zur Lieferung einer Schlacht, oder eines sonstigen gefährlichen Unternehmens gezwungen, so muß auch, sobald

sobald als möglich, diese günstige Stimmung benutzet werden, ehe sie ein neuer unvorhergesehener Zufall zerstört.

4. Der Aberglaube hat schon manchesmal einem Heere den Muth benommen. Oft giebt ein gewisser Ort oder ein Tag, welcher ehemals für uns unglücklich gewesen war, Gelegenheit dazu. Die Würkung ist noch stärker, wenn es dieselben Heere sind, welche eine solche Begebenheit veranlaßten.

5. In diesen Fällen ist es dann äußerst nöthig, die Schlacht so lange zu verschieben, bis die Zeit oder ein klug benutzter Zufall das Schrecken der Soldaten verwischt hat, indessen aber eine ganz andere Ursache dieser Verzögerung vorzuwenden.

6. Ein neuer Grund zur Vermeidung der Schlacht, wenn etwa der Feind eine solche anbieten sollte, — muß dem Feldherrn die lange Dauer oder die große Beschwerlichkeit eines eben geendigten Marsches seyn. Denn zöge sich nachher die dennoch gelieferte Schlacht nur etwas in die Länge, so verliert das Heer höchst wahrscheinlich durch die große Müdigkeit den Muth, vorzüglich wenn es sich in einem Lande befindet, dessen Klima ihm ungewohnt ist. Ueberdies hat der schon vor der Schlacht abgemattete Soldat nach dem Siege weder Kraft, den Feind zu verfolgen, noch sich zu retten, wenn er geschlagen wird.

7. Ganz derselbe Fall ist es, wenn das Heer einige Zeit Mangel an Lebensmitteln gehabt hat, indem dann seine Kräfte gleichfalls sehr geschwächt sind. Die Tapferkeit, die nun den Soldaten beleben kann, läßt sich nur von der Verzweiflung erhalten, die seine Lage einflößt; und obgleich in solchem Falle dieselbe oft das Heer rettet, so ist dies doch keineswegs allgemein nützlich, sondern es können Umstände eintreten, die die Stimmung des Heers so verändern, daß in einem Gefechte von ihr mehr zu befürchten als zu hoffen ist.

§. 19.

c. Lehrsatz. Eine Schlacht ist zu vermeiden, wenn das Schlachtfeld zu nachtheilig, oder die anzugreifende feindliche Stellung zu stark ist.

1. Wir wissen bereits aus der Kriegeskunst, daß der Vortheil des Schlachtfeldes zum Siege mehr beyträgt, als die Anzahl, und zuweilen auch mehr, als die Güte der Streiter.

2. Hieraus folgt daher die Regel: daß, wenn die Nähe des Feindes, oder die Gefahr der gegenwärtigen Lage, eine Schlacht leicht herbeyführen könnte, man doch derselben soviel als möglich ausweichen muß, wenn das Schlachtfeld, das die Armee einzunehmen hätte, für uns nachtheilig, dem Feinde aber vortheilhaft wäre.

3. Worin diese vortheilhafte oder nachtheilige Lage des Schlachtfeldes, in Rücksicht der Stärke und Einrichtung der beyderseitigen Armeen bestehe, haben wir bereits aus der Kriegeskunst ersehen, und wir wiederholen hier nur kurz folgendes.

4. Eben der Platz, welcher dem einen Heere sehr nachtheilig ist, kann dem andern höchst vortheilhaft seyn, und wenn selbst der Sieg in einer solchen nachtheiligen Lage erfochten würde, so macht er dennoch dem Feldherrn nicht so viel Ehre, als wenn er ihn auf einem Terrain gewann, das, ungeachtet es für den angreifenden Feind entscheidende Nachtheile zeigt, ihn dennoch zum Angriff zwingt.

5. Kann der Feldherr das Schlachtfeld nicht gehörig recognosziren, oder Mittel zur Abwendung der daraus entspringenden Nachtheile vorkehren, kennt er die Wege zum Rückzuge nicht, vorzüglich wenn die Schlacht in der Nacht vorfallen soll; ist die Beschaffenheit des Terrains der Fechtart unserer Hauptwaffe, oder der Gewohnheit, wie unsere Truppen streiten, überhaupt nicht günstig; ferner, ist der gegenwärtige Platz schon einmal der Zeuge, eines unserm Heere widerfahrnen Unglücks gewesen, oder liegt derselbe am

am Meerufer, so daß man bey der Schlacht die Kanonade einer feindlichen Flotte in die Flanke oder in den Rücken zu befürchten hätte; ist endlich die Gegend sehr beschlossen und das Heer stark: so ist in allen diesen Fällen der Wahlplatz für uns sehr nachtheilig, und eine Schlacht aus diesem Grunde darauf zu vermeiden.

6. Derselbe Fall ist es, wenn man Sonne, Wind und Regen gegen sich hat, wenn die Gegend, in der das Lager steht, einer leicht zu veranstaltenden Ueberschwemmung ausgesetzt ist; wenn wir dem Feinde in einem sehr schwachen Lager so nahe ständen, daß ein Angriff von ihm vorzüglich dann leicht wäre, wenn fouragirt oder Wasser und Holz geholt würde; endlich wenn sich unser Heer im Marsche befindet, so ist eine Schlacht, die wir nicht vermutheten, stets gefährlich.

7. Denn nicht zu gedenken, daß dann immer durch irgend eine Ursache eine große Menge von Leuten fehlen, so ist uns auch wahrscheinlich das Terrain entgegen, indem der Feind mit seinem Angriffe natürlich so lange warten wird, bis er uns in einer Gegend weiß, die alle Vortheile nur ihm darreicht.

8. Ein neuer Grund, warum ein Feldherr die Schlacht vermeiden muß, ist die große Stärke der feindlichen Stellung, oder die verzweifelungsvolle Lage des Feindes, z. B. wenn sein Rückzug gesperrt ist, oder ihm, aus andern Gründen nach der Niederlage keine Rettung übrig bleibt.

9. Eben so unbesonnen wäre es gegen einen Feind eine Schlacht zu wagen, der einen Zufluchtsort in der Nähe besitzt, worin er des Verlustes ungeachtet, den er in der Schlacht erlitt, sich noch ferner mit gleicher Kraft uns entgegensetzen kann, während wir in einem ähnlichen Falle einen Rückzug machen müßten, und auf demselben wahrscheinlich ungleich mehr Leute, als im Gefecht selbst verlieren würden.

B. Grundsatz. Die Schlacht ist zu vermeiden, wenn sich in der Folge günstigere Gelegenheiten darzu darbieten werden.

§. 20.

a. Lehrsatz. Die Schlacht ist zu vermeiden, wenn durch Unordnung, Mangel, Desertion oder nöthiges Detaschiren eine Schwächung des Feindes bevorsteht.

1. Der zweyte Hauptgrund, warum eine Schlacht zu vermeiden, ist, wenn wir überzeugt sind, es werden sich in der Folge Umstände zutragen, die zur Lieferung der Schlacht günstiger als die gegenwärtigen sind, und den Sieg mit weniger Aufopferung und vielleicht auch mit größerm Vortheile darbieten. Solche Fälle sind nun vorzüglich folgende:

2. Sind einige von den vornehmsten Generalen, auf welche nicht nur der Soldat das mehrste Vertrauen setzt, sondern die auch der Feind am meisten fürchtet und der Feldherr sie selbst wegen ihrer großen Talente und Erfahrung, als die tüchtigsten zu Anführern kennt, entfernt; so ist es vortheilhaft, wenn er die Schlacht so lange verschieben kann, bis sie wieder ihre Posten eingenommen haben.

3. Man muß keine Schlacht wagen, wenn man überhaupt eine Verrätherey argwohnt, ohne den Anführer derselben, so wie die verschwornen Truppen genau zu kennen. Denn hat man gegen irgend einen Theil gegründeten Verdacht, so braucht man ihn nur unter einem Vorwande an einen solchen Posten zu schicken, wo kein Schaden zu befürchten ist, und ihn so lange daselbst zu lassen, bis die Beweise unläugbar sind.

4. Ist der Krieg erst angegangen, und man hat zum Siege keine andere als die gewöhnlichen Mittel, so muß man keine Gelegenheit zur Schlacht suchen. Denn man beurtheilt die Tapferkeit des Heers und die Talente der Feldherrn gewöhnlich aus der ersten großen Begebenheit. Der

im

im Anfange eines Kriegs erworbene Ruhm hilft aber außerordentlich viel, ja es gründen sich oft alle Unternehmungen des ganzen Feldzugs darauf.

5. An einem regnigten Tage, in der größten Tageshitze gleich nach einem ermatteten Marsche zu schlagen, vorzüglich wenn das Heer wenig zur Ertragung der Beschwerlichkeiten gewöhnt ist, ferner wenn die feindliche Armee in Aufruhr begriffen ist, wäre eine große Unbesonnenheit.

6. Vorzüglich im letztern Falle könnte sie sehr übel ausschlagen, wenn die gemeinschaftliche Gefahr die Einigkeit des Feindes plötzlich wieder herbeyführte, und die ganze Fülle seiner Wuth uns zum Ziele nähme. Hat man aber sichere Verständnisse mit einem Theile des Feindes, und den Beystand desselben zu hoffen, so ist im Gegentheil der Angriff auf ein revoltirendes Heer rathsam.

7. Kann man mit Grund vermuthen, der Feind wird aus Mangel der Lebensmittel und Fütterung, entweder die angefangene Unternehmung aufgeben müssen, oder einen großen Verlust an Leuten und Pferden erleiden; so sucht man die Schlacht auf alle mögliche Art zu vermeiden, oder wenigstens so lange aufzuschieben, bis sich der Feind genug geschwächt hat.

8. Derselbe Fall wäre es, wenn der Feind Geldmangel zu befürchten hat, und sich seiner bequemern Unterhaltung wegen, näheſtens zur Vertheilung auf das Land wird gezwungen sehen.

9. Aus dem Mangel des Geldes und der Lebensmittel, auch aus zu großem Ueberfluß dieser Bedürfnisse, entspringen die gefährlichsten Krankheiten und Unordnungen. Es ist also vortheilhaft, daß der Feldherr so lange eine Schlacht vermeidet, bis diese unglückliche Lage, die leicht voraus zu sehen ist, das feindliche Heer so geschwächt hat, daß uns der Sieg nicht mehr streitig gemacht werden kann.

10. Dies wird noch sicherer geschehen, wenn man den so geschwächten Feind dann gerade zu einer Jahrszeit angreift,

greift, deren Beschwerlichkeiten er vielleicht wegen seines entfernten Geburtslandes nicht gewohnt ist.

11. Oft nimmt die Desertion beym feindlichen Heere deswegen überhand, weil die Soldaten desselben unser Heer für zu sehr überlegen halten, oder weil sie das Land auszuplündern denken. In solchem Falle braucht man nur viele Partheyen auszusenden, und sich mit dem Hauptheere einige Zeit stille zu halten; und diese Beförderung der Desertion beym feindlichen Heere wird dasselbe bald so geschwächt haben, daß seine Niederlage gewiß ist.

12. Hat man ein aus mehrern Völkerschaften bestehendes Heer vor sich, so ist fast immer zu vermuthen, daß unter demselben Uneinigkeit entstehet, vorzüglich wenn diese Nationen schon bey andern Gelegenheiten Proben ihrer Unbeständigkeit gegeben haben, oder wenn eine fortdauernde Anstrengung zur Ausführung einer Unternehmung, sie gleich verdrießlich macht.

13. In solchen Fällen muß man nun mit der Schlacht so lange warten, bis der Aufruhr ausgebrochen, und ein Theil sich von dem andern getrennt hat.

14. Ueberhaupt muß man also in alle den Lagen die Schlacht vermeiden, wo eine Schwächung des Feindes, und eine Verstärkung des eigenen Heeres bevorstehet. Denn in beyden Fällen erhält unsere Streitkraft einen das Gefecht vielleicht schon allein entscheidenden Zuwachs; überdem ist es Regel, das Verhältniß der feindlichen Streitkraft gegen die unsrige, auf alle Art zu unserem Vortheile so viel als möglich zu vergrößern.

§. 21.

b. Lehrsatz. Die Schlacht ist zu meiden, wenn irgend ein nachtheiliger Umstand den Feind zwingt, sich aus seiner starken Position auf ein uns günstiges Terrain zu begeben.

1. Ein anderer Grund zur Vermeidung einer Schlacht ist, wenn der Feind durch die Umstände gezwungen wird, ein

ein für ihn höchst nachtheiliges Schlachtfeld zu betreten, und wo man ihn ohne diejenigen Vortheile in seiner Stellung gegen sich zu haben, mit Vortheil angreifen kann.

2. Ein solcher Fall wird entstehen, wenn unsere Bewegungen den Feind ebenfalls nothwendig zu anderen zwingen, die ihn unmerkbar an einen Ort ziehen, der sein Schicksal in unsere Hände giebt.

3. Derselbe Fall würde wahrscheinlich eintreten, wenn der Feind in einem sehr starken Lager uns gegenüber stände, endlich aber aus Mangel der Lebensmittel zum Aufbruche gezwungen ist, und nothwendig seinen Marsch durch eine Gegend nehmen müßte, die weder für die gewöhnliche Fechtart, noch für die Hauptwaffe seines Heers bey einem plötzlichen Anfalle vortheilhaft wäre.

4. In diesem Falle müßte man aller Lockungen ungeachtet, die der Feind wahrscheinlich uns zu einem frühern Angriff geben würde, mit demselben doch nothwendig so lange warten, bis er völlig aufgebrochen und in Marsch begriffen ist, um dann, während man seiner Arriergarde stets zusetzt, ihn mit dem Kerne des Heers in einer Gegend einzuholen, und vielleicht in einem Posten zuvorzukommen, wo uns der Sieg leicht wird.

C. Grundsatz. Die Schlacht ist zu meiden, wenn überhaupt weniger dabey zu gewinnen, als zu verlieren ist.

§. 22.

a. Lehrsatz. Es ist weniger dabey zu gewinnen als zu verlieren, wenn das Terrain des Kriegesschauplatzes, die Masse und Gattung der beyden Armeen dem Feinde das entscheidende Uebergewicht geben.

1. Die dritte Hauptursache zur Vermeidung der Schlacht tritt ein, wenn es wahrscheinlich wird, daß der Sieg nach Verhältniß weit weniger Vortheile bringt, als aus der Niederlage Nachtheile erwachsen können. Dieser Umstand findet nun vorzüglich in folgenden Fällen Statt.

2. Wenn

2. Wenn die Hauptstärke des Feindes in einer guten und bessern Reiterey, als die unsrige ist, besteht, und der Schauplatz des Krieges sehr eben und sich zu den Manövres der Reiterey schickt.

3. Denn wenn wir auch hier den Sieg erfechten, so betrift die Niederlage nur vorzüglich die feindliche Infanterie, da bey einem Siege des Feindes der Untergang unseres ganzen Heers zu befürchten ist. Diese Gefahr wächst, wenn dem Feinde der Rückzug leicht, uns aber schwer wird.

4. Diese Ursachen zur Vermeidung der Schlacht liegen in der Zusammensetzung der Heere und der Beschaffenheit des Terrains, sie würken vorzüglich am Tage der Schlacht, die folgenden entspringen aber mehr aus der Lage des Kriegs im Großen, und der beyderseitigen Ergänzungsmittel der abgehenden Kriegsbedürfnisse.

5. Man muß nämlich eine Schlacht vermeiden, wenn die Natur des Landes, darin der Krieg geführt wird, die geringe Anzahl der Truppen, die uns nach der Niederlage übrig bleiben würde, und wegen unzählig anderer Umstände mehr, die Anschaffung frischer Leute, Pferde und anderer Kriegsbedürfnisse, weit mehr Zeit und Kosten verursachten, als der Feind in demselben Falle zur Ergänzung bedürfte.

§. 23.

b. Lehrsatz. Die Schlacht ist zu meiden, wenn der Feind nahe Schlupfwinkel hat, wir nicht, und wenn die Lage und Versorgung seiner Basis schnell den Verlust ersetzen kann, als dies bey uns der Fall ist.

1. Wenn die Vestungen und Magazine des Feindes in sofern besser als die unsrigen sind, daß dadurch die Folgen des Sieges auf seiner Seite größer und günstiger, als auf der unsrigen werden können, so ist die Schlacht zu meiden. Wer einen bloßen Vertheidigungskrieg führt, dem fällt die Ergänzung seines Heers nach einer Niederlage weit schwerer als dem Feinde.

2. Denn

2. Denn indem sein Land beyde Heere ernähren muß, so wird es auf das äußerste ausgesogen, und kann also die nöthigen Bedürfnisse nur mit der größten Beschwerlichkeit aufbringen; auch sind nicht selten schon ohnedies die Einwohner vielleicht dem Feinde geneigt, und würden das Heer bey einer Niederlage um so eher aufreiben können, wenn es gezwungen würde, sich durch die Verstärkung der nun bedroheten zu schwächen.

3. Schlägt man den Feind in dem eigenen Gebiete, so verursacht ihm die Ersetzung seines Verlustes sehr wenig Schwierigkeit, indem sein Land noch nicht das Geringste gelitten hat, folglich alles, was er bedarf, im Ueberfluß liefern kann.

4. Führt man also einen blosen Vertheidigungskrieg, so muß erwogen werden, daß der Sieg uns gewöhnlich keine weitern Vortheile verschafr, als den Feind vielleicht nur auf einige Zeit vom Halse gewiesen zu haben, dahingegen bey einer Niederlage nicht allein eine große Schwächung des Heers, sondern auch vielleicht der Verlust einer ganzen Provinz bevorsteht.

5. Hieraus erhellt die fast allgemeine Regel, daß in jedem Defensivkriege die Hauptschlachten auf allen Fall stets zu vermeiden sind. Nur dann kann man hiervon abgehen, wenn die eigene Grenze noch außerdem hinlänglich gedeckt ist, und der Feind uns wahrscheinlich zu einem nachtheiligen Gefecht zwingen wird, wenn wir es nicht jetzt aus freyem Willen liefern.

6. Wäre zu besorgen, daß nach der Niederlage ein Theil der Unterthanen in Aufstand gerathen würde, so muß man die Schlacht vermeiden, denn man würde im unglücklichen Falle Land und Heer zugleich verlieren, und die Trümmer des letztern fast nicht retten können.

7. Ist man aber überzeugt, das Land werde sich, auch ohne daß es zur Schlacht kommt, auf des Feindes Seite wenden, so ist es besser, daß man sie wage; denn der

Sieg

Sieg jagt den Feind, den Hülfsleister der Empörer fort, und ihre Unterwerfung wird bald folgen.

8. Liegt das aufgestandene Land so an der Grenze, daß man es bey einer Niederlage doch verlassen müßte, so ist dies ein Grund mehr die Schlacht zu wagen.

§. 24.

a. Lehrsatz. Eine Schlacht ist zu meiden, wenn dadurch in der Folge der Grenze ihre fernere Vertheidigungskraft geraubt, oder die politische Verbindung mit andern Staaten zu unserm Nachtheile sich wenden kann.

1. Ueberhaupt muß man also eine Schlacht vermeiden, wenn wir durch die Niederlage die Hülfsquellen zum Kriegführen verlieren, und der Feind sie vielleicht eben dadurch gewinnen könnte.

2. Dies würde z. B. auch der Fall seyn, wenn die Niederlage mächtige Bundesgenossen von uns abwendet, sie vielleicht aus Furcht vor dem Sieger auf dessen Seite zu treten zwingt, oder sie doch neutral erhält. Ist man aber von dem Abgange dieser Hülfe schon vorher überzeugt, so ist es freylich besser die Schlacht zu wagen, indem sie der Sieg vielleicht zurückhält.

3. Befindet sich ein bis jetzt neutral gebliebener mächtiger Staat in der Nähe, der nur darauf wartet, eine günstige Gelegenheit zur völligen Unterdrückung desjenigen der beyden kriegenden Theile anzuwenden, welcher zuerst den größten Verlust leidet; so ist dies ein Fall, wo ein Feldherr die Schlacht mit der größten Behutsamkeit vermeiden muß.

4. Eine Schlacht muß also auch in dem Falle stets vermieden werden, wo dem Feinde durch die behutsame Behauptung aller Vortheile der Vertheidigungsfronte, jeder Schritt vorwärts höchst beschwerlich und blutig gemacht werden kann, da im Gegentheil die Niederlage unseres Heers seine Vertheidigungs- und Widerstandskraft so schwächen würde, daß es, um sich wieder zu verstärken, sich von

den

den nun unhaltbaren Posten tief ins Land zurückziehen muß, und also gezwungen wird dem Feinde alle die Posten frey zu geben, die ihm den Einbruch ins Land sichern.

5. Endlich muß man stets eine Schlacht vermeiden, wenn der dadurch bezweckte Streich auch durch andere kriegerische Mittel erlangt werden kann. Diese Regel schreibt uns der Grundsatz vor, unsere Streitkraft auf alle mögliche Art zu schonen, und die Gelegenheiten zu vermeiden, wo große Gefahr der Auflösung vorhanden ist.

6. Wo findet dies aber wohl mehr Statt, als bey einer Schlacht, die ungeachtet der unzähligen Vorsichten durch den kleinsten Umstand für uns unglücklich werden, und dann auf immer allen Widerstand unmöglich machen kann.

7. Ein Feldherr muß also stets, will er sonst seinen wahren Ruhm gründen, die Ausführung seines Entwurfs nur dann auf dieses Glücksmittel bauen, wenn weder gut verbundene und berechnete Bewegungen noch die Summe der Vortheile kleiner Gefechte, noch die Wahl entscheidender Stellungen, ihn seinem Zweck näher zu führen vermögen.

II. Hauptgrundsatz. Alle Sicherungsmaaßregeln der Kriegeskunst sind die Mittel zur Vermeidung der Schlacht.

A. Grundsatz. Es ist bey der Anordnung zur Sicherheit nöthig die feindlichen Schlingen genau zu kennen.

§. 25.

a. Lehrsatz. Wenn die Armee einen starken gut deckenden Posten besitzt, so muß sie sich durch keine feindliche Unternehmung heraus locken lassen, da diese doch ohne Eroberung unsers Postens keine entscheidende Folgen haben kann.

1. Bisher haben wir die Fälle betrachtet, in welchen es nöthig ist eine Schlacht zu vermeiden, und es wird sehr wenig Feldzüge geben, wo ein Feldherr nicht einige Zeit hierzu gezwungen wäre. Wie ist es aber nun möglich, gegen

einen unternehmenden Feind, der eben darum die Schlacht sucht, weil wir sie vermeiden, das Schlagen zu umgehen?

2. Hier folgen die dazu dienlichen Mittel, doch reichen sie selten gegen einen großen Feldherrn hin. Denn es ist einmal gewiß, die Vertheidigung ist schwerer als der Angriff, weil man bey ihr gegen alle Fälle, und selbst gegen das Ungefähr sich decken muß; der Angreifer hingegen macht sich Zeit und Gelegenheit zu nutze, und wartet, bis sie entscheidend wird.

3. Wenn man daher aus irgend einem Grunde eine Schlacht vermeiden will, so muß man sich auf keine Art von dem feindlichen Feldherrn verführen lassen; z. B., wenn er einen strengen Befehl seiner Regierung zur eigenen Vermeidung der Schlacht vorgiebt, dieserhalb mancherley Bewegungen macht, und dabey Blößen zeigt, die uns locken sollen, und welche bey einer einzigen Bewegung, die der Feind noch in seiner Gewalt hat, wegfallen würden.

4. Eben so wenig muß man sich durch eine auf feindlicher Seite vorgenommene Detaschirung, die ins Geheim schleunig wieder zurückkommen könnte, wenn man nicht von ihrem Marsche über einen gewissen Punkt hinaus versichert ist, so wie auch nicht durch ein von feindlichen Generalen angebotenes Verständniß, wenn es nicht mit Geißeln begleitet wird, täuschen lassen.

5. Selbst der Aufbruch und die Passage des ganzen feindlichen Heers durch ein Defilee, darf uns nicht zur Folge in dasselbe locken, wenn man nicht überzeugt ist, der Feind könne vor dem gänzlichen Durchgange unserer Armee, nicht zurückkehren, und uns unversehens mit Uebermacht anfallen. Noch weit weniger muß uns die verringerte Zahl der feindlichen Zelte herbey rufen.

6. Damit man sich nicht durch eine vom Feinde unternommene Belagerung zur Lieferung einer Schlacht gezwungen sieht, so muß sich der Fürst des Landes nie in einen Posten werfen, der eine feindliche Berennung befürchten müßte, und ohne Schlacht nicht entsetzt werden könnte.

7. Belagert der Feind eine andere Vestung, so muß man dies vorher gesehen, das Unternehmen durch eine gute Versorgung des Platzes mit allem Nöthigen, fast bis an die Grenzen der Unmöglichkeit gebracht haben, und zu seiner Rettung, wenn die Gründe zur Vermeidung der Schlacht triftig sind, alle die Mittel in Ausübung setzen, welche die übrigen Theile der Kriegeswissenschaft zur Vertreibung des Feindes darbieten. — Derselbe Fall wäre es auch, wenn der Feind uns durch Verheerung des Landes herbeylocken wollte.

§. 26.

b. Lehrsatz. Man muß den Feind wo möglich bis zur Beziehung einer starken deckenden Position, durch bedrohende Scheinbewegungen von sich entfernt zu halten suchen.

1. Oft kommt es darauf an, den Feind nur einen oder ein paar Tage von sich entfernt zu halten, indem man unterdessen einen festen Posten gewonnen, oder sich so verschanzt hat, daß ein feindlicher Angriff nicht mehr zu fürchten ist.

2. In diesem Falle ist es vielleicht hinlänglich, ein Verständniß mit einigen feindlichen Generalen oder Truppen vorzugeben, denn der feindliche Feldherr darf dann nicht gleich den Angriff wagen, bevor er nicht der Sache auf den Grund gekommen ist.

3. Oder man kann in der Nacht heimlich ein ansehnliches Corps aus dem Lager fortgehen, und dasselbe den Morgen mit allem militairischen Pomp wieder einrücken lassen, indem man vorher die nahe Ankunft einer Verstärkung ausgesprengt hat. Kann man diese Nachricht dem Feinde durch einen hintergangenen Spion, und durch das Aufstellen mehrerer Zelte und Fahnen, glaubwürdiger machen, so muß man es nicht unterlassen.

4. Auch kann man vielleicht den Feind durch eine vorgespiegelte Schlachtordnung, deren hinterste Glieder mit den Troßknechten des Heers verstärkt sind, so lange hintergehen, bis man sich vor seinem Anfalle in Sicherheit gesetzt hat.

5. Hat man eine angekommene Verstärkung des Heers vorgegeben, und dasselbe bricht in Gegenwart des Feindes auf, so müssen die Glieder etwas geöffnet werden, damit der Zug desto länger scheine, auch ist vorher auszusprengen, man würde nun bald den Feind selbst anfallen.

6. Um ihm eine solche Verstärkung noch glaubhafter zu machen, so läßt man scharmuziren, schickt aber die dazu bestimmten Trupps nicht allzuweit vor, und sie selbst müssen nicht anders wissen, als daß das Heer wirklich verstärkt ist. Außerdem würde jeder Ueberläufer oder Gefangene die ganze Sache verrathen.

7. Wollte man die Trupps nicht unterstützen, indem sie zu weit vorgehen, so würde man Schwäche verrathen, und im entgegengesetzten Falle, leicht in ein Hauptgefecht verwickelt werden können.

8. Diese bisher angegebenen Mittel sind vorzüglich nur dann nutzbar, wenn man aller Mühe ungeachtet nicht verhindern kann, daß sich der Feind unserm Lager auf eine Zeitlang nähern, man sich nun anders wohin ziehn oder sich verschanzen, und also hierzu die Zeit gewinnen soll. Denn sie sind alle von der Art, daß ihre Würkung auf den Entschluß des Feindes nur eine kurze Zeit dauern kann, nach welcher er das ganze Blendwerk durchschauen wird.

9. Wäre dabey würklich eine Verstärkung zu hoffen, so muß man solche Anstalten machen, die dem Feinde einen nahen Angriff verkündigen, im Fall er durch ein Corps der Verstärkung den Weg verlegen wollte.

10. Muß die Verstärkung nothwendig durch einen vom Feinde besetzten Paß zu uns stoßen, so wird heimlich mit dem Anführer derselben die Zeit und Ordnung abgeredet, in der man ihn von dieser Seite unterstützen will.

11. Sollte alsdann der Feind die ganze bevorstehende Bewegung entdecken, und sein plötzlicher Angriff auf die ankommende Verstärkung uns durch unsere Spione angezeigt seyn, so setzt sich dieselbe in dem nähesten starken Posten, den sie findet.

12. Fällt dann der Feind vor ihr auf die herzueilende Unterstützung zurück, so muß die Verstärkung aus ihrem festen

sten Posten den Feind in den Rücken fallen. In solchem Falle wird er dann wahrscheinlich, um einer Niederlage zu entgehen, weichen, und die Vereinigung freylassen.

B. Grundsatz. Man muß in allen kriegerischen Lagen sich wenigstens gegen das nachtheilige Gefecht sicher stellen.

§. 27.

a. Lehrsatz. Die Armee muß stets starke Positionen in der Nähe ihrer sichern Magazine wählen, und sich nur selten schnell, kurz und mit aller Vorsicht bewegen, dabey aber den Feind stets aus der Entfernung mit Detaschements necken.

1. Eine Hauptregel bey der Vermeidung der Schlacht ist also, stets Positionen zu wählen, die durch Natur sehr stark sind, und so leicht nicht forcirt werden können.

2. Ist die Natur nicht günstig genug, so deckt man sich durch Verschanzungen, und sucht die Zeit zu gewinnen, die man zu ihrer Erbauung gebraucht. Alsdann ist man auf seiner Huth, und schonet die Fourage, damit man weder überfallen, zu öfterm und starkem Detaschiren noch zu einem baldigen Aufbruche selbst gezwungen werde.

3. Man sucht im Lager wie im Marsche dem Feinde stets von sich zu entfernen, entweder durch starke unbezwingbare Posten, die vorwärts und auf den Flanken des Lagers besetzt werden, oder durch Ausfouragirung und Verwüstung der Gegend.

4. Denn wenn sich nun auch der Feind unserm Lager nähert, so wird ihn die große Zahl der zum Einholen der entfernten Fourage nöthigen Trupps bald so sehr schwächen, daß er jeden Augenblick in eine augenscheinliche Gefahr geräth.

5. Man bezieht ferner keinen Posten, wo der Feind mit gleichen Vortheilen angreifen kann, ohne zu wissen, daß man im Stände ist, ihn ohne Gefahr und eher zu verlassen, als er sich zum Angriff formirt hat.

6. Man ist im Marsche auf der Huth, überlegt die Partheyen alle, die der Feind ergreifen könnte, besetzt die vortheilhaftesten Posten, welche die Bewegung sicher stellen, bereitet

sich heimliche Wege, und marschirt, wo möglich allezeit verborgen.

7. Wo endlich das Terrain gegen uns ist, und die Gefahr geschlagen zu werden, nicht in uns, und den Fehlern, die wir begingen, sondern in der Natur der Dinge liegt; da muß man mit desto strengerer Sorgfalt untersuchen, ob es nicht vielleicht möglich ist, durch eine kühne Unternehmung auf einer andern Seite, den Feind von dieser Schwäche zu entfernen; ob es möglich ist, ihm Fallstricke zu legen, und ehe er sein Unternehmen ausführen kann, ihn selbst anzugreifen, in Posten und Lägern, wo wir mit gleichem Vortheil mit ihm fechten, oder wenigstens mit geringerm Nachtheil, als dort.

8. Ist die einmal genommene Stellung zu wichtig, als daß man sie bald verlassen sollte, so kommt es vorzüglich darauf an, daß die Armee in ihrem Lager mit einem hinlänglichen Vorrath von allen Arten der Bedürfnisse versehen wird, um weder durch das häufige Aussenden nach denselben, noch durch einen aus Mangel nothwendigen Aufbruch, dem Feinde vortheilhafte Gelegenheiten zum Angriff zu geben.

9. Diese Versorgung des Lagers muß aber nothwendig noch vor der Annäherung des Feindes geschehen, denn nachher würde es in den meisten Fällen unmöglich fallen.

10. Kommt uns der Feind dennoch, ehe wir fertig sind, plötzlich über den Hals, so ist es nicht allein vielleicht nöthig, sondern auch nützlich, die Hauptstärke der Reiterey aus der verschanzten Position, zu deren unmittelbaren Vertheidigung sie wahrscheinlich nicht viel beytragen kann, heraus und nach einem sichern Posten zu ziehen, von da sie durch stete Beunruhigung der feindlichen Transporte, Fouragirungen und Commandos, noch immer kräftig zur Entfernung des Feindes mitwürken kann, und zwar um so mehr, da die ihr eigenthümliche große Geschwindigkeit sie leicht jede gute Gelegenheit benutzen, und jede schlechte vermeiden läßt.

11. Lassen wir dabey alle Pässe, durch welche der Feind seinen Unterhalt herbeyholen muß, soviel als möglich, unbrauchbar machen, und die fliegenden Corps sich stets unter dem

dem Schutze der Defilees und durchschnittenen Gegenden, nahe an den Feind halten, während sie vielleicht durch einige unserer an der feindlichen Zufuhrstraße liegende Vestungen gesichert und unterstützt werden; so ist dieses Verfahren vielleicht das klügste und beste Mittel, den Feind schnell zu entfernen.

12. Das Nothwendigste zur Ausführung dieser Mittel ist, daß uns unsere Spione zeitig und genau von allen vorhabenden Bewegungen des Feindes, von der Stärke, Ordnung und Richtung seiner Partheyen Nachricht geben; und daß man alsdann ferner den eigenen Detaschements alle die Erfordernisse mitgebe, welche zur Ueberwindung der vorzufindenden Hindernisse dienlich sind, damit nichts die schnelle Beendigung ihrer Unternehmung hindere. Dabey müssen diese Partheyen das Verheeren der Gegenden unterlassen, die wir selbst benutzen können, ohne dies vom Feinde sehr befürchten zu dürfen.

§. 28.

b. Lehrsatz. Ist die Schlacht unvermeidlich, so muß sie wo möglich durch Ueberfall in der Nacht und kurz vor dem Winter geliefert werden.

1. Es kann nun aber sehr wohl der Fall werden, daß der Feldzug eine solche Wendung nimmt, wo wir aller Mühe ungeachtet dennoch endlich zur Lieferung einer Schlacht gezwungen sind.

2. Sieht man daher eine solche Lage voraus, so muß die Schlacht dennoch so lange als möglich verschoben werden; damit, wenn sie ja für uns unglücklich auslaufen sollte, der Feind wegen des eintretenden Winters weder eine Belagerung unternehmen, noch einen andern entscheidenden Vortheil von unserer Niederlage ziehen könne, sondern uns hingegen Zeit lassen muß, neue Hülfsquellen zu eröffnen.

3. Sind wir nun einmal dem Eintritte eines Zeitpunktes nahe, wo die Schlacht nicht mehr zu umgehen ist, so muß man ihn nicht erst abwarten, sondern plötzlich und ganz unvermuthet dem feindlichen Heere auf den Hals fallen.

Denn

Denn je mehr es sich auf seine Güte und Stärke verläßt, und je sorgfältiger wir bisher alle Gelegenheiten zur Schlacht vermieden haben, desto schlechtere Anstalten wird der Feind zur Gegenwehr vorgekehrt haben.

4. Hier muß nun in den mehrsten Fällen der Angriff in der Nacht geschehen. Dann ist der Ueberfall leichter, dem schwächern Heere entfällt der Muth nicht so leicht, der umringte und selbst stärkere Feind hält sich gewöhnlich für den Schwächsten, und die Benutzung des daraus entspringenden Schreckens kann uns den vollkommensten Sieg geben.

5. So oft wir nun den Feind zu überfallen suchen, muß man sich furchtsam anstellen, oder einen Befehl zur gänzlichen Vermeidung der Schlacht vorgeben.

6. Ist aber der Feind zu wachsam, oder seine Stellung zu stark, als daß man ihn überfallen könnte, so muß man die Schlacht kurz vor Einbruch der Nacht anzufangen suchen, wenn sie einmal nicht vermieden werden kann.

7. Denn gewinnen wir, so ist die Führung des übrigen Feldzugs doch immer etwas erleichtert, und erhält der Feind den Sieg, so kann die Niederlage auf dem Rückzuge nicht vermehrt werden, indem es der Feind in der Nacht nicht wagen darf uns zu verfolgen, besonders, wenn wir das Terrain besser als er, kennen; welches leicht ist, da wir ihn nur denselben Tag anzugreifen brauchen, an dem er ins Lager rückt.